经纶济世
栽培润身
贺教师节
祝教育向项目
办学主题

教育部哲学社会科学研究重大课题攻关项目

巨灾风险管理制度创新研究

THE INNOVATIVE RESEARCH
OF CATASTROPHE RISK MANAGEMENT

卓 志 等著

经济科学出版社
Economic Science Press

图书在版编目（CIP）数据

巨灾风险管理制度创新研究/卓志等著. —北京：
经济科学出版社，2014.5
教育部哲学社会科学研究重大课题攻关项目
ISBN 978 – 7 – 5141 – 4548 – 9

Ⅰ.①巨… Ⅱ.①卓… Ⅲ.①灾害管理 – 风险管理 –
研究 – 中国②灾害保险 – 保险制度 – 研究 – 中国
Ⅳ.①X4②F842.64

中国版本图书馆 CIP 数据核字（2014）第 077226 号

责任编辑：刘　茜　庞丽佳
责任校对：郑淑艳
版式设计：齐　杰
责任印制：邱　天

巨灾风险管理制度创新研究

卓　志　等著

经济科学出版社出版、发行　新华书店经销
社址：北京市海淀区阜成路甲 28 号　邮编：100142
总编部电话：010 – 88191217　发行部电话：010 – 88191522
网址：www.esp.com.cn
电子邮件：esp@ esp.com.cn
天猫网店：经济科学出版社旗舰店
网址：http://jjkxcbs.tmall.com
北京季蜂印刷有限公司印装
787×1092　16 开　41.25 印张　780000 字
2014 年 7 月第 1 版　2014 年 7 月第 1 次印刷
ISBN 978 – 7 – 5141 – 4548 – 9　定价：103.00 元
（图书出现印装问题，本社负责调换。电话：010 – 88191502）
（版权所有　翻印必究）

课题组主要成员

首席专家 卓 志
主要成员 魏华林 田 玲 张 琳 冯俏彬 段 胜
高海霞 张 勇 王伊琳 邝启宇 向 飞
朱建刚

编审委员会成员

主　任　孔和平　罗志荣
委　员　郭兆旭　吕　萍　唐俊南　安　远
　　　　　文远怀　张　虹　谢　锐　解　丹
　　　　　刘　茜

总　序

哲学社会科学是人们认识世界、改造世界的重要工具，是推动历史发展和社会进步的重要力量。哲学社会科学的研究能力和成果，是综合国力的重要组成部分，哲学社会科学的发展水平，体现着一个国家和民族的思维能力、精神状态和文明素质。一个民族要屹立于世界民族之林，不能没有哲学社会科学的熏陶和滋养；一个国家要在国际综合国力竞争中赢得优势，不能没有包括哲学社会科学在内的"软实力"的强大和支撑。

近年来，党和国家高度重视哲学社会科学的繁荣发展。江泽民同志多次强调哲学社会科学在建设中国特色社会主义事业中的重要作用，提出哲学社会科学与自然科学"四个同样重要"、"五个高度重视"、"两个不可替代"等重要思想论断。党的十六大以来，以胡锦涛同志为总书记的党中央始终坚持把哲学社会科学放在十分重要的战略位置，就繁荣发展哲学社会科学作出了一系列重大部署，采取了一系列重大举措。2004年，中共中央下发《关于进一步繁荣发展哲学社会科学的意见》，明确了新世纪繁荣发展哲学社会科学的指导方针、总体目标和主要任务。党的十七大报告明确指出："繁荣发展哲学社会科学，推进学科体系、学术观点、科研方法创新，鼓励哲学社会科学界为党和人民事业发挥思想库作用，推动我国哲学社会科学优秀成果和优秀人才走向世界。"这是党中央在新的历史时期、新的历史阶段为全面建设小康社会，加快推进社会主义现代化建设，实现中华民族伟大复兴提出的重大战略目标和任务，为进一步繁荣发展哲学社会科学指明了方向，提供了根本保证和强大动力。

高校是我国哲学社会科学事业的主力军。改革开放以来，在党中央的坚强领导下，高校哲学社会科学抓住前所未有的发展机遇，紧紧围绕党和国家工作大局，坚持正确的政治方向，贯彻"双百"方针，以发展为主题，以改革为动力，以理论创新为主导，以方法创新为突破口，发扬理论联系实际学风，弘扬求真务实精神，立足创新、提高质量，高校哲学社会科学事业实现了跨越式发展，呈现空前繁荣的发展局面。广大高校哲学社会科学工作者以饱满的热情积极参与马克思主义理论研究和建设工程，大力推进具有中国特色、中国风格、中国气派的哲学社会科学学科体系和教材体系建设，为推进马克思主义中国化，推动理论创新，服务党和国家的政策决策，为弘扬优秀传统文化，培育民族精神，为培养社会主义合格建设者和可靠接班人，作出了不可磨灭的重要贡献。

自2003年始，教育部正式启动了哲学社会科学研究重大课题攻关项目计划。这是教育部促进高校哲学社会科学繁荣发展的一项重大举措，也是教育部实施"高校哲学社会科学繁荣计划"的一项重要内容。重大攻关项目采取招投标的组织方式，按照"公平竞争，择优立项，严格管理，铸造精品"的要求进行，每年评审立项约40个项目，每个项目资助30万～80万元。项目研究实行首席专家负责制，鼓励跨学科、跨学校、跨地区的联合研究，鼓励吸收国内外专家共同参加课题组研究工作。几年来，重大攻关项目以解决国家经济建设和社会发展过程中具有前瞻性、战略性、全局性的重大理论和实际问题为主攻方向，以提升为党和政府咨询决策服务能力和推动哲学社会科学发展为战略目标，集合高校优秀研究团队和顶尖人才，团结协作，联合攻关，产出了一批标志性研究成果，壮大了科研人才队伍，有效提升了高校哲学社会科学整体实力。国务委员刘延东同志为此作出重要批示，指出重大攻关项目有效调动了各方面的积极性，产生了一批重要成果，影响广泛，成效显著；要总结经验，再接再厉，紧密服务国家需求，更好地优化资源，突出重点，多出精品，多出人才，为经济社会发展作出新的贡献。这个重要批示，既充分肯定了重大攻关项目取得的优异成绩，又对重大攻关项目提出了明确的指导意见和殷切希望。

作为教育部社科研究项目的重中之重，我们始终秉持以管理创新服务学术创新的理念，坚持科学管理、民主管理、依法管理，切实增强服务意识，不断创新管理模式，健全管理制度，加强对重大攻关项目的选题遴选、评审立项、组织开题、中期检查到最终成果鉴定的全过程管理，逐渐探索并形成一套成熟的、符合学术研究规律的管理办法，努力将重大攻关项目打造成学术精品工程。我们将项目最终成果汇编成"教育部哲学社会科学研究重大课题攻关项目成果文库"统一组织出版。经济科学出版社倾全社之力，精心组织编辑力量，努力铸造出版精品。国学大师季羡林先生欣然题词："经时济世　继往开来——贺教育部重大攻关项目成果出版"；欧阳中石先生题写了"教育部哲学社会科学研究重大课题攻关项目"的书名，充分体现了他们对繁荣发展高校哲学社会科学的深切勉励和由衷期望。

创新是哲学社会科学研究的灵魂，是推动高校哲学社会科学研究不断深化的不竭动力。我们正处在一个伟大的时代，建设有中国特色的哲学社会科学是历史的呼唤，时代的强音，是推进中国特色社会主义事业的迫切要求。我们要不断增强使命感和责任感，立足新实践，适应新要求，始终坚持以马克思主义为指导，深入贯彻落实科学发展观，以构建具有中国特色社会主义哲学社会科学为己任，振奋精神，开拓进取，以改革创新精神，大力推进高校哲学社会科学繁荣发展，为全面建设小康社会，构建社会主义和谐社会，促进社会主义文化大发展大繁荣贡献更大的力量。

教育部社会科学司

前言

天有不测风云，人有旦夕祸福。人类社会自产生以来，无时无刻不面临各式各样的自然与人为灾害，其中发生的巨灾已给诸多国家的经济和社会造成了巨大的损失。在"9·11"恐怖袭击、卡特尼娜飓风、印尼海啸、汶川地震、日本近海地震、泰国洪水、芦山地震等各类巨灾风险面前，科学的进步似乎并没有使人们摆脱灾难的厄运，反而让我们显得更加脆弱和不堪一击。面对巨灾风险及其损失的严重性和影响力，为防范巨灾发生、减少灾害损失的扩大，世界各国无不从理论和实践多个维度积极进行巨灾风险的研究和探索，并在此基础上采取各种积极有效的应对措施，试图形成一套巨灾风险理论研究体系和管理制度以及实践模式。

作为世界上遭受各类巨灾风险损失破坏严重的少数国家之一，中国面临严峻的巨灾风险及其应对管理形势。随着中国经济的发展和城市人口密度的增大，财富分布逐渐集中，损失的程度也逐年加重。据民政部有关统计资料，中国每年自然灾害所造成的直接经济损失在500亿~600亿元之间。一方面，无论过去还是近年来发生的低温雨雪冰冻灾害、洪水、地震等巨灾，均表明我国是一个巨灾风险发生频繁且损失巨大的国家；另一方面，囿于缺乏统一的运行管理机制，我国的巨灾风险管理与保险机制至今尚未完全建立。巨灾风险及其损失的现实，既表明我国客观上对巨灾风险管理有迫切的潜在要求，同时更强烈呼唤建立与发展多视角、多层次、整合性、具有中国特色的巨灾风险管理与保险体系和制度。

在此背景下，本人以首席专家通过竞争性获得立项，承担教育部哲学社会科学重大攻关项目"巨灾风险管理制度创新研究"。研究团队围绕巨灾风险的预警与评估制度创新、巨灾风险的产品与精算制度创新、巨灾风险的转移和融资创新、巨灾风险的应急与补偿制度创新、地震和洪水巨灾风险的制度创新、巨灾风险管理的体制与机制创新、巨灾风险管理的支持保障制度创新7个方面的内容进行系统性研究。在研究过程中，课题组始终立足于中国巨灾风险管理的现实情况，借鉴国际最先进的巨灾风险管理研究视角，从巨灾风险管理的理论体系、巨灾风险管理的实证应用、巨灾风险管理的对策建议三个维度对巨灾风险管理中的参与主体、运行流程、管理模式、保障制度等多方面内容进行了深入细致的研究与剖析，形成了一系列研究分析成果和决策咨询报告。

应广大关心支持巨灾风险管理制度建设者的请求和建议，也为了纪念四川汶川"5·12"地震和"4·20"芦山地震的遇难同胞，唤起人们对巨灾造成的财产和人身伤亡的哀思，呼唤更多的力量投入到巨灾风险管理过程中；同时，鉴于国内系统研究巨灾风险管理薄弱与新兴，研究成果和著作也不多见，巨灾风险管理学科建设任重道远。我们将研究成果进行了调整和修改，并严格按照学术著作出版的规范要求，编辑出版《巨灾风险管理制度创新研究》一书，旨在总结分析巨灾风险管理理论研究中的最新研究方法和研究思路，提炼梳理国内外巨灾风险管理实践中的先进经验和典型做法，并形成具有可操作性的政策指导意见，为政府等部门制定巨灾风险管理的框架体系提供咨询和参考。

本书的最大特点是在综合参考国内外文献的基础上，着力于巨灾风险管理制度创新为突破与重点目标，遵循科学研究的基本范式，以经济学、金融（工程）学、保险学、风险管理学、工程学、地质学、气象学和文化心理学等其他人文社会和自然科学知识为基础，采用系统与综合的定量分析方法，通过对巨灾风险的预警与评估、产品定价与精算、转移与融资、体制与机制、支持保障政策等内在有机的框架设计，运用跨学科方法，较为全面、系统、深入地开展以制度创新为核心的巨灾风险管理研究，不仅丰富与完善我国巨灾风险管理与保险的基本理论和工具，而且还设计出与我国现实基本相适应的巨灾风险管理制度和运行机制，同时为国家、社会、企业、家庭的巨灾风险管理提供思想智囊支持。本书的内容由三大部分若干章节构成，主要内容具体如下：

第一部分，巨灾风险管理制度的理论研究篇，由四个章节构成。本部分将从巨灾风险的基本属性、巨灾保险的市场机制，以及巨灾风险的管理三个方面对当前有关巨灾风险管理的理论研究进行梳理；并从巨灾与巨灾风险的概念性界定出发，通过国内外的对比分析，深刻剖析巨灾风险管理的基本属性，深入探讨巨灾风险管理的基本属性、主要内容，以及巨灾风险管理研究的理论工具和方法；再通过历史对比和国际比较，分析国际巨灾风险管理制度产生和发展的基本情况，回顾总结我国自身巨灾风险管理的框架及其运行模式，指出我国当前巨灾风险管理制度在实施中存在的问题。

第二部分，巨灾风险管理制度的实证应用篇，由五个章节构成。本部分立足于巨灾风险预警与评估制度的分析研究，创新地建立巨灾风险灾前评估的监测与评价标准和体系；并结合我国当前的巨灾风险管理与巨灾指数现状，探讨我国巨灾损失指数的编制方案和具体政策；综合利用法律、行政、经济、技术、教育与工程手段构建巨灾风险的预防与控制体系；此外，本部分还通过政府转移融资、资本市场转移融资，以及其他方式转移融资的对比分析，促使巨灾风险转移与融资在组织架构和管理工具上的整合，并从政府、保险和再保险、资本市场以及其他主体四个角度就巨灾风险应急与补偿中的职能和角色定位，提出了改善我国应急补偿机制的思路。

第三部分，巨灾风险管理制度的对策分析篇，由三个章节构成。本部分将综合理论规范分析与实证分析的结果，选择地震和洪水作为研究分析的重点，从目标、原则、模式以及路径等多个维度构建起适合我国国情的巨灾风险管理体制与机制；并通过国际巨灾再保险制度的比较，系统梳理当前再保险制度安排中存在的主要问题和关键难点，提出构建中国巨灾保险支持保障制度的思路；最后再根据我国国情对有关目标模式进行合理的选择，为我国巨灾风险管理制度的具体设计和实施提供基础。

本书由本人负责全面的编写工作，包括组织与协调、总体研究框架的设计,研究大纲的撰写,研究指导,以及部分章节撰写;课题组的其他成员有武汉大学的魏华林教授、田玲教授,湖南大学的张琳教授、国家行政学院的冯俏彬教授、西南财经大学的高海霞副教授、王伊琳博士、张勇博士、段胜博士、丁元昊博士、王化楠博士等,中国再保险集团的官兵博士,中国人民保险股份有限公司的向飞博士,以及课题组的其他成员分别承担了相关子课题的研究分析和撰写。

  当前,正是我国巨灾风险管理制度研究与探索的关键时期,本书是西南财经大学巨灾风险管理制度创新研究课题组,历时3年时间进行调查研究和分析论证的研究成果,是对国内外当前巨灾风险管理领域相关研究问题的一次系统性梳理、归纳、总结,也是我们大胆探索、开拓创新、潜心研究的成果,更是我们对未来我国巨灾风险管理制度构建的一次探索性尝试和前沿性展望。尽管在建设巨灾风险管理制度的宏伟宏大工程面前,我们的成果还不足以支撑起全部的重量,但是却可以启迪和激发更多的思考,让更多的专家和学者共同致力于巨灾风险管理的理论研究和实务工作中。

  当然,由于我们工作的疏忽,加之水平有限,巨灾风险管理制度研究又是一种新的探索,因此,本书的结构和内容难免有不妥之处,恳请读者朋友们批评指正。我们将总结经验和教训,为更好地探讨巨灾风险管理中的理论问题和实践经验,推动我国巨灾风险管理事业发展不断努力!

西南财经大学副校长,教授,博士生导师
"巨灾风险管理制度创新研究"项目首席专家
2014年3月于蓉城

摘　要

伴随着全球气候变化以及世界经济快速发展和城市化进程的不断加快，我国因灾害事故造成的损失呈现出快速增长趋势，防范与化解巨灾风险问题已成为我国经济社会发展过程中的重大问题。在巨灾风险及其损失的现实威胁下，社会各界强烈呼吁加强巨灾风险管理。因此，在整合性巨灾风险管理框架体系下，科学合理地构建与创新巨灾风险管理的机制，创造性地为政府部门制定巨灾风险管理的全面战略提供决策论参考，具有十分突出的理论研究价值和实践指导意义。

由于巨灾风险管理是一个包括巨灾风险的预警与评估、巨灾产品的定价与精算、巨灾风险的应急与补偿以及巨灾风险的转移与融资等多方面内容在内的复杂运行系统，因此研究巨灾风险管理必须要考虑巨灾风险的基本属性及其产生的原因，厘清巨灾风险管理制度各子体系的相互影响。鉴于巨灾风险管理理论体系的研究产生发展的时间较短，重视程度不够，加之巨灾风险研究过程中的复杂性，有关巨灾风险管理的系统性研究还十分薄弱。在国外，虽然大部分学者采用了诸如实证分析以及实验心理学等创新型研究方法对巨灾风险的损失分布规律、巨灾风险的融资策略、巨灾风险的保险机制等问题进行了深入的讨论，得到了很多极富建设性和创造性的发展建议，但是研究分析的视角比较局限，研究的观点也较为分散，没有形成系统化的理论体系和综合化的分析框架；而国内关于巨灾风险管理的研究则相对更加落后，在研究内容上呈现出非巨灾风险的研究多但巨灾风险的研究少、静态的巨灾风险研究多但动态的巨灾风险研究少、单一巨灾风险的研究多但综合巨灾风险的研究少，在研究方法上呈现出定性分析多但定量研究少、分散研究多但系统比较少、概念剖析多但指导建议少等诸多不足。

为弥补国内外巨灾风险管理制度研究中的不足，本书立足于中国巨灾风险管理的现实情况，借鉴国际最先进的巨灾风险管理研究视角，采用系统与综合的分析方法，通过跨学科的比较研究和定量精算模型，希望达到如下的研究目的：

第一，丰富与完善我国巨灾风险管理与保险的基本理论和工具。在现行风险管理思想、理论和技术基础上，运用多种理论工具，通过分析、讨论、论述、实证和创新巨灾风险及其管理制度，构建巨灾风险管理制度的理论分析框架。整个分析研究的过程是制度完善和重塑的过程，也是探索创新的过程，既有对原有理论知识的梳理和系统化，也有对现有我国风险尤其巨灾风险管理与保险原理和理论工具的丰富和完善。

第二，设计与我国现实基本相适应的巨灾风险管理制度和运行机制。在我国国情环境下，本着实现我国巨灾风险管理制度创新为根本目标，遵循制度演进和机制变迁的路径，从宏观和微观两个层面，通过三大部分的有机研究，探求巨灾风险管理制度各个子体系的演进轨迹与运行规律的联动效应，分析设计我国巨灾风险管理制度安排与体系构建，为我国巨灾风险管理制度建设提供有说服力的理论和技术支撑。

第三，为国家社会企业家庭的巨灾风险管理提供思想智囊支持。通过巨灾风险预警、评估、产品精算、风险转移、融资和应急与补偿等制度创新，明确参与主体的行为特征与利益冲突、厘清巨灾风险管理制度的责任主体，历史地、动态地对未来巨灾产品的演化与发展进行动态的分析与预测。通过巨灾风险管理制度的可实施性，分析研究支持保障制度，巨灾风险管理政策的绩效，结合综合理论分析与实证分析的结果，形成若干具有针对性和可操作性的对策建议。

本书研究总体由理论研究、实证研究和对策研究三个部分构成，三部分研究的具体内容主要以地震和洪水巨灾为例。本书的研究内容具体如下：

上篇：理论研究。本部分将借鉴和运用相关理论，构建巨灾风险管理制度的理论基础与分析框架，主要包括：

第一章，文献综述。巨灾风险管理制度创新研究作为一个系统化的理论分析框架，在进行深入研究之前，需要对现有研究情况和研究方法进行总结和评述。本章从巨灾风险的基本属性、巨灾保险的市场机制，以及巨灾风险管理三个方面对当前有关巨灾风险管理的研究进行梳理。本章认为，虽然当前巨灾风险管理研究方法多样、观点新颖，但是总体上看依然缺乏系统性和整体性，因此需要整合资源，站在国家巨灾风险管理的宏观性视角，利用多样化的分析手段进行实证性研究，这样才能制定出更具有针对性的政策建议。

第二章，巨灾与巨灾风险的基本属性。本章作为巨灾风险管理制度创新研究中的基础性章节，是全文进行系统研究的铺垫和起点。围绕巨灾与巨灾风险的基本属性，本章从巨灾与巨灾风险的概念性界定出发，通过国内外的对比分析，提出本书对巨灾和巨灾风险的界定标准；通过巨灾风险的可保性分析和可负担性分析，探讨巨灾风险进行转移与分散的机制和机理，为保险机制参与巨灾风险管理以及为多层次巨灾风险转移模式的构建奠定基础；通过对比分析巨灾风险的公共品属性，指出巨灾风险管理具有准公共物品属性，政府有责任也有义务参与巨灾风险管理。

第三章，巨灾风险管理研究的前提和基础。本章主要研究叙述巨灾风险管理的基本属性、主要内容，以及巨灾风险管理研究的理论工具和方法。本书认为，巨灾风险作为风险管理系统中重要组成部分，与一般风险管理和防灾减灾管理存在必然区别，巨灾风险管理更加强调系统性和整体性；鉴于巨灾风险的复杂性，巨灾风险管理的主体较多、方法较广、流程和模式较为复杂，需要在实践中不断总结巨灾风险管理的工具和方法；巨灾风险管理研究作为一个学科，也具有较为深厚的理论支撑，科学的研究方法和合理的研究工具，而这一切的系统整理，也为后文的研究奠定了坚实的基础。

第四章，巨灾风险管理制度及其历史与现状。巨灾风险管理制度作为巨灾风险管理的承载主体，其组织系统和结构流程直接关系着运行效率的高低，成为影响巨灾风险管理的重要因素。本章通过历史对比和国际比较，首先分析国际巨灾风险管理制度产生和发展的基本情况，然后就代表性的国际巨灾风险管理制度进行论述，并从中总结国际巨灾风险管理制度中的先进经验和主要不足，并以此为基础，回顾总结我国自身巨灾风险管理的框架及其运行模式，指出我国当前巨灾风险管理制度在实施中存在的问题。

中篇：实证研究。本部分立足于巨灾风险预警与评估制度的分析研究，创新地建立巨灾风险灾前评估的监测与评价标准和体系，重点开展巨灾风险产品的定价与精算制度研究，然后对巨灾风险的灾后融资、应急与补偿制度进行制度设计和机制探索，主要包括：

第五章，巨灾风险的分类与预警。巨灾风险的分类与预警作为巨灾风险管理的起点，在风险社会化的背景条件下作用更加突出。本章以研究界定巨灾风险的分类和分层为起点，在对巨灾风险预警过程进行理论分析的基础上，就巨灾风险预警体系中的国际经验进行系统总结，并从水文气象和地质环境两个维度对巨灾风险预警体系进行分类；最后总结了巨灾预警体系在我国的发展。本章认为针对大量自然灾害发布警报的预警系统目前正在发挥着作用，但是需要提高机构的信息传导效率和快速响应能力。

第六章，巨灾风险的评估与精算。本章主要研究巨灾风险的损失评估与精算。围绕这一研究主题，本章从概念解析和含义界定出发，以巨灾指数与巨灾风险管理的关系为重点，对巨灾风险损失评估的基本属性和主要原理进行分析，并立足于理论研究的科学性，论述巨灾风险评估的主要原理和方法。在此基础上，结合我国当前的巨灾风险管理与巨灾指数现状，探讨我国巨灾损失指数的编制方案和具体政策，并以地震损失指数和洪水损失指数为例进行了损失指数的理论编制和实证应用。

第七章，巨灾风险的预防与控制。本章主要研究分析巨灾风险的预防与控制。传统的巨灾风险预防与控制大多是从客观实体与主观构建的两个维度进行分析，本章遵循这一传统思路，并结合中国的国情进行具体研究。本章认为，巨灾风险预防与控制的实质，就是综合利用法律、行政、经济、技术、教育与工程手段，合理调整客观存在于人与自然之间及人与人之间基于巨灾风险的利害关系，以实现限制灾害损失急速增长的趋势，为经济社会持续稳定的发展提供更高标准的保障。

第八章，巨灾风险的转移与融资机制。传统巨灾风险转移方式的滞后，致使在巨灾风险管理过程中，需要寻找新的巨灾风险的转移融资方法。政府和资本市场作为传统巨灾风险转移与融资的主要参与，是本章研究分析的基础。本章希望通过政府转移融资、资本市场转移融资，以及其他方式转移融资的对比分析，促使巨灾风险转移与融资在组织架构和管理工具上的整合。为更加科学而合乎逻辑地说明问题，本章最后选择地震债券和洪水债券做了具体的研究，所得到的结论基础支持本书的观点，也论证了整合巨灾风险转移和融资的必要性和科学性。

第九章，巨灾风险的应急与补偿机制。本章主要研究巨灾风险的应急与补偿。首先，本章叙述巨灾风险应急与补偿的基本原理和理论工具；然后再从政府、保险和再保险、资本市场以及其他主体四个角度就巨灾风险应急与补偿中的职能和角色定位，以及主要的缺陷和不足进行了深入的剖析，尤其是重点提出了改善我国应急补偿机制的思路；最后，本章将所有的应急与补偿机制进行了整合，以地震和洪水为例，从实证层面构建了中国的巨灾风险应急与补偿机制。

下篇：对策研究。本部分将综合理论规范分析与实证分析的结果，对巨灾风险管理体系的建设和支持保障制度的内容，提出结合国情的、遵循可操作性导向的巨灾风险管理与保险的政策和对策建议，主要包括：

第十章，巨灾风险的管理体制与机制创新。本章主要论述巨灾风险的管理体制与机制创新，围绕这一研究主题，首先采用对比研究的分析方法，重点比较发达国家和发展中国家巨灾风险的管理体制与机制之间的差异性，并从中得到启示；其次从管理结构、灾害过程以及管理主体的比较出发，研究巨灾风险管理模式之间的不同；最后本章选择地震和洪水作为研究分析重点，从目标、原则、模式以及路径等多个维度构建起适合我国国情的巨灾风险管理体制与机制。

第十一章，巨灾风险管理的再保险制度设计。巨灾再保险作为巨灾风险管理支撑保障制度中重要组成部分，在当前保险机制构建存在诸多难点的条件下无疑不失为一种合理的选择。本章以研究分析巨灾保险市场中的供求不均衡为契机，通过国际巨灾再保险制度的比较，系统梳理当前再保险制度安排中存在的主要问题和关键难点，并在此基础上，提出构建中国巨灾保险支持保障制度的思路。

第十二章，巨灾风险管理制度创新的政策主张。本章以巨灾风险管理体制与机制的变革和创新为主要研究内容，首先，明确在制度设计中需要充分考虑的巨灾风险管理的有关原理和理论，使该项制度建构在科学的基础上；其次，通过比较欧洲、美国、日本等发达国家与地区和拉丁美洲、亚洲等发展中/转型国家巨灾风险管理的体制与机制，总结和比较实践中存在的巨灾风险管理基本模式；最后，再根据我国国情对有关目标模式进行合理的选择，为我国巨灾风险管理制度的具体设计和实施提供基础。

通过上述分析和探索，本书在巨灾风险管理制度创新研究过程中取得了如下的创新：

1. 研究框架与路径设计的创新

本书在综合国内外文献基础上，着力于巨灾风险管理制度创新为突破与重点目标，遵循科学研究的基本范式，以经济学、金融（工程）学、保险学、风险管理学、工程学、地质学、气象学和文化心理学等其他人文社会和自然科学知识，通过对巨灾风险的预警与评估、产品定价与精算、转移与融资、体制与机制、支持保障政策等内在有机的框架设计，运用跨学科方法，较为全面、系统、深入地开展以制度创新为核心的巨灾风险管理研究，体现探索性和创新性，突破传统研究范式与视角，扩展研究的广度和分析问题的深度。

2. 研究方法与研究工具的创新

（1）系统与综合的分析方法。

本书站在国家战略高度，以系统整体的分析视角，用发展联系与动态的思维探讨了巨灾风险制度各子项目的系统整合与系统配套，搭建我国巨灾风险管理制度创新的系统综合分析框架并勾勒出发展的长效机制。

（2）跨学科研究与比较分析法。

本书不仅运用金融工程与金融市场和风险管理理论等社会科学理论，而且还应用自然科学的工具；不仅停留在意识到运用跨学科而且体现在研究团队构成和研究工作中体现跨学科。同时，在不同经济体制与不同经济发展程度国家的巨灾风险管理的比较分析基础上，提炼不同类型国家巨灾风险管理的路径依赖特征，把握不同类型国家巨灾风险管理的最新发展趋势。

（3）定量分析与精算模型的创新。

本书在对巨灾风险管理制度与运行机制进行定性分析的基础上，为我国巨灾风险指数编制、巨灾风险产品定价或者证券化或者精算制度提供测算方法与工具，运用时间序列和多元统计模型，探索改进巨灾风险产品定价模型。精算模型以既有的部分研究成果和精算软件为基础，综合调整与测度巨灾产品的定价及巨灾指数编制等可行性与敏感性。

3. 研究内容与研究观点的创新

（1）研究整体上内容布局严谨并富有逻辑性。

本书主要由理论研究、实证研究和对策研究三大部分组成。理论研究部分在借鉴相关理论的基础上，构建巨灾风险管理制度的理论分析框架；实证研究部分，基于巨灾风险的预警与评估制度的分析与预测，对巨灾风险的灾前评估体系进行监测与评价；在重点研究巨灾风险的产品定价与精算制度的完善后，对巨灾风险的灾后融资、应急与补偿制度的运行状况与规律进行分类研究；对策研究部分将综合理论与实证分析的结果，对巨灾风险管理制度提出具有可操作性的创新性建议。

（2）研究内容的具体创新。

研究内容的具体创新以巨灾风险产品的定价与精算制度、巨灾风险转移与融资制度和巨灾风险基金等部分的结论和观点突显出来。具体说来：

第一，在巨灾风险产品的定价与精算制度方面。为提高巨灾风险损失评估的精确性，编制和构建我国的巨灾风险管理指数，是本课题的独特创新亮点，该项研究弥补了国内空白。目前为止，我国关于巨灾债券的实证研究成果屈指可数，而金融保险市场的发育已经要求对市场进行系统的理论分析，通过对巨灾风险产品的理论定价模型进行改进，以满足该种产品定价，也是本研究的创新所在。

第二，在巨灾风险的转移与融资制度方面。巨灾风险融资效率的研究及其相应的结论与建议是创新的重点。具体创新表现在：一是通过分析三度价格歧视及可负担性问题分析，研究不同市场条件下巨灾保险实施平准费率导致融资效率的差异性，并给出权变和组合性的干预措施；二是通过从巨灾证券道德风险和基差风险，研究最优组合，并试图通过案例研究分析归纳巨灾证券产品设计对融资效率的影响；三是在提出一个包括保险市场、资本市场和政府在内的融资机制将产生补充效应和替代效应，并指出改进融资效率的路径和建议。

第三，巨灾风险基金的制度安排的理论分析和专项研究内容，也是领先于国内现有极少的创新性研究。为缓解当前巨灾风险不断加剧和支持保障制度不足的矛盾，本项研究建议尽快建立巨灾风险基金，构建系统性的巨灾基金管理体系，防范和化解巨灾风险。同时，应当完善我国的社会救助体系，为弱势群体设置巨灾基金的专用账户，集中进行管理。

第四，巨灾风险管理体制与创新机制以及相关综合配套政策的分析研究，为我国制定相关政策制度提供思路与方向和依据。立足于为我国制定相关政策制度提供思路与方向，探索简单、透明、易于管理和实施的巨灾风险创新机制，构建包括巨灾风险基金、税收政策、法律制度等为一体的综合性巨灾风险管理体制，成为本书研究的又一亮点。本书的研究结论是，当前巨灾风险管理已经进入了一个关键时期，应当避免单项改革措施的推进，将改革推进与管理体制创新结合，整体推进，不断提升巨灾风险管理的绩效，最大化巨灾风险管理价值，保障人民群众利益。

总之巨灾风险管理创新研究的构建及其应用在国内外都是一项十分具有挑战性的研究课题，既缺乏理论上可直接借鉴的资料与文献，也没有实践中丰富的经验与总结，更没有出台具体的标准和政策实施指导意见。作为一项全新的探讨，理论分析可能难免挂一漏万，实践探索可能出现以偏概全，相关结论的科学性和有效性也会存在一定的质疑，本书研究也存在一些不足之处。随着我国巨灾风险管理理论研究的深入和实践分析的拓展，会进一步暴露出一些新情况和新问题，需要今后长期追踪和持续深入研究，才能使我国巨灾风险管理的相关制度构建更加深入和完善。

Abstract

With global climate changing, quickly expanding of world economy and accelerating urbanization, pressure from resource, environment and ecology around the world is aggravating, which makes prevention and response to catastrophe risk more complicated. As the rapid development of economic, the progress of urbanization and the increasing of the degree of concentration of wealth, The economic losses caused by disasters have a trend of rapid growth, and catastrophe risk has became one of the issues most concerned by our country, a multi-visual angle, multi-level and integrated catastrophe risk management system with Chinese characteristics is call for. For that reason, the research of catastrophe risk management system and its innovation can provide powerful support for the improvement and reconstruction of catastrophe risk management system, which not only contribute to construct and innovate catastrophe risk management system in the realistic threat of catastrophic risk and its loss, but also help to develop a comprehensive strategy for catastrophe risk management in the framework of the economic stability.

Application calls for theoretical study, however, theoretical study lags behind the development of the application. Catastrophe risk management system is a complex running system, including early warning, assessment, pricing, and risk transfer, financing, emergency and compensation aspects. The study of catastrophe risk management need to find out the basic attributes of catastrophe risk, analyze the causes of it and clarify the interaction of various sub-systems of the catastrophe risk management system, in order to manage catastrophe risk effectively, take measures correctly, intervene in risk-formation process timely and prevent risk effectively. The systemic study of the catastrophe risk management is weak until now, owing to its short study history, complexity and comprehensiveness. In abroad, some literatures discussed loss distribution characteristics, financing and insurance mechanism about catastrophe risk by innovative research methods, such as empirical analysis and experimental psychology, and obtained a lot of very constructive and create proposals, but as to their contents, most of viewpoints are scattered and stay in the basic level of conceptual interpretation and system contrast. They neither touch the essence of the catastrophe risk management, nor form a systematic viewpoint. In domestic, catastrophe risk management study lagged behind relatively. Literatures are so few that they can hardly meet the need of complex theory research, not to mention they can provide scientific reference and guidance to the practical application. Catastrophe risk management study has become the blind spot in the Chinese risk management research. Therefore, in this paper, considering the reality of China's Catastrophe Risk Management, we learn from the most advanced international catastrophe risk management research perspective, uses systematic and comprehensive analytical methods, the interdisciplinary contrast studies, quantitative analyses and actuarial models. It is hoped that this paper can achieve the following objectives:

To enrich and improve the basic theories and tools of Chinese Catastrophe Risk Management and Insurance. On basis of the current risk management thought, theory and technology, use adaptive theoretical tools, constructed a theoretical analysis framework of catastrophe risk management system by analysis, discussion, empirical analysis and innovation. The entire process of study as well as the process of improving and reconstructing the system, the process of exploring and innovating, and the process of combing and systematized the original theory, and the process of improving the existing theories and tools of Chinese risk, especially the catastrophe risk management and insurance.

To design a catastrophe risk management system and operational mechanism adapt to the reality of China. Based on the situation of China and aim to innovate Chinese catastrophe risk management system, this paper explore the evolution trajectory, operating rule and linkage effects of the various sub-systems of catastrophe risk management as well as construct catastrophe risk management system of China following the change mechanism and system evolution from macro and micro levels in three aspects, in order to provide convincing theoretical and technical support for the construction of Chinese catastrophe risk management system.

To provide an ideological support for the catastrophe risk management of country. Clear the behavioral characteristics and conflicts of interest of the participating subjects, clarify the subject of the liability, analyse and predict the evolution and development of the future products, research new mechanisms of risk transfer and financing, what's more, propose the emergency and compensation system which is not confined to current relatively undiversified, through the innovation of catastrophe risk warning, assessment, actuarial, risk transfer, financing, emergency and compensation, etc. On this basis, analyse the support system, policy performance of catastrophe risk management combined with the results of the comprehensive theoretical analysis and empirical analysis to form a number of targeted and operable suggestions for national risk prevention and catastrophe risk management.

The study consists of theoretical study, empirical study and countermeasure study. The three parts are mainly based on earthquake and floods. Contents of this study are as follows.

Part One: Theoretical Research. This section will draw on and apply relevant theory, build the theoretical basis and the analytical framework of catastrophe risk management systems. The section includes:

Chapter One: Literature Review. This chapter reviews literature in terms of basic attributes of catastrophe risk, the market mechanism of catastrophe insurance and catastrophe risk management. This chapter argues that although we have various catastrophe risk management research methods, by and large, current domestic literatures are less systematic and holistic. Thus we need to integrate resources, standing on a macro national catastrophe risk management perspective, using multiple analytical methods to conduct empirical study so that we can derive more target-oriented policies proposal.

Chapter Two: Basic parameters catastrophe and catastrophe risk. This chapter states fundamental theories of this study. The chapter mainly deals with basic properties of the catastrophe and catastrophe risk. We start from the definition of catastrophe and catastrophe risk and put forward the criteria to define catastrophe and catastrophe risk through comparative analysis with foreign countries. We discuss catastrophe risk transfer and diversification mechanism by analyzing the insurability and affordability of catastrophe risk, thereby laying the foundation for the construction of multi-level catastrophe risk transfer model. We analyze the public goods property of catastrophe risk and point out the semi-public goods properties of catastrophe risk management. We argue that government has the responsibility and obligation to participate in catastrophe risk management.

Chapter Three: The precondition and foundation of catastrophe risk management research. The chapter is mainly about basic properties of catastrophe risk management, the main content, as well as the theoretical tools and methods of catastrophe risk management research. This paper argues that catastrophe risk is as an important component of the risk management system. It inevitably differs from general risk management and disaster prevention and mitigation management in that catastrophe risk management has a greater emphasis on the systematicness and holisticity. In regard of the complexity of catastrophe risk, multiple methods and complicated processes in catastrophe risk management, we need to sum up the tool and methods for catastrophe risk management practice. As a discipline catastrophe risk management studies have profound theoretical support, scientific research methods and reasonable research tools. This chapter systematically summarizes all the above and lays a solid foundation for later study.

Chapter Four: The past and present of catastrophe risk management system. As the bearing body of catastrophe risk management, catastrophe risk management system's organizational system and structure process are directly related to its operating efficiency and thus it becomes an important factor to affect catastrophic risk management. This chapter applies historical comparisons and international comparisons. We firstly analyze the generation and development of international catastrophe risk management systems. Then we discuss representative international catastrophe risk management systems and summarize the advanced experience and major deficiencies in the international catastrophe risk management system. Based on this, we review and sum up our own catastrophe risk management framework and its mode of operation, and point out implementation issues in our current catastrophe risk management system.

Part Two: Empirical Research. In this part we deal with the early warning and valuation system of catastrophe risk. We creatively establish the pre-disaster monitor and valuation systems, focus on the catastrophe risk pricing and actuarial system and then study the post-disaster financing, contingency and compensation systems of catastrophe risk. This part includes:

Chapter Five: The classification and early warning of catastrophe risk. As a starting point for catastrophe risk management, catastrophe risk classification and early warning play a more important role under the circumstances of risk socialization. This chapter begins with defining catastrophe risk classification and stratification. On the basis of theoretical analyzing catastrophic risk warning process, we conducted a systematic summary of international experience in catastrophe risk early warning system. We classify catastrophe risk early warning system by hydro-meteorological and geological environment. Finally, we summarizes the development of catastrophe warning system in our country. We argue that early warning systems targeting a large number of natural disasters are playing an important role. However, the agencies need to improve the efficiency of information transmission and rapid response.

Chapter Six: Evaluation and actuary of catastrophe risk. This chapter mainly studies actuarial valuation of catastrophe risk loss. We start from concept parsing and definition, focus on the relationship of catastrophe Index and catastrophe risk management and analyze the basic properties of the catastrophe risk loss valuation and its main principles. We go through major principles and theories of catastrophe risk valuation and study the methodology of preparing catastrophe risk loss index and specific policies in our country. We exemplify the method by calculating earthquake loss index and flood loss index.

Chapter Seven: The prevention and control of catastrophe risk. In this chapter we take the traditional methodology while taking into consideration China's national condition. We argue the essence of the prevention and control of catastrophe risk is to regulate the stakes between man and nature and between different people arising from catastrophe risk via legal, administrative, economic, technological, educational and engineering means so as to limit the rapid growth of disaster losses, and provide better-quality assurance for sustained and stable development of the economy and society.

Chapter Eight: Catastrophe risk transfer and financing system. Time lag of the traditional catastrophe risk transfer methods calls for new catastrophe risk transfer and financing methods catastrophe risk management process. The government and capital markets, two major participants in the traditional catastrophe risk transfer and financing, are the main subjects in this chapter. This chapter aims to prompt the integration of organizational structure and management tools in catastrophe risk transfer and financing by comparing government transfer financing, capital markets transfer financing and other ways of transfer comparing. We study earthquake bond and flood bond to demonstrate the necessity and scientifiness of integrating catastrophe risk transfer and financing.

Chapter Nine: Emergency and compensation system of catastrophe risk. This chapter describes the basic principles and theoretical tools for catastrophe risk contingency and compensation. Then we analyze the pros and cons of catastrophe risk contingency and compensation from four angles: the government, insurance and reinsurance, capital markets, as well as other participants. We bring forward ideas to improve the emergency compensation mechanism in China. This chapter integrates all the contingency and compensation mechanism. We take earthquake and flood as an example, constructing from an empirical level a catastrophe risk contingency and compensation mechanism for China.

Part Three: Countermeasure Research. This part will standardize the comprehensive normative analysis and empirical analysis of the results to the catastrophe risk management system construction and support of security system, and put forward the catastrophe risk management, insurance policies and countermeasures which combined with national conditions and followed the operability guide. This mainly includes:

Chapter Ten: The system and regime innovation of catastrophe risk management. This chapter mainly discusses the system and mechanism of catastrophe risk management innovation, focusing on this research theme, this chapter first uses the method of comparative study to analyze the difference between developed and developing countries on catastrophe risk management system and mechanism, and derive inspiration; This chapter from the management structure, the disaster process as well as the management of the main comparison to analyze the difference between catastrophe risk management models; finally, earthquake and flood in this chapter as a key research analysis, establish suitable for China's catastrophe risk management system and mechanism from the aspects of goal, principle, mode and path.

Chapter Eleven: Reinsurance system design of catastrophe risk management. Catastrophe reinsurance as an important part of the security system of catastrophe risk management support, to build a reasonable choice under the condition that there are many difficulties in the current insurance mechanism. This chapter to study the supply and demand analysis of catastrophe insurance market imbalance as an opportunity, through the international comparison of catastrophe reinsurance system, systematically combing the main problems in the system of reinsurance arrangements and the key difficulties, and based on this, proposed building a security system to support China's catastrophe insurance ideas.

Chapter Twelve: Policy proposition of catastrophe risk management system. Catastrophe risk management system and mechanism of change and innovation as the main research content of this chapter. Firstly, clear the need to be fully considered in the design of the system catastrophe risk management principles and theories, this system is constructed on a scientific basis; Secondly, by comparison to Europe, the United States, Japan and other developed countries and regions in Latin America, Asia and other developing countries catastrophe risk management system and mechanism, summarizes and compares the practice of catastrophe risk management models; Finally, according to China's national conditions of the target mode rational choice, to provide a basis for the design and implementation of our catastrophe risk management systems.

Through the above analysis and research, this paper studied that yielded the following innovation in catastrophe risk management system of innovation research:

1. Research on innovation framework and route design

This paper, based on the domestic and foreign literatures, focuses on innovation of catastrophe risk management system as a breakthrough and key objectives, follows the basic paradigm of scientific research, economics, financial (Engineering), insurance, risk management, engineering, geology, meteorology and cultural psychology and other social and natural science knowledge, through the early warning and evaluation, the catastrophe risk pricing and actuarial, transfer and financing, system and mechanism, support policy intrinsic framework design, use interdisciplinary methods, more comprehensive, systematic, in-depth study of catastrophe risk management system innovation as the core, embodies the exploration and innovation, a breakthrough of the traditional research paradigm and perspective, expands the research breadth and the depth of the analysis.

2. Innovations of research approaches and research tools

(1) Systematic and comprehensive method of analysis. From the perspective of national strategy and the analytical view of entirety, this paper discusses the systematic integration and systematic complementation of each element of the mechanism of catastrophe risk in an evolutionary and dynamic way. Also, it assembles the framework of systematic and comprehensive analysis of the innovation of catastrophe risk management system, and suggests a long-term mechanism of development.

(2) Interdisciplinary research and comparative analysis. The paper not only involves social scientific theories such as financial engineering, financial market and risk management, but also uses tools of natural science. More than realizing the introduction of interdisciplinary, we implemented interdisciplinary in the constitution of our research team and research work. Meanwhile, on the basis of analyzing the catastrophe risk management of countries with different economic system and economic development level, the paper extracts the basic routine dependence characters and seizes the latest development of each type of national catastrophe risk management.

(3) Quantitative analysis and the innovation of actuarial model. On the basis of

qualitative analysis of the catastrophe risk management system and operating mechanism, this paper provides methods and tools for the compilation of catastrophe index, pricing/securitization/actuarial mechanism of catastrophe management products in China. In addition, by using models such as time series and multivariate statistics, the paper explores the improvement of catastrophe management products pricing model. On the basis of the researches and actuarial software that already exist, the actuarial model comprehensively adjusts and measures the practicality and sensitivity of catastrophe management products pricing and the compilation of catastrophe index.

3. Research contents and the innovation of research viewpoints

(1) Overall, the research is perfectly-thought-out in design and abundantly logical. The paper is consisted of three parts: theoretical research, empirical research and countermeasure research. On the basis of referring to relevant theories, the theoretical research part establishes the framework of theoretical analysis of catastrophe management mechanism. Based on the analysis and predictions of the catastrophe prewarning and evaluation mechanism, the empirical research part monitors and evaluates the pre-catastrophe mechanism of catastrophe risk. After primarily researching the pricing of catastrophe management products and the completion of actuarial system, the paper deals with post-catastrophe financing, the operation status and principles of emergency and compensation system. In the part of countermeasure research, the paper puts the result of theoretical research and empirical research together so as to promote practical and innovative suggestions for catastrophe risk management mechanism.

(2) The concrete innovations of the research is revealed by the solutions and viewpoints of parts such as the pricing of catastrophe management products and actuarial system, catastrophe risk transferring and financing mechanism, as well as the catastrophe risk funds. To be more specific:

Firstly, when it comes to the pricing of catastrophe management products and the completion of actuarial system, the compilation of the catastrophe index in China on one hand is one of the innovation points, as it provides the fundament of researching the catastrophe risk model in China, which helps to fill the vacancy in this field of study in the country. On the other hand, the empirical of catastrophe bond is also an innovation in this part. Up till now, there's quite few research in this field within China, yet the development of the market already calls for systematic theoretical research of the market, by improving the theoretical pricing model of the catastrophe risk management products to meet the characters of such products linking to insurance pricing and financial pricing.

Secondly, in the field of catastrophe risk transfer and financing mechanism, the innovation point lies in the research of the efficiency of catastrophe risk transfer and the conclusions and suggestions that are attached to it. In details, innovations include: ①When it comes to efficiency loss of financing and government interventions, by analyzing the possible existence of third-degree price discrimination, the problem of affordability, the insurers' pricing and efficiency loss, the financing efficiency differences caused by applying fair premium under different market conditions and the effects structures of earnings have on the implementation effects of fair premium, the paper provides targeted contingencies and combinations of intervention strategies. ②In the field of the internal efficiency of catastrophe risk capital market financing, starting with the substitutability of moral hazard of catastrophe securities and basis risk, the paper does researches on the optimal composition of moral hazard and basis risk and the improvements to the financing efficiency under given and developing technical level, while trying to summarize how the designing of catastrophe security products affects the financing efficiency by analyzing cases. ③About the financing integration effect, the paper proposes that a financing mechanism that includes insurance market, capital market and government will cause supplementary effect and substitution effect. Also it does researches on both of the effects and explores the path of improvement and possible suggestions.

Thirdly, the theoretical analysis and specialized research contents of catastrophe risk fund mechanism are playing the leading part in the rare documents of the field that currently exist. In order to ease the contradiction of the progressive current catastrophe risk and lack of supporting mechanism, the paper suggests to establish a catastrophe risk fund as soon as possible and construct a management system of the Catastrophe Fund System to prevent and dissolve catastrophe risks. Meanwhile, the social assistance system in China should be improved and a special-purpose catastrophe risk fund account should be opened for Vulnerable Group.

Fourthly, the analysis and research of catastrophe risk management mechanism and attaching policies provide directions and reference for relevant policy making in China. Exploring a catastrophe risk innovation mechanism that is simple, easy to manage and practical, establishing a catastrophe risk management mechanism that consists of catastrophe risk fund, taxation policies and legal system, become highlights of the research as well. Presently, catastrophe risk management is in a crucial period, isolated measures of reform should be avoided, whereas we need to comprehensively consider and promote the reform together with the innovations of management mechanism, the secure operation and the protection and growth of the fund, so as to enhance the performance of catastrophe risk management, maximize the value of it and to protect the interests of the people.

No matter in out or out of the country, the innovative research on the establishment and application of catastrophe risk management is extremely challenging. Both theoretically referable materials and documents and empirical practice and conclusions are scarce, let alone specific standard or political guidance. As a brand new exploration, the theoretical analysis, the practical exploration and the scientificity and practicality could all be incomplete or questionable, while the research could also have some shortcomings. With the progress of the theoretical research and the expansion of practical analysis in the field of catastrophe risk management in China, new situations and new problems are expected to be exposed. It takes long-term tracking and constant research to make the relevant establishment of catastrophe risk management in our country go deeper and fine down.

目录

导论　1

 第一节　选题背景和研究意义　1
 第二节　研究对象及其约定　3
 第三节　研究框架和内容　5
 第四节　研究方法和手段　9
 第五节　研究特色和创新之处　11

上篇

理论研究　17

第一章 文献综述　19

 第一节　巨灾风险的基本属性　19
 第二节　巨灾保险的市场机制　22
 第三节　巨灾风险的管理　30
 第四节　对国内外文献的评述　40
 第五节　本章小结　42

第二章 巨灾与巨灾风险的基本属性　43

 第一节　国内外的巨灾界定与本书标准　43
 第二节　巨灾风险的定义与分析　48
 第三节　巨灾风险的可保性　52
 第四节　巨灾保险的可负担性　58
 第五节　巨灾风险管理的公共物品属性　66

第六节　本章小结　71

第三章 ▶ 巨灾风险管理研究的前提和基础　72

第一节　巨灾风险管理的基本属性　72
第二节　巨灾风险管理的主要内容　76
第三节　巨灾风险管理研究的基本理论　86
第四节　巨灾风险管理研究的主要方法　106
第五节　巨灾风险管理研究的创新工具　109
第六节　本章小结　115

第四章 ▶ 巨灾风险管理制度及其历史与现状　116

第一节　巨灾风险管理制度的产生与发展　116
第二节　国际巨灾风险管理制度及其比较　118
第三节　中国巨灾风险管理制度的历史和现状　130
第四节　本章小结　156

中篇

实证研究　157

第五章 ▶ 巨灾风险的分类与预警　159

第一节　巨灾风险的分类与损失分层　159
第二节　巨灾风险预警的理论基础　163
第三节　巨灾风险预警的国际经验　172
第四节　中国的巨灾预警体系　178
第五节　地震风险的预警模型与中国应用　181
第六节　本章小结　189

第六章 ▶ 巨灾风险的评估与精算　190

第一节　巨灾风险的损失界定与损失度量　190
第二节　巨灾风险评估的原理　194
第三节　巨灾风险评估的主要方法　199
第四节　巨灾风险损失评估指数体系的构建　206
第五节　我国地震损失指数的指标设计及实证应用　218

第六节 我国洪水损失指数的指标设计及实证分析　235

第七节 本章小结　254

第七章 ▶ 巨灾风险的预防与控制　255

第一节 巨灾风险预防与控制的原理及思想　255

第二节 巨灾风险预防与控制的客观实体方法　259

第三节 巨灾风险预防与控制的主观建构方法　273

第四节 中国地震巨灾风险预防与控制　285

第五节 中国洪水巨灾风险预防与控制　292

第六节 本章小结　301

第八章 ▶ 巨灾风险的转移与融资机制　302

第一节 巨灾风险的政府转移与融资　302

第二节 巨灾风险的资本市场转移与融资　310

第三节 巨灾风险的其他转移与融资　321

第四节 巨灾风险转移与融资的整合　326

第五节 中国地震风险的转移与融资设计及其产品创新　335

第六节 中国洪水巨灾风险的转移与融资及其产品创新　345

第七节 本章小结　357

第九章 ▶ 巨灾风险的应急与补偿机制　358

第一节 巨灾风险应急与补偿的基本原理与理论工具　358

第二节 巨灾应急与补偿的政府定位与角色　364

第三节 巨灾应急与补偿中的保险定位与角色　372

第四节 巨灾风险应急与补偿机制中的其他主体角色与定位　377

第五节 中国地震和洪水巨灾风险的应急与补偿的机制设计　385

第六节 本章小结　396

下篇

对策研究　397

第十章 ▶ 巨灾风险的管理体制与机制创新　399

第一节 巨灾风险的管理体制与机制的理论基础　399

第二节　巨灾风险管理体制与机制的国际比较　407

第三节　巨灾风险管理模式的研究　420

第四节　中国地震巨灾风险管理的体制与机制创新　432

第五节　中国洪水巨灾风险管理的体制与机制创新　442

第六节　本章小结　456

第十一章　巨灾风险管理的再保险制度设计　457

第一节　商业性巨灾保险市场运行面临的问题及原因　457

第二节　主要国家和地区的巨灾再保险制度　470

第三节　中国巨灾风险管理再保险制度的构建　497

第四节　本章小结　507

第十二章　巨灾风险管理制度创新的政策主张　509

第一节　巨灾风险管理体制与机制创新的法律主张　509

第二节　巨灾风险管理制度创新的组织保障　515

第三节　巨灾风险管理制度创新的财政税收政策　526

第四节　巨灾风险管理制度创新的金融政策　532

第五节　巨灾风险管理制度创新的保险政策　549

第六节　巨灾风险管理制度创新的社会保障政策　558

第七节　本章小结　565

第十三章　研究结论与研究展望　566

第一节　学术与应用价值　566

第二节　主要的研究结论　569

第三节　研究的不足与展望　572

附录　575

参考文献　589

后记　613

Contents

INTRODUCTION   1

    First period   Background of the subject and research significance   1

    Second period   Object of study and appointment   3

    Third period   Research framework and content   5

    Forth period   Research method and tool   9

    Fifth period   Research feature and innovation   11

PART 1

THEORETICAL RESEARCH   17

CHAPTER 1   LITERATURE REVIEW   19

    1.1   Basic parameters of catastrophe risk   19

    1.2   Market mechanism of catastrophe risk   22

    1.3   Management of catastrophe risk   30

    1.4   Review of literature at home and abroad   40

    1.5   Chapter Summary   42

CHAPTER 2   BASIC PARAMETERS CATASTROPHE AND CATASTROPHE RISK   43

    2.1   Definition of catastrophe and the standard in the book   43

    2.2   Definition and analysis of catastrophe risk   48

2.3　Insurability of catastrophe risk　52

2.4　Affordability of catastrophe risk　58

2.5　Public goods attribute of catastrophe risk management　66

2.6　Chapter Summary　71

CHAPTER 3　THE PRECONDITION AND FOUNDATION OF CATASTROPHE RISK MANAGEMENT RESEARCH　72

3.1　Basic property of catastrophe risk management　72

3.2　Main content of catastrophe risk management　76

3.3　Basic theory of catastrophe risk management research　86

3.4　Main method of catastrophe risk management research　106

3.5　Innovative tools of catastropherisk management research　109

3.6　Chapter Summary　115

CHAPTER 4　THE PAST AND PRESENT OF CATASTROPHE RISK MANAGEMENT SYSTEM　116

4.1　Production of catastrophe risk management system　116

4.2　International catastrophe risk management system and comparison　118

4.3　Past and present of Chinese catastrophe riskmanagement system　130

4.4　Chapter Summary　156

PART 2
EMPIRICAL RESEARCH　157

CHAPTER 5　THE CLASSIFICATION AND EARLY WARNING OF CATASTROPHE RISK　159

5.1　Classification and loss of layered of catastrophe risk　159

5.2　Theoretical foundation of catastrophe risk early warning　163

5.3　International experience of catastrophe risk early warning　172

5.4　Catastrophe early warning system of China　178

5.5　Early warning model of earthquake risk and the application in China　181

5.6　Chapter Summary　189

CHAPTER 6　EVALUATION AND ACTUARY OF CATASTROPHE RISK　190

6.1　Loss definition and measurement of catastrophe risk　190

6.2　Principal of catastrophe risk evaluation　194

6.3　Main measurement of catastrophe risk evaluation　199

6.4　Establishment of catastrophe risk loss evaluation index system　206

6.5　Target design and empirical application of China's earthquake loss index　218

6.6　Target design and empirical application of China's flood loss index　235

6.7　Chapter Summary　254

CHAPTER 7　THE PRECAUTION AND CONTROL OF CATASTROPHE RISK　255

7.1　Principal and thought of preventing and controling catastrophe risk　255

7.2　Objective method of preventing and controling catastrophe risk　259

7.3　Subjective method of preventing and controling catastrophe risk　273

7.4　Preventing and controling of China's earthquake catastrophe risk　285

7.5　Preventing and controling of China's flood catastrophe risk　292

7.6　Chapter Summary　301

CHAPTER 8　CATASTROPHE RISK TRANSFER AND FINANCING SYSTEM　302

8.1　Government transfer and financing of catastrophe risk　302

8.2　Capital market transfer and financing of catastrophe risk　310

8.3　Other transfer and financing of catastrophe risk　321

8.4　Integration of catastrophe risk's transfer and financing　326

8.5　Financing design and innovation of earthquake catastrophe risk　335

8.6　Financing design and innovation of China's flood catastrophe risk　345

8.7　Chapter Summary　357

CHAPTER 9　EMERGENCY AND COMPENSATION SYSTEM OF CATASTROPHE RISK　358

9.1　Principal and tools in catastrophe risk emergency and compensation　358

9.2　Government niche and role in catastrophe emergency and compensation　364

9.3　Insurance niche and role in catastrophe emergency and compensation　372

9.4　Other subject and role in catastrophe emergency and compensation　377

9.5　Emergency and compensation system design of catastrophe risk　385

9.6　Chapter Summary　396

PART 3
COUNTERMEASURE RESEARCH　397

CHAPTER 10　THE SYSTEM AND REGIME INNOVATION OF CATASTROPHE RISK MANAGEMENT　399

10.1　Theoretical foundation of catastrophe risk management system　399

10.2　International comparison of catastrophe risk management system　407

10.3　Research of catastrophe risk management model　420

10.4　System and innovation of earthquake catastrophe risk management　432

10.5　System and innovation of flood catastrophe risk management　442

10.6　Chapter Summary　456

CHAPTER 11 REINSURANCE SYSTEM DESIGN OF CATASTROPHE RISK MANAGEMENT　　457

　　11.1　Matter and reason in commercial catastrophe insurance market　　457

　　11.2　Catastrophe reinsurance system in main states and regions　　470

　　11.3　Establishment of China's catastrophe risk management reinsurance system　　497

　　11.4　Chapter Summary　　507

CHAPTER 12 POLICY PROPOSITION OF CATASTROPHE RISK MANAGEMENT SYSTEM　　509

　　12.1　Law proposition of catastrophe risk management system mechanism　　509

　　12.2　Organization guarantee of catastrophe risk management system　　515

　　12.3　Fiscal revenue policy of catastrophe risk management system innovation　　526

　　12.4　Financial policy of catastrophe risk management system innovation　　532

　　12.5　Insurance policy of catastrophe risk management system innovation　　549

　　12.6　Social security policy of catastrophe risk management system innovation　　558

　　12.7　Chapter Summary　　565

CHAPTER 13 RESEARCH CONCLUSION AND OUTLOOK　　566

　　13.1　Academic and application value　　566

　　13.2　Main research conclusion　　569

　　13.3　Deficiency and outlook　　572

APPENDIX　　575

REFERENCE　　589

Postscript　　613

导　论

第一节　选题背景和研究意义

一、选题背景

随着世界经济的不断发展、人口的爆炸式增长、城市化脚步的加快，各类自然灾害频繁发生，2001年的"9·11"恐怖袭击、2002年的洪水灾害、2003年的欧洲热浪、2004年的印度洋海啸、2005年的美国卡特里娜飓风，2006年的印度尼西亚地震，2007年的孟加拉国热带风暴，2008年的汶川地震，2009年的莫拉克台风，2010年的海地地震以及2011年的东日本大地震①等都给全世界人们带来巨大的财产损失和人员伤亡，世界上主要的环大陆板块国家均遭受过地震威胁（见表1）。

表1　　　　　　　　　破坏性地震发生最多的国家

国家	1970～2009年地震次数	国家	1970～2009年地震次数
印度尼西亚	35	哥伦比亚	9
伊朗	25	日本	9

---

① 2011年4月1日，日本内阁会议决定将2011年3月11日发生的大地震称为东日本大地震。

续表

国家	1970~2009年地震次数	国家	1970~2009年地震次数
中国	21	印度	7
土耳其	13	意大利	7
阿富汗	10	希腊	6
墨西哥	10	菲律宾	6
巴基斯坦	10	阿尔及利亚	5

注：Sigma, *Natural catastrophes and man – made disasters in* 2009: *catastrophes claim fewer victims, insured losses fall.* 2010, 1.

国际巨灾高发期大背景下，我国也不能幸免，根据民政部发布的数据，1990~2009年20年间，中国因灾所致直接经济损失占国内生产总值的2.48%，平均每年有1/5的国内生产总值增长率因自然灾害损失而抵销。在受灾较严重的2008年，灾害直接经济损失占当年国内生产总值比重达到了3.91%，自然灾害已经成为制约我国经济社会发展的重要因素。巨灾风险及其损失的现实，既表明我国客观上对巨灾风险管理有迫切的潜在要求，同时更强烈呼唤建立与发展多视角、多层次、整合性、具有中国特色的巨灾风险管理体系。

二、研究意义

巨灾风险管理作为一个独立的理论体系开始得到系统的关注和研究起源于20世纪70年代，随着全球自然灾害和人为灾祸的频繁发生，国际学术界和风险管理实务界开始日益重视巨灾风险管理研究，尤其是20世纪90年代初兴起的资本市场保险金融创新，为巨灾风险的转移和分散带来新的希望。巨灾风险及其管理也因此再度成为风险社会环境下，社会各界予以高度关注的重点领域。面对巨灾风险及其损失的严重性和影响力，研究巨灾风险管理制度及其创新，为巨灾风险管理体系的改进与重构提供有力的决策支持既具有重大的理论价值，又具有重要的现实意义。

（一）理论意义

第一，跨学科多视角研究巨灾风险管理机制及其创新问题，进而构建新型的巨灾风险管理体系，可以补充和丰富中国风险管理与保险理论体系；同时运用多种方法综合研究巨灾风险的测度、预警、评估等，也可以推动中国巨灾风险与保险管理的理论发展。

第二，全方位、多层次和系统地整体构建与创新巨灾风险管理体系，并在此基础上进一步探求巨灾风险管理体系的各个子系统的演进轨迹和运行规律，不仅可以更新传统的出发点和思维方式，而且可以在方法论上进行大胆的探索和改进。

第三，从战略发展和机制建设的高度，统筹规划巨灾风险管理战略，搭建协调配合的巨灾风险管理政策与其他支持体系，进而指导与开展有效的实践活动，可以促进巨灾制度研究整体化、集中化和制度化，进而实现认识论的升华和价值的扩展。

（二）现实意义

第一，随着我国经济社会快速发展、城市化进程加快、财富集中程度上升，灾害事故造成的经济损失呈现出快速增长的趋势，巨灾风险问题已成为我国经济社会发展过程中必须关注的重大问题，研究巨灾风险有助于在巨灾风险及其损失的现实威胁下通过构建与创新巨灾风险管理的体制与机制化解各类巨灾风险。

第二，巨灾风险管理体系包括巨灾风险的预警与评估、巨灾产品的定价与精算、巨灾风险的应急与补偿以及巨灾风险的转移与融资等方面内容。各国经验表明，建立完备的巨灾前预防和巨灾后全面系统的风险管理战略与处理机制，有助于政府等部门在制定国家经济稳定的整体框架下制定巨灾风险管理的全面战略，对维护国家的经济稳定与金融安全乃至社会稳定与和谐建设均具有十分积极与重大的意义。

第三，研究巨灾风险产生的原因，理清巨灾风险管理制度各子体系的相互影响，才能对巨灾风险进行监测与预警，有助于政府和相关单位甚至全社会采取正确的措施，适时恰当地介入风险形成过程，进行有效的风险防范或危机管理。

第二节　研究对象及其约定

一、关于巨灾风险管理研究内容的约定

（一）巨灾风险本身的研究

关于巨灾风险本身的研究，主要是利用概率论和数理统计，建立巨灾风险模

型、模拟巨灾风险情景、研究巨灾损失分布的尾部特征、计算保险公司破产概率、比较巨灾风险的大小、确定巨灾再保险的最优方式等。由于需要较为深厚的数学、统计和其他自然学科知识,这部分研究逐渐脱离实际保险原型,被赋予了带有数学色彩的理论研究价值,成为概率论和数理统计一个十分活跃的应用性学术领域。

(二) 关于巨灾保险市场的研究

关于巨灾保险市场的研究,主要是利用经济学中的供求理论和保险学中的可保性原理,通过建立期望损失模型、风险市场偏好以及风险感知条件,研究分析巨灾保险市场中供给不足以及需要不旺的主要原因,同时通过比较分析传统的可保性约束条件,探究巨灾风险合理承保的约束条件,并希望以此鼓励保险公司开发研究更多的巨灾保险产品。相对于巨灾风险本身的研究,该部分的研究内容比较接近实际,较多地思考了保险公司日常经营中所面对的具体问题,具有很强的应用价值。

(三) 关于巨灾风险的管理问题

关于巨灾风险的分散问题,主要利用风险决策论和金融工程学的原理,从研究不同风险主体(被保险人、保险公司、政府等)的风险偏好入手,研究巨灾风险的市场特征以及巨灾风险的最优配置和转移方式,一方面通过巨灾风险的建模制订出最优的再保险转移方案;另一方面通过对巨灾衍生产品的触发机制以及定价模式研究开发各类巨灾衍生产品,将巨灾风险转移到资本市场,进而到达原保险与再保险、传统保险承保方式与创新承保保险方式之间的最优匹配。这一问题的研究,是当前巨灾风险管理理论体系中的热点。

(四) 关于巨灾风险管理的政策和制度

关于巨灾风险管理的政策和制度研究,主要是利用公共经济学和风险管理学中的基本原理,通过各种巨灾风险管理模式的比较,探究最优模式。当前的主流观点是为了应对巨灾风险,除了直接税收、贷款和救济等基本措施外,世界各国政府和国际性组织还设立了专门性巨灾项目和计划,以及由政府、保险公司和行业协会牵头组成的联合体,目的是将分散在社会各个方面的力量和资金聚合起来,针对性地防范巨灾风险,维护保险人和被保险人利益。

二、关于巨灾风险管理研究对象的约定

巨灾风险按不同的标准有多种分类方法，比较有代表性的分类方法是将其按发生的原因进行划分，主要分为自然灾害风险和人为灾害风险。

自然灾害是指由自然力造成的事件，这种事件造成的损失通常会涉及某一地区的大量人群。灾害造成的损失程度不仅取决于该自然力的强度，也取决于受灾地区的自然地理条件、防灾措施的功效等人为因素。从1989年开始，科技部、国家计委、国家经贸委三部委根据灾害特点、灾情管理及减灾系统的不同，研究组建议将自然灾害分为气象灾害、海洋灾害、洪水灾害、地质灾害、地震灾害、农作物灾害、森林灾害七大类。

人为灾害是指成因与人类活动有关的重大事件。在这类事件中，一般只是小范围内某一大型标的物受到影响，而这一标的物只为少数几张保险单所保障。人为灾祸的具体形式包括：重大火灾、爆炸、航空航天灾难、航运灾难、公路/铁路灾难、建筑物/桥梁倒塌以及恐怖活动等。

为提高课题研究的针对性，本书将研究的内容和范围进行锁定。本书中所研究的"巨灾风险"主要是指自然灾害风险，即人类依赖的自然界中所发生的，给人类活动所依赖的自然环境以及人类社会本身带来巨大影响的异常现象，诸如地震、洪水、火山爆发等。人为灾害风险由于与人类活动有关，影响其发生频率及灾害损失程度的因素更为复杂，并不属于本课题项目的研究范畴。当然，随着课题研究的逐步深入，也会将研究的范围适当扩大。

第三节 研究框架和内容

一、研究框架

本课题研究总体由理论研究、实证研究和对策研究三个部分构成。三部分研究的具体内容主要以地震和洪水巨灾为例。理论研究部分将借鉴和运用相关理论，构建巨灾风险管理制度的理论基础与分析框架。实证研究部分立足于巨灾风险预警与评估制度的分析研究，创新地建立巨灾风险的灾前评估的监测与评价标准与体系，重点开展巨灾风险产品的定价与精算制度研究，然后对巨灾风险的灾

后融资、应急与补偿制度进行制度设计和机制探索。对策研究部分将综合理论规范分析与实证分析的结果，对巨灾风险管理体系的建设和支持保障制度的内容，提出结合国情的、遵循可操作性导向的巨灾风险管理与保险的政策和对策建议。课题总体框架结构如图1所示。

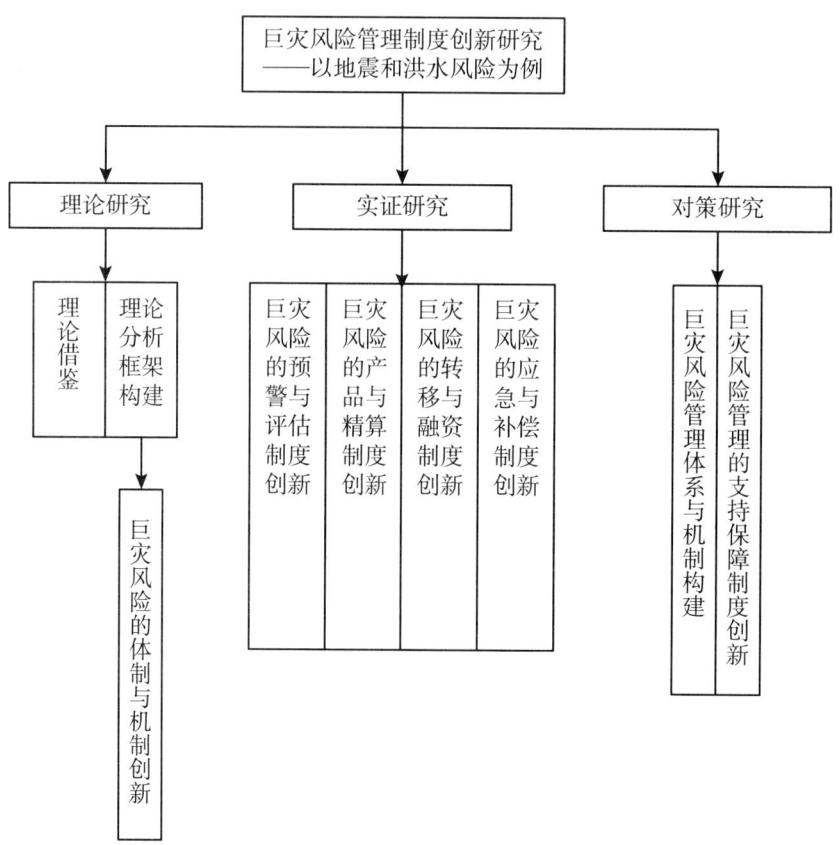

图1 本书研究总体框架结构

二、研究内容

（一）巨灾风险管理制度的理论研究

第一章，文献综述。巨灾风险管理制度创新研究作为一个系统化的理论分析框架，在进行深入研究之前，需要对现有研究情况和研究方法进行总结和评述。本章从巨灾风险的基本属性、巨灾保险的市场机制以及巨灾风险的管理三个方面对当前有关巨灾风险管理的研究进行梳理。本章认为，虽然当前巨灾风险管理研究方法多样、观点新颖，但是总体上看依然缺乏系统性和整体性，因此需要整合资源，站在国家巨灾风险管理的宏观性视角，利用多样化的分析手段进行实证性研究，这样才能制定出更具有针对性的导向性政策。

第二章，巨灾与巨灾风险的基本属性。本章作为巨灾风险管理制度创新研究中的基础性章节，是全文进行系统研究的铺垫和起点。本章围绕巨灾与巨灾风险的基本属性，从巨灾与巨灾风险的概念性界定出发，通过国内外的对比分析，提出了本书对巨灾和巨灾风险的界定标准；通过巨灾风险的可保性分析和可负担性分析，探讨巨灾风险进行转移与分散的机制和机理，为保险机制参与巨灾风险管理以及为多层次巨灾风险转移模式的构建奠定了基础；通过对比分析巨灾风险的公共品属性，指出巨灾风险管理具有半公共物品属性，政府有责任也有义务参与巨灾风险管理。

第三章，巨灾风险管理研究的前提和基础。本章主要研究叙述巨灾风险管理的基本属性、主要内容，以及巨灾风险管理研究的理论工具和方法。本书认为，巨灾风险作为风险管理系统中的重要组成部分，与一般风险管理和防灾减灾管理存在必然的区别，巨灾风险管理更加强调系统性和整体性；鉴于巨灾风险的复杂性，巨灾风险管理的主体较多，方法较广、流程和模式较为复杂，需要在实践中不断总结巨灾风险管理的工具和方法；巨灾风险管理研究作为一个学科，也具有较为深厚的理论支撑，先进的研究方法和合理的研究工具。

第四章，巨灾风险管理制度及其历史与现状。巨灾风险管理制度作为巨灾风险管理的承载主体，其组织系统和结构流程直接关系运行效率的高低，成为影响巨灾风险管理的重要因素。本章通过历史对比和国际比较，首先分析国际巨灾风险管理制度产生和发展的基本情况，然后就代表性的国际巨灾风险管理制度进行论述，并从中总结国际巨灾风险管理制度中的先进经验和主要不足，并以此为基础，回顾总结我国自身巨灾风险管理的框架及其运行模式，指出我国当前巨灾风险管理制度在实施中存在的问题。

（二）巨灾风险管理制度的实证应用

第五章，巨灾风险的分类与预警。巨灾风险分类与预警作为巨灾风险管理的起点，在风险社会化的背景条件下作用更加突出。本章以研究界定巨灾风险的分类和分层为起点，在对巨灾风险预警过程进行理论分析的基础上，就巨灾风险预警体系中的国际经验进行了系统总结，并从水文气象和地质环境两个维度对巨灾风险预警体系进行分类；最后本章总结了巨灾预警体系在我国的发展，本章认为针对大量自然灾害发布警报的预警系统目前正在发挥着作用，但是需要提高机构的信息传导效率和快速响应能力。

第六章，巨灾风险的评估与精算。本章主要研究巨灾风险的损失评估与精算。围绕这一研究主题，本章从概念解析和含义界定出发，以巨灾指数与巨灾风险管理的关系为重点，对巨灾风险损失评估的基本属性和主要原理进行分析，并立足于理论研究的科学性，论述巨灾风险评估的主要原理和方法。在此基础上，结合我国当前的巨灾风险管理与巨灾指数现状，探讨我国巨灾损失指数的编制方案和具体政策，并以地震损失指数和洪水损失指数为例进行了损失指数的理论编制和实证应用。

第七章，巨灾风险的预防与控制。本章主要研究分析巨灾风险的预防与控制。传统的巨灾风险预防与控制大多是从客观实体与主观构建的两个维度进行分析，本章遵循这一传统思路，并结合中国的国情进行具体研究。本章认为，巨灾风险预防与控制的实质，就是综合利用法律、行政、经济、技术、教育与工程手段，合理调整客观存在于人与自然之间及人与人之间基于巨灾风险的利害关系，以实现限制灾害损失急速增长的趋势，为经济社会持续稳定的发展提供更高标准的保障。

第八章，巨灾风险的转移与融资机制。传统巨灾风险转移方式的滞后，致使在巨灾风险管理过程中，需要寻找新的巨灾风险的转移融资方法。政府和资本市场作为传统巨灾风险转移与融资的主要参与者，是本章研究分析的基础。本章希望通过政府转移融资、资本市场转移融资以及其他方式转移融资的对比分析，促使巨灾风险转移与融资在组织架构和管理工具上的整合。为更加科学而合乎逻辑地说明问题，本章最后还选择地震债券和洪水债券做了具体的研究，所得到的结论基本支持本书的观点，也就论证了整合巨灾风险转移和融资的必要性和科学性。

第九章，巨灾风险的应急与补偿机制。本章主要研究巨灾风险的应急与补偿。首先，本章叙述巨灾风险的应急与补偿的基本原理和理论工具；然后再从政府、保险和再保险、资本市场以及其他主体四个角度就巨灾风险应急与补偿中的职能和角色定位，以及主要的缺陷和不足进行了深入的剖析，尤其是重点提出了改善我国应急补偿机制的思路；最后本章将所有的应急与补偿机制进行了整合，以地震和洪水为例，从实证层面构建了中国的巨灾风险应急与补偿机制。

（三）巨灾风险管理制度的对策分析

本部分将综合理论规范分析与实证分析的结果，对巨灾风险管理体系的建设和支持保障制度的内容，提出结合国情的、遵循可操作性导向的巨灾风险管理与保险的政策和对策建议，主要包括：

第十章，巨灾风险的管理体制与机制创新。本章主要论述巨灾风险管理的体制与机制创新，围绕这一研究主题，本章首先采用对比研究的分析方法，重点比较发达国家和发展中国家巨灾风险管理体制与机制之间的差异性,并从中得到启示;本章再从管理结构、灾害过程以及管理主体的比较出发,研究巨灾风险管理模式之间的不同;最后本章选择地震和洪水作为研究分析的重点,从目标、原则、模式以及路径等多个维度构建起适合我国国情的巨灾风险管理体制与机制。

第十一章,巨灾风险管理的再保险制度设计。巨灾再保险作为巨灾风险管理支撑保障制度中重要组成部分,在当前保险机制构建存在诸多难点的条件下无疑不失为一种合理的选择。本章以研究分析巨灾保险市场中的供求不均衡为契机,通过国际巨灾再保险制度的比较,系统梳理当前再保险制度安排中存在的主要问题和关键难点,并在此基础上,提出构建中国巨灾保险支持保障制度的思路。

第十二章,巨灾风险管理制度创新的政策主张。本章以巨灾风险管理体制与机制的变革和创新为主要研究内容,首先明确在制度设计中需要充分考虑的巨灾风险管理的有关原理和理论,使该项制度建构在科学的基础上;其次,通过比较欧洲、美国、日本等发达国家与地区和拉丁美洲、亚洲等发展中/转型国家巨灾风险管理的体制与机制,总结和比较实践中存在的巨灾风险管理基本模式;最后,再根据我国国情对有关目标模式进行合理的选择,为我国巨灾风险管理制度的具体设计和实施提供基础。

第四节 研究方法和手段

一、研究方法

在研究方法选择上,在规范、实证,归纳、演绎,定性、定量等众多的研究方法中,既不是无依据的拿来也不是单一或无针对性泛化的运用。本课题在对个别问题进行方法运用外,其重要的特色贯穿并努力实现研究方法上的三个结合,主要采用以下三种研究方法:

(一)系统与综合的分析方法

巨灾风险管理制创新研究关系到广大群众的切身利益,关系到和谐社会的建设,更关系到社会的长治久安,所以本课题将巨灾风险管理制度创新纳入我国和谐社会与和谐金融建设这一系统工程，唯有如此才能使巨灾风险管理制度的理论和政策，直接服务并服从于和谐金融的大局。由于巨灾风险管理制度创新是一项系统工程，因此课题站在国家战略高度，以系统整体的分析视角，用发展联系与动态的思维探讨了巨灾风险制度各子项目的系统整合与系统配套，搭建了我国巨灾风险管理制度创新的系统综合分析框架并勾勒出发展的长效机制。

（二）跨学科研究与比较分析法

巨灾风险管理问题属性上涉及跨领域和多学科，具有交叉边缘性，其制度创新需要采用跨学科和比较分析研究方法，为此，本课题不仅运用金融工程与金融市场和风险管理理论等社会科学理论，而且还应用自然科学的工具；不仅停留在意识到运用跨学科而且体现在研究团队构成和研究工作中体现跨学科。同时，在不同经济体制与不同经济发展程度国家的巨灾风险管理的比较分析基础上，提炼不同类型国家巨灾风险管理的路径依赖特征，把握不同类型国家巨灾风险管理的最新发展趋势。

（三）定量与精算模型计量法

在对巨灾风险管理制度与运行机制进行定性分析的基础上，本书为印证理论分析的科学性，采用了大量的定量分析方法进行进一步的测度，如构建一整套指数体系检测我国巨灾风险指数编制的科学性；通过巨灾风险产品定价或者证券化测算巨灾债券价格和费率拟定的科学性；运用时间序列和多元统计等模型，探索改进巨灾风险产品定价模型。

二、研究手段

本书在综合国内外文献的基础上，着力于巨灾风险管理制度创新为突破与重点目标，遵循科学研究的基本范式，以经济学、金融（工程）学、保险学、风险管理学、工程学、地质学、气象学和文化心理学等其他人文社会和自然科学知识，通过对巨灾风险的预警与评估、产品定价与精算、转移与融资、体制与机制、支持保障政策等内在有机的框架设计，运用跨学科方法，较为全面、系统、深入地开展以制度创新为核心的巨灾风险管理研究，体现探索性和创新性，突破传统研究范式与视角，扩展研究的广度和分析问题的深度，本书的研究路径分析如图2所示。

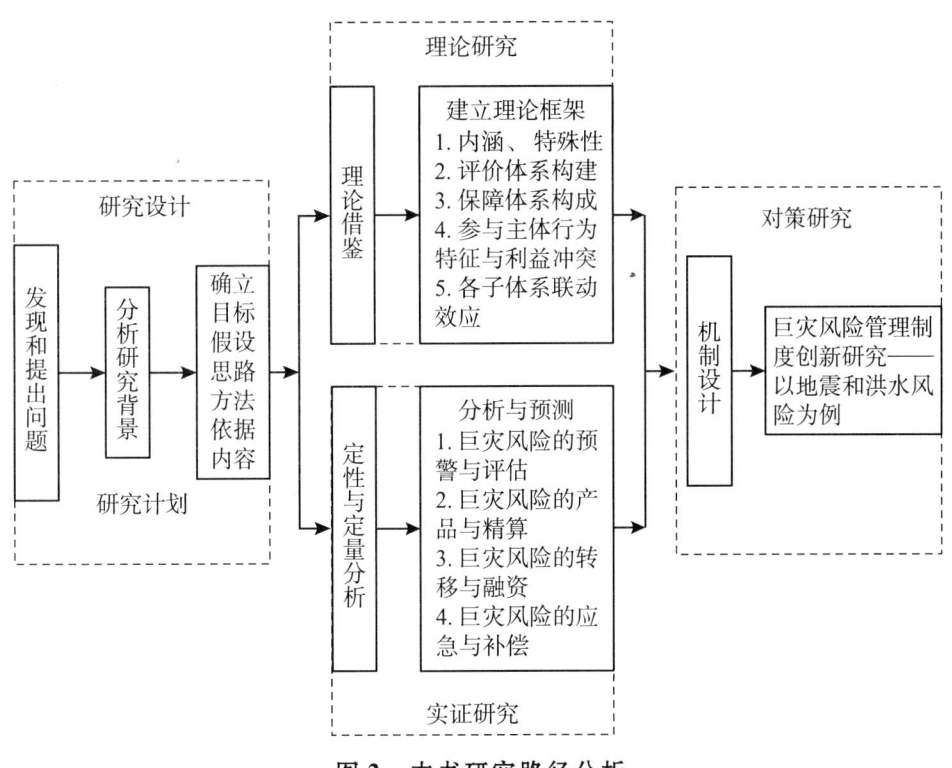

图 2　本书研究路径分析

在研究范式定位上，本书遵循从问题提出到揭示隐藏在问题背后的本质与思维逻辑，透过纷繁复杂的单个或零散现象，到关联与整体看待巨灾风险管理本质，再到寻求破解重大问题症结，到提出并研究解决问题的基本范式。

在研究工具运用上，由于本书内容涉及领域独特，涉及面宽，可直接借鉴的经验少，因此进行跨学科研究和多工具综合运用是突出特点，其中主要运用包括公共经济学在内的经济学、金融学、财政学、风险管理与保险理论等进行理论建模，并采用多种经济计量方法进行实证研究。

第五节　研究特色和创新之处

一、研究特色

本研究通过对巨灾风险的基本理论问题的分析，给出适用于我国基本国情的巨灾风险定义，并对巨灾风险的基本特征进行详尽分析。在对巨灾风险管理的各个组织环节进行实证研究的基础上，对巨灾风险管理组织保障体系进行系统性研究。本书在研究过程中存在以下的研究特色：

（一）理论性与前沿性

本研究从基本的理论问题开始，在总结与评述国内外关于风险、巨灾风险的定义后提出了本书的含义，然后在理论上分析了巨灾风险的可保性、可负担性以及公共物品属性等，厘清有关巨灾风险的基础问题，并为下一步的巨灾风险管理做准备。同样在本研究的每一部分都将相关的理论问题、基础概念问题厘清后再依据现实实践做进一步探讨。本研究在注重理论基础的同时，把握国际前沿问题，保持国内研究领域的领先地位，无论是巨灾风险的属性分析，还是我国巨灾损失指数的构建以及相关指数保险产品的定价和巨灾风险管理体制机制的创新，保持国内相同领域的前沿研究。

（二）重点性与适用性

巨灾风险管理体制创新是一个完整的框架体系，本研究的每一部分都将解决与此相关的重点问题。第一部分的基础理论探索解决巨灾风险的概念、属性问题，第二部分巨灾风险控制与预防旨在解决巨灾风险转移与融资体系问题，第三部分则是重点解决我国巨灾风险管理体制机制的创新设计问题。巨灾风险管理实践较多，不同的国家、不同的社会制度、不同的发展阶段以及巨灾风险的类型不同，巨灾风险管理体制也各有差异；巨灾风险管理模式有政府主导型，有市场主导型还有公私结合型。本研究在深刻学习各种风险管理实践的基础上结合中国的基本特点设计适用于我国的巨灾风险管理体制机制。

（三）长效性与探索性

中国的巨灾风险研究和巨灾风险管理处于起步阶段，由于巨灾频发损失愈发严重加速了我国建立巨灾风险管理体制的步伐。本研究立足当前巨灾风险融资管理体制的现状与不足，并结合长远发展目标，设计具有长效机制的巨灾风险管理框架体系。在具体的研究过程中，大胆地进行研究假设，希望以此探索巨灾风险管理中的各类复杂问题，并形成解决方案。

二、研究中的主要创新

项目研究创新主要体现在研究框架与路径设计、研究方法的改进与创新、研究内容与观点三大方面,其中研究内容与观点是研究创新的重点。

(一) 研究框架与路径设计的创新

大量研究人员和专家学者对巨灾风险的研究已经取得了不少富有成效的研究成果。然而,在我国涉及巨灾风险管理制度的创新研究,相关有系统、全面、创新程度高、针对性强、理论紧密结合实践的文献并不多见。多数研究不仅没有讨论巨灾风险管理制度创新主题,而且其理论依据单薄、分析欠深入、说服力不强、方法局限。为此,本项目在综合国内外文献的基础上,着力于巨灾风险管理制度创新为突破与重点目标,遵循科学研究的基本范式,以经济学、金融(工程)学、保险学、风险管理学、工程学、地质学、气象学和文化心理学等其他人文社会和自然科学知识,通过对巨灾风险的预警与评估、产品定价与精算、转移与融资、体制与机制、支持保障政策等内在有机的框架设计,运用跨学科方法,较为全面、系统、深入地开展以制度创新为核心的巨灾风险管理研究,体现探索性和创新性,突破传统研究范式与视角,扩展研究的广度和分析问题的深度。

(二) 研究内容和研究观点的创新

1. 研究整体上内容布局严谨并富有逻辑性

本课题主要由理论研究、实证研究和对策研究三大部分组成。理论研究部分在借鉴相关理论的基础上,构建巨灾风险管理制度的理论分析框架;实证研究部分,基于巨灾风险的预警与评估制度的分析与预测,对巨灾风险的灾前评估体系进行监测与评价;在重点研究巨灾风险的产品定价与精算制度的完善后,对巨灾风险的灾后融资、应急与补偿制度的运行状况与规律进行分类研究;对策研究部分将综合理论与实证分析的结果,对巨灾风险管理制度提出具有可操作性的创新性建议。

2. 研究内容的具体创新

研究内容的具体创新以巨灾风险产品的定价与精算制度、巨灾风险转移与融资制度和巨灾风险基金等部分的结论和观点突显出来。具体说来:

第一,在巨灾风险产品的定价与精算制度方面。一方面,对我国巨灾指数的编制是创新的亮点,为我国巨灾风险模型的研究提供基础,弥补国内此方面研究的空白;另一方面,巨灾债券的实证研究也是本部分的创新所在,目前为止我国该方面的研究成果屈指可数,而市场的发育已经要求对市场进行系统的理论分析,通过对巨灾风险产品的理论定价模型进行改进,以满足该种产品连接保险定价与金融定价的特征。

第二，在巨灾风险的转移与融资制度方面。巨灾风险融资效率的研究及其相应的结论与建议是创新的重点。具体创新表现在：一是在融资效率损失与政府干预方面，通过分析三度价格歧视及可负担性问题存在的可能性，价格歧视下保险人定价和效率损失，不同市场条件下巨灾保险实施平准费率导致融资效率的差异以及收入结构对平准费率实施效果的影响，针对性地给出了权变和组合性的干预措施；二是在巨灾风险资本市场融资的内部效率方面，通过从巨灾证券道德风险和基差风险的替代性入手，在技术给定和进步条件下，研究道德风险和基差风险的最优组合以及对融资效率的改进，并试图通过案例研究，分析归纳巨灾证券产品设计对融资效率的影响；三是在融资整合效应方面，提出一个包括保险市场、资本市场和政府在内的融资机制将产生补充效应和替代效应，研究两类效应的形成，以及改进融资效率的路径和建议。

第三，巨灾风险基金的制度安排的理论分析和专项研究内容，也是在国内现有极少的文献中领先的。为缓解当前巨灾风险不断加剧和支持保障制度不足的矛盾，建议尽快建立巨灾风险基金，构建系统性的巨灾基金管理体系，防范和化解巨灾风险。同时，应当完善我国的社会救助体系，为弱势群体设置巨灾基金的专用账户。

第四，巨灾风险管理体制与创新机制以及相关综合配套政策的分析研究，为我国制定相关政策制度提供思路与方向和依据。探索简单、透明、易于管理和实施的巨灾风险创新机制，构建包括巨灾风险基金、税收政策、法律制度等为一体的综合性巨灾风险管理体制，成为本课题巨灾风险管理制度创新研究的又一亮点。当前巨灾风险管理已经进入了一个关键时期，应当避免单项改革措施的推进，相反需将改革推进与管理体制创新，立法规范完善，基金安全营运与保值增值等，进行综合考虑、整体推进，不断提升巨灾风险管理的绩效，最大化巨灾风险管理价值，保障人民群众利益。

三、研究难点和不足

巨灾风险管理创新研究的构建及其应用在国内外都是一项十分具有挑战性的研究课题，既缺乏理论上可直接借鉴的资料与文献，也没有实践中丰富的经验与总结，更没有出台具体的标准和政策实施指导意见。作为一项全新的探讨，理论分析可能难免挂一漏万，实践探索可能出现以偏概全，相关结论的科学性和有效性也会存在一定的质疑，本书的研究也存在一些不足之处。

（一）核心概念界定及其逻辑关系上，仍存在着分歧与争议

我国巨灾的大小与边界界定不清晰将影响巨灾的测度，本书所界定的巨灾风险能否经得起推敲也需要实践的检验；目前，巨灾风险融资主要集中在金融市场中的风险转移，而巨灾风险融资又无确切经济学含义，这就使得金融市场与保险市场之间的融合存在一定的制约，关系到巨灾损失补偿的科学建立；此外，随着灾害形势的日益严峻，应急机制与补偿机制间内在关系需要进一步探索等。

（二）巨灾风险评估与指数编制存在一定的客观障碍和条件约束

由于巨灾风险评估涉及气象、地质、水文等特定的专业知识，对其研究在一定程度上超越了人文社会科学的研究范畴，而其内容又是巨灾风险管理实践所需要的，虽然本书编制构建出了巨灾指数，但是仅仅局限于地震巨灾，还没有推广到其他巨灾指数。在未来的研究中，理论上的研究如何对实践进行指导，使两者尽可能协调统一，也需要进一步系统性地进行深入分析。

（三）巨灾风险产品定价和精算中的技术难题也尚未突破

首先，巨灾风险发生概率小，加之过去的忽视，我国至今尚未建立较为完善的灾害及损失数据的保留与共享机制，这必将导致产品定价和其他精算问题所需要的有效数据的可得性降低，难以达到模型和结论的稳定性。其次，某些巨灾风险产品同时连接了保险市场和金融市场，使其价格决定机制更为复杂。这些现实中存在的关键技术性标准和定量依据需要在实践中进一步进行修正和完善。

（四）巨灾风险管理体系的实际运行存在国情和政体的限制

发展中与转型国家的政府在政府的职能界定等方面除固有基本职能外还拥有一定的特殊职能，不同政府对巨灾风险管理的重视与影响程度，表现出不同的行为特征。创新型政府主导的巨灾风险"公共品"，抑或政府与市场有机结合的、体现多层次、多水平、多保障、多方位，同时利益均衡具有可操作的巨灾风险管理制度，若要在不同的国家实现有效的整合和良性发展，无疑有相当的难度，也需要结合不同的国情来进行进一步的分析。

（五）巨灾风险及其管理创新研究的普遍性还需进一步完善

巨灾风险的种类繁多、结构复杂，本书的研究过程中，仅仅选择了洪水和地震这两类自然巨灾风险作为研究重点，对于目前比较关注的农业巨灾、恐怖袭击

等其他巨灾风险,本书并没有过多的涉足和分析。从自然巨灾抽象到人为巨灾自然是本课题的难点,更是方法论的难题,现行的研究方法虽然看似科学合理,但能否适应于所有的巨灾种类,只有通过实践的检验才能形成最后的结果。

总之,随着我国巨灾风险管理理论研究的深入和实践分析的拓展,会进一步暴露出一些新情况和新问题,需要今后长期追踪和持续深入研究,才能使我国巨灾风险管理的相关制度构建更加深入和完善。

上 篇

理论研究

第一章

文献综述

第一节 巨灾风险的基本属性

一、巨灾风险的可保性

我国学者很早就开始对巨灾风险是否具有可保性予以关注。李炳圭、薛万里（1997）以地震保险为主要研究对象，指出在地震巨灾保险中，国家事实上充当了最终保险人的角色，因此，商业性地震保险的灾后经济补偿不论其规模大小，都发挥着减轻国家财政负担的作用。胡炳志等（2002）用经济学方法分析了可保风险与不可保风险的区别，并指出所谓可保风险，就是在不违背法律法规的前提下，保险人凭现有的资金和技术承保该风险，并不会因该风险的发生对其财务稳定性和偿付能力产生严重影响，并且承保条件和保险费应该是为投保人所接受的。胡新辉等（2008）从个体选择行为角度出发分析了我国洪水风险的可保性，结合有限理性假说指出在我国经济、社会以及保险业承保能力等条件下，洪水风险对于私人保险市场是不可保的风险。丁元昊（2008）从商业保险市场角度指出只有解决了"逆选择、可评估性、经济可行性"等传统风险可保条件后，巨灾风险才具有可保性。

国外学者对巨灾风险可保性的讨论则分别从精算角度、经济学角度、损失分摊角度展开。在私人保险市场方面，伯利纳（Berliner，1982）从保险产品的精算角度提出了评判可保性的一些标准。昆鲁瑟等（Kunreuther et al.，1993）从经济供给层面上指出由于模糊规避现象，亦即缺乏对巨灾风险损失概率分布的了解，保险人倾向于将巨灾风险定价偏高。布朗等（Browne et al.，2000）从经济需求层面上分析认为由于人们倾向于低估巨灾风险的概率，因此他们常常觉得保费很高，供给与需求的强烈偏差使得巨灾风险在私人保险市场无法得到分散。卡贝基等（Courbage et al.，2002）认为当一个消费者想要避免一个风险可能造成的损失时，能够在私人保险市场中有效转移这一风险，这个风险就是可保的。弗里曼等（Freeman et al.，2003）进而提出风险是否可保取决于风险是否可识别及保险人是否能对具体风险厘定费率。从前人研究的结论来看，单独由私人保险市场承保巨灾风险显然是不可行的。国内外学者虽然指出了在商业保险市场范围内巨灾风险不可保，巨灾风险管理需要国家的加入，然而对为什么需要国家支持以及市场与政府的关系应当如何定位方面，缺乏理论的探讨。这在深层次上并没有真正解决巨灾风险的可保性的问题。

二、巨灾风险的可负担性

在保险领域，可负担性的讨论始于健康保险领域：本道夫等（Bundorf et al.，2006）对比了定义可负担性的两种常用方法，并结合全美健康保险数据分析了哪一种更贴近可负担性的本质；布隆伯格等（Blumberg et al.，2007）为马萨诸塞州医疗保险改革提供了两种可负担性的定义，其一是以家庭预算剩余为标准来衡量健康保险花费；其二是利用健康保险真实需求来衡量可负担性标准；此后伯纳德等（Bernard et al.，2009）把财富、资产和债务加入了对可负担性的分析中，认为收入不能作为反映可负担性的唯一标准。相对于医疗保险，巨灾保险具有如下特点：第一，巨灾风险发生的概率较小、损失较大，不满足传统可保风险条件；第二，相比于医疗保险的高覆盖率，低失效率而言，巨灾保险的需求严重不足，且多为短期险种，难以延续；第三，巨灾保险长期以来缺乏全国范围的数据库，而医疗保险的数据相对比较全面。

国外巨灾保险方面比较有代表性的学者昆鲁瑟（2009）在对灾区居民福利的研究中，将可负担性定义为：当一个家庭愿意且具有足够的现金购买巨灾保险，剩余的收入足以支付其他必需品时，那么该家庭花费在巨灾保险上的费用就被视为可负担的。昆鲁瑟教授定义的巨灾保险可负担性基于这样一个前提：人们在规划家庭可行性消费集时会优先考虑巨灾保险，然后再考虑其他商品。实际上，巨灾保险的需求不足是个公认的难题，即使达到供求均衡也是低水平的，这个前提很难实现导致该定义可能会引起争议。

国内较早提到巨灾保险可负担性这一概念的文献是卓志等（2008）在关于巨灾融资体系分析中对巨灾保险可负担性的简要探讨，文章认为可负担性是巨灾风险的特点之一，常常与巨灾融资困难一起，把巨灾保险市场推向萎缩。此后卓志将可负担性定义为：当一个家庭购买了其愿意支付的保险产品后，其余的收入还能满足此家庭成员在没有购买该保险产品时对其他日常用品的需求，则此保险产品即为可负担。此定义是从巨灾保险的需求角度，亦即从潜在保险消费者的角度出发，但不涉及主观效用层面，仅是从购买能力上进行探讨。这个定义虽然从理论上界定了巨灾保险的可负担性，然而在实际划分可负担性时，该定义没有给出具体的办法。

三、巨灾风险的公共性

近些年来，尤其是2008年汶川大地震后，社会各界对于巨灾风险管理的公共属性进行了研究：姚庆海（2006）指出，巨灾风险既有个人风险属性，又有公共风险属性，且这两个属性间还可相互转化。同时，从效率层面看，不论社会风险或私人风险，只要符合社会福利最大化原则，个人规避和政府救助都是可行的。薛梅（2009）指出地震风险由于波及面广、灾害重大等特点使地震灾害具有非常强的外部性及非排他性，从而使其具有了公共灾害物品的属性；另外，与地震巨灾公共灾害物品属性对称，地震风险管理同样具有非常强的公共产品属性；张宗军（2008）认为无论个人还是企业，面对巨灾这种不可抗拒的负效用公共产品，其消费具有强制性；仲伟（2009）、姚庆海（2006）也认为巨灾及风险防范服务具有公共性。陈建军（2011）提出一般家庭和企业都不认为向巨灾风险防范和重建的项目投资会给自己带来收益，因而人们不愿意为巨灾进行投入；另外，巨灾与人们的生活息息相关，这样看来，巨灾风险具有非排他性和非竞争性，明显具有公共物品的性质。冯海芳（2009）认为巨灾保险体系是一种准公共物品，需要政府和市场共同提供；冯俏彬（2011）指出灾害特别是巨灾是一种典型的"负"公共产品，本身不具备由市场自发提供的属性，管理巨灾主要应当是政府的职责，政府必须要在其中起到引领、规划、管理、扶持等多方面的作用，并积极寻求与市场的合作。因此，巨灾保险的实质是一种政策性金融活动，是介于财政与金融之间的中间地带，也是政府与市场需要合作的领域。潘席龙（2011）指出，巨灾风险的供给与需求既不存在排他性又不存在竞争性；不论从经济的角度还是从社会的角度，巨灾风险都是一种公共产品，巨灾风险管理和巨灾保险也因此具有很强的公共性。

总体看来，众多学者对于巨灾风险的认识是一致的，普遍将其划归为具有负效用的公共物品。而对于巨灾风险管理（体系）的属性认识则不尽相同，有部分学者认为可以将其完全划归为公共物品，还有部分学者则认为只是具有很强的或是部分的公共性。众多学者基于各自对巨灾风险管理（体系）属性的分析，进而在随后的研究当中从不同的角度、层次对巨灾风险管理做出了较为深入的探索。

第二节 巨灾保险的市场机制

一、巨灾保险市场的风险分散

（一）国外研究

巨灾是小概率大损失的风险事件，以突发性和破坏性为其显著特点。自1961年博尔奇·卡尔（Borch Karl H.）将冯诺依曼和摩根斯坦（Von Neumann J. & O. Morgenstern）创立的期望效用理论（Expected Utility Theory）引入保险学以来，不少研究由此建立在期望效用理论框架下进行，即假设保险人和被保险人的风险偏好满足"独立性公理"，从而两者分别存在唯一效用函数或效用函数族。但是，随着人们对"独立性公理"的质疑，风险和不确定性决策理论在20世纪80年代得到了突飞猛进的发展，先后建立了对偶理论（Yaari' Dual Theory）、预期效用理论（Anticipated Utility Theory）和序数效用理论（Rank Utility Theory）。决策理论的发展与完善使巨灾保险研究突破期望效用理论，充分体现巨灾风险特点，解决巨灾风险与保险的相关问题成为可能。

其中，一个重要阶段性成果来自王杨和潘尼尔（Wang Young and Panjer, 1997），它标志着在一个更为广泛的决策空间中讨论和研究保险问题的开始。王杨和潘尼尔（1997）用对偶理论建立了保险定价公理化体系，确定了满足共同单调性（巨灾风险具有共同单调性的特征）的个体风险的价格以及最优再保险形式。显然，巨灾（如地震和洪水等）引起的个体保险损失或理赔满足共同单调性。巨灾再保险中的分出保单与分入保单也满足共同单调性。尽管共同单调性是风险相关性的最简单描述，但是由它得到的保险失真定价法与传统保险定价法有着本质区别。前者更加重视分析损失分布的尾部，而这一点正是巨灾风险的突出特点，因为人们对巨灾损失超过某一界限的情况更感兴趣。当个体风险属于同一分布族时，由共同单调的个体风险组成的聚合风险模型的风险最大，相应的保险价格最高，这反映了与一般性保险业务相比，保险公司承保巨灾风险和再保险公司分保巨灾风险的成本都是非常高的。

（二）国内研究

巨灾是指由自然灾害或人为祸因引起的大面积的财产损失或人员失踪伤亡事件（沈湛，2003）。巨灾是造成的一定地域范围内大量的保险标的同时受损，引发巨额的保险索赔，对保险业经营稳定带来巨大影响的风险（君承玲，2003）。卓志和王琪（2008）系统分析了巨灾风险的可保性（巨灾风险难以满足"风险单位在空间上和时间上独立"的可保性要件：一次巨灾事件的发生可能会波及同类风险中绝大部分风险单位。这些风险对承保风险在地域上过于集中的保险人将面临巨大的破产威胁）。外部性（巨灾风险具有非竞争性和非排他性，因此巨灾风险有"公共品"的特点。单凭市场的力量，将导致巨灾风险的供给缺乏）。可负担性（巨灾风险损失额度巨大，加之巨灾风险发生频率和损失波动难以准确估计，相应地，保费中将附加较高的安全边际。因此对于一些灾害频发的地区，巨灾保险价格可能超过消费者的承受能力，减少巨灾保险的有效需求）等特征。冯玉梅（2003）认为巨灾是相对保险公司的偿付能力而言的。保险公司总的偿付能力表现为自有资本、公积金和各种准备金，其中公积金和各种准备金为其一般偿付能力，导致保险公司保险赔款过多地超过其一般偿付能力的风险称为巨灾风险，巨灾风险分为常态巨灾风险和异态巨灾风险。此外，她在对我国的巨灾状况进行介绍的基础上，详细解释了巨灾风险的不可承保性。谢家智和蒲林昌（2003）详细分析了巨灾风险的基本特征，指出保险业持续发展的财务条件是建立在满足较为理想的可保风险的假设前提之上的，一旦面对巨灾损失，保险公司的准备金不足。他们分析了传统的巨灾风险管理工具以及缺陷，指出面对不断弱化的可保风险，人们需要更多保险证券化创新来规避巨灾风险。

二、巨灾保险市场的有效需求

（一）国外研究

以 1963 年阿罗提出的最优保险理论为分界线，保险需求理论研究正式确立了比较一致的研究范式。该范式的基础为效用理论，以一系列公理化假设为前提，在一定的财富约束下，推导人们做出怎样的保险决策才能实现自身效用最大化。阿罗认为，如果保费精算公平，那么一个风险厌恶的理性经济人的最优选择是购买全额保险。另一方面，由于管理成本、资本成本的存在，保险价格无法实现精算公平，在此情况下，人们会选择最低免赔额上的全额保险。随后，莫森（1968）对最优保险理论作了进一步扩展，他通过翔实的证明指出：在存在附加保费时，风险厌恶的理性经济人不会购买全额保险。亦即，在假设前提下，风险由被保险人与保险人共同承担（部分保险）才能实现最优。此外，莫森还利用绝对风险厌恶系数证明了财富对保障水平的负效用，具体体现在：财富越多，最大可接受保费、最优保额越小，最优免赔额越大。换句话说，如果个体绝对风险厌恶递减，那么财富越多，保险需求越低。此后，莫菲特（1977）在最优保险理论的基础上扩展了储蓄与保险存在一定的替代作用。特恩布尔（1983）讨论了个人在面对多种风险情况下的保险购买问题。多尔蒂和施莱辛格（1983，1990）扩展了保险资产面临的不确定性，以及在各种不同条件下人们的最优保险决策。此后，越来越多的学者沿袭了最优保险理论的研究范式，在不断放松假设前提的情况下，纳入更多风险并存的条件，推动了保险需求理论的发展。

根据最优保险理论，只要保险公司按照精算纯费率提供保险产品，消费者进行足额投保后的期望效用就总是大于未投保时的期望效用。但上述理论分析与现实生活中的巨灾保险购买行为即实际需求并不相符，研究者发现，虽然最优保险理论在解释人们对一般保险产品进行购买的行为上具有很强的说服力，然而在面对巨灾风险时，人们显得缺乏足够的保险需求，这是最优保险理论所不能解释的。因此，在对最优保险理论进行改良之前，从经济学视角对巨灾保险需求的研究，只能集中到对免赔额及附加保费的探讨以及一些描述性手段上。

例如，多尔蒂（1984）从组合角度对最优保险进行了分析，他指出，正是多元化的资产组合降低了个人和公司对保险的需求。进一步，如果可保风险与资产组合中的不可保风险是负相关的话，传统的期望效用理论中，公平保费保险的购买就不是最优的选择。只有当资产组合中，该可保风险的比重上升时，保险需求才会增加。在将巨灾风险视作可保风险的前提下，由于其发生概率很小，因而在人们的资产组合中几乎不占任何比例，所以巨灾保险不足是多种风险并存时必然造成的结果。霍加斯和昆鲁瑟（Hogarth and Kunreuther，1989）用描述性和规范分析解析了期望效用模型的内涵，并认为人们不采取购买巨灾保险的保护措施是因为他们不明白风险的期望效用理论的原理和模型的计算方法。一旦向公众道明其中的好处，公众认购的积极性就会相应提高。

（二）国内研究

国内对巨灾保险研究的起步较晚，由于缺乏针对个人和家庭财产的巨灾保险产品，因此我国巨灾保险需求研究相对比较少。比较具有代表性的包括吴秀君（2007）从博弈论的角度论证了洪水保险需求受到政府灾后救助的侵蚀，而且导致了政府在博弈中的"后动劣势"；魏华林和李文娟（2008）从文化角度阐释了我国的历史传统与民众风险意识对巨灾保险需求构成挑战；吴秀君和王先甲（2009）采用最优保险理论研究范式讨论了洪水保险需求，认为免赔额的设置与保费附加费系数的高低将对洪水保险的有效需求造成影响；李海棠（2009）定性分析了我国巨灾保险的供求困境，认为巨灾保险需求与风险因素、收入因素、价格因素、心理因素有关；谢家智与周振（2009）利用调研数据从前景理论的角度对农业巨灾保险需求进行了研究，认为农民普遍存在的认知与行为偏差可能对巨灾保险需求造成不利后果；喻贝凤和张乐柱（2010）则结合我国救灾制度解释了我国巨灾保险需求不足的原因主要是由于心理偏差和对政府的依赖。再如，赵正堂（2010）从行为经济学的角度论证巨灾保险需求受到人们的可得性偏差、恐惧感、概率偏差的影响从而造成市场失灵；隋韬、黄敬宝（2011）提出造成我国巨灾保险需求不足的原因在于收入偏低、巨灾保险价格偏高、消费者偏好不足；张旭升和刘冬娇（2011）从需求角度分析了巨灾保险市场失灵的原因在于人们的后悔厌恶、损失厌恶及慈善危机；曾立新等（2011）以美国巨灾保险项目对样本讨论了人们的防灾减灾积极性受到低估概率、期望回报过高、避免事前支出、从众心理及政府灾后救济的影响，因而会造成巨灾保险需求不足。综上所述，巨灾保险需求研究从早期定性描述，发展到中期以抽象数学模型为依据，再到后期依托跨学科研究范式研究，经历了一个认识不断深入的发展过程。

三、巨灾保险市场的定价机制

1961年博尔奇·卡尔·H. 将冯诺依曼和摩根斯坦创立的期望效用理论引入保险学。自此以后，保险各个领域研究都是在期望效用理论框架下进行的。即假设保险人和被保险人的风险偏好满足"独立性公理"从而两者分别存在唯一效用函数或效用函数族。但是，随着人们对"独立性公理"的质疑，风险和不确定性决策理论在20世纪80年代得到了突飞猛进的发展先后建立了对偶理论、预期效用理论和序数效用理论。决策理论的发展与完善使巨灾保险研究突破期望效用理论，充分体现巨灾风险的特点，解决巨灾风险保险相关问题成为可能。

王杨和潘尼尔（1997）用对偶理论建立了保险定价公理化体系，确定了满足共同单调性（巨灾风险具有共同单调性的特征）的个体风险的价格，以及最优再保险形式。依库和戈利耶（Eeckhoudt and Gollier, 1990）论证了如果一个投保人是厌恶风险的，那么面对两个具有相同期望损失的事件，为其中的大概率事件投保而不为小概率事件投保是不明智的，相对而言，此时小概率事件就是巨灾。他们证明了在期望效用理论和对偶理论下，保险成为处理巨灾风险的最适当的风险管理工具之一。此后，德宁、丹纳和温沃华（1999）和卢安（2001）将巨灾风险理论框架又拓展到预期效用理论，得到了均值失真保险定价原则及其优良的精算性质和分保方式。由于预期效用理论包含期望效用理论和对偶理论，因此，这一拓展为协调巨灾保险和非巨灾保险提供了理论上的支持。

四、巨灾保险市场的有效均衡

大卫·杰曼（David, Geman, 1993）通过分析认为，由于再保险市场的容量有限，保险人与再保险人的道德风险和逆向选择，巨灾损失参数的不确定，再保险契约不易流通等缺陷，再保险也不是用来管理巨灾风险的最佳手段。曼恩和尼豪等（Mann and Niehau et al., 1992）认为巨灾期货与期权势必因其优势如信息公开透明、流动性高、道德风险低，而与再保险形成竞争。然而巨灾期权期货的发展也并非如愿。

格雷斯、克莱因、克林多佛尔和默拉里（Grace, Klein, Kleindorfer and Murrary）等人在 2003 年对巨灾保险市场的需求、供给和监管影响从微观的角度作了深入的分析。该研究采用了一个能恰当反映巨灾保险供给和需求关系的模型，利用该模型确认、分析了影响巨灾需求的一些因素。他们分析了几个关键的变量及其对保险数量、质量和价格的影响。还揭示了需求对以下因素的敏感度：价格、家庭收入、其他人口特征、保单特点、承保风险组合/不组合以及承保范围等。

主张公平和效用主义的卡拉布雷西（Calabresi, 1970）提出政府是社会中有效的保险工具。德怀特·M·贾菲和托马斯·拉塞尔（Dwight M. Jaffee and Thomas Russell, 1997）论述市场解决巨灾风险问题时，强调如果市场不作为，则必须考虑政府的作用，并且作者又提出让纳税人作为最后的巨灾损失承担者并不是不合理的。斯科特·E·哈林顿（Scott E. Harrington, 1997）则认为，现在的政府救灾构成默示的保险，并且认为一个正式的联邦再保险计划可以通过补贴、税收等手段来增加巨灾保险单据的销售。理查德·A·波斯纳（Richard A. Posner，2004）通过引入贴现率和未来财产的增加，通过成本收益分析人的生命价值，认为社会可能并没有花费足够多的资金去降低巨灾风险。他认为政府可以通过税收或者财政补贴等方式降低巨灾风险。他还认为民间融资可以在降低巨灾风险上做出贡献。保罗·K·弗里曼（Paul K. Freeman，2001）中指出，在发达国家中，巨灾风险套期保值对于转移巨灾损失起到了关键作用；但是由于发展中国家的资源有限，它们不可能不顾国内旺盛的资源需求去套保巨灾风险。因此，需要将政府的风险与其他经济组织的风险区分开来，对政府风险进行准确的确认，才有可能有针对性地规避风险，降低整体巨灾规避成本。

五、巨灾保险市场的机制优化

（一）国外研究

安德森（Anderson，1975）认为一个综合的巨灾保险系统需要包括以下一些基本要素：除战争以外的全部巨灾风险保障标准化；考虑较为广泛的地域性差别；联邦政府的补贴；保险范围应包括住宅与小企业财产；土地使用的控制及损失的预防；参与的激励措施；保险的完全可获得性；联邦政府再保险；巨灾准备金的建立；适当的保险金额的限制；结合政府部门与私人部门共同经营。安德森（1976）的"巨灾保险系统中的所有风险评级"一文对巨灾保险的制度设计提出了重要的设想，该研究利用1962～1971年美国洪水、飓风、龙卷风和地震数据，得出结论：一切保险单比提供单一风险的保险单在时间上和地域上的波动更大。安德森（2000）又论及自然灾害造成财产的损毁逐渐增加，建议自然灾害保险补偿系统以基本保险的原则来思考整合，并提出开发一套全面的自然巨灾保险系统的构想，该系统主要包含保险契约、保险市场的功能、再保险的运作和管理制度等要素。罗伯特·W·克莱因（Robert W. Klein，1998）认为飓风和地震对于财产所有者和整个公众来说都是巨大的风险，但是这一风险可以通过采取适当的私人和公共政策进行有效的管理，他认为结合私人市场和一定程度的政府干预模式是最符合实际、合理性、协调性要求，是最具发展前景的。乔安妮·林纳罗斯·拜耳和阿尼尔罗·阿门多拉（Joanne Linnerooth–Bayer and Aniello Amendola，2000）讨论了贫困国家政府将其自然灾害风险转移到保险市场和再保险市场、国际资本市场中的可能性，认为在特定条件下，补贴风险转移对于工业化国家部分的承担贫困国家不断增长的自然灾害损失来说可能是种高效和公平的方式。斯科特·E·哈林顿和格（Scott E. Harrington and Greg Niehaus, 2001）探讨了美国在过去10年中，由于自然巨灾保险普遍存在的被保险人是否买得到保险与是否付得起保费的问题，政府为解决此问题而提出的数个计划方案，主要目的都是为了促进更多个人部门运用资本市场工具直接转移自然巨灾风险给投资人，以增加巨灾保障的供给。尤金·古伦科和罗德尼·莱斯特（Eugene Gurenko and Rodney Lester, 2004）针对国家级突发性自然灾害提出了设计综合风险管理战略的概念性框架，讨论了在易受灾害影响的国家建立财政上的可持续灾难性风险转移和融资方案的有关重要政策和技术问题，并探讨了它们与减轻风险措施的联系。

（二）国内研究

我国学者关于巨灾风险保险的模式的研究，归结起来主要有三大模式。

1. 商业主导模式

李炳圭和薛万里（1997）和沈湛（2003）提出我国商业保险公司经营巨灾保险的可行性，其理由：其一，在地震等巨灾保险中，国家事实上充当了"最终保险人"的角色。因此，商业性地震保险的灾后经济补偿不论其规模大小，都发挥着减轻国家财政负担的作用；其二，新中国成立以来至1995年《保险法》公布前后，我国保险业基本上沿用原苏联的一揽子责任的保险模式，各种财产险保单和人身意外伤害险保单项下的基本责任都包括了地震风险责任，尽管其做法有种种不尽如人意之处，但它在抗震救灾中发挥的经济补偿作用是非常重要的；其三，国外巨灾保险的实践提醒我们，在经营地震巨灾保险方面与发达国家相比已经有了不小的差距，唯有努力，才能防止已有的差距被再次拉大。

2. 政府主导模式

王和（2004）认为，在我国经济体制的改革和完善过程中，特别是在进一步转变政府职能、推动公共财政制度改革的过程中，一些人片面地认为政府就应当简单地退出。在这种思想的影响下，巨灾保险制度的建设似乎就成了商业保险公司的事。从市场经济制度的原理看，社会巨灾保险属于公共或准公共产品范畴，这种产品的供给需要公共资源的配给，而政府是掌握和控制公共资源的主体，离开了政府，或缺乏政府的实质和有效推动，巨灾保险制度的建设就是一句空话。孙祁祥、锁凌燕（2004）研究了我国洪水保险的模式选择与机制进行设计，通过英美洪水保险体制的比较，提出政府在我国洪水保险中的主导作用。

3. 混合模式/共保模式

赵苑达（2003）主张借鉴日本地震保险制度的经验。建议我国地震保险制度应将居民家庭财产地震保险与企业财产地震保险严格区分开来，居民家庭财产地震保险由商业保险公司与政府共同充当承保主体，企业财产地震保险则由商业保险公司单独承担保险责任。魏海港和刘汉进（2005）在分析了保险公司管理巨灾风险的传统方法和非传统方法后，提出建立多层次巨灾风险分散机制，把国家政策、商业保险和资本市场工具有机结合。李晓杰（2007）运用博弈理论分析了美国洪水保险计划和我国台湾地区的住宅地震保险后，认为共保模式可以将市场机制与政府行为相结合实现多方共赢，提出我国建立强制性整体巨灾保险模式的建议。

六、地震和洪水保险

我国巨灾保险研究时间上始于 1986 年，以姜立新等（1997）为代表的中国人民保险公司等单位联合国家地震局和国家科委等多部门，共同分析我国地震灾害损失分布情况，估计了地震灾害最大可能损失，提出了几种地震保险方案，绘制了我国地震保险纯费率图，构建了地震保险管理系统保险模型框架等。朱建刚（2000）对中国大陆地震的活动性、危险性、净损率等相关问题进行了深入细致的探讨。邬亲敏等（2004）结合我国地震危险性和建筑物抗震设防标准提出了地震损失风险评估概率模型，并给出了建筑物地震保险金额和保险费率的计算方法。近年来，周志刚（2005）以风险可保性理论为主线，分析了再保险市场、资本市场、政府对风险可保性的扩展，并以之运用到巨灾保险中；比较了新西兰、美国加利福尼亚州、土耳其和我国台湾地区的地震保险计划，归纳了政府和市场在地震保险中相关作用的实践性规律。提出在国内建立住宅地震保险计划，并对该计划的主要环节提出了设计构想。刘如山等（2006）探讨了给定赔付政策下单体房屋结构震害损失赔付的概率密度函数，以及多个单体集合赔付的整体方差问题。王和（2008）从建构方针、设立原则以及解决问题三方面构建了我国地震保险的研究方案，同年，通过分析地震保险供求问题，设计了我国地震保险制度的建设路线。朱建刚（2009）通过对地震的年均损失率、地震风险的特征以及地震保险的风险的研究，提出了建立我国地震保险局的构想。同年，他以汶川地震为例提出了构建强震台网的必要性。张琳和孔小玲（2008）在分析洪水保险的特征的基础上，对洪水保险的可保性的三个瓶颈——逆选择、重大损失的可评估性、经济可行性进行了深入探讨。张琳和卓强（2009）将动态财务分析模型（DFA）应用到我国洪水保险定价，探讨了我国洪水保险的定价难题。

第三节 巨灾风险的管理

一、巨灾风险的预防与控制

（一）国外研究

从国际上看，帕姆（Palm，1990）认为，政府部门通过防减灾投资支出可以提高人类抵御自然灾害的能力，进而实现从被动防御向积极减灾方向的转变。德怀特·M·贾菲和托马斯·拉塞尔（Dwight M. Jaffee，Thomas Russell，1997）在论述市场解决巨灾风险问题时强调，如果市场不作为，则必须考虑政府的作用，并提出让纳税人作为最后的巨灾损失承担者并不是不合理的。米莱蒂（Mileti，1999）提出"灾害控制论"的观点，他认为控制灾害的关键在于灾害发生前的事前预防，各国政府在发展经济的同时应该加大防灾减灾方面的财政投入，通过建立各类灾情信息系统和监测预报网络不断提高灾害预防水平。丹尼斯和米莱蒂等（Dennis and Mileti et al.，1999）也认为，如果一个国家的灾害管理制度不能发挥防灾减灾作用，风险防范和控制行为得不到应有的重视，则会直接影响灾害控制过程并产生严重的道德风险。尤里·M·埃默里尔等（Yuri M. Ermoliev et al.，2000）分析了处理巨灾风险的两种方法：采取风险预防措施和使用风险分散机制，如购买保险和再保险，这些策略之间有联系，并讨论了处理这类问题的模型和方法。

（二）国内研究

从国内上看，袁犁等（2002）以四川、重庆部分城市为例，探讨了城市规划中地质灾害及其预防问题。其认为根据国土资源调查、大范围城市县镇地质灾害调查结果进行地质灾害危险性规划具有可行性。通过选取合适的评价预测指标，运用恰当的数学分析模型，对研究区域进行地质灾害危险性等级的划分，可为地质灾害的管理及防治和预警决策提供依据。同时，将 GIS 技术与信息量模型结合起来进行地质灾害的危险性区划分析，会使规划设计工作者掌握一种对所有基础资料进行现代化预测分析的手段，从而为城市规划的合理性、先进性提供更确切的保障。

岳丽霞和欧国强（2006）对我国西部三个山地灾害易发省区居民进行了山地灾害预防意识调查，并得出结论：不同性别、文化程度、职业、年龄、居住地的居民各种灾害预防意识在天气预报的关心程度、灾害常识的了解、平时是否准备应急物品、躲避场所、是否有意观察灾害征兆、是否考虑利用灾害保险、灾害发生时是否有意识切断导致次生灾害的灾源、下雨天是否常外出等方面差异显著，而且各种灾害预防意识在文化程度、职业、年龄等方面没有较好的相关性。由此发现，灾害多发区居民灾害意识较强，而对于灾害很少发生，或者几乎没有发生过的地区，居民山地灾害意识相对较弱，也即灾害预防意识与个人的灾害体验、所生存的自然、社会环境等有很大的关系。

沈良峰和李启明（2006）对基于风险管理技术的边坡安全与滑坡预防思想进行了论述，指出应用风险管理技术是帮助管理者有准备地、理性地面对所可能遇见的风险，并采取措施最大限度地减少风险、避免财产损失和人员伤亡的有效预防手段。

林煌斌和曾琦芳（2006）对影响中小学教学楼建筑地震灾害各因素和灾害控制进行分析，综合提出影响地震灾害控制的九个因素（受场地条件、建筑单体破坏、结构震害指数、避震疏散、次生灾害、预警系统成功系数、师生人口密度及可能伤亡数、教学楼财产损失数、灾后恢复时间等），并尝试将这九个因素综合为一个综合地震灾害控制评价指数，利用人工神经网络技术训练，测试得到震害预测控制的指数。

陈界融（2008）提出了建立我国重大自然灾害预防及救助法律制度的若干建议。其认为我国现行相关法律制度规定过于原则化，应建立包括防灾减灾制度、灾害预防及救助准备制度、训练及演习制度、责任制度在内的灾害预防法律制度。

颜会芳等（2008）认为企业建立保险事故预防机制是树立科学发展观，构建和谐社会，体现"以人为本"，实现可持续发展的一项重要措施，也是预防事故、减轻自身负担、提高员工保障水平的有效途径。企业决策人员要在完善巨灾保险体系中承担社会责任，正确处理安全经济管理、风险管理、保险三者的关系，提升保险在事故灾害预防控制中的地位。利用保险对事故灾害预防与控制的经济补偿功能，合理安排财务预算，减轻事故灾害带来的负担。单纯从某一个行业研究地震灾害预防标准体系的构成具有一定的局限性，不能从整体上反映地震灾害预防标准的需求和发展。

赵宇彤和高孟潭（2010）在调研和分析地震灾害预防领域的159项国际和国外标准以及84项国内标准的基础上，按照标准体系的构建原则和要求，通过归类、结构单元确定分析和层次分析，初步提出了国家地震灾害预防标准体系的结构。

二、巨灾风险的评估与定价

（一）巨灾风险的损失评估

1. 孕灾环境分析

凯瑟琳（Katharine，1998）认为孕灾环境是巨灾风险发生前的自然环境与人为环境以及经济和社会条件的总和；张继权、李宁（2007）认为灾害的损失评估必须以孕灾环境为基础，损失评估的重点应该是把握不同环境因子之间的层次关系以及各个因子的显著性；格利文（Greiving，2006）也认为，如果借鉴指数分析中的指标分析法，可以对评价目标的各种因素进行因子分析，进而确定孕灾环境的综合影响。

2. 致灾因子分析

切尔诺贝尔和博纳奇（Chernobail and Burnecki，2006）认为致灾因子评估的重点是对各个致灾因子的强度和频率进行估计，进而模拟出不同风险频率下的致灾程度大小；本森（Benson，1998）根据实践经验也认为大部分巨灾的损失分布具有典型的随机游走特点，并不完全符合正态分布的特点，传统的损失估计存在模型偏差，致灾因子具有波动性；张鸣芳（2010）认为，如果采用指数模型来对灾害分布进行调整，就可以较大幅度减少方差波动，满足无偏估计需要。

3. 承灾载体分析

查尔斯（Charles，1996）认为承灾载体的主要特征要素是反映承灾体的脆弱性，而脆弱性的风险暴露很难通过传统的单一灾害评估过程进行科学的损失量化；保罗（Paul，2000）认为，巨灾承灾载体的定量分析需要因子分解，如果能够找到一类有效的统计模型，将不同的经济指标进行分类化解，就能够排除其他因素对固定因素的影响，建立在层次转移与特征向量精练分析基础上的指数分析方法是一个不错的选择。

（二）巨灾保险的定价

传统巨灾保险定价方法备受质疑的现实环境，使得以指数分解为代表的非参数密度估计方法逐渐兴起。康明斯和杰曼（Cummins and German，1995），王等（Wang et al.，1996），卡乌和基南（Kau and Keenan，1996），李和余（Lee and

Yu，2002）等将保险公司所面临的巨灾索赔总额被描述为一个几何复合泊松过程，每次损失对数值的分布为非对称的双指数分布，在巨灾损失的统计过程中，较早使用指数的统计思想进行损失评估，但是这种方法仅限于指数统计模型而非统计指数；博纳奇等（2000）开始运用各种分布对 1949~2000 年每季度的美国全国性 PCS 巨灾损失进行拟合，得出混合对数正态分布的拟合效果最佳，但是切尔诺贝尔等（2006）指出，由于巨灾损失指数的数据是截尾的，因此需要运用截尾分布进行研究，他利用该理论分析 1990~1997 年度美国巨灾事件在的各季度发生次数，并运用双随机泊松过程对数据进行估计拟合，所得出的拟合效果明显优于博纳奇的对数正态分布模型，因此建议在 PCS 巨灾指数的统计过程中采用多维的统计方法进行调整，尽量使得截尾数据保留在标准范围以内；林等（Lin et al.，2009）在这一思想的指导下对美国 1950~2004 年巨灾事件的发生次数进行观察，其结果表明巨灾损失的索赔次数与指数统计指标的设定存在必然的联系，应该将巨灾的随机波动特征纳入指标的分析过程中。

三、巨灾风险管理中的政府定位

主张公平和效用主义的卡拉布雷西（Calabresi，1970）提出政府是社会中有效的保险工具。德怀特·M·贾菲和托马斯·拉塞尔（Dwight M. Jaffee，Thomas Russell，1997）论述市场解决巨灾风险问题时，强调如果市场不作为，则必须考虑政府的作用，而且让纳税人作为最后的巨灾损失承担者并不是不合理的。斯科特·E·哈林顿（Scott E. Harrington，1997）则认为，现在的政府救灾构成默示的保险，并且认为一个正式的联邦再保险计划可以通过补贴、税收等手段来增加巨灾保险单据的销售。理查德·A·波斯纳（Richard A. Posner，2004）通过引入贴现率和未来财产的增加，通过成本收益分析人的生命价值，认为社会可能并没有花费足够多的资金去降低巨灾风险；其次他认为政府可以通过税收或者财政补贴等方式降低巨灾风险；再次他还认为民间融资可以在降低巨灾风险上做出贡献。保罗·K·弗里曼（Paul K. Freeman，2001）指出，在发达国家中，巨灾风险套期保值对于转移巨灾损失起到了关键作用；但是由于发展中国家的资源有限，它们不可能不顾国内旺盛的资源需求去套保巨灾风险。因此，需要将政府的风险与其他经济组织的风险区分开来，对政府风险进行准确的确认，才有可能有针对性的规避风险，降低整体巨灾规避成本。

冯斯丁和霍特曼（Fornstin & Holtmna，1994）认为公众的安全和舒适已经是一个被广泛认同的社会目标。如果政府保险项目能有效地解决减灾防损问题，未来的财产损失和人民的痛苦就会减少。昆鲁瑟（1974）讨论了民居对自然灾害减灾防损的各种措施。作者讨论了包括联邦政府全部负责、屋主自己负责、寻求保险保护以及实施土地使用限制和建筑标准等四种极端的减灾措施，研究了每一种措施对于财产主减灾态度的影响，并用社会和经济的标准评价了这四种措施，进而提出开发一种包含所有四个措施为特点的保险单，能够平衡灾害区内居民的目的和大众的公共目的的建议。

另外，与非巨灾保险业务不同，巨灾保险很容易受到其他风险转移方式的侵蚀，人们总是倾向于低估巨灾发生概率，等待政府、社会组织和他人的救济与援助，不愿意自己购买巨灾保险。巨灾风险管理理论中的效率派学者普利斯特（Priest, 1996）的观点与很多经济学家的观点同出一辙，他认为政府在巨灾管理中起主导作用的话会存在效率的损失，因此主张巨灾风险管理的市场化，完全取消政府的灾后救济。在绝大多数人看来，补偿自然灾害甚至人为灾祸等巨灾造成的损失应该是政府的事情，因为巨灾风险对于一个地区甚至一个国家而言是一种公共风险。个人和企业已经向国家纳了税，那么，巨灾损失补偿就应该属于国家公共项目支出，而不是由个人和企业另行购买保险，交纳双重税。

格雷斯、克莱因、克林多佛尔和默拉里等（Grace, Klein, Kleindorfer and Murray et al., 2003）对巨灾保险市场的需求、供给和监管影响，从微观的角度进行了深入的分析。该研究采用了一个能恰当反映巨灾保险供给和需求关系的模型，利用该模型确认、分析了影响巨灾需求的一些因素。他们分析了几个关键的变量及其对保险数量、质量和价格的影响。还揭示了需求对价格、家庭收入、其他人口特征、保单特点、承保风险组合/不组合以及承保范围等因素的敏感度。布朗和霍伊特（Browne, Hoyt, 2000）分析了美国洪水保险购买力一直处于低水平的原因，发现除了某些地区发生洪灾可能性很大导致洪水保险价格相对较高等因素之外，还有民众的"慈善风险"（Charity Hazard）——面临风险的人们只图从朋友、社区、非营利机构或者政府及援助计划中得到捐款弥补损失，这就使得巨灾风险具有了"公共风险"的性质。

四、巨灾风险管理中的再保险转移

孙祁祥等（2004）探讨了中国巨灾风险与巨灾风险管理现状、中国和世界发达国家在巨灾风险管理方面本质上的不同、世界发达国家的经验给中国的启示、再保险在巨灾风险管理和社会经济发展方面能发挥的作用、中国再保险的现实状况以及中国在巨灾风险管理方面应当如何改进。周志刚（2005）以风险可保性理论为主线，分析了再保险市场、资本市场、政府对风险可保性的扩展，并把它运用到巨灾保险中；比较了新西兰、美国加利福尼亚州、土耳其和我国台湾地区的地震保险计划，归纳了政府和市场在地震保险中相关作用的实践性规律。提出在国内建立住宅地震保险计划，并对该计划的主要环节提出了设计构想。魏海港、刘汉进（2005）在分析了保险公司管理巨灾风险的传统方法和非传统方法后对我国的巨灾风险提出，要多层次地发展巨灾风险分散机制，把国家政策、商业保险、资本市场工具有机结合，并提出建立巨灾风险基金，但没有提出具体的实施途径。曾立新（2006）主要对美国现有的联邦和州政府巨灾保险项目在承保责任、参与程度、减灾措施、贴补政策、运营效率、灾后偿付能力进行了细致的研究和对比，评价了各个项目的优劣势。提出了对中国巨灾保险体系的构想，并在保障范围、机构设置、法律框架、损失分摊等方面提出了相关政策建议。杨宝华（2006）提出政府应当在我国巨灾保险体系中充当最后保险人，成立专门的巨灾风险管理机构，设立政策性保险经营机构的想法，但是没有能作深入而具体的探讨。李晓杰（2007）运用博弈理论分析了美国洪水保险计划，我国台湾住宅地震保险，得出强制性保险的必要性，以及共保模式可以将市场机制与政府行为相结合，实现三方共赢局面。在对我国巨灾风险特点分析及两个地区较成熟巨灾保险管理模式的借鉴基础之上，提出建立强制性整体巨灾保险模式的建议。

周伏平（2002）分析了再保险存在承保能力不足的现状以及信用风险、道德风险等内在缺陷，说明存在对巨灾债券的需求。他对巨灾债券进行了简单的精算分析，详细分析了我国巨灾债券的制约因素，同时针对这些制约因素提出了相关的政策建议。裴光（2002）讨论了保险证券化的相关内容，包括资产证券化与保险证券化，巨灾风险证券化的理论与实践，评价与法律问题探析和我国巨灾风险证券化对保险业竞争力的影响及发展思路。肖俏喜，王庆石（2002）在国内外现有文献的基础上，重点研究了保险证券化产品中保险欧式期权定价模型，根据等价鞅或风险中性性质获得了与 Black – Scholes 期权定价公式和 Merton 期权定价公式相类似的定价模型。刘传铭（2004）研究了巨灾期权的定价问题，在如下几个方面取得了研究进展：第一，建立巨灾期权的算术和几何平均亚式期权的定价模型，并给出了几何平均巨灾亚式期权定价模型的显示解，给出算术平均巨灾亚式期权定价模型的特征线差分格式求解过程；第二，依据在保险一致性条件下求解的巨灾期权定价模型，应用 Fourier 逆变换，推导巨灾买入和卖出价差期权表达式，并推导了二者之间的看涨—看跌平价公式；第三，在假定巨灾损失期服从指数分布，发展期服从正态分布，应用 Esscher 方法导出的风险中性测度，推导了巨灾期权分别在损失期和发展期的价格。邱峰（2006）研究了我国开展保险风险证券化的必要性和可行性，并结合国际经验和我国实际提出保险风险证券化应以保险风险债券为突破口，条件成熟后全面发展保险风险证券化。

五、巨灾风险管理中的资本市场转移

昆鲁瑟（1974）分别探讨4种极端的巨灾融资方案：完全政府承担、财产所有人自保承担、法定巨灾保险和苛刻土地使用限制和建筑法案，最后建议政府采用综合性巨灾保险制度和土地使用限制等法规相结合的减灾融资体系。普利斯特（1996）认为联邦政府的基本救灾资助体系阻碍巨灾风险暴露的有效评估，政府应该通过单事件巨灾超额损失再保险（Excess-of-loss，XOL）来分担最高层的损失（250亿~500亿美元）将会是更优融资决策，XOL计划不仅可以降低巨灾道德风险，而且政府承担有限的高层损失也在一定程度上冲减借款成本。

多尔蒂（1997）针对传统保险市场对巨灾损失承担了有限的现实，探讨新工具转嫁巨灾损失到资本市场，分别介绍了巨灾期权、巨灾债券、巨灾股权融资等创新型工具的优劣势，最后还重点指出巨灾债券的广泛应用是当前再保险人提升承保能力的有效途径之一。劳勃奇和施莱辛格（Louberge and Schlesinger，1999）在前人研究基础上得出了跨风险的最优巨灾契约，而拉塞尔（Russell，2004）进一步提出承担跨区域和不同巨灾类型的巨灾保险模式。

本森和克莱（Benson and Clay，2002）研究表明，在高灾害国家中非充分的风险融资策略将会影响灾后经济发展，灾后必须动用公共预算资金应灾情形会对国家经济带来长期不利影响。安德森（2005）强调一套完善的灾前融资体系将会更有利于国家平滑巨灾对经济的冲击，要较明确的区分公司资产是构建有效的巨灾融资方案的前提，充分利用政府或国际机构的信用贷款以及巨灾债券等工具应对最高层巨灾损失。

安德森和马西（Andersen and Masci，2001）认为发展中国家如果过度依赖国际资助将会使该国不重视灾害管理，引发整体性的道德风险。康明斯和马胡尔（Cummins and Mahul，2008）指出目前发展中国家的事后融资机制严重影响了国家经济可持续发展，建议多利用新型融资工具加大事前融资比例，国际金融组织的资助和建立区域性保险风险共保体是发展中国家提升风险分散国际化的有效方式。

尼尔和里克特（Nell and Richter，2004）认为政府干预必须以促进社会福利改进为目标，探讨政府、再保险和资本市场三者在分散巨灾的最优结构。康明斯（2006）同样认为美国联邦洪水保险计划（NFIP）所面临的诸多财务问题应该引起政府在巨灾融资中角色的重新反思。他认为政府以最后再保险人的角色，引导扶持私有保险市场承保会更有效，在这过程中采用精算保费避免政府干预对私有保险市场的挤出效应。

美国联邦审计总署 GAO（Government Accountability office, 2007）指出 2005 年飓风灾害中住户投保不足或未投保行为，不仅使联邦和州政府的财政路径不稳定，而且美国一些保险计划已经严重偿付能力不足。因此政府对以下七种融资方案的优劣性做出比较：第一，实行强制性全风险保单计划，对低收入人群给予补贴；第二，建立联邦再保险体系；第三，筹建联邦借款体系；第四，建立税收优惠的巨灾债券离岸市场；第五，鼓励个人以税收递延方式进行巨灾风险基金积累；第六，鼓励私有保险公司以税收递延方式进行建立巨灾风险准备金积累；第七，私有市场经营巨灾保险，联邦税收支付全风险保费，政府负责免赔额部分。美国政府希望建立有效融资体系解决当前融资困局。

瑞士再保险 Sigma 杂志（2009）对指数化巨灾风险融资做了详细介绍，指数化有助于拓展风险转移市场，基于指数的金融工具为政府和此前未投保的个人和商业机构提供了途径，可以以比传统保险更低的价格保障自然巨灾损失，更重要的是，对于发展中国家而言，创新型的指数方案甚至可以使政府将自然灾害造成的部分财政负担转移到资本市场中。瑞士再保险 Sigma 杂志（2010）建议在欠发达地区，公营和私营部门可以在提供融资和减少灾害风险方面开展合作，如果公营和私营部门（如再保险公司、经纪公司、政府和国际机构）一起合作实施创新性的再保险和资本市场解决方案，欠发达地区经济体也将受益于保险。

综上所述，国际学术界主要专注于资本市场巨灾风险创新性研究，普遍认为政府必须对巨灾保险市场进行干预，但是必须以不挤出私有市场为原则。寻找最有效的巨灾风险公私合作融资体系是研究重心，也是设计国家或地区巨灾风险融资体系的关键所在。

六、巨灾风险管理中的证券化

（一）巨灾风险的证券化

风险证券化是由一个证券发行人（保险人或再保险公司）直接或间接向第三方投资者发行一种特殊类型的证券的行为，此类证券的收益情况取决于保险人对某种特定风险的赔付金额。大卫·杰曼（David Geman, 1993）通过分析认为，由于再保险市场的容量有限，保险人与再保险人的道德风险和逆向选择，巨灾损失参数的不确定，再保险契约不易流通等缺陷，再保险也不是用来管理巨灾风险的最佳手段。曼恩和尼豪斯等（Mann, Niehaus et al., 1992）认为巨灾期货与期权势必因其信息公开透明，流动性高，道德风险低等优势，而与再保险形成竞争。

巨灾风险证券化是在资本市场上基于巨灾风险分散和转移技术发展的结果。一些专家学者认为巨灾风险证券化产品的收益与现存证券的收益不相关，属于零贝塔资产。希米克（Himick，1995）证明了 PCS 巨灾期权是零贝塔资产，并解释了为什么投资者应该投入一定量的巨灾风险产品来优化他们的投资组合；基霍兹和杜勒（Kieholz and Durrer，1977）运用组合理论证明了 CBOT 期货以及其他保险衍生产品能改善投资者的投资组合；塞缪尔·考克斯、约瑟夫·R·费尔柴尔德和哈尔·W·佩德森（Samuel. Cox, Joseph R. Fairchild and Hal W. Pedersen, 1999）利用 Markowitz 期望—方差模型，研究表明巨灾风险证券化产品对投资组合具有优化作用，能使投资有效边界上移。另一方面，证券化产品买方面临的索赔情况与指数并不相关可能带来基差风险（basis risk）。一种可能是保险人面临的索赔很高，但索赔指数还没有达到约定的数值，因此无法从证券化产品中获得保护，这称为Ⅰ类基差风险；另一种情况可能是保险人面临的索赔并不严重，但索赔指数已经超过了规定的数值，因此保险人可以获得额外的收益，这种情况并非保险人购买证券化产品的本意，称为Ⅱ类基差风险。达西和弗朗斯（D'Arcy and France，1992）曾用 9 个保险公司为样本，分析了全国性巨灾期货合约使他们面临的基差风险。哈林顿、尼豪斯和曼恩（Harrington, Niehaus and Mann, 1995）则使用更多的保险人作为样本，测度了全国性巨灾合约以及个别保险线为基础的全国性合约的基差风险；格伦·迈尔斯和约翰·科拉尔（Glenn Meyers and John Kollar）以巨灾期权为代表，研究表明，巨灾期权、再保险及资本金的最佳组合方式依赖于保险人的实际损失与损失指数的相关程度，即基差风险的大小。从 1996 年至今，全球约发行了 126 亿美元的风险证券化产品。近年来，各保险公司纷纷开发了一系列金融工具把保险风险转嫁到资本市场上。

（二）巨灾风险的衍生品

罗伯特·戈谢和理查德·桑德尔（Robert Goshay and Richard Sandor，1973）率先探讨了保险市场与资本市场结合的问题，提出将再保险风险转移至资本市场，通过风险证券化或保险衍生产品，解决再保险市场承保能力不足的问题。在当时环境下这种探讨没有得到响应。CBOT（芝加哥期货交易所）在长期的研究之后，于 1992 年 11 月推出了第一种基于全美 22 个保险人以及全美 3 个地区（东部、中西部、西部）承保结果的保险衍生证券——保险期货，后来由于交易额有限两年后被取消了。对此，达西和弗朗斯（1992）认为以巨灾期货可以降低偿付风险来达到规避巨灾风险的功能；同时分析金融期货市场参与率低的原因：在于投资者对于市场和专业知识欠缺了解以及缺乏适当的风险降低机制和适当的承保指标。

从20世纪90年代出现巨灾期权产品至今，学术界研究巨灾衍生品的均衡和价格决定问题的文章不多。考克斯和舒巴克（Cox and Schwebach，1992）使用Black－Scholes公式作为巨灾期货期权的定价模型，并假设巨灾期权价格的变动为一个单纯的扩散过程，且飘移及波动项为固定常数。由于单纯的扩散过程无法表现巨灾零星发生和风险累积的特性，因此康明斯和杰曼（Cummins and Geman，1993）认为巨灾损失的变动除了单纯的扩散过程之外还要加上突然的跳跃，并将此跳跃机制包括在定价模型中。

Black－Scholes定价模型将巨灾保险损失假设为几何布朗运动过程，把最后理赔损失视同损失过程的最终值。实际上，保险人最后理赔损失乃是当季所有已发生损失理赔的累积总和，为此康明斯和杰曼（1993）提出以合约期间内标的指数的平均价格作为期权的执行价格最为恰当，即亚式期权（Asian Option）的定价概念（Geman and Yor，1992，1993）。杰曼（1994）以及康明斯和杰曼（1995）应用跳跃过程无套利（Jump－Diffusion No－Arbitrage Approach）模型对巨灾期权定价，由于巨灾衍生品的标的资产无法在市场上交易，所以该模型基于一个损失指数建立。奥瑟（Aase，1995）介绍了巨灾期货期权合约及基于此合约的衍生产品的定价理论。该理论采用了效用极大化原理，并用在随机时点包含随机大小的跳跃的随机过程来构造巨灾损失模型。在运用这种方法时为了得到一个唯一的价格，必须假设保险市场的所有参与者有相同的效用函数。奥瑟（1996）认为以前的巨灾期权定价方法均建立在完全市场的假设之上，巨灾衍生品市场并不完全具有"复制"的风险对冲工具，即巨灾衍生品市场一般不是完全市场，因此，真实概率测度P等价的鞅测度Q并不唯一。他利用局部竞争均衡定价方法，假设损失的一些特殊分布，得出了一些非常简洁的定价模型。扎登韦伯（Zajdenweber，1997）认为，当巨灾事件发生频率极低时，以小样本来估计其概率分布相当困难。在实务上，已调整历史损失率的历史资料的平均值和标准差被认为不具有很高的参考价值。针对这一点，扎登韦伯提出极值分布（Extreme Values Distributions）较适用于巨灾损失的实际情况，也因此在评价巨灾期权时能提供较高的可信度。奥瑟（2001）利用马尔可夫模型给巨灾期权定价。在这里假设潜在巨灾损失值服从一个连续时间的马尔可夫过程，这个马尔可夫过程有一个离散的状态空间，且在巨灾随机发生的时点处有随机索赔额大小的跳跃。

第四节 对国内外文献的评述

综上所述,针对巨灾风险管理,就国外的研究情况看,一般包括五个方面的内容:第一,灾害风险因子的识别(包括自然与社会两类因子);第二,灾害案例调查(以不同等级巨灾为单元的灾情测算),获取在不同时空条件下巨灾损失案例资料,以此建立数据库;第三,建立样本完备程度不同条件下的巨灾风险模型,从而使巨灾风险评估更加客观;第四,揭示巨灾风险形成机制,进而区分由自然和社会因素造成的巨灾风险水平,为控制巨灾风险的工程和非工程措施提供科学依据;第五,寻求控制和减轻巨灾风险的高效途径,即集中探讨在一定范围内分散巨灾风险(包括空间上的转移、时间上的转移、受灾对象的转移、灾情程度的转移等)的工程与非工程措施,分担巨灾风险(包括政府、企业、居民、社会等各个方面,通过直接或间接的方式,承担巨灾风险的份额和承担途径)。

从国内来看,巨灾风险管理研究刚刚起步,不同学科对巨灾风险形成机制、减轻巨灾风险的措施等都进行了单一学科的探讨,也取得了一些成果,较为突出的有六个方面:一是对不同巨灾出现概率进行了测算,并编制了一些专门地图,为巨灾工程措施提供了科学依据;二是对潜在灾区不同级别灾情造成的损失进行了测算,并预估了某一超标巨灾情况下,未来可能造成的灾情;三是对部分巨灾的时空分布规律的研究,揭示了自然灾害的形成过程中的人为因素或社会属性;四是在样本不完备的情况下,提出对巨灾风险测算的模型体系,并在一些区域进行应用;五是认识到了社会经济条件对巨灾风险间接影响的重要性,因而重视了巨灾风险的金融经济学研究;六是广泛应用现代对地观测技术,对巨灾造成的灾情进行了较为快速的测算,虽然精度还有待提高,但对巨灾应急对策的制定已起到了明显的保障作用。然而,由于巨灾问题的复杂性、高技术性和跨学科性等,使得系统性强、创新程度高、理论分析扎实、针对性显著、说服力强、实践上可操作繁荣研究成果并不多见;主观上讲,研究人员少,团队分散,也存在重视不够的因素。无论主观还是客观,研究存在的主要不足集中表现在以下三个方面。

一、学科间的相互交叉与互补问题

巨灾风险管理问题属性上涉及跨领域和多学科,具有交叉边缘性,其制度创新需要采用跨学科和比较分析研究方法，一方面需要将工程物理学、灾害学、地质学以及气象学的相关知识与经济学及其相关下属学科诸如保险学和金融学相结合，另一方面，又涉及较多文化心理学以及实验经济学的研究方法。但是由于存在较大的学科背景差异容易导致在研究方法和研究思路的选择上存在一些争议和分歧，诸如地震物理研究所提供的灾害统计模型与灾害损失评估方法并不一定满足保险精算定价的需要，地震力学所测算出的物理损失结果与经济学中的统计方法所计算出的损失价值存在较大的差异，心理感知理论所采用的分析范式融入传统的保险需求分析过程中还存在一定的障碍。这些跨学科的交叉比较研究不仅在结合的过程中存在盲点，而且在对研究方法的选择及研究结论的理解上依然需要进一步的融合以及相互之间的学习。

二、研究方法的选择问题

目前国内关于巨灾制度的研究重点主要放在了基础理论研究以及对过去制度的梳理和总结方面，因此在研究方法的选择上，主要侧重于定性的比较分析，很少进行大规模的问卷调查分析以及广范围的定量统计分析，即使在巨灾保险的精算定价以巨灾统计模型等研究领域有少量的定量分析存在，但是无论是在数据的丰富程度以及样本的有效性方面都没有突破原有的局限。由于巨灾问题的复杂性、高技术性和跨学科性等，今后还需要进行大量系统性的基础分析和深入性的理论探讨，而且更需要将国际经验和研究结论融入中国巨灾风险管理的实践过程中。

三、研究重点的深入问题

当前国内有关巨灾的研究，虽然一直致力于克服传统研究过程中的研究主体的分散性以及研究方法的单一性问题，但是依然在研究内容的深入和完善上存在不足：第一，诸如什么是综合性的巨灾风险管理体系？巨灾保险产品需求不足的根本原因是什么等一些理论性上具有争议性的基础问题以及某些核心概念，依然没有形成整体化和系统化概念或理论框架；第二，诸如国外巨灾精算模型在中国的适用性、中国巨灾风险融资中政策性金融与传统融资模式的协调性等一些实践中迫切需要解决和回答的热点问题，虽然提出了总体框架和发展建议，但是这些对策能否切实可行以及在实际应用中可能存在什么样的难点依然需要完善。

第五节 本章小结

巨灾风险管理制度创新研究作为一个系统化的理论分析框架,在进行深入研究之前,需要对现有研究情况和研究方法进行总结和评述。本章从巨灾风险的基本属性、巨灾保险的市场机制,以及巨灾风险的管理三个方面对当前有关巨灾风险管理的研究进行梳理。本章认为,虽然当前巨灾风险管理研究方法多样、观点新颖,但是总体上看依然缺乏系统性和整体性,尤其是国内研究,因此需要整合资源,站在国家巨灾风险管理的宏观性视角,利用多样化的分析手段进行实证性研究,这样才能制定出更具有针对性的导向性政策。

第二章

巨灾与巨灾风险的基本属性

第一节 国内外的巨灾界定与本书标准

一、国内外的巨灾界定

巨灾的英文 catastrophe 一词最早源于古希腊语"καταστροφη",原意是流星(Falling star)[①],后来它派生出两个不同的词意,一个是衰落(Down-turning),一个是悲惨的结局(The denouement of tragedy)。巨灾作为一种极为特殊的风险,国际学术界对此并没有统一的界定标准。

(一)国外关于巨灾的定义

国际上主要是从人类社会的生存环境破坏、国家或者地区的总体承受能力、整个保险行业的赔付能力以及单个保险公司的资本实力这四个角度来定义巨灾。在这一定义过程中,人类社会和国家(地区)等宏观主体大多采用定性方式进

---

① 姚庆海. 沉重叩问:巨灾肆虐,我们将何为——巨灾风险研究及政府与市场在巨灾风险管理中的作用[J]. 交通企业管理,2006(9):46-48.

行描述，而保险行业以及单个保险公司等微观主体则是大多采用定量方式进行界定。

1. 关于巨灾的定性描述

（1）从人类社会生存环境角度定性描述巨灾。

安东尼·奥利弗·史密斯（Anthony Oliver Smith，1998）认为，巨灾是一个风险过程或者危险事件，是自然演变、环境变化、社会人口以及经济产品相互发生作用的负面产物，它能够对个体的相对满意和社会物质存在、社会秩序和方式等传统习惯产生破坏；哈里斯托芬和凯文（Hristopher and Kevin，1999）[1] 认为，巨灾是某种能够被人类社会所感知到的社会威胁现象，面对这种社会威胁现象，人类社会必须采取额外的保护措施，否则人类社会将遭受巨大的破坏性损失；埃默里尔和麦克唐纳等（Ermoliev and Macdonald et al.，2000）[2] 则认为，巨灾是指影响不同地区，在时间和空间上相互作用而产生巨大损失的破坏性事件；波斯纳（Posner，2004）[3] 则是将巨灾定义造成严重影响足以威胁人类生存的事件，这种危险事件的发生将会给整个人类的发展带来毁灭性的影响。

（2）从国家或者地区的总体承受能力角度定性描述巨灾。

慕尼黑再保险公司（1998）[4] 认为，巨灾是受灾国家和地区必须依靠外来援助才能恢复经济社会发展秩序的重大自然灾害；联合国减灾研究中心（2002）[5] 认为巨灾是一种严重的社会功能失调，它在大范围内造成人类、物质和环境损害，这种损害已经超出社会依赖自己的资源所能承受的能力。

2. 关于巨灾的定量界定

（1）从整个保险行业的赔付能力角度定量界定巨灾。

联合国减灾十年委员会（1994）[6] 出具的标准规定，自然巨灾必须满足死亡人数高达100人以上、经济损失必须占当年国民生产总值1%以上、灾区人口总

---

[1] Hristopher M. Lewis and Kevin C. Murdock. Alternative Means of Redistributing Catastrophic Risk in a National Risk Management System [J]. Kenneth Froot, The Financing of Catastrophe risk [C]. The University of Chicago Press. 1999, pp. 129 – 132.

[2] T. L. Murlidharan1. Economic Consequences of Catastrophes Triggered by Natural Hazards [D]. Degree of Dissertation. 2001, P. 33.

[3] Richard A. Posner. Catastrophe: Risk and Response [M]. New York, Oxford University Press. 2004, 6, pp. 79 – 88.

[4] 刘正implements. 基于巨灾风险的保险模型及其经营模式研究 [D]. 湖南科技大学硕士学位论文，2008.

[5] 张茉楠. 全球巨灾风险融资体系构想，引自联合国. 环境状况和政策回顾：1972~2002 [D]. 上海证券报，2011 – 3 – 22.

[6] 金磊. 自然巨灾呼唤联合国21世纪全球减灾行动 [J]. 城市与减灾，2005（1）：17 – 19.

数必须达到全国人口数的1%以上这三个条件时才能称为巨灾；标准普尔（1999）[1] 把巨灾定义为一个或一系列相关风险事件导致保险损失超过500万美元的巨灾损失，造成这一损失的风险称为巨灾风险；美国联邦保险事务局（Insurance Service Office, ISO）下设的财产保险理赔服务部（Property Claim Service, PCS）[2] 在1983年以前，巨灾为超过100万美元的被保险损失；1983年调整为500万美元，1997年再次调整为2 500万美元；康明斯、多尔蒂和阿尼塔·罗等（J. David Cummins, Neil Doherty and Anita Lo et al., 2001）[3] 认为，巨灾就是像"诺斯地震"和"安德鲁飓风"那样每次给保险业带来超过100亿美元的损失事件。

（2）从单个保险公司资本实力的角度定量界定巨灾。

许多单个保险公司都设立内部标准来决定一个事件是否为巨灾事件，各个保险是否认定为巨灾风险事件也会存在不同的衡量依据。瑞士再保险公司（SWISS RE）[4] 将巨灾分为自然灾害和人为灾害，根据目前最新的灾害统计报告，瑞士再保险将巨灾定义为航运灾难损失在1 740万美元以上、航空失事损失在3 470万美元以上，其他财产损失在4 330万美元以上，以及死亡或者失踪人数在20人以上，受伤人数在50人以上，以及无家可归人数在2 000人以上的灾害。

（二）国内关于巨灾的定义

我国关于巨灾的定义主要是围绕工程物理学和金融经济学两个角度进行，定性描述和定量分析依然贯穿其中，如果按照国际上通行的定义方法，我国关于巨灾的定义可以划分为以下两种方式。

1. 关于巨灾的定性描述

（1）从工程物理学角度定量描述巨灾。

马宗晋（1990）[5] 认为，巨灾是对区域或国家经济社会产生严重影响的自然灾害事件，主要包括：地震、洪水、干旱、飓风等；国家科委（1994）[6] 认为，巨灾是自然变异向正反两个方面的变化超过一定限度的产物，当自然变异给社会

---

[1] Halliday T., Carruthers B. The Moral Regulationof Markets: Professions, Privatization and the English Insolvency Act [J]. Accounting, Organizations and Society. 1996 (21), pp. 371 – 413.

[2] 李勇权. 巨灾保险风险证券化研究 [M]. 中国财政经济出版社，2005：23.

[3] J. David Cummins and Olivier Mahul. Catastrophe Risk Financing in Developing Countries: Principles for Public Intervention [J]. The World Bank Publications, Washington, D. C. 2001.

[4] 瑞士再保险. Sigma. 2011 (1): 3 – 10.

[5] 马宗晋. 灾害与社会 [M]. 地震出版社，1990：19 – 24.

[6] 国家科委全国重大自然灾害综合研究组. 中国重大自然灾害及减灾对策 [M]. 中国科学出版社，1994：5.

造成人员伤亡和经济损失时才构成灾害；史培军（1998）[①] 提出，巨灾指一定物理级别以上的，造成直接财产经济损失深度达到某一比值，或者人员伤亡达到某一数额的自然灾害。

（2）从金融经济学的角度定量描述巨灾。

李全庆、陈利根（2008）[②] 认为，所谓的巨灾就是指小概率且一次损失大于预期、累计损失超过承受主体（主要有投保人、保险人和政府）承受能力的风险事件；耿鹏志（2011）[③] 认为，巨灾是指损失程度超过传统保险风险，不能使用常规方式承保的，可保性较差的小概率大损失风险事件。

2. 关于巨灾的定量界定

（1）从工程物理学角度的灾害级别进行定量界定。

我国学者张林源（1996）[④] 认为，巨灾是各类自然灾害中级别最高或接近最高级别的灾害，地震（震级＞7级）、洪水（50年以上一遇）、强台风（风力＞12级，风速大于32.6m/s）、大火山喷发、大海啸、大台风以及大陨星撞地球等都可以称之为巨灾事件。

（2）从金融经济学角度的灾害损失进行定量界定。

而从当前实际情况看，人员损失与经济损失是对巨灾界定的两个基本条件。汤爱平等（1999）[⑤] 认为可以从灾害损失占GDP的比例、重伤和死亡的人数百分以及灾后经济恢复与发展能力三个角度，按国家、省（区市）和县（市）三级进行巨灾的界定；史培军（2009）[⑥] 认为，巨灾在我国是指造成1 000人以上死亡，或者1 000亿人民币以上的直接经济损失，发生概率为百年不遇的灾害事件。

二、巨灾的诠释与本书标准

巨灾不仅具有国别或者地区的相对性和独立性，而且其外延和内涵也随着经济社会的发展而不断演进，单一的定性描述和定量分析都很难从整体上把握巨灾的基本属性以及核心观点，这就需要立足于巨灾的本质特征，并结合研究主体的

[①] 刘新立. 风险管理 [M]. 北京大学出版社，2006：9.

[②] 李全庆，陈利根. 巨灾保险：内涵、市场失灵、政府救济与现实选择 [J]. 经济问题，2008（9）：42 - 45.

[③] 耿鹏志. 巨灾风险的可保性分析 [N]. 中国保险报，2011 - 3 - 21（002）.

[④] 张林源，杨锡金. 论有效减灾与自然灾变过程 [J]. 中国地质灾害与预防学报，1994（5）：39 - 42.

[⑤] 汤爱平等. 自然灾害的概念、等级 [J]. 自然灾害学报，1999（8）：61 - 65.

[⑥] 史培军. 巨灾风险防范的中国范式具有世界意义. 新华网，http：//www.licaie.com/portal/topic/169520.

经济社会发展现状，采用定性与定量相统一的方法对巨灾进行科学界定。

（一）巨灾界定过程中需要注意的几个要点

1. 巨灾界定的出发点要把握巨灾的基本属性

巨灾是外部力量作用的结果。巨灾的发生是突发的、不可预见的、难以避免的。因此，在巨灾的界定过程中应该将那些常规性的、损失程度较小的自然灾害事件排除在外，而重点关注那些发生频率低、影响范围广、损失程度大的重大自然灾害事件。在本书的研究过程中，巨灾主要是指洪水、地震、飓风、干旱、泥石流等破坏力强大的自然灾害。

2. 巨灾界定的核心点要抓住巨灾的承灾主体

巨灾是一个相对的概念，是相对于巨灾承灾主体而言。从不同的主体出发，其承受能力大小、风险规避模式、风险转移策略截然不同，因此是否认定为巨灾也就会存在差异，这种主体的相对性主要体现为国别差异和地区差异。在制定我国的巨灾标准时需要考虑到我国幅员辽阔造成的空间相对性，应该首先制定国家层面关于巨灾的界定标准，然后再制定地方层面以及各个保险公司层面的具体准则。

3. 巨灾界定的落脚点要回归财产损失和人员伤亡

在巨灾的界定过程中，无论是定性或者定量的认识，都是以探讨自然巨灾的负面影响性即巨灾所带来的财产损失和人员伤亡为出发点。对于财产损失的衡量，如果单纯运用绝对数额的经济损失进行测量未免存在以偏概全的可能，可以考虑巨灾损失占灾区的上年度 GDP 的相对比例来界定巨灾；对于人身伤亡的衡量，建议首先设定巨灾风险死亡人数的上限标准，然后再根据人均收入的变化进行调整。

（二）理论上的巨灾界定与实践中的巨灾标准

通过以上总结，结合中国当前现状，本书从理论层面的定性描述和实践层面的定量分析两个维度对巨灾进行界定。

1. 理论上的巨灾界定

基于上述分析，本书从理论层面上将巨灾界定为：突发的、不可预见的、难以避免的，能够带来巨大财产损失和人身伤亡的自然灾害事件，主要包括地震、洪水、台风、干旱，以及各类地质灾害和气象灾害。随着经济社会的发展，未来巨灾的范围将会变得更加广泛，航空航天灾难、重大爆炸、森林火灾、重大安全事故和重大环境污染事件，以及各类突发性公共安全事件和恐怖袭击事件等也可能被界定到巨灾的范围以内（见附录1 国内外有关巨灾的界定和标准）。

2. 实践中的巨灾标准

为更加科学地设定巨灾界定标准，本书结合《中华人民共和国特别重大、重大突发公共事件分级标准（试行）》、《中华人民共和国国家标准——气象干旱等级》、《中华人民共和国气象行业标准——台风影响评价技术规范》、《中华人民共和国气象行业标准——台风灾害综合等级划分》以及《中华人民共和国国家综合气象干旱指数》，采用轻度巨灾、中度巨灾，以及重大巨灾三个分级标准，分别对洪水、台风、干旱、地震、地震灾害以及气象灾害这六类代表性的巨灾进行定量界定，初步制定出我国的巨灾分级与界定标准（见附录2　巨灾的分级与界定标准）。

第二节　巨灾风险的定义与分析

一、巨灾风险的界定

对于风险从不同的角度有多个定义，较通用的解释是：某种随机事件发生后给人们的利益造成损失的不确定性。结合以上所述对"巨灾"的不同解释，对巨灾风险也就形成了从两个角度解释。第一，从损失角度，巨灾风险就是造成巨大财产损失和严重人员伤亡的可能性，或者说，是指某种巨灾事件损失结果发生的不确定性。第二，从是否需要外界力量援助，巨灾风险就是导致保险公司保险赔款过多地超过其一般偿付能力的风险。

（一）基于损失角度的巨灾定义

当前研究表明，学术界判定一个事件能否被定义为巨灾事件多从损失角度衡量，主要对以下四种承受主体遭受的损失进行描述：一是从全人类的角度进行衡量。理查德·A·波斯纳（2004）将巨灾定义为"导致严重的成本损失，甚至可能威胁人类生存的事件。"他认为，巨灾影响人群广泛并且对该群体每个人都造成严重的伤害。安德烈·申科（Andrea Schenke，2010）认为巨灾是一个突然爆发的交互影响、螺旋下降的导致社会系统基本崩溃的事件。联合国人道事务协调办公室认为巨灾是一个严重威胁社会且使人们遭受人身伤害或物质损失以致社会结构崩溃、无法履行其部分或全部基本功能的事件；二是从一个国家或地区的角度，例如，慕尼黑再保险公司认为如果自然灾害发生后，受灾地区必须依靠区域间或国际援助,则这场自然灾害就被定义为重大自然巨灾;三是从整个保险行业的角度,美国保险服务局(Insurance Service Office,ISO)财产理赔部(Property Claim Services unit)按照1998年价格将巨灾风险定义为"导致财产直接保险损失超过2 500万美元并影响到大范围保险人和被保险人的事件"[①];四是从单个保险公司的角度,许多保险公司设立针对巨灾事件的内部标准,即使它对于整个行业来说不为巨灾事件。但由于各保险公司财务能力各不相同,从此层面上设立一个共同的标准显然不大可能。

(二) 基于成灾原因的定义

倘若从成灾原因的角度看,目前学术界一种倾向是巨灾风险的成灾原因仅仅是导致巨大经济损失和严重人员伤亡的自然灾害,而另一种倾向则认为巨灾风险还包括人为灾祸。例如,瑞士再保险集团(Swizz Re)就将巨灾风险分为自然灾害和人为灾难事件,主要指恐怖袭击事件或其他类似的灾难性的人为事故。

对于巨灾风险,现在国际上并没有给出一个明确统一的定义,各国通常是根据本国的实际情况对巨灾风险进行定义。应该说,各种观点的描述都有可取之处,都从不同的角度解释了巨灾风险具有的显著特征。

二、本书对巨灾风险的分析

本书认为,与巨灾相对应的巨灾风险是一个更加宽泛的概念,并不能笼统地说巨灾发生并造成损失的可能性就是巨灾风险,单从风险的客观实体派角度理解具有很大的局限性[②]。因为巨灾对于受灾地区,未受灾地区,受灾地区个人,未受灾地区个人都会产生影响,并且这种影响的持续期较长,影响范围不仅是经济层面,社会体系也受到巨大冲击,个人的身心状况,认知体系都会发生改变。因此,本书将巨灾风险定义为:客观存在的,不以人的意志为转移的,能够直接导致实际损失偏离预期损失、累积损失远过主体承受能力,进而引发经济主体出现财务危机的不确定性事件。巨灾风险存在以下特征:

(一) 影响范围广

一般风险的发生只影响一个或一小部分保险标的,而巨灾风险往往带来大范

[①] 栾存存. 巨灾风险的保险研究与应对策略综述 [J]. 经济学动态, 2003 (8): 80 – 83.
[②] 即单纯从统计学,工程学,精算等角度考虑巨灾发生的频率,损失的大小等。

围高相关性的损失,无论何种巨灾,他们的发生都会在一定空间范围内造成很多标的物的损失,正是这种大范围的损失,造成了巨灾发生后保险业的大量破产。因此,国际再保险市场上最为常见的分保方式就是巨灾再保险,原保险公司通过在世界范围内购买巨灾再保险以分散巨灾带来的不可预期的影响。

(二) 损失程度大

一般风险带来的损失,保险公司通过收取合理的保费,提存充足的责任准备金可以应付赔付,而巨灾风险带来的损失,常常是单个保险公司,甚至是整个保险业都难以承受的。例如,2008年汶川地震造成的经济损失是8 451亿元,当年我国保险业财产保险保费收入为2 446亿元,这种巨大的损失显然是全行业都无法承担的。

(三) 可测性差

对于一般风险而言,其概率通常可以由大量历史数据推测而得。巨灾风险由于发生的次数较少,缺乏可靠的参考资料,因此可测性较差。随着越来越多的关于地球气候变化的讨论以及随之而来的各种灾害的发生,全球城市化的脚步越来越快,这些都使得巨灾风险的发生概率越来越难以估计。事实上,测度巨灾风险的发生概率既是保险业承保巨灾风险时的定价需求,又是保险标的业主的风险管理需求,技术上的难度会制约巨灾风险分散与管理的程度。

(四) 信息问题严重

信息不对称是保险业常常需要面对的问题,通过对合同的设计,如免赔额、共保条款等措施可以有效降低此类风险,对于一般风险而言信息问题显得相对容易处理。巨灾风险由于发生前信息难以甄别,发生时损失难以控制,发生后社会反响严重,这都加大了逆向选择与道德风险的发生概率,增加了保险人承担巨灾风险的成本。

三、巨灾风险的基本要素

风险因素(hazard)与风险事故(peril)是传统的风险评估过程,识别和定义巨灾风险,首先要进行风险因素与风险事故的评估。

风险因素是指能增加或产生损失频率和损失强度的条件,是风险事故发生的潜在原因,而风险事故是对一个区域造成损害的实际事件。当巨灾发生或可能发生时，如果有人员、基础设施、建筑物处于巨灾风险覆盖的范围内，就存在脆弱性（vulnerability）。脆弱性代表由意外、损坏、损毁和业务中断而受到损失的可能性。脆弱性可以度量，如采用城市化程度、人口、在险值（Value at Risk）等指标，然而，由于风险事故的强度难以预计，因此很难准确地量化损失的大小，这也是巨灾可测性差的另一种表现。当风险因素存在并导致风险事故发生时，自然灾害就会发生，当自然灾害发生且存在脆弱性时，就会给经济社会造成损失，并最终形成巨灾；当不存在脆弱性时，则不会产生损失①。因此，处于地震带但荒无人烟的区域如阿留申群岛，那里由于没有脆弱性，所以自然灾害不会带来经济损失，不构成巨灾。而人口密集的神户，其脆弱性相对较高，当遭遇到地震袭击时，如 1995 年发生的那样，真实的自然灾害加上高度的脆弱性构成了巨灾损失（见图 2-1）。因而风险因素是巨灾发生的潜在原因，是造成损失的直接或间接原因，风险因素的存在并不必然导致损失，它还要通过风险事故外化出来。

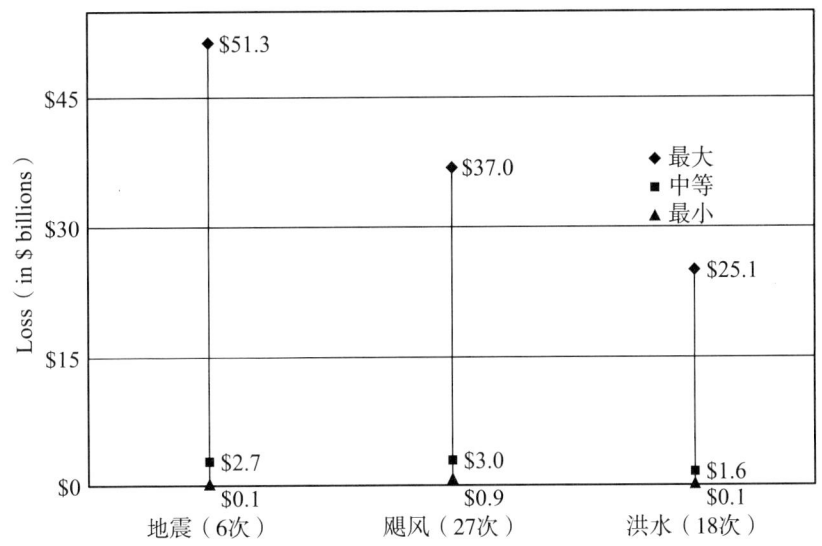

图 2-1　美国典型巨灾损失幅度对比（1950~2000 年）

注：这是美国 1950~2000 年遭受的巨灾情况，损失最小的巨灾与损失最大的相差极远。这也是为什么风险建模至今没有办法对巨灾风险的损失分布给予特定形式的原因，这是技术上看难以逾越的。

资料来源：American Re。

风险事故是造成损失的直接或外在原因，是损失的媒介物，风险事故也不会

---

① 至少是经济意义上的损失。

必然带来损失，只有通过与脆弱性的叠加才能带来的损失；此外，脆弱性是一个动态变量：随着科学技术的发展与进步，新的计算机模型得以开发，这在一方面降低了衡量脆弱性的难度；同时，新建筑技术开始引进，人口不断变化，城市规模或因迁移而发生改变，这又增加了脆弱性的波动幅度。总的来说，随着人口的增长与城市化进程①的加快，虽然没有证据表明自然灾害的风险事故频率较之以前有所增加，但是由于脆弱性的增长，其带来的损失也在持续增大，使得巨灾的损失程度大与影响范围广的特点得到强化。因而，风险因素、风险事故、人类社会的脆弱性分别是巨灾风险的必要非充分条件，只有三者联系在一起才形成巨灾风险的充要条件，造成经济损失，人员伤亡。

第三节 巨灾风险的可保性

一、巨灾风险可保性的理论前提

（一）精算学理论

保险可保性的前提就是风险是否可以识别及量化，持此观点的学者常常从精算定价的角度讨论风险可保性问题。以伯利纳②为代表，其提出的可保风险条件被大量引用在教科书中作为判定可保性的依据。这个学派的主要理论前提是大数法则和中心极限定理，背离了这两个原则的风险只具有部分可保甚至不具备可保性。精算学派学者多数认为巨灾风险在商业保险市场上是不可保风险。

（二）损失分摊理论

保险一般意义上是一种损失分摊的商业行为，因此有学者认为解决可保性的本质就是解决损失如何分摊。持此观点的学者是在广义上探讨风险的可保性，他们通常支持政府在建立巨灾风险管理机制中扮演主要角色。在传统的商业保险市

---

① 根据世界银行的数据，中国城镇人口比例由 2002 年的 37.6% 增加到 2010 年的 44.9%，人口超百万的城市比例由 2002 年的 14.8% 增加到 2010 年的 17.7%。这意味着财富的更加集中，脆弱性快速增加，巨灾风险暴露不断加大。

② B. Berliner. Limits of insurability of risks. Prentice Hall. 1982.

场作为第一层损失分担尚不能补充风险损失时，再保险、资本市场、社会团体和政府应该依次承担更高一层次的损失。在这一学派的学者看来，政府就是某种意义上国家范围内最大的保险公司（见图2-2）。

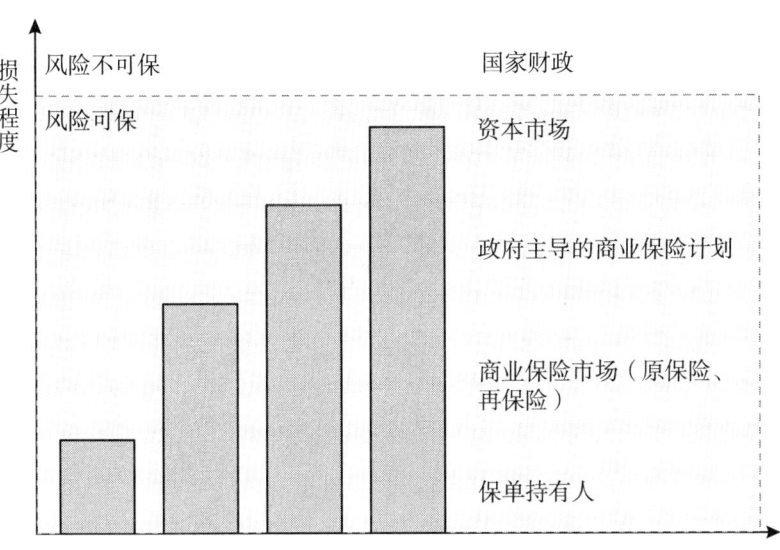

图 2-2 巨灾风险的损失分摊机制

（三）经济学理论

保险是一种商业行为，因此有学者从经济学效用理论和供求理论的角度出发，研究风险的可保性。特别在针对巨灾风险可保性的探讨中，德怀特·M·贾菲等（1997）[①] 首次以商业保险公司融资成本作为分析可保性的依据。他们指出，正是多种潜在成本增加，使得保险公司不愿意承担巨灾保险，因此可保性本质上是个资本市场而非保险市场的问题。

二、巨灾风险可保性分析的几个维度

（一）巨灾风险可保性：商业保险市场角度

理论上讲，传统的巨灾风险在商业保险市场范围内是可以承保的。历史上早

[①] Dwight M. Jaffee and Thomas Russell, Catastrophe Insurance, Capital Markets, and Uninsurable Risks. 1997.

期的航运风险和火险在当时都算作巨灾事件,在西方发达国家,巨灾风险的保险产品种类一直以来也比较多。就我国而言,由于对地震等巨灾事件带来毁灭性后果的担忧以及保险市场初级阶段的判断,自保险业恢复以来,巨灾保险产品一直处于空白。从保险人运营巨灾保险的成本角度观察,我国财产保险公司主要存在以下几种影响成本的要素:会计准则、税收条款、现金盈余、准备金提取、风险管理(资产负债匹配角度)、灾后融资。

从目前我国财险行业整体运营情况来看,单纯由市场提供巨灾保险存在很多困难:由于巨灾风险发生频率小、损失程度高,使得保险人无法跨期匹配平滑的保费收入与非平滑的赔款支出,并由此带来的成本大幅上升;会计准则、税收条款都限制了准备金提取,带来了巨灾发生时流动性约束,保险人将面临灾后融资的成本大幅上升、并购、甚至是破产;高额的成本驱使盈利能力并不强的财产保险业不提供巨灾保险,所以,从"成本—供给"的角度看,在我国,单纯的商业保险市场上巨灾风险不可保。

(二) 巨灾风险可保性:保险市场与政府角度

把巨灾风险放在纯商业保险市场框架下来看,属于不可保风险。现实的情况也证实了上面的推断:在面对巨灾风险引起的无法预期的大范围人员与财产损失时,商业保险公司会严格限制保险的供给甚至拒绝为巨灾风险承保。然而由于这些极端事件对社会造成破坏及对经济可持续发展形成阻碍,因此政府要承担起社会经济责任,为如何强化巨灾风险的可保性提供答案。

政府介入后巨灾保险供给成本的变化。从国内外的经验来看,政府在解决巨灾保险供给方面所扮演的角色非常重要,不同的参与方式,会产生不同的结果。由于政府在风险分散的维度、费率制定以及资金方面拥有难以比拟的优势,并由此可降低巨灾保险的运营成本,增加巨灾风险可保性,因此笔者拟从这三方面结合国外的经验从政府角度看待巨灾风险的可保性进行分析。

1. 风险分散维度

商业保险公司对巨灾风险分布特性难以把握,而且往往只能在较短的时期内在一定的空间上对巨灾风险进行分散,在政府加入巨灾风险管理框架后,对风险分布特性的把握在宏观角度上会更加便利,对于厚尾分布又可以在较长时期较大空间范围内进行风险分散,因此可以有效降低巨灾保险的供给成本。美国的国家洪水计划即是一个典型案例。

2. 费率制定

商业保险公司承担巨灾风险面临着费率制定的技术困难与制度约束。技术困难来自于巨灾风险的损失分布难以掌握,制度约束来自于监管部门对偿付能力及费率高低的要求。由于政府可以整合行业资源，适当修改监管规则，因此在巨灾风险管理框架中，政府可以协调巨灾建模以及行业统一费率的诞生，从而降低单个保险公司的成本，从而增加行业供给。目前，绝大多数提供地震保险的国家都会在费率制定上为商业保险公司提供费率指引甚至条款细则。

3. 融资方面

发生巨灾后，商业保险公司存在流动性约束。由于持有大量资本带来的成本负担，以及制度框架对保险公司持有资本进行的限制（如税收），保险公司不得不面临被动应对巨灾风险的局面，因此，政府作为政策与制度的制定者，有必要加入巨灾风险管理框架以减少商业保险公司对融资成本的担忧，增加巨灾保险供给。美国的一些州政府、法国、挪威、土耳其等当地政府都建立了针对特定巨灾类型的风险池（Pool），以协助商业保险应对巨灾风险。

我国政府有别于西方，在上述三大影响因素方面，较之保险市场发达国家拥有更大的优势。首先从风险分散的维度看，我国地大物博，不同地区的主要风险具有相对独立性，这就加强了巨灾风险在空间上的分散；另一方面，我国政治体制相对稳定，使巨灾风险在时间上的分散也具备可行性。其次在费率制定方面，我国的保监会已经有过与国际再保集团、风险建模公司合作的先例，而且其较强的行政职能会使行业协调成本相对较低。最后在融资方面，我国强大的国家财政作为后盾，只要协调好部门之间的政策博弈，巨灾风险发生后的融资成本也会变得较低。因此，我国政府加入巨灾风险管理框架可以有效降低巨灾保险的供给成本，提高风险可保性。

（三）巨灾风险可保性：保险市场、资本市场与政府结合角度

在商业保险公司无法对巨灾风险承保，出于对经济和社会应负担的责任，政府无疑应该介入巨灾风险管理框架之中，并且由于其在宏观上的统筹优势，使得商业保险公司和公众最担忧的部分得以解决。不过，即使有政府的资助，在特大灾难过后，直接保险市场上的保险人还是倾向于停止提供巨灾保险。这种情况下，在金融市场比较发达的国家，资本市场无疑就是解决巨灾风险可保性的关键。

20世纪90年代资本市场出现了巨灾衍生金融工具：工业损失担保（Industry Loss Warranties）、巨灾债券（Cat Bonds）、侧挂式再保险（Sidecar Reinsurers）。资本市场的有益补充扩大了巨灾风险在空间和时间上的分散程度，大大降低了商业保险公司的融资成本，熨平了平滑的保费收入与起伏的赔付支出之间的资金波动，增加了保险公司的承保能力，从直接保险市场的供给层面增加了巨灾风险的可保性。所以，在完善我国的巨灾风险管理体系过程中，资本市场应该起到重要的作用：

1. 再保险公司

再保险公司决定是否承保一份分出保险与保险公司决定是否承保风险的原理是一样的：考虑风险的聚集，限制巨灾地区的风险暴露以使损失在可接受范围之内。世界级再保险公司可以将风险在全球范围内分散，这类似于政府在时空分散上的优势，并在一定程度上扩展了空间上的维度。因此，再保险公司分担了一部分原保险公司的融资成本，增加了市场对巨灾风险的承受能力，提高巨灾风险的可保性。

2. 巨灾衍生品与投资者

理论上看，资本市场的投资者在购买了巨灾衍生品以后，原保险人资金充裕，平滑了赔付支出，巨灾风险又在更大的空间范围内得以分散，超越了单纯的国家与地区或者世界级再保险公司的框架，从而巨灾保险的供给成本进一步降低，可保性得以增强。

3. 评级机构

巨灾衍生品能否得到投资者认可，评级机构在其中起到了至关重要的作用。评级机构的正面评价有利于保险公司解决流动性困境，以较低成本获得资金，有效提升巨灾风险的可保性，负面评价则会产生相反作用。此外，一些机构在购买保险时会要求保险公司必须高过某个评级，同样保险公司也不愿意分保给一家评级较低的再保险公司，这无疑增加了保险公司对巨灾风险的关注程度。随着评级制度以及压力测试在我国保险业中的运用越来越广泛，这个因素对巨灾风险可保性的影响将会越来越大。

在理想的巨灾风险管理框架中，资本市场应该起到至关重要的作用，它可以提升整个风险管理框架的承灾能力，目前国内讨论巨灾证券化等相关的文献也非常多，然而从实际情况来看，笔者认为我国的资本市场尚未成熟，巨灾衍生品交易可以逐步试点，在推广之前，至少要在法律法规上进行完善，否则对巨灾保险市场而言，祸福难言。

三、巨灾风险可保性的影响因素

巨灾风险可保性的本质是损失的分担与分割，因此取决于损失的规模、时点以及直接还是间接损失。与此相对应，影响巨灾风险可保性的因素可归纳如下：

（一）经济意义上的影响因素：风险具有随机性，并且可观察、可分散

一种风险是否可以在时空上进行分散，首先取决于该风险具有的随机性质。故意的、已发生的、投机的、不可预见的风险，通常无法进行有效的分散，风险承担者（也许）不得不自己承担或在小范围内进行分散（如来自所属团体的救助）。其次，我们还得要求风险具备一定的统计特征：可以汇聚足够数量并得到有效分散，可以合理预期损失并计算概率。统计特征来源于保险商品的精算学原理，个体独一无二的风险是无法汇聚与分散的，不可预知后果的战争与尚未被认知到的风险显然也存在时空分散的难度。最后，损失的规模也影响着风险可保性，这是由于当一定时期内的损失程度超过一个国家或地区的经济承受能力甚至更大时，保险作为经济补偿手段显然已经失效。

（二）社会意义上的影响因素：风险的分散必须有制度保障并受制度约束

保险合同总是在一定的制度框架或者更为广泛的社会环境中达成一致的。合理的制度框架可以保障风险的分散得以合法、公平、有效地进行，因此必要的法律法规、市场环境必须建立起来，否则讨论风险的可保性是没有意义的。另一方面，风险的分散与损失的分摊也要受到制度的约束，只有风险相关的事件本身是合法且法律允许分散的，并且诸如信息不对称引发的道德风险与逆向选择等影响市场效率的行为又拥有制度强约束力时，风险的可保性才能得以最大程度的扩展。

（三）可保性因风险分摊模式的不同而产生变化

从经济学的视角分析，保险实质上就是风险在决策个体之间的转移。在经典的保险经济和决策理论中，风险个体假定为风险厌恶，追求期望效用最大化；而保险人为风险中性，在完全竞争的情况下，以零期望利润经营保险业务。只要这种转移能够带来双方效用的提升，或者说能够实现风险分配上的帕累托改进，保险交易就能够发生，从而该风险也是可保的。因此风险的可保与否很大程度上不取决于其数理特征，关键在于转移机制和市场结构的安排能否实现风险转移和优化分配。巨灾风险的低频高损特性、商业保险市场的定价困境、准备金合理提取、融资难易等多重因素从供给角度制约了巨灾风险的可保性，政府和资本市场的加入有利于降低巨灾保险供给成本，促进帕累托改进实现的可能。

综上所述，无论是从不同分担模式抑或不同影响因素下探讨巨灾风险可保性问题，一个不可否认的事实是，越来越多的商业巨灾保险产品，正在被开发出来，承担数以亿计的巨灾风险暴露。在这些巨灾保险的背后，或多或少存在着政府、资本市场的身影。由于各方共同的努力，面临巨灾风险的各类财产及其业主才找到转移、分散风险的合理途径，为释放生产力做出贡献。因而，从这个层面上看，巨灾风险对于商业保险公司而言无疑是具有可保性的。特别是，在当前我国保险监管环境下，也有更多的企业/工程财产保险涉足地震、洪水、台风等巨灾领域，此趋势也有望影响相关政策与制度，从而慢慢释放我国商业巨灾保险的承保能力。

第四节 巨灾保险的可负担性

一、可负担性的定义及划分办法

给可负担性下一个恰当定义，并测度可负担性具有现实意义：第一，判定潜在的可负担性人群差异以确定巨灾保险补贴标准；第二，评价巨灾保险制度，如公共巨灾保险供给、财政补贴等；第三，评判巨灾保险补贴获得者的福利；第四，指导可负担性巨灾保险的供给。

以下三种有代表性的方法可以定义可负担性：第一，从社会公平的角度出发，参考其他公共计划的基准，如采用国家或地区贫困线的一定比例，本书将其称为"参考法定义"[1]；第二，从经济学角度出发，利用收入与家庭预算，本书将其称为"规范性定义"[2]；第三，同样从经济学角度出发，利用投保人现阶段开销，本书将其称为"有效需求定义"[3]。

这里先看看经济学上对一般商品的可负担性的定义（Mas – Colell 等，1995[4]）：考虑一期消费集 X，包括了 L 种商品：

---

[1] 可参考许多国家和地区的可负担性法案。如 Affordable Care Act (2009), Earthquake Insurance Affordability Act (2011)。

[2] Hancock, J. E., Can pay? Won't pay? Or economic principles of affordability. Urban Studies. 1993. 30 (1).

[3] Kunreuther, At War with the Weather. The MIT Press, London, England.

[4] Mas – Colell, Whinston, Green, Microeconomic Theory. Oxford University Press, New York, NY. 1995.

$$X = R_+^L = \{x \in R^L : x^l \geq 0 \text{ for } l = 1, \cdots, L\} \quad (2-1)$$

P 定义为商品的价格（用美元衡量）：

$$P = [p^1, \cdots, p^L] \in R^L \quad (2-2)$$

可行性消费集是 L 种商品价格之和不超过消费者收入 y：

$$P \cdot X = p^1 x^1 + \cdots + p^L x^L \leq y \quad (2-3)$$

给定 P 和 y，我们得到可行性消费集：

$$B_{p \cdot y} \{x \in R_+^L : P \cdot X \leq y\} \quad (2-4)$$

这个有代表性的模型给一般消费集合的可负担性做了精确定义。给定了可行的价格与收入，我们就称此消费集是可负担的。消费者的任务是在给定 P 和 y 的条件下，最大化自身效用（假定的）选择一个特定的消费集。在马斯克莱尔（Mas - Colell，1995）[①] 较早的定义里，这种方法可以被解释为某种恰当数量的商品是可负担的，如果收入足够支付它并且还剩余足够的钱用以支付恰当数量的其他商品。从这个最基本的定义出发，站在不同的角度上，学者们对可负担性做出了各式各样的定义。

（一）参考法定义

在对住房进行研究的文献中，有学者[②]认为"可负担性"是指当家庭能够以一定数量的净房租占有合适的住房，满足既定（社会部门）规范（视乎家庭类型和大小）时，还给他们的生活留下足够的收入而避免降到某贫困标准以下。显而易见的是，"合适的"（数量和质量）房屋，"既定（社会部门）规范"，"足够的收入"，"某贫困标准"都是特定社会的定义。类似的，也有学者认为"可负担性"是指确保对家庭收入不强加不合理负担的某种安全价格或租金标准，由第三方进行监督（通常是政府）。

这些定义都以某社会公认的基准对可负担性进行划分，一般是国家或地区级贫困线，或者其一定倍数。这样的划分虽然比较模糊，但是对社会标准却有启发：当研究对象为饮用水、食物、药品、住房等生活必需品时，贫困线作为可负担性划分依据很有意义，然而巨灾保险并非生活必需品，对个人或家庭而言，巨灾保险通常指家庭财产保险，而我国居民对家庭财产保险并无内在需求，因此如果以贫困线作为这里的分析依据，就显得说服力较差。

[①] Mas - Colell, Whinston, Green, Microeconomic Theory. Oxford University Press, New York, NY. 1995.

[②] Bramley, G., 1991. Bridging the Affordability Gap in 1990: An Update of Research on Housing Access. BEC Publications, Birmingham, England.

(二) 规范性定义

比较人口结构相似、面对同样价格水平的家庭，x^h 代表了某种特殊商品的数量，p^h 代表其单价，G 代表了其他所有商品的花费（假设 x^G 代表了其他所有商品的数量，其单价都是1）。令 $\bar{x}^h$ 代表该特殊商品数量的社会最低水平，$\bar{G}$ 代表了其他所有商品花费的社会最低水平。则该特殊商品为可负担的，当且仅当下式成立 $y - p^h \bar{x}^h \geq \bar{G}$。

我们将该定义称为"规范性定义"：这种特殊的商品是可负担的，当且仅当家庭收入在支付了社会最低数量该商品后，剩余金额大于等于社会定义的其他商品最低花费。从这个定义我们可以得到满足该特殊商品可负担的收入水平为：$\bar{y}$：$\bar{y} = \bar{G} - p^h \bar{x}^h$。

如图 2-3（Hancock[1]，1993）所示：

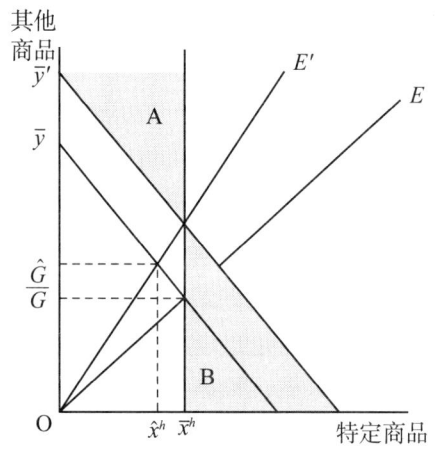

图 2-3 收入、购买行为与可负担性定义的关系

曲线 OE 代表了收入与特殊商品花费的关系；$\bar{x}^h$ 代表该商品社会定义的最低消费数量；$\bar{G}$ 代表了社会定义的其他商品最低花费；$\bar{y}$ 代表了满足可负担性的收入水平，该特殊商品的相对价格 p^h 则是消费预算线的斜率。

如果收入水平满足 $\bar{y}$ 的消费者实际购买了确切数量的 $\bar{G}$ 与 $\bar{x}^h$，收入水平超过 $\bar{y}$ 的消费者都至少满足最低水平的 $\bar{G}$ 与 $\bar{x}^h$（亦即 OE 曲线），则消费者行为就与规范性定义描述的可负担性完全吻合。任何收入低于 $\bar{y}$ 的人都不会购买足够数

---

[1] Hancock, J. E., Can pay? Won't pay? or economic principles of affordability. Urban Studies. 1993, 30 (1).

量的该特殊商品,任何收入高于 $\bar{y}$ 的人都会购买数量超过规范性标准的该商品。必要的津贴只要达到了最低水平的该消费集,其收入都必然会是 $\bar{y}$。注意到这样必然会使津贴比较高,因为补贴不仅用于购买该特殊商品 $p^h \bar{x}^h$,还用于支付其他商品 $\bar{G}$。这样的定义于是暗含着两个前提:第一,混合的花费必须满足该定义中理想的标准;第二,所有收入仅仅满足需求,亦即收入相同的消费者都会选相同的消费集。

(三) 有效需求定义

然而,批评者认为这两个前提都与现实不符:首先,消费者的需求可能与规范性标准不一样。假设在图2-3中消费者的偏好表现为 OE' 而不是 OE(特殊商品与一般商品的替代关系发生改变)。这种情况下,$\hat{x}^h = x^h(p, \bar{y}) < \bar{x}^h$。尽管满足规范性标准的最低收入水平,消费者却购买了较少的特殊商品而把较多的钱花费在其他商品 $\hat{G}$ 上。这就引出可负担性的另一种定义——不是基于人们的"购买能力"而是基于人们的"购买行为"。亦即"可负担"的收入是 $\bar{y}'$,与曲线 OE' 相交确定了该特殊商品的最低数量 $\bar{x}^h$。这种情况下,规范性定义的"恰当特殊商品数量"的收入就要低于基于有效需定义:$\bar{y} < \bar{y}'$,与此相反,如果曲线在 OE 另一侧,则收入又不符合规范性定义的"恰当其他商品数量"。

其次,尽管真实需求与收入有关,但是由于人们拥有不同的偏好,显然并不是完美地由收入决定(给定相对价格)。首先假定该商品是正常商品 $[(\partial x^h(p,y))/\partial y] \geq 0$,商品购买量会随收入增加而增加。我们因此可以把需求方程写作 $x^h(p, y, \theta)$,其中 θ 表示消费者对商品 x^h 偏好的强烈程度,同时假设随着偏好程度的增加,需求也会增加:$[(\partial x^h(p, y, \theta))/\partial \theta] > 0$。于是我们将可负担性的定义修改为:给定收入 y 和相对价格 p,令 θ_M 表示中等强度①的偏好,$x^h(\theta_M | y, p)$ 表示中等强度偏好的个人对商品 x^h 的购买量,则商品 x^h 为可负担的,当且仅当 $x^h(\theta_m | y, p) \geq \bar{x}^h$。换句话说,在给定收入水平下,中等偏好强度的消费者都购买了某基础数量的商品 x^h,那么在此收入水平下,该商品就被视为可负担的。在图2-3中,假设 OE' 代表了中等偏好强度的消费者选择,则在不同的收入水平下,A区域代表了"可负担者"没有购买该商品,B区域代表了"无法负担者"购买了该商品。

综上所述,参考法定义从已有社会标准出发定义可负担人群;规范性定义则以家庭可支配收入及必需品为依据;有效需求定义强调代表性人群的消费偏好集。现实中,由于不同的商品或服务在家庭消费中地位各异,政府制定政策时不仅要考虑到居民收入、家庭结构、市场需求等因素,还要保证资源的公平分配。

---

① 通常采用中位数来刻画。

当目标商品为生活必需品时，参考法定义可以帮助决策者简便有效地实施补贴政策；当目标商品具有特殊性时，如何确定可负担性则需进一步深入讨论。

二、可负担性在巨灾风险中的应用

巨灾保险不同于一般商品，它不仅涉及市场的供给和需求两个层面，还对政府及社会产生潜在影响。具体来说，既要在供给层面考虑不同区域风险大小、不同家庭财产状况等客观因素；又要在需求层面考虑人们对巨灾风险感知的主观因素；还要在政府层面考虑社会成员对公平的判断。定义"可负担性"的目的是为了找到一个规范而公平的最低保险购买量，但是确定这个购买量存在概念上的难度。因此，这里定义的可负担性，是指获得监管机构与市场认可的费率环境下，巨灾保险①的最低可接受量。下面就可负担性三种不同定义及划分方法对巨灾保险各层面产生的影响展开讨论。

（一）不同的定义及划分方法给供给产生的影响

在商业保险领域，保费的制定是影响可负担性的关键，而保险的价格是附加保费，是费率与期望收益之差。对于可负担性定义而言，较高的附加保费不仅会减少人们购买其他商品的预算，而且也会降低人们购买保险的可能性，这意味着可负担性较低。从这个角度看，三种不同定义带来的影响是相同的。

家庭财产保险费率除了附加保费还包括期望损失，期望损失会由于家庭风险状况不同而不同，因此使费率体现差异，不同定义下的可负担性从而产生区别：在前两种定义中，高风险地区带来的高费率通过减少其他商品的预算而使巨灾保险可负担性降低；有效需求定义与之相反，高风险区域带来的高费率未必会降低可负担性，这是因为随着期望损失的变化，费率的升高并不必然导致保险需求降低。事实上，高风险人群（如住在易遭受洪涝或台风地区的家庭），在面对较高费率时较之低风险人群，可能事实上享受了较低的价格（如果价格并没有完全反映他们较高的风险）。其原因是，如果没有保险，这些没有被补贴的高风险家庭将面对可能发生的巨灾风险，从而会给家庭财产带来极大损失，同时也会占去他们相当大部分的消费。如果因为这样使他们面对较高的保险价格（但附加保费较低），他们更可能购买保险，此时用有效需求定义来划分可负担性标准的话，巨灾保险将更具可负担性。同时，如果保费是精算公平的话，高风险地区人群购买保险的可能性并不必然比低风险地区人群小，他们是平等的。因此，如果

---

① 这里以"家庭财产保险"为主要讨论对象。

巨灾保险的费率制定真实地反映了风险大小,那么前三种"可负担性"定义带来的划分标准就会产生较大的不同。

实务中,出于对巨灾风险概率的不确定性及保险经营稳健原则的考虑,精算师们可能会比较保守地制定巨灾保险费率;另外,巨灾建模技术的不断拓展,也使得不同风险地区的保险费率差异反映了风险的高低,基于前面的分析,这意味着商业保险公司提供的巨灾保险可负担性变差。

(二)不同的定义及划分方法给需求产生的影响

在公众对风险感知的主观层面,人们倾向于低估巨灾风险的概率:卡尼曼在前景理论中指出,人们对低过某一阈值的概率事件采取无视的态度,亦即将其等同于概率是0,因此在面对巨灾风险发生概率的判断问题上,公众会认为"不可能在我身上发生",从而低估巨灾保险费率,同时也会拒绝购买巨灾保险。这使得规范性定义的可负担性出现"可负担"不参保家庭,有效需求定义则会划分出低水平的可负担标准,增大政府压力。

此外,慈善危机(charity hazard)也使得人们倾向于不购买巨灾保险而期待灾后来自政府或者社会的慈善援助,这样,如果以有效需求定义来划分可负担性,并对可负担性低的家庭实施补贴的话,会对巨灾保险需求产生挤出效应,反而不利于国家巨灾风险管理制度;而如果采取规范性定义划分可负担性补贴线,则可能会部分减轻慈善危机带来的影响。

实务中,巨灾保险对家庭而言,其主要品种为家庭财产保险,而我国的家庭财产保险的保障范围目前不包括房屋本身,而房屋本身的价值是当前居民家庭财产最重要的一部分。如果以国家贫困线作为参考依据,或者以规范性定义划分可负担性,由此得到的可负担性标准可能是低水平的,这部分无法负担巨灾保险的对象家庭财产本身就比较少,对家庭财产保险并无内在需求。

(三)不同的定义及划分方法给政府政策和公众产生的影响

结合前面的分析来看,政府在巨灾风险管理当中的目标无非包括:减少巨灾损失对国民经济的影响,提高公众的风险感知能力(以上两点可归结为解决市场失灵),公平的分配巨灾风险保障。但是由于市场对巨灾的承担能力有限,公众的风险评价能力较差等因素制约,政府不得不参与到巨灾风险管理当中去,或者担当巨灾保险供给主体(如NFIP计划),或者担当市场规则供给主体(如加州地震保险计划)。当政府作为产品供给主体时,可负担性定义带来的区别和市场作为供给主体时是一样的,而当政府作为规则供给主体时,如何公平地分配巨灾风险保障则是制定可负担性标准的首要依据。

影响巨灾风险保障公平的主要因素包括最高限价以及交叉补贴,前者是指政府对某种商品规定最高价格,后者是指消费者为某物品支付的税价与自己从该物品中获得的效用不等,由此给某些消费者带来效用损失。从这两者出发,不同的可负担性定义同样会导致不同的结果:参考法以贫困标准衡量可负担性标准,此时,贫困线是规则供给的唯一判断标准,某贫困线以下的家庭可以获得较低的保险费率或者折扣而无论此家庭所在区域的风险状况,这样可能会产生较大的交叉补贴;规范性定义则以购买巨灾保险后的剩余收入为标准划分可负担性,这样政府可以以风险区域为单位供给不同的定价规则,从而实现费率反映风险大小,有效降低交叉补贴,不足之处在于忽略了公众的主观效用,难以科学地划分可负担性标准;采纳有效需求定义则会使规则制定者首先考虑公众的风险感知能力,以此为基础判断可负担标准,同时还可限制交叉补贴的产生,不足之处在于如果公众对巨灾风险的感知存在着明显偏见,该定义会使政府制定最高限价从而面临来自市场的较大压力,甚至对私人市场产生挤出。

从三种不同的可负担性定义可以看出,政府作为巨灾风险管理主体,如何平衡人们对于巨灾保障的需求和由此造成的不公平是一个至关重要的问题。政府无视交叉补贴会造成部分(甚至是大部分)消费者的不满,以公平和广泛覆盖为目的的一些巨灾风险管理制度和措施,如用行政命令对保险公司巨灾保险费率的管制,低于精算费率向消费者提供巨灾保险等,长期来看,最终可能使市场供给萎缩而给政府带来巨大的经济压力。如果政府侧重风险定价又会给巨灾保险需求造成严重抑制,任何解决风险区域居民可负担性的经济手段应该来源于公共基金而不是交叉补贴,这就需要有出资者来承担这部分基金,但是由此产生的问题是谁来担当这个角色,应该承担多少。从这个角度出发,巨灾保险的可负担性问题也可归结为(准)公共品的定价问题。

三、关于巨灾风险可负担性的讨论

综上可负担性的定义及划分标准,作者曾尝试利用调查数据对可负担性做出解释,但鉴于该项调查的数据相对较少,得出任何结论都得非常谨慎,因此本书略去调查的数据描述性分析部分,只围绕结果提出一些尝试性讨论,但不妨碍此前对三种定义和划分方法的优劣对比,以及带来的相关政策启发。

尽管几种定义都认为缺乏巨灾保险不能单纯地归因于"无法负担性",但是还是在影响可负担判断因素上存在明显差异,并由此可能产生不同的结论。从供给方来看,首先,费率对可负担性不同定义的影响比较复杂。规范性定义认为较高的费率,基于较高的附加费率或是较高的风险期望,都使得巨灾保险可负担性差,因为它减少了用于其他商品的消费。有效需求定义则认为费率的不同组成对可负担性带来不同的影响。较高的附加保费,不变的风险期望,使得巨灾保险可负担性变差。较高的风险期望,与之相反,可能由于主观评价超过了费率而增加了对可负担性的判断。从需求方来看,由于公众的风险感知能力与专家对巨灾风险的判断存在较大不同,人们对概率的低估会使规范性定义和有效需求定义划分的可负担性标准偏低,给政府财政带来较大压力;慈善危机则会使有效需求定义的可负担性较差,以此为标准制定的政策会导致私人市场萎缩,反之规范性定义则避免了这一偏见对可负担性定义带来的影响。从政府政策的角度出发,参考法定义可能导致交叉补贴,产生严重的不公平;规范性定义照顾到风险定价,却忽视了需求方的主观效用;有效需求定义虽然弥补了规范性定义的不足,却可能由于公众存在的风险判断偏差,给供给方带来压力。

从调查结果来看,缺乏"可负担性"是获得保障的一个重要但非唯一或主要的障碍。本书对比检验了参考法定义、规范性与有效需求定义以及分别的适用范围是利用参考法定义,目前我国以个人收入为依据制定的贫困线不宜作为巨灾保险可负担性的划分依据;利用规范性标准,我们发现,许多"可以负担"起保险的家庭没有购买巨灾保险,也有一些"负担不起"保险的家庭购买了巨灾保险,只有"绝对贫困"的家庭不会购买巨灾保险;利用有效需求标准,从实证的结果来看,购买家庭财产保险的总比例大约稳定在8%左右,这是一个低水平的均衡,这个结论无疑给政策的制定带来不小的压力,无论采取哪一种分割办法,可负担性问题总会在供给、需求、公平之间徘徊。因此各国的实践也倾向于由政府充当巨灾(再)保险产品的供给者而不是市场规则的供给者,亦如美国刚刚通过的医改方案表明,任何可负担的计划,其出资者最终都是政府,成本由纳税者全体承担。

本书认为,有效需求法能较真实地反映人们对巨灾保险的购买意愿和能力,但在划分可负担性时,除了收入,家庭财富、所处地区、个人净资产、保险费率等多种因素都应该被考虑进去;作为巨灾保险可负担计划的出资者,政府还应该对市场失灵做出反应,如果私人保险公司积累的巨灾资金可以灵活分配,监管者的要求比较低或者提供免税门槛,同时金融市场具有在巨灾事件发生时迅速赔付的流动性,那么市场的成本会有效降低,对公共巨灾基金形成有力补充;此外,无论今后我国的巨灾保险制度是强制还是自愿、是公营还是私营、补贴还是减税,政府现阶段都应致力于国家或地区范围内公众数据的收集,这不仅将有利于此后对巨灾风险管理制度的研究,也会降低可能的巨灾风险发生时,政府所面临的压力。

第五节 巨灾风险管理的公共物品属性

一、公共品、准公共品和私人品

美国经济学家萨缪尔森（Samuelson，1954）[①] 在理论上率先对公共物品做出严格定义。他认为所谓的纯公共物品，是指每个人消费这样的物品均不会导致别人对该产品消费减少。公共物品与私人物品可以通过非竞争性和非排他性这两个指标来判别。一种物品如果两者都不具备，则是纯粹的私人物品，两者兼具的是纯公共物品。

马斯格雷夫（Musgrave，1959）[②] 认为物品可以分为纯公共物品、纯私人物品、混合物品和优效物品。其中公共物品和优效物品的区别在于供给者是否尊重消费者的意愿与偏好。优效物品是指政府对该物品的消费水平不满时，可以在违背消费者个人意愿情况下对消费进行干预。而这里的混合物品是指该物品具有私人物品与公共物品的双重特性，也被称之为准公共物品。马斯格雷夫在萨缪尔森的对公共物品的定义基础上，做出了更加细致、符合现实情况的描述，准公共物品的提出使得很多难以在公共物品和私人物品之间归属的物品和服务有了理论上的划分。

布坎南（Buchanan，1965）[③] 根据物品的不可分程度和不可分的范围[④]对物品进行了分类，提出了俱乐部物品的概念。他认为这类物品的消费包含着某些公共性，分享团体多于一个人或一家人，但小于一个无限的数目。"不可分"的范围是有限的。这种介于纯私人物品和纯公共物品之间的产品或服务就是俱乐部物品。显然，俱乐部物品既和私人产品相区别又不完全等同于公共物品。通过某种技术设计或制度设置能够实现公共物品消费的排他性，并在成员内部具有一定限度的非竞争性。通过排除部分公共成员参与和"搭便车"，俱乐部能以私人自愿

[①] Samuelson, The pure theory of public expenditure, The review of economics and statistics. 1954.

[②] Musgrave, The theory of public finance: A study in public economy, McGraw - Hill (New York). 1959.

[③] Buchanan, James. An economic theory of clubs. Economica New Series, Vol. 32, No. 125 (Feb., 1965). 1965.

[④] 对于可分性，简单地说就是如果一个物品的总量等于各个私人消费量之和，那么就是纯私人物品。如果一个物品的总量等于每个消费者个人消费的量，那就是纯公共物品。

方式提供公共物品。俱乐部只对其成员开放，对成员提供集体物品，但成员为此付费，付费的典型形式是入会费或使用费。只要排他机制的成本低于获取的收益，俱乐部就具有效率性质。

世界银行发布的1997年《世界发展报告》认为："公共物品是指非竞争性的和非排他性的物品。非竞争性是指一个使用者对该物品的消费并不减少他对其他使用者的供应，非排他性是指使用者不能被排除在对该物品的消费之外。这些特征使得对公共物品的消费进行收费是不可能的，因而私人提供者就没有提供公共物品的积极性"[1]。

总而言之，我们可以认为公共物品是一个构建的概念，正如奥尔森认识到的那样，大多数公共物品只有在某一特定集团中才有意义，公共物品必定是某个集团的公共物品，对另外一个集团则可能是私人物品。威立克（Ver Eecke）则进一步指出认为不存在任何客观标准作为划分公共物品、私人物品的合适依据，公共物品应该理解为一个抽象概念，而不是指具体物品，同一个物品可以同时为公共物品和私人物品[2]。

二、巨灾风险管理物品属性的辨析

巨灾风险管理是一种整合性的风险管理，包含多个构成要素，涉及多个管理层次。笼统的一概归为公共物品在理论上是错误的，在实践上也是不可行的。因此笔者将巨灾风险管理在公共物品视角下，以现实情况为依据，将巨灾风险管理划分为三个部分来讨论（见表2-1）。

表2-1　　巨灾风险管理在公共物品视角下的一种分类

分类	定义	实例
巨灾风险管理的社会性措施	灾前预防、灾后救助、灾后重建的物品和服务	地震预报、疫情防控、水坝修建
巨灾风险管理的经济性措施	灾前融资、灾后融资、灾后损失补偿	巨灾基金、巨灾保险、巨灾债券
巨灾风险管理制度	组织机构，运作机制，法规体系	《国家自然灾害救助应急预案》

---

[1] 世界银行.1997年世界发展报告：变革世界中的政府[M].北京：中国财政经济出版社，1997.
[2] 王廷惠.公共物品边界的变化与公共物品的私人供给[J].华中师范大学学报（人文社会科学版），2007-4.

巨灾风险管理的社会性措施一般关系到整个受灾地区甚至是国家的安定与发展，影响到灾区人民甚至是全国人民的生命健康与财产安全。并且这类措施往往需要动用大量的人力、物力、财力进行全面的统筹安排，私人没有能力提供，而作为对人民生命财产安全的基本保障，国家理应提供。从公共物品的角度来看，社会性措施也完全具备公共物品非竞争性、非排他性的基本特征。公众都会从该类措施中受益，但是目前却很难依据效用或成本对其收费。因此无论从实践上还是理论上来看，巨灾风险管理的社会性措施都是纯公共物品。

巨灾风险管理的经济性措施较社会性措施而言，提供的保障水平较高，范围较窄，一般仅从经济层面对损失进行融资和补偿，对象通常也限于受灾地区和受灾民众。在实践中对于这类措施各个国家和地区有着不同的供给方式，如新西兰、美国的地震保险就是在政府的主导下提供并承担绝大部分风险责任，而英国的洪水保险则完全由市场机制供给。理论上巨灾保险保障的获得具有排他性的特点，即不支付一定费用就无法获取相应的巨灾保险保障。也就是说巨灾保险保障不具备公共物品定义的基本要求，它更加类似于布坎南提出的俱乐部物品。即只有通过缴纳保费才能成为"巨灾风险保障俱乐部"的成员并在损失发生时获得相应的补偿。但在目前的很多情况下它又不是完全的私人物品或商品，原因是私人的资本基础一般难以完全承担巨灾风险损失，需要政府不同程度的干预。因此结合实践与理论分析，巨灾风险管理的经济性措施不是纯公共物品，而是在某些情况下存在私人供给可能性的准公共物品。

巨灾风险管理制度决定着巨灾风险管理实施中成本如何分摊、资金如何筹集、责任如何分担等。它的作用体现在节约交易费用，提高供给效率以及解决利益冲突（见图2-4）。

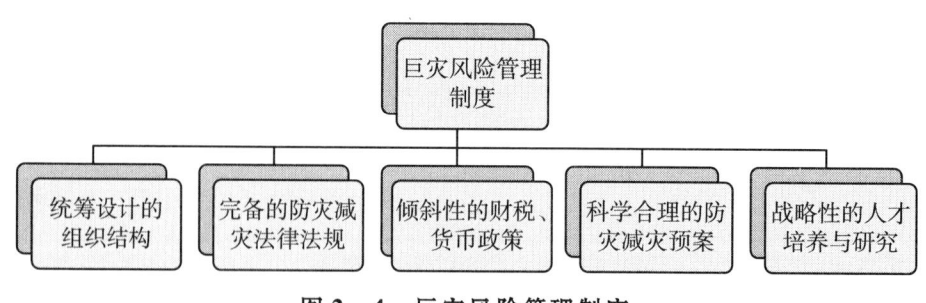

图2-4 巨灾风险管理制度

新制度经济学认为，制度供给的主体有政府、团体、个人三个层次，就社会层面来说，政府是社会制度的主要供给者。因为政府在国家和社会中处于核心地位，它是制度的最大供给者，是一种最为关键的生产性资源，同时其本身就是制度的载体和基本的存在形式①。巨灾风险管理制度具有公共物品属性，其在成本方面只有固定成本，可变成本很低或为零。因此增加新的巨灾管理对象不会对成本产生影响，换言之就是没有使用上的竞争性，也不具备排他的必要。完全符合萨缪尔森提出的公共物品的定义。

综上所述，笔者认为巨灾风险管理不是纯公共物品，而考虑到巨灾风险管理制度对社会性和经济性措施的基础支持作用，巨灾风险管理可以看视为一种准公共物品，其在性质上更加接近纯公共物品。

三、巨灾风险公共物品属性的演化

（一）公共品与准公共品属性变化及其影响因素

物品的公共物品属性很大程度上由物品的特征，所处的经济社会背景等因素决定，而技术进步、制度演进等因素可以改变物品的特征，进而改变了物品的公共物品属性。

一些原本属于私人物品范畴，由市场机制进行供给的物资，在巨灾发生的特殊背景下具备了（准）公共物品的某些属性。如食品、药物、帐篷等物品，灾害发生之前都是具有排他性和竞争性的商品，由生产者函数和消费者函数共同决定其均衡价格和数量。但是巨灾发生后，由于灾区对于这类物资的大量需求造成了市场机制短期内无法充足供给。为了保障受灾者的基本生活，政府会以免费、均等的方式向灾区提供。此时这类物资的属性就发生了变化，满足非排他、非竞争的特点，成为公共物品。

一些原本属于（准）公共物品范畴，由政府进行供给的物品和服务，在一定的技术和制度条件下也会具备私人物品的某些属性：公共物品一定程度上就是共有产权问题，主要表现为共有财产导致很大的外部性。通过清晰界定产权的制度设置或是"俱乐部化"，确定私人产权能够使得共有所有权造成的很多外部成本得以内部化，缩小公共物品边界。而技术进步能够进一步降低产权的排他费用，影响公共物品和私人物品之间的分界。

（二）公共品与准公共品属性变化的启示

第一，各个国家的巨灾风险管理措施只是在给定的技术条件和物品特征下，

---

① 李瑞存，潘左华．公共性：政府制度供给的价值内涵［J］．和田师范专科学校学报，2005，25（3）．

在既有的政治经济制度约束内,利益相关者之间通过合作追求利益最大化做出的选择。随着技术条件和政治经济制度的变化,巨灾和巨灾风险的特征就会发生变化,相应的公共物品属性和供给方式也会随之改变。

第二,正如前面所述,巨灾风险管理的经济性措施不是纯公共物品,而是在某些情况下存在私人供给可能性的准公共物品。英美两国结合本国的政治经济背景,在长期的实践探索中找到了切实可行的方案来提供巨灾风险管理的经济性措施。其中美国的方案基于私人保险业不能积极、独立的提供洪水保险保障这一现实,由政府主导并承担了几乎全部风险,将最初的商品转变成非竞争性、非排他性很强的准公共物品。而英国则是通过制度和技术手段,将洪水保险的逆向选择和道德风险化解,使之成为完全的商品,不再具有公共物品的性质。

第三,巨灾风险管理的社会性措施,由于其很大的正外部性和较高的成本,目前来看基本上是以公共物品的形式由各级政府供给。一般地,中央政府负责提供全国性的公共产品,其他各级政府则具体负责本区域范围内的地区性公共产品,那些涉及几个行政区的"公共产品",则要么由中央政府提供,要么通过设立区域性组织来提供[1]。但是目前已经出现了变化的端倪。如英国的很多防洪工程的建设都基于"谁投资,谁受益"的原则,大大地拓宽了融资渠道。而且不能忽视的是随着大量非政府组织的兴起,民间团体在灾后救助,重建中发挥的作用也日益显著。

第四,从英美两国的洪水风险管理历史以及其他各国经验可以看出,无论在具体的经济性和社会性措施上存在多大的差异,但是巨灾风险管理制度作为各种措施的根基和保障,无一例外都是由政府根据不同时期本国的具体经济社会环境制定并实施的。正是由于巨灾风险管理制度的引领和带动,巨灾风险管理措施才得以高效、持久地发挥作用。同时政府对该问题的长期重视与行动也在一定程度上唤醒了民众对于巨灾风险管理的意识与关注。

第五,因为巨灾风险、巨灾风险管理技术、社会环境都是在不断发生变化的,所以不存在理论上最优的巨灾风险管理制度,而是需要根据面临的具体矛盾与利益冲突,做出适宜的制度安排,不存在一劳永逸的制度选择[2]。巨灾风险管理制度如果不能随着外部环境的变化而演进,反而会阻碍各种巨灾风险管理措施的实行和发展。

---

[1] 冯俏彬. 我们需要什么样的巨灾保险?[R]. 巨灾风险管理与保险制度创新研究[M]. 成都:西南财经大学出版社,2011.

[2] 如美国的很多巨灾保障计划(HHRF、FWUA等),设立之初的目的就是提供一个临时的保险剩余市场来解决巨灾保险供给问题,当保险市场承保能力增强,或是风险可控时,这些计划就需要退出。因为它们的存在客观上对保险业产生了一些负面影响。

第六节 本章小结

本章作为巨灾风险管理制度创新研究中的基础性章节，是全书进行系统研究的铺垫和起点。本章围绕巨灾与巨灾风险的基本属性，从巨灾与巨灾风险的概念性界定出发，通过国内外的对比分析，提出了本书对巨灾和巨灾风险的界定标准；通过巨灾风险的可保性分析和可负担性分析，探讨巨灾风险进行转移与分散的机制和机理，为保险机制参与巨灾风险管理以及为多层次巨灾风险转移模式的构建奠定了基础；通过对比分析巨灾风险的公共品属性，指出巨灾风险管理属于准公共物品属性。

第三章

巨灾风险管理研究的前提和基础

第一节 巨灾风险管理的基本属性

一、巨灾风险管理的含义

关于巨灾风险管理,布朗和霍伊特(2000)[①]认为,巨灾风险管理是一种有效的风险转移手段,该手段通过提高保险覆盖率可以将分散在社会各个方面的力量和资金聚合起来维护保险人和被保险人的利益;昆鲁瑟和厄文·米歇尔(Howard Kunreuther and Erwann Michel, 2004)[②]认为,巨灾风险管理是集合风险的识别、衡量和控制为一体,以最小的成本使巨灾风险所导致的损失达到最低程度的管理方法;昆鲁瑟(2008)[③]认为,巨灾风险管理是政府和市场有效结合的

---

① Browne, Mark J. & Robert E. Hoyt. The Demand for Flood Insurance: Empirical Evidence [J]. Journal of Risk and Uncertainty. Vol. 20, No. 3, 2000, pp. 291–306.

② Howard Kunreuther, Erwann Michel – Kerjan. PolicyWatch: Challenges for Terrorism Risk Insurance in the United States [J]. The Journal of Economic Perspectives. Vol. 18, No. 4, 2004, pp. 201–214.

③ Howard Kunreuther. Disaster Mitigation and Insurance: Learning from Katrina [J]. Annals of the American Academy of Political and Social Science. 2008, 604 (1), pp. 208–227.

风险分担模式,该模式的最大特点是各个风险承担主体的共同参与,按照事先约定的风险责任承担巨灾损失;肯尼斯·A·佛鲁特和保罗(Kenneth A. Froot and Paul, 2008)[①] 认为,巨灾风险管理是通过多种形式的风险转移分散组合来降低保险公司经营管理风险的手段;史培军(2007)[②] 从综合灾害风险管理与巨灾风险防范对策的角度,提出巨灾风险管理应该是将风险评价与形成风险的致灾因子危险性评价相结合;将减灾工程措施与法律、标准、规范人类行为等非工程措施相结合,以提高人类应对灾害的能力及管理风险水平的综合性风险管理策略;卓志(2011)[③] 认为,巨灾风险管理是各个参与主体在对已经发生的巨灾事件以及感知到的潜在巨灾风险进行识别与估测、感知和评价的基础上,为最大程度地规避巨灾风险或者减少巨灾风险发生的损失暴露程度,通过不同的风险管理技术优化组合转移分散巨灾风险的过程。陈秉正(2011)[④] 认为巨灾风险管理是由政府主导,企业、家庭和社会共同介入,与整个国家经济和社会长期发展战略相结合的社会管理过程,其主要功能是对可能给经济和社会发展带来重大影响的巨灾风险进行综合分析和有效沟通,通过选择和实施包括损失控制、损失补偿和损失分担在内的各种措施,将巨灾风险损失控制在经济和社会发展可以承受的范围内,从而保证国家经济和社会的长期稳定发展以及重要社会价值观的实现。

综合以上观点,本书认为巨灾风险管理是政府主导下的,社会各界参与的,在全面动态以及系统分析的基础上,实现各种风险管理手段的优化组合,进而制定并监督实施风险管理总体方案和具体行动步骤的决策体系、方法和过程。巨灾风险管理包含了以下几种要素:它是一种整合性的风险管理[⑤],它强调利益相关者[⑥]之间的合作与帮助;以巨灾风险管理主体的创新和融合为基础;涵盖灾前预警防灾,灾中救援减灾与灾后恢复三个时间阶段;通过风险规避、风险控制和风险融资的方法;心理干预、社会救助等手段;应对巨灾风险的各种损失。而巨灾

---

① Kenneth A. Froot, Paul Connell. On the pricing of intermediated risks: Theory and application to catastrophe reinsurance [J]. Paper presented at the NBER conference of Property/Casualty Risks. 2008.

② 史培军. 综合灾害风险管理与巨灾风险防范对策 [R]. 中国保险监督管理委员会讲座材料, 2008.

③ 卓志. 风险感知、个人抉择与公共政策. 巨灾风险管理与保险制度创新研究 [M]. 成都: 西南财经大学出版社, 2011: 125 – 144.

④ 陈秉正, 高俊. 关于建立国家巨灾风险管理体系的初步探讨 [J]. 保险与风险管理研究动态, 2011 (12).

⑤ 这种整合包括巨灾风险管理制度的整合、机构的整合、工具的整合、流程的整合等,注重的是整合后的协调性,统一性以及信息、技术的集成性。所有的整合都是以提升整个体系的效率为目的的。

⑥ 巨灾风险利益相关者指所有直接和间接的巨灾风险承担者,包括国家的各级政府(稳定与财政)、全体国民(人身与财产安全)、企业(财产与经营)、市场(稳定与发展)。

风险管理制度是综合上述巨灾风险管理要素,协调各主体,保证巨灾风险管理有序运行的一系列组织规划、行动准则与对策安排。

二、巨灾风险管理与一般风险管理的比较

由于巨灾风险与一般风险相比更具复杂性,鉴于此,巨灾风险管理制度与一般风险管理制度相比具备以下特征:

(一) 巨灾风险管理制度更强调整合性

巨灾风险的影响范围之广,损失之大,决定了巨灾的风险管理不是一个行业能够独立完成的,它是一个多行业参与、多层次的系统。巨灾风险管理制度强调从纵向、横向整合以及从灾害体制与机制等方面,把政府、公民社会、企业、国际社会和国际组织的不同利益主体的灾害管理的组织整合、灾害管理的信息整合和灾害管理的资源整合,形成一个统一领导、分工协作、利益共享、责任共担的机制[1]。通过激发在巨灾风险管理方面不同利益主体间的多层次、多方位(跨部门)和多学科的沟通与合作确保公众共同参与、不同利益主体行动的整合和有限资源的合理利用。

(二) 巨灾风险管理制度需要政府参与并起主导作用

巨灾风险管理制度的实施不可避免地要涉及政府与私人部门的合作、不同行业的协调、不同部门的协同等,因此,要求政府在巨灾风险管理的宏观层面起主导作用,负责规划、建立起综合的巨灾风险管理体系。这一点已为全球大多数国家所认同。巨灾风险管理需要采纳众多的方式,如工程预防、灾后急救、灾后补偿等,所涉及的专业领域和部门众多,既需要工程建设、标准制定、灾害预测等专业部门的工作,也需要财税、保险等制度的保障,要协调这些部门的理念与行为到一个方向、一个标准,只有政府才能做到这一点[2]。另一方面,虽然市场可以在巨灾风险管理的很多领域发挥作用,如巨灾保险可为灾后的恢复重建提供迅速的资金支持,然而由于巨灾风险发生前信息难以甄别,发生时损失难以控制,发生后社会反响严重,这都加大了逆向选择与道德风险的发生概率,增加了保险人承担巨灾风险的成本,市场失灵现象广泛存在,为了解决

---

[1] 张继权,张会,冈田宪夫.综合城市灾害风险管理:创新的途径和新世纪的挑战 [J].人文地理,2007 (5):97.
[2] 中国巨灾风险管理的制度研究 [J].2008 年巨灾风险管理与保险国际研讨会,2008.

市场失灵问题，需要政府出面着力于减少造成市场失灵的因素，而且在必要时需要实行强制措施应对市场失灵问题。

三、巨灾风险管理与防灾减灾管理的比较

防灾减灾管理分为狭义和广义两个概念，狭义的防灾减灾管理属于巨灾风险管理制度的其中一个环节，指灾害发生之前或发生之时，通过降低区域脆弱性，即合理布局和统筹规划区域内的人口和资产来降低风险，包括风险回避、防御和风险减轻（损失控制）等，通过降低自然灾害的危险度，即控制灾害强度和频度，力求消除各种隐患，减少风险发生的原因，将损失的严重后果减少到最低程度的对策安排。广义的防灾减灾制度指综合的防灾减灾制度。伴随着灾害问题正在成为严重的经济问题、社会问题乃至政治问题，并日益深刻地影响着国家和地区的发展，防灾减灾已被提升到一个国家战略的高度。根据《横滨战略》[①]、《2005～2015年行动纲领：加强国家和社区的抗灾能力》[②]以及《国家防灾减灾科技发展"十二五"专项规划》的思想，综合的防灾减灾制度，应在不仅包括恢复和重建而且包括防灾、备灾和应急措施的减灾大循环背景下，建立以人为本的预警系统、开展风险评估、教育和采取其他主动积极的、综合全面的、顾及多种危害和吸收多部门参与的方针并开展这样的活动。

与巨灾风险管理制度相比，综合减灾范式同样涉及一个整合性的、全过程的、全面的灾害风险管理过程。其区别在于，防灾减灾制度所应对的危害指"具有潜在破坏力的自然事件、现象或人类活动，它们可能造成人的伤亡、财产损害、社会经济混乱或环境退化。危害可包括将来可能产生威胁的各种隐患，其原因有各种各样，有自然的（地质、水文气象和生物），也有人类活动引起的（环境退化和技术危害）。"[③]而巨灾风险管理制度只针对巨灾，即规模巨大且破坏特别严重，会对区域乃至国家经济发展和社会安定产生重大影响的灾害。现代综合防灾减灾体系包含了巨灾风险管理，巨灾风险管理是防灾减灾体系中灾害风险管理的特殊情况。

---

① 《建立一个更安全的世界的横滨战略：防灾、备灾和减轻自然灾害的指导方针及其行动计划》（"横滨战略"）于1994年通过，对减少灾害风险和灾害影响提供了具有里程碑意义的指导。

② 2005年1月18日至22日在日本兵库县神户市举行的减少灾害问题世界会议，通过了《2005～2015年行动纲领：加强国家和社区的抗灾能力》。会议为促进从战略上系统地处理减轻对危害的脆弱性和风险提供了一次独特的机会。

③ 联合国/国际减少灾害战略机构间秘书处，日内瓦，2004年。

第二节 巨灾风险管理的主要内容

一、巨灾风险管理的主体

(一) 政府

政府在巨灾风险管理中的职能包括制定巨灾风险管理法律法规、建立巨灾风险预警和应急机制、提供财政融资政策支持和宣传巨灾风险相关知识等。

1. 制定巨灾风险管理相关法律法规

政府制定巨灾风险管理的相关法律和行政法规,从法律法规上确立巨灾风险管理的重要地位,明确政府部门、市场和居民等各主体在巨灾风险管理中的法定职责,是巨灾风险管理发展的前提。

2. 建立巨灾风险预警和应急机制

政府运用公共财政资源和专业技术手段建立巨灾风险的灾前预警和灾中应急机制,能快速全面地对巨灾风险进行灾前预警,并能够在灾害发生时快速调动各地基层组织进行紧急救助和灾害减损活动。

3. 提供财政融资政策支持

政府不仅能够建立巨灾风险财政基金保障灾中救助和灾后重建的顺利实施,而且能够对巨灾风险管理的其他市场主体实行优惠税收政策或者提供巨灾财政补贴,保障巨灾风险管理市场的正常运行。

4. 培育巨灾保险市场

政府能够通过发展和完善基础设施和服务,鼓励和支持商业保险公司承保巨灾保险业务,如加强防灾减损基础设施建设、出台防灾标准建筑规范、绘制巨灾地区区划图等。此外,政府能够在巨灾风险的数据收集、风险建模、产品发展等技术方面为商业保险市场提供便利[1],促进巨灾保险市场的繁荣。

5. 巨灾风险的宣传与教育

政府能够通过多种途径增进人们对巨灾风险特征、风险防范、风险转移和融

---

[1] 魏华林,张胜. 巨灾保险经营模式中政府干预市场的"困局"及突破途径 [J]. 保险研究,2012 (1): 27.

资等知识的了解，提高人们的风险意识。

（二）市场

市场在巨灾保险的作用不仅限于灾害损失的事后补偿，而且贯穿于事前的防范、事中的监督管理全过程。保险等市场手段可以把市场化的风险管理、风险转移、风险分散和损失补偿手段引入灾害管理体系中，形成有效的灾害补偿机制。保险、再保险和资本市场在巨灾风险管理中具有以下优势：

1. 保险是有效应对巨灾风险的市场化机制

现代保险制度是运用市场机制防范化解风险的社会化安排。运用保险方法管理巨灾风险主要有以下三个优势：一是分担政府财政支出压力，放大政府财政投入。通过保险机制，财政对保费、巨灾保险基金提供补贴，可以充分发挥财政投入的放大效应，有效扩大保险覆盖面，从而满足快速恢复生产生活的资金需求。二是有助于维护国家财政稳定和金融安全。巨灾风险具有突发性和不确定性。灾害发生后，往往需要财政拨巨款进行救助，必然会影响到当年和未来几年的财政收支平衡，影响到财政预算的计划性和连续性。运用保险机制，可以有效转移灾害造成的损失，减少对财政稳定的冲击。三是快速补偿，促进社会稳定。保险业具有机构网点、专业技术和理赔人才等方面的优势，可以使投保群众在遭受巨灾之后能够及时得到补偿，迅速恢复生产、生活，维护社会稳定和谐[①]。

2. 保险是提高巨灾风险管理技术的着力点

保险能够在风险管理的各个环节发挥作用，有效提高全社会的巨灾风险管理技术。在风险防范方面，保险公司在承保巨灾风险以后，为减少可能的灾害损失，会积极利用专业数据库、技术和人才方面的优势，积极为投保企业和个人提供防范风险的相关信息和有效建议。在风险识别方面，保险公司根据长期积累的风险案例和数据，能够敏锐地发现生产生活中存在的风险因素和隐患，判断风险类别，分析风险原因。在风险衡量方面，保险公司的精算专业人才和风险估值模型能够在风险的定量分析中发挥作用。通过运用数理统计技术，保险公司对风险识别阶段收集到的信息进行加工处理，从而得到风险事故发生的概率与损失程度，为判断风险损失和采取正确的风险处理决策提供服务。在风险处理方面，保险是一种重要融资型风险处理手段，在相关法律和政府政策支持下，以大数法则作为数理基础的保险企业，将足够多的面临同样巨灾风险的客户集中起来，通过收取保费和政府财政投入，建立巨灾保险基金，转嫁投保人大额损失，进行损失

[①] 吴定富. 努力发挥保险在巨灾风险管理中的作用为社会主义和谐社会建设作贡献[J]. 保险研究，2008（4）：3-5.

分摊的风险处理安排。

3. 再保险是保险业参与巨灾风险管理的有力保障

由于巨灾风险的破坏性大、涉及范围广,保险业还要通过再保险业务进一步分散风险。首先,再保险使风险在更广泛的区域内分散,可减少巨灾对保险行业的冲击。其次,再保险公司拥有行业风险数据优势和引导产品定价功能,能客观评估市场风险状况并提供相关技术和信息,有利于监管机构监督,有利于指导直保公司规避风险。最后,再保险公司可通过价格杠杆和风险评估促进直保公司完善治理结构和内控制度,防范和分散保险业的风险。此外,再保险公司能够以准备金形式积累起大量资金,为直保公司稳定经营构建起有力屏障。保险业可以根据多年积累的各类风险损失、行业分布、区域分布等数据,研究有针对性的减灾措施,帮助社会防范风险,发挥保险业在应对巨灾风险中特有的防灾防损功能。例如,在每年汛期之前,保险公司都会对重点防汛地区的客户进行专项风险查勘,提供有针对性的台风、暴雨防灾管理资料,指导客户制定防灾计划书,组织防灾训练,提供各种防灾器材,协助建立风险预警制度。

4. 资本市场是巨灾风险管理的巨大缓震器

资本市场巨大的容量对巨灾风险的分散而言是一个有效的缓震器。以巨灾风险证券化为例,巨灾债券相对于传统再保险有着不容忽视的优势。首先,巨灾风险证券化超越了保险市场和再保险市场中仅由投保人、直接保险公司和再保险公司等有限数量的主体来分担风险的方式,而以资本市场为平台,以广大证券投资者为风险承担主体,大大拓宽了巨灾风险在时间和空间上的分散范围。其次,巨灾风险证券化克服了道德风险问题。巨灾证券以随机变量而不是直接保险标的为触发条件,各个交易主体都无法通过对保险标的施加影响来控制赔偿结果。最后,巨灾风险证券化不存在违约风险。补偿资金在巨灾发生时已由投资者预先投入资本市场,投资者即便要违约也已经不可能了。

(三) 居民个体

任何制度的构建都需要人来实施,任何体系的运作都需要人来完成,这种趋势在我国巨灾风险管理制度中十分明显。首先,居民个体在巨灾风险的预警与应急体系中扮演重要的角色。只有全民风险意识以及救灾能力的提高,才能普遍参与国家的应急动员计划,配合各级政府的各项救灾减灾工作;其次,居民个体在巨灾风险的抢救中承担着桥头堡和冲锋军的作用。国家的力量毕竟是有限的,只有全体居民万众一心、众志成城,才能快速投入抢险救灾工作,积极配合才能推动救灾重建工作的快速开展并取得预期效果;最后,居民个体的心理意识是决定灾后重建不可忽视的因素。只有居民的意识水平提高了,才能正确看待各类自然灾害，不盲目听信谣言，这样才能保持灾后社会的稳定，加快灾后重建步伐。

（四）社会组织

在巨灾风险管理制度中，各类志愿者组织、社会团体、行业协会以及国际组织援助等发挥着巨大的作用。志愿者组织行动灵活，运行高效，在巨灾事件发生以后，可以快速赶赴灾害发生现场进行救助，控制灾后损失；而保险学会、保险协会、科研院所等都可以为巨灾风险管理提供智囊支持，这些组织的专业研究会使巨灾风险管理体系建设站在较高的理论和实践层面上，借鉴和吸收其他成功的管理经验，设计出适合巨灾风险管理体系。国际组织援助包括外国政府、官方国际机构、外国社会组织等提供的援助。OECD（Organization for Economic Co-operation and Development）、世界银行等官方国际组织提供大量的灾后国际援助。另外，地区性的国际组织，如亚洲银行、加勒比开发银行等也提供灾后重建项目的支持。

二、巨灾风险管理的流程

巨灾风险管理体系是一个包括灾前防灾预测、灾中救援减损、灾后补偿重建的综合的多层次体系。该体系包含政府、保险公司、再保险公司、资本市场和潜在受灾者五类主体，涉及巨灾风险承保、再保险、巨灾风险证券化以及政府承保极端损失四个过程[①]。巨灾风险管理体系应该有两个主要目标：一是降低巨灾风险损失；二是分散巨灾损失造成的社会震动。与两个目标相对应，巨灾风险管理应该从风险识别、风险评估以及风险应对三个阶段开展巨灾风险管理工作，这样才能降低巨灾风险损失。

（一）巨灾风险的识别

巨灾风险识别是指在巨灾风险事故发生之前，运用调查研究以及风险咨询等多种方法系统的、连续的感知和认识风险承担主体所面临的各种巨灾风险，以及分析巨灾风险事故发生的潜在原因以及可能带来的影响。巨灾风险的识别过程主要包含感知风险和分析风险两个环节，其中风险感知是在现实市场中的个体和群体对已经发生的巨灾风险事件以及即将发生的潜在巨灾风险这一客观物理环

---

① 张琴，陈柳钦. 我国巨灾风险管理模式的设计及其运作 [J]. 金融发展研究，2009 (5)：69–73.

境，在有限理性的行为决策模式中，通过主观的心理感受和大脑的反射性认识来对客观风险的发生概率以及损失大小等风险要件进行感知和判断的决策过程；而风险分析则是通过对各种客观的巨灾资料和风险事故的历史记录来分析、归纳和整理，找出各种明显和潜在的巨灾风险分布及其损失规律。正确识别巨灾风险关键在于能否合理界定其内涵，在于能否有效地预测巨灾损失的范围和损失程度，而要做到这一点，需要在长期的巨灾风险管理过程中，认真研究分析本国或者本地区地理地形以及经济社会发展现状，认真借鉴和学习国内外的最新巨灾风险管理实践活动，并在此基础上合理地制定出符合自身条件的巨灾界定标准。

（二）巨灾风险的评估

巨灾风险评估是指，在巨灾风险事件发生之前或之后（但还没有结束），通过损失的计量和统计工作，判断该巨灾风险事件给受灾地区的公众生活、生命、财产等各个方面造成的影响和损失，并尽可能地通过定量模式来评结果。在当前的巨灾风险管理实践过程中，评估巨灾风险的损失包括三方面的内容：第一，预测巨灾风险发生的概率和可能的损失；第二，估算巨灾风险发生后的损失程度；第三，计算灾后重建所需要的各种社会资源总和。在这一过程中，预测巨灾风险发生的概率和可能带来的损失能够为风险主体的措施制定与执行风险管理决策提供宝贵的依据，是改善巨灾风险管理成效的基本前提之一，也是巨灾风险预警体系建立中的热点；而估算巨灾风险发生后的损失程度，则是保险公司进行巨灾赔付的重要参考依据，也是下一阶段安排布置防减灾资源的重要参考；计算灾后重建所需要的各种社会资源作为整合性巨灾风险管理框架体系下的重要内容，其评估结果直接关系政府部门制订灾后重建方案的实施效果。通常情况下，想要准确估计巨灾风险的概率分布及损失程度一直是个难点问题，这是因为从数理特征上看，巨灾风险的发生频率很低，不太满足随机事件概率测定所依赖的大数法则，传统的数理统计方法很难得到令人满意的结果。所以，近年来不断有学者在探索新的方法手段来对巨灾风险进行科学研究，其中基于模糊数学理论的风险分析的模糊系统方法和人工神经网络系统开始得到理论界以及实务界的重视。

（三）巨灾风险的应对

巨灾风险的应对是指在识别和评估巨灾风险以后，巨灾风险的管理主体针对不同类型、不同规模的巨灾风险，因地制宜地采取相应的对策、措施或方法转移分散巨灾风险，从而使巨灾风险损失对风险主体的生产生活活动的影响降到最小限度。传统的风险管理理论认为,包括巨灾在内的风险处理方法可以大致分为两类:即风险控制法和风险融资法。前者主要针对风险因素和风险事件开展行动,旨在降低风险频率和减小损失程度,如风险回避、风险抑制、风险中和及风险集散等行为。后者又叫做风险的财务处理法,是针对风险损失本身起作用,解决的是损失成本由谁来承担以及如何承担的问题,包括风险自留和风险转移两种途径。现阶段由于巨灾风险的不可抗性,人类要想完全避免或预防巨灾损失是不现实的。所以,最佳地运用风险融资法,通过获取资金或提留准备来支付及抵偿损失才是更可行的巨灾风险处理手段。具体到如何选择实施风险自留或风险转嫁这两种途径,相关研究大体可分为巨灾风险的处理模式和各类处理技术两个层面[1]。

三、巨灾风险管理的方法

面对诸如地震、洪水、飓风等可能带来巨大财产损失和严重人员伤亡的巨灾风险,人类社会必须选择合理的方法进行应对,从而减少巨灾风险损失。在这一过程中,逐渐形成了风险自留、政府救济以及保险和再保险等传统的巨灾风险管理方法,但是随着全球自然灾害发生的频率和严重程度日趋上升,传统意义上的风险管理方式难以有效地应对日益严重的巨灾风险,以巨灾债券、巨灾期货、巨灾期权为代表的各种创新性的巨灾风险转移手段层出不穷。通常情况下,以是否利用了资本市场来分散和化解风险,以及是否运用了新的金融衍生工具来转移分散巨灾风险,可以将巨灾风险管理的方法分为传统工具和创新方法。

(一) 巨灾风险管理的传统工具

由于受种种因素的制约,人们对巨灾风险的预测不可能绝对准确,对于损失后果不可避免的巨灾风险,只能通过巨灾风险事故发生前的财务安排,来解除事故发生后给人们造成的经济困难和精神忧虑,为恢复企业生产,维持家庭正常生活等提供支持,这就形成了传统的巨灾风险管理方法。

1. 风险自留

风险自留是指巨灾风险损失主要由各承灾主体独立负担。这种风险管理方式主要适用于世界上一些经济水平较低的国家和地区,如海地。因为在这些国家或者地区,政府的财政实力有限,羸弱的政府无力给予承灾主体足够的损失救济,同时落后的保险行业发展水平,也不能独立开办商业性的巨灾保险以给予必要的

---

[1] 熊海帆. 巨灾风险管理问题研究综述 [J]. 西南民族大学学报 (人文社科版),2009 (2):49-53.

经济补偿。相对比其他方法，这种风险管理方法的灾害处理能力是最低的，承灾主体在巨灾风险面前非常脆弱，多数情况下，发生巨灾损失时，该国或者地区还急需得到国际经济援助和技术帮助才能挺过难关。

2. 政府救济

政府救济是指一国政府在巨灾事件发生后，对因该事件遭受巨大损失的经济主体进行直接财政援助的风险方法。这种风险管理方式主要适用于一些政府较为强势的中央集权制国家，例如中国。这种风险管理方式虽然可以迅速调动各种资源，集中全国的人力和物力及时进行灾害管理，但是也存在诸多问题。巨额的财政支出打乱了原有的计划，恶化中央财政，影响国家正常预算，给其他重大项目的实施造成障碍，极易造成财政的收支不平衡，不利于实现社会风险单位防震减灾的激励目标，难以形成有效的地震风险管理机制，降低了资源配置效率[①]。

3. 保险与再保险

从理论上讲，作为市场化的灾害补偿机制，保险具有费率激励约束以及查勘定损等方面的经验优势，不仅可以通过风险的时空分布和渐进可保条件约束，使得巨灾风险得以在众多的投保人之间进行分散，而且还可以通过及时向客户提供准确的灾害预警信息，可以指导客户有效地进行防灾防损，以达到降低标的风险等级及出险频率最终帮助客户实现利益损失最小化的目的。但是由于巨灾风险具有其特殊性，如果采用传统的运作方式，那么保险人会面临损失超过承保能力的问题，因此保险公司内部设计了应对各种巨灾风险及损失控制的途径和方法，其中最为重要的就是再保险。再保险的核心思想是保险公司将所承保的风险的一部分交由再保险公司进行保险，使巨灾风险在更大的范围之内进行分散，以使风险集合符合大数法则，将巨灾风险转换为可保风险。保险和再保险这一传统的方法虽然在促进保险市场健康迅速发展和保证国际保险市场正常运转中发挥了积极的作用，但是依然存在供需不足以及定价困难等诸多问题，导致巨灾风险很难得到有效的分散。

（二）巨灾风险管理的创新方法

随着巨灾风险损失的不断扩大以及国际金融资本市场的不断发展，20 世纪 90 年代起，各种将巨灾风险转移到资本市场的巨灾保险衍生品应运而生，并不断被创新，欧美国家开始通过巨灾衍生工具等手段将巨灾风险向资本市场转移，

---

① 卓志，段胜. 地震巨灾风险管理制度的比较研究——基于政府与市场的视角 [J]. 上海保险，2010 (10)：6–10.

形成了各种创新的巨灾风险管理方法。谢世清（2009）[①]认为，按照目前学术界对巨灾风险管理创新工具的探讨，可以将创新型的巨灾风险管理工具分为"四个传统"创新工具和"四个当代"创新工具。本书借鉴这一划分方法，按照出现时间的先后顺序将创新型巨灾风险管理工具分为第一类和第二类，具体如下：

1. 第一类别的创新巨灾风险管理方法

第一类别的创新巨灾风险管理方法主要包括巨灾债券（Catastrophe Bonds）、巨灾期权（Catastrophe Options）、巨灾期货（Catastrophe Futures）和巨灾互换（Catastrophe Swaps）。其中，巨灾债券是通过资本市场发行收益率与特定巨灾损失相连接的债券，将保险公司承保的巨灾风险分散给数量众多的债券投资者，从而在风险与收益相对等的前提下倍增巨灾风险的处理能力[②]；巨灾期权是以巨灾损失指数为基础而设计的期权合同，将某种巨灾风险的损失限额或损失指数作为行使价，如果保险公司买入看涨巨灾期权，则当合同列明的承保损失超过期权行使价时，期权价值便随着特定承保损失金额的升高而增加；此时如果保险公司选择行使该期权，则获得的收益与超过预期损失限额的损失正好可以相互抵消，从而保障保险公司的偿付能力不受重大影响。而巨灾期权的卖方事先收取买方缴纳的期权费用，作为承担巨灾风险的补偿[③]；巨灾期货是由美国最先推出的一种套期保值工具，其交易价格一般与某种巨灾的损失率或损失指数相连接。这种期货合同通常设有若干个交割月份，在每个交割月份到期前，保险公司和投保人会估计在每个交割月份的巨灾损失率大小，从而决定市场的交易价格[④]；巨灾风险互换是指交易双方按照一定的条件交换彼此的巨灾风险责任，在一项巨灾互换中，一种固定的、事先确定的付款与一种浮动的付款进行交换，浮动现金流由合同期间巨灾损失水平来决定。接受该类合同的保险公司同意在合同期间进行固定的资金流给付，以此来交换巨灾发生时的资金转让，它为不同地域的保险人提供了分散风险的新渠道[⑤]。

2. 第二类别的创新巨灾风险管理方法

第二类别的创新巨灾风险管理方法主要包括或有资本票据（Contingent Surplus Notes，CSNs）、巨灾权益卖权（Catastrophe Equity Puts，CatEPut）、行业损失担保（Industrial Loss Warranties，ILWs）、"侧挂车"（Sidecars）、应急资本（Contingent Capital），以及再保险"挎斗"（Reinsurance Sidecar）。其中，或有资

---

① 谢世清. 巨灾风险管理工具的当代创新研究 [J]. 宏观经济研究，2009（11）：15 – 18.
② 施л. 巨灾保险证券化的探讨 [J]. 上海大学学报（社会科学版），2004（1）：55 – 58.
③ 王铮. 论保险业在资本市场的创新上具——保险证券化 [J]. 保险研究，2003（8）.
④ 程悠炀. 国外巨灾风险管理及对我国的启示 [J]. 情报杂志，2011（6）：102 – 106.
⑤ 谢世清. 论巨灾互换及其发展 [J]. 财经论丛，2010（2）：71 – 77.

本票据是保险公司向金融中介机构购买的一种权利，使保险公司有权在未来的某一特定时刻以事先约定的利息价格向投资者发行资本票据以获得现金等流动资产来进行融资，保险人可运用这种工具带来的收益进行巨灾损失赔付[1]；巨灾权益卖权是一种以保险公司股票为交易标的的期权，用以规避保险公司因支付大量的巨灾赔偿而引起公司股票价值下降的风险，在该项交易过程中，保险公司向金融中介机构支付期权费，购买当巨灾保险损失超过一定数额时向投资者行使卖权的权利[2]；行业损失担保是一种对保险公司损失提供保障的再保险协议，通常情况下，它包含购买（再）保险公司的实际损失和整个保险行业的实际损失两个触发条件，只有这两个实际损失都超过约定水准时，担保机制才会启动[3]；"侧挂车"指的是一种允许资本市场投资者注资成立，通过比例再保险合同为发起公司提供额外承保能力的特殊目的的再保险公司，其目的是给发起人提供更高一层的承保能力[4]；应急资本是在巨灾风险事件发生时按照事先约定的条件提供融资，从某种程度上看，应急资本并不是一种真正意义上的保险风险证券化方式，而是一种融资工具，应急资本实现了保险风险向资本市场的转移。与其他非传统风险转移方式不同，应急资本不能起到平滑经营业绩的作用，而主要被用于在发生重大损失后，维持企业的运营，其目的是要避免因缺乏可支配资金而导致企业破产和对有关计划投资项目的威胁[5]；再保险"挎斗"允许资本市场投资者承担一组保险或再保险公司承保的保单所承载的风险并获取收益的，如果投资者投入足够的资金以保证这些保单的索赔发生时可以满足理赔金额，保险公司或再保险公司将会舍弃这些保单的保费，而将其全部支付给投资者[6]。

四、巨灾风险管理的模式

巨灾风险管理制度的运行不是一个政府部门或者行业能够独立完成的，它是一个多部门、多行业参与的多层次社会系统，是一个包括灾前防灾预警、灾中应

---

[1] Bruggeman, Veronique. Capital Market Instrumentsfor Catastrophe Risk Financing [J]. American Risk and Insurance Association, 2007.

[2] Munich Re. Risk Transfer to the Capital Markets [R]. Munich Re ART Solutions, 2001.

[3] Thomas Hess. Natural Catastrophes and Mall—made Disasters in 2009：Catastrophes Claim Fewer Victims, Insured Losses fall [R]. Swiss Re. 2010.

[4] Ceniceros, R. Sidecar Participation is Receding [J]. Business Insurance, March 12, 2007.

[5] Doherty, Neil A. Managing Large-scale Risks in aNew Era of Catastrophes [J]. Wharton Risk Center, March 2008.

[6] Asian Development Bank, Natural Catastrophe Risk Insurance Mechanisms for the Asia and Pacific Region [R]. Report. 2008.

急减损、灾后补偿重建的多阶段过程。基于制度实施主体的角度,巨灾风险管理一般可以分为三种模式:市场主导模式、政府主导模式和公私合作模式。

(一) 市场主导模式

市场主导模式是指商业保险公司自愿或依法来承担巨灾风险,并在巨灾风险管理中起主导作用。在该模式下巨灾保险完全由私人保险公司提供,政府提供再保险保障,只扮演了监管者的角色。保险公司在保单定价、销售和服务方面,完全是市场化的运作。具体特征如下:第一,保险市场承担大部分巨灾风险;第二,保险费率由保险公司完全依据精算模型自主制定;第三,保险基金的运作是商业化的。此模式的理论依据是:保险公司可以提供完全巨灾保险保障,按照市场的竞争法则运行,政府不应当干预巨灾保险市场,而应当放任自流,通过市场完全竞争来决定巨灾保险产品的供给与需求实现均衡。在实践中,尽管巨灾的公共性决定市场主导的巨灾保险制度模式相对较少,但是英国洪水保险计划和德国巨灾保险制度和美国加州的地震巨灾保险计划等,可以说是市场主导模式的典型代表。

(二) 政府主导模式

政府主导模式是指政府直接提供巨灾保险,往往采取强制或半强制的形式,并由政府提供再保险支持。该模式的特征如下:第一,政府负责保单设计,保费确定,保险资产管理和保险赔付;第二,私人保险公司只负责保单销售和理赔服务;第三,在保险资金来源方面,除了投保人缴纳保费之外,政府可以直接动用财政资金提供税收优惠;第四,在保险资产运作方面,所有保费收入组成一个全国性的巨灾保险基金,由政府部门管理运作;第五,由政府统一负责灾后赔付,一旦保险基金不足以支付时,会动用政府财政给予必要的支持。实践中,西班牙综合灾害保险和新西兰住宅地震保险计划本质上就是一种政府主导并承担绝大部分风险责任的管理模式。

(三) 公私合作模式

公私合作模式,即整合政府(地方及中央)、保险公司、再保险公司等所有减灾资源为一体的综合灾害风险分担机制。这是一种将政府在制定法制框架和政策以及公共财政上的优势与市场运作的优势相结合的较佳模式。该模式的主要特征是多方参与下的多层次巨灾损失分担机制:第一,最底层是风险自留。投保人通过免赔额自留了这部分风险;第二,直接保险。在政府风险控制政策下,投保人直接向商业保险公司投保;第三,商业再保险。商业保险公司再将部分风险转移给国内外商业再保险公司;第四,国家再保险。政府成立国家再保险公司或巨灾保险基金,承担商业再保险公司无法承担的超额风险;第五,政府的最终保障。政府通过特别紧急拨款对国家再保险公司无法承担的风险提供最后保障。法国的自然灾害保险制度和日本的家庭财产地震保险制度是公私合作的典型代表。

第三节 巨灾风险管理研究的基本理论

一、巨灾风险管理中的风险管理理论

(一)巨灾风险管理中的灾害损失预防理论

损失预防又称防损措施,是巨灾风险管理的最基本的构成之一(见图 3-1)。巨灾风险管理中的灾害损失预防,在可行的情况下,必须从企业的具体问题和风险出发,采取相应的措施,但不外乎以下三方面:改变巨灾风险因素、改变巨灾风险因素所处的环境、改变巨灾风险因素与所处环境相互作用的机制。

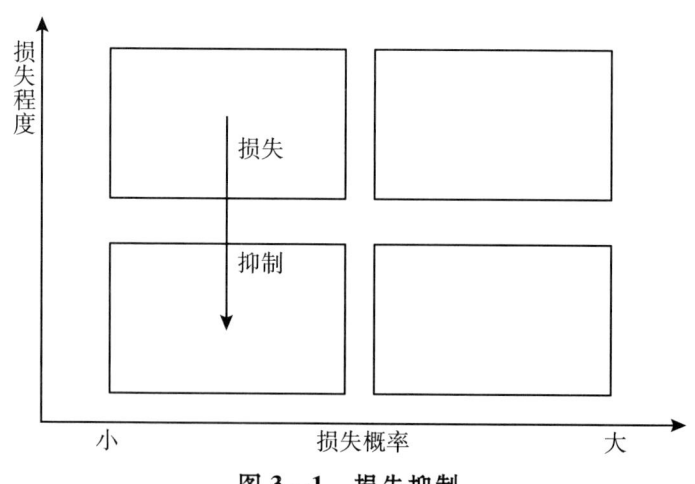

图 3-1 损失抑制

1. 改变巨灾风险因素

例如，一家努力进行损失预防的公司会愿意在建设位于地震风险地区的仓库时采用最低建筑标准的限制。在遵守城市规划标准、非结构建筑规范和结构建筑规范的同时，该公司采取措施，最小化破坏与损失的可能性。

2. 改变巨灾风险因素所处的环境

例如，对于洪水多发区，可以多建水库，建好堤坝，抓好绿化，治理水土流失；对于泥石流多发地区，可以护坡、挡墙、建栏渣坝、储淤场、修隧道、明硐或渡槽、从泥石流的下方通过等。

3. 改变巨灾风险因素与所处环境的相互作用

例如，通过暴雨短信预警来提示居民提前做好准备，降低极限天气的风险；在地震多发的国家，政府和公益组织会组织一些活动，让人们亲自体验一下虚拟的地震，以便在地震的时候，做出正确的反应等。

（二）巨灾风险管理中的灾害损失抑制理论

损失抑制又称减损措施，是巨灾风险管理中最积极、主动也是最常用的处理方法。巨灾损失抑制措施分为两类：一类是积极的事前措施，即在巨灾损失发生前为减少损失程度所采取的一系列措施；另一类是消极的事后措施，即在巨灾损失发生后为减少损失程度所采取的一系列措施。

巨灾损失发生后的抑制措施主要集中在紧急情况的处理即急救措施、恢复计划或合法的保护，以此来阻止损失范围的扩大。如在地震风险控制中，应大力提高灾后通信技术。在发生灾害时，在避难的道路路面上贴上无线射频识别标签，避难者通过便携装置可以清楚地知道安全避难场所的具体位置。

事前损失抑制措施与事后损失抑制措施有重复的地方，因为事后损失抑制措施实际上是事前损失抑制计划。这种重复并不影响风险管理的效率或风险分析。事前损失抑制计划只是一个损失发生前想要达到的良好愿望，即在损失发生后使其损失最小化。损失抑制本身需要有事前损失控制计划，甚至实际操练那些有可能在紧急情况下要采取的方法或步骤，以做好准备[①]。

（三）巨灾风险管理中的灾害损失风险转移理论

巨灾风险管理中的灾害损失风险转移是应用范围最广、最有效的巨灾风险管理手段。巨灾风险管理中的灾害损失风险转移的措施包括：

---

① 何亮. 航空型号项目技术风险分析与规避策略研究［D］. 西北工业大学，2001.

1. 风险对冲

如为降低巨灾带来的损失，可以发行巨灾债券、巨灾期货、巨灾期权和巨灾互换等；还有在金融创新背景下应运而生的巨灾指数选择期权、指数连结型巨灾债券以及行业担保为代表的与巨灾损失指数相挂钩的各类新型巨灾风险融资等工具。

2. 风险分散

如为降低海啸风险，可以在不同的海滨国家投资建厂，并按照投资组合，既发行巨灾证券，又发行巨灾期货等。

3. 巨灾保险

由于保险存在着许多优点，所以通过保险来转移巨灾风险是最常见的巨灾风险管理方式。需要指出的是，并不是所有的风险都能够通过保险来转移，因此，可保风险必须符合一定的条件。

二、巨灾风险管理中经济学理论

（一）巨灾风险管理中公共物品属性

巨灾保险既具有一些公共产品的性质，也具有一些私人产品的属性，因此是一种准公共物品。下面讨论巨灾保险的六个经济属性。

1. 巨灾保险效用上的不可分割性

巨灾保险是为居民共同提供的物品，而且也具有共同受益或联合消费的特点，其效用也是为遭受灾害的所有灾民所共享，所以，巨灾保险满足效用上的不可分割的特点。

2. 巨灾保险生产经营上的规模性

只有当生产经营规模达到一定程度时，公共物品才能提供成本较低的服务。由于巨灾风险的巨大型特点，巨灾保险的经营规模都是比较大的，要在时间上和空间上分散风险。

3. 巨灾保险收益上的排他性

巨灾保险应具有一定的排他性，即必须符合一定的条件才能参加。但在中国，因为对巨灾造成的损失很多都是由国家无偿救济，所以对受灾居民来说，往往不愿意去购买巨灾保险。这样，出现了市场失灵，市场机制的一些原则对巨灾保险就不完全适用了。

4. 巨灾保险消费上的竞争性

巨灾保险是具有竞争性的。它不会因为经营者之间的竞争而导致低效率和资源浪费，相反它会更有效地发挥其效用和效率[1]。因为各保险公司可以通过扩大保险标的的范围、责任范围、实行多样化营销方式来吸收更多的投保人等手段增强自己的竞争能力。

5. 巨灾保险成本或利益上的外部性

巨灾保险具有很明显的公益性，其外部性主要是正外部性，即对交易的双方之外的第三者所带来的未在价格中得以反映的经济效益的现象。

6. 巨灾保险利益计算上的模糊性

巨灾保险计算上的模糊性表现在商业保险公司在巨灾保险的保险费率厘定上。因为巨灾相关数据的收集不全面等问题，使巨灾保险的保险费率厘定的准确性存在着困难。

综上所述，巨灾保险在某些方面具有公共产品的特征，如效用上的不可分割性、经营上的规模性。但巨灾保险在某些方面又具有私人产品的特性，如消费上的竞争性和收益上的排他性，所以说巨灾保险是准公共物品。

（二）巨灾风险管理中的外部性问题

正外部性（Positive Externality）是指某个经济行为个体的活动使他人或社会受益，而受益者无须花费代价，此时边际社会收益超过边际私人收益。有三种边际收益：一是边际社会收益（MSB），是指因供应一个单位的商品或劳务而受益的全体个人的总估值；二是边际私人收益（MPB），是指因购买一个单位商品或劳务而"直接"受益的个人估值的总和；三是边际外部收益（MEB），即因购买一个单位的商品或劳务而"间接"受益的个人估值的总和[2]。综上所述，$MSB = MPB + MEB$，且 $MSB > MPB$（见图 3-2）。

图 3-2 显示了巨灾保险正外部性的存在。如果不考虑正外部性时，$MSC = MPC$ 为商业保险公司巨灾保险的供给曲线，MPB 为其需求曲线。供求曲线的交点 M 决定了产量 Qm。而由于巨灾保险正外部性 MEB 的存在，MPB 上升变为 MSB，MSB 与 MSC 的新交点 E 决定产出的均衡点 Qe。由此可见，从利益最大化角度出发，商业保险公司提供 Qm 产量的行为是合理的，因为他们在各种产量上的保费定价只能相当于在 Pm 点上；如果价格仍定为 Pm，而提供社会所期望的产量 Qe，则将会造成商业保险公司亏损。

---

[1] 陈少平. 洪灾保险的经济学分析与中国洪灾保险模式探讨［D］. 南昌大学，2008.
[2] 李军. 论我国巨灾保险制度的建立与完善［D］. 西南财经大学，2006.

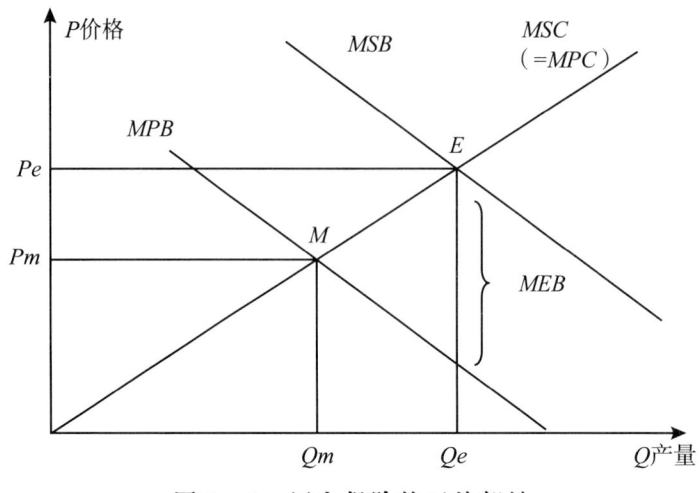

图 3-2 巨灾保险的正外部性

因此,巨灾保险的正外部性将导致两种情况发生:一是价格不变,商业保险公司巨灾保险最佳供应量与社会期望的最佳供应量产生了差距,社会期望的最佳供应量高于生产者的最佳供应量。此时,如果商业保险公司按照其设定的供应量进行生产,就必然产生巨灾保险供应不足,最终造成效率的损失,让许多潜在的需求无法实现。二是商业保险公司按照社会期望的供应量提供巨灾保险,则商业保险公司将亏损经营,最终导致其巨灾保险业务萎缩甚至公司将彻底退出巨灾保险领域。

(三) 巨灾风险管理中供求均衡分析

准公共物品,又称整合产品,整合了私人性和公共性于一体,如图 3-3 所示。图 3-3 中,Dx 和 Dg 分别表示为私人物品和公共物品的需求曲线,S 为该准公共物品的供给曲线。供给曲线 S 分别与 Dx 和 Dg 相交,产生两个供求均衡点 K_1 和 K_2,在均衡点 K_1,P_1 为私人物品要素的均衡价格,Qx 为均衡产量。但由于准公共物品不仅对私人产生效用,也对全社会产生效用,因此增加需求,使均衡点有 K_1 移向 K_2,其所对应的 P_2 和 Qg 分别为此时的均衡价格和产量。但是,由于该物品中公共物品要素的出现,私人家庭以 P_0 的价格水平获得了 Qg 产量的效用,对多出的 ($Qg - Qx$) 便是政府出于公共需要努力所带给社会的正外部效益。与此同时,在 K_2 点上的所对应的 P_2 价格则是政府补贴了 ($P_2 - P_0$) 后的价格(见图 3-3)。

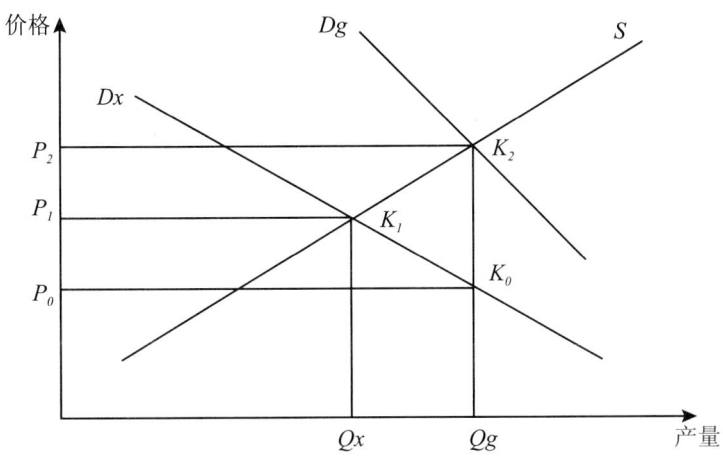

图 3-3 准公共物品的供求曲线

以上分析说明，准公共物品的供需同时包含了私人物品要素和公共物品的供需，其价格也应同时含有私人支付和公共支付两个部分。如果完全由私人支付，私人只愿意在 P_1 价格水平上对该物品做出评价，因此生产物品的厂商或机构也只能在这一价格水平上对该物品给予供给，其中公共物品要素所产生的正外部效应的产量无法供给。而如果完全由政府以公共财政补贴，相应会加大税收力度，但当税收超过一定限度时，对于缺乏偏好消费该产品的家庭，很大可能会产生抗税行为，直接拒绝消费该产品；如果税收完全转嫁给有此消费偏好并有此承受能力的家庭，则其中公共物品要素所产生的正外部效应必然为更多家庭共享，这种"搭便车"现象是不公平的，因此，私人支付和公共支付共同分担也许是较适宜的办法。

非完全竞争市场下的巨灾保险的供求均衡分析。作为准公共物品的巨灾保险市场并不是一个完全竞争的市场。由于巨灾发生概率小（同一个地区同一地方），但损失率非常高，如果保险费率高了，投保人保不起，如果低了，保险公司赔不起。因此，无法形成一个现实的巨灾保险市场。也就是说投保人的有效需求不足以支持一个纯商业化的巨灾保险市场。

第一，巨灾保险的需求不足。在自愿投保的前提下，投保人对巨灾保险的购买通常受到支付能力、巨灾预期收益不高的约束，同时，投保人一般不是风险规避者，因此投保人对巨灾保险的需求较低。

同时，作为商品消费者，居民寻求获得最大效用。根据效用理论，在收入确定时，人们会力图达到效用最大化。假设 MUI、MUe 分别表示居民消费巨灾保险商品的边际效用、任意其他商品的边际效用；PI、Pe 则分别表示巨灾保险的价格、任意其他商品的价格。居民效用最大化的条件是：

$$MUI/PI = MUe/Pe$$

此时，居民处于供求均衡时的状态，不愿改动这两种商品的消费量，因为不管怎么变动都会使效用降低。如果 $MUI/PI < MUe/Pe$，居民用同一元钱购买巨灾保险商品所得到的边际效用小于购买任意其他商品的边际效用，作为理性消费者，居民会更倾向于购买其他商品而不是巨灾保险。所以，巨灾保险需求严重不足。

如图3-4所示，需求曲线是 D，商业保险公司根据其经营巨灾保险的成本和平均利润，所确定的供给曲线是 S，在这种条件下，这两条曲线是不可能相交的。

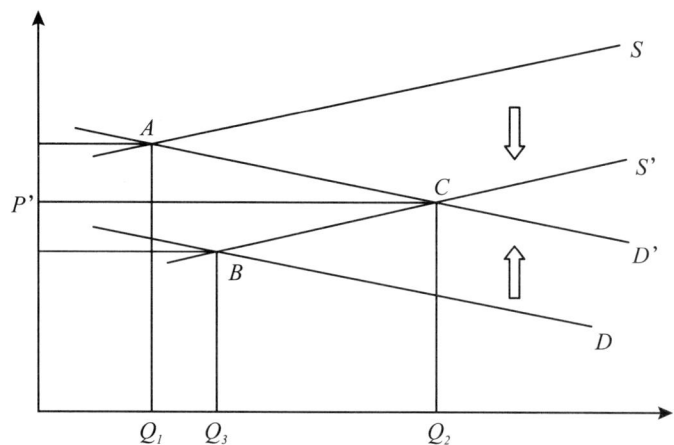

图3-4 非完全竞争市场下的巨灾保险的供求曲线

根据国内外经验，只有当政府为投保人提供财政补贴，使投保人实际支付的巨灾保险费降低，促使原需求曲线 D 向右上方移动到新需求曲线 D'，此时供需曲线相交于 A 点，保单数量为 Q_1。

第二，巨灾保险供给有限。经营巨灾保险的亏损性现实与商业性保险公司的盈利性目的相背离，而且巨灾保险的边际收益过低，这使得巨灾保险供给受限。根据生产者行为理论，在保险人承保能力既定的前提下，为了最大化其收益，他将会确保投入到各险种上的最后一单位承保能力所带来的边际收益相等。如果假设 MRa、MRe 分别表示保险人从巨灾保险的边际收益、任意其他保险中获得的边际收益，Ca、Ce 分别表示保险人投入在巨灾保险最后一单位承保能力、任意其他保险上的最后一单位承保能力。保险人收益最大化的条件是：

$$MRa/Ca = MRe/Ce$$

如果，$MRa/Ca < MRe/Ce$，代表同一单位承保能力投入巨灾保险上所带来的边际收益小于投入到其他险种上的边际收益，此时保险人将不断地减少投入巨

保险上的承保能力，并转向其他险种，直到巨灾保险与其他险种的边际承保利润相等时为止。

如果政府给商业保险公司财政补贴、税收优惠。具体如图3-4所示，原供给曲线将向右下方移动到新供给曲线 S'，此时供需曲线相交于 B 点，保单数量为 Q3。如果政府同时给投保人与商业保险补贴，降低两者的成本，则供需曲线又会达到一个新的均衡点 C 点，此时的保单数量是 Q2。从图中可以看出如果政府同时给商业保险公司与投保人补贴，可以促进巨灾保险需求量和供给量都增长。

以上分析说明巨灾保险是一种准公共物品，如果没有国家干预，由商业保险公司去推广，只能使保险出现萎缩现象。在目前，国外的巨灾保险做得比较成功的国家之中绝大多数都是政府强制性的保险，除了英国。

（四）巨灾风险管理中国家干预问题

巨灾风险管理需要国家干预，理由是需求的非理性和外部效应以及供给过程中的部分私人市场失灵现象。详细分析见此段前面相关内容。国家干预不应替代私人市场的基础性作用，也不应提供过多的供给能力挤出私人市场的需求。从风险管理的角度讲，国家应当在风险控制和风险转移两个方面对私人市场进行监管和调控。

1. 国家对共保比例的监管对于风险控制的意义

政府在风险控制环节中应起到的一个作用是加强对共保比例的监控，理由是保险市场信息并不充分，下面采用最优共保比例问题理论框架进行说明：

延续上述保险市场机制对被保险人风险控制的作用模型，由于道德风险的存在，即有可能保险人给出 π_1 的费率之后，被保险人为了效用最大化，不再采取 a_1，而是采取成本更低的 a_0。因此为了控制被保险人的道德风险，将保障范围缩小为 $q < L$，使被保险人同时承担 $L - q$ 的风险，从而激励其采取 a_1。加入激励相容约束，模型变更为：

$$\max V^1(P, q) = V^1(\pi_1 q, q) = (1 - \pi_1)V(y - a_1 - \pi_1 q)$$
$$+ \pi_1 V[y - a_1 - L + (1 - \pi_1)q]$$
$$\text{s. t. } V^1(\pi_1 q, q) \geqslant V^0(\pi_1 q, q) \quad (3-1)$$

其中 $V^0(\pi_1 q, q) = (1 - \pi_0)V(y - a_0 - \pi_0 q) + \pi_1 V[y - a_0 - L + (1 - \pi_0)q]$

应满足库恩塔克条件：

$$\hat{V}^1 - \hat{V}^0 \geqslant 0, \quad \hat{\lambda} \geqslant 0, \quad \hat{\lambda}(\hat{V}^1 - \hat{V}^0) = 0 \quad (3-2)$$

$$\frac{dv^1}{dq} + \hat{\lambda}\left(\frac{dv^1}{dq} - \frac{dv^0}{dq}\right) = 0$$

假设 $\hat{V}^1 > \hat{V}^0$，则 $\hat{\lambda} = 0$，$q = L$，这与 $q < L$ 的假设矛盾。

因此 $\hat{V}^1 = \hat{V}^0$，即在 q 应当设定在这样一个位置，此时投保人选择 a1 与否对其无差异。也即政府应当加强自留比例的控制，在该自留比例下投保人和原保险公司如不选择风险防范措施，其自留部分的损失所导致的效用损失与所采取的风险防范的成本相当，此均衡点下可以达到福利的最大化[①]。

2. 国家调控对风险转移的意义

由于巨灾市场需要的承保能力不足，私人市场的创新虽然可以解决一部分需求，但是由于私人市场固有的失灵现象，当巨灾发生时，往往会出现剧烈的波动，政府应进行必要的宏观调控。具体来说，政府通常采取以下两种形式：作为最终再保险人和作为最终贷款人来解决巨灾发生时再保市场的流动性问题，其各自利弊分析如下：

（1）国家作为最终再保险人的利弊分析。

再保险形式的优点在于由于中央再保险公司本身也是专业的再保险公司，通过专业化运作，能够更好地了解保险业务，更好地控制承保风险。同时，作为一家专业的再保险公司，与国际再保险公司具有同等的公司形式，就具备向国际再保险市场转分保的法人实体，可以向国际再保市场进一步分散风险的能力。

再保险形式的混合巨灾风险管理计划也存在不少缺点。首先，国家巨灾超赔再保险进行合理定价是非常困难的；其次，由于巨灾超赔再保险的限额往往非常高；最后，由于国家拥有最高的信用等级，政府的介入意味着承保巨灾风险的承保责任大大降低，有可能会诱发保险公司的道德风险，从而减少在承保和核赔等环节上的投入。

（2）国家作为最终贷款人的利弊分析。

国家贷款方式的优点在于：首先，在国家贷款计划下，将有助于调动保险公司控制风险的参与积极性；其次，从长期来看，如果没有发生信用风险，跨期分散能够实现，那么政府的贷款最终都可以收回，因而也不会产生财政上的负担。

但是，国家作为最终贷款人也有不少缺点。第一，对于巨灾的周期性循环只是一种理论上的假设，如果巨灾频发，保险公司就会负债累累，最终的还款能力也会存在问题。第二，在很多的发展中国家其实贷款利率本身不是市场化的，因此实际上在利率定价上缺少参考依据，实际上依然存在政府对保险公司的利率补贴，社会福利存在损失。第三，使政府面临巨大的信用风险。第四，对私人部门，特别是资本市场创新会产生抑制作用。

---

① 应正超. 巨灾风险管理机制理论的应用研究［D］. 复旦大学，2011.

三、巨灾风险管理中的保险学理论

(一) 巨灾风险的定损方法与量化评估

巨灾损失可以分为直接经济损失和间接经济损失。直接经济损失是指巨灾直接造成的物质形态的破坏,如房屋建筑、公共设施及设备的破坏等;间接经济损失则表现为企业或产业部门因巨灾造成的社会生产的下降程度。

1. 巨灾造成的直接经济损失的评估

直接经济损失主要造成资产损失,而企业资产损失的评估包括不动产损失的评估和动产损失的评估两种,居民财产损失评估也可分为居民住宅损失的评估和居民室内财产损失的评估。居民财产损失可采用与企业相似的方法进行评估。

(1) 不动产损失的评估。

企业资产中的不动产损失主要是指房屋建筑物、构筑物(设备基础、道路、围墙等)、管网(给水电气、通信、管理信息系统、安全监控、消防等)等。不动产损失的评估的重点是不动产的估价问题。不动产损失的评估中应以重置成本法对不动产进行估价。其思路是:先求出不动产的重置成本,再扣除反映不动产当前物理、功能状况和社会因素所引起的折旧额,可得到以重置成本为基础的不动产的价值[①]。

(2) 动产损失的评估。

第一,对于固定资产损失的评估。企业固定资产中的动产主要是机器设备、运输设备、工具等。根据受损资产能否修复,企业动产损失的评估可以分为两种情况:

第一种情况,资产完全损坏,应以市场价值法即以现行市场价格重新购置同类资产所需的费用进行估计。对一些高价值的专用机器设备,当难以获得市场价格信息时,可用重置成本。在具体评估时,还应考虑报废资产的残值、场地清理费、新设备的运输安装费等,在报废资产不是全新资产时,还应考虑到报废资产的新旧程度,此时,受损资产的单位价值损失见式(3-3):

$$p_i = p_\alpha \beta_i + YA_i - CZ_i \quad (3-3)$$

其中:p_i、p_α、β_i、YA_i、CZ_i 分别表示为动产 i 的单位价值损失、全新时的单位重置价值、新度系数、单位运输安装费和单位净残值。

---

① 孙敬学,杜为公,李艳芳. 自然灾害经济损失评估研究综述 [J]. 时代经贸,2011 年 1 月中旬刊.

第二种情况，资产未完全损坏且仍具有修复价值。

假设修复后对原资产的性能没有影响。此时，受损资产的单位价值损失见式（3-4）：

$$p_i = p_{xi} \qquad (3-4)$$

其中：p_i，p_{xi} 分别表示为动产 i 的单位价值损失和单位修复成本。

动产总损失：

$$DC = \sum X_i \times p_i \qquad (3-5)$$

其中：DC、X_i、p_i、p_{xi} 分别表示为动产总损失、动产 i 的实物损失量和动产 i 的单位价值损失量。

第二，对于存货损失的评估。存货是指企业在日常活动中持有以备出售的产成品或商品、处在生产过程中的在产品、在生产过程或提供劳务过程中耗用的材料、物料等，包括外购存货和自制存货。外购存货可以按采购成本计算损失，自制存货按自制成本计算损失。

第三，对于自然资源损失的评估。首先根据受损自然资源的类型，选择待评估资源的实物计量单位，通过抽样调查或灾后普查确定资源的实物损失量。自然资源定价的方法主要有市场比较法、成本法和剩余法等。剩余法推算自然资源价格的公式为：

$$p_n = p_p - C_p(1 + M_p) \qquad (3-6)$$

其中：p_n、p_p、C_p、M_p 分别为自然资源价格、资源产品价格、资源产品的生成成本和资源产品生产部门的平均利润率。

某资源的价值损失量见式（3-7）：

$$ZY_i = ZW_i \times PZ_i \qquad (3-7)$$

其中：ZY_i、ZW_i、PZ_i 分别表示资源 i 的价值损失、实物损失和价格。

2. 巨灾间接经济损失的评估

（1）企业停减产损失的评估。

企业停减产损失取决于巨灾发生后企业产出下降的幅度和企业停减产时间。企业停减产损失应按照"巨灾"和"日常生产"相比较的评估方法。

设企业在"巨灾"和"日常生产"的产出变化曲线如图3-5所示，则图中阴影部分的面积即为企业停减产损失。

企业停减产损失见式（3-8）：

$$LT = \int_{t0}^{t1} [f_1(t) - f_2(t)] dt \qquad (3-8)$$

其中：$f_1(t)$、$f_2(t)$ 分别表示日常生产与巨灾时企业的产出曲线。

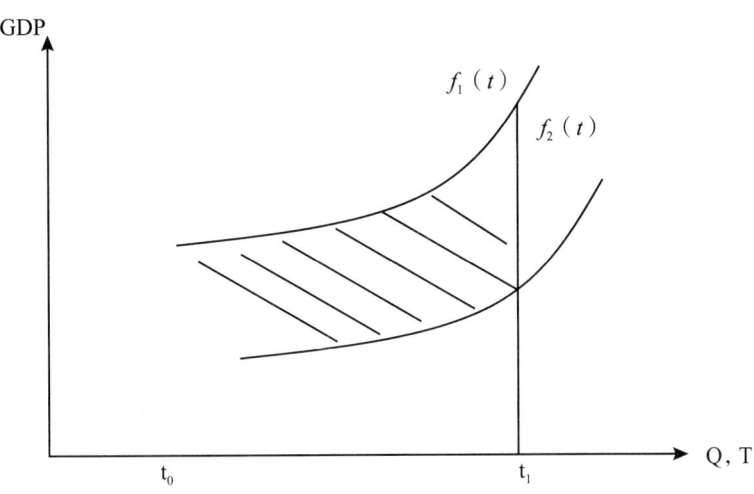

图 3 – 5　企业停业损失评估示意

（2）产业关联损失的评估。

产业关联损失可以利用投入产出模型进行评估。其思路是：首先，按投入产出表对产业部门的分类方法对企业停减产损失（增加价值损失）进行归类，得到各产业部门的增加价值损失；其次，将各产业部门的增加价值损失代入投入产出计算初始减小量；再次，计算不同产业部门总产出的下降率，并根据投入产出原理对各产业部门总产出的下降率做出调整，根据调整后的下降率计算总产出的最终减小量；最后将其代入投入产出模型，得到增加价值的最终减小量，扣除增加价值的初始变化量后，即得到各产业部门的产业关联损失。

（3）投资溢价损失。

投资溢价损失主要包括两部分内容，一方面指巨灾发生后，政府势必运用原来可用于生产性投资的资源来对建筑物及设备设施的损失进行补偿，而使生产性投资比例减少而引起的损失；另一方面指巨灾发生后，企业和居民需要挪用生产性投资用于消费，而有限的资金用于投资和消费其效益是不等的，这部分也是投资溢价损失。

（二）巨灾风险的保险定价

1. 保险定价的基本原理

对于某一给定的风险我们指定其年度保费为 π，用 X_i 表示第 i 年的损失，并假设 X_i 独立同分布。保险公司的初始资本为 u_0，则经过 n 年后保险公司的资本

盈余为①

$$U(n) = u_0 + \pi \cdot n - \sum_{i=1}^{n} X_i \qquad (3-9)$$

众所周知，只有当 $\pi \geq E_p[X_i]$ 时，对于所有的 $n \in N$，$P\{U(n) \geq 0\} > 0$。也就是说，投保者需要支付给保险公司的保费中除了包含期望损失外，还应包含安全负载。考虑一个准备通过购买保险承保损失的投保者，假设该投保者初始盈余为 x，效用函数为 $u(x)$。假设 $u'(x) > 0$（盈余越多越好），$u''(x) < 0$（边际效应递减）。

于是对风险 X_i，该投保者愿意支付的保费 $\tilde{\pi}$ 可由以下方程确定：

$$u(x - \tilde{\pi}) = E_p[u(x - X_i)], \qquad (3-10)$$

利用 Jensen 不等式和效用函数 $u(x)$ 的凹性立即得到：

$$\tilde{\pi} \geq E_p[X_i] \qquad (3-11)$$

一份投保者与保险人之间的保险合同称为可达的，当且仅当

$$\tilde{\pi} \geq \pi \geq E_p[X_i] \qquad (3-12)$$

我们能够选择各种著名的保费原理估计保费。现在我们将针对风险 X 介绍一些重要的保费计算原理：

期望值原理： $\pi = (1 + \lambda) E_p[X]$

方差原理： $\pi = E_p[X] + \lambda Var_p[X]$

标准差原理： $\pi = E_p[X] + \lambda (Var_p[X])^{1/2}$

安全负荷因子 $\lambda > 0$ 经常通过估计在某一给定的有限时间内标的风险过程的破产概率，然后设置具有充分保护性的破产边界而确定。

指数原理：假设一家保险公司拥有初始财富 k，效用函数为 v，其中 $v' > o$ 且 $v'' < 0$，保险公司的保费通过以下方程确定：

$$v(k) = E_p v(k + \pi - X) \qquad (3-13)$$

如果保险公司效用函数为：$v(x) = 1 - e^{-\lambda x}$，则我们通过以上方程可以得到保费的指数原理：

$$\pi = \frac{1}{\lambda} \ln E_p[e^{\lambda x}] \qquad (3-14)$$

分位数原理：保险公司总是希望风险损失超过保费的概率尽可能的小，因此保险公司选择参数 ε 并通过下式来确定保费：

$$\pi = \inf\{y > 0 : P[X > y] \leq \varepsilon\} \qquad (3-15)$$

即 π 是使得出现损失的概率最多为 ε 的最小保费。

Esseher 原理：

---

① 杨刚. 巨灾风险度量与保险衍生品定价方法研究［D］. 中南大学，2009.

$$\pi = \frac{E_p\left[Xe^{\lambda x}\right]}{E_p\left[e^{\lambda x}\right]}, \quad \lambda > 0 \qquad (3-16)$$

该保费原理理论基础是风险交换和均衡定价,它实际上是风险变量 $Y = Xe^{\lambda x}/E_p\left[e^{\lambda x}\right]$ 的纯保费。不难看出,在从 X 到 Y 的变换中,取小值的概率减小了,取大值的概率增大了。这样,通过该变换我们得到了一个安全保费。

2. 巨灾保险的传统定价方法

巨灾保险传统的定价,通常是在给定预定赔付率、预定投资回报率的基础上,采用平衡保费的原则得到纯保费,然后再按照一定的费用率得到附加保费,从而得到总保费。而保费的附加费用通常是根据经验而定的,这对于社会迫切需要没法主观判断[①]。

(1) 从被保险人的角度来分析。

由于巨灾风险具有"低概率,高损失"的特点,保险公司要靠附加费用来补偿风险损失。同时,附加费用在总的保费中也应占据很大的比重。但现在的问题是,当前使用的定价方法需要依靠经验,人为规定附加费用的比例,是非完全透明的,从而造成了信息不对称。而巨灾保险的附加费用大大高于普通险种,这部分费用往往是凭不完善的经验人为而定,很难给定一个让被保险人认可的量。

(2) 从保险公司的利润角度来分析。

传统的定价方法是以每单位的获利多少来衡量的,但是巨灾保险异于一般保险产品,它要求注重的是总的保险利润。巨灾风险带来的是大面积的灾害,无法单独计算每单位所遭遇的灾难值。巨灾保险是一种特殊的险种,必须要紧紧围绕它的特殊点,充分考虑与其相关的有用因素,而进行恰当的定价。

(3) 基于资本资产定价模型的巨灾保险定价方法。

巨灾风险证券化是目前解决巨灾保险问题的最有效方法,它把巨灾保险作为证券放到资本市场中。资本资产定价模型(CAPM)从资本市场的角度研究巨灾保险产品的定价。

我们在考虑巨灾保险的定价问题时,应该综合考虑保险公司各方面的因素,充分考虑到投入和收益,以及资产、负债和权益之间的关系,将这些因素引入传统的资本资产定价模型中来,构建出更适合于保险公司的定价模型,同时进一步利用这一定价模型,计算出风险附加比率,从而得到科学合理有说服力的风险附加费用[②]。

我们令 X、Y、Z 分别代表纯收入、投资所得和保费收入,A、B、C 代表资

---

① 刘正文. 基于巨灾风险的保险模型及经营模式研究 [D]. 湖南科技大学,2008.
② 杨凯,齐中英,孔石. 对巨灾保险定价的探讨 [J]. 技术经济与管理研究,2005 (6).

产、负债和所有者权益;D 代表保险业务的纯利润,D 代表纯收入投资所得和保费收入与收入有关的一切支出(包括开展保险业务的各项成本支出和发生赔付时的赔款支出)之间的差额。Ra 代表资产投资收益率,Ru 代表承保收益率。这样设定后,则:

$$X = Y + D = Ra \times A + Ru \times Z \qquad (3-17)$$

在会计实务中,有恒等式:资产 = 负债 + 所有者权益,即 $A = B + C$,对式(3 – 17)两边同除以 C,得到以下结果:

$$\frac{X}{C} = \frac{Y}{C} + \frac{D}{C} = R_a\left(\frac{A}{C}\right) + R_u\left(\frac{Z}{C}\right) = R_a\left(1 + \frac{B}{C}\right) + R_u\left(\frac{Z}{C}\right) \qquad (3-18)$$

这就是权益收益率,即 R_c。

令 $P = \frac{Z}{C}$,$Q = \frac{B}{Z}$,则式(3 – 18)可化简变换为:

$$R_c = R_a(1 + PQ) + R_u \times P \qquad (3-19)$$

式(3 – 19)两边同时对市场组合收益率 R_m 求协方差。得到如下结果:

$$\mathrm{cov}(R_c, R_m) = (1 + PQ)\mathrm{cov}(R_a, R_m) + P\mathrm{cov}(R_u, R_m) \qquad (3-20)$$

再对式(3 – 20)两边同时除以 σ_m^2:

$$\beta_c = (1 + PQ)\beta_a + P\beta_u \qquad (3-21)$$

我们得到了各种不同风险系数之间的关系。其中 β_c 代表权益收益的风险系数,β_a 代表资产投资的风险系数,β_u 代表承保收益的风险系数。将资本资产定价模型的下标 i 改为 c,并把式(3 – 21)中的 β_c 同其他各种风险系数的关系代入式(3 – 19),得到权益期望收益率的表达式:

$$R_c = R_f + \beta_c(R_m - R_f) = R_f + ((1 + PQ)\beta_a + P\beta_u)(R_m - R_f) \qquad (3-22)$$

我们再将资本资产定价模型的下标 i 改为 a,可以同理得到资产投资的期望收益率,即:

$$R_a = R_f + \beta_a(R_m - R_f) \qquad (3-23)$$

把式(3 – 19)代入式(3 – 23),则得到:

$$R_c = [R_f + \beta_a(R_m - R_f)](1 + PQ) + R_u P \qquad (3-24)$$

将权益期望收益率的两个表达式(3 – 22)和式(3 – 24)整理得出承保期望收益率的公式:

$$R_u = -QR_f + \beta_u(R_m - R_f) \qquad (3-25)$$

我们令 N 为每单位保额所对应的巨灾损失均值,a 为其标准差,Z 仍为保费收入,S 为投入的各种资金(包括准备金),$E(t)$ 为损失函数,有 $E(t) = t$,$f(t)$ 为损失 t 的概率。因为巨灾保险给保险公司的稳定性经营带来的潜在冲击很大,所以保险公司都会通过各种渠道来分散风险,其中发行巨灾债券就是最成熟而有效的办法,这也是保险风险证券化的具体应用形式之一,我们这里令 K 为巨灾保险风险证券化的纯收入，只有考虑到 K 的存在，计算出来的巨灾保险价格才会更加符合现实情况。我们设 ξ 为风险附加费用的比例，为巨灾损失均值的倍数。则可构建预期承保收益率为：

$$\int \frac{Z \times N \times (1+\xi) + K - E(t) \times Z - S}{S} f(t) dt$$

$$= \frac{Z \times N \times (1+\xi)}{S} + \frac{K}{S} - \frac{N \times Z}{S} - 1$$

$$= \frac{Z \times N \times \xi}{S} + \frac{K}{S} - 1 \qquad (3-26)$$

将式（3-26）代入承保期望收益率式（3-25），就可以得出具体的附加费用的比例值。

$$\frac{Z \times N \times \xi}{S} + \frac{K}{S} - 1 = -QR_f + \beta(R_m - R_f) \qquad (3-27)$$

四、巨灾风险管理中的金融学理论

（一）巨灾风险基金的建立

建立巨灾风险基金，需要国家、保险公司、社会和个人的共同努力，由投保人、所有保险公司和政府财政共同参与，分摊巨灾赔款，实行统一管理、统一运作。

1. 巨灾风险基金的参与者

巨灾保险基金主要参与者有：巨灾保险基金委员会、合格原保险人、合格再保险人、账户管理人和托管人。

巨灾保险基金委员会是巨灾保险基金的总体设计者和监督者，对巨灾保险基金的可行性、有效性和安全性具有决定性作用。合格原保险人主要负责巨灾保险产品的销售和理赔，同时适度的承保工作。合格再保险人是基金运作过程中的核心环节，充当基金管理执行者的角色，托管人可以由基金委员会指定一家商业银行来担任。账户管理人负责提供巨灾保险基金账户管理的相关服务[1]。

2. 巨灾风险基金的来源

巨灾保险基金是一个庞大的资金集合，需要各方参与者保障其资金充裕。我们可以通过商业保险公司按巨灾保险费收入的一定比例提取资金；中央财政每年安排一定预算基金，地方财政按一定比例和规则提取资金；甚至可以在证券市场

---

[1] 王琪. 中国巨灾风险融资研究 [D]. 西南财经大学，2009.

由巨灾风险证券筹集资金等渠道广泛募集。

巨灾保险基金的保险市场积累就是要建立以保险产品为载体的筹措资金渠道,即通过向企业、个人销售巨灾保险产品的方式将资金汇集起来,用于巨灾事故所致经济损失补偿或人身伤亡给付的专项基金[①]。

财政渠道的融资可以分为地方和中央两个层面。各地区可以依据自身的经济发展状况和巨灾风险状况确定融资水平;在此基础上,中央统筹考虑,重点对巨灾损失严重或收入水平低的地区予以补贴。

3. 巨灾风险基金的运作

巨灾保险基金是在政府、保险市场和资本市场的支持与协调下,得以完成巨灾风险的分散,可以概括为以下几点:

(1) 合格再保险人根据基金委员会的指引下,充分评估实际风险状况、财政与税收支持力度、保单持有人的承受能力等,确定巨灾保险的市场价格。

(2) 合格原保险人依据这个价格在市场上向保单持有人销售巨灾保险,获得保费收入,同时将汇集的风险向合格再保险人分出。

(3) 合格再保险人集结财政资金汇入巨灾风险基金,基金委员会负责监督、督促财政资金即时到账。

(4) 再保险人对融入的资金制定投资策略,进行投资管理以保证基金的保障增值。

(5) 巨灾事件发生后,由合格原保险人完成相应的理赔工作,并将损失报告提交合格再保险人,合格再保险人对其审核后,根据损失分担计划,获得来自政府的财政补偿和国际再保公司的赔款,同时经由合格原保险人将最终赔款支付到保单持有人手中。

(二) 巨灾风险管理中的主要衍生产品及其定价机制

1. 巨灾期货及其定价机制

由于我们不可能找到一个唯一的定价模型,许多学者根据不同损失过程的假设,提出了巨灾期货的定价模型。

考克斯和舒巴克[②]首先于 1992 年使用 Black – Scholes 模型作为保险期货的定价模型,但在此定价模型中存在明显与巨灾损失的现实情况不相符合的假设,遭到质疑。

---

① 郝娜. 论我国巨灾保险制度的构建 [D]. 首都经贸大学, 2009.
② Samuel H. Cox and Robert G. Schwebach, Insurance Futures and Hedging Insurance Price risk [J]. Journal of Risk and Insurance. 1992, 59 (4): 628 – 644.

康明斯和杰曼[①]（1993）认为巨灾损失过程采用跳扩过程描述更加客观。他们认为巨灾期货是以累积索赔而不是标的状态变量的期末值作为损益，故采用亚式期权模型作为巨灾期货的定价模型比较适合。然后在无套利框架下，在风险中性概率测度下，根据索赔过程期末现金流分别得到了巨灾发生期和延展期的巨灾期货的价格。然而，康明斯和杰曼的模型似乎与现实的市场情况相差甚远。

恩派尔兹和梅斯特（Embrechts & Meister，1997）引进了一个双随机泊松模型，假设一次灾难发生后索赔的强度水平会立即提高，会有更多的索赔申报。在不完全市场框架下，采用财富效用函数最大化和风险最小化的方法，通过测度变换得到了巨灾期货的价格。

克里斯滕森和舒米丽（Christensen & Schmidli，2000）采取恩派尔兹和梅斯特（1997）的方法，提出了一个仅仅依赖于可获取信息的巨灾期货定价模型。通过利用一个复合泊松模型描述单个巨灾的累积索赔，考虑了个体索赔申报到保险公司延迟的情形。与以往文献不同的是，他们对索赔申报时间建立了显式模型，因此结果与现实更加贴近。

奥瑟[②]（2001）提出利用马尔可夫模型给巨灾期货定价。他假设合同的标的损失指数服从一个时间连续，状态离散的马尔可夫过程，且在巨灾随机发生的时点处有随机索赔额大小的跳跃，然后基于市场局部竞争均衡和典型代理人相对风险厌恶固定的假设，得到了巨灾期货的价格。

2. 巨灾期权及其定价机制

自从1995年巨灾期权上市以来，对巨灾期权定价的研究就很多，其中具有代表性的工作包括：

考克斯和舒巴克[③]（1992）使用Black – Scholes期权定价模型对巨灾期货期权进行定价，他们假设巨灾期权价格变化为一个纯扩过程，这明显与巨灾零星发生和风险累积特征不吻合。

康明斯和杰曼[④]（1995）对此提出改进，采用一个几何布朗运动加上一个跳跃额度恒定的泊松过程来描述巨灾损失指数的增量。然后在标的资产可交易，在

[①] David J. Cummins and Helyette Geman, An Asian Option Approach to the Valuation of Insurance Futures Contracts [J]. The Review of Futures Markets, 1993, 13: 517 – 557.

[②] Aase, K. K., A Markov model for the Pricing of catastrophe insurance futures and spreads [J]. The Journal of Risk and Insurance, 2001, 68 (1): 25 – 50.

[③] Cox, Samuel, and Robert Schwebach. Insurance Futures and Hedging Insurance Price Risk [J]. Journal of Risk and Insurance, 1992, 59 (4): 628 – 644.

[④] Cummins, J. David and lyette Geman. Pricing catastrophe insurance futures and call spreads: an arbitrage approach. [J]. Journal of Fixed Income, 1995, March, pp. 46 – 57.

市场完全和无套利机会的假设前提下,利用无套利方法对巨灾保险期货价差期权进行了定价。但模型中巨灾风险损失额度恒定的假设却让人置疑。

奥瑟[1](1999)用一个带随机跳跃额度的复合泊松过程描述标的巨灾损失指数的动态变化过程。在不完全市场框架体系下,利用不确定性环境下局部竞争均衡定价方法,在市场参与者偏好的效用函数为负指数函数和巨灾损失额度为 Gamma 分布的假设下,得到了巨灾看涨期权和巨灾价差期权的闭型定价解。

缪尔曼和亚历山大(Muermann & Alexander,2001)采用复合泊松过程描述标的损失指数,利用傅立叶变换的方法,对每一个固定的等价轶测度给出了巨灾保险衍生品定价的闭型解,并且证明了等价鞍测度,无套利价格和巨灾损失频率和跳跃额度之间的一一对应关系。

缪尔曼(2003)提出了保险金融一致定价的概念,指出巨灾价差期权等保险衍生品的估值必须以同一标的保险合同的市场价格作为参照点,利用傅立叶变换为工具,得到了巨灾价差期权的闭型定价解,并将标的损失的分布从复合过程推广到 levy 过程。

考克斯等(2004)将估值理论应用到两种典型的巨灾结构性风险管理产品:双触发的巨灾看跌期权和带自留额的保险,并且阐述了如何将无套利市场中风险定价的标准估值理论应用到公司中管理多种风险。

贾蒙加和王(Jaimungal,S. &T. wang,2006)通过引入随机利率和随机索赔额使得考克斯等人的分析进一步现实化。在跳扩模型的框架下,解释了巨灾损失与相关的利率动态过程影响巨灾期权价格的机制,得到了巨灾期权的显性闭式定价公式和巨灾股权卖权的套期参数。

林世贵和张嘉建(Lin, Shih - Kuei &Chang, Chia - Chien, 2007)提出用受马氏调制的泊松过程来描述巨灾事件的到达过程,用广义 Rado - Nikodym 过程对马氏跳扩模型的随机强度和标的布朗运动的漂移进行测度变换,得到了巨灾股权卖权的定价公式和动态套期策略。

3. 巨灾债券及其定价

巨灾债券定价有多重方法,诸多学者对此发表了看法。

首先,莱森伯格等(Litzenberger et al., 1996)[2] 在确定利率和标的巨灾损失服从对数正态分布的假设下,利用 PCS 巨灾损失的历史资料估计参数,采用

---

[1] Knut Aase, An equilibrium model of catastrophe insurance futures and spreads [J]. The Geneva Papers on Risk and Insurance Theory, 1999, 24, pp. 69 - 96.

[2] Litzenberger, R. H., D. R. Beaglehole, C. E. Reynolds. Assessing catastrophe insurance-linked securities as a new asset class [J]. Journal of Portfolio management, 1996, 23 (3), pp. 76 - 86.

自助法（bootstrap）得到巨灾债券的价格。

考克斯和佩德森[①]（2000）在典型代理人均衡框架下论述了如何应用金融经济学理论构建一个巨灾风险债券的估值模型，结合利率期限结构模型和巨灾风险的概率结构，研究了在不完全市场环境下巨灾风险债券的定价。

李和余[②]（2002）首先在无道德风险，基差风险的假设下，采用 Cox-Ingersoll – Ross 利率结构，在巨灾损失服从泊松过程假设和巨灾损失与利率无关的假设之下，得到了巨灾债券的价格。进一步他们将道德风险、基差风险、发行巨灾债券的保险公司的财务状况、负债结构等因素引入巨灾债券的定价模型中，利用蒙特卡罗方法计算得到无违约风险和有违约风险的巨灾债券的价格。结果表明，道德风险和基差风险极大地降低了巨灾债券的价格。同时也分析了巨灾债券价格与这些因素的关系。

昂格尔（Unger, 2006）[③] 提出利用控制容积有限差分模型对基于指数的巨灾债券定价。该巨灾债券基于两个随机变量：PCS 巨灾指数和服从单因子 CIR 模型的利率。并且对影响巨灾债券价格的巨灾损失的频率和强度的不确定性进行了灵敏度分析。

李和余[④]（2007）研究了一个为再保险合同估值的未定权益框架，分析了再保险公司如何通过发行巨灾债券增加再保险合同的价值，以及再保险合同价值和违约风险保费的变化与基差风险、触发水平、巨灾风险、利率风险和再保险人资金头寸的相关性。

江上正彦和弗吉尼亚（Masahiko Egami & Virginia R. Young, 2008）[⑤] 基于效用无差异定价理论给出了一种为结构性巨灾债券定价的方法。他们将无差异定价方法运用到结构巨灾债券，为高层巨灾债券找到一个相对于低层巨灾债券的相对无差异价格。同时，他们不是简单地假设再保险人不发行一只巨灾债券的策略就是无所作为，而是假设再保险人通过比例再保险以减少风险。

[①] Cox, S, Pedersen, H. Catastrophe risk bonds [J]. North American Actuarial Journal, 2000, 48: 56 – 82.

[②] Jin – Ping Lee, Min – Teh Yu. Pricing default-risk cat bonds with moral hazard and basis risk [J]. The Journal of risk and insurance, 2002, 69 (1), pp. 25 – 44.

[③] Andre J. A. Unger. Pricing index-based Catastrophe bonds, Preprint. , 2006, December.

[④] Jin – Ping Lee, Min – Teh Yu. Valuation of catastrophe reinsurance with catastrophe bonds [J]. IME, 2007 (41), pp. 264 – 27.

[⑤] Masahiko Egami, Virginia R. Young. Indifference Prices of structured catastrophe (CAT) Bonds [J]. IME, 2008, 42 (2), pp. 771 – 778.

第四节 巨灾风险管理研究的主要方法

一、理论规范分析

任何社会科学的研究总不能摆脱规范与经验的二元化取向,都是在规范研究与经验研究的张力场中成长的(胡伟,1999)[①]。"规范研究"总是相对于"经验研究"而言的。因而,所谓规范研究与经验研究的对立,实质上是在社会科学领域中运用哲学思辨方法与运用自然科学方法的对立[②]。

就其研究内容而言,规范研究偏重于从价值的层面来看待社会问题和理解社会生活,也即侧重于回答"应当是什么"(what should be)等实际价值的规范性的问题;就其表现方式而言,规范研究主要是对思想史上的重要文本[③]的诠释与解读。由于规范研究所讨论的是与价值相关的问题,无法从经验数据中寻找答案,因而,它所依托的研究资料主要来源于现有的各种历史文本,其理论分析总是以思想史为依托。

在巨灾风险管理研究中,规范法应该占据着相当重要的地位。它的作用至少表现在:第一,对理论论证具有重要作用,可以从假设或初始理论命题推导出下一层次的命题。这样,在用相关理论指导巨灾风险管理实践前,可预先对理论进行检验以使理论具有更加严密的逻辑性,无疑对巨灾风险管理体系的构建和研究具有基础价值。第二,对已有相关进行逻辑检验,以发现现存理论的内部矛盾或是与实践的外部矛盾。

目前的巨灾风险管理研究中,规范研究的应用主要集中在社会科学研究领域,涉及巨灾风险管理的几乎所有问题,主要是通过文献分析法对现有经济学、管理学、社会性等相关理论的剖析和解读,找出其在巨灾风险管理问题上的阐释,进而得出"应当怎么做"的结论。

然而,规范法本身所存在的系统性缺陷也难以避免。巨灾风险管理由于涉

[①] 胡伟. 在经验与规范之间:合法性理论的二元取向及意义 [J]. 学术月刊,1999-12.
[②] 颜昌武,牛美丽. 公共行政学中的规范研究 [J]. 公共行政评论,2009 (21).
[③] 规范研究中的文本,乃是过去的历史思想与观念的浓缩,具体表现为那些饱含着前辈学人个性化的思考与探索的著述。

的范围和层次跨度都很大，只从一个或几个理论分析入手，难免有"盲人摸象"之嫌，得出的结论在逻辑上可以自洽，但在现实中却无法适用。同时巨灾风险管理是一项与具体的国情、灾情密切相关的管理活动，如果只从规范角度研究，难免忽视了现实中出现的特殊问题和个别关键问题。

二、实证研究方法

实证研究强调可观察到的事实根据和实证材料，更多依靠定量分析和归纳的方法，它所注重的是"实际是什么"（what is）的事实问题。十分重视观察、验证和现代经验科学的技术与方法，主张价值袪除，强调使概念具备操作的意义。对于经验主义取向的社会科学研究来说，事实问题和价值问题是可以区分的（马什、斯托克，2006）[1]。

实证研究的目的一般是对现有理论的实践检验或是在实践中提出新的理论。在研究中，所有希望加以研究的现象的任何信息形式，如文字、数字、图片和符号等，都可以被看作是"文献"[2]。文献的一个重要特点在于其可复制性和可接受性，即对文献的研究往往排斥了所获得的知识的个性，因而，人们对于这种知识的把握主要以"接受"为主。

实证研究方法在巨灾风险管理研究中，尤其是中国国内的研究中占据了相当大的比例：第一，从评价规范分析所依据的前提入手，对规范理论赖以依存的现实有效性进行检验，进而肯定或否定规范法成果。如通过对巨灾风险在保险市场和资本市场的分散和转移情况的考察，提出对风险可保性理论的扩展和修改；第二，对所观察到的现实提供解释，说明现存差异的原因。如通过巨灾保险在某国的发展历史研究，找出其中诸如信息不对称、逆向选择等问题解释阻碍发展的原因；第三，在考察多个国家或地区的巨灾风险管理现状之后，进行国际比较分析，提出政策性建议和改进措施。

当然，实证法固有的局限性也不可忽视：第一，它力图使用有限的事实和现象去证明普遍命题，因而其研究结果不可避免的只具有概率或然性。如从一些个案研究中试图提炼出所谓的巨灾风险管理规律和启示，但却没有发现结论的局限性和特殊性；第二，过分强调模型化和定量化，经常由于忽略自认为次要的因素，如文化、政治背景等，结果可能会导致研究对象过于简化，得出的结论出现

---

① 马什，斯托克. 皮肤而非套衫：政治科学中的本体论与认识论. 载马什、斯托克编. 政治科学的理论与方法［M］. 北京：中国人民大学出版社，2006.
② 风笑天. 社会学研究方法［M］. 北京：中国人民大学出版社，2001.

重大偏差，不具有指导巨灾风险管理实践的能力；第三，研究往往具有时间上的滞后性，确切地说总是等到有足够的样本数据建立数学模型进行经验分析时才能得以实施。但是巨灾的发生本身就具有低频率的特点，收集足够多的样本并非易事。

三、规范与实证相结合

通过上文的介绍可知，经验研究侧重于反映和描述现实生活，揭示现实生活中的规律性，体现的主要是一种实证精神。规范研究则不仅有反映现实的一面，更强调对现实生活的反思、批判与超越。

马克·图恩曾对规范与实证归纳出一个简明扼要而又全面的对比诠释，即：规范法属于目的、注重价值、关注思想、通过规定揭示好或坏、表现心灵的问题、具有评价功能，主要用于制定政策；实证法属于手段、注重事实、关注现实、通过描述揭示真或假、表现精神的问题、具有解释功能，主要用于现象分析。①

巨灾风险管理是一门社会科学与自然科学的跨学科研究领域，具有极其广泛、丰富的现实性内涵，对各种风险管理主体之间的错综复杂的关系进行研究，绝不能采取简单的、单一研究方法，必须深入实际，采取多元化的研究方法，从不同方面进行分析、比较，才能揭示它的发展趋势和内在规律。从这个角度来看，研究巨灾风险管理就必须在方法上实现规范与实证相结合的方式。

在巨灾风险识别和评估以及风险预警等领域，自然科学方法更加具有现实意义。这些方面的研究重视的是对风险的客观描述和分析，实证方法可以很好地与之契合。如对国家或地区巨灾风险的实地调查、卫星遥感技术、通信技术等方式，得出巨灾风险的实际情况作为管理的基础和科学预警的依据。

在涉及巨灾风险管理制度、政策等方面时，因为涉及主体众多，主体意愿与能力差异很大，所以这些问题往往没有统一的答案。需要我们从一般情况入手，通过规范分析，找出解决问题的普遍性方法。然后通过国际比较、国别考察等方法，分析国家之间、理论与现实之间的差异以及差异存在的原因。将理论性的框架与具体的、特殊的环境因素相结合，提出适合研究对象的解决方案。

---

① 马克·图恩. 自决的经济学 [M]. 商务印书馆，1979：279.

第五节 巨灾风险管理研究的创新工具

一、巨灾风险管理研究中的自然科学工具

(一) 工程物理

工程物理技术是巨灾风险管理的传统研究工具之一,由于自然灾害对人类社会的影响主要来自对人类生命和财产安全的威胁,因此较早对巨灾风险管理进行研究的文献,基本上都集中于工程物理的方法。以地震风险管理为例,工程物理方法通过对不同结构类型的建筑物震害预测,得到地震级别与经济损失的预测方法,综合得到震后修复、重建费用、内部损失、停产损失、灾后损失放大(Post loss amplification)可能的损失。除了在风险评估方面发挥的重要作用以外,工程物理的方法还可以通过对地震的发生机制及动态破裂过程,并在反演所得结果的基础上定量分析地震同震位移场的特征,探讨了地震近断层地震灾害的致灾机理。再如,以洪水风险管理为例,学者可以通过水动力模型、运动波模型、扩散波模型等工程物理模型,为洪水、泥石流预报提供依据,通过与城市灾害易损性评估的结合,实现巨灾风险有效预防。总之,工程物理是巨灾风险分析的基础工具之一,它可以实现对巨灾风险自然属性的最大程度探究,为风险评估和风险管理研究提供必要的理论与数据支持。

(二) 空间遥感

空间遥感技术得益于各种大气观测技术、空间观测信息处理技术的发展。目前研究者已经从地球系统、太阳活动、行星运行等领域来探求与巨灾相关的物理因素,在预报巨灾的时空变化规律方面作了大量的工作,为防灾减灾提供了重要的决策信息。巨灾风险具有空间性及可测性,遥感技术 RS 借助其宏观客观迅速和经济的特点在监测巨灾灾害上有比常规地面监测手段无法比拟的优势,而地理信息系统 GIS 由于它强大的对空间数据的分析和处理能力,在进行巨灾评估和风险分析方面发挥了重要作用。

自 20 世纪 80 年代以来 RS 和 GIS 技术在我国的灾害监测和灾情评估中得到

了广泛地应用。如在"七五"期间（1986~1990年），中科院地理所资源与环境信息系统国家重点实验室与中国气象局水利部有关单位合作建立江河洪水险情预警信息系统，建立洞庭湖区洪水模拟演示系统，采用了航空遥感和GIS技术。"八五"期间，由中科院遥感应用所牵头开展了重大自然灾害遥感监测评价重大攻关项目，就洪水淹没范围和面积的灾情评估及指标体系进行了研究，在江淮下游和太湖流域特大巨灾灾害中得到应用。"九五"期间为将相关技术进行集成和应用，国家将重大自然灾害监测与评估项目作为科技攻关的重中之重项目，以雷达卫星和航空遥感快速反应系统为主体在1998年的长江嫩江和松花江特大洪水灾害中进行了多次灾害监测和灾情评估工作，成为抗洪救灾的重要信息。

与此同时中央和地方有关科研和业务部门开始进行RS和GIS技术的科研和应用。从遥感数据源来说，气象卫星陆地资源卫星和加拿大Radarsat、法国Spot、欧空局ERS-1和ERS-2等卫星相片都得到了应用。在紧急情况下，载有雷达的飞机多次飞往灾区监测灾情发展，从灾害信息提取和灾情评估来说，GIS发挥了重要作用。同时，GIS在防洪规划的制定、洪水风险图的制作、蓄洪区的洪水演进与模拟、抢险和救灾物资的调配、灾区人员的撤离方案制定等方面都得到很好的应用。在灾害监测和灾情评估中以GIS技术为基础建立的各类背景数据库是全部工作的基础，它包括地形地貌河流等基础地理数据库，也包括土地利用、旱地水田、居民地、林业等数据库以及社会经济、人口、房屋、财产、工业、交通等数据库。

在中国和欧共体合作水灾预防决策支持系统项目下，中科院自动化所、大气物理所、遥感应用所、武汉大学和长江水利委员会专家采用国产网络版的GIS软件地网GeoBeans，通过建立分布式计算的Internet GIS应用服务系统，集成现有的数据分析和处理技术，模型和经验形成尽可能全面描述水灾分布、灾情模拟和分析的模型，为建立长期运行的水灾预防决策支持系统做出理论技术准备和示范工程。

另一方面，空间遥感技术在地震风险管理研究方面也起到了重要作用。自20世纪80年代末以来，学者在地震预测预报中提出了利用卫星红外遥感技术进行地震预测的方法。国内外不少地震学者对几个主要问题作了大量探讨：红外异常与地震和震中的时间空间关系；如何解释温度异常的出现和消失的物理机制；如何识别地震的热红外增温现象。通过大量研究和典型震例对比分析研究，地震学者们取得了许多有意义的研究结果[1]。

---

[1] 陈彧，徐瑞松，蔡睿，王洁，苗莉. 遥感技术在地震研究中的应用进展 [J]. 地球物理学进展，2008（4）：1273-1281.

InSAR（Interferometric Synthetic Aperture Radar，合成孔径雷达干涉）测量是20世纪后期迅速发展起来的空间对地观测新技术。自从1989年加百利（Grabriel）等[1]首次论证了 InSAR 技术可用于探测厘米级的地表形变；1993年马索内特（Massonnet）等[2]利用 ERS-1 SAR 数据采集了1992年的 Landers 地震的形变场，并用 D-InSAR 方法计算出精细的地震位移，获得的卫星视方向上的地形变化量与野外断层滑动测量结果、GPS 位移观测结果以及弹性位错模型进行比较，结果非常一致，研究成果发表在《Nature》上，D-InSAR 技术在探测地表形变方面的能力被大家所认识。

目前，国内外已有地震学者使用 D-InSAR 技术对地震形变场进行成图和研究，如1998年中国的张北地震[3]、1999年中国台湾 Chi—Chi 地震[4]、1999年美国 California Hector Mine 地震[5]、2003年伊朗 Bam 地震[6]、1994~2004年摩洛哥 Al Hoceima 地震序列[7]等。研究发现，利用地面观测数据和断层位错模型模拟的形变图与 D-InSAR 所得结果基本一致。

（三）数学及统计学

除了以上传统的工程物理及新兴的空间遥感等研究工具以外，也有大量成果集中在如下几个方面：第一，巨灾级别判定；第二，受灾范围、影响程度的评估和统计；第三，经济损失的评估；第四，巨灾资掘与生态环境的影响评价；第五，巨灾对社会的影响评价等。对巨灾灾情的详细评估，仍是个难点和热点领域，还有待继续深入。目前中国气候局、水利部、国家海洋局、三委自然灾害研究组、教委等科研单位已经逐步建立了巨灾预评估的基础数据库，并开始发展了相应的预评估模型，可望获得重大突破和进展。这些研究工作主要在已获数据的

---

[1] Gabriel A, Goldstein R. Mapping small elevation change sover large areas：Differential radar interferometry，1989（B7）.

[2] Massonnet D. Rossi M. The displacement field of the Landers earthquake mapped by radar interfereometry，1993.

[3] 单新建，马瑾，宋晓宇，王超，柳稼航，张桂芳. 利用星载 D-INSAR 技术获取的地表形变场研究张北－尚义地震震源破裂特征［J］. 中国地震，2002（02）.

[4] Pathier E. Fruneau B. Coseismic displacements of the footwall of the Chelungpu fault caused by the 1999，Chi-Chi earthquake from InSAR and GPS data 2003.

[5] Jonsson S. Zebker H. Fault slip distribution of the 1999 Mw7.1 hector mine. California earthquake，estimated from satellite radar and GPS measurements，2002（4）.

[6] Stramondo S. Moro M. InSAR surface displacement field and fault modelling for the 2003 Bam earthquake（southeastern Iran）2005.

[7] Akoglu A. Cakirg The 1994~2004 Al Hoeeima（Morocco）earthquake sequence：Coniugate fault ruptures deduced from InSAR 2006（3-4）.

基础上，利用数学及统计学传统方法，大胆借助跨学科理论模型，对巨灾风险管理研究做出贡献。其中，对我国洪涝、地震、台风、干旱等历史资料的整理和评价，我国历史巨灾的考证和评价，历史巨灾数据库的建立和模型评估工作以及空间地理信息为基础的风险影响范围评价和巨灾风险的模拟研究已经取得了明显成绩。学者们采用模糊数学和非线性科学的方法，以历史巨灾资料为基础，对巨灾灾害的时间序列风险和巨灾风险的动力学机制进行了研究和探讨，目前在巨灾风险的空间分布与形成机制上正在进行有意义的探索。

二、巨灾风险管理研究中的自然科学工具

（一）社会学与心理学

灾害管理专家卡特（Cater）[1]在他所提出的灾害管理周期理论中指出，灾害管理周期包括灾害侵袭、响应、恢复、发展、防御、减轻和备灾等几个阶段，他特别指出灾害行政管理是这一周期中的重要一环，它担负着领导、监督和组织协调的任务。按照这一理论，巨灾管理科学、管理技术和管理体制都是巨灾管理高效运转的基础保障。目前巨灾行政管理工作主要集中在以下几个方面：第一，灾害立法；第二，灾区开发利用与管理；第三，防灾减灾资金管理；第四，防灾工程管理；第五，灾后抢险对策；第六，防灾减灾规划与战略；第七，灾后心理干预等。具体研究成果表现为利用社会学、心理学等研究工具，得出有针对性的建议和启示，为巨灾风险管理提供对策。

（二）金融经济学

从金融经济学角度研究巨灾风险管理，美国走在前列。以巨灾对区域经济影响为例，1980年完成的《防洪减灾总报告》和1983年完成的《美国巨灾及减灾研究规划》对人们在广泛的范围内了解防洪减灾行为和考虑防洪减灾问题做出了重要贡献[2]，其中汇集了防洪减灾经济学研究方面的主要内容。联邦经济学家对1979年水资源委员会（WRC）有关防洪减灾投入和效益的调查进行了经济学评价，认为某些报告局限于联邦投资与效益均摊的防洪政策范畴内，一方面它混淆了灾害的实质性破坏（固定资产）、纯收入损失（流动资产）和由此导致的地产贬值三者之间的关系。1970年，拉塞尔（Russell）首先提出了界定最佳防洪

---

[1] Cater W N. Disaster management: A disaster manager's handbook [M]. Manila: ADB, 1991.
[2] 谭徐明等译. 美国防洪减灾总报告及规划 [M]. 北京：中国科学出版社, 1997.

减灾效益的理想曲线,后来一些环境学家又相继提出了类似的曲线。在对现行防洪减灾公共政策的经济学评价方面,1975 年怀特-哈斯(Whit-Haas)的《经济评估》、1980 年 NSF 的《防洪减灾总报告》,以及 1981 年由赖特(Wright)和罗西(Rossi)提出的《经济评估》,一致认为在防洪减灾领域,社会与经济学问题应该比工程问题得到更多的强调和研究,但唯一在社会上有所影响的是 1980 年 NSF 的《防洪减灾总报告》中关于公共政策经济学问题的阐述"巨灾灾害损失经常由于政策方面的问题而增加,因为政策的负面作用导致了资源和经济负担加重"。

再如:罗斯(Rose)等人[1]在 1997 年提出了投入—产出模型在综合工程模拟与调查数据方面可以更好地反映灾害条件方面的有效性,合理的考虑个体行为与区域的弹性恢复能力能够避免对经济损失的过分估计,他们通过构建这个包含了空间特征的线性规划模型,解释了如果稀缺效用资源在地震过后能通过市场或者行政手段来进行理性分配以达到效用最大化的话,区域损失就能够极大地减少。宋曹斌、彼特·戈登、詹姆斯·穆尔、哈利·理查森、高木正信和司芬妮·张(SungbinCho, PeterGordon, JamesMoore, Harry Richardson, Masanobu Shinozuka, Sthphanie Chang, 2001)阐述了基础设施状况、交通网络与双区域投入—产出(I-O)模型相结合能够更精确的测度灾害影响,发现高速公路系统的大量冗余可能是加利福尼亚南部的地震过后弥补其经济影响的因素之一。除此之外,科尔(Cole, 1994)[2] 运用社会核算矩阵模型估计出灾害对区域经济的生产、家庭、政府、企业等方面的综合影响,实际上,社会核算矩阵模型是投入产出模型的发展。

在建筑规范和防洪设计的经济学问题上,1981 年科恩(Cohen)和诺尔(Noll)[3] 指出:对建筑规范的经济评价应考虑由于建筑破坏而造成的社会成本,这部分往往不被房东认可,同样的道理,巨灾风险建筑规范应有类似的条款。在公共行为对个人和各级政府的经济关系研究方面,昆鲁瑟(Kunreuther)和罗伯茨(Roberts)曾提出有关偶发事件对个人—风险投资抉择影响的理论:在洪泛平原地区人们反复权衡的是当地的气候,特别是常规气候对投资的影响,经济不景气时期的最佳资金利用理论和风险分析同样用于巨灾风险投资分析。

---

[1] Rose A., Benavides J., Chang S. E., Szczesniak P. & Lim D. The Regional Economic Impact of an Earthquake: Direct and Indirect Effects of Electricity Lifeline Disruptions [J]. Journal of Regional Science, 1997, 37 (3), pp. 437–458.

[2] Cole S., E Pantoja Lozano, Razak V. Social accounting for Disaster Preparedness and Recovery Planning [J]. National Center for Earthquake Engineering Research, 1993 (2), pp. 94–142.

[3] Cohen L. & Noll R. The Economics of Disaster Defense: The Case of Building Codes to Resist Seismic Shock [J]. Public Policy, 1981, 29 (1).

目前国内对巨灾风险管理从金融经济学角度进行研究集中在综合灾害管理领域。1994年，周魁一在对洪水灾害增长的社会因素进行分析之后，发现巨灾损失的增加与社会经济发展人口增长的趋势相一致，进而提出要调整社会和经济发展以适应巨灾规律，减轻灾害损失的观点[1]。1997年，姜彤等对洪灾易损性的概念模式进行了探讨，其中对巨灾财产和基础设施等经济特性的易损性作了初步的研究[2]。李文志曾对全国七大江河流域1949～1987年的投入和效益作过计算，其经济效益为1∶7.8[3]。此外，学者们还在区域防洪工程风险决策方法、区域防洪减灾费用—效益以及防洪基金的实践与探索等方面进行了研究。

（三）保险与精算

从世界范围巨灾风险管理的经验来看，巨灾保险无疑是一项重要的非工程性措施，它对减轻国家财政负担、帮助制定合理的土地开发规划、提高人们的防灾减灾意识及灾后重建都具有重要意义。关于巨灾保险方面的研究文献，国外主要以美国围绕NFIP洪水保险的研究为代表，而国内则集中在巨灾保险模式及制度的选择，缺乏基于经济学理论的巨灾保险模型的研究。

20世纪50年代初，美国开始研究与应用巨灾保险。1956年，美国国会通过了《联邦洪水保险法》以授权建立全国巨灾保险计划（NFIP），但从未给予资助。10余年以后，又通过了《全国洪水保险法》，1973年通过了《洪水灾害防御法》，1977年通过了《洪水保险计划修正案》随着这一系列法案的通过，洪水保险开始逐步实施。1973年12月，为了加强国家洪水保险计划，国会通过了《洪水灾害保护法令》，规定任何社团只有参加了洪水保险，在既定的洪泛区征地或搞建设时才可能获得联邦或联邦机构有关的资金援助。如果受灾者不参加保险或者其所在的社团没有参加国家巨灾保险计划，则即使正式确认受害情况并进行测绘后，也不能享受任何形式的联邦救济金或贷款[4]。从那时起，洪水保险计划持续增长。在联邦紧急事务管理局（FEMA）高度权威的领导下，国家洪水保险计划在80年代以后已经开始得到全面实施，并成为国家防洪减灾的主要非工程措施之一。然而，洪水保险费一直是由联邦政府给予大量补贴，即超过保险费收入的部分由政府支出。强制性的保险实施后，结果由于索赔范围广、费用高，使国家用于保险的开支急剧上升。此外，由于洪泛区管理的要害是特殊区域的土地管制，其法律依据是洪水风险图。联邦政府的洪水风险图与洪水保险项目是互

---

[1] 周魁一. 试析洪水灾害增长的社会因素 [J]. 自然灾害学报，1994，3（1）.
[2] 姜彤，许朋柱等. 洪灾易损性概念模式 [J]. 中国减灾，1997，7（2）.
[3] 浙江省民政厅减灾课题组. 论灾害救助实力 [J]. 自然灾害学报，1993，2（4）.
[4] 陶长生. 水利现代化及其指标体系研究 [D]. 河海大学，2001.

相配合的，而地方制作的洪水风险图往往只考虑地方利益，于是经常出现有些地区被联邦和地方洪水风险图同时包括，有些地区却没有包括。同时，洪水风险图的更新和精度也是影响洪水保险计划顺利实施的一个很大的问题。因此，在1983年完成的《美国洪水及减灾研究规划》中，进一步提出了今后要重点优先研究的建议项目，其中之一就是关于"洪水保险项目经济评估"即洪水保险项目的广泛推行，将成为防洪减灾行为的核心，要求洪水保险经济评估必须向定量准确的目标推进。

第六节 本章小结

本章主要研究叙述巨灾风险管理的基本属性、主要内容以及巨灾风险管理研究的理论工具和方法。本书认为，巨灾风险作为风险管理系统中的重要组成部分，与一般风险管理和防灾减灾管理存在必然的区别，巨灾风险管理更加强调系统性和整体性；鉴于巨灾风险的复杂性，巨灾风险管理的主体较多，方法较广、流程和模式较为复杂，需要在实践中不断总结巨灾风险管理的工具和方法；巨灾风险管理研究作为一个学科，也具有较为深厚的理论支撑，先进的研究方法和合理的研究工具，而这一切的系统整理，也为后文的研究奠定了坚实的基础。

第四章

巨灾风险管理制度及其历史与现状

第一节 巨灾风险管理制度的产生与发展

一、巨灾风险管理制度的产生

就制度产生来看，多数拥有较成熟的巨灾风险管理制度的国家和地区在正式建立其制度之前的 1~2 年都曾发生过严重的自然灾害：

1942 年，新西兰的惠灵顿和怀拉拉帕地区发生里氏 7.2 级地震，导致众多建筑物损毁。由于没有足够的保险，许多建筑多年未能重建恢复。为解决这一问题，1944 年，新西兰政府颁布《地震与战争损害法》，随后于 1945 年成立了当时称为"地震与战争损害委员会"的机构来提供相应的保险项目。1993 年，新西兰又颁布《地震委员会法》，并将保险项目中的战争损害险取消，同时将机构更名为地震委员会（Earthquake Commission，EQC），又将其他自然灾害（如山体滑坡、火山爆发、海啸和地热活动等）保险也包括在内。

1964 年，日本新潟发生了里氏 7.5 级的大地震，地震灾害波及山形、秋田等 9 个县市，造成大量人员伤亡及财产损失。随后日本政府借助损害保险协会、保险审议会等机构的力量迅速展开有关地震保险的立法筹划工作。1966 年 6 月 1

日，日本出台《地震保险法》和《地震再保险特别会计法》，并成立日本地震再保险株式会社（Japan Earthquake Reinsurance Co., JER），主要负责为损害保险会社提供再保险[①]。同一天，日本损害保险费率算定会提交的"地震保险费率申请"获得批准，并允许各保险会社销售地震保险保单。

1981年，法国索恩-罗讷河谷及西南地区发生严重水灾，这促使法国自然巨灾保险制度的建立。1982年，法国颁布《1982年7月13日法》，并授权法国国营再保险公司（Caisse Centralede Reassurance, CCR）提供由政府担保的法国自然巨灾保险（包括地震保险、洪水保险等）。

1994年1月，美国加州发生了震级达里氏6.7级的北岭（Northridge）地震，这是美国历史上损失最严重的一次地震。地震之后，保险公司发现原先对地震风险的估计严重偏低，而法律要求在加州销售的屋主保单必须承保地震风险，于是保险公司纷纷严格限制或拒绝签发新的屋主保单。至1995年1月，加入这一限制或拒保行列的保险公司占加州屋主保险市场的93%。由于缺乏屋主保单，加州房地产市场遭受了严重的影响。在这一背景下，1996年加州立法机构决定成立加州地震局（California Earthquake Authority, CEA），专司地震保险业务。

1999年9月，中国台湾南投发生里氏7.3级强烈地震，人员及财产损失颇为严重。地震之后，台湾地区政府积极研究解决方案，推动相关立法。2001年11月，台湾颁布实施《住宅地震保险共保及危险承担机制实施办法》；2002年1月，台湾又批准设立财团法人住宅地震保险基金（Taiwan Residential Earthquake Insurance Fund, TREIF），并于同年4月正式实施政策性的住宅地震基本保险。

上述发达国家和地区的实践表明，巨灾风险管理制度的建立均是以巨灾损失的发生为前提的。正是由于严重的自然灾害给人们的生产生活带来极大损失，甚至危及整个社会的安定，因此政府当局都对建立应对巨灾风险的制度安排十分重视。

二、巨灾风险管理制度的发展

在相关法律法规或政策出台、巨灾风险管理核心机构建立之后，各个国家结合自身的实际情况制定出了具体的巨灾风险管理制度，明确了风险承担主体、参与机构、巨灾风险分散方法、保险对象、保险开展方式等制度中各个环节的具体内容。一次巨灾往往会引发一国巨灾风险管理制度的重大变革。例如，"9·11"事件给美国保险业带来了巨大的冲击，保险公司为其支付了大约360亿美元的赔

[①] 日本地震再保险株式会社网，http://www.nihonjishin.co.jp/profile/index.html.

款，政府支出也达到数百亿美元。因此，"9·11"之后不到两周，联邦航空管理局就制定了航空战争风险保险计划（AWIP），直接对美国航空公司由于战争和恐怖主义引发的第三者责任提供保单。AWIP 的年保费收入大约为 1.6 亿美元，而在商业保险市场上获得同样的保障需要交纳大约 5 亿美元的保费。同时，《恐怖主义风险保险法案》（The Terrorism Risk Insurance Act, TRIA）也于 2002 年 11 月颁布，主要为企业财产所面临的恐怖主义风险提供保障。TRIA 主要由两部分组成：商业保险公司必须承保包含恐怖主义风险的保单；财政部为这类保单提供再保险。又如，日本"3·11"大地震对地震巨灾风险的管理带来了三方面的重要启示：一是加强对地震保险经营的监管；二是地震灾害损失模拟评估势在必行；三是地震风险应更加合理地定价。这些都说明巨灾风险管理并不是一成不变的，而是随着实践的不断发展在进行调整，巨灾风险管理制度是一个动态的演进变化过程。

第二节 国际巨灾风险管理制度及其比较

一、国际上主要的巨灾风险管理制度

（一）新西兰：以政府主办为核心的巨灾风险管理制度

新西兰根据本国国情，坚持政府行为与市场行为相结合，建立了政府主导下的多渠道巨灾风险分散体系，通过设立自然灾害基金，有效分摊巨灾损失。

新西兰政府于 1944 年颁布了《地震与战争损害法》，随后成立地震和战争损害委员会，其主要职责是对因地震或战争引起的损失进行补偿。1993 年，新西兰又颁布《地震委员会法》，并取消战争损害险，同时将地震和战争损害委员会更名为地震委员会（简称 EQC）。EQC 与保险公司、保险协会共同构成新西兰的地震风险应对体系。一旦地震发生，如果索赔金额在新西兰地震委员会最高责任限额之内，全部由地震委员会赔偿；如果索赔金额超出地震委员会最高责任限额，限额内的部分由地震委员会赔偿，超出限额的部分则由保险公司依据保险合同的约定进行赔偿，同时保险协会将启动应急计划。

EQC 由国家财政部出资组建，是旨在帮助新西兰人民灾后恢复重建的政府机构。1994 年 EQC 重组，除新西兰政府无偿提供的 15 亿新元外，其余资金主要

来自强制征收的保费和自然灾害基金的投资收益。例如，如果居民向保险公司购买住宅或个人财产保险，会被强制征收地震巨灾保险和火灾险保费。截至2010年年末，基金已经累积了54.3亿新元。除了自然巨灾基金外，地震委员会还利用国际再保险市场进行分保，同时拥有政府担保，如果保险赔付需求超过基金数额，政府将出资补充不足的部分。同时，新西兰地震保险有住宅及个人财产地震保险的最高责任限额和一定的免赔额规定，公众可以向商业保险公司购买在责任限额基础上的附加险，以获得额外保障。

新西兰巨灾风险应对机制的成功在于其制定了有效的风险分担机制，将巨灾风险损失在保单持有人、保险人和政府之间进行了合理分摊。

（二）日本：专项再保险巨灾风险管理制度

日本是世界上为数不多的"地震国家"，但也是公认的世界上实施巨灾保险较为成功的国家之一。从日本应对巨灾风险的经验来看，通过巨灾保险分散巨灾风险比财政救济方式更直接有效。下面以地震保险为例介绍日本的巨灾风险管理制度。

日本地震保险制度的一个显著特点是将企业财产地震保险与家庭财产地震保险明确分开，两者采取不同的保险政策。企业财产地震保险采用商业性保险，其承保主体只是民间保险公司，政府不直接参与，但政府可以通过间接方式参与，如对保险公司经营险种进行审批和控制保险公司的偿付能力系数等，对企业地震保险的经营采取必要的干预和限制。此外，国家对企业地震保险不实行再保险制度，其再保险主要依赖国外再保险公司。家庭地震保险则完全不同，政府对家庭财产地震保险实施商业性保险与政策性保险相结合的混合地震再保险制度。由于日本的地震保险法是针对地震保险中的家庭财产保险而制定的，因此与企业地震保险相比，家庭地震保险制度更为完善。

在日本，家庭财产地震保险采用损害保险会社（即保险公司）、日本地震再保险株式会社（即日本地震再保险公司）与政府合作管理地震风险的经营模式。投保人向保险公司（非寿险公司）投保家庭财产地震保险后，保险公司向日本地震再保险株式会社（JER）进行100%全额分保，然后JER再将所有承保风险分为三部分：一部分自留；另一部分转分保回原保险公司；还有一部分转分保给政府。发生地震灾害之后，根据损失大小分为三级，按照既定规则进行责任分配。一级损失100%由JER承担；二级损失由JER和原保险公司承担50%，政府承担50%；三级损失由JER和原保险公司承担5%，政府承担95%。也就是说，损失越大，政府承担的部分越大。如果单次地震事故保险损失总额超过最高赔付限额，那么将按照最高赔付限额与保险损失总额的比例对被保险人进行赔付。

此外，地震保险必须作为家庭火灾保险的附加险进行投保，保险金额一般是火灾保险总额的30%～50%。地震保险的保费也必须使用财产保险费率厘定机构确定的基础费率，禁止提供规定外的折扣。在理赔方面，地震保险分全损、半损、部分损3个档次，赔付标准分别为保险金额的100%、50%、5%，但均以当时的市场价格为限。

（三）法国：兼业再保险巨灾风险管理制度

法国巨灾保险制度是商业保险公司经营、政府资助的制度。在法国巨灾保险制度中，值得我国借鉴的是法国中央再保险公司在自然巨灾保险制度中的作用。

对于所承担的自然灾害保险业务，商业保险公司可以自愿地向法国中央再保险公司（CCR）分保，或者在国际再保险市场上分保。商业保险公司与法国中央再保险公司架构之间的再保险架构分为两个层次：一是对于商业保险公司承保的全部自然灾害保险业务，商业保险公司以比例再保险方式将其中一部分转移给法国中央再保险公司。一旦保险标的因承保风险而发生损失，法国中央再保险公司按比例承担赔偿责任。二是对于商业保险公司承保的自然灾害保险业务中尚未划出的部分，商业保险公司以非比例再保险方式向法国中央再保险公司分出。当商业保险公司承担的赔款超过其自负责任额时，超过的部分由法国中央再保险公司负责赔偿。而当法国中央再保险公司所承担的赔偿额超过其再保险费收入时，超过部分由国家财政承担。

（四）英国、德国：商业化运作巨灾风险管理制度

英国的洪水保险制度属于以保险公司为主导的非强制性巨灾风险管理模式，即以市场化为基础，政府不参与洪水保险的风险分担，但政府与保险行业建立战略伙伴关系，通过签订协定规定政府和保险业在应对洪水灾害中各自所承担的责任。

洪水保险由商业保险公司承担，并由商业保险公司承担全部赔偿责任。私营保险业自愿地将洪水风险纳入标准家庭及小企业财产保单的责任范围之内，业主可以自愿在市场上选择保险公司投保，保险公司通过再保险公司进一步分散巨灾保险风险。政府的主要职责不是作为风险承担主体承担保险责任，而是以非保险的方式在政策上配合扶持商业保险公司开展洪水保险。政府承诺建立有效的防洪工程体系，以使保险损失控制在可以承受的范围之内，并向保险公司提供洪灾风险评估、灾害预警、气象研究资料等。在此基础上，政府要求商业保险公司对这些地区投保洪水保险的居民家庭和小企业财产予以承保。

德国有实力雄厚的商业保险和再保险体系,全国有 647 家商业保险公司,直接保险公司与专业再保险公司在巨灾保险方面的合作非常成功。在德国,大的保险集团内部都设立专门的部门或子公司进行巨灾风险管理,直接保险公司一般把巨灾保险 2/3 的责任分保给再保险集团。此外,除了使用传统的巨灾再保险手段之外,德国保险公司和再保险公司还积极利用资本市场发行巨灾债券,将巨灾风险转移到资本市场。

(五) 美国:混合巨灾风险管理制度

1. 政府保险模式

美国作为一个自然灾害多发国,建立了各种类型的政府保险项目,包括由联邦政府主导的国家洪水保险计划(National Flood Insurance Program,NFIP)、各州政府保险项目,如夏威夷飓风减灾基金(Hawaii Hurricane Relief Fund,HHRF),以及州政府再保险项目,如佛罗里达飓风巨灾基金(Florid Hurricane Catastrophe Fund,FHCF)。

美国洪水保险制度的核心是国家洪水保险计划(NFIP)。NFIP 是一项国家免税计划,依据美国国会 1968 年通过的《国家洪水保险法》而成立,由联邦紧急事务管理局(FEMA,下属美国国土安全部)的联邦保险管理署(FIA)管理,通过与私营保险公司密切合作,向房屋所有者、租赁人以及企业主提供洪水保险。在该计划中,私营保险公司的主要职责是帮助联邦政府销售保单与灾后定损,保费收入上缴国家洪水保险基金,保险公司只是按照销售保单数量获得佣金收入,并不承担保险赔偿责任。FEMA 负责制定费率、保障范围、限额和资格要求,并承担全部的保险风险和承保责任。因此,私营保险公司实施洪水保险,实际上是在执行政府的计划。

2. 私有公办模式

加州地震局(CEA)是为公众提供住宅地震保险的私有公办机构。它是世界上最大的住宅地震保险机构之一,拥有约 90 亿美元的保险赔付能力。该机构资产来源于地震保险费、成员公司投入的资本金、借款、再保险摊回及投资收益,与政府财政没有关联,政府不为地震保险提供担保。CEA 的运行机制与公众管理、政府特许经营的私营再保险公司的运行机制极为相似。

CEA 的成员保险公司按照自身在市场所占份额缴纳初始资本金和承担一定额度的灾后无偿救济资金。成员公司在收取地震险保费后,扣除手续费,将其余全部划转至 CEA,并把所出售保单全额分保,而以其全部赔偿能力对地震保单持有人承担全部责任。CEA 通过有效利用资本市场和再保险实现了赔付能力的自给自足。地震发生后,保险公司负责进行具体赔付工作,并向 CEA 全额报账。

CEA通过设立不同的风险赔偿层次，使市场中的不同风险分担者根据不同程度的地震风险分别承担地震所造成的巨灾损失，从而实现了地震风险的有效分散或转移。在加州，居民购买住宅地震保险，既可以选择通过CEA成员公司购买，也可以选择通过非成员公司购买。目前，通过成员公司销售的房屋保单约占市场份额的2/3。此外，为支持地震保险事业，加州法律规定，加州地震局无须缴纳联邦所得税（Federal Income Tax）等税收。

（六）中国台湾、加勒比海地区：专项基金巨灾风险管理制度

中国台湾自正式实施政策性住宅地震基本保险起，原住宅火险保单自动包含住宅地震基本保险，凡是住宅房屋所有人均可投保住宅火灾及地震基本保险。投保人向保险公司（财产保险公司）投保地震保险后，保险公司向地震保险基金全额分保，然后地震保险基金再将所有承保风险分为两大部分：第Ⅰ部分转分保由地震保险共保组织（由原保险公司组成）承担，第Ⅱ部分由地震保险基金承担和分散。其中第Ⅱ部分又细分为四层：第Ⅱ-1层由地震保险基金自留，第Ⅱ-2层通过再保险市场或资本市场在中国台湾地区内外进行分散，第Ⅱ-3层再由地震保险基金自留，第Ⅱ-4层由政府承担。如果因发生重大震灾，致使地震保险基金不能弥补赔款支出，可申请由政府财政提供担保。

加勒比海地区平均每年要遭遇9次左右热带风暴袭击，其中5次达到飓风级别的强度，同时也会遭受地震的威胁。由于加勒比海地区多数国家的经济欠发达，且负债水平较高，因此一旦发生自然灾害，这些国家就不得不依靠捐赠和其他国家的援助来进行灾后恢复重建。但现实是：捐赠很难及时获得，甚至有些时候根本没有捐赠。2007年加勒比海地区16个成员国共同设立巨灾风险保险基金（Caribbean Catastrophe Risk Insurance Facility，CCRIF），解决了这个困难。该基金能够在巨灾发生后立即触发赔付，并迅速为受灾国政府提供灾后救济资金。CCRIF的亮点在于：一是这种跨国的保险合作方式可以使众多小国团结起来解决大困难；二是它采用了参数保险（Parametric Insurance）机制这种新兴的非传统保险形式，该模式在海地成功地发挥了作用。

二、巨灾风险管理制度的比较

（一）承保主体和保险对象的比较

以上几个国家和地区的巨灾保险体系承保主体主要分为五个模式：美国洪水

保险计划和新西兰地震保险计划中,承保主体基本都是政府,政府机构的巨灾保险基金来自于保险公司代为收取的保费,保险公司不承担风险和赔偿责任,政府充当了原保险人的角色。其中,美国洪水保险计划只承保家庭和小企业财产,新西兰地震保险对个人财产和住房因地震造成的损失进行赔偿;日本及中国台湾地震保险在承保方面采用的是政府与商业机构共同经营的模式。保险公司先承保巨灾保险,并将部分保险分保给政府,政府充当了再保险人的角色。在日本,政府只承保家庭地震保险,企业地震保险采用商业性保险;法国的巨灾保险承保模式是商业保险公司经营、政府资助的制度。中央再保险公司所承担的赔偿额超过其再保险费收入的部分,由国家财政承担,即政府承担兜底赔偿责任;英国的洪水保险承保主体是商业保险公司,政府并没有承担保险运营和赔偿责任,但是政府必须提供非保险性质的帮助,进行防洪工程建设和提供巨灾风险评估和灾前预警等。只有某地区有达到特定标准的防御工程措施或积极推进防御工程改进计划,保险公司才会对家庭及小企业财产承保洪水风险;美国加州地震保险承保主体是私人部门筹资、政府参与管理的公司化组织。加州地震局虽然具有政府机构性质,但本身不受政府财政控制,政府也没有责任。其保险对象是保单持有人的最基本住宅,一些像游泳池、花园、车库等非生活必需住房则为除外责任项目。

(二) 巨灾风险分散方法的比较

目前各国应对巨灾风险的方式有很多。除了建立巨灾保险以外,还会通过再保险市场、资本市场和巨灾基金转移巨灾风险。

1. 建立巨灾保险转移巨灾风险

巨灾保险是国际上最常用的转移巨灾风险的工具。在灾害发生后,保险人通过给予被保险人一定的经济补偿,减轻被保险人因损失发生带来的经济负担。目前,美国、日本、法国、英国、新西兰等国家都建立了巨灾保险。由于巨灾是小概率、大损失的保险事件,引起的个体保险损失与理赔之间不是相互独立的,与保险分散风险的基础理论"大数法则"相矛盾。同时,巨灾风险可以在短时间内猛烈冲击保险公司和保险市场,引发连锁理赔反应,与保险业务普遍具有的长期性特点相矛盾。因此,与一般性保险业务相比,保险公司承保巨灾风险的成本非常高,巨灾的发生可以轻易打破保险公司常规经营甚至加速保险公司破产。

2. 通过再保险转移超额风险

再保险是传统的转移超额风险的最常用方法,可以克服单一保险人资本额低、实力有限的局限性。再保险人基本上可分为专业再保险人、原保险人的再保险部门、再保险集团以及伦敦劳合社承保人和专业自营保险公司5类。新西兰、英国、美国等国家常通过国际再保险市场进一步分散巨灾保险风险。对于所承担的自然灾害保险业务，法国商业保险公司可以自愿地向法国中央再保险公司（CCR）分保，或者在国际再保险市场上分保。日本保险公司在承保地震保险后，通常向日本地震再保险株式会社（JER）进行全额分保，然后JER再将部分承分保转分保给原保险公司和政府。在中国台湾，财产保险公司承保地震险后，会向地震保险基金全额分保，然后地震保险基金再将部分保险风险转分保由地震保险共保组织（由原保险公司组成）承担。

3. 成立巨灾基金分担巨灾风险

为弥补再保险市场风险承担能力不足、并且鼓励保险公司承保巨灾保险，有些国家成立了巨灾基金来分担巨灾风险，如美国国家洪水保险基金、土耳其巨灾保险基金、新西兰巨灾风险基金、挪威巨灾风险基金、中国台湾地震保险基金和加勒比地区巨灾风险保险基金等。巨灾基金是以金融保险产品为载体，由政府、资本市场、保险市场等多方主体共同参与，用于分散风险与承担巨灾损失的专项资金。该基金是一种巨灾发生前实施积累、发生后用于经济损失补偿的灾前融资新型制度，起到了未雨绸缪的作用。目前国际上巨灾基金的形成主要有两种模式，常见的为国家投入初始资金模式。例如，新西兰自然巨灾基金的管理机构为新西兰地震委员会，由国家财政部全资组建。该委员会于1994年1月1日重组时，政府无偿拨付了15亿新元作为初始基金，此后该基金的主要来源是强制征收的保险费及基金投资收益。如果居民向保险公司购买住宅或个人财产保险，会被强制征收地震巨灾保险和火灾险保费。类似地，中国台湾的住宅地震保险基金在创立时也是由政府承担绝大部分的风险，通过财政上的支持启动了整个地震保险计划。在中期的时候，保险公司也承担一定限额的风险，如在2003年采取了购买巨灾证券的创新做法分散风险。墨西哥政府于1999年建立墨西哥自然灾害救助基金，主要提供财政资金用于灾后的应急救济。政府通过估计可能损失和灾害救援需求每年向该基金中投入一定的财政预算，几年后若有剩余资金，政府可设立另一个特别的基金，用于购买风险转移工具。第二种是由参与者的投入作为初始基金来源，最典型的例子即为美国加州地震局的运作机制。CEA成立时的初始资金全部来自其属下17家私营参与保险公司的出资，与州政府的公共财政没有任何联系。这种模式之所以可行，源于美国拥有比较成熟的保险市场，其中很多保险公司都是在全国运营，因此能够参与巨灾保险，并将风险分散到全国。但在初期即资金积累之前，如果发生较大数额赔款，保险公司与政府需要同时提供应急资金。

4. 利用资本市场分散巨灾风险

20世纪90年代以来，保险业的巨灾承保风险暴露呈现出越来越大的趋势，依靠传统方法转移或管理这些风险暴露，将使保险业的保障能力与所承担的风险责任之间的差距越来越大。针对这一问题，金融学家提出，借助巨灾保险衍生品将风险转移至资本市场，通过保险市场与资本市场相结合的办法来解决保险市场承保能力的不足。目前，通过资本市场转移巨灾风险的金融工具主要包括：巨灾债券、巨灾期货、巨灾期权、巨灾风险互换四个"传统"工具，以及应急盈余票据、巨灾权益卖权等"当代"工具。美国无疑是利用金融工具分散巨灾风险的先驱者。除了利用发达的再保险市场分散巨灾风险外，美国还借助资本市场分散巨灾风险即通过一系列巨灾保险衍生产品与筹集巨灾保险资金的方式进行风险防范，如芝加哥期权交易所发行巨灾期权；保险和再保险公司通过巨灾风险交易所直接进行风险互换交易；保险公司可以将个别公司的巨灾风险证券化以转嫁风险。目前，世界范围内的保险公司对于巨灾风险证券化工具的运用正处在发展之中。例如，东京海上保险公司与瑞士再保险公司曾进行过一项巨灾风险互换，该互换由3个单独的115亿美元的交易组成：日本地震风险与美国加州地震风险互换，日本台风风险与法国风暴风险互换。1995年，Nationwide互助保险公司首次成功运用或有资本票据这一工具，获得了4亿美元的筹措资金，自此以来世界范围内各保险公司已经发行了总价值超过80亿美元的或有资本票据。1997年，拉萨尔再保险公司和赫雷斯曼恩保险公司通过购买巨灾股权卖权分别获得1亿美元巨灾融资。2009年，墨西哥发行了2.9亿美元的巨灾债券，使三类特定风险——地震、太平洋飓风和大西洋飓风得到了三年期保险。

（三）保险开展方式的比较

美国、新西兰和法国均适时制定了相关法律法规来强制居民购买巨灾保险，推动了本国巨灾保险的发展。美国洪水保险计划要求凡是居住于洪水危险社区的居民必须购买，否则将受到联邦政府的惩罚。具体说来，在美国的国家洪水保险计划中，政府并不硬性规定居民家庭或者小企业必须购买洪水保险，而是通过相应的带有强制性的经济政策促使他们购买洪水保险。美国国家洪水保险计划规定，一个社区可以不参加国家洪水保险计划，但它要被作为非受益地区对待；政府要求，处于高洪水风险地区的房屋和建筑物在向联邦监管局或联邦保险的借贷机构申请贷款时，必须购买洪水保险。新西兰要求居民购买房屋财产险时必须购买地震险，但新西兰也非常注重发挥保险行业协会的应急辅助职能。在法国，每张财产险保单都自动地无选择地附加了自然灾害风险。而日本在居民购买房屋火灾保险时原则上自动附加地震保险。由于英国保险市场比较发达，在建立非强制性巨灾保险体系过程中，更强调发挥保险行业协会的作用（见表4-1）。

表 4 – 1　　　　　　　　巨灾风险管理制度的比较

比较项目	比较内容	典型例子
承保模式	政府充当原保险人	美国国家洪水保险计划、新西兰地震保险
	政府与商业机构共同经营	日本及中国台湾地震保险
	商业保险经营、政府资助	法国巨灾保险
	商业保险公司经营、政府提供非保险性质帮助	英国洪水保险
	私人部门筹资、政府参与管理	美国加州地震保险
巨灾风险分散方式	巨灾保险	美国、日本、法国、英国、新西兰等国家
	再保险	新西兰、英国、美国——国际再保险；法国、日本——专门再保险机构
	巨灾基金	美国国家洪水保险基金、土耳其巨灾保险基金、新西兰巨灾风险基金、挪威巨灾风险基金、中国台湾地震保险基金和加勒比地区巨灾风险保险基金
	资本市场	巨灾债券、巨灾期货、巨灾期权、巨灾风险互换等
保险开展方式	强制附加	美国国家洪水保险计划、新西兰地震保险、法国巨灾保险
	自动附加	日本家庭财产地震保险
	非强制	英国洪水保险

三、国际巨灾风险管理制度中的先进经验

总的来看，国际上的巨灾风险管理制度拥有如下几点值得借鉴的先进经验：

（一）健全的巨灾保险相关法律法规

巨灾保险作为加强巨灾管理的手段，需要建立相关法律法规为政府机构和保险机构开展巨灾保险创造条件。从国际经验看，建立了巨灾风险管理制度的国家，基本都进行相关立法来明确个人保险机构政府及相关部门在巨灾风险管理制度中承担的责任和发挥的作用。如 1944 年新西兰颁布的《地震与战争损害法》及 1993 年颁布的《地震委员会法》、1966 年日本出台的《地震保险法》和 1982

年法国颁布的《1982年7月13日法》等。

(二) 适合国情的巨灾保险模式

根据国内保险市场发展程度、居民保险意识、巨灾风险状况等实际情况，各国或各地区制定出了最符合实情的巨灾保险模式，明确了巨灾风险管理的核心机构及合作机构，有利于在最合适的方式下提高对巨灾风险的保障程度。例如，美国的国家洪水保险计划实质上是一个由法律确立的全国性的保险集合，资金来源于收取的保费，在损失超过一定限额时，允许向财政部贷款。此外，国会也可能提供特别拨备。由于受到联邦财政政策的支持，国家洪水保险计划享受联邦政府的免税待遇，具备较强的灾后偿付能力，不但没有给商业保险增加负担，反而使得商业保险公司能够参与其中且不承担风险，从而提高了对投保人的服务质量。法国巨灾保险模式的自然灾害保险损失由私人直接承保公司和国营的中央再保险公司共担风险。这种危险转移和风险财务安排，既确保私人保险公司拥有足够的保费收入并承担大部分责任，又保证中央再保险公司有稳定的平衡准备金提供最后的无限担保。在英国，商业保险公司与政府形成了良好的战略合作伙伴关系。英国具备发达的保险市场，英国洪水保险模式完全市场化运作，有利于减轻政府的财政压力和行政负担，而且商业保险公司可以充分利用其广泛的营销网络发挥自身的优势，充分分散风险。因此，尽管近几年英国洪水发生的频率和损失都在增加，一些地区的保费水平也随之上升，但是英国家庭财产保险市场仍然保持了高度的竞争性，对消费者而言成本依然是较低的，这正是英国洪水保险体制的最大成功之处。同时，政府以非保险的方式在政策上配合扶持商业保险公司开展洪水保险，承诺建立有效的防洪工程体系，以使保险损失控制在可以承受的范围之内，并向保险公司提供洪灾风险评估灾害预警气象研究资料等，都促进了洪水保险的发展与完善。

(三) 多层次的巨灾风险分担机制

建立多方共同参与、合理公平的巨灾损失补偿机制在国际巨灾风险管理制度中举足轻重。投保人、保险公司（保险公司共同体）、再保险公司（国内和国际数家）、巨灾风险基金、全球资本市场、政府、社会机构都可以作为风险分担方参与其中。

从国际上看，成熟的巨灾风险管理制度均涉及了多层次的风险分散机制。例如，新西兰地震保险中，地震委员会将承担第一层次的赔偿责任，而第一层中除了自然巨灾基金外，地震委员会还利用国际再保险市场进行分保，同时拥有政府担保；保险公司承担第二层赔偿责任，同时作为第三层风险分担人的保险协会将在必要时启动应急计划。在日本，若损失程度达到三级，将由日本地震再保险株式会社和原保险公司承担5%的损失赔偿，政府承担剩下的95%。法国商业保险公司承担第一巨灾损失赔偿，而法国中央再保险公司和国家财政分别作为第二、第三风险分担人。在中国台湾，地震保险共保组织承担一部分的巨灾损失赔偿责任，第二部分由地震保险基金承担和分散，而第二部分又细分为四层，分别对应地震保险基金、再保险市场或资本市场、地震保险基金和政府。美国加州地震局的赔付能力结构则由自有资本金、参与保险公司资金征收、再保险、收益债券等几大部分组成，分别反映了保险人、再保险人和资本市场的风险分担角色。

（四）先进的巨灾风险分析模型

准确的风险分析模型对建立巨灾保险制度十分重要。保险行业协会和保险机构必须加强巨灾后损失数据的收集，建立国家巨灾风险数据库，并且对数据收集要做到尽量详细，分门别类，为分析处理总结理赔经验和教训提供必要的数据基础。同时，政府和行业协会有必要集中几个核心专题进行跨学科跨部门攻关，建立巨灾风险分析模型，进而完善巨灾保险预测技术。

在巨灾风险研究领域，全球最大的再保险经纪人——怡安奔福，一直走在世界前沿。怡安奔福每年投入超过1亿美元用于（再）保险相关的灾害、模型、金融领域的研究。1996年以来，怡安奔福作为首家与学术机构开展合作的业内公司，已与全球16所著名高校和专业研究机构建立了长期合作伙伴关系。通过结合最前沿的科技与自身在巨灾模型、精算和经纪方面的优势，怡安奔福帮助保险行业对风险有了更清晰的认识。怡安奔福旗下的专业巨灾模型研发机构——Impact Forecasting 开发的巨灾模型对各主要灾种的覆盖面达到全球各区域。例如，美国模型覆盖了飓风、地震、龙卷风、冰雹、雷暴、洪水、风暴潮、野火、钻井平台和恐怖主义风险等各个灾害类型。又如，Impact Forecasting 的东南亚台风模型，覆盖了该地区全部国家，是现有巨灾模型中覆盖面最完整的。怡安奔福位于非洲的研究中心日前开发出了第一个阿尔及利亚地震模型。怡安奔福还与德国的研究合作伙伴科隆大学（University of Cologne）共同开发了泛欧洲风暴模型，使用高精度历史数据和先进的模拟与校正算法进行事件模拟。另外怡安奔福与伦敦大学学院（University College London）的合作研究中心还对如何估算火山风险一类的非建模灾害进行了探索。

四、国际巨灾风险管理制度中的主要问题

虽然拥有以上优点，国际上各国的巨灾风险管理制度目前仍处在不断的发展

与完善之中,在此过程中难免会暴露出一些问题。

(一) 保险和再保险的承保能力下降

近年来,巨灾的频繁发生使保险业遭受的承保损失增加,偿付能力比率下降,影响了保险公司提供巨灾保险的积极性。根据 Sigma 统计,2010 年的 2 180 亿美元的巨灾经济损失中,巨灾保险仅提供了约 20%(约 430 亿美元)的保障。同时,近年来再保险的不足也渐渐显现出来:一方面是再保险业的资金规模有限,承保能力受到制约;另一方面是再保险价格过高和保障范围不够。一般情况是,一次巨灾事件发生后,保险价格将迅速上升,这种上升的价格可能高达期望损失的数十倍,同时再保险的保障范围也将大幅度减少,这种价格的上升和保障范围的减少,极大地抑制了保险公司对巨灾再保险的需求。根据 Sigma 的资料,在美国巨灾多发地区的巨灾保险暴露,只有小部分得到了巨灾再保险保障,其原因主要是价格过高和保障程度不够。

2011 年的"3·11"日本大地震以及引发的核辐射冲击远远超出了所有人的想象,灾难之殇不仅给日本带来无法估量的经济损失,同样也不啻于一场巨额索赔金灾难。由于地震和核辐射带来的冲击波尚未结束,它所带来的损失目前尚无法系统全面估算,但国际风险评估机构预测,此次地震可能导致最高 2.8 万亿日元(约合 350 亿美元)的保险损失,几乎相当于 2010 年全年全球保险行业 360 亿美元的赔偿额,而这一数字尚未包括海啸和核泄漏造成的更大损失。受此影响,风险敞口较大的全球三大商业保险巨头慕尼黑、瑞士及汉诺威公司损失极其惨重。与此同时,由于日本独特的保险制度——当损失超过一定金额时,保险公司将以超额损失再保方式转分保给日本政府,由日本政府承担 95% 的损失,而这对本已财力亏空和债务高企的日本政府而言无疑是致命性的。

(二) 单个国别的风险承受能力受到考验

进入 20 世纪 90 年代以来,全球气候变化日益显著,自然灾害呈现出频次增加、风险损失巨大、灾害连锁反应、多灾并发等特点,使得任何一个国家都无力承担巨额标的的风险,更缺乏统一调配资源和综合协调的能力。因此,如何整合全球赈灾资源,实现由一国(区域)防范到全球联防,建立全球统一的巨灾应急管理体制就是一个迫切需要解决的重大议题。

(三) 政府的财政实力受到影响

巨灾保险的参与率也应得到更充分考虑。例如,加州地震局提供的地震保险较高的免赔额在一定程度上限制了民众的参与程度，选择购买 CEA 地震保单的加州客户比例并不高。正是意识到上述问题的存在，CEA 正在采取两方面的措施来应对挑战：一方面，CEA 正在重新调整财务结构，寻求联邦政府的支持；另一方面，CEA 计划通过增加新保额选择权、减少免赔额、降低费率来进行产品改进。又如在一些采取政府主导巨灾风险管理模式的国家中，商业保险公司机构动力不足，未能积极采取降低风险、在资本市场上充分分散风险等措施。过分依赖政府赔偿角色的行为致使当地政府财政压力和行政负担加剧，财政负担效率低。而各国巨灾风险管理制度完善与发展的方向需要在今后的实践过程中结合本国具体情况的变化合理确定。

第三节　中国巨灾风险管理制度的历史和现状

一、中国主要巨灾风险及其分布情况

我国的自然灾害呈现灾害种类多且次生灾害严重、发生频率高且灾害强度大、分布地域广且区域特征明显、损失程度重且应急救援困难的基本特点。中国面临的主要巨灾风险包括地震、洪水、干旱、台风等，各类巨灾风险在时空分布、损失频率等方面呈现出不同的特点，这给当前的巨灾风险管理带来一定的难度。

（一）中国地震灾害的时空分布特点

地震是地壳在内外力作用下，集聚的构造势能突然释放所产生的震动弹性波，从震源向四周传播引起的地面颤动现象。由于地壳运动是地球内部动力作用下所发生的地壳变形或变位的过程，因此地震的发生具有突发性和不可预测性的特点，破坏力相当巨大。中国位于世界两大地震带——环太平洋地震带与欧亚地震带之间，受太平洋板块、印度板块和菲律宾海板块的挤压，地震断裂带运动十分活跃。

1. 时空分布特征

统计数字表明，中国的陆地面积约占全球陆地面积的 1/15，中国的人口约占全球人口的 1/5，然而中国的陆地地震竟占全球陆地地震的 1/3，而地震造成的死亡人数竟达到全球的 1/2 以上。当然这也有特殊原因，一是中国的人口密而

多；二是中国的经济落后，房屋不坚固，容易倒塌；三是与中国的地震活动强烈频繁有密切关系。

（1）总体特征。

因地处欧亚板块的东南部，受环太平洋地震带和欧亚地震带的影响，我国是世界上受地震灾害最为深重的国家之一。据统计，中国大陆7级以上的地震占全球大陆7级以上地震三成左右；因地震死亡人数占全球的一半以上。就具体分布来看，可以说，全国有41%的国土、一半以上的城市位于地震基本烈度7度或7度以上地区，6度及6度以上地区更是占国土的面积的79%。地震的频度高、强度大，地震活动分布广泛，地震的震源深度浅是我国地震活动的总体特征。根据数据统计，除了东北和东海一带有少数中源地震外，我国绝大多数地震的震源深度在40公里以内；大陆东部震源更浅，多在10~20公里以内。

（2）空间分布。

我国多数地震主要分布在台湾地区、西南地区、西北地区、华北地区、东南沿海地区的23条地震带上。这种空间分布不均匀的特性是在分析地震灾害时将全国各省份进行分组的重要依据之一。中国台湾及其附近海域因位于环太平洋板块与菲律宾板块交接处，地震活动的发生频率是我国最高的地区，而且地震的强度也很大。

而就大陆地区来看，主要以宝鸡、汉中、贵阳一线为界划分为东西两部分。总体而言，西部的地震活动水平明显高于东部，呈现出明显的西强东弱、西多东少的发育分布规律。第一，在大陆东部，地震活动分布明显存在地区差异，较活跃地区依次为华北、华北沿海、东北及南黄海海域等。其中，华北地区包括陕西、山西、河北、山东及渤海附近，它是大陆东部地震活动水平最高的地区，且近期地震活动也相当活跃，1966年以来先后发生7级以上地震多次，如1966年邢台地震、1969年渤海地震、1975年海城地震和1976年唐山地震。东南沿海地区地震活动的次数虽然不多，但是强度较高。除此之外，大陆东部的广大地区，包括苏、浙、皖、豫、湘、鄂、赣、粤、黔等10个省份的绝大多数地区，历史上仅发生过少数的6级左右地震，几乎没有7级以上地震的记载。第二，在大陆西部，6级以上地震几乎散布全区，其中最为活跃的是银川—兰州—成都—昆明一线附近（常称为南北地震带）以及西南、西北边境线附近的西藏和新疆部分地区。在银川—昆明这一大体南北走向的地区附近，地震活动的频度高、强度大、震中分布密集成带，且在近期表现得十分活跃，2008年四川汶川地震、2009年青海玉树地震以及2011年云南盈江的数次地震等均在此地震带发生。而西藏唐古拉山南麓的地震活动的特点主要是强度高，发生于1950年的察隅—墨脱8.6级地震是我国迄今为止震级最高的地震。另外，新疆西北部的中俄边境线附近，从喀什到富蕴，地震活动水平也相当高。

（3）时间分布。

我国的地震活动呈现出活跃与平静相间的特征。根据前人研究成果，自20世纪初期以来，我国大陆共经历了4次地震活动轮回。在这4次活动轮回内，强震的活跃期为1920~1934年、1947~1957年、1966~1976年和1988年至今（马宏生等，2003）①。根据历史资料统计，我国地震在时间分布上，呈现大周期和小周期相结合的状况，即1290~1359年、1480~1730年和1840~1880年这一期间为我国地震运动的活跃期，而在地震活跃期内还存在尺度更短的地震活跃年和地震活跃节，有5~6年、11年、22年的等周期或者准周期（高庆华、马宗晋、苏桂武，2001）②。由于地形地质构成的特殊性，我国地震活跃期与平静期在时间分布上存在以下的分布规律（见表4-2）。

表4-2　　　　　　　　　中国地震时间分布规律

幕节 \ 地区	中国华北平原地区	中国东北部地区	中国南北狭长地带	中国西部山脉地区	20世纪中国大陆概况
地震活跃幕	16.0 ±	16.3 ±	18.7 ±	19.9 ±	16.5 ± 5.8
地震平静幕	10.8 ±	17.5 ±	25.9 ±	23.1 ±	14.1 ± 7.5

据中国地震台公布，2010年1月1日至12月30日，我国境内共发生5级以上地震28次，其中大陆地区17次，中国台湾地区11次。大陆地区发生2次6级以上地震，为4月14日青海省玉树藏族自治州玉树县7.1级地震和当日最大6.3级余震；中国台湾地区发生的6级以上地震为3月4日台湾高雄6.7级地震。

2. 损失特征

从损失的程度来看，地震风险累积造成的损失量很大，且不同层次的损失之间差额也较大。如表4-3所示，仅在近三年内，中国大陆因地震造成的损失就超过了16 500亿人民币，相当于2008年全国GDP总量的5.25%③。其中，2008年"5·12"汶川地震和2010年"4·14"青海地震都给世界造成了震撼。而较近的2011年1月云南和安徽的两次地震，因震级较小，损失也相对小得多，不及汶川地震或青海地震损失的十六万分之一。

---

① 马宏生，张国民，刘杰，李丽，陈化然.中国大陆及其邻区强震活动与活动地块关系研究 [J].地学前缘，2003（S1）：74-81.

② 高庆华，马宗晋，苏桂武.环境、灾害与地学 [J].地学前沿，2001（1）：9-14.

③ 按国家统计局公布的数据计算，2008年全国GDP总量为314 045亿元。

表4-3　　　　　　　中国2008~2011年部分地震损失情况

时间	地点	震级 Ms	直接损失 亿元	房屋倒塌 间	房屋损坏 间	受灾人数 万人	紧急转移人数 万人次
2008.03.21	新疆和田	7.3	3	—	—	—	—
2008.05.12	四川汶川	7.8	8 451.4	—	—	—	—
2009.07.09	云南姚安	6.0	21.541	—	—	—	—
2009.11.02	云南宾川	5.0	3.9756	—	—	—	—
2010.01.31	四川遂宁	5.0	3.65	1 016	>=10 000	1.70	4 817
2010.02.25	云南元谋	5.0	8.6	4 552	209 099	47.24	35 687
2010.04.14	青海玉树	7.1	>8 000	15 000	100 000	1.20	10
2011.01.01	云南盈江	4.6	0.5	8 017	24 242	14.8	5.4
2011.01.19	安徽安庆	4.8	0.37	8 764	—	1.52	—

注：有部分数据无法查得，暂用"—"表示。
资料来源：根据国家地震科学数据共享中心公布的地震数据及新闻公布的相关数据整理得到，http://data.earthquake.cn/index.do.

从损失的类型来看，地震风险主要破坏的是居民房屋和基础设施。以2008年汶川地震的损失数据为例，表4-4罗列了当时汶川特大地震直接经济损失的分类情况。从表4-4中可知，城乡房屋损失和基础设施损失占据了总损失的近70%。

表4-4　　　　　四川汶川特大地震直接经济损失分类情况表

序号	类别		直接经济损失（亿元）	所占比例（%）	
1	工业损失		627	8.4%	
2	农业损失		364.9	4.9%	
3	服务业损失		402.8	5.4%	
4	城乡房屋损失	城市居民住房	1 020.8	13.6%	48.4%
5		农村居民住房	1 005	13.4%	
6		城镇非住宅用房损失	1 606.4	21.4%	
7	城乡居民室内外财产损失		344.9	4.6%	
8	地质灾害及生态破坏损失	国土资源损失	262.7	3.5%	4.1%
9		自然保护区损失	47.3	0.6%	

续表

序号	类别		直接经济损失（亿元）	所占比例（%）	
10	基础设施损失	交通运输系统损失	583.3	7.8%	20.0%
11		城建系统损失	424.8	5.7%	
12		水利电力设施损失	430.2	5.7%	
13		通信系统损失	60.2	0.8%	
14	社会公益事业损失	教育系统损失	40.7	0.5%	2.3%
15		卫生系统损失	15.9	0.2%	
16		人口与计生系统损失	3	0.0%	
17		文化系统（与文物）损失	110.1	1.5%	
18	党政机关事业单位损失		44.8	0.6%	
19	民政系统损失		5.4	0.1%	
20	广播电视系统损失		24.8	0.3%	
21	体育系统损失		23.4	0.3%	
22	宗教系统损失		16.2	0.2%	
23	环保系统损失		25.4	0.3%	
24	科技系统损失		5.8	0.1%	
25	气象系统损失		4.3	0.1%	
26	地震系统损失		0.4	0.0%	

资料来源：(1) 郭伟.汶川特大地震应急管理研究［M］.成都：四川人民出版社，2009.
(2) 四川省应急办（2008）：《"5·12"汶川特大地震四川省灾害损失统计评估报告》。

（二）中国洪水灾害的损失分布规律

洪水灾害是因暴雨、融冰或者溃堤等原因导致水量超过天然和人工水道限制而危及人类生命财产安全的灾害，具有自然与社会双重属性。一方面，洪水的发生是气象、水文、地形、河道等因素按照自然规律综合作用的结果；另一方面，洪水对人类社会所造成的损失必须以社会为载体而出现（周魁一，2004）[①]。基于历史原因，相对比其他国家，洪灾在我国诸多自然灾害中，一直是危险最严重、损失程度最大的自然灾害。

---

① 周魁一.防洪减灾观念的理论进展：灾害双重性概念及其科学哲学基础［J］.自然灾害学报，2004（13）.

1. 时空分布特征

我国地域广阔，东西相距约 5 200 公里，南北相距达 5 500 公里，国土大部分处于北半球中纬度地区，自北向南纵跨热带、亚热带、暖温带和温带等不同气候带，海洋、陆地与大气圈之间物质与能量交换强烈。如此特殊的地理位置和地形背景决定了我国洪水灾害的时空分布主要受两大因素的影响：一是气候条件。广大东部地区属于季风气候，西北部深居内陆属于干旱气候，青藏高原属于高寒气候。气候通过决定各地的降水，对我国洪水灾害的时空分布产生极大的影响。二是地形特征。我国山脉的走向对水汽输送有显著的影响，使我国降水分布形成大尺度带状特点。

（1）降水对洪水风险分布的影响。

我国降水空间分布不均。多年平均降水量地区分布的总体趋势是从东南沿海向西北内陆递减。400 毫米等雨量线由大兴安岭西侧向西南延伸至中国尼泊尔边境。以此线为界，东部明显受季风影响，降水量多；西部不受或受季风影响较少，降水较少。我国大陆东部年平均降水量大体上自北向南递增。东北及华北平原降水量为 600 毫米左右，秦岭和淮河一带降水量约 800～900 毫米，长江中、下游干流以南降水量在 1 000 毫米以上，东南沿海及海南地区降水量可超过 2 000 毫米。我国西部，出阿尔泰山、天上、祁连山等地的年降水量有 600～800 毫米外，绝大部分地区的年降水量在 200 毫米以下，并向内陆盆地中心迅速减少。

我国降水空间分布也不均。总体而言，不同地区降水量的年际变幅很大。东南沿海地区由于夏季季风开始较早，而 9 月、10 月份还有台风影响，雨季可长达 7 个月左右；西南地区降水受西南季风影响，雨季也较长，近半年之久；长江中、下游地区雨季一般开始于 4 月，长约 5 个月；淮河以北的华北和东北地区，6 月份开始进入雨季，8 月雨季结束，雨季最短。各地年最大降水量与最小降水量相差悬殊，据统计，西北地区两者的比值大于 8；华北一般为 4～6；南方较小，一般为 2～3。

另外，降水强度也对洪水的形成和特性有重大影响。我国各地高强度的暴雨集中发生在夏季，雨带的移动分布与西太平洋副热带高压脊线位置变动密切相关。我国东部湿润、半湿润地区是暴雨多发区，具有雨区广、强度大、频次高的特点；西部干旱、半干旱地区也可能出现局部性、短历时、高强度的大暴雨，但雨区分散、频次较低。在东部地区，24 小时暴雨的极值分布有两条明显的高值带，一条分布在辽东半岛至广西十万大山南侧的沿海地带，经常出现降水量为 600 毫米以上的大暴雨，粤东沿海甚至出现 800 毫米以上的特大暴雨；另一条分布在燕山、太行山、伏牛山的迎风面，24 小时暴雨的极值为 600～800 毫米，最大降水可达 1 000 毫米以上。此外，四川盆地周边地区以及幕府山、大别山、黄山等山区最大 24 小时暴雨也可达 400~600 毫米。

正因为以上年际降水时空分布不均和年内高强度集中降水的气候特点，决定了我国主要江河径流丰枯变差大，流量、水位变幅大的特征。一个流域一旦发生数次连续性大暴雨，就可能形成历时长、峰高量大的流域型大洪水；而山区的高强度暴雨，则易引发山洪、滑坡、泥石流等突发性灾害。

（2）地形特征对洪水风险分布的影响。

我国的地形自西向东逐级下降，大体上可分为三个阶梯。第一阶梯是青藏高原，海拔在 4 000 米以上，由高山和高原组成。高原南缘的喜马拉雅山平均海拔在 6 000 米以上，构成了阻碍印度洋暖湿气流的巨大屏障。第二阶梯是青藏高原的外援至大兴安岭、太行山、巫山和雪峰山之间，海拔高程在 1 000~2 000 米之间。主要由内蒙古高原、黄土高原、云贵高原、四川盆地和以北的塔里木盆地、准格尔盆地等广阔的大高原和大盆地组成。最低的第三级阶梯是我国东部宽广的平原和丘陵地区，由东北平原、黄淮海平原、长江中下游平原等几乎相连的大平原和江南广大丘陵及浙、闽、粤等近海山脉组成，海拔高程一般在 500m 以下，是我国洪水泛滥危害最大的地区。第三阶梯向东、向南延伸到海面以下，形成了中国宽广的大陆架。

第一，天山、阴山—燕山、昆仑山、秦岭—大别山、喜马拉雅山河南岭等为东西走向，是我国地理上几条重要的分界线。天山是南疆和北疆的分界；秦岭是长江和黄河的分水岭，也是我国南方暖湿气候与北方干冷气候的分界线；南岭是长江与珠江的分水岭，也是华中与华南的分界线。

第二，贺兰山、六盘山和横断山脉为南北走向。贺兰山和六盘山阻碍夏季季风西进，其东侧降水明显多于西侧；横断山脉阻挡来自孟加拉湾的西南气流，西侧降水明显大于东侧。

第三，大兴安岭、太行山、雪峰山等为北东走向，是我国地形第二阶梯和第三阶梯的分界线。这些山脉阻挡来自东南方向的海洋暖湿气流，致使山脉两侧降水量相差悬殊；此外还有小兴安岭、长白山到鲁、浙、闽、粤的沿海山脉，临近海湾，迎风坡使气流抬升，雨量增多，往往形成暴雨中心地区，成为暴雨洪水的重要源地。

除了上述宏观的地貌格局外，影响我国洪水地区分布和形成过程的重要地貌特点还有黄土、岩溶等。

我国岩溶主要集中在广西、贵州和云南东部，其次是鄂西、湘西、川东，其他地区如赣中、皖南、江浙也有零星分布。另外，北方主要零散分布在北京西山、山东中南部、太行山、吕梁山、燕山以及秦岭、大巴山一带，青藏高原也有岩溶。岩溶发育的流域，多溶洞、暗河、落水洞、溶蚀洼地等，地表水系比较稀疏，但地下水系却比较发达，且排水通畅，透气性强；径流垂直补给率大，地表径流迅速转为地下径流，蒸发量较小；造成洪峰流量削减、洪水历时拖长、地下径流比重大，洪水峰型比较矮胖、含沙量较小等洪水特性。

我国境内的黄土大多分布在昆仑山、秦岭和大别山以北的地区，其中黄河中游的黄土高原为我国黄土分布最集中的地区。由于黄土多而集中、土层疏松、透水性强、抗蚀力差，植被缺乏，因此水土侵蚀、流失严重，洪水含沙量很高，有些支流及沟道甚至出现含沙量超过 800 千克/立方米的泥流。多沙河流的治理是我国防洪的一大难题。

综合以上原因，我国的洪水灾害大都发生在东部沿海及珠江、长江、淮河、黄河、海滦河、辽河和松花江等七大流域。

同样是受气候特征和地貌特征的影响，七大流域洪水发生的次数和程度也不尽相同。根据中国水灾年表 1840~1992 年的统计结果显示，在发生次数上，长江流域（包括长江上游和长江中下游）发生的洪水次数最多、频率最高，有 77 次之多，占洪水灾害发生次数总量的 26%；其次是黄河流域，共发生洪水灾害 50 次，占洪水灾害发生次数总量的 17%；松花江流域发生的洪水次数最少，共计 25 次，占洪水灾害发生总量的 9%。在特大洪水灾害发生的次数上，黄河流域发生特大洪水的次数最多，占特大洪水灾害发生总数的 31%；其次为长江流域，占特大洪水灾害发生总数的 24%；辽河发生特大洪水的次数最少，占特大洪水灾害发生总数的 3%（见图 4-1）。

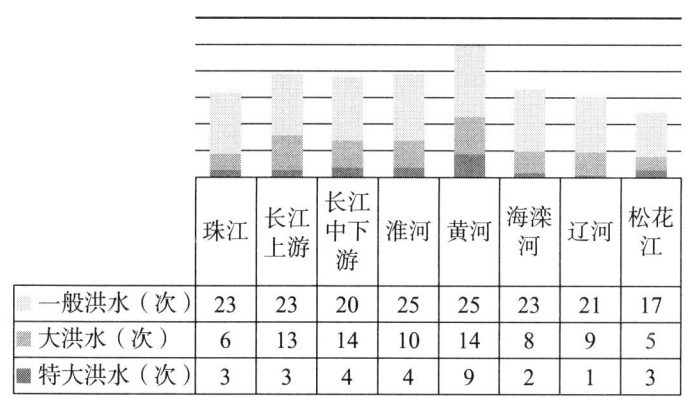

图 4-1　1840~1992 年中国七大流域洪水灾害发生次数

2. 洪水风险的趋势

根据骆承政、乐嘉祥等人编制的 1840~1992 年《中国水灾年表》和 1994~1999 年《中国水利年鉴》中有关资料显示，在 1840~1999 年的 160 年间，长江、黄河、海河、淮河、辽河、松花江和珠江七大江河发生的频率低于20年一遇的水灾共305次,相当于平均每年发生1.92次;其中,在1840~1919年的80年间共发生水灾139次,平均每年1.74次,而在1920~1998年的79年间上升至平均每年2.1次[①]。以16年为单位分段,也可看出频率随时间的推移而提高的总体态势(见图4-2)。

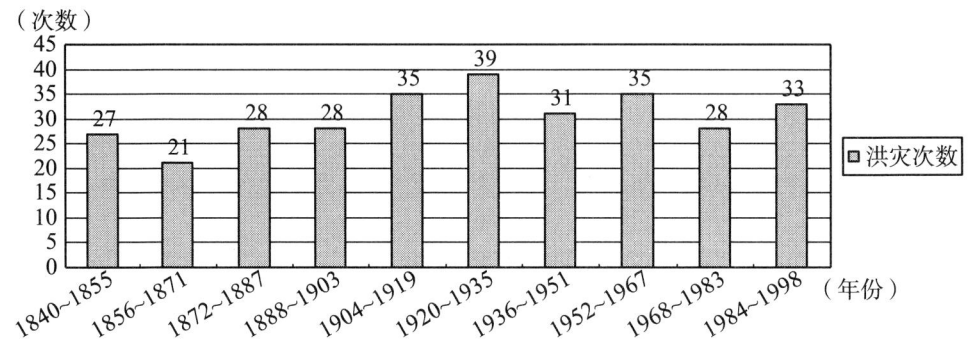

图4-2　1840~1998年洪水灾害次数(以16年为时间间隔)

资料来源:该图根据骆承政、乐嘉祥(1996):《中国水灾年表》(1840~1992)第385至434页数据资料整理。

3. 损失特征

就我国的洪水灾害损失而言,历史上对洪水灾害损失的记载多为定性描述,如灾民死亡、庐舍(和城郭)被毁、农田绝产和饥民逃荒等。近代以来,特别是新中国成立以后,开始对洪水灾害造成的经济损失进行统计。根据近20年的资料统计,中国的洪涝灾害导致的经济损失年均超过1 000亿元,约占全国GDP的1%~3%(见表4-5)。

表4-5　　1990~2010年中国洪水风险灾害损失统计表

年份	洪涝面积(千公顷) 受灾	洪涝面积(千公顷) 成灾	因灾死亡人口(人)	倒塌房屋(万间)	直接经济总损失(亿元)
1990	11 804.00	5 605.00	3 589	96.60	239.00
1991	24 596.00	14 614.00	5 113	497.90	779.08
1992	9 423.30	4 464.00	3 012	98.95	412.77
1993	16 387.30	8 610.40	3 499	148.91	641.74
1994	18 858.90	11 489.50	5 340	349.37	1 796.60

① 长江上游洪灾与中下游洪灾分别计算,即上游与中下游同时发生洪灾时,按两次计算。

续表

年份	洪涝面积（千公顷）		因灾死亡人口（人）	倒塌房屋（万间）	直接经济总损失（亿元）
	受灾	成灾			
1995	14 366.70	8 000.80	3 852	245.58	1 653.30
1996	20 388.10	11 823.30	5 840	547.70	2 208.36
1997	13 134.80	6 514.60	2 799	101.06	930.11
1998	22 291.80	13 785.00	4 150	685.03	2 550.90
1999	9 605.20	5 389.12	1 896	160.50	930.23
2000	9 045.01	5 396.03	1 942	112.61	711.63
2001	7 137.78	4 253.39	1 605	63.49	623.03
2002	12 384.21	7 439.01	1 819	146.23	838.00
2003	20 365.70	12 999.80	1 551	245.42	1 300.51
2004	7 781.90	4 017.10	1 282	93.31	713.51
2005	14 967.48	8 216.68	1 660	153.29	1 662.20
2006	10 521.86	5 592.42	2 276	105.82	1 332.62
2007	12 548.90	5 969.00	1 230	103.0	1 123.3
2008	8 667.1	5 003.2	633	44.1	955
2009	7 643.66	3 169	538	55.59	846
2010	17 867	—	3 222	227	3 475

资料来源：（1）1990～2006 年数据摘自：国家防汛抗旱总指挥部，中华人民共和国水利部编．中国水旱公报 2006［M］．北京：中国水利水电出版社，2007．（2）2007 年数据摘自：中国水利年鉴 2007［M］．北京：中国水利水电出版社，2008．（3）2009 年数据摘自：中华人民共和国民政部国家减灾中心内部资料。（4）2008、2010 年数据摘自：陈雷在 2009 年全国防汛抗旱工作会议上的讲话，http：//www.mwr.gov.cn/zwzc/ldxx/cl/zyjh/200901/t20090109_123101.html.

（三）中国干旱灾害的季节区域特点

干旱是一种十分复杂的综合自然现象，按照不同的划分标准，可以定义差异性的干旱类别。1997 年美国气象学会（AMS）将干旱分为四类，气象干旱、农业干旱、水文干旱以及社会经济干旱（Wilhite D，2000）[①]，其中社会经济干旱

[①] Wilhite D. Drought as a natural hazard: concepts and definitions [M]. London: Routledge, 2000, pp. 3–18.

主要是指自然灾害系统与人类社会经济系统中水资源供需不平衡造成的异常水分短缺现象（张继权、李宁，2007），这也是本书的研究重点。

1. 干旱灾害的季节性分布特点

我国大部地区属于亚热带季风气候，降水量受海陆分布、地形等因素影响，干旱灾害呈现季节性分布特点。全国范围看，春夏季节旱区主要集中在黄淮海地区和西北地区；夏秋季节旱区转移至长江流域，直至南岭以北地区；秋冬季节则移至华南沿海；冬春季节再由华南扩大到西南地区。虽然干旱灾害的形成主要受到季节性因素的影响，但是由于受到诸如厄尔尼诺、潮汐以及日月食等气候周期性变化规律的作用，降雨量又具有一定的随机性，因此干旱灾害在某些特定的情况下会出现逆季节性变化的特征，这给防灾减灾工作带来极大难度。

2. 干旱灾害的区域性分布特点

干旱灾害除具有季节性的特征以外，还突出表现为区域性的分布特点，旱灾往往呈现出连发性和连片性的特点，很多干旱经常持续数月甚至数年。刘晓云等（2012）[①]通过收集长达60年的中国区域干旱损失数据，将中国当前的干旱区域划分为10个，即河套—华北、长江中下游、华南地区、东北大部、陕西南部—青海东部、滇黔—广西丘陵地区、新疆北部、川西高原—青藏高原东部地区、辽东及山东—河南东北部，其研究结果表明，在上述干旱区域中以滇黔—广西丘陵地区为代表的西南干旱变化最为明显，而传统北方干旱区域，如新疆北部干旱区域，近几年的干旱状况有所减缓。

（四）中国台风灾害的地域频数规律

热带气旋是形成在热带或副热带海洋面上，能够通过非锋面性的地面环流，对地面组织带来破坏性影响的强对流气旋，热带气旋风速一旦达到32.7m/s以上即可演化为台风。根据王喜年（1998）[②]的统计报告，在全球热带气旋生成区中，西北太平洋的频率最高，占全球总数的36%以上，同时西北太平洋中的台风强度也是全球最强的（台风中心气压高达870HPa），而中国恰好位于西太平洋沿岸，自南向北的沿海地区每年都有台风登陆（见图4-3）。随着全球气候的剧烈变化，台风每年造成的经济损失比重呈现出逐年递增的特点。

[①] 刘晓云，李栋梁. 1961~2009年中国区域干旱状况的时空变化特征［J］. 中国沙漠，2012（2）：473-483.

[②] 王喜年. 风暴潮灾害及其预防与预防策略［J］. 海洋预报，1998（3）：26-31.

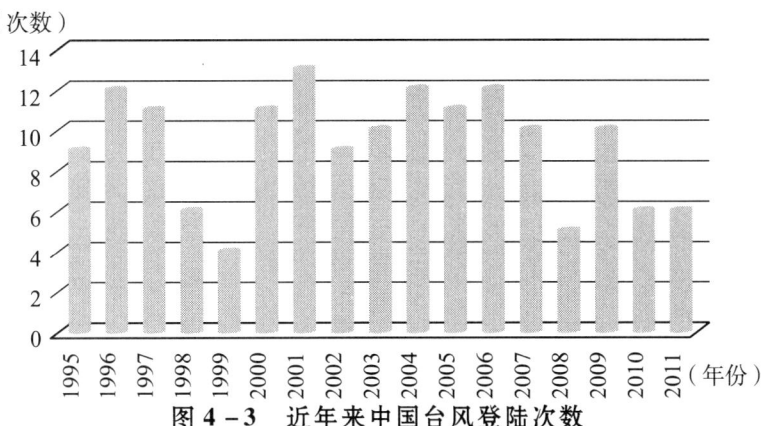

图 4-3 近年来中国台风登陆次数

注：2002~2011 年数据根据中国气象局国家气候监测中心《极端天气灾害统计明细表》整理得出。

资料来源：1995~2001 年数据摘自：王静爱等. 中国自然灾害时空格局 [M]. 科学出版社，2006.

1. 中国台风灾害地域分布特点

中国沿海大部分地区均不同程度地受到台风的影响，但是台风影响区域主要集中在北纬 18°到 26°之间，即从海南到辽宁的狭长区域。内蒙古中部、陕西、四川以西（除云南以外）一般不受台风影响；台风影响最频繁的地区为台湾岛、海南岛、广东省和福建省，其中台湾岛受台风影响的频数最高，而其他区域的台风年均频数，呈东北—西南的带状分布，自东南向西北递减（王咏梅、李维京等，2007）[1]。

2. 中国台风灾害时间分布特点

我国的台风灾害时间频率存在明显的年际特点，多台风年和少台风年之间差别很大。历史资料显示，1971 年登陆我国的台风最多，有 12 个，而 1950 和 1951 年最少，仅有 3 个；20 世纪 60 年代和 90 年代偏多，而 20 世纪 50 年代和 70 年代偏少。从台风登陆的月份看，除 1~3 月没有台风登陆我国，其余月份均有台风登陆，主要集中在盛夏初秋的 7~9 月，这一期间平均每年有 5.4 个台风登陆，约占台风登陆总数的 79%[2]。

二、中国巨灾风险管理制度的产生与发展

新中国成立以后，我国的巨灾风险管理制度从无到有、从点到面，虽然经历

---

[1] 王咏梅，李维京. 影响中国台风的气候特征及其与环境场关系的研究 [J]. 热带气象学报，2007 (6)：538-544.

[2] 以上数据来自台风论坛。2010 年上半年台风特点及台风的气候概况，http：//bbs.typhoon.gov.cn/read.php? tid = 33554.

了诸多变革，但是始终围绕着发展这一条主线，进行着系统化和深入化的变革。根据各个阶段巨灾风险管理制度的侧重点不同，可将新中国成立后我国巨灾风险管理制度的发展历程归纳为四个阶段（见图4-4）。

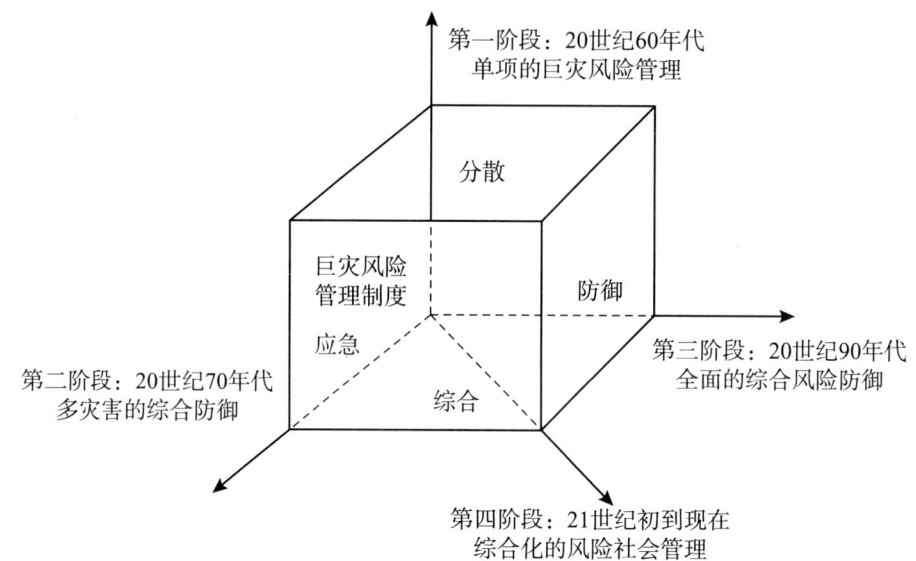

图 4-4 巨灾风险管理制度的发展历程

（一）单项灾害应急管理阶段：新中国成立后至 20 世纪 60 年代

这一时期，我国的巨灾风险管理制度主要是以单项灾害的应急管理为主。1949年夏秋之交，长江、淮河、汉水和海河流域发生特大洪水灾害，受灾人口高达4 500多万，考虑到当时灾情的严重性，中央人民政府在成立之初专门设立水利部来管理洪涝灾害。此后，按照分类管理、统一协调的方针，内务部于1950年2月组建了中央救灾委员会，这是新中国成立以后最早的国家级灾害指挥管理部门，之后分别设置农业部、林业部、地质部、中央气象局等相关部门集中管理农业灾害、森林灾害、地质地震灾害以及气象灾害的预防与救助工作，并分类制定了诸如《政务院关于生产救灾的指示》（1949）、《内政部关于生产救灾工作领导方法的几项指示》（1952）以及《关于进一步做好防治森林虫害的指示》（1957）等一系列灾害管理法规，初步形成了专项灾害的集中管理模式。这一阶段的巨灾管理制度大多分散，缺乏统一的协调，重视灾害的救援和居民安置，而忽略灾害的预测和监控。

(二) 综合防灾减灾管理阶段：20 世纪 60 年代至 70 年代

这一时期，我国的巨灾风险管理制度从单项灾种应急管理体制逐步转变为多灾种的综合防灾减灾管理体制。20 世纪 60~70 年代作为新中国成立后的特殊发展时期，也是新中国成立后各类自然灾害频发的第一次高潮，如 1959~1961 年三年特大饥荒以及 1976 年唐山大地震等全国范围内的巨型自然灾害大都发生在这一阶段。在这种严峻的灾害形势下，我国的巨灾风险管理制度也得到了快速的发展。实践过程中日益增加的协调成本，使得中央政府开始考虑将不同的灾害按照大的类别进行系统化的综合管理：1964 年，中央政府成立国家海洋局配合水利部统一协调管理全国范围内的洪水预防、海洋监测以及河流治理工作；1967 年，国务院成立国家科委地震办公室，将地质部的部分工作任务直接转交给地震科委，统一管理全国地震预防和抗震科研工作。这一时期的主要特点是把主要自然灾害链（如地震与地质灾害、台风与水灾等）的应急对策综合起来进行立法，制定规划；把灾害或危机事件的"监测、预防、应急、恢复"全过程的减灾管理对策综合起来，协调实施。

(三) 全民灾害风险预防阶段：20 世纪 80 年代至 20 世纪末

这一时期，我国的巨灾风险管理从注重政府部门灾害协调管理到重视全民灾害风险预防的转变，这是巨灾风险管理制度的一次重大飞跃。20 世纪 80 年代以后，中国开始进入经济社会快速发展的黄金时期，在联合国开展的"国际减轻自然灾害十年"规划的帮助下，中国的巨灾风险管理制度得到快速发展，各地区、各部门、各行业大力加强减灾工程和非工程建设，国家防灾减灾能力明显提高，灾害损失占 GDP 比例有了明显下降，初步形成了具有中国特色的巨灾风险管理运行机制。1998 年国务院出台《中华人民共和国减灾规划（1998~2010 年）》为政府减灾救灾工作提供政策咨询、技术支持、信息服务和辅助决策意见；2002 年 4 月，中华人民共和国民政部国家减灾中心成立，随即开始围绕国家综合减灾事业发展需求，认真履行减灾救灾的技术服务、信息交流、应用研究和宣传培训等职能。在这一时期，减灾管理的行为主体（中央政府、地方政府、社区、民间团体、家庭）纵向综合起来，形成一体化管理，强调灾害或危机的预防工作，并把灾害预防作为主要内容纳入防灾减灾规划，甚至与国民经济发展规划或国土开发规划结合起来。

(四) 风险社会综合治理阶段：21 世纪初至今

这一时期的巨灾风险管理从全民风险预防再次上升为风险社会的综合治理。

由于国际政治环境发生重大变化，自然灾害频发和国际恐怖活动猖獗等原因，全球开始步入风险社会阶段。为了预防和减少突发事件的发生，控制、减轻和消除突发事件引起的严重社会危害，保护人民生命财产安全，维护国家安全、公共安全、环境安全和社会秩序，我国积极参与到世界范围内的减灾活动中，把"综合防灾减灾管理体制"上升到"危机综合管理体制"，形成了"防灾减灾——危机管理——国家安全保障"三位一体的系统。2005年国务院办公厅印发了《应急管理科普宣教工作总体实施方案》，国家减灾委、教育部、民政部印发了《关于加强学校减灾工作的若干意见》，各地区、各部门组织开展了多种形式的减灾科普活动，广泛宣传减灾知识，提高公众安全防范意识和自救互救技能。2007年8月30日《中华人民共和国突发事件应对法》获得通过，其从国家战略发展的角度为建立重大突发事件风险评估体系，为可能发生的突发事件进行综合性评估，为最大限度地减轻重大突发事件的影响提供法律支持。

三、中国巨灾风险管理的框架和模式

新中国成立以后，我国的巨灾风险管理制度从无到有，从点到面，虽然经历诸多变革，但是始终围绕着发展这一条主线，初步形成具有中国特色的巨灾风险管理框架以及运行模式。

（一）我国现行巨灾风险管理法规建设概况

经过长期以来各种灾难的洗礼，我国已在洪水、地震等自然灾害管理方面积累了一定的经验，并结合实际情况建立了一系列法规，为巨灾风险管理提供了一定的法律保障。

目前，我国已有《防洪法》（1998）、《海洋环境保护法》（1999）、《气象法》（2000）、《海洋环境预报与海洋灾害预报警报发布管理规定》（2005）、《国家海上搜救应急预案》（2006）、《防震减灾法》（2008）、《森林防火条例》（2008）、《抗旱条例》（2009）等多部涉及自然灾害预防和应急的法律、法规和部门规章，对各类自然灾害风险的预报、预防、救灾、重建等方面做出了相应的规定。

在应对洪灾方面，截至2010年，我国制定的与防治洪水，防御、减轻洪涝灾害，维护人民的生命和财产安全的法律共三部，分别是《中华人民共和国水土保持法》（1984）、《中华人民共和国水法》（1988）和《中华人民共和国防洪法》（1998）。国务院和各部门出台的相关法规达数十条，其中较为重要的部门法规有《中华人民共和国抗旱条例》（2009）、《防汛条例（修订）》（2005）、

《中华人民共和国水文条例》（2007）、《三峡水库调度和库区水资源与河道管理办法》（2008）、《海河独流减河永定新河河口管理办法》（2009）等。

《中华人民共和国水法》（1988）对防汛与抗洪专门设章，规定县级以上人民政府防汛指挥机构统一指挥防汛抗洪工作。同时，对防汛指挥机构的权责、防御洪水方案的制定和审批、汛情紧急情况的处理等内容做出了原则性的规定。《中华人民共和国防洪法》（1998）与前者相比在指导抗洪工作方面更具可操作性。其明确了防洪工作的基本原则，强化了防洪行政管理职责，规定了规划保留区制度、规划同意书制度、洪水影响评价报告制度，补充了河道内建设审批管理等几项法律制度。在防汛抗洪的具体工作中，其规定防汛抗洪工作实行各级人民政府行政首长负责制，统一指挥、分级分部门负责。并强调国家鼓励、扶持开展洪水保险。

在防震减灾方面，我国现行的关于应对地震灾害的制度框架主要由"三法两案"构成。"三法"指《中华人民共和国防震减灾法》、《破坏性地震应急条例》和《中华人民共和国突发事件应对法》，"两案"指《突发公共事件总体应急预案》和《国家地震应急预案》。此外，防震减灾法规体系还涉及其他法规、规章以及地震行业各类强制性准则等。

《破坏性地震应急条例》（1995）是为加强对破坏性地震应急活动的管理，减轻地震灾害损失而专门制定的条例。其对应急预案、临震应急和震后应急等几方面内容进行了较为详细的规定。此外，该条例还界定了"破坏性地震"、"严重破坏性地震"等概念。《中华人民共和国防震减灾法》（1998）主要对地震监测预报、地震灾害预防、地震应急、震后救灾与重建等活动进行规范。在灾害预防方面，国家鼓励单位和个人参加地震灾害保险。在地震应急方面，先由国务院地震行政主管部门会同国务院有关部门制定国家破坏性地震应急预案，可能发生破坏性地震地区的县级以上地方政府应参照此应急预案，并结合本地区实际情况制定相应的应急预案。

尽管我国已在应对各种自然灾害方面建立了一系列法规，但同时也应当注意到：现有的法规未能有效促进巨灾风险管理体系的完善，而且不够注重市场在巨灾风险管理中的作用，同时，其未将巨灾风险损失的预防、应急、灾后补偿等环节有效地联系起来，使得我国巨灾风险管理难以取得理想效果。

（二）中国巨灾风险管理制度的组织和框架

我国现行的巨灾风险管理制度主要由五个部分组成，各个部分的职责和功能如图4-5所示。

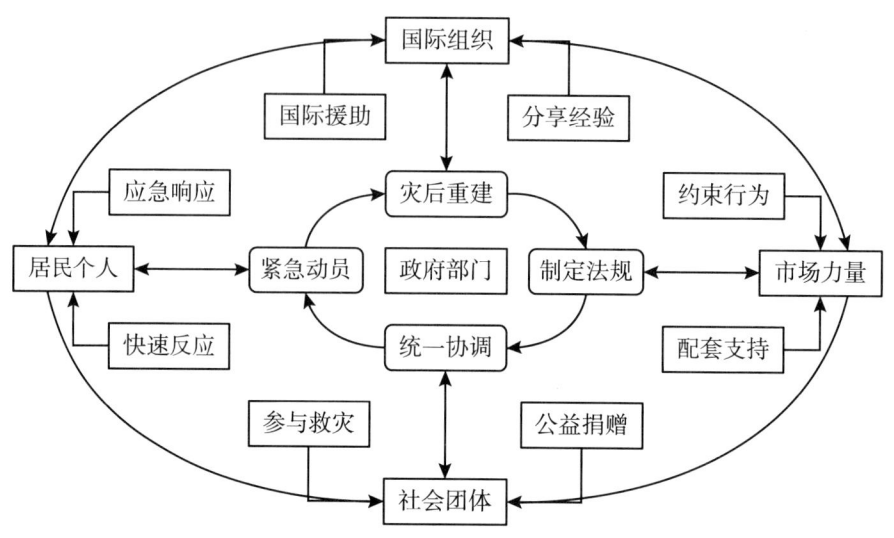

图 4-5 我国巨灾风险管理运行框架

1. 领导核心——政府机构

在我国当前巨灾风险管理制度中,中央以及各级政府无疑扮演着领导核心的作用。国家最高权力机关,负责制定全国范围内的巨灾风险管理法规以及应急响应机制;国家最高行政执行机关,负责整合各级行政力量,对全国范围内的灾害救援工作进行统一协调;国家各部委以及地方政府,负责各分类灾害以及各自辖区范围内巨灾事件的救援以及灾民安置和灾后重建工作。除此之外,党和政府领导下的人民军队还承担了大量第一线灾害抢救与搜救工作,在巨灾事件面前起到突击力量的关键作用;党和政府支持下的新闻媒介在鼓舞救灾士气、宣传救灾知识等方面也都发挥着其他部门难以替代的舆论导向性作用。各种具有中国特色的巨灾风险管理模式,如"一把手"负责制、对口援建、包干落户等创新方式,也是在中国政府的统一领导下得以创造并实施。

2. 关键作用——居民个体

任何制度的构建都需要人来实施,任何体系的运作都需要人来完成,这种趋势在我国巨灾风险管理制度中十分明显。首先,居民个体在巨灾风险的预警与应急体系中扮演着重要的角色。只有全民风险意识以及救灾能力的提高,才能普遍参与国家的应急动员计划,配合各级政府的各项救灾减灾工作开展;其次,居民个体在巨灾风险的抢救承担桥头堡和冲锋军的作用。国家的力量毕竟有限,只有全体居民万众一心、众志成城才能推动救灾重建工作的快速开展并取得预期效果;最后,居民个体的心理意识是决定灾后重建不可忽视的因素。只有居民的心理意识提高,才能正确看待各类自然灾害,不盲目听信谣言,保证灾后社会稳定,加快灾后重建步伐。

3. 重要保障——市场力量

巨灾风险管理中市场力量主要是指直接保险公司、再保险公司、资本市场。保险公司以保险的方式按照合理的市场价格参与巨灾风险管理,按照其承担的份额分担巨灾损失,规避巨灾风险;再保险公司以各种再保险安排,通过多种途径的风险融资和损失转移制度,可以将原保险公司所集中的巨灾风险在更加广泛的国际资本上进行转移,提高承保能力,进而鼓励它们开发出更多巨灾保险产品;资本市场的有效扩容能力,可以为巨灾风险管理提供充分的风险融资,这种融资模式不仅贯穿于灾前防御、灾中救助,而且还是灾后经济恢复的有力保障。

4. 协助推进——社会团体

在当今的巨灾风险管理制度中,各类志愿者组织、慈善机构、社会团体以及行业协会等都发挥着巨大的作用。非政府组织没有庞大的组织约束和管理模式限制,因而其行动灵活,运行高效,在巨灾事件发生以后,可以快速赶赴灾害发生现场,进行援助;大多数非政府组织都是由各类专业人士组成,如中国红十字会,它们在紧急医疗、协助救援等方面积累了丰富的实践经验,在协助政府医疗机构进行救援过程中作用突出;非政府组织以非营利为目的,能够广泛发动社会各界进行捐款,为灾区募集必要的灾后重建资金,同时确保社会各方爱心力量得以最快的速度最适当的方式落地,从而形成社会爱心的良性循环。

5. 后备支持——国际合作

目前,重大灾害的国际风险日益增加,各国普遍面临提升巨灾风险防范和应对能力的紧急任务。加强国际巨灾应对合作,积极参与国际重大救援活动,是巨灾风险国际化合作的必然结果。当前,我国需要结合自身实际,积极开展联合国框架下的巨灾应急准备工作,加强与其他国际组织、非政府组织的防灾减灾交流,积极开展防灾减灾的多边、双边合作;同时在灾害管理、减灾技术、信息共享等方面的继续加强国际交流与合作,尽快完善接受和派遣大规模海外救援队伍实施救援的实施方案,建立和完善国内民间组织参与国际防灾救灾工作的相关制度。

(三) 中国巨灾风险管理制度的运行模式

我国现行的巨灾风险管理运行模式主要由六个环节部分组成,各个环节的职责和功能如图4-6所示。

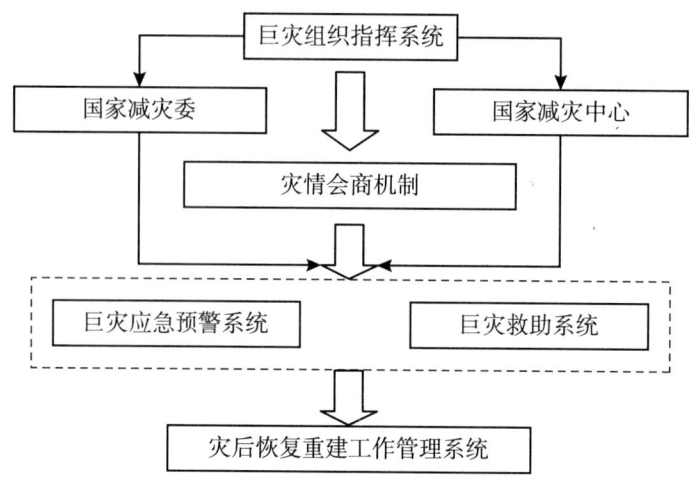

图 4-6　我国巨灾风险管理运行系统

1. 巨灾组织指挥系统

国家自然灾害救助的应急综合协调机构为国家减灾委员会。2005 年 1 月，经国务院批准，在民政部、国家气象局等多部委的基础上组建"国家减灾委员会"，同时成立国家减灾委专家委员会，作为我国政府常设的最高级别综合性巨灾风险管理指挥系统。国家减灾委及其下属的国家减灾中心和减灾救灾标准化委员会的重要职责，在于组织、协调全国抗灾救灾工作，围绕国家综合减灾事业发展需求制定国家层面的巨灾风险管理战略规划、颁布实施防减灾政策法规，以及各类应急预案和防灾减灾标准，并同时负责组织实施国民防减灾科普教育教育工作，代表中国政府参与国际灾害管理活动。

2. 巨灾灾情会商机制

依托于国家减灾委，在长期的灾害管理实践过程中，我国已经建立了覆盖中央到地方的灾情会商机制，其中国家级别的预警预报体系包括：气象灾害监测预报体系，地震监测预报体系，洪水预警预报体系，森林和草原防火预警体系，农作物和森林病虫害预报体系，海洋环境和灾害监测体系，地质灾害预警预报体系以及民政灾情综合管理信息系统等[①]。通过各类灾情会商机制的建立，可以及时了解掌握灾害信息，准确把握灾情发展趋势，为各级政府和有关部门积极开展抗灾救灾工作提供指导。

3. 巨灾应急预警系统

以国务院 2005 年 5 月颁布的《国家自然灾害救助应急预案》及相关部门预

---

① 王振耀. 巨灾之年的政府应对与策略调整——2008 年中国自然灾害救援政策分析 [J]. 四川行政学院学报，2010（3）：44-45.

案为标志,我国开始形成完整的自然灾害应急预警系统。这一系统不仅包括不同灾种的应急预案,而且还包括省级、地级、县级、乡村及工厂、学校的应急预案。目前,全国已有 17 个省、自治区、直辖市和 80% 的地、县制定并颁布应对突发性自然灾害的紧急预案,初步建成中央、省、地、县四级联网的灾害信息平台①。在重大灾情发生后,各级政府可以根据预案规定的条件立即启动应急响应系统,及时组织灾害救援。

4. 巨灾救助系统

为了有效地动员社会支持救灾,我国制定出较为发达的救灾社会动员系统。在民政部的统一协调下,大力推进民间组织、志愿者参与巨灾应急工作,发生大灾后的社会捐款、经常性捐助、集中捐献、对口援建等成为战胜巨灾的主要保障。政府主导下的多元主体协同参与、社会各方面力量充分支持,已经成为巨灾动员系统的重要力量。

5. 灾后恢复重建工作管理系统

灾后的恢复重建工作中,灾害重建款项以及相关物质的发放、灾民的安置、对口援建项目的对接,一般都由民政部负责,同时国家派驻审计监察部门全程进行监督。其中,全国性重大灾害的住房恢复重建由民政部统一指挥,国家发改委组织协调;区域性的重大灾害住房恢复建设由省级民政厅负责,地方政府直接组织领导,当地民政部门负责落实。

四、我国巨灾风险管理制度的实施效果

由上述分析可知,目前我国主要采取的是以中央政府为主导、地方政府配合,以国家财政救济为主、社会对口支援和捐助为辅的灾害补偿机制。在这种机制下,灾前的风险分散主要依靠群众自己,只有极少部分可以通过商业保单以附加险的形式进行。灾后的经济补偿则通过财政预算安排的灾害救济支出进行,但是该支出只是财政支出计划的小部分,并且在巨灾发生时,相对于灾害所造成的损失来讲,财政预算安排的救济基金只是杯水车薪,而商业保险公司的保险损失赔偿所占比例也少之又少。因此,虽然政府主导模式在巨灾损失分摊和灾害补偿中发挥了重要作用,但总体来说化解巨灾风险效果甚微。

---

① 民政部. 我国加快应急救灾体系建设 [EB/OL]. 新华网, http://news.xinhuanet.com/zhengfu/2005-01/10/content_2438081.htm.

(一) 政府救济

我国长期受计划经济体制影响，中央及各级地方政府成为灾后救灾资金的主要来源。事实上，相对于灾害所造成的损失来讲，由政府支出的救济资金非常少，2000～2009 年的 10 年间，自然灾害造成的直接经济损失累计为 28 916.2 亿元，政府的累计救灾支出为 368.19 亿元，仅为直接经济损失的 1.27%，为国家财政支出的 0.25%（见图 4-7）。2008 年，自然灾害造成的经济损失急剧增加为 11 752 亿元，政府财政救灾专项转移支付为 603.31 亿元；2009 年自然灾害造成的直接经济损失 2 523.7 亿元，各级政府投入救灾资金为 140.4 亿元[①]。从历年数据看，财政救济的金额一般在直接经济损失的 3% 左右，2008 年和 2009 年这一比例有所提升，也仅占到 5% 左右。随着经济不断发展，自然灾害对我国经济造成的损失将进一步加剧，因此单纯依靠政府救助应对日益严峻的巨灾风险形势，收效甚微。

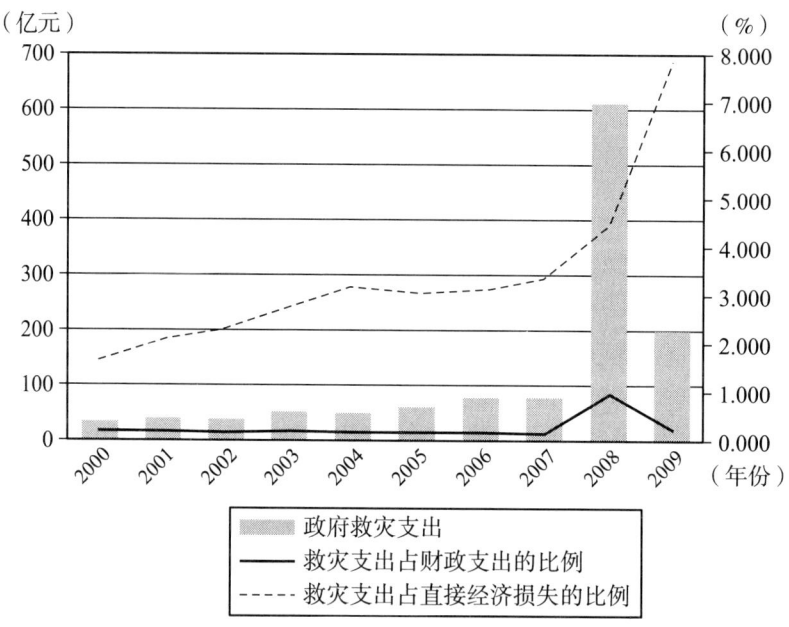

图 4-7 2001～2009 年政府救灾支出情况

资料来源：根据民政统计年鉴 2010 数据整理。

---

① 石兴. 巨灾风险可保性与巨灾保险研究 [M]. 北京：中国金融出版社，2010.

(二) 社会捐助

社会捐助（包括国际援助）也是我国巨灾风险管理制度的组成部分，但其救灾能力十分有限。例如，面对1998年的特大洪涝灾害，各级民政部门在全国发动了新中国成立以来规模最大的救灾捐助活动，紧急募集境内外捐助款物达134亿元，其中现金64亿元、衣被3亿件、衣物折价70亿元[①]，大大缓解了灾区的燃眉之急。但比起洪水造成的2 500亿元经济损失来说，仍显得杯水车薪。图4-8为21世纪以来我国民政部门接收的社会捐赠情况。此外，由于信息不对称等原因，使得有限的政府救济和社会捐助资金未必能发挥其应有的作用，捐助效率大大降低。

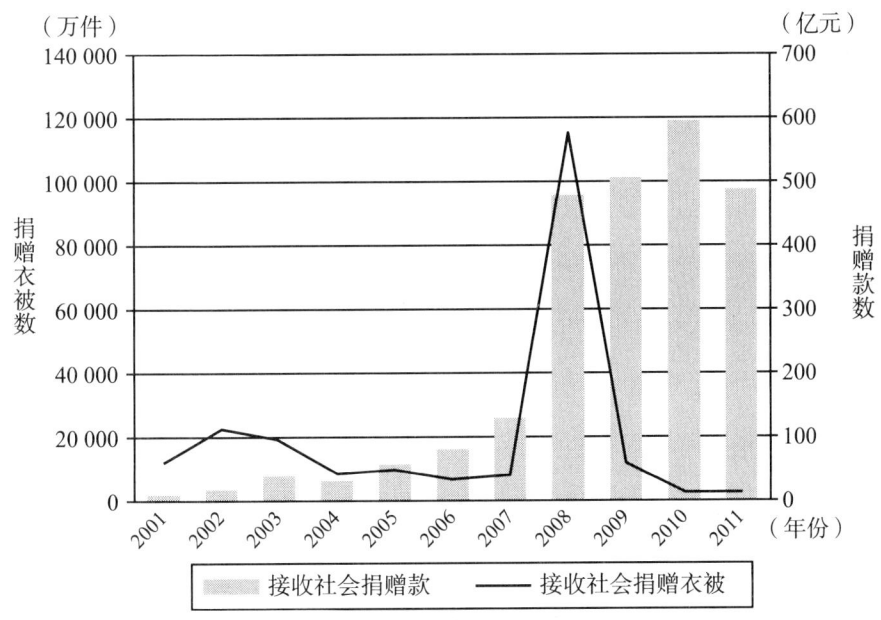

图4-8 2001~2011年民政部门接收的社会捐赠

资料来源：根据民政部民政事业发展统计报告数据整理。

(三) 传统保险和再保险

保险和再保险是国际公认的化解巨灾风险的有效工具。但从保险理论上讲，保险的商业化运作是建立在可保风险基础之上的，巨灾风险显然很难满足可保风

---

① 民政部.1998年民政事业发展统计报告 [EB/OL]. http://cws.mca.gov.cn/article/tjbg/200801/20080100009419.shtml，1999-04-04.

险的条件，因此在缺乏政府财政支持的情况下，商业保险公司一般没有能力承保巨灾风险。

目前，在我国巨灾保险发展中政府职能严重缺失，巨灾保险的商业化经营陷入困境，巨灾保险业务日益萎缩且经营效率低下，供给严重不足。据统计，1996~2005年发生的10次巨灾，损失最低的是14亿，最高的是1 666亿，保险理赔金额均在亿元以上，但从保险赔偿金占直接经济损失的比重来看，均在10%以下（见表4-6），而世界平均巨灾保险赔付一般为损失的36%，发达国家甚至超过60%。2008年中国南方雪灾，直接经济损失1 516.5亿元，保险赔付仅占2.3%；汶川大地震经济损失超过8 451亿元，但由于地震灾区保险覆盖率低，保险赔付仅18.06亿元，占经济损失的0.2%。从国际保险赔付情况来看，2005年美国"卡特里娜"飓风保险赔付达到了其直接经济损失的50%；2007年全球因巨灾造成的经济损失约为706亿美元，保险业赔付了276亿美元，占39%；2009年全球因巨灾造成的经济损失为620亿美元，保险业赔付占42%[①]。上述数据表明，我国巨灾保险发展仍处于较低水平。

表4-6　　　　　　　我国巨灾事件损失与保险补偿情况

时间	事件	区域	直接经济损失（亿元）	保险理赔金额（亿元）	保险赔偿金占直接经济损失的比重（%）
1996年	水灾	湖北	112	2.60	2.32
1997年	11号台风	浙江、江苏	204	8.60	4.22
1998年	水灾	长江流域、松嫩流域	1 666	41.00	2.46
1998年	水灾	佛山	102	4.50	4.41
2003年	地震	赤峰	14	1.27	9.07
2004年	台风云娜	浙江	181	16.60	9.17
2005年	台风海棠	浙江	72.2	6.95	9.62
2005年	台风麦莎	浙江	65.6	5.32	8.11
2005年	台风泰利	浙江	34.2	2.54	7.23
2005年	台风卡努	浙江	48	3.36	7.00

资料来源：根据财政部和民政部有关统计报告数据整理。

---

① 史丽媛. 旱灾呼唤农业巨灾保险 [N]. 中国保险报，2010-4-7 (02).

五、我国巨灾风险管理制度存在的问题

从巨灾发展的灾前、灾中、灾后三个阶段，风险管理的控制和融资两类措施以及制度实施的三大主体（即政府、保险公司、灾害承担者与社会力量）来看，我国目前的巨灾风险管理制度仍存在较大欠缺，可以概括为"三多三少"：政府行为多，市场行为少；灾中应急管理和灾后重建多，灾前风险防范少；风险控制手段多，风险融资手段少。下面从政府、保险公司和社会三个角度对上述问题进行详细分析。

（一）政府方面

长期计划经济体制导致中国"无限政府"的特点，这在巨灾风险管理方面尤为突出。中国目前的灾害管理仍主要依赖以政府为主导的灾害救助和灾害补贴，这不仅大大加重了政府的财政负担，也降低了效率。政府在巨灾风险管理制度建设方面存在如下突出问题：

1. 灾后危机处理相对成熟，事前预防性风险管理较为薄弱

政府习惯于通过提供灾后危机处理，紧急救援服务，并利用财政支出中的灾害救济支出对灾害损失进行补偿。这往往是一种事后的撞击式反应，且很难实现补偿的有效性。自2003年SARS之后，各级政府对于各种突发事件的应急预案都比较重视，巨灾一旦发生能够迅速启动应急预案，第一时间采取各种减灾减损措施，这在2008年汶川特大地震中表现得更为突出，政府的迅速反应为世界所称道。但另一方面，政府在事前预防体系中，对于巨灾风险的基础性评估和事前预警工作相对薄弱，管理意识上还处于"灾前预防"阶段。政府对于灾害损失是否进行补偿，何时补偿及补偿的程度等方面都存在着很大的不确定，加之财政补偿模式中存在的腐败问题，因此经常造成应该补偿的灾害承担者没有得到及时补偿，或补偿的金额不适当等。这样必然会给国民经济的后续发展带来不利影响。

2. 巨灾风险管理体制分散，部门间的组织协调及立法的协调性不强

目前，中国在巨灾发生前基本没有统一的协调机制和管理部门负责各类巨灾的事前预防工作，这类工作的责任往往分散到各个有众多职能的部门中，比如洪水风险的事前工程建设、规划由水利部门负责，建筑防震标准和执行由建设部门、地震部门负责，而同属地质灾害的滑坡、泥石流又由国土资源部负责。此外，水利、建设、地震部门又分别肩负着众多其他职责，各类巨灾的风险管理工作都只是各专业部门工作的一部分，各部门间从事风险管理工作的机构之间缺乏

相互协调。

巨灾发生后，国家或省政府层面往往会成立一个临时性的领导小组以应对危机，有关部门的领导会参与到这个临时性小组中协调应急救灾处理和灾后重建工作，此时各部门原来制定的应急预案便显得缺乏统筹性，不得不采取预案外的很多临时措施。而每次应急之后保留下来的可供日后巨灾风险管理者借鉴的经验又较少。

在立法方面，我国涉及巨灾风险管理的各类法律法规主要有《防震减灾法》、《防洪法》、《突发公共卫生事件应急条例》、《传染病防治法》等，均带有明显的部门立法色彩，唯一的跨部门协调性法律——《突发事件应对法》也主要是调整大型突发性巨灾的事后危机处理环节关系的。从立法和行政机构两个层面上，国家宏观上对巨灾风险管理的建设、协调都还比较薄弱，难以适应当代多因性、系统性、不可预测性并存的巨灾风险。

3. 市场力量应对巨灾方面缺乏政府部门的引导、扶持和规划

目前社会捐助和保险业在灾后损失补偿方面的作用已经相对显著，但相比于发达国家仍非常有限，政府部门有必要出台相关政策法规，以引导和支持保险业在巨灾风险管理中发挥更大作用，这是进一步降低灾害损失自留比例的根本途径。

我国巨灾保险开发程度很低，商业保险公司（主要指财险公司）提供的各类险种中没有专门针对自然灾害损失设立的险种，只是在部分险种，如家庭财产综合险、企业财产综合险、机动车辆保险等险种中对由于雷击、暴风、暴雨、洪水、海啸、地陷、泥石流等自然灾害所引起的保险标的的损失进行赔付，其余险种则将因自然灾害引起的损失作为除外责任。1996年以前，地震一直作为一般财产保险的承保责任，1996年以后则被列为除外责任，只在少量险种，如财产一切险和部分建工险中作为附加险予以承保。因此，巨灾之后的损失能够得到保险赔偿微乎其微。同时，发达国家由于保险的渗透率比较高，保险分担了相当一部分的巨灾损失，减少了对国家财政的压力。而发展中国家和地区由于保险渗透率低，主要依赖政府的灾后救济，国家财政的压力很大，而且对巨灾保险产生了一种挤出效应，严重影响了保险业的发展，造成了一种恶性循环。可见，在巨灾损失补偿中，保险公司由于缺乏政府的支持，发挥的作用十分有限，我国现行保险体系无法有效地分散和转移巨灾风险。

（二）保险业和保险公司方面

我国保险业对巨灾损失的补偿率的增长速度明显低于财政和社会捐赠，对于经营风险的保险业而言，不能不引起忧虑和思考。我国保险业起步较晚，缺乏应对巨灾的经验，目前在巨灾风险管理方面存在的主要问题表现在以下三个方面。

1. 缺乏巨灾风险基金的支持

巨灾风险属于小概率、高损失事件，很难在空间上进行横向分散，尤其对于一些大面积气象灾害，这使得巨灾保险不可避免地面临逆向选择的困境。因此与一般风险相比，巨灾风险更适合在时间跨度上实现纵向分散，即用非巨灾业务年度的保费收入和盈余弥补巨灾业务年度的赔付和亏损。但纵向分散将面临"时间风险"问题，即如果巨灾发生在业务经营的头几年，此时保险公司尚未建立足够的巨灾准备金，很可能因此而丧失偿付能力。此外，保险公司独自承担巨灾准备金的成本也十分高昂。巨灾准备金必须保持良好的流动性，这无疑会影响保险公司的投资决策，降低公司的盈利水平，而且对于上市公司而言，持有大量现金还会引起资本并购者的关注。加之再保险分保能力的有限，因此，政府支持下的巨灾风险基金就显得尤为重要。

2. 缺乏向其他金融市场转移风险的有效途径

截至 2007 年年末，中国保险业资产总额 2.9 万亿元人民币，而国内仅 A 股总市值就近 30 万亿元，境内人民币存款余额近 40 万亿元。相比于庞大的资本市场和银行资产，我国保险业所能够承担的风险很小。正因为如此，巨灾风险证券化被认为是保险业在巨灾风险之中的救命稻草。但到目前为止，我国还没有巨灾证券产品问世，这种分散机制仍处于理论探讨和呼吁阶段。虽然中国资本市场已经初具规模，但是体制机制方面还有诸多不完善之处，特别是债券市场欠发达，资本市场主体不成熟等诸多因素，制约着保险业向资本市场转移巨灾风险。在可预见的短期内，寄希望于巨灾风险证券化来解决保险业巨灾风险承保能力不足问题恐怕是望梅止渴。

3. 财产保险业缺乏制定科学费率的历史数据和风险评估支撑

一项保险产品能否为投保人所接受，能否为保险公司带来利润，关键的因素之一是能否制定一个公平、合理、科学的费率。理论上，这一保费空间必须高于事故的期望损失加上保险公司的费用，又必须低于投保人自留风险的效用损失，因此，制定科学合理的费率是保险公司承担风险的前提。对于洪水、地震这类巨灾，不同地区差异很大，我国尚缺乏足够精度的区域灾害风险评估数据。20 世纪六七十年代我国商业保险业务停办，保险公司没有相关历史赔付数据可供参考，而比较全面的灾害及相关风险评估的数据都分散在气象、地震、水利、民政、海洋、测绘等部门，由于部门间协调不足，实现数据共享还需要巨大努力，因此对于我国财产保险公司而言，尚缺乏开展巨灾保险的条件。

（三）灾害承担者与社会力量方面

灾害承担者自身的防灾意识和抗灾行为对于减少巨灾损失也十分重要，但由于受我国传统文化的影响，生活在巨灾风险高发区的人们对巨灾风险管理的认识非常有限，缺乏足够的培训与引导。与此同时，社会力量在巨灾风险管理中所发挥的作用越来越高，尽管如此我国现有的社会捐助行动的广度、深度都相对有限，捐助渠道不畅、组织机构不足、行动效率不高，这就使得社会捐助力量常常只能表现为针对某一贫困个体、某次不幸事件的临时性个体自发救助行为，而难以形成一种有组织的救助力量，从而制约了社会捐助在应对巨灾风险中发挥应有的作用。如果这些力量能被纳入国家巨灾风险管理体系，从而被有效地组织起来，必将发挥更大的作用。

第四节 本章小结

巨灾风险管理制度作为巨灾风险管理的承载主体，其组织系统和结构流程直接关系运行效率的高低，成为影响巨灾风险管理的重要因素。本章通过历史对比和国际比较，首先分析国际巨灾风险管理制度产生和发展的基本情况，然后选取代表性的国际巨灾风险管理制度进行论述，并从中总结国际巨灾风险管理制度具有的先进经验和主要不足，并以此为基础，回顾总结我国巨灾风险管理的框架及其运行模式，同时指出当前我国巨灾风险管理制度在实施中存在的问题。

中 篇

实证研究

第五章

巨灾风险的分类与预警

第一节 巨灾风险的分类与损失分层

一、巨灾风险的分类

（一）自然巨灾风险和人为巨灾风险

巨灾风险按不同的标准有多种分类方法。自然环境原因和人为原因的差异会导致巨灾发生的概率、带来的损失以及预测和控制的方法都不尽相同。因此，巨灾风险按其发生的原因一般分为自然巨灾风险和人为巨灾风险两大类。

1. 自然巨灾灾害是指由自然力造成的灾害事件

这种灾害事件所造成的损失通常会涉及许多保险合同和众多被保险人。而灾害造成的损失程度不仅取决于该自然力的强度，也取决于受灾地区的建筑方式、防灾措施的功效等人为因素。常见的自然巨灾形式主要包括水灾、风暴、地震、旱灾、霜冻、雹灾和雪崩等。

2. 人为巨灾灾难是指形成原因与人类活动有关的重大灾害事件

在这类灾害事件中，一般只是小范围内的某一大型标的物遭到严重影响，而这一标的物往往只由少数几张保险合同所保障。常见的人为巨灾形式主要包括重大火灾、爆炸、航空航天灾难、航运灾难、公路/铁路灾难、建筑物/桥梁倒塌以及恐怖活动，等等。

（二）常态巨灾风险和异态巨灾风险

根据风险发生频率的差异，我们也可以将巨灾风险分为常态巨灾风险和异态巨灾风险。常态巨灾风险由于发生的概率相对较大，也容易获得相关的损失统计数据，进而在一定程度上寻求统计规律、核定合理费率并预测损失；而对于异态巨灾保险，由于发生概率非常低，统计数据匮乏，难以核定风险保费。所以，应对这类风险更重要的是寻求创新的保险手段，并做好应急措施。

1. 常态巨灾风险

常态巨灾风险是指在每一保险年度内至少发生一次，保险标的之间彼此相容的巨灾风险，如暴风雨、冰雹等。常态巨灾风险的特点是发生概率与损失规模较大，其实际损失往往会超过当年的损失期望值，影响保险公司的财务稳定性。常态巨灾风险在一个保险年度内的发生是可以预期的，但具体发生次数和规模又具有不确定性。对常态巨灾风险造成的损失超过当年损失期望的部分，保险公司需要靠总准备金来弥补。

2. 异态巨灾风险

异态巨灾风险是指在每一保险年度内发生概率很小，保险标的之间彼此相容的巨灾风险，如洪水、地震等。异态巨灾风险的特点是在一个较长的周期内不发生，可一旦发生带来的损失极其巨大。这种损失将严重冲击保险公司的偿付能力，甚至可能造成保险公司的破产和倒闭。

当然，常态巨灾风险与异态巨灾风险的划分并不是绝对的。洪水、地震等异态巨灾风险在某些频发地区造成轻度的灾害损失，也可能被列为常态巨灾风险，而暴风雨、雹灾等常态巨灾风险在偶尔的年份发生情况极其严重，造成损失规模很大，也被视为异态巨灾风险。

（三）可保性巨灾风险和不可保性巨灾风险

按照在当前条件下，保险公司是否能够使用常规的承保方式承保该巨灾风险这一标准，也可以将巨灾风险划分为可保性巨灾风险和不可保性巨灾风险两类。

1. 可保性巨灾风险

可保性巨灾风险是指价值巨大的风险载体可能发生的巨灾风险，如航天飞机失事、卫星爆炸、核电站泄漏等。对于这类风险，通过保险公司及时转移分保，可以减少保险标的发生巨灾时，给保险公司带来的巨大损失赔付。

2. 不可保性巨灾风险

不可保性巨灾风险主要针对某一特定的群体、地区或者国家，所有或大部分风险载体都面临同样的特大风险事故。不可保性巨灾风险可能造成特大灾害损失，比如强烈地震、大海啸、大规模战争等。这类风险波及范围广，而且灾害一旦发生，往往使得风险载体之间的独立性不复存在。因为如果所有风险单位都因同一项巨灾而遭受损失，这些风险单位之间风险分散的效果就会大大削弱，从而给保险市场带来重大不利影响。在普通保险合同条款中，往往将这类巨灾风险作为除外责任，不予赔付。

除此之外，对于巨灾还有其他的分类方法。如理查德·A·波斯纳（2004）则把巨灾划分为自然灾害、科学意外、无意的人为灾害（如突然全球变暖）以及人为故意的灾害；史培军（2010）[①]建议从"群—系—类—种"四个维度将中国的巨灾风险划分为自然灾害、人为灾害和环境灾害三类，其中环境灾害主要是全球气候变暖以及环境污染等所带来的臭氧层空洞和荒漠化等环境问题。

当然，任何一类分类方法都会遇到边缘交错问题。例如，由于风暴造成的航空灾难、由于人类活动造成的全球变暖进而引发的洪水灾害等，这些风险很难将其确切划入某一类巨灾风险。

二、巨灾风险的损失分层

一般而言，巨灾风险损失数额巨大，一旦降临到任何一个企业或者家庭都是难以承受的。即使由保险公司、再保险公司乃至国家财政部门中的某一方独自承担，都是一个不堪重负的包袱。在国外，巨灾风险高发的发达国家无一例外地引入了巨灾风险市场化机制，充分调动政府部门、个人、企业以及其他社会团体等多方面的力量共同分担巨灾损失，这就涉及一个如何按最终的风险损失划分巨灾风险层次的问题。

在市场化巨灾风险分担的各种手段中，巨灾保险是最主要的风险转移方式，巨灾保险再通过其他的经济手段将巨灾风险进一步分散。巨灾保险刚刚出现之时，再保险是最主要的巨灾风险分散形式。但是，后来的实际运作过程中，人们发现再保险安排仍将巨灾风险保留在整个保险行业内，风险分散的程度非常有限。随着巨灾损失的逐年攀升，再保险公司的赔付能力捉襟见肘，已经没有足够的资金实力承担更大的巨灾风险损失。因此，风险管理理论及保险实务界更倾向

[①] 史培军. 灾害风险科学进展与科技减轻灾害风险展望［R］. 引自保险与风险管理高端研讨会——中国人保财险"灾害研究中心"揭牌仪式，中国北京 2010 – 11 – 29.

于将风险证券化手段引入巨灾风险管理体系中,希望借助于资金规模更大的资本市场进一步分散巨灾损失(见图 5-1)。

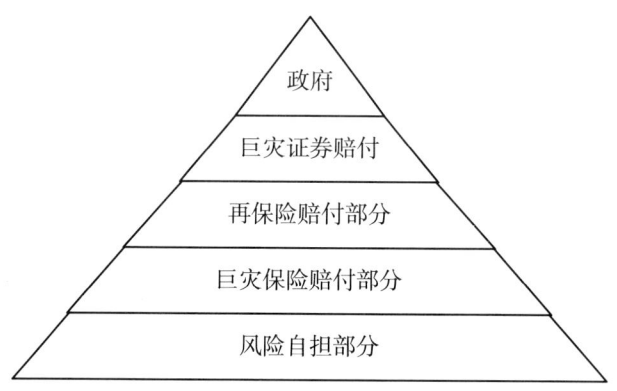

图 5-1 巨灾分层分担示意图

资料来源:根据本书相关论述整理。

具体操作上,巨灾保险应当按照损失额、灾害风险分布以及参保率等标准采用逐次分层的融资机制。通过对巨灾再保险理论的研究,我们认为巨灾再保险应当作为巨灾保险融资的第一层次。再保险是分散巨灾风险的一种有效途径,而且再保险公司作为风险经营者,具有专业的巨灾风险管理能力,能够在巨灾原保险的基础上,从更大范围内对巨灾风险的性质及规模进行再次核准。此外,再保险可以满足地区性保险公司的特定需求,并为地区性保险公司提供保险指导,有利于地区性保险公司的发展。但另一方面,巨灾再保险也有其不足:首先,再保险公司在巨灾发生时可能存在信用风险,而且再保险人与原保险人之间也存在着道德风险与逆向选择等问题。其次,巨灾再保险交易成本偏高,而且其非标准化的特点使得其流动性差,难以在市场上流通交易。最后,也是更为重要的是,巨灾再保险体系仍然难以完全分散庞大的巨灾风险损失,融资规模的不足使得巨灾再保险不能满足巨灾风险分散的要求。

巨灾风险证券化将资本市场引入到巨灾风险管理体系之中,一定程度上弥补了巨灾再保险的不足。作为巨灾保险融资的第二层次,巨灾证券是一种有效的巨灾风险规避工具,其优点主要表现为:巨灾期货和巨灾期权仍然是非常好的再保险替代品;在合理的保障层次与危险转移额以及透明的损失触发条件下,巨灾证券能够起到较好的巨灾损失补偿作用。近 20 年来金融市场的发展及资本市场的发展,导致巨灾债券交易成本大幅降低,资本市场不断向新的领域扩张,特别是现代金融理论和金融工具的创新,为巨灾证券提供了具体形式和实施方案。但基差风险、信用风险和保险人对巨灾资产证券化产品的不了解等因素,也制约了巨灾证券产品的进一步发展。

最后,也不能忽视政府在巨灾风险融资体系中发挥着至关重要的作用。政府应当作为巨灾风险融资的"最后再保险人"。将政府称为"最后再保险人",是因为在巨灾保险融资体系中,它能够降低原保险销售和灾难救济的无效性,并且帮助保险人建立免税的巨灾基金对损失进行融资,从而提高巨灾保险和再保险的市场容量。

巨灾风险的损失融资需要保险人、再保险人、资本市场和政府的协同工作。尤其是在政府介入前,应该充分挖掘利用保险市场、再保险市场和资本市场的融资能力,建立具有实体性质的、由政府筹集运作的、专门用于巨灾救助的"巨灾基金",并建立多融资方式、广渠道来源的巨灾基金制度。巨灾基金首先应当具有一定的资金规模,能够对巨灾风险进行有效的损失补偿。巨灾基金应当采用财政拨款、税收支持及社会捐助等多种融资方式。巨灾基金的来源也可以拓展到社会企业、非政府组织(NGO)以及国际机构组织等主体。

第二节 巨灾风险预警的理论基础

一、巨灾风险预警体系的基本概念

巨灾风险预警,实际上是指根据所面临的重大灾害特点,通过多种渠道收集相关的数据信息,监控风险因素的长期变动趋势,并评价各种风险状态偏离预警线的强弱程度,进而向决策机构及社会公众发出预警信号,并敦促其提前采取相应对策。传统的风险预警体系(Risk Early-Warning System,REWS)主要由三个部分构成:前兆监测(monitoring of precursors)、或有事件预测(forecasting of a probable event)以及巨灾事件发生警报[1]。

就前兆监测阶段和或有事件预测阶段的实际运作而言,巨灾风险预警出现了集中化和分散化两种类型。

---

[1] 引自联合国国际减灾战略报告(2005)对巨灾风险预警系统所给出的定义。

(一) 集中化的巨灾风险预警体系

这类预警体系是由国家层面上的处置机构统一执行灾害前兆的监测和巨灾事件的预测。例如在中美洲国家，国家气象机构建立了统一的针对洪水灾害和飓风灾害的 REWS，并负责透过媒体发出警报。在这些国家里，巨灾风险预警就是通过这些机构来构建。

(二) 分散化的巨灾风险预警体系

这类预警体系把这两项任务交由各类基层市政机构、行业协会甚至是当地的志愿者来完成。在分散化情形下，国家减灾机构、国际组织同当地的非政府组织组成了分散的预警系统，在社区开展各阶段预警及响应工作。在这样的系统中，市政厅负责协调大部分的活动，并通过所有信息系统内的无线网络把各地区的警报信息汇总到国家应急机构。

相较于集中的预警体系，分散的预警体系在实际操作中使用的设备比较简单，监测结果不精确。而且，这样的系统依赖于无线通信方式人工发送灾害前兆或警报信息，容易降低灾害预测的准确性。但另一方面，分散的预警体系可以及时获得某些地区的具体预警信息，诸如：潜在医疗需求一类的社会事务匮乏，可能的受灾亲友的信息处理能力不足，通信电线故障问题缺乏应急预案，可能滑坡堵塞的高发路段，以及用于重开路的重型机械调配，等等。到目前为止，社区运作的洪水灾害预警系统大多应用分散的预警模式，特别是在易遭受洪灾的低海拔流域。

后来的防灾实践中，许多国家的风险应急机构又在传统预警体系（见图 5-2，左图）的基础上，增加了警报后的应急响应启动。这些国家和地区认识到风险警报出现以后，及时恰当地启动相应的应急处理措施，是巨灾应急机构的主要任务（见图 5-2）。

最后，联合国国际减灾战略（2005）强调：高效的 REWS 需要具备丰富的巨灾风险知识以及技术基础，但 REWS 的建立必须是"以人为本"（people-centered）的体系。它是一个由经验丰富的风险管理者与具备较高风险响应素质的公众所构建的信息传播系统。它必须及时将明确的防灾信息告知那些可能将接触到该风险的人们，并由后者有效地付诸实施。因此，良好的公众风险意识和风险应急教育同样是必须具备的，完善而有效的 REWS 由内部相互联系的四个要素构成，如果其中任何一个要素的作用没有有效发挥，都会导致整个预警体系的失灵。

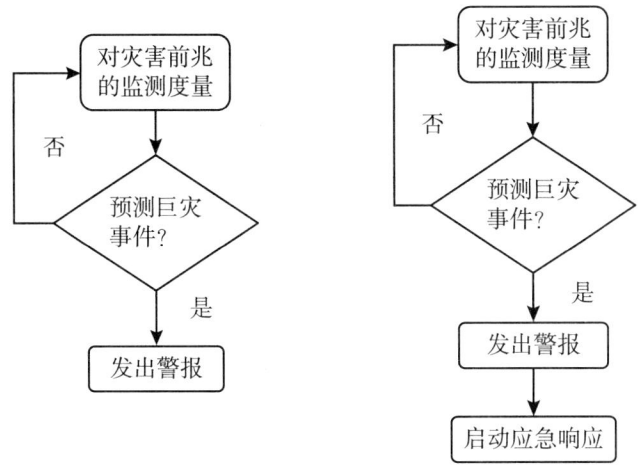

图 5 − 2　传统的巨灾预警体系与改进的巨灾预警体系流程

资料来源：Juan Carlos. Early Warning Systems in the context of Disaster Risk Management [J]. entwicklung & landlicher raum, 2006 (2).

二、巨灾风险预警的经济学理论

巨灾风险造成的经济损失程度依赖于自然灾害的经济危害程度以及目前受灾地区的人身财产易损程度。关于这两方面的众多决定因素的变化规律及发展趋势是需要相关的经济学领域重点关注的问题。预先的地区灾害危险性评估及易损性调查可以帮助我们就经济损失层面设置 REWS 的优先次序，并指导灾害预防活动。风险评估主要基于历史数据以及社会经济、环境安全方面的风险暴露程度。

潜在经济损失的风险级别。在运用巨灾风险的科学知识构建巨灾预警体系的时候，最重要的步骤是要定义某个地区面临某种灾害或者一系列灾害群时所处的风险级别。风险级别的确定不但要考虑巨灾风险本身的危险程度，还需要考虑本地的风险暴露状况。例如：某地区是否位于地震带，决定了相同地震造成的破坏是不同的；同一次洪水灾害在靠近河流的人口密集城镇所造成的损失，要远大于距河流较远的人口稀疏的乡村。在这一阶段，人们运用自然灾害的相关知识评估灾害本身的危险程度有重大进展。例如对洪灾、地震和火山喷发的危险性分析甚至可以借助相关计算机软件进行测算，发达国家及地区甚至可以借助地理信息系统（GIS）测算单个灾害及多重灾害的风险发生概率[①]。

而对不同地区的灾害易损性分析则存在差异，许多高收入国家和地区通过绘

---

① 方方. 国外灾害预警掠影 [J]. 气象知识，2005 (4)：26 − 30.

制风险地图来了解本地区对某种灾害的暴露,尤其是欧洲国家、日本和美国发展了覆盖全国的协同风险地图(harmonized hazard maps)。地区易损性的研究应该考虑所有巨灾风险对某一地区的综合影响。然而,只有少数国家编制了多重风险地图,包括土耳其、瑞士和奥地利。这些国家的风险地图对多种巨灾风险对不同地区的交互影响做出了更为细致的描绘。其他国家没有编制多重风险地图的原因是这一工作并不是法律所要求的(见图5-3)。

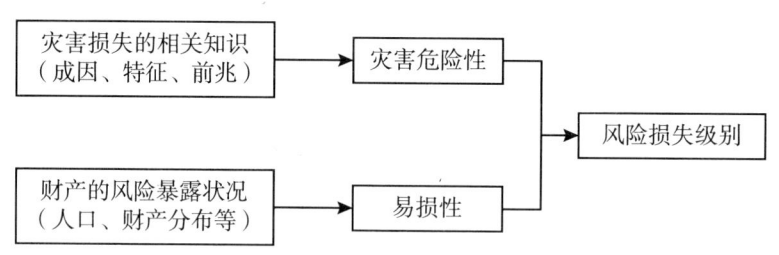

图5-3 经济损失在预警体系的作用示意图

获取灾害危险性知识以及维系全国各地易损性状况不但需要政府在科学研究和工程技术领域有大量投入,还需要维持一个覆盖全国的观测网络来及时更新不同地区的易损性变化。然而,在部分发展中国家尚不具备这样的条件,这是需要通过发展中国家加快自身发展,同时通过国际上相互合作和技术合作来加以实现。

为了进一步提高预警体系的信息质量和预测准确度,在进一步获取经济损失规律方面,我们还需要做好如下几方面工作[①]:

1. 预警系统仍需要关注经济、社会和环境方面的巨灾风险易损性

由于社会科学方面的研究数据难以获取,相关的潜在经济损失难以全部量化到风险级别的划分中。再加上灾害对当地环境的影响和经济发展趋势的影响更是在灾害发生前容易被人们忽视的。预警系统对这方面灾害损失的低估正在受到决策部门的重视,而且会在未来有所改进。

2. 易损性评估工作需要公众的理解和参与

除了搜集统计资料和绘制总体风险因素图外,风险评估还应包括当地社区确定自身的风险(风险感知)和现有的应对策略。以人为本的风险评估可以确保政府、援助组织和地方社区的行动能够帮助群众获得抗灾需要的更多资源。此外,群众参与的易损性风险评估有助于把群众对损失的日常经验知识纳入预警体系中去。

3. 数据质量仍亟待提高

尽管在一些国家,损失数据统计工作进展显著,尤其是风险危险性的长期历

---

① S. Fuchs, C, Kuhlick. Vulnerability to natural hazards. Natural Hazards (2011) 58, pp. 609–619.

史数据统计，在很多巨灾频发的国家是比较完善的，但其他方面的数据却很稀缺，在数据质量上也参差不齐。在本国境内不同地区，不一致的历史数据记录非常常见，很多情形下，这些数据无法以数字化的形式获得。在国家层面应该负责的工作主要有：首先，建立并维护好观测系统和数据管理系统；其次，要进行档案维护，既包括新数据的质量控制，也包括历史数据的数字化；再次，要建立易损性分析所需要的社会及环境科学数据；最后，易损性数据搜集和分析的规章制度必须有相应的保障。

4. 信息获取方面仍有较大困难

作为天性，人们普遍不愿显示自己脆弱的一面，也不喜欢作为被监控的对象。这给易损性数据的搜集工作带来困难，尤其是与健康状况有关的信息。另外，出于国家安全方面的考虑，战略资源信息的传播是受到严格控制的。某些国家甚至拒绝把经济损失的相关信息及时通知那些同样暴露在风险威胁之下的周边国家，比如1986年的切尔诺贝利核事故导致的环境污染风险，就一直被苏联严密封锁信息，导致乌克兰、白俄罗斯、俄罗斯等，甚至西欧国家的居民没有及时采取应对措施。为了避免这样的情况再度发生，国际及地区的风险信息共享协议的签署是非常必要的。

5. 缺乏合适的多项预警指标

风险评估人员需要的经济指标应该是国际认可的、并且与当地的预警系统检测相联系的指标，它将有助于提升风险数据的搜集和分析基础。遗憾的是，这类经济指标目前还比较缺乏。

6. 社会群体对巨灾损失的教训容易遗忘

真正的巨灾危险，尤其是100年以前甚至更长时间以前发生的重大灾害，社会记忆非常容易遗忘。除了容易失去对危险的警惕，新建立的青年社区还要面临失去如何减少脆弱性、如何补充对警报做出及时响应的风险知识。在日本，灾难博物馆（如神户地震博物馆）和每年警报响应演习可以保持巨灾危机意识，减少巨灾预警损失，为其他国家提供了很好的借鉴。

三、巨灾风险预警的气象学理论

预测潜在的灾难性事件需要有可靠的气象学根据。REWS必须常态化监测可能出现的灾害前兆，并在关键时刻生成准确的巨灾警报。事实证明：基于多种危险前兆和来自各个气象监测机构报告进行的风险预警是最有效的。目前，风险地区发出警报的信息质量、预警的传递及时和灾害前的警报提前时间都有了很大改善，这在很大程度上是由科技进步驱动的，尤其是计算机系统和通信技术方面的进步。检测仪器的精度和可靠性都在不断改进,使得灾害现象的模型构建及预报方法有了更多可靠的依据,这些因素都使得风险警报的质量大大提高。

但是,由于风险种类和发生地区的不同,危险的检测和预警能力差异性很大。即便相同的风险发生在邻近的地区,由于国家所处的经济、社会和政治条件不同,风险的预警也可能不一样。在这方面,欠发达的中西部地区和发达的东部省份之间总体上都存在差距,主要的问题包括:对水文气象灾害风险的监测面覆盖还不够,监测系统本身的持续观测能力还有待进一步提高;各省份的水文气象机构技术水平和能力(如资源、专业知识和预警业务)参差不齐。

就国际上的巨灾风险预警而言,发展中国家的巨灾预警工作比较薄弱;尤其缺乏沙尘暴、山洪和风暴潮等自然灾害的风险预警系统,使得这些国家和地区存在风险隐患;缺乏国际上的数据交换协议和操作流程,使得国家之间无法及时地共享基础灾情数据,比如说由于海啸和地震灾害的数据共享匮乏,巨灾模型及预警系统预测都面临困难,不同国家建立的模型无法相互借鉴;很难从本国以外的国家和地区获得足够的灾情数据,这使得对于难得一见的重大自然灾害缺乏了解,本国缺乏应对之策,也无法从国外获取有价值的预警经验;在改进对洪水和风暴潮灾害的预测工具方面,缺乏跨学科、多机构的协调合作。因此,对于多灾害风险的总体预测比较薄弱;通信系统建设仍需加强,许多准确并有价值的预警信息还无法及时发布到那些偏远的、自然条件恶劣的地区。这些通信条件差的地方往往也是受到自然灾害威胁很大的地区。巨灾预警系统拓展到这些地区仍需要各方面付出更大的努力。

总的来说,对于即将发生的水文气象原因引起的灾害,预警体系可以提供风险预测和警报,但是不同国家的风险预警覆盖范围差异很大,这反映了国家的经济发展水平。同时,灾害预警系统的全球地理分布也是不均匀的。发达国家及发展中国家的灾害高发区有更多的监测系统和预警系统,而非洲国家和其他低灾害的发展中国家相对较少。许多发展中国家和最不发达国家的预警系统正面临着发展不可持续的重大挑战。有效的监测和预报系统可用于绝大多数灾害,包括干旱、厄尔尼诺和荒漠化等复杂的灾害。热带气旋和风暴预警系统与子区域洪水预警系统已经有了显著的改善,而与海啸、滑坡、荒地火灾和火山有关的风险预警系统目前还不太完善。至于常规地震预测,目前尚无科学依据可用于预警系统构建[①]。

大多数国家已经具备了对境内主要灾害的监测和预报能力。但在很多情况下,预警系统并不能涵盖所有的自然灾害,也不能覆盖该国境内所有的地区。在

[①] 这里所指的"地震风险预警系统"是指可以根据相关的前兆现象提前判断是否发生地震以及具体规模。而非我们在本章第四节所提到的"地震风险预警系统"。实际上,后文提及的"地震风险预警系统"只是地震发生后抢在破坏性冲击到达前发出警示的地震发生警报,而非真正意义上的"地震预报"。

全球范围内，突发性地震风险和成灾过程最漫长的干旱风险是最难预测的巨灾风险，这对预警系统来说是重大的挑战。总体而言绝大部分巨灾预警系统重点是针对自然灾害的监测和预报来开展工作，而灾前的地区易损性测量往往被排除在外。目前，针对沙漠化的灾害预警系统作为新兴的巨灾预警系统，已经开始把沙漠边缘地区的易损性度量归入预警体系的一部分，这是对预警系统很有价值的改进。

四、巨灾风险预警的信息学理论

巨灾风险的预警必须将易于理解的灾害警报及时传递给每个处于巨灾风险威胁下的人们。警报信息必须是明确的，可以帮助人们做出正确的判断和响应。在每个社区、每个省市乃至整个国家层面上，都必须建立起快捷可靠的信息沟通渠道，在灾害发生前发出一个权威的声音，而不是相互矛盾的灾害信息，否则将导致潜在受灾地区的人们无所适从。

具体而言，传播和通信机制必须是易于操作的，稳健的，每分每秒都可获得的，它可以针对不同的威胁，满足不同的用户群体广泛的需求。必要的报警响应时间范围从地震灾害来临前的几秒钟，到干旱灾害发生前的几个星期。这样的共同需求是存在的，它可能是一个多类型的告警信息，使用相同的通信系统。不同类型人群有相同的预警需求时，同一通信机制可以传递多种类型的警报信息分别给他们中的每一个人。

信息的传播必须基于电信基础设施支持，通过明确的协议和程序来完成。在国际和地区层面，观察、分析、报告和预测的结果必须在已建立灾害预警体系的国家之间进行交换，特别是对那些巨灾事故的影响空间横跨多个国家的情形。在国家层面上，有效的传播和预警机制必须确保及时把信息传播到潜在灾区的每一个社区，甚至是最偏远地区的可能遭受风险的每一个人。每个地区可能需要用不同的通信技术基础设施来实现信息的有效传播，但他们必须确保所有在一起工作的预警系统都符合国际标准。

警报的有效性取决于警告信息传播到所有地区的及时性和响应程度。一般而言，警报信息主要是通过电信业务系统传递，但也可通过非技术性的社会网络扩散。后者主要是用于缺乏通信技术的偏远地区，在那里社会网络起到非常重要的作用。警报的有效传播需要提前建立一个指挥链，以便管理预警的发布和传播，确保提供的信息可以及时被那些可能遭受灾害损失的地区接收并且理解。

传播和通信机制最大的挑战在于警报没有被提前传递给所有遭受灾害的地区。在发展中国家，这主要是由于经济不发达导致的基础设施和通信系统落后；

而在发达国家，主要是由于预警系统不能完全覆盖。资源约束也是导致必要冗余服务信息在许多国家比较缺乏的原因。预警信息传播和通信方面的其他差距包括：

（一）制度安排不健全

由于没有权威的政治制度结构发布官方预警信息，预警服务在许多发展中国家是有限的。造成这种情况的原因之一是政府对预警信息的真正本质理解有限。因而政府不情愿行使相应的政治权力并承担相应的责任。民众和预警机构（包括与预警服务和响应相关的其他部门）之间弱化的关系是导致警报通信经常失败的原因。在这些预警无效的地区，经常有一个关键机构和部门中断了有效的信息交流和警报传递。如果预警机构发出错误的警报或者不发出警报，都会失去公信力，导致公众对预警信息反应迟钝（见图5-4）。

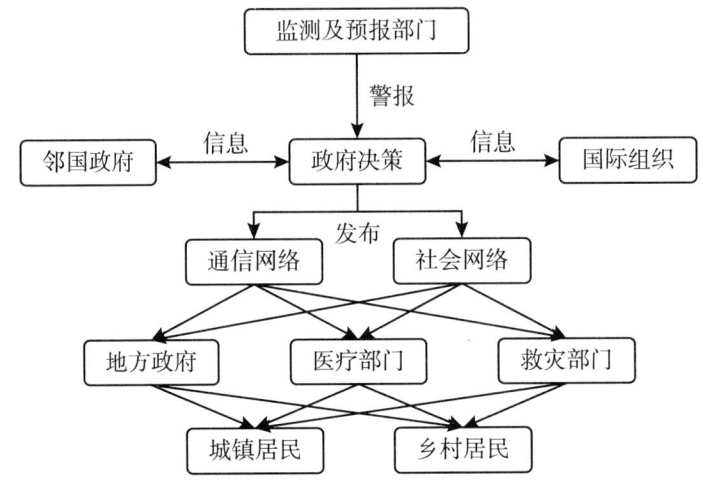

图5-4 风险警报的信息传播网络示例

资料来源：本书相关论述归纳整理。

（二）政治因素造成的信息传播障碍

出于政治上的考虑，政府在警报通信链条上也可能出现断裂。尤其是政府机关一旦意识到：相关信息的发布可能会引起社会性恐慌或不可接受的政治风险时，他们可以选择不把警报信息向社会公众发布。这些政治因素造成的信息传播障碍包括：延误预警信息的发布，丧失巨灾响应时机；缺乏对公共预防、疏散和避难工作的协助；官员不愿意放弃政治权力，所以不发布警报；对风险地区的战略重要性缺乏考虑；处理公共突发事件能力不足；对经济损失的诉讼案件心存恐惧。

(三) 警报缺乏清晰度和完整性

通常警报不完整，是因为它不满足有效性基本要求——简洁、清晰、简短介绍、口语化，影响地区的接受习惯，潜在的损失和在一定时间内损失的概率解释以及通过响应行动减少损失的指令。警告消息在发展中国家内部和国家之间缺乏共同的标准。它也可能是对公众的信息是否是预测或是不清楚的警告，固有的不确定性可能没有得到适当的表达。缺乏清晰的警告信息通常是由于责任不清，谁提供的预测（危险）？谁提供警告（风险）？这些问题通常需要清晰地告诉社会大众，以确保风险区域的民众理解并遵循警报所要求的响应行动。

(四) 最不发达国家需要加强电信系统和相关技术建设

虽然全球通信系统（GTS）在许多国家已经全面运作，但在区域和国家的层面上仍存在严重的缺陷。特别是在发展中国家和最不发达的地区，GTS 区域电信枢纽的连接可靠性和传输能力需要增强。对于极短时间爆发的自然灾害，如海啸、地震，尤其要保证信息的实时交换。这些地区目前最紧迫的任务是对电信设施进行升级改造，包括设备、服务的配置和操作，使之能够及时传送对公众安全非常重要的警报信息。

五、巨灾风险预警的公共学理论

让社会公众知道如何处理面临的风险是非常必要的。他们必须对警报信息有足够的重视，并能及时做出响应。这需要通过正规及非正规的教育机构，对风险地区的人们进行长期的风险应对教育，使他们清醒地认识到本地区的风险状况及灾害的易损性程度。

预警系统响应还涉及在灾难来临前激活相应的应对机制（主要是把人们从危险地区有序地转移到安全的地方，同时把重要资产安全地运送至其他地区）。另一方面，灾后响应意味着更广泛的范围内开展复苏、康复和灾后重建工作。然而，无论是灾前响应还是灾后响应，都是防灾部门采用的应急程序。风险事件的警报必须是针对损失避免的最适当的行动指示。预警的成功与否取决于它是否能触发有效的应对措施，因此预警系统应包括准备的战略和计划，以确保警报信息能引起有效的响应。

大多数国家已经有了应急响应预案，但这些预案主要集中在灾后应急响应和恢复。未来的发展趋势应该是产生在国际、地区和国家各方面走向更多层次的预防策略。对于应急规划,许多发达国家与许多拉丁美洲和加勒比海地区响应预案分为国家和地方两级。而在太平洋岛屿国家,社区响应是普遍存在的,他们都有维护应急运行中心和预定应急储备。但在非洲、中亚和东欧的许多国家,预警应急响应是欠发达的。在预警意识上,公众对巨灾敏感度相对较低。非洲国家已经建立的应急响应计划应该说是一种进步,但它主要还是在国家层面,没有深入到社区一级。

综合本节的理论阐释,我们不难看出巨灾风险预警实际上是由图5-5所示的前后相继的四个单元要素所构成的。潜在经济损失的相关估计、气象地质状况的实时监测、警报信息的有效共享及传播和社会公众的及时响应都是必不可少的。这四个重要环节中任何一个出现了问题,都会导致巨灾风险预警工作无法发挥其应有的作用。此外,虽然有力的政府管理及恰当的制度安排并没有被列入上述的四个要素之中,但它们对 REWS 的成功构建也同样重要,因为政府可以保证相关法律和制度安排将得以顺利执行。

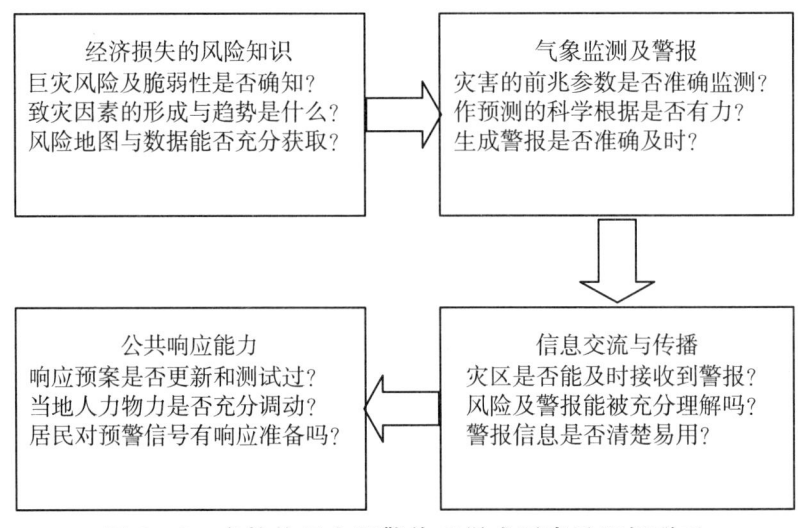

图 5-5 有效的巨灾预警体系组成要素及逻辑联系

资料来源:本书相关论述归纳整理。

第三节 巨灾风险预警的国际经验

正如前文所述,巨灾风险预警是通过对潜在自然灾害的长期监测,及时发现巨灾风险的前期征兆,并运用定性和定量相结合的多学科知识,准确识别风险的类别、损失严重程度、影响范围以及变化趋势。巨灾风险预警应该拥有庞大而可靠的信息传播网络对警报信息进行有效传达，并最终协助灾区政府及群众提早做出正确的响应行动。它在整个巨灾风险管理体系中居于非常重要的地位。一般的风险管理理论认为：风险管理体系应该包括风险管理规划、风险识别、风险定性分析、风险定量分析、风险响应和风险监控多个方面。巨灾风险管理的本质是对巨灾损失后果不确定性的控制与管理，这种控制与管理的工作应该贯穿到抗灾救灾各部门日常的整个业务过程中，不仅包括巨灾发生过程中的及时救援工作和巨灾结束后的安置重建工作，更应该包括巨灾发生前的预防和实时响应工作。显然，越早发现巨灾风险征兆、越早采取应急响应措施，则巨灾风险管理的成本就越低，灾害给人民的生命财产带来的损失也就越小。可以毫不夸张地讲，对潜在巨灾风险是否能做到及时准确预警，很大程度上决定了整个巨灾风险管理体系的最终效果。

正因为如此，包括我国在内的世界各国都不同程度地建立了针对某种、甚至综合的巨灾风险预警机制。一些国家对某些巨灾风险的预警经验非常值得我们借鉴。

联合国国际减灾战略部门（UN–ISDR）在 2005 年做出的研究报告认为，世界各国的巨灾风险预警体系建设情况差距较大。在联合国前秘书长科菲安南的倡议下，ISDR 从巨灾预警体系构建的四个要素出发，对 122 个成员国的巨灾风险预警体系进行了比较。在此基础之上，通过弥补相互间的差距，试图建立一套国际上通用的风险预警系统的标准。对于研究相对较为成熟的风险，ISDR 主要比较了发达国家和发展中国家风险预警的经验教训。对研究相对薄弱，预警系统尚未根本建立的风险，ISDR 指出了建立系统所遇到的困难及进一步努力的方向。他们的评述及分析具体分为以下几方面：

一、水文气象类灾害风险预警系统

水文气象类灾害泛指源自大气、水文和海洋气象的灾害，这一类型的灾害在巨灾中占大多数。某种极端天气条件（如极端干旱和强降雨）对地区的影响时间越长，越有必要在各地政府间成立气候变化委员会来协调应对行动。预警系统可以实现经济发展程度不同的多地区，共同面对各种水文气象灾害的行动协调性。与地质环境类的巨灾风险相比，水文气象灾害的检测和预警相对更成熟。各地气象和水文服务机构主要负责连续地观察、监测并预测风险；而各国政府、世界气象组织负责灾害应对的地区间以及国际上的行动协调。

(一) 洪水灾害预警系统评述

绝大部分国家由气象和水文服务机构来负责监测洪水灾害，也有少数国家把山洪暴发灾害和江河洪灾分别交由环保部门和水文服务机构进行监测。一般而言，山洪暴发是难以准确预测的，但可以用天气雷达一定程度上检测到它的发生。大部分山洪巨灾发生在那些没有天气雷达覆盖的国家和地区，当热带气旋活动强烈时，引发的山洪暴发往往会造成大量伤亡。

对于洪水巨灾，发达国家建立了专用于监测和预报流域洪水的系统，在那里他们通过各种技术手段开展这一工作。然而这样的系统在发展中国家特别是非洲、亚洲和加勒比海地区普遍较少。在许多热带地区，如在印度洋沿岸地区，洪灾监测预警系统是同热带气旋警告系统紧密相连的。

由专门的预警系统做出的全球性洪灾预报可以提供为期三天的风险警告，但采取若干举措可以将警戒的时间范围延长。大多数的洪水预警信号是由独立的国家发出，但预警系统本身已覆盖几个国际河流，如欧洲的莱茵河、多瑙河、易北河和摩泽尔河，亚洲的湄公河、印度河、恒河以及南部非洲的赞比西河。

美国达特茅斯洪水天文台能够检测、绘制和分析全球范围内的极端洪水事件。基于季节性预测和主要河流的状况，美国国家海洋和大气管理局（NOAA）可以提前 6 个月提供流域洪灾风险指南。联合国教科文组织和世界气象组织目前通过协调与各国的流域洪水预警系统，国际洪水网络利用全球洪水警报系统，为全球用户免费提供基于卫星数据的降水信息。这些信息可以提高各国救灾部门提供服务的效率。

(二) 热带气旋预警系统评述

热带气旋，也称为飓风或台风。热带气旋灾害是通过世界气象组织提供的全球热带气旋预警系统来进行每天的监测和预测的。这个预警系统是一个全球观测网络，具有强大的数据交换和区域预测分析能力。系统共包括 6 个区域专业气象中心（RSMC），可以全天候为各国的国家水文气象部门提供预测、预警、严重性评估服务。系统至少能够提前 24 个小时向所在国家发出热带气旋灾害警报，有时甚至可以提前几天时间。这些时间足以实现有效的大规模撤离，从而避免更大的生命损失。5 个热带气旋区域委员会（由热带气旋建模和预测的专家组成）可以提供具体的区域协调以及相关的培训支持。

(三) 剧烈风暴预警

剧烈风暴包括几种恶劣的天气类型，例如，龙卷风、冰雹、闪电、洪水和沙尘暴等。龙卷风警告持续时间本质上是非常短的,而针对龙卷风风险的预警系统仅在美国等发达国家才有,预警时间可达 15～20 分钟。龙卷风警报是最有效的使人寻求避难处的方式。被称为"龙卷风手表"的警报可以在龙卷风袭击之前,提前一个多小时预告可能发生的风险。美国在 20 世纪建立的多普勒雷达网,在龙卷风预警方面发挥了巨大作用,结果使得龙卷风死亡人数显著下降。同样,美国冰雹监测系统也主要在国家层面运行,可以在冰雹发生前几小时发出预警。针对沙尘暴的风险预警系统可以提前 3 天发出警报信息。但是需要指出的是,严重风暴的影响范围相当分散,对这类灾害的风险预警具有很大的挑战性,地区层面上的预警还难以开展。许多剧烈风暴的重灾国家和地区还没有建立应用层面上的剧烈风暴预警。

(四) 干旱预警

干旱预警系统比其他水文气象灾害更加复杂,因而从世界范围来看,旱灾预警工作都是一个难题。旱灾预警严重依赖于降雨月度数据、季节性降雨分布、地下水水位、河水径流量、积雪量等其他水源分布的观测结果。全球大气环流模型(GCMS)及其他相关统计方法常被用于对即将到来的气候异常提供预警。在更大的地理区域范围内,它们也可以粗略预测季节性干旱的严重程度和持续时间,一般可以达到几个星期或者几个月的预警水平。许多国家的干旱预警系统能够整合各种来源的观测数据,提供干旱即将来临的警告。在许多偏远的乡村地区,传统的预测仍然是人们获取气候警报的主要来源。由于现有的技术手段无法对漫长的干旱形成过程做出更准确的预警,传统的旱灾预测经验正在受到科学家的重视。如何协调好传统的旱灾预测经验和现代技术手段得到的预测,在一些欠发达的国家和地区,如津巴布韦和肯尼亚,正在作进一步的尝试。

(五) 极端气温预警

极端气温灾害,包括热浪和寒流,在发展中国家和发达国家是社会弱势群体的主要威胁。在很多温带国家,冬季过于寒冷的气温可能加剧心血管、脑血管、循环系统和呼吸系统疾病,导致死亡率增加,尤其是那些无住房的或生活条件很差的老年人和穷人。此外,极端寒冷的条件可能导致牲畜的大量死亡,人类的食物来源也将变得非常匮乏,从而间接影响到人类生存。2000 年,蒙古国发生了暴风雪灾害,严寒和积雪导致成千上万的牲畜被饿死冻死,最终导致该国居民大量食品短缺。此外,在一些地区的牧场出现过度放牧,也是加重这场危机的一个重要原因。

美国和欧洲的一些国家通过一个新型健康热量预警系统(HHWS)为社会大

众提供日间和夜间的温度、湿度、风速等气象信息的预警服务，它可以有效避免这些极端气温导致的非正常死亡发生。这个系统是由气象部门、健康医疗部门和其他社会部门相互合作建立起来的。正常情况下，由医疗部门根据气象部门的预警结果发布健康警报。系统同时承担宣传、教育以及救助责任，使他们能对极端气温做出应对，不至于酿成死亡。世界气象组织试图在世界其他国家和地区推广这一系统的成功经验。

（六）空气污染预警

空气污染是发展中国家和发达国家所共同面对的灾害。光化学烟雾通常产生于汽车运输等产业相关的经济活动领域。在 2003 年的西欧热浪中，25%~40% 的有毒物质是由污染物恶化产生热所引起的。对于空气污染的预警时间取决于污染物的类型以及检测方法的选择，一般为 24~48 小时。大型污染物质（如荒地火灾产生的物质）的区域移动一般要持续 3~5 天才能完全消散。但在东南亚的观察表明：刀耕火种方式产生的火灾烟雾经常可以覆盖整个地区长达数周甚至数月。这些烟雾是航空飞行的重大威胁，因为它不但限制了飞行员的能见度，也可能造成发动机故障。为了避免这一类的风险，通过卫星观测烟雾的运动趋势来预报风险是很有用的。

（七）海啸风险预警

海啸是由海底地震、海底火山喷发或海底滑坡所引起的一系列海洋表面的巨型波浪。海上地震发生后，利用全球和区域地震观测数据可以测算出震源位置，并在 15 分钟以内粗略地估算出周边沿海地区发生海啸的概率。一旦海啸发生，通过海洋观测系统，它的规模大小、运动和可能的到达时间就可以足够精确的计算出来，这样就可以达到风险预警的目的。

2011 年的东日本海啸和 2004 年的印度洋海啸一再向世人显示了海啸灾难的巨大破坏性。虽然在基础设施方面的巨大损失是难以避免的，但如果预警系统运转到位的话，数以万计的人将会得以幸免。这两次海啸中遇难人数的巨大差距，正好体现了海啸预警系统在灾害损失预防时发挥的独特作用。

迄今为止，真正意义上的全球海啸预警系统并不存在，只有一个海洋警报系统（IOC）。它是由政府间海洋学委员会主持下成立的一个预警机构。该委员会已经在太平洋地区工作达 40 年以上。2005 年 6 月，IOC 秘书处得到其成员国授权，协调各国建立跨国的印度洋海啸预警系统、北大西洋海啸预警系统、地中海海啸预警系统以及加勒比海海啸预警系统。每个区域系统的政府间协调组（ICGS）于 2005 年成立。

(八) 火山喷发风险预警

每年全球平均有 50~60 座陆地火山会喷发,且世界范围内有 3 000 座火山会在未来喷发。对于火山喷发时间的预测问题,相应的风险预警模型构建已经基本完成。但对于火山喷发的规模、持续时间和喷发峰值的预测,现有的技术条件还无法做到。1991 年,对菲律宾皮纳图博火山喷发的预测是一个很好的例子,由于预警及时,火山周围的居民得到了有效的疏散。类似的成功预警情形还有很多,这都是科学技术对于地壳剧烈活动的检测工作取得重大进展得到的成果。

二、地质环境类灾害风险预警系统

(一) 荒漠化风险预警系统

荒漠化风险是由于自然生态系统和人类社会活动的相互作用造成的。它主要在人类缺乏管理的土地上缓慢发展。这类风险的监测和预警主要是看土地在形态上、生物种类上、社会经济价值上的可获取性。荒漠化的驱动因素有很多,它是多种复杂条件长期共同作用的结果,所以这类风险很难预测。此外,如何把广泛接受的预警原则反映到面向行动的防止荒漠化公约(UNCCD)中去,不同国家间还存在相当大的认识上的差距。目前全世界共有 81 个国家受到荒漠化风险的威胁,其中也包含中国。这些国家大部分已经制订了防止荒漠化的国家行动方案,世界气象组织和 UNCCD 都致力于这类风险的预警及防范。

(二) 山林(荒地)火灾风险预警系统

荒地火灾风险预警涉及利用火灾危险评级(FDR)来判断不同山火的风险规模。长期以来,FDR 作为一种评价工具,一直被用于提供山林、荒地等人烟稀少地区出现严重火灾风险的可能性。它可以根据每天的基本天气数据(包括当地的温度、湿度以及风向风力)提供 4~6 小时的预警信息。如果根据现有的天气预报结果,荒地火灾预警甚至可以提前长达 30 天。东南亚地区对泥炭地区的火灾预警时间表明:利用 FDR 作为火灾预警工具,具有很好的影响,也得到了多个国家的推广应用。在工业化国家也有很多这样的例子,但是,FDR 目前并没有作为国际公认的火灾预警系统存在。世界气候研究计划(WWRP)、加拿大森林和土地覆盖变化监测服务(GOFC-DOLD)和全球火灾监控中心(GFMC)正在共同努力,以促进山林火灾预警系统的标准化和适应程度。

第四节 中国的巨灾预警体系

我国的巨灾风险预警体系经历了一个逐步深入细化的发展过程。早期的巨灾风险预警体系主要只是针对个别历史上的重灾区建立的单一的自然灾害预警机制。这类机制有很大的局限性。实际上,不断应对各类自然灾害的巨大威胁过程中,科学家们都意识到各种自然灾害的发生并不是孤立毫无规律可循的。巨灾的整个过程往往从一种自然灾害出发,继而引发其他次生灾害,最终形成灾害链、甚至是灾害群,构成自然灾害系统。自然灾害系统是地球表层系统的一部分,其规律服从地球系统的发展演化规律和全球变化,并受着太阳及其他天体活动的影响、制约与人为因素的影响。这一系统性的认识,从理论上推动了我国巨灾预警工作从单一自然灾害的预警向深层次的综合灾害的预警发展。从1991年开始,我国连续开展了三个年度的自然灾害发展趋势综合会商,除为国家提供了年度自然灾害发展趋势总况外,也为中国可持续发展态势分析提供了依据。全球变化和自然灾害的发展趋势研究,多次指出干旱是对我国危害最大、不良影响最深远的自然灾害,并圈定了未来旱灾风险区。

一、中国巨灾风险预警体系的发展

中国政府历来高度重视巨灾预警管理工作,近年来,在全力应对各种重大灾害中,不断总结经验,探索规律,初步形成了具有自己特色的巨灾预警管理体系。但是,现有的巨灾预警管理与有效防范应对各种巨灾频发的要求还不适应,还有不少方面需要改进完善。加快构建中国特色巨灾预警管理体系,当前和今后一个时期,应着力从以下四个方面全面推进:

(一)全面推进巨灾预警管理体制、机制、法制和预案体系建设

要以提高巨灾综合防范应对能力为重点,进一步理顺各级预警管理体制,形成国家统一指挥、分级响应管理、多元协同作战、公众共同参与,反应迅速、运转高效的巨灾预警管理体制。加紧建立健全巨灾风险调查评估、监测预警、信息共享、救援处置、恢复重建、社会参与、区域协作、舆论引导、国际合作等机制。抓紧研究制定国家巨灾防范应对的专门法律,完善各种已有的单项法律法规和配套制度,健全巨灾防范应对的法制体系。进一步加强各类巨灾应急预案的研

究、制定和完善工作，全面开展巨灾预案的演练、评估和修订，不断提高预案的科学性、指导性和可操作性。

（二）全面加强巨灾预警管理的基础能力建设

要把巨灾的防范和应对纳入城乡建设发展规划，以降低脆弱性、增强可持续性为核心，重点加强电力、交通、通信等各类基础设施的防灾和抗灾能力建设，提高学校、医院、大型商场等人员密集场所抗灾设防标准。特别在各种巨灾易发地区、行业，要通过建立健全各种监测预警体系、提高基础设施建设设防标准、加强巨灾防范应对装备投入、强化教育培训等各种有效措施，提升防灾抗灾基础能力。要加大巨灾防范应对的科技投入，整合地震、地质、水利、海洋、航天、航空等各方面资源和力量，研究巨灾形成机理、分布规律和发生条件，探索防范应对的科学方式、方法和技术，全面提升巨灾防范、应对的基础能力和水平。

（三）全面完善巨灾预警管理保障体系

加快完善国家巨灾应急物资储备体系建设，优化储备布局，丰富储备品种和数量，加强跨地区、跨部门、跨行业的应急物资协同保障，全面提升巨灾应急保障能力。加强巨灾防范应对的装备配备和力量充实工作，加快建立专业化、综合性的国家巨灾应急队伍，加强对巨灾应急技术的研发和预警管理平台建设，不断提高巨灾防范和应对的科学化、信息化水平。加大巨灾预警管理的资金投入，加快建立国家财政、金融、保险、慈善等共同参与的多元化巨灾风险防范、化解、补偿等机制，努力形成政府、企业、社会、公民等相结合的巨灾风险多元共担机制和保障体系。

（四）全面提高全社会防范应对巨灾的意识和能力

进一步加大各种巨灾防范和应对知识宣传普及力度，通过多种形式，大力推进防灾避险、自救互救等应急知识技能进社区、进农村、进企业、进学校，全面提高全社会的巨灾风险防范意识和自救互救能力。加强巨灾预警管理的教育培训，着力提高各级领导干部巨灾防范的意识和应对处置能力。加强对各类社会组织、志愿者队伍，特别是"第一响应者救援队伍"的教育培训，不断提高组织化、专业化水平，充分发挥其在防范和应对巨灾中的作用。加强全方位的巨灾预警管理国际交流合作，大胆学习借鉴世界各国防范应对巨灾的成功做法和经验，提高全社会应对巨灾的能力和水平。

二、中国巨灾风险预警面临的挑战

目前,中国的巨灾风险预警同样面临着诸多挑战:

(一)中国巨灾风险预警系统具有单一性

理论上讲,不同的灾害需要有不同的预警系统,诸如旱灾以及海啸一类的灾害预警是完全不同的。来自全球各地的实践表明某些灾害风险是很难预测的,例如火山喷发或者海啸,由于仍然缺乏足够的测量技术来捕捉确切的灾害烈度和发生时间,预警这些潜在巨灾风险仍然面临很大困难。不同的巨灾风险处理方式也迥然不同。最近几十年,借助世界气象组织研发的国家气象水文系统,全球范围内与天气有关的灾害得到了很好的监测,并且预测精度有了很大的提高。但这一经验仍然需要拓展到对其他巨灾风险的预警中。同时还需要辅以其他风险控制措施。正是由于这些措施的匮乏,才造成了印度洋海啸及汶川地震中出现的巨大损失。中国巨灾风险预警系统今后应当逐渐跳出只对某一类自然灾害提供预警的模式,而应该提供多种自然灾害的综合预警信息,尤其是在某一种自然灾害出现后,导致的其他次生灾害的预警。一个突出的例子就是强烈地震发生后带来的泥石流灾害或者海啸的预警工作,是综合巨灾预警系统需要考虑的。

(二)我国巨灾风险预警系统的信息传导渠道不畅

针对大量自然灾害发布警报的预警系统目前正在发挥着作用。然而,一个困扰的问题是发布预警的技术能力和社会公众对警报的有效应对能力并不适应。也就是说,在我国一些巨灾频发地区,国家层面的预警信息不能够及时传递到社区组织和公众,没有权威性的信息传递部门向人们公布自然灾害的临近。自相矛盾的灾情信息往往极大干扰了灾区群众的响应行动。这就需要提高机构的信息传导效率和快速响应能力。因此,定期的巨灾事件响应演习和自上而下的预警信息网络建设都是很有必要的。

(三)巨灾风险预警中的公共感知能力较差

在我国,迫切需要发展的应该是国家综合风险控制能力和管理能力,尤其是相关技术设备的完善和专业技术人员的培训。从降低风险的角度看,我们需要同时考虑巨灾的危险程度和当地的风险脆弱性。公众对预警信息的高度敏感性也是必需的,他们应该对自己即将面临的风险及灾害面前的易损程度有足够的认识。

第五节 地震风险的预警模型与中国应用

一、地震风险预警模型及其系统构成

一次灾害性地震的发生，往往猝不及防地把城市夷为平地，不但损害国民经济，更会给人民的生命财产带来巨大损失。虽然有很多科学家致力于研究地震预报的方法或探讨地震前兆现象，但由于地震的孕震、发生、发展的过程十分复杂，且震源无法直接探测，所以不能保证在地震发生前对发生时间、发生地点以及震中强度做出非常准确的预测。目前，地震风险预警体系的重点实际上不是着眼于地震发生前根据地震前兆做出预测，而是在地震发生的瞬间，抢在其破坏力扩散到远处区域前尽早发出预警信号，该信号可能只在灾难到来前的十几秒发出，但对挽救大量生命和财产损失显得非常关键。由于数字化地震仪、数字通信、数据处理等现代科技的发展非常迅速，建立地震实时监控系统成为可能，所以越来越多的国家投入到这一类地震风险预警系统的研究。

地震风险预警是指地震发生瞬间，在破坏性地震波尚未到达前数秒或数十秒的时间内，将震中区或极震区接收到的大震信号迅速用电信号向外界发布警告，则距震中一定距离之外的人们可以获得一个宝贵的避难时间。以汶川8.0级大地震为例，如图5-6中所描绘的地震纵波和图5-7中所描绘的地震横波所对应的走时可以看出，离震中区较近的区域为无效区域，不具备预警时间，但离震中区几十公里外的区域则可以获得数秒或数十秒的预警时间。

正是地震横波与地震纵波传导上存在着这样的时间差，我们可以利用它进行震中较远地区的地震风险预警。早在100多年前，美国加州理工学院的Cooper教授就提出了地震早期预警的想法。其原理是具有破坏性的S波传播速度比P波慢，而地震波传播速度又远小于电磁波。100多年后，日本才在其子弹列车（新干线）上安装预警系统，为最早使用地震预警系统的国家。最近10年，很多国家和地区相继开始地震早期预警系统的使用，如中国台湾、墨西哥、美国南加州、意大利、罗马尼亚等。地震风险预警系统由数字化地震台网检测系统、地震信号通信系统、中央处理控制系统和对用户的警报系统四部分组成。最终的预警时间取决于每一部分的处理时间和与地震波走时之差[1]。

---

[1] 黄媛，杨建思. 用于地震预警系统中的快速地震定位方法综述［J］. 国际地震动态，2006（12）：1-5.

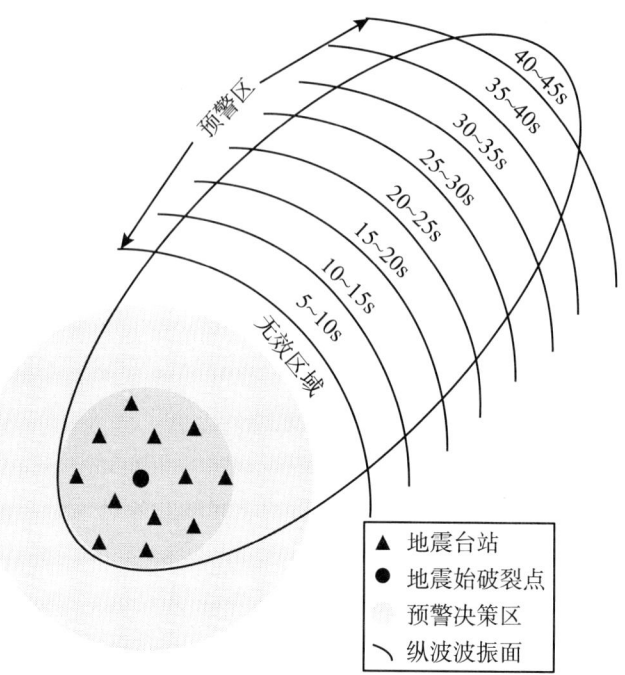

图 5-6　地震风险预警有效区域示意（P 波到达时间）

资料来源：汶川地震相关分析资料。

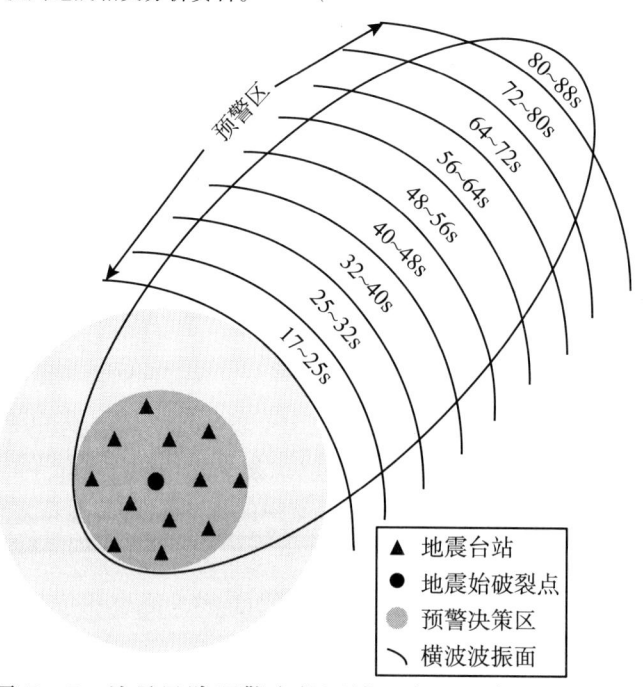

图 5-7　地震风险预警有效区域示意（S 波到达时间）

资料来源：汶川地震相关分析资料。

地震早期预警在理论上通常分为两大类,并有不同的定位算法与之相对应:

(一) 区域预警系统 (front-detection EWS)

区域预警系统是一种比较传统的方法,即将地震仪安装在"震中区",在地震发生后,使用地震台网的观测数据快速确定地震震级和地动强度,对远距离的城市区域进行早期预警。该方法比较复杂,需要用 S 波的信息来确定震源参数,因为这样比较精确。但是等 S 波到达,需要花费很多时间,对震中距离较近的区域就失去了预警的意义。区域预警系统被用于日本铁道部门。

(二) 当地地震预警系统 (onsite EWS)

由于 P 波比 S 波的传播速度快,所以在预警的目标区建立观测网,由 P 波的初期震动 (2s～4s) 确定震源参数 (地震大小、震中位置),预测 S 波到达后会出现的更严重地面破坏情况,从而提出预警。该系统则比较迅速,可以对离震中距离较近的区域进行预警。根据 P 波和 S 波的走时信息,人们可以获得一个宝贵的时间差: $t = t_2 - t_1 - t_0 - n$,其中 n 为地震初至 P 波记录的时间,t_0 为计算时间和预警延迟时间,t_1 是地震初至 P 波传播至台站的走时,t_2 为 S 波传播到台站的走时。此方法已经由 Erik 通过大量真实数据验证,地震震级完全可以用 P 波前几秒时间窗内的信息进行估测,所以这种方法对离震中距较近的区域提供地震早期预警是非常有效的。

二、国外地震风险预警模型的发展及趋势[①]

世界主要地震高发地区和地壳板块边界地区都已经得到广泛的研究,并已经基本确定下来。区域地震监测系统已经安装在大部分极易发生地震地区和活跃的板块边界区。从 20 世纪 50 年代末期,随着世界标准地震台网 (WWSSN) 的安装完成,全球范围内的地质活动都开始得到有效监测。目前,美国地质调查局 (USGS) 已经通过分布在全球各地的 100 多个基站组建了全球地震监测网络。然而必须指出:即使就发达国家的科技水平而言,地震的完全预测也是难以做到的。强烈地震的发生位置、剧烈程度以及主震发生的准确时刻仍然是难以捉摸的。一些地震频发的地区,如墨西哥和美国加利福尼亚南部,通过现有的预警技术系统识别第一个地震波判断到的地震位置,与随后发生的地震震中位置偏差超

[①] 周彦文,刘希强,胡旭辉,李铂. 早期地震预警方法研究现状及展望 [J]. 国际地震动态,2008 (4): 28 - 34.

过 100 公里甚至更远。但即使是依靠这样不够准确的预警信息，城镇的关键系统（如天然气供应系统等）也可以在强烈主震即将到来之际及时关闭，而消防系统和医疗急救系统可以及时启动。警报发出的时间取决于地震震中到最近的监测站的距离以及震源深度，可能仅仅只是在地震发生前的几秒钟。

（一）日本地震预警系统

日本作为一个人口众多的岛国，国土面积狭小且大部分位于欧亚板块和太平洋板块的交界，所以强烈地震时有发生，造成过极其严重的损失。据统计，地球每年发生的强烈地震当中，五分之一发生在日本。日本曾因地震而失去首都，1923 年的关东大地震，就曾把首都东京夷为平地。为了使如此惨痛的悲剧不会再度上演，日本气象厅（JMA）建立了一种信息网——临近地震预报信息网，用来为相关运输系统提供震前警报。在 2007 年，又领先全球地完成"P 波"预警系统的传感器网络安装项目，耗资 5 亿美元。在"3·11"日本大地震前，这套传感器网络感应到了第一波纵波，而后将信息传回数据处理中心，随后，地震速报发出，电视、广播和移动通信终端均提前速报了大地震来袭的消息。通常情况下，第一波地震纵波不会产生巨大破坏力，但却可以借此分析出随之而来的主震级别，从而能够对初始地震所导致的进一步冲击和次生灾害提出警告，例如紧急制动正在高速运行的客运列车，通过快速切断城市天然气供应来避免地震后可能出现的火灾，通过居民的迅速疏散来避免建筑物倒塌所导致的大量伤亡。海啸预警系统也可以在 10~15 分钟之内，对震源位于海底的地震可能导致海啸的概率有一个粗略的估计。虽然 2011 年在日本东部近海发生的 9.0 级地震及海啸中，由于震源深度很浅，该系统并没有避免数以万计的人遇难，但在距离震源较远的海岸地区，该系统提供的警报还是让这些地区及时进入了应急救灾状态，从而极大降低了人员伤亡和财产损失。震后两个月间，日本地震学家一直在评估现有地震及海啸预警机制。一些地震学家坦言，在这次大地震中，预警系统发挥了重要作用，挽回了大批民众的生命。如果缺少这套预警系统，人员损失不堪设想[①]。

到目前为止，日本对地震预警系统的研究走在世界前列，其建立的临近地震预报信息网和"P 波"传感器网络预警系统的最为先进，并已经投入实际应用。但专家认为该系统本身也存在一些问题，比如当大地震来临时，传感器本身也会受到破坏，致使全系统预警精确度下降甚至失灵。

---

① 资料来源：“至关重要的 10 秒，日本大地震提前预警”，新华网，2011-5-14，http://news.cntv.cn/20110514/105274.shtml。

（二）美国地震预警系统

美国也是地震频发地区，对地震的检测和预警由来已久。美国地质调查局（USGS）始建于1879年3月，隶属美国内政部，是美国内政部八个局中唯一的一个科学信息与研究机构。USGS从事地震监测系统开发已经有40多年的历史。当1989年旧金山地震发生后，USGS随即研发出一套简单的地震预警系统。1991年，美国国家研究委员会建议科研单位应加强对地震预警的研究，以能实际应用于地震防震减灾。1998年美国国会立法要求USGS加速发展地震速报及早期预警系统，为此，USGS建立了美国国家地震监测台网系统ANSS（Advanced National Seismic System），由国家、区域、城市和结构监测台站组成，主体是由高质量、宽频带、均匀分布的台站组成，是一个由至少7 000个布设在地面和建筑物内的振动测量系统组成的全国性地震观测网络。此外，在南加州地区，还建立了一套快速地震预警系统。美国地质勘测局预测了在未来30年里，加州地区发生超过6.7地震的概率达到了99%。其开发的系统当检测出地震发生时，还可以在3秒内精确的预测出地面震动分布图，这意味着旧金山和奥兰多在10秒后就可以获取地震预警信息。

就在2011年8月，弗吉尼亚州又发生地震并导致一座核电站关闭。鉴于3.11日本大地震及海啸对日本东部造成的损害以及预警系统在地震及海啸中所发挥的作用，美国也加紧研制新型地震预警系统并于2011年9月取得成功。该系统由加州大学研发，正进一步推向社会公众投入使用。

这一系统能够在探测到断层断裂产生的第一个能量脉冲时，及时发出早期预警。根据有限的信息评估地震强度。由于地震波的移动速度存在差异，这一点是可以做到的。部署在地下的传感器网络可以探测到快速移动但破坏性较小的P地震波，P波之后是破坏性较大的S波，警报将在S波到达前发出。预警系统能够争取到几秒到几十秒的时间，具体取决于与地震震中之间的距离。距离越远，时间越长。预警系统在地震源头无法发挥作用，因为震动几乎立即扩散。加州大学地震学家利用2011年9月1日加州地区发生里氏4.2级地震的机会，全面测试了该预警系统，测试结果达到了预警的目的。美国政府正准备在加利福尼亚州等多个地震频发地区布置该预警系统，以期实现类似日本地震预警所达到的效果。

（三）墨西哥地震预警系统

墨西哥研发出目前唯一直接对公共场所发布地震预警的系统，也是目前地震早期预警成功的特殊案例。墨西哥的安全保证系统（SAS）是基于1985年9月

19日8.1级大地震而建立的。破坏性的地震发生在远离墨西哥300公里以外的太平洋海岸俯冲带上，造成了1万多人丧生，3万多人受伤。因此，若能在太平洋海岸上建立台站进行预警，在地震发生后利用无线电信号对墨西哥市发出警告，人们将有充分的时间避难。

1991年8月，SAS系统开始为一小群使用者提供预警，包括25所学校和地铁系统。1993年5月，他准确预警了一次6.0级的地震。1993年8月，这个系统开始在墨西哥市广泛使用，对距震中300公里以外的区域进行预警。该系统成为世界上首个被广泛使用的公众预警系统，使用者主要是小学、中学、大学、紧急和安全部门、政府大楼、民防组织和地铁系统。地震发生后，除了可以使用电视和电台，SAS系统还可以通过E-mail和SAS网站向公众提供预警。1995年9月14日，7.3级的地震带动了SAS系统的发展，可以在S波到达前72秒向公众发布预警，地铁可在S波到达前50秒停止运行，学校可以有计划地进行疏散。从1991年10月至2009年5月，SAS系统共提供了13次公众预警和52次预防预警。提供公众预警和预防预警的地震级别分别为：4.8～7.3级；4.1～7.3级。其中有两次地震（6.3级和6.7级）没有做出预警并在1993年11月16日做出了一次错误的预警，当时公众警报做出了预警但是地震没有发生。

（四）中国台湾地区的地震预警系统

中国台湾位于地震频发的环太平洋地震带上，地震活动非常频繁，灾害性地震也时常发生，所以经过1986年11月15日花莲里氏6.8级地震的惨痛教训后，台湾开始设计地震早期预警系统。该地震的震中区虽然在花莲地区，但是主要的震灾却发生在120公里以外的台北地区。根据地震波走时资料，S波由花莲地区传播至台北地区至少需要30秒的时间，如果地震监测系统能在30秒内提供震源的发震地点和震级，则可以在破坏性地震波到达之前争取数秒或数十秒的预警时间，用于紧急减灾应变。因此，台湾中央气象局在1994年开始投入地震预警系统的研究工作。

1995年，台湾中央气象局开始安装由三分向遥测加速度仪和宽频带地震仪组成的即时强震监测系统，为地震速报系统做准备。至2003年，台湾的监测系统发展到了732个台站。为了加强运用即时的强震信号，地震预警系统也在积极地发展中，可以在地震发生后20秒的时间内计算出地震参数，可以在地震发生后22秒内提供资讯，但只能对离震中区70公里以外的城市和重大工程发布预警信息，震级的误差为±0.25级，显然这种方法具有很大的局限性。后来由于技术的发展和台网的密集，台湾可以实现对离震中位置30公里以外的区域进行预警。台湾科学家们通过不懈努力发现：地震发生后7秒左右，至少有4～6个观察台站记录到了 P 波到达后前 3 秒的信号，他们利用这 3 秒的信号可对离震中区 30 公里以外的区域发布地震预警，并将提供地震预警的时间缩短到地震发生后的 10 秒，从而大大提高了该系统的预警能力。

三、地震风险预警模型在中国的应用

中国是大陆强震最多的国家，在全球 7% 的国土上发生了全球 33% 的大陆强震。1949 年以来，我国自然灾害造成人员死亡比例中，地震灾害所占比例高达 54%，是我国造成人员死亡最多的自然灾害。我国对于地震风险预警系统的研发与应用显得尤为迫切。

我国地震危险性分析经历了从确定性方法到概率性方法的过程。确定性方法主要依据研究区域内的地震构造和历史地震等资料确定最危险地震，给出确切的震级和震中位置，根据其中起控制作用的，即最危险的组合确定设防参数。确定性方法突出描述研究区域内的最大可能地震，勾画最大可能的震动的影响场，只能用于安全性要求很高的工程的防震。1957 年，我国绘制出第一代《中国地震烈度区域划分图》，遵循两个"可能"的原则，给出了全国最大地震影响烈度的分布。第二代地震烈度区划图（1980）预测了未来百年内可能发生地震的最大烈度分布。第三代区划图（1990）的编制中采用概率分析方法，给出了全国 50 年超越概率 10% 的烈度分布。第四代区划图（2001）也是采用概率分析方法编制的，分别给出了全国的地震动峰值加速度和反应谱特征周期的分布。从确定性方法到概率性方法的转变可以说是人们对地震发生不确定性的认识及思考方法的变化。以给定地震动值的超越概率构造的地震危险性曲线，可以与目前流行的结构抗震设计的可靠度理论接轨，也有利于构造地震损失比超越概率曲线[1]。

而我国对于地震易损性的研究起步较晚。数字地震观测技术的研发最早始于 70 年代后期，经过"八五"、"九五"期间的努力，中国已建成了数字化地震观测系统，并达到了国际先进水平。我国的地震观测系统发生了根本性的变革。"十五"期间，又提出了更加宏伟的台网建设蓝图，分国家数字地震台网建设、区域数字地震台网建设、流动数字地震台网建设。新扩建国家数字地震台站 108 个，将"九五"期间建设的 30 个区域数字台的数据采集精度由 16 位数采集提高到 24 位，同时加强台网中心在线大容量数据接收、处理和存储能力；新建 12 个、扩建 20 个区域数字地震台网中心，新建 200 个左右的数字地震子台，改建

---

[1] 陶正如. 基于工程地震风险评估的巨灾债券定价模型［D］. 中国地震局工程力学研究所，2007：30.

300个模拟地震子台为数字地震子台,同时加强区域台网中心数据处理和存储能力;建设有1 000套宽频带流动数字地震仪组成的流动数字地震台网,设立流动数字地震台网观测与数据处理中心,台网中心配置大容量数据存储及服务设备和数据计算处理设备。

目前我国区域数字地震台网处理网内地震的时间较长,编制了一套实时地震速报软件,测试表明:对于网内地震,处理结果基本达到中国地震局地震速报评比满分的要求,速报时间缩短至30~50秒。在"5·12"汶川地震发生以后,在科技部和科技厅联合支持下,由成都高新减灾研究所自主研发地震预警技术系统,已在我国西南建成了覆盖面积超过了40万平方公里的地震预警系统,覆盖了四川、云南的主要地震断裂带(包括雅安市芦山县),以及陕西、甘肃、河北、安徽、重庆、辽宁等省的部分地震危险区域,初步具备地震预警能力。地震预警系统通过手机网络向地震预警手机注册用户发布地震预警信息,达到地震预警效果。该系统通过手机网络,向4 000多名手机地震预警注册用户发布了地震预警信息。2014年4月20日,芦山地震发生时,雅安市地震预警中心提前5秒收到地震预警信息(雅安主城区距震中33公里),成都市提前28秒、汶川县提前43秒、北川县提前53秒收到地震预警信息,为地震周边地区争取了足够逃生时间。

尽管地震预警在国外已有了近50年的实践历史,我国自20世纪90年代以来,在地震预警技术方面也开展了相关的研究和实验工作,但我国大陆无论是理论还是实践相关的研究都比较少。对于防震减灾而言,地震预报技术仍需要不断努力,现行的地震早期预警系统是最为实际的地震减灾方法。地震风险预警系统不仅能降低人员伤亡,更可以降低次生灾害的发生,而且对震后救援工作提供了更多的信息。日本、美国、中国台湾地区及墨西哥等都投入了地震预警的研究和建设工作中,并且通过多次经验证明了地震预警对防震减灾具有不可替代的意义。

总之,我国的地震早期预警系统研究还处于早期阶段,还没有系统地开展研究工作。随着我国相关现代技术的发展、数字化地震监测台网的布设以及我国城市化进程的加速,完全有能力建设现代化的地震早期预警系统。但是目前存在的预警系统方法误差普遍较大,现在急需解决的一个问题是如何依靠单个台站记录到的P波前几秒信号,准确快速判定地震的震级及震源位置。同时,地震预警系统不能单纯依靠地震学知识,多学科技术的综合有机运用也是非常重要的。另外,地震预警不仅是一个科学问题,同时也是一个社会问题。当我们无法保证地震预警系统的准确性时,政府的危机管理能力和社会的灾害应对素质就需提高。要强化政府在地震应急救援时的关键作用。开展地震预警系统的研究,发展地震预警技术，是我国防震减灾工作中重要的组成部分，同时也为未来的地震预报技术积累了经验。随着科学技术和社会文明的发展，地震风险预警系统必将走向公众。

第六节 本章小结

巨灾风险分类与预警作为巨灾风险管理的起点，在风险社会化的背景条件下作用更加突出。本章以研究界定巨灾风险的分类和分层为起点，在对巨灾风险预警过程进行理论分析的基础上，就巨灾风险预警体系中的国际经验进行了系统总结，并从水文气象和地质环境两个维度对巨灾风险预警体系进行分类；最后本章总结了巨灾预警体系在我国的发展，本章认为针对大量自然灾害发布警报的预警系统目前正在发挥着作用，但是需要提高机构的信息传导效率和快速响应能力。

第六章

巨灾风险的评估与精算

第一节 巨灾风险的损失界定与损失度量

一、巨灾风险的损失界定

对于巨灾风险,现在国际上并没有给出一个明确统一的定义,各国通常是根据本国的实际情况对巨灾风险进行定义。应该说,各种观点的描述都有可取之处,都从不同的角度解释了巨灾风险具有的显著特征。

(一)基于损失角度的巨灾定义

当前研究表明,学术界判定一个事件能否被定义为巨灾事件多从损失角度衡量,主要对以下四种承受主体遭受的损失进行描述:

1. 从全人类的角度进行衡量

理查德·A·波斯纳将巨灾定义为:"导致严重的成本损失,甚至可能威胁人类生存的事件"。他认为,巨灾影响人群广泛并且对该群体每个人都造成严重的伤害。安德烈·申科认为巨灾是一个突然爆发的交互影响、螺旋下降的导致社会系统基本崩溃的事件。联合国人道事务协调办公室认为巨灾是一个严重威胁社会且使人们遭受人身伤害或物质损失以至社会结构崩溃、无法履行其部分或全部基本功能的事件。

2. 从一个国家或地区的角度进行衡量

例如慕尼黑再保险公司认为如果自然灾害发生后，受灾地区必须依靠区域间或国际援助，则这场自然灾害就被定义为重大自然巨灾。

3. 从整个保险行业的角度进行衡量

美国保险服务局（Insurance Service Office，ISO）财产理赔部（Property Claim Services Unit）按照1998年价格将巨灾风险定义为"导致财产直接保险损失超过2500万美元并影响到大范围保险人和被保险人的事件"[①]。

4. 从单个保险公司的角度进行衡量

许多保险公司设立针对巨灾事件的内部标准，即使它对于整个行业来说不为巨灾事件。但由于各保险公司财务能力各不相同，从此层面上设立一个共同的标准显然不大可能。

（二）基于成灾原因的定义

另一方面，倘若从成灾原因的角度看，目前学术界一种倾向是巨灾风险的成灾原因仅是导致巨大经济损失和严重人员伤亡的自然灾害，而另一种倾向则认为巨灾风险还包括人为灾祸[②]。例如瑞士再保险集团（Swizz Re）就将巨灾风险分为自然灾害和人为灾难事件，主要指恐怖袭击事件或其他类似的灾难性的人为事故。

二、巨灾风险的损失度量

（一）针对单类自然灾害事件的量化方法

目前，我国大部分的学者还是针对单类自然灾害事件例如地震灾害、洪水灾害、滑坡及泥石流灾害、森林火灾等灾害做出了等级划分，规定了巨灾等级代表的破坏结果、成灾规模或者直接经济损失。这种方法最为普遍，同时这种划分方式着重体现了各行业的行业特点，但它们采用的指标不一致导致彼此之间难以对比，且彼此之间的等级规模也相差巨大，如表6-1所示。

---

① 栾存存. 巨灾风险的保险研究与应对策略综述 [J]. 经济学动态, 2003 (8): 80-83.
② 熊海帆. 巨灾风险管理问题研究综述 [J]. 西南民族大学学报, 2009 (2): 49-53.

表 6-1　　　　　　　　　　　中国灾害等级划分

中国洪水灾害等级划分

灾害等级	按破坏结果划分		按成灾规模划分	
	死亡人数（人）	经济损失（元）	淹没面积（m²）	淹没时间（d）
巨灾	>10 000	>10 亿	>10 万	>12
重灾	1 000 ~ 10 000	1 亿 ~ 10 亿	1 万 ~ 10 万	7 ~ 12
中灾	100 ~ 1 000	1 000 万 ~ 1 亿	0.1 万 ~ 1 万	4 ~ 7
轻灾	10 ~ 100	100 万 ~ 1 000 万	0.01 万 ~ 0.1 万	2 ~ 4
弱灾	<10	<100 万	<0.01 万	<2

崩塌、滑坡、泥石流灾害等级划分

灾害等级	死亡人数	直接经济损失（万元）
重灾	>100	>1 000
中灾	10 ~ 100	100 ~ 1 000
轻灾	<10	<100

地质灾害破坏程度分级

指标＼等级标志	特大灾害（Ⅰ级灾害）	大灾害（Ⅱ级灾害）	中灾害（Ⅲ级灾害）	小灾害（Ⅳ级灾害）
死亡人数（人）	>100	10 ~ 100	1 ~ 10	0
重伤人数（人）	>200	20 ~ 200	1 ~ 20	0
直接经济损失数（万元）	>1 000	100 ~ 1 000	10 ~ 100	<10

崩塌、滑坡、泥石流灾害等级划分

灾害等级	死亡人数	直接经济损失（万元）
重灾	>100	>1 000
中灾	10 ~ 100	100 ~ 1 000
轻灾	<10	<100

森林火灾经济损失等级分类

类别	经济损失额
Ⅰ	10 万元以下
Ⅱ	10 万元 ~ 50 万元
Ⅲ	50 万元 ~ 100 万元
Ⅳ	100 万元以上

资料来源：高庆华，马宗晋，张业成等．自然灾害评估［M］．北京：气象出版社，2007，7：113．

(二) 针对综合自然灾害事件的量化方法

近年来不少专家都提出不同灾害的损失评估应具有可比性和实用性，研究了能够适用于各类自然灾害的统一成灾等级划分方案。目前影响最广、意义最重要的是由马宗晋等提出的"灾度"概念。灾度是以人口的直接死亡数和社会财产损失值做双因子判定为分级标准，将灾害损失划分为微灾（E级）、小灾（D级）、中灾（C级）、大灾（B级）、巨灾（A级）5个等级。死亡人数10万以上，直接经济损失100亿元以上的灾害为巨灾（见表6－2）①。一些专家对此方案进行了局部修改和补充，如：刘燕华等以受灾人口数、死亡人口数、受灾面积数、成灾面积数和直接经济损失值5个指标为灾害损失定量评估的绝对指标；张力等探讨了将灾害中人员死亡换算为货币损失的估算方法；于庆东提出灾度划分的"圆弧"方法，将直接死亡人数乘以生命价值系数得到灾害造成的生命价值损失值，再进一步得到生命价值损失值与社会财产损失值的平方和表示灾度，使改进后的灾度可以对所有的灾害进行等级判定，以此作为灾害损失的等级划分标准。另外，李祚泳等提出了基于物元分析的灾情评估模型，赵阿兴等提出了相对灾损的判定模型，将灾害经济损失与受灾地区前一年的财政收入、国民生产总值、国民收入总值之比划分灾害事件（见表6－2）②。

表6－2　　　　　　　　自然灾害灾度等级划分

基于经济学的自然灾害灾度等级划分		
灾度等级	死亡人数（人）	财产损失（元）
巨灾（A级）	$>10^4$	$>10^{10}$
大灾（B级）	$10^3 \sim 10^4$	$10^8 \sim 10^9$
中灾（C级）	$10^2 \sim 10^3$	$10^7 \sim 10^8$
小灾（D级）	$10 \sim 10^2$	$10^6 \sim 10^7$
微灾（E级）	<10	$<10^6$
基于灾度物元模型的灾害等级划分标准		
灾度等级	人口死亡（人）	财产损失（元）
巨灾	>4	>4
大灾	3～4	3～4

---

① 代博洋，李志强，李晓丽. 基于物元理论的自然灾害损失等级划分方法[J]. 灾害学，2009，24 (1)：1－5.

② 孙绍骋. 灾害评估研究内容与方法探讨[J]. 地理科学进展，2001，20 (6)：122－130.

续表

基于灾度物元模型的灾害等级划分标准

灾度等级	人口死亡（人）	财产损失（元）
中灾	2~3	2~3
小灾	1~2	1~2
微灾	0~1	0~1

资料来源：代博洋，李志强，李晓丽．基于物元理论的自然灾害损失等级划分方法［J］．灾害学，2009，24（1）：1-5．

还有部分学者将灾情等级划分看作一个模式识别问题对灾害损失进行评估。如：任鲁川在灾度概念的基础上，应用模糊模式识别的理论，提出模糊灾度的概念，通过建立模糊灾度等级的隶属函数来判别灾害的级别，同时给出用于灾害损失定量评估的模糊综合评判方法；杨仕升采用自然灾害不同灾情的灰色关联度方法给出自然灾害不同灾情的比较方法等[1]。还有学者如冯利华等将灾害造成的人口伤亡、经济损失和其他相关指标，通过将其转化为可以对比的指数，累加得出总指数从而划分灾害等级。综上所述，目前已有多种方案对灾害事件等级进行了划分，其中马宗晋等提出的灾度概念应该说具有非常重要的参考作用。它不仅能清晰反映灾害规模以及灾害损失程度，而且其建立的指标也很清楚明了，是非常重要的参考依据。

第二节 巨灾风险评估的原理

一、巨灾风险评估的灾害学原理

（一）巨灾风险的孕灾环境分析

孕灾环境是巨灾风险发生前的自然环境与人为环境及社会经济条件的总和。不同的致灾因子产生于不同的孕灾环境系统，往往利用层次分析法确定各指标间的组合关系与层次，再利用分级评分法、模糊评价法、信息量法、神经网络法、

---

[1] 孙绍骋．灾害评估研究内容与方法探讨［J］．地理科学进展，2001，20（6）：122-130．

多元回归法、聚类分析等数学方法来确定各指标的数值和权重[①]。

（二）巨灾风险的承灾体分析

这一分析往往是对承灾体脆弱性、敏感性以及风险损失进行评估分析。承灾体脆弱性是指承灾体受到自然灾害风险冲击时的易损程度，一般是分析一系列影响承灾体系统对自然灾害冲击的敏感程度的自然、社会、经济与环境因素及相互作用的过程；敏感性是指由承灾体或系统本身的物理特性及特点决定在遭受灾害风险打击后受到损失的程度；而风险损失是承灾体在一定危险性的灾害风险事件下的损失大小，可以用绝对量化形式衡量，也可以用相对等级区分。

（三）巨灾风险的致灾因子分析

这一环节分析的重点在于通过对各个致灾因子的分类对主要灾害的强度和频率进行估计，从而确定致灾因子的强度及其发生的可能性。致灾因子的强度通常是根据自然因素的变异程度或承灾体所承受的灾害影响程度来确定；而致灾因子的发生概率通常是根据一定时期内该自然灾害发生次数来确定，通常用概率、频次、频率来表示；还有一种是对致灾因子强度、概率以及致灾环境的综合分析，它的目的是给出分析区域内的每一种灾害风险的致险危险性等级[②]。

二、巨灾风险评估的统计学原理

巨灾事件发生后，需要我们立即对巨灾造成的经济损失做出一个快速评估。而最普遍的灾害损失评估是将灾害的经济损失分为直接经济损失和间接经济损失进行。

（一）巨灾风险直接经济损失分析

直接经济损失主要表现为实物形态的财产、资产、资源等损失，应该说是相对容易确定评估的损失对象，可以通过衡量巨灾发生后直接造成的各类动产和不动产修理或重置成本累加得出。目前学术界对不同灾害类型直接经济损失的评估程序和方法基本一致，大致可划分为确定评估对象的类型、估计评估对象的实物

[①] 葛全胜，邹铭，郑景云等. 中国自然灾害风险综合评估初步研究 [M]. 北京：科学出版社，2008：182.

[②] 同上，2008：136.

损失量、估计各类评估对象的单位价值或价格、计算各类评估对象的直接经济损失、计算总体经济损失几个步骤[①]。用模型可表示为：

$$Z = - \sum_{i=1}^{n} Z_n = Z_{an} + Z_{bn} \qquad (6-1)$$

$$Z_{an} = Z_{a1} + Z_{a2} + Z_{a3} + Z_{a4} + Z_{a5}$$

式（6-1）中，Z 为灾害总损失值，Z_n 为各类受灾体的损失值，Z_{an} 为直接经济损失，Z_{bn} 为间接经济损失，Z_{a1} 为人员伤亡损失，Z_{a2} 为资本损失，Z_{a3} 为公共设施损失，Z_{a4} 为房屋损失，Z_{a5} 为商业库存损失[②]。美国的 HAZUS 系统是将直接损失分成建筑物损失、重要设施的损失和运输与日用生命线损失三个方面进行评估。

（二）巨灾风险间接经济损失分析

学者们和研究机构首先对灾害间接经济损失的定义及构成就存在分歧，至今尚未形成统一的认识。而国内外对间接经济损失的评估方法一般分两大类：经济学模型和经验统计模型，前者采用的方法一般有静态投入产出模型、可计算的一般均衡模型、区域经济动力学模型等，后者一般利用损失与 GDP 的统计关系，或者与直接损失的统计关系例如相对简单的比例系数法（即由直接经济损失与间接经济损失比例系数的乘积确定）等。经济学模型涉及复杂的经济概念和模型，往往需要有大量的经济统计数据作为基础支持，这对发展中国家来说很难取得相关统计资料。而由于巨灾发生后本身对间接经济损失的详细调查研究很少，经验统计模型没有足够的样本数据来得到回归系数，即使有，由于影响间接经济损失的原因十分复杂，回归方差也很大[③]。另外，上述的评估模型假设较多，往往会偏离灾后的实际经济状况，对灾害扰动的动态影响机制考虑也不是特别充分。总的说来，不管是国内还是国外，目前对间接损失分析的研究精度还是比较低，仍处于理论探讨阶段，还没有统一的方法和规范。

（三）巨灾风险其他损失分析

目前世界各国巨灾风险分析的重点仍在巨灾直接损失评估，而对衍生灾害损失以及对资源环境的影响评估还处于探索阶段。我国学者对巨灾风险导致的其他损失探讨得较少，而美国的 HAZUS 评估体系讨论了巨灾风险所导致的社会环境

[①] 孙绍骋. 灾害评估研究内容与方法探讨 [J]. 地理科学进展, 2001, 20 (6): 122 - 130.
[②] 高庆华, 马宗晋, 张业成等. 自然灾害评估 [M]. 北京: 气象出版社, 2007, 7: 136.
[③] 林均岐, 钟江荣. 地震间接经济损失研究综述 [J]. 世界地震工程, 2003, 19 (3): 1 - 5.

损失,主要是估计无家可归的户数以及所需的临时住所,同时确认三个时段的人员伤亡,这一方法值得我们借鉴。

三、巨灾风险评估的精算学原理

(一) 巨灾风险的发生概率分析

基本思想是通过超越概率模型来拟合单位时间内的发生次数,多用泊松分布和负二项分布来拟合。还有部分学者以时间序列的内部结构为出发点,假定风险系统是一个平稳的马尔可夫随机过程,即风险系统未来的发展状态只与过去 N 年的风险情况有关,而与更早以前的风险情况无关,相应的变化规律也不会因时间的平移而改变[①]。但需要注意的是,巨灾风险因发生频率较小,往往缺乏可靠数据,可测性较差。所以我们应该思考的是上述方法是否能充分刻画巨灾事件的发生,目前这方面的研究从理论到实证均还比较少。

(二) 巨灾风险的损失程度分析

基本思想也是通过超越概率模型对直接经济损失金额进行拟合,其中对损失金额常用 Gamma、Lognormal、Weibull 及广义 Pareto 分布来拟合[②]。另外,祝伟等提出应基于已有的实际数据,运用大量级的随机模拟来估计巨灾损失,因为从实际应用来看,随机模拟方法对于巨灾损失的估计提供了对于实际巨灾损失较好的近似。

(三) 巨灾风险的索赔额度分析

20 世纪 70 年代产生发展的极值理论为预测巨灾等极端风险事件提供了新的思路,而在索赔次数的估计过程中,指数模型可以通过隶属函数的层次构建并借鉴模糊综合评价方法对巨灾这一非同质保单的索赔次数估计提供参考。

在通常情况下,保险公司除经营巨灾保险业务以外,还经营常规的保险业务,在索赔次数的估计过程中,假设保单组合由常规风险和巨灾风险两类构成:其中巨灾风险作为高风险的保单,假设其参数为 λ_1 的泊松分布,常规风险作为

---

① 庞西磊,黄崇福,艾福利.基于信息扩散理论的东北三省农业洪灾风险评估 [J].中国农学通报 2012,28 (08):271 – 275.

② 卓志,王伟哲.巨灾风险厚尾分布:POT 模型及其应用 [J].保险研究,2011 (8):13 – 19.

低风险的保单，假设其参数为 λ_2；再假设，巨灾风险保单的比例为 α_1，常规风险保单的比例为 α_2，则从保单组合中任意抽取的随机个体保单索赔次数分布可以表述为：

$$P_K = \alpha_1 \frac{\lambda_1^k}{k!} + \alpha_2 \frac{\lambda_2^k e^{-\lambda_2}}{k!} \qquad (6-2)$$

对于上述二元风险模型的 4 个未知参数，可以构建如下的方程组进行矩估计测算：

$$\begin{cases} \alpha_1 + \alpha_2 = 1 \\ \alpha_1 \lambda_1 + \alpha_2 \lambda_2 = \alpha_1 \\ \alpha_1(\lambda_1^2 + \lambda_1) + \alpha_2(\lambda_2^2 + \lambda_2) = \alpha_2 \\ \alpha_1(\lambda_1^3 + 3\lambda_1^2 + \lambda_1) + \alpha_2(\lambda_2^3 + 3\lambda_2^2 + \lambda_2) = \alpha_3 \end{cases} \qquad (6-3)$$

其中，α_1、α_2、α_3 为各阶样本原点矩，从理论上看，通过求解极大似然估计值，可以得到结果，但是巨灾的索赔次数受到多种因素的影响，以飓风为例，飓风的损失额度以及索赔次数需要确定风暴路径、登陆地点、风暴速度、登陆的轨迹角度等参数，而且不同的区域，诸如飓风中心和飓风边缘区域，所受到的飓风影响肯定不同，当巨灾损失的规模存在差异时，索赔值也会受到影响。

四、巨灾风险评估的金融学原理

（一）巨灾风险的金融定价

KKAASE 的局部均衡定价模型、考克斯和舒巴克基于 Black – Scholes 公式的保险期货期权的定价模型、康明斯和杰曼的跳跃过程无套利模型和亚式期权定价模型等都为巨灾风险定价提供了理论依据[1]。而近年来相继出现了不少新型的风险巨灾风险融资工具。例如 PCS 巨灾损失指数是芝加哥交易所期权期货的定价基准，涉及包含火灾在内的全部巨灾损失风险，利用行业估计直接值测度巨灾所引起的直接和间接的保险损失。PCS 指数体系包括 1 个全国性巨灾损失指数、5 个区域性的巨灾损失指数、3 个州的巨灾损失指数。又如瑞士再保险 SIGMA 指数以行业巨灾数据为基础，覆盖除第三者责任险以外的其他主要险种，包含主要的巨灾损失事件[2]。除此之外，主要的巨灾损失指数例如慕尼黑再保险 Net Cat

---

[1] 张继华. 巨灾风险管理中金融创新品种研究综述 [J]. 上海金融学院学报，2008（2）：46-50.
[2] 卓志，段胜. 巨灾损失指数与中国巨灾损失指数的理论建构——基于巨灾风险管理制度创新的视角. 2010 年教育部哲学社会科学研究重大课题攻关项目《巨灾风险管理制度创新研究》.

Service 巨灾损失指数、GCCI 损失指数、PERILS 欧洲行业损失指数等也为各类交易所巨灾衍生品定价开发服务。

(二) 巨灾风险的损失转移分析

目前，大部分国家通过利用再保险、巨灾衍生工具等手段将巨灾风险从保险市场向资本市场进行转移。在实务中传统解决方案是巨灾再保险。其中，最具优势的是单项事件巨灾超额损失再保险。由于巨灾证券的需求量受到巨灾再保险供给量的控制，目前只能作为巨灾再保险的补充品而存在。巨灾风险证券化工具主要有巨灾债券、巨灾互换和应急资本等形式。而在各类巨灾风险证券化交易中，最具代表性的巨灾债券是至今运用最为广泛和成熟的非传统风险转移（ART）工具之一。

第三节 巨灾风险评估的主要方法

一、巨灾风险评估的数理统计方法

(一) 均匀 Poisson 模型[①]

以地震灾害常用的均匀 Poisson 模型为例。在该模型下，风险区地震动参数 A 超过某一给定值 α 的年发生概率为：

$$P_1(A \geq \alpha) = 1 - e^{-\sum_{i=1}^{n} \gamma_i P(A \geq \alpha \mid E_i)} \tag{6-4}$$

式中，α 为给定的地震动参数，n 为震源数，E_i 为第 i 个震源中发生地震的事件，γ_i 为震源区 i 的地震年平均发生率，$P(A \geq \alpha \mid E_i)$ 表示在第 i 个震源发生震级为 M 的地震的情况下，该风险区产生 $A \geq \alpha$ 的条件概率。

相应地，该风险区 T 年内的超越概率为：

$$P_T(A \geq \alpha) = 1 - \left[1 - \sum_{i=1}^{n} \gamma_i P(A \geq \alpha \mid E_i)\right]^T \tag{6-5}$$

这种方法对地震数据的要求较高，而且分布拟合具有很大的难度，有时可能

---

① 高庆华，马宗晋，张业成等. 自然灾害评估 [M]. 北京：气象出版社，2007：180.

存在明显的误差。

(二) 复合 Poisson 过程

这一模型在巨灾损失建模中得到了广泛的应用,模型如下:

记 t 巨灾损失总额为 $L(t)$,巨灾损失的发生次数为计数过程 $N(t)$,每次巨灾损失的金额为 l,l 为独立同分布的随机变量,则 $L(t) = \sum_{i=1}^{N(t)} l_i$ 即复合泊松过程。巴克希和马登(Bakshi,Madan,2002)在这一模型中还考虑了利率因素的影响,将巨灾事件发生的损失进行了折现,给出了巨灾损失的现值模型[①]。

(三) 马尔科夫随机过程[②]

对于旱涝灾害,还有学者采用马尔科夫随机过程理论来评估其发生的概率。这种马尔科夫概型分析是以时间序列的内部结构为出发点,应用多元时间序列分析和马尔科夫过程的理论从实测时间序列中抽象出随机过程的概率规律。具体计算过程如下:

第一,为大量级的随机模拟来估计巨灾损失。因为从实际应用来看,巨灾风险采用 χ^2 统计检验方法,检验待分析的时间序列是否具有马尔科夫性质,即后序无效性;

第二,以历史实测资料,统计各个状态之间的转移概率 P_{ij},得到转移概率矩阵 $(P_{ij})_{n \times n}$;计算各状态的极限分布 $P = \lim_{n \to \infty} P^{(n)}$;

第三,计算状态 i 和状态 j 之间的置换系数 L_{ij}:

$$L_{ij} = \frac{\sum_{k=1}^{m} P_{ik} \times P_{jk}}{\sqrt{\sum_{k=1}^{m} P_{ik}^2 \times \sum_{k=1}^{m} P_{jk}^2}} \qquad (6-6)$$

其中,P_{ik}、P_{jk} 分别代表由状态 i 和状态 j 转移到状态 k 的概率。而 $0 \leq L_{ij} \leq 1$,L_{ij} 越接近于 1,状态 i 和状态 j 在序列中的地位的相似性也越高;L_{ij} 越接近于 0,表明这两个状态的动态变化不相似。换言之,L_{ij} 是度量状态 i 和状态 j 动态变化相似性程度的指标。

第四,用相关系数统计检验的方法检验各状态之间互相转换的显著性,并对

---

① 祝伟,陈秉正. 自然巨灾风险评估综述 [J]. 保险与风险管理研究动态,2009 (5):1-11.
② 葛全胜,邹铭,郑景云等. 中国自然灾害风险综合评估初步研究 [M]. 北京:科学研究社,2008:174.

各状态加以分类。

二、巨灾风险评估的模糊数学方法

(一) 模糊系统方法主要思想与操作流程

当我们研究的区域是省或省以上的基本单元时,使用传统的概率统计方法一般可以得出满意的风险评估结果,因为此时历史灾情资料较充足。而当评估的基本单元缩小到县市一级的较小区域时,我们往往碰到历史灾情资料严重不足的问题[①]。所以近年来不断有学者在探索新的方法对巨灾风险进行科学研究,而其中实用价值最大的基于模糊数学理论的风险分析的模糊系统方法(Fuzzy Risk Analysis of Natural Disaster)已逐渐被引入到地震孕灾环境评估、地震强度衰减评估、气象灾害风险评估、火灾风险评估、农业旱灾风险评估和暴雨洪涝灾害评估等领域[②]。其核心思想是要得到从自然灾害风险因素集合(输入论域)到自然灾害风险事件集合(输出论域)的模糊映射而非确定性关系和概率分布[③]。建立模糊数学评判法通常是5个步骤:

第一,建立评价对象的因素集 $U = \{u_1, u_2, \cdots, u_m\}$,因素是参与评价的 n 个因子的数值指标。

第二,建立权重集 A,设各因素的权重分配为 U 上的模糊子集 $A = \{a_1, a_2, \cdots, a_i, \cdots, a_m\}$。其中 a_i 是第 i 个因素 u_i 所对应的权重,规定 $\sum_{i=1}^{m} a_i = 1$。模糊数学评判的权重集研究直到现在也没有统一的数学方法,大部分是根据研究者主观确定或是通过专家打分确定。目前比较好的确定权重集的方法之一是利用"理想点"的距离之和极小化作为目标来优化,这种方法操作性比较强。

第三,确定评价集 $V = \{v_1, v_2, \cdots, v_m\}$ 和隶属度。V 是与 U 相对的评价标准分级的集合。隶属度是模糊评判函数里的一个概念,其特点是评价结果不是绝对的,而是相对的研究范围中的任一元素,都有一个数值与之对应,当越接近0时表示元素属于这个数集的程度越低,越接近1时,表示元素属于数集的程度越高。隶属度的确定是模糊综合评价的关键,目前也没有统一的公式。实务中常用到的模型是利用半梯形分布模型来构造隶属函数,但仍需根据实际情况反复修改。

[①] 黄崇福,刘新立,周国贤,李学军. 以历史灾情资料为依据的农业自然灾害风险评估方法 [J]. 自然灾害学报,1998,7 (2):1-9.

[②③] 熊海帆. 巨灾风险管理问题研究综述 [J]. 西南民族大学学报,2009 (2):49-53.

第四，构造模糊关系矩阵 $R_i = (r_{i1}, r_{i2}, \cdots, r_{ij}, \cdots, r_{im})$，第 i 个因素的单因素评判向量为 V 上的模糊矩阵。总的模糊评判矩阵为 $R = (r_{ij})_{m \times n}$ 表示因素集 U 和评价集 V 的对应关系，在数值上表示为方案层对目标层的权重向量，于是 (U, V, R) 构成一个综合评价模型。

第五，模糊综合评价：利用模糊运算 $B = A \times R$ 计算。

（二）模糊信息体系中的一种优化处理方法——信息扩散方法

当样本很少时，研究者能够获得的信息并不完善，当我们用一个不完备数据估计一个关系时，一定会存在某种合理的扩散方式可以将观测值变为模糊集，将单值观测样本点转化为集值样本点，以填充由不完备性造成的部分缺陷从而改进非扩散估计[1]。而在信息扩散模型中，最简单的模型是正态扩散模型。因此我们选择这一模型进行介绍[2]。

首先我们选取能全面反映受灾情况的灾害指标，计算得到所需要的灾害指数，设灾害指数论域为 $U = \{u_1, u_2, \cdots, u_n\}$，论域即为致灾强度的最大值和最小值及其可能的取值的集合。一个单值观测样本 y 就通过其所携带的信息扩散给 U 中的所有点，信息扩散方程为：

$$f(u_i) = \frac{1}{h\sqrt{2\pi}} \exp\left(-\frac{(y-u_i)^2}{2h^2}\right) \qquad (6-7)$$

其中 h 称为扩散系数，可根据样本集合中样本的最大值 b 和最小值 a 及样本个数 m 确定，计算公式为：

$$h = \begin{cases} 1.6987(b-a)/(m-1), & 1 < m \leq 5 \\ 1.4456(b-a)/(m-1), & 6 \leq m \leq 7 \\ 1.4230(b-a)/(m-1), & 8 \leq m \leq 9 \\ 1.4208(b-a)/(m-1), & 10 \leq m \end{cases} \qquad (6-8)$$

取 $A = \max\limits_{1 \leq i \leq n} \{f(u_i)\}$，则有 $\mu_y(u_i) = \dfrac{f(u_i)}{A}$，就将单值样本 y 变成一个以 $\mu_y(u_i)$ 为隶属函数的模糊子集 y^*。在进行风险评估时，还可以对上两式做适当的调整，例如：对第 j 个样本 y_j 进行扩散，得到：

$$f_j(u_i) = \frac{1}{h\sqrt{2\pi}} \exp\left(-\frac{(y_j-u_i)^2}{2h^2}\right) \qquad (6-9)$$

---

[1] 熊海帆. 巨灾风险管理问题研究综述 [J]. 西南民族大学学报，2009（2）：48-53.

[2] 信息扩散模型来源于葛全胜，邹铭，郑景云等. 中国自然灾害风险综合评估初步研究 [M]. 北京：科学研究社，2008：175.

令 $C_i = \sum_{i=1}^{n} f_j(u_i)$，则对应的模糊子集的隶属函数即为：$\mu_{y_j}(u) = \dfrac{f_j(u_i)}{C_i}$。对上式进行处理，我们就可以得到一种比较好的风险评估结果，令其为：

$$q(u_i) = \sum_{j=1}^{m} \mu_{y_j}(u_i) \qquad (6-10)$$

它的意义在于：当样本集 $\{y_1, y_2, \cdots, y_m\}$ 经信息扩散推断后，若灾害观测值只能取 $u_1, u_2, \cdots, u_n$ 中的一个时，根据上式我们就可以得到观测值为 u_i 的样本个数就为 $q(u_i)$ 个。$q(u_i)$ 通常不是一个正整数，但一定不小于零。

再令 $Q = \sum_{i=1}^{n} q(u_i)$，从理论上来说必有 $Q = m$，但因为数值计算有时候存在四舍五入的误差，因此 Q 与 m 之间略有差别。令 $p(u_i)$ 为样本落在 u_i 处的频率值，则 $p(u_i) = \dfrac{q(u_i)}{Q}$，同时也有超越 u_i 的概率值为：

$$P(u_i) = \sum_{k=1}^{n} p(u_k) \qquad (6-11)$$

根据上述方法，可按评估者要求划分出 3 级、5 级或 7 级，如表 6-3 所示。

表 6-3　　　　　　　　　概率分级

概率范围表达（%）	用来计算的概率值（%）	自然语言	数字得分
1～33	17	低	1
34～67	50	中	2
68～99	84	高	3
概率范围表达（%）	用来计算的概率值（%）	自然语言	数字得分
1～20	10	罕见	1
21～40	30	不太可能	2
41～60	50	有可能	3
61～80	70	非常可能	4
81～100	90	几乎肯定	5
概率范围表达（%）	用来计算的概率值（%）	自然语言	数字得分
1～14	7	非常不可能	1
15～28	21	低	2
28～42	35	可能不	3
43～57	50	一半一半	4
58～72	65	可能	5
73～86	79	非常可能	6
87～99	93	几乎肯定	7

三、巨灾风险评估的神经网络方法

由于自然灾害系统中的输入－输出关系大部分具有强烈的非线性特征，因而人工神经网络（Artificial Neural Networks，ANNs）模型成为非常重要的辅助方法。国外有不少文献将各种神经网络方法应用到地震预测以及洪水灾情评估等方面。由于地震直接经济损失的引发因素之间存在着复杂离散且难以确定的非线性关系，直接建模并且快速得出结果非常困难，而BP神经网络恰恰在这方面具有独特的优势。有学者在对地震工程中一个结构系统的实验研究显示，神经网络所得出的结果比任何传统方法都更可信。它的作用原理就是当信号输入时，首先传到隐含神经元，经过作用函数（通常为S函数）再把隐含神经元的输出信号传播到输出神经元，经过处理后给出输出结果[1]。

（一）基于BP算法的神经网络方法

工程技术领域常用的误差反向后传算法（Back Propagation，简称BP）也被引入到相关数据处理当中，这一算法是为了监督多层神经网络算法而引入的，它促成了自然灾害以及巨灾风险预测的多层神经网络模型的实现（见图6-1）。

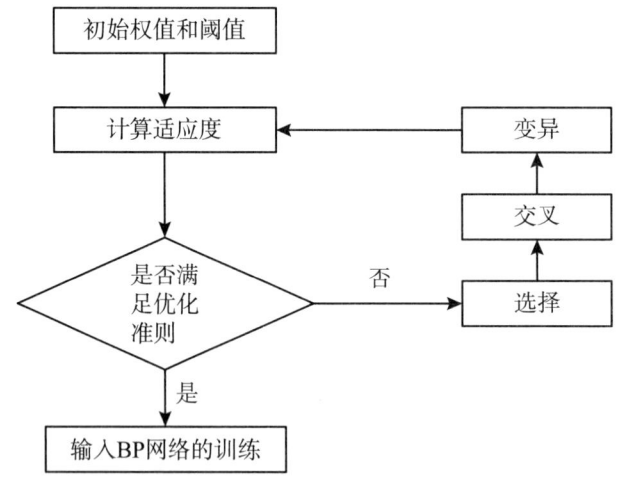

图6-1　BP神经网络方法操作流程

---

[1] 魏一鸣，万庆，周成虎. 基于神经网络的自然灾害灾情评估模型研究 [J]. 自然灾害学报，1997（2）：1-6.

1. BP 算法的操作原理

BP 算法是一种负梯度优化算法在正向传播过程，输入信号从输入层逐层单元处理，并传向输出层，每一层神经元的状态只影响下一层神经元的状态。如果在输出层不能得到期望和输出，则转入反向传播，将输出信号的误差沿原来的连接道路返回。通过修改各层神经元的权值，使得误差信号最小。运用到灾情的评估中时，通常把倒房的数量（X_1）、受灾面积（X_2）、伤亡人数（X_3）和直接经济损失（X_4）作为其评估指标。这些指标经过归一化处理之后即可作为 BP 网络的输出。

2. BP 的神经网络流程

3. BP 算法的神经网络方法计算流程

对于典型的仅一个隐含层的 BP 网络，我们假定输入层有 n 个神经元，隐含层有 p 个神经元，输出层有 q 个神经元。输入向量为 $x = (x_1, x_2, \cdots, x_n)^T$，隐含层输入向量为 $hi = (hi_1, hi_2, \cdots, hi_p)^T$，隐含层输出向量为 $ho = (ho_1, ho_2, \cdots, ho_p)^T$，输出层输入向量为 $yi = (yi_1, yi_2, \cdots, yi_q)^T$，输出层输出向量为 $yo = (yo_1, yo_2, \cdots, yo_q)^T$，期望输出向量为 $d_o = (d_1, d_2, \cdots, d_q)^T$；输入层与隐含层的连接权值为 w_{ih}，隐含层与输出层的连接权值为 w_{ho}，隐含层各神经元的阈值为 $b_h (h = 1, 2, \cdots, p)$，输出层各神经元的阈值为 $c_o (o = 1, 2, \cdots, q)$，样本数据个数为 $k = 1, 2, \cdots m$，激活函数为 $f(*)$，误差性能函数为 $e = \frac{1}{2}\sum_{o=1}^{q}(d_o(k) - yo_o(k))^2$ [①]。然后我们就可以把成灾面积、直接经济损失指标作为网络输入，而把一般灾、较大灾、大灾、特大灾的灾情等级评估结果作为网络输出。例如，郭章林等把人工神经网络引入到地震灾害经济损失评估中。选取震级、地震动输入参数、人均国内生产总值 GDP、受灾面积和灾区人口密度作为网络的输入节点，用直接经济损失率作为网络的输出节点，建立了基于遗传神经网络的震灾经济损失评估模型。首先对样本做归一化处理，使用的传递函数为 Sigmoid 函数或 Tansig 函数进行输入，得出学习样本，并作为后续数据的测试样本进行网络训练，最后运用训练好的网络权值及阈值进行震灾经济损失评估[②]。

（二）基于加速遗传算法的神经网络方法

BP 算法具有收敛速度缓慢的缺陷，因此有学者提出启用改进的遗传算法，

[①] 王伟哲. 地震直接经济损失评估：BP 神经网络及其应用 [D]. 西南财经大学硕士学位论文，2012，4：1 - 66.

[②] 叶珊珊，翟国方. 地震经济损失评估研究综述 [J]. 地理科学进展，2010，29（6）：684 - 692.

即加速遗传算法（AGA）来优化此时的网络参数。把 AGA 的优化结果作为 BP 算法的初始值，在解空间中定位出较好的搜索空间，再用 BP 算法训练网络，如此交替运行 BP 算法和 AGA 就可望能加快网络的收敛速度。同时在一定程度上可改善局部最小问题。这样交替运行 BP 算法和加速遗传算法来训练人工神经网络的方法，我们称之为 BP-AGA 混合算法。

（三）基于免疫进化算法的神经网络方法

免疫进化算法（Immune Evolve Algorithm，简记 IEA）是基于 GA 的一种"加强局部搜索，兼顾全局搜索"的进步算法。其本质在于以最优个体的进化来替代群体的进化，通过标准差进行调整。

（四）其他方法

遥感技术主要是用于灾害的调查和灾害的动态监控，而 GIS 以地理空间数据库为基础，以计算机为工具，主要用于数据的管理和模型的预测。相关研究认为地震的直接经济损失情况与灾区建筑物的直接经济损失成线性相关关系，建筑物的破坏程度越大对应的直接经济损失也就越大，因此遥感影像识别可快速间接地实现灾区的经济损失评估。遥感影像识别法主要有两种地震直接经济损失评估模式，一种基于遥感震害指数，一种基于遥感震害分类结果。

第四节 巨灾风险损失评估指数体系的构建

一、巨灾指数编制的国际经验

（一）当前国际上主要的巨灾损失指数

随着巨灾损失指数的功能日益完善，国际社会重视对巨灾损失指数的编制工作，针对不同的巨灾风险管理需要，发达国家已经开发出多种用于全球、大洲、国家以及区域的巨灾损失指数，并建立起自己独立的评估体系和参数标准。比如，PCS 指数由美国保险服务办公室（ISO）下属的财产理赔服务署（PCS）根据 1949 年至今的巨灾损失数据编制和发布的损失指数，是芝加哥交易所期权期货的定价基准，也是目前度量美国巨灾损失的权威性指数；SIGMA 指数则是由瑞士再保险公司以行业巨灾数据为基础，由 SIGMA 杂志在 1970 年首次公布的一个针对主要发达国家的国际性巨灾损失指数，包含主要的巨灾损失事件；而慕尼黑再保险开发的 NatCat Service 巨灾损失指数，主要覆盖自 20 世纪 50 年代以来的巨灾损失数据，采取不同的损失类型制定差异性的门槛触发机制，可以为第三者责任险以外的其他主要财产保险标的的损失提供直接和间接的损失估计服务；巨灾模拟公司（risk management strategy）以美国的邮政地区编码（ZIP）为分类依据并且参考随机模型系统编制出 RMS Paradex 指数，可以单独反映飓风和地震等巨灾事件损失；百慕大 GuyCarpenter 再保险公司计算开发的 GCCI 指数涵盖龙卷风、飓风、暴风、冰雹等纯气候变化所造成的自然灾害，目前已经是百慕大交易所的巨灾期权期货的定价标准；而 2009 年由八家保险和再保险公司[1]以及中介机构作为股东成立的 PERILS（泛欧风险保险连结服务）的公司所推出的 PERILS 欧洲行业损失指数是目前为止编制体系完善也是最具有动态时效性的巨灾损失指数。当前国际上主要的巨灾损失指数如表 6-4 所示。

表 6-4　　　　　　　　　　国际上主要的巨灾损失指数

	PCS	SIGMA	NatCatService	RMS	GCCI	PERILS
指数类型	行业损失指数	行业损失指数	行业损失指数	参数指数	参数指数	行业损失指数
交易地	场外交易，同时也在 Eurex 和 IFEX 交易	场外交易	场外交易	场外交易	交易所交易	场外交易
用途	芝加哥交易所期权期货的定价基准	提供行业巨灾数据分析	提供行业巨灾数据分析和模拟	巨灾风险证券的定价基准	百慕大交易所的基准工具	为美国以外地区的财产巨灾指数开始提供数据服务
历史数据	1949 年以后	1970 年以后	1950 年以后	不适用	1986 年以后	2009 年以后
事件门槛值	2 500 万财产保险损失	取决于损失类别	取决于损失类别	不适用	加权损失记录	2 亿欧元

---

[1] 这八家保险与再保险公司分别是：法国安盛、德国安联、法国安盟、佳达再保险经纪、慕尼黑再保险、Partner Re 再保险、瑞士再保险和苏黎世保险。

续表

	PCS	SIGMA	NatCatService	RMS	GCCI	PERILS
覆盖范围和地理分布	美国，以地区和州为分类制定	全世界，以国家和洲为分类	全世界，以国家为分类	以邮政地区编码（ZIP）为分类	ZIP分类和地区分类结合	美国以外的地区，以CRESTA区划
被保险财产标的	主要的财产保险标的	除第三者责任险以外的全部财产标的	除第三者责任险以外的全部财产标的	住宅地震保险、商业地震保险	家庭财产，主要是住宅地震保险	主要的财产保险标的
涉及的巨灾风险	飓风、龙卷风、冰雹、风暴、冰雹、地震、洪水	全部的巨灾风险	所有的自然风险	地震和飓风、台风、龙卷风、冰雹	飓风、龙卷风、寒潮、暴风雨和霜冻	欧洲的风暴、地震、洪水及其他自然灾害风险
指数价值	以指数金额换算	以指数金额换算	以损失金额换算	以指数金额换算	以赔付率换算	以损失金额换算
数据来源	风险调查报告、电脑模拟、灾害调查	基本事件的统计、历史数据以及新闻和保险行业的公开数据	多种来源	气象和地震参量以及模拟损失的电脑模拟	30个保险公司的损失经验和超过10 000个低气压的损失记录	欧洲保险公司自愿提供的损失数据
提供的其他信息	无	死亡人数	死亡人数、损失估计值	无	保费、免赔额、已支付的赔款	损失估计值、预期赔付率
时效性	动态修正，可以在巨灾发生后3~5天后修正	每年定期公布，动态修正过程相对较慢	动态修正，每个季度公布（但遇特殊情况会延迟）	动态修正，可以在巨灾发生后7天，或者损失后28天修正	每季度公布，延长修正	动态修正，以每个月为基准修正一次

注：上述表格的编制过程中参考了瑞士再保险《SIGMA》杂志报告2009年第4期：指数在将保险风险转移到资本市场中的作用；刘传铭．巨灾风险证券化与巨灾期权定价方法的分析与研究［D］．天津大学博士学位论文，2004：34-69．

（二）国际巨灾指数的运行规律

国际巨灾指数从诞生至今，经历了 40 多年的发展历程，巨灾指数的类别比较复杂，各种指数之间既不是按照单纯的风险识别功能、损失评估功能以及转移定价功能进行路径演进，也不是按照单独的指数体系构建或者指数区域扩展的发展进行系统完善，更多体现的是一种交融性和互补性。各种指数体系之间既存在相互对立甚至截然不同的运行理念，又存在相互依存并且共同借鉴的编制技术，呈现出以下的运行规律：

1. 巨灾指数的风险类别日益精细化

最初的 Sigma 指数涵盖自然巨灾风险和人为巨灾，NatCatService 指数统计了全部的自然巨灾风险，ISO 指数和 PCS 指数则将火灾损失也列入统计范围之列，虽然可以反映总体的灾害损失状况，但是数据的可靠性却很难得到保障。为提高精确程度，巨灾指数的覆盖范围开始缩减，首先是将人为的灾害风险排除在外；其次是将各类自然灾害具体化，比如 GCCI 指数只包括飓风、龙卷风、寒潮、暴风雨和霜冻等气象巨灾，不包括地震和人为巨灾；PERILS 指数最初也只针对欧洲地区的飓风，然后才扩充到了飓风和地震等主要自然灾害风险。

2. 巨灾指数的采集样本日益专业化

Sigma 指数和 NatCatService 指数的样本数据来自新闻报告以及各种公开信息，PCS 指数的数据则主要来源于各类风险调查报告、电脑模拟、灾害调查。样本数据集信息来源比较宽泛，真实性和准确性值得怀疑。在饱受批评后，巨灾指数的数据来源开始专业化和具体化，GCCI 指数将数据来源局限于 30 个保险公司的内部损失经验和赔付记录，PERILS 指数的指数全部来自欧洲各大保险公司提供的内部数据，准确性得到提高。

3. 巨灾指数的地域范围日益具体化

Sigma 指数和 NatCatService 指数都将整个世界范围内所有区域的巨灾风险事件作为研究分析样本，PCS 指数几乎囊括美国全国以及部分区域的所有数据。由于统计区域范围较广，指标的计算标准很难一致，由此得到的指标数据比较简单，只能作为一个大致的参考，精细化程度还远远不够。为解决这一问题，Paradex 指数和 GCCI 指数采用邮编代码组合的方式进行编制；CHI 指数的统计区域仅限于美国东部沿海地区，而 PERILS 指数也只考虑欧洲西海岸的飓风巨灾，区域性的集中保证了损失相关性的提高。

4. 巨灾指数的时效性日益得到提高

巨灾指数能否科学有效、客观透明的用于随机模拟以及损失估计的关键在于动态时效性。Sigma 指数和 NatCatService 指数采取每年更新一次的计算方式，动态时效性很难得到保证，而 ISO 指数、PCS 指数以及 Paradex 指数采用季度更新的方式，在巨灾事件发生后的一定时期内进行公布，时效性得到提高。为满足瞬息万变的保险市场需求，CHI 指数和 GCCI 指数开始进行修正，在巨灾发生后 3~5 天公布损失数据，时效性较强，可以迅速对市场行情进行调整。

5. 巨灾指数触发机制计算的日益规范化

触发机制的计算关乎指数精准程度，Sigma 指数和 NatCatService 指数以及 ISO 和 PCS 指数都是以行业损失赔付率为基础，没有考虑巨灾本身的物理特性，更没有深入分析保险行业之间的相关性，在触发机制的设计上显得单一且缺乏有效的说服力。在巨灾衍生品的定价过程中，Paradex 指数和 CHI 指数开始将飓风以及地震的物理参数统计入指数的设计过程中，将参数的触发机制进行扩展，基于物理特性巨灾指数可以有效避免受市场因素的影响，更加客观合理。

（三）国际巨灾指数的主要缺陷

国际巨灾指数大多通过不同分类指标的构建，基于巨灾事件的历史数据，运用概率分布函数来描述相关的随机变量，开始注重风险定价和衍生产品开发以及评估巨灾灾害对经济社会的影响和损失，在发展过程中存在以下的问题：

第一，在编制过程中，存在大量统计口径或层次参数的重复计算问题，特别是统计口径比较粗略，权重因子设定比较笼统，直接经济损失和间接经济损失之间的定位比较模糊。因此，如何避免重复计算，有效统计社会经济损失将是今后编制中的一个重要问题；

第二，目前的巨灾指数过多的关注财产损失的统计数据，即使涉及人员伤亡率，该方面的有效信息也明显不足。由于人的生命健康是无价的，无法用金钱来衡量，因此怎么样设计人身伤亡的统计计算口径，将统计结果转化为经济损失，也是一个急需解决的问题；

第三，在对物质财产的损失评估过程中过分关注建筑物的损失，而忽略其他物质财产的损失，诸如机器设备。同时在物质财产损失的评估过程中动态性不强，大多关注灾后的一次性损失，而没有考虑损失过程中的连锁反应，因此怎么样做到原发巨灾与次生巨灾之间在损失评估中的有效结合也是未来巨灾指数编制中的难点；

第四，在环境灾害的评估过程中，指数标准选择的代表性并不强，直接采用加权的方法来评估总体环境显然并不恰当，因此在未来中国巨灾指数的构建过程中怎么样进行平衡，通过什么样的指数体系来系统评估中国的巨灾风险也是需要重点把握的热点问题。

二、我国巨灾指数编制的现状

(一) 中国的传统自然灾害管理指数

1. 地震灾害危险度指数

地震灾害危险度指数是 2004 年由北京师范大学教育部环境演变与自然灾害重点实验室，根据灾害系统理论，采用中国历史大地震数据，在对我国城市直下型地震危险性进行初步研究的基础上，进行综合评估所得到一系列指数结果。该指数的结果值越大，所在城市的地震风险程度越高，相关部门需要采用紧急方法对地震风险进行适当的控制和预防。地震危险度指数主要由近源地震等效震级指数、承灾载体的易损性指数和危险度指数三类指数构成，通过数字技术的空间位置分析，编制出中国近源地震等效震级图、中国地震承灾载体易损性指数图和中国城市地震危险度评价图。

2. 综合气象干旱指数

综合气象干旱指数是 2006 年由我国首次发布的用于监测干旱灾害的国家级气象指数。该指数由降水量和降水量距平百分率、标准化降水指数、相对湿润度指数、土壤湿度干旱指数和帕默尔干旱指数 5 个单项指数构成[①]，主要是利用近 30 天（相当月尺度）和近 90 天（相当季尺度）标准化降水量[②]以及近 30 天相对湿润加权计算得出，这样既能反映短时间尺度（月）和长时间尺度（季）降水量气候异常情况，又能反映短时间尺度（影响农作物）水分亏欠情况。

3. 极端气象灾害指数

从某种意义上讲，我国当前并不具备综合化的极端气象灾害指数，中国主要气象灾害指数分布在各种不同类别的自然灾害管理过程中。随着时代发展的需要，国家气象局当前主要根据各种类极端气候事件的经济和社会影响程度，选取 7 种区域或全国平均极端气候指标作为统计和管理各类气象灾害事件的主要指标，它们分别是平均高温日数（Htd）、平均低温日数（Ltd）、平均强降水日数（Ipd）、干旱面积百分率（Dap）、登陆热带气旋（台风）频数（Tcf）、平均沙尘天气日数（Dsd）、平均大风日数（Swd），综合构建出各类极端气象灾害指数。

[①] 钟学丽. 基于大比例尺覆被统计抽样的流域水收支与干旱指数模拟 [D]. 天津大学硕士学位论文，2010.

[②] 杨帆. 区域气候背景下流域极端气候与水文事件的关系研究 [D]. 郑州大学硕士学位论文，2008.

三种传统自然灾害管理指数的比较如表6-5所示。

表6-5　　　　　　中国现行巨灾风险管理中的主要指数

指数名称	编制机构	主要用途	指数特征
地震灾害危险度指数	北京师范大学环境演变与自然灾害教育部重点实验室	中国主要城市的直下型地震的危险性度评价	近源地震等效震级、承灾载体的易损性指数和危险度指数等三类一级指数体系构成
综合气象干旱指数	国家气象局	计算国家干旱损失等级并制定相关的防灾减损策略	由降水量和降水量距平百分率、标准化降水指数、相对湿润度指数、土壤湿度干旱指数和帕默尔干旱指数等5个单项指数构成
极端气象灾害指数	国家气象局	计算各类气象灾害的损失并作为气象保险的触发参数	由平均高温日数（Htd）、平均低温日数（Ltd）、平均强降水日数（Ipd）、干旱面积百分率（Dap）、登陆热带气旋（台风）频数（Tcf）、平均沙尘天气日数（Dsd）、平均大风日数（Swd）等指数构成

（二）构建中国巨灾指数的现实性分析

1. 为政府制定风险管理策略提供服务

当前我国巨灾风险形势十分严峻，政府在制定各项巨灾风险管理策略时需要了解我国巨灾风险发生演进状况以及保险损失赔付和市场化风险转移比例，进而制定更加适合我国国情的巨灾风险管理制度。巨灾指数通过各项指标的综合分析，不仅可以衡量我国的巨灾应急预警能力，而且还能测度巨灾破坏程度、损失额度以及灾后恢复重建水平，让政府决策部门知悉我国巨灾风险事件的产生运行规律，熟悉我国巨灾风险管理制度中存在薄弱的环节，了解我国巨灾管理水平与国外存在的差距，进而更有针对性、更富建设性地调整转变各项风险管理策略，提高国家整体巨灾风险管理水平。

2. 为保险公司开发巨灾保险产品提供参考

我国当前由于缺乏系统化的巨灾保险制度，巨灾保险供给严重不足。目前，能为巨灾买单的险种只有寿险、个人意外伤害险等保险中的附加条款，还没有适用于巨灾的全国性单独险种。为更好地将保险作为巨灾的有效减震器，减轻政府压力，可由政府主导，增加对灾难保险的投入力度，鼓励商业保险公司开展巨灾保险。巨灾指数及其指数精算模型，第一，可以向保险公司提供系统的各类灾害损失分布数据，进而为保险公司更好的评估以及确定巨灾保险费率提供支持；第二,指数保险灵活高效、透明公开的运行机制,可以为保险公司提供多元化的产品开发,指数化的参数触发使得保险赔付更加具有效率,这样可以提高保险产品的竞争力;第三,巨灾指数还可以作为参数的触发机制参与巨灾衍生产品的定价,这样使得保险公司的风险转移分散层次更多元化,有效解决保险公司经营巨灾保险业务偿付能力不足的根本问题。

3. 为个体群体消费者提供风险决策指导

一方面,随着我国国民经济的快速发展,我国居民的收入水平大大提高,居民的财产种类日益丰富,导致风险暴露层面急速上升。我国大部分居民对于巨灾风险都存在一定的认识,渴望通过有效的途径能够转移分散自身及其家庭所面临的各类巨灾风险。如果建立在有效指数分布条件下的巨灾保险产品得以开发成功并上市,其低廉的价格、简单的手续、灵活的费率将极大地满足居民转移分散巨灾风险的需求。另一方面,当今国际金融市场上,那些可以适时调整巨灾债券价格和变更投资组合的指数型巨灾衍生产品开始受到重视。我国当前的资本市场发育并不完善,金融创新产品无论在种类以及质量上都与国外存在较大的差距。如果适时适地推出合理的巨灾衍生产品,尤其是建立指数型巨灾期权或者行业损失担保,这将在一定程度上丰富投资者的选择范围,帮助他们实现其投资组合的多样化,进而分散其投资风险。

(三) 构建中国巨灾指数的可能性分析

可能性是现实性的必要条件,外界条件是现实性的必要因素,没有外界条件,可能性转化不成现实性。虽然当前的中国保险市场中没有正式意义上的巨灾指数,但是并不缺乏构建巨灾指数的各种现实可能。

1. 巨灾保险试点方案的探索

我国倡导和研究建立巨灾保险制度的试点,已有近 10 年时间,虽然一直进展缓慢,但是从没有放弃。当今在中国巨灾保险试点过程中,最为突出问题无外乎是巨灾保险制度体系的构建以及方案框架的制订。在这一过程中,建立政府支持下以商业保险公司为主导的巨灾保险运行模式,已经被专家学者们所普遍接受,而建立巨灾风险转移机制的前提是对巨灾风险进行评估。巨灾指数作为一种先进的风险计量方式,可以通过建立相关的数据库提供直接的损失数据信息。如果在巨灾保险的试点方案中,结合巨灾指数进行推广地震指数产品,达到触发等级的地震一旦发生,几小时后就能确定是否赔付、几天后就能最后付款,没有冗长的损失清算调整过程,可以用来保护投保人的生命和财产、基础设施安全。

2. 巨灾损失量化标准的完善

随着灾害学研究的深入和灾害风险量化模型的完善,巨灾损失程度及其度量指标体系也开始日益规范。在自然灾害损失评估过程中，我国已经建立起较为完善的损失评价指标体系，各类风险损失地图以及各种量化指标的数据采集标准也逐渐趋于规范。2004年，经国家统计局核准，民政部开始启用新的《自然灾害情况统计制度》，对灾害的统计指标体系设计、报表规范以及核保制度等内容都做出专门规定。同时诸如《中国地震参数区划图》（GB18306—2001）、《地震现场工作第4部分：灾害直接损失评估》（GB/T18208.4—2005）等一系列法规的出台也使得自然灾害的评估和统计制度更加完善。

3. 金融创新技术的日益成熟

风险转移是风险融资证券化的基本方式，通过金融市场的交易，可以将风险交给那些愿意承受且有能力承受风险的市场参与者承受。金融创新的核心问题就在于如何通过各种金融产品的组合搭配更有利于风险的控制、转移、消化、吸收。巨灾指数的开发离不开金融技术的支持，而在这一方面，我国当前的金融市场也具备一些基本条件。首先，经过多年的发展，我国金融市场已经初具规模，在积极吸收国际经验的同时，某些具有中国特色的金融创新技术也开始逐渐出现在中国金融市场；其次，作为将保险风险转移到资本市场的重要金融交易平台——保险交易所，目前，北京、上海、成都、深圳也都在积极申报中，如果这项提议通过并付诸实施，将极大促进中国巨灾指数保险的开展。

4. 其他指数编制技术的借鉴

虽然在当前中国没有真正意义上的巨灾指数，但是并不缺少编制各种指数的经验。在指数理论研究中，现有学者不仅明确了各类指数的编制方法以及基本原则，同时在统计指数的优良性检验等方面以及统计指数的评价标准等领域都已经搭建起了十分完善的理论体系；在统计指数的实践中，中国已经在物价指数体系、证券价格指数体系、房地产价格指数体系、消费者满意指数以及经济景气指数等相关指数体系的构建过程积累了丰富的编制经验和编制技术。虽然巨灾指数与一般的经济指数和自然灾害指数存在差异，但在某些共同的地方依然可以为我所用。

三、构建中国巨灾指数的思路与政策建议

（一）构建中国巨灾指数的总体思路

巨灾指数的构建是一个系统化的综合性过程，包括巨灾指数的前期编制、巨灾指数的中期管理以及巨灾指数的后期运行三个主要步骤，而当前的研究重点则是巨灾指数的编制。由于我国的地域范围较广，不同区域面临不同的巨灾损失分布，因此不能仅仅建立一个单一的巨灾指数，可以借鉴美国的PSC指数体系，

按照灾害区域化的分布特点建立分类巨灾指数，在技术条件和管理模式成熟以后，再向全国推广，建立综合巨灾指数。

1. 灾害区域化分类指数体系

由于我国灾害损失较多，不同灾害呈现出差异性的运行发展规律和损失分布特点，区域范围内巨灾风险的差异性与巨灾发生范围的连片性，使得单纯按照行政区划的方法进行巨灾指数的构建，很难综合量化所有巨灾的损失分布特点。为精确计量灾害损失的统计口径、提高巨灾指数的动态时效程度，可以考虑率先按照巨灾的区域分布特点，将主体灾害和次生灾害进行结合，编制出区域化的综合指数体系，比如在西南地区建立地震指数、在中部地区建立洪水指数、在北方地区建立干旱指数、在东南沿海地区建立台风指数等。

2. 国家层面的综合指数体系

任何自然灾害都不是单独存在的，高强度台风可以短时间内引发强降水，进而诱发洪水；地震可以引发地质灾害，并由此产生堰塞湖，巨灾风险的发生很难局限于狭隘的地域范围和灾害范围以内，这就需要建立综合化的指数体系对不同区域范围内的各种自然灾害进行系统化的处理，建立国家层面的综合化巨灾指数势在必行。在构建出单个灾害种类的指数以后，可以考虑尝试建立综合化的巨灾指数体系，将这些单个灾害指数之间相互关联、相互重复的地方进行统一处理和综合协调，这样便于从更加宏观的更为抽象的角度管理整个巨灾风险。当然，这是一个十分浩繁和庞大的工程系统，不仅需要大量的人力、物力、财力投入，更多的是需要部门之间的有机整合和相互沟通。在当前的技术条件以及管理模式下，综合性巨灾指数的构建存在较大的障碍，国家层面的综合指数不可能设计得十分详细，面面俱到，只能先试点再推广，在发展过程中寻找创新完善的方法。

（二）构建中国巨灾指数的具体方案

由于巨灾指数的构建在我国属于尝试性的探索，在指标的设定、权重的选择、相关数据采集等方面技术不成熟的条件下，只有通过试点的方式，由点到面，逐步实施，最终推广到全国。

1. 试点区域的选择原则

巨灾指数的编制必须具备较高的数据要求和技术要求，因此试点方案的选择十分重要。在试点过程中应该把握好如下的原则：第一，选择经济基础较好，居民风险意识较高的区域，最好该区域内的居民大多数经历过巨灾事件，对巨灾有着最为切实的感受，这样会比较支持巨灾指数试点的开展；第二，选择保险行业较为发达，各项统计报告制度充分、保险公司的各项损失赔付数据较为完善的区域，这样可以保证数据的来源充分；第三，在试点过程中，不应该建立过于复杂的指数体系，也不应该一次性选择所有的权重计算方法，只需要选择一种公认的分析模式进行量化。

2. 试点工作的层次要求

所有巨灾保险制度的推行和实施都是一个长期的过程，完整的巨灾制度的构建更是数十年甚至上百年试验的结果。在巨灾指数的试点过程中不能盲目跟风，更不能拔苗助长，需要循序渐进，做好长期性的准备。我国当前的巨灾指数基本处于萌芽时期，不应该在试点的初期就推出转移定价类巨灾指数，而是应该延续指数的产生发展规律，率先在试点区域推出损失评估类指数，待发展成熟以后，才逐渐考虑引入参数触发机制，将巨灾指数的编制与保险交易所的建立联系起来，研究推出可以用于各类巨灾衍生品定价的复合型巨灾指数。

3. 试点方案的参与主体

在巨灾指数的试点过程中，需要设计出一套完整的试点方案。首先，试点工作的组织者和领导者。本书主张巨灾指数的试点可以由地方保监局组织牵头，并要求民政局、地震局等相关部门的支持和配合。其次，试点工作的主要参与者。巨灾指数的试点需要保险公司的参与，各家保险公司应该积极配合保监局，主动提供必要的保险损失赔付数据以及灾害研究报告。最后，巨灾指数及相关保险产品的推广还需要广大公众的参与，政府可以对参与巨灾保险试点的居民个人在巨灾保险费的缴纳、赔付金的领取以及防灾防损等方面所发生的相关费用，给予免税、减税或税收延迟等优惠待遇。

4. 试点方案的组织实施

在巨灾指数的推广与开发过程中，第一，要提高思想认识，务求工作实效。试点区域内要高度重视巨灾指数的试点工作，认真组织实施，有序推进，务求高效。第二，要加强宣传动员，营造良好氛围。要充分利用电视、报刊、网络等宣传媒介，广泛宣传巨灾指数的重要作用，努力形成有利于巨灾指数试点推广的舆论氛围。第三，要加强信息沟通，及时反馈情况。各试点区要按要求建立规范的信息交流和反馈制度。第四，试点工作的推行模式。巨灾指数的试点应该在巨灾保险业务的推广配合下进行，不能盲目地单独行动。

（三）构建中国巨灾指数的难点

1. 指数类型与触发参数的选择

世界上主要的巨灾指数都是以行业损失和物理参数为基础，在设计过程中需要运用一定的计算法则，比如RMS指数采用的跳跃式叠加法则。考虑到我国的具体国情，本书主张在巨灾指数的构建中应该以保险行业的总体损失作为主要触发参数，统一计算保险市场中的灾害损失分布。行业损失指数虽然可以提供一个总体性的触发门槛值，但是对保险公司采取传统的分保方式设定地震保险产品却十分不利，因为各个保险公司的风险敞口与行业损失的预测相关性不高，基差风险较大，锁定额度以后，短期内很难自由变更。行业损失作为触发参数是否合理以及是否能够满足长远发展的需要，经过长期的实践检验才能得到证明。

2. 样本区域与统计范围

由于我国的地理地质构造以及气候条件等方面都存在较大差异，如何选择具有代表性同时又可以反映统计样本显著性的指标范围是一个比较复杂的问题。一种可行的方案是制定灾害区划，根据人口密度、经济发展水平以及地质结构等将全国分为不同的灾害区域。即便如此，自然灾害与人为灾害的界定、次生灾害的损失核算、共同受损的损失分担及责任界定，以及不同地区承灾载体的差异性等问题也将对巨灾指数的推广带来一定的制约。

3. 指数开发与资本市场的接轨

在保险证券化的浪潮中，指数作为一项重要参数，尤其是那些可以适时调整巨灾债券的价格和变更投资组合的巨灾指数开始受到重视。投资者希望研究机构和保险咨询公司提供的巨灾指数，这可以帮助他们实现其投资组合的多样化，但是我国目前资本市场的发育程度比较落后，尚没有相应的巨灾衍生产品。如何将地震指数的编制与保险融资平台的完善结合起来，如何将巨灾指数融入精算定价及产品开发过程中，这些问题也难度不小。

（四）构建中国巨灾指数的政策和条件

1. 法律和法规支持

政府部门应该制定相关的法律和法规，为巨灾损失指数的样本采集工作提供必要的行政支持。比如，在今后的《巨灾保险法》或者《巨灾保险保单条例》中可以明确规定巨灾损失数据的采集标准和采集规范，或者出台专门的《巨灾损失指数采集与编制管理条例》为将来我国巨灾损失指数的建立铺平道路。

2. 信息系统建立

巨灾损失数据中的样本数量庞大，覆盖广泛的灾害险种和地域范围，因此需要较高的数据信息处理能力，政府部门应该建立相关的数据信息系统来对巨灾损失数据进行整理、加工、保管等集中处理，并且实现远程交换与共享，以此来提高数据处理效率。

3. 财政和税收优惠

巨灾指数编制的目的不单是为了统计灾害损失分布的情况，而是希望借助此工具提高我国的巨灾风险融资能力，鼓励保险公司进行金融创新，而创新始终与风险相伴，因此政府很有必要为那些率先主动提供巨灾数据的保险公司提供必要的税收和法律优惠,鼓励它们进入巨灾保险市场,并对它们的创新活动给予相应的财政和税收支持。

4. 必要的融资平台保障

对于巨灾指数的融资平台,我国目前资本市场的金融创新能力还相对有限,巨灾衍生产品的开发与交易不能始终依赖于国际资本市场,这就需要政府搭建一个可以为巨灾指数衍生产品的套利定价行为提供必要技术支撑的金融交易平台。

第五节 我国地震损失指数的指标设计及实证应用

一、地震损失指数的定义及指标构建

(一) 地震损失指数的定义

地震所造成的损失一般包括人员伤亡和财产损失,其中人员伤亡主要是死亡人数和受伤人数,而在计量过程中应该重点分析地震诱发人员伤亡所带来的生命价值损失和劳动力价值损失;财产损失又分为直接经济损失和间接经济损失,直接经济损失是指地震所造成的建筑物和其他工程设施等破坏而引起的经济损失,其折算价值以整修、恢复重建或重置所需费用来表示,地震间接经济损失是指由于地震使建筑、设施功能失效及对正常社会生活的干扰引起的非实物经济损失,如因地震灾害造成的企业停产、减产、搬迁和地价变动,金融、产品与商品流通呆滞等引起的经济损失。

(二) 地震损失指数的指标构建

1. 地震人力资本损失指数

地震人力资本损失指数(Ehl)主要统计地震发生所引发的各类人力资本损失而非单纯的人口伤亡数量。死亡和受伤人口是指截至一定时间内,不同震级因为地震风险而丧失生命,或者造成重伤或者轻伤的人口数量(见表6-6),而人力资本损失则是指因为人口死亡或者受伤而引起的个人以及家庭经济收入的减少或者生活成本的增加。在统计人力资本损失指数时,最为关键的是确定不同类型人口的生命价值。由于死亡人口和受伤人口在生命价值的计量过程中存在较大的差异,因此可通过两种不同的计算方式分别加以确定。

表6-6　　　　　　　　　　不同地震震级伤亡人数估计

震级范围	死亡估计（人）	受伤估计（人）
$M \leq 4.9$	无	数人至数十人受伤
$5.0 \leq M \leq 5.5$	个别人	三十人至五十人，个别地震上百人受伤
$5.6 \leq M \leq 6.0$	数人	数十人至上百人，个别地震数百人受伤
$6.1 \leq M \leq 6.5$	数人，少数地震数十人死亡	数千人，个别地震上万人受伤
$6.6 \leq M \leq 7.0$	数百人	上万人受伤
$7.1 \leq M \leq 7.5$	数千人，个别地震上万人死亡	数万人受伤，个别地震数十万人受伤
$M \geq 7.6$	数万人，个别地震数十万人死亡	数十万人受伤

资料来源：中国国家地震局《地震灾害直接损失初评工作指南》（2005）。

（1）死亡（包括失踪）人口的直接生命价值损失（Dhl）。

杨喆、徐刚（2008）[①] 认为计算人的生命价值损失可以采用人力资本方法进行量化计算。假定单个个人损失的工作时间或者失去的寿命等于个人劳动的价值，那么个人的劳动价值就是他未来的收入经过贴现计算后的现值，即

$$Dhl = \sum_{t=T}^{\infty} y_t p_T^t (1+r)(t-T) \qquad (6-12)$$

其中 L_1 代表失去的寿命折算的现值，y_t 表示预期个体在 t 年内所得总收入，扣除由他拥有的任何非人力资本收入，p_T^t 表示个人从 T 年活到 t 的概率，r 表示预期 t 年的社会贴现率。

（2）受伤人口的间接劳动价值损失（Ihl）。

地震发生后，除了直接导致人口死亡以外，还会产生数量更加庞大的受伤人口，对于这类人的价值损失一般采用间接损失的计量方法进行评估。根据中国地震局（2008）在云南省进行试点所得到的结论，地震灾害受伤人口的经济损失与灾区受伤人口之间满足如下的关系：

$$Ihl = \begin{cases} 9\,427 \times e^{0.04N}, & M \leq 5.5 \\ 98\,060 \times e^{0.01N}, & M > 5.5 \end{cases} \qquad (6-13)$$

在上述公式的计算过程中，M 为地震震级，N 为相应的灾区人口数量，单位为万人。

（3）地震人力资本价值。

由于地震人力资本价值主要是由死亡人口的直接生命价值损失和受伤人口的间接劳动力价值损失两部分所构成，它们之间的函数关系相对比较简单，可以直接表达为：

[①] 杨喆，徐刚. 灾害经济损失的评估方法探讨 [J]. 经济研究导刊，2008（13）：81-82.

$$Ehl = \alpha_{dhl}^3 \times Dhl + \alpha_{ihl}^3 \times Ihl \tag{6-14}$$

其中，Dhl 为死亡人口的直接经济价值；Ihl 为受伤人口的间接劳动力价值，而 α_{dhl}^3 和 α_{ihl}^3 则为相对应的权重指数。

2. 地震直接财产损失指数

地震直接财产损失指数（Epl）主要计量地震对自然经济形态所引起的直接性毁灭和破坏，主要包括房屋建筑物及其室内设施受损、生命线工程受损、其他基础设施受损以及地震引发的直接企业损失（固定资产和物化流动资产）四个大的部分，下面分别对上述四个部分的计量标准和统计函数进行分析。

（1）房屋建筑物及其室内财产损失指数（Hpl）。

由于房屋建筑物及其室内财产损失的评估相对简单科学，而且已有固定化的损失计量标准，因此也成为当前地震指数统计中最为成熟也是最为完整的部分，其主要步骤包括以下几个部分：

第一，确定房屋建筑物的损失面积 S_h。在计量房屋建筑物的损失面积的过程中，如果已经建立有地震应急基础数据库，可以直接从中检索到不同地区的房屋建筑面积；如果没有建立地震应急基础数据库，则可以通过统计调查的方法计算得出，具体的计算方式是：

$$S = \sum_{i=1}^{n} P_s \times P_i = \sum_{i=1}^{n} H_s \times H_i \tag{6-15}$$

其中 S 为地震受灾区的房屋总面积，其中 S_i 为第 i 评估区的房屋总面积，P_s 为人均房屋面积，P_i 为第 i 评估区的总人数，H_s 为户均房屋面积，H_i 为第 i 评估区的总户数。

第二，确定房屋建筑物的损失比 D_h。房屋建筑损失比是指某类房屋建筑在不同破坏等级下修复或重建时，单位面积所需费用与重建单价之间的比率，在相同的地震区域范围内，同级别的地震对于不同结构的房屋类型所产生的破坏程度存在很大的差异。一般情况下可以参照 GB/T18208.4 国家标准——《地震现场工作第 4 部分：灾害直接损失评估》的规定，选择不同的损失比（见表 6-7）。

表 6-7　　　　　　　不同结构类型房屋的破坏损失对比

房屋结构	破坏等级				
	基本完好	轻微破坏	中等破坏	严重破坏	损毁
钢筋混凝土、砌体房屋	0~5	6~15	16~45	46~80	81~100
工厂房屋	0~4	5~16	17~45	46~80	81~100
城镇平房、农村建筑	0~5	6~15	16~40	41~70	71~100

资料来源：中华人民共和国国家标准 GB/T18208.4。

第三，确定房屋建筑物的破坏比 R_h。房屋建筑的破坏比是指某居民点房屋破坏面积与房屋总面积之间的比率，在计算过程中可以按不同类型房屋建筑以及不同破坏等级分别求得（见表6-8）。该数据一般在地震发生后，根据本地区历史地震现场抽样调查资料直接获得相关结果。

表6-8 地震烈度下不同类型房屋建筑物的破坏比均值检索

地震烈度	结构类型	毁坏	严重毁坏	中等破坏	轻微破坏	基本完好
VI度	框架结构	0.09	0.00	1.32	18.68	80.04
	砖混结构	0.00	0.17	3.36	21.46	74.96
	砖木结构	0.02	0.41	4.88	22.51	72.17
	土木结构	0.01	0.65	6.95	25.84	66.56
VII度	框架结构	0.00	1.58	7.65	30.07	60.70
	砖混结构	0.16	5.23	14.13	30.17	50.30
	砖木结构	0.08	3.22	21.33	33.82	41.54
	土木结构	0.30	5.97	19.71	35.30	38.71
VIII度	框架结构	0.00	1.88	9.73	77.17	11.21
	砖混结构	0.85	11.76	38.35	32.92	19.45
	砖木结构	1.21	17.89	36.50	36.25	13.92
	土木结构	4.71	19.92	37.84	31.17	7.02
IX度	框架结构	0.00	12.00	33.00	34.00	21.00
	砖混结构	11.00	38.10	14.50	18.05	18.30
	砖木结构	13.00	40.00	28.00	19.00	0.00
	土木结构	15.00	44.15	26.30	14.60	0.00

注：以上数据根据国家地震局相关资料整理。

第四，确定房屋的重置价值 P_h。房屋建筑重置单价指基于当前价格，或者修复被破坏房屋以及恢复到震前同样规模和标准所需的单位建筑面积的价格。原则上，房屋建筑的重置单价由灾区城建部门提供，或参照同类地区灾评核定。

第五，计算房屋建筑物的经济损失。通过以上指标的计算可以直接得到目标区域各类房屋建筑物在某种破坏程度下的损失值：

$$L_h = S_h \times R_h \times D_h \times P_h \text{[①]} \qquad (6-16)$$

[①] 周光全等. 地震灾害损失初步评估方法研究 [J]. 地震研究, 2010, 33 (2): 208-215.

在上述计算公式中，S_h 为同类房屋总建筑面积，R_h 为同类房屋某种破坏等级的破坏比，D_h 为同类房屋某种破坏等级的损失比，P_h 为同类房屋重置单价，可参考近期地震评估报告的重置单价。

第六，确定室内财产损失价值。在抽样点调查时，针对不同结构类型和不同破坏等级的房屋建筑，每类每种等级可选取 3~5 户典型房屋，统计不同破坏等级下室内财产损失值 V_p，则可以直接得到室内财产的损失价值：

$$L_p = S_h \times R_h \times V_p \quad (6-17)$$

第七，计算房屋建筑物及其室内财产损失指数（Hpl）。一般情况下，房屋建筑物及其室内财产的损失指数可以通过房屋建筑物的经济损失以及财产损失价值之间的加总关系得到：

$$Hpl = L_h + L_p = S_h \times R_h \times (D_h \times P_h + V_p) \quad (6-18)$$

（2）生命线工程损失指数（Lei）。

生命线工程主要是指维持城市生存功能系统和对国计民生有重大影响的工程，主要包括供水、排水系统的工程；电力、燃气及石油管线等能源供给系统的工程；电话和广播电视等情报通信系统的工程；大型医疗系统的工程以及公路、铁路等交通系统的工程等（中国地震局，1998）[①]。生命线工程的计算评估方法和房屋建筑物的损失计量方法十分近似，其计算方式如下：

$$Lei = S_l \times R_l \times V_l \quad (6-19)$$

在上述公式中，其中 S_l 为地震受损面积范围，该数据可以在地震损失报告中获得；R_l 为生命线工程损失破坏比，指该结构在不同破坏等级下修复或重建、使其恢复功能的造价与总造价之比，均以当地现行造价为准（见表 6-9）。该指标需要现场抽样统计得出；V_l 为生命线工程的重置价值。

表 6-9　　　　　部分生命线工程破坏损失比汇总表

类型\级别	基本完好	轻微破坏	中度破坏	严重破坏	毁坏
桥梁	0~10	10~20	20~40	40~70	70~100
路堤	0~10	10~20	20~50	50~70	70~100
挡土墙	0~10	10~20	20~50	50~70	70~100
取水贮水结构	0~4	4~8	8~35	35~70	70~100
烟囱水塔	0~4	4~8	8~35	35~70	70~100

资料来源：国家地震局——地震灾害损失评估工作规定。

---

① 中国地震局. 地震现场工作大纲和技术指南 [M]. 地震出版社，1998.

(3) 其他工程损失指数 (Oel)。

其他工程损失指数主要是除房屋建筑物及其室内财产以及生命线工程以外的其他工程项目财产损失,比如大坝等水利基础设施、在建的建筑安装工程。由于缺乏充分的统计数据以及科学的模拟计算方法,当前对于其他工程损失无论在定性描述还是定量分析等方面均存在不少的难度。在灾害经济学中,往往采用替代计算的方法对其他工程的经济损失进行大概性描述,具体的计算步骤如下:

第一,计算其他工程经济损失比值 α_{rel}: $\alpha = \alpha_{hpi} + \alpha_{lei} + \alpha_{rel}$,在该式中,$\alpha_{hpi}$ 为房屋建筑物及其室内财产占工程类总经济损失的比值;α_{lei} 为生命线工程占工程类总经济损失的比值;α_{rel} 为其他工程经济损失比重。

第二,计算其他工程损失指数。一般情况下,在初步评估工作中用水利设施等非房屋工程结构损失代替,也可以研究历史地震中其他损失占总损失比例,形成其他经济损失与总损失的经验模型。对于缺乏历史地震资料的地区,可参考全国平均模型。具体的计算公式为:

$$Rel = (Hpi + Lei) \times \frac{\alpha}{1-\alpha} \qquad (6-20)$$

其中,Hpi 和 Lei 分别为房屋建筑物及其室内财产损失指数和生命线工程损失指数。

(4) 直接企业受损指数 (Ici)。

直接企业受损指数,主要统计地震发生后,对企业固定资产和物化流动资产所带来的损失,其中企业固定资产主要指房屋建筑物、机器设备、公共设施、交通运输工具等其他资产,这些资产的特点是不可移动性,而企业的物化流动资产损失主要包括农产品损失、原材料损失、燃料损失、在产品与产成品损失等,具体计算步骤如下:

第一,确定固定资产的损失价值。在灾害事故发生时,固定资产可能全部报废,也可能可以修复,因此对固定资产损失的计算分为两种方式:当固定资产全部报废时,其损失价值为固定资产净值与残存价值之间的差额:

$$C_1 = V_{原} \times (1-r)^n - V_{残} \qquad (6-21)$$

其中 C_1 为固定资产的损失值,n 为灾害发生时固定资产的已经使用年限,r 为固定资产的年折旧率,$r = \frac{1-p}{n} \times 100\%$,$p$ 为预计净残值率,$V_{残}$ 为地震发生时固定资产的残存价值;

当固定资产部分报废时,其损失价值的计算公式为:

$$C_2 = C_r + [V_{原} \times (1-r)^n - V_{残}]\left(1 - \frac{\eta'}{\eta}\right) \qquad (6-22)$$

其中 C_r 为固定资产的修复费用，η' 为固定资产修复后的生产率，η 为发生灾害前固定资产的生产率。

第二，确定流动资产价值。对于流动资产的价值评估一般采用重置成本的方法进行计算①。以流动资产中的产成品为例，流动资产的损失价值为：

$$V_{重置} = Q \times V_{单价} \times \frac{V_{评}}{V_{新}} \qquad (6-23)$$

在上式中，$V_{重置}$ 为重置成本总额，Q 为产成品数量，$V_{单价}$ 为最新单位成本，$V_{评}$ 为抽样产成品评估重置成本，$V_{新}$ 为抽样产成品最新单位成本。当企业的成本核算基础资料可信度比较低时，可采用标准成本法或同行业平均成本法来确定产成品的评估价值。

第三，确定直接企业受损指数。由于直接企业受损等于固定资产和物化流动资产两者的价值总和，因此直接将二者进行相加就可以得到最后结果。

（5）地震直接财产损失指数。

由于地震直接财产损失可以由上述四类财产进行直接分解，因此可以通过加和函数的形式构建地震直接财产损失指数之间的耦合函数关系，具体的函数表达式为：

$$Epl = \beta_{hpl}^3 \times Hpl + \beta_{lei}^3 \times Lei + \beta_{rel}^3 \times rel + \beta_{ici}^3 \times Ici \qquad (6-24)$$

3. 地震间接财产损失指数

由于地震间接经济损失既有较短时间效应的损失，比如地震造成企业的生产停顿、商业活动停止等，也有较长的时间效应的损失，比如地震造成环境的破坏，将在震后很长一段时间影响到灾区经济行为；同时，地震间接经济损失涉及的空间范围比地震直接经济损失更为广泛，直接经济损失只影响到地震灾区，而间接经济损失往往还影响到灾区及其附近地区的经济活动，甚至是全球范围的经济活动，因此统计地震的间接损失并对其进行定量测算在目前已有的统计方法内存在很大的难度。目前，地震间接经济损失的研究方法一般分两大类：经济学模型和经验统计模型，前者采用的方法一般有"投入—产出"模型、可计算的一般均衡模型、区域经济动力学模型等，后者一般采用损失与 GDP 的统计关系，或者与直接损失的统计关系等②。在本书的分析中，主要采用企业停产损失指数和产业关联损失指数两个指标来进行量化。

（1）企业停减产损失指数。

企业停减产损失指数（Lsi）是由于资本和劳动力受到自然灾害的直接破坏造成减少，使得生产能力下降从而引起的经济损失。自然灾害造成企业的资产毁

---

① 许飞琼. 灾害统计学 [M]. 湖南人民出版社，1998.
② 林均岐，钟江荣. 区域地震间接经济损失评估 [J]. 自然灾害学报，2007，16 (4)：139 - 142.

损流失时，企业在更换和恢复这些毁损、流失的资产之前，不得不暂停生产经营或减少生产经营规模。目前，国内外对停减产损失的评估方法多种多样，本书比较了几种评估方法，建议采用如下评估。企业停减产损失按企业的停产、减产时间和企业正常日均产值和减产后的日均产值来计算：

$$Lsi = N_s \times P_s + (N_r \times P_s - N_r \times P_r) \text{①} \tag{6-25}$$

在上述公式中，Lsi 为停减产损失，N_s 为企业停产天数，P_s 为企业正常日均产值，N_r 为企业减产天数，P_r 为企业减产后的日均产值。

(2) 产业关联损失指数。

产业关联损失指数 (Iai) 是指某一个产业部门受灾后，对相关其他产业部门造成的各种间接损失。一般采用投入产出模型进行评估，投入产出分析是通过编制投入产出表来研究整个国民经济各部门、各地区、各行业之间或一个部门、一个地区、一个企业内部产品的投入与产出之间的数量关系的一种平衡方法。假设整个经济体系在灾前、灾后均能处于最优的均衡运行状态，使各种有限的资源得到充分的利用，则产业关联损失用以下式子进行计算：

$$Lai = R/r \text{②} \tag{6-26}$$

其中，Lai 为产业关联损失指数，R 为有灾、无灾时的国民生产总值 GNP 的差额；r 为社会平均折现率。

(3) 地震间接财产损失指数。

如同上文分析，由于在地震间接财产的损失评估过程中存在不小的难度，因此在当前的统计条件下，地震间接财产损失只能大致利用停产损失指数和产业关联指数进行分析，具体的函数表达式为：

$$Ipl = \gamma_{lsi}^3 \times Lsi + \gamma_{lai}^3 \times Lai \tag{6-27}$$

二、地震损失程度指数的函数设定

传统的气象灾害学在对灾害损失进行综合评估的过程中，通常结合灾害的情景模拟，选择马尔科夫随机过程来估计不同等级灾害的概率逼近曲线，构造出适线性的函数关系来对灾害损失结果进行表达③。地震损失指数的指标体系中，地震人力资本损失独立于地震财产损失，因此可以选择线性函数关系对函数进行设定，但是地震财产损失又分为直接财产损失和间接财产损失，这两者之间可能会

---

① 林均崎，钟江荣，申选召. 地震企业停减产评估 [J]. 世界地震工程，2006 (3)：18-21.
② 王海滋，黄渝祥. 地震灾害间接经济损失的概念及分类 [J]. 自然灾害学报，1997 (2)：11-16.
③ 陈育峰. 我国旱涝空间型的马尔科夫概率分析 [J]. 自然灾害学报，1995 (4)：66-72.

存在包含与被包含的关系，尤其是在间接财产损失评估统计方法不完整的情况下，直接加总结果将带来较大的重复统计误差。为提高统计精确程度，本书在总结历史数据，特别是唐山地震相关报告的基础上，参考国际上地震间接经济损失的通常估计方法，间接财产损失按直接经济损失的 2.5 ~ 3 倍计算[①]，设定如下的标准：

$$EDL = \begin{cases} \alpha^3 \times EHL + \beta^3 \times EPL + \gamma^3 \times IPL, & EPL < 1/3 \times IPL \\ \alpha^3 \times EHL + 0 \times EPL + \gamma^3 \times IPL, & EPL < 1/3 \times IPL \end{cases} \quad (6-28)$$

式（6-28）中，EHL、EPL、IPL 分别为地震人力资本损失指数、地震直接财产损失指数和地震间接财产损失指数，而 α^3、β^3 和 γ^3 则为相对应的权重系数。该式的主要意思是，如果地震直接财产损失额度小于间接财产损失额度的 1/3，那么二者可以单独计算，地震破坏能力指数可以设定为直接加总的线性函数关系；但是如果地震直接财产损失额度大于间接财产损失额度的 1/3，那么地震直接财产损失额度的权重系数为 0，这样处理的主要目的是避免重复统计。

三、地震损失指数指标的权重计算

层次分析法的操作主要有两个步骤：第一是建立层级，将复杂的系统层层分解，汇集专家学者以及决策者的意见，理清各层级的构成因素；第二是评估排序，即依照比较尺度将各层级内构成要素进行比较，构建比较矩阵，通过矩阵运算来检验一致性，求出各因素权重并排序。在建立对比矩阵之前，需要通过问卷分析的形式收集公众对决策属性的主观意见。为此，本书专门设计出相关问卷并进行专项调研。

（一）问卷设计和调研对象

在四川地震指数的实际测算过程中，本书先后组织过两次问卷设计和调研活动。第一次的问卷设计主要针对普通大众，调研目的是想了解公众对巨灾风险、巨灾损失量化以及巨灾指数的认知情况（见附录 3：巨灾指数认知状况调查表）。在设计完成问卷以后，本书于 2011 年 11 月 20 日到 21 日在四川省成都地区、眉山地区以及绵阳地区进行实地调查。这次调研一共发出问卷 367 份，收回问卷 325 份，其中有效问卷 316 份。但是，通过问卷分析发现，很多受访对象对巨灾

---

① 周光全. 地震灾害损失初步评估方法研究 [J]. 地震研究，2010 (2)：208-214.

指数基本一无所知[①],调研结果并不理想,几乎不能满足层次分析法的决策需要。

为得到更为客观的分析结果,本书吸收上次的经验教训,不仅将指标设计得更加细化,而且也将调研对象具体化,主要选择对地震风险管理比较熟悉的专家学者,或者对地震指数有所认识的相关代表作为调研对象。为此,2011年11月30日~2012年1月20日,本书通过联系相关专家进行第二次调研(见附录6:地震指数指标量化决策分析表),一共发放调查问卷185份,其中有效问卷104份。本书对问卷的发放对象主要集中在高校的巨灾相关研究人员、政府职能部门及其研究机构、保险公司风险管理与灾害控制研究人员、保险监管部门和保险社团、银行以及相关金融机构、社会其他相关行业人员[②]。

(二) 问卷调查的统计分析

在完成问卷调查以后,本书首先运用 Microsoft Excel 2007 建立对比值,对受访者进行汇总,并利用 GEOMEAN 函数求出对应的几何平均值;然后再求出相应的倒数,最终建立起成对的比较矩阵。为了对调查结果进行一致性评估以及计算各要素的权重,需要计算成对比较矩阵的特征向量(Eigenvector)及最大特征值(Maximied Eigenvalue)。本书在这一部分将采用 Matlar 2007A 软件,分别求出各个成对比较矩阵的最大特征值以及归一化的权向量(见附录7:Matlar 2007A 软件在层次分析中的运行程序)。

先构建对比矩阵,然后通过 Matlab 软件的层次分析法计算矩阵之间的特征值和特征向量,可以得到地震损失程度指数及其二级指标体系的检验结果(见表6-10)。

[①] 具体分析调研内容及结果分析见第四章第三节中国巨灾指数缺失的主要原因。

[②] 具体的问卷发放对象是:高校对巨灾有关的研究人员26份(其中,西南财经大学8份、武汉大学4份、湖南大学4份、南开大学4份、清华大学4份、西南大学1份、中南财经政法大学1份)、政府职能部门及其研究机构26份(其中,四川地震局8份、四川民政局6份、四川气象局3份、四川发改委2份、重庆统计局5份、重庆社保局2份)、保险公司风险管理与灾害控制研究人员20份(其中,中国人保灾害研究中心3份、人保精算部2份、中国再保险博士后流动站2份、中国太保精算部2份、中华联合财险部2份、渤海财险精算与财务部3份、四川人保4份、锦泰财险2份)、保险监管部门和保险社团7份(中国保监会政策研究室1份、中国保险行业协会2份、四川保监局4份)、银行以及相关金融机构16份(银行工作人员6份、投资咨询公司代表4份、证券公司研究人员3份、期货交易所工作人员3份)、社会其他相关行业人员9份(个体经营者3份、高校学生3份、自由职业者3份)。

表6-10　地震损失程度指数及其二级指标体系的矩阵计算结果

指数	总特征值	CI	RI	CR	特征向量	绝对值	权重向量	权重排序
地震损失程度矩阵	3.0162	0.0008	0.58	0.0139				
地震人力资本损失（EHL）					0.8874	0.8874	0.585125	1
地震直接财产损失（EPL）					0.3998	0.3998	0.263616	2
地震间接财产损失（IPL）					0.2294	0.2294	0.151259	3
地震人力资本损失指数矩阵	2		0					
死亡人口生命价值损失（DHL）					0.8972	0.8972	0.670102	1
受伤人口劳动力损失（IHL）					0.4417	0.4417	0.329898	2
地震直接财产损失指数矩阵	3.2587	-0.2471	0.9	-0.27455				
建筑物及室内财产损失（HPL）					-0.4651	0.4651	0.243495	2
生命线工程损失（EEI）					-0.7036	0.7036	0.368358	1
其他工程损失（REL）					-0.2876	0.2876	0.150568	4
直接企业受损（ICI）					-0.4538	0.4538	0.237579	3
地震间接财产损失指数矩阵	2		0					
企业减停产损失（LSI）					0.6402	0.6402	0.454558	2
产业关联价值损失（LII）					0.7682	0.7682	0.545442	1

在运算结果的分析中可以看到,三个矩阵的 CR 指标值均小于 0.1,所以满足统计学检验标准,说明上述矩阵构建也是有效的。在地震损失程度指数的权重分析中,受访对象普遍认为人力资本损失程度大于地震直接财产的损失,较多的权重分析结果赋予了人力资本损失指数,造成这一结果的原因是受访对象认为当前在地震直接财产和地震间接财产的损失统计过程中依然存在很多不规范的地方,人力资本的损失计算更加客观公正;在人力资本损失指数中,死亡人口的生命价值损失又高于受伤人口的劳动力损失,产生这一结果的主要原因在于一次性的死亡赔付比分次性的工资赔付更加准确;在地震间接财产损失指数中,生命线工程损失和建筑物及其室内财产受损所占的比重最大,这一结果与实际基本接近;而对应地震间接财产损失,由于目前对该指标的计算还存在很大争议,因此大部分的受访者给予了平均的权重,二者的总体比例十分接近。进一步通过层次综合计算,可以得到地震损失程度的综合指数指标体系,各个指标的具体权重如下(见表 6-11)。

表 6-11　　　　　　　　地震损失程度指数综合权重

地震损失程度指数 (EDL) 经度	指标	纬度 相对权重	人力资本损失指数 0.585125	直接财产损失指数 0.263616	间接财产损失指数 0.151259	综合权重
地震人力资本损失指数 (EHL)	死亡人口生命损失 (DHL)	0.670102	0.670102	—	—	0.392093
	受伤人口损失 (IHL)	0.329898	0.329898	—	—	0.193032
地震直接财产损失指数 (EPL)	建筑物及室内财产损失 (HPL)	0.243495	—	0.243495	—	0.064189
	生命线工程损失 (EEI)	0.368358	—	0.368358	—	0.097101
	其他工程损失 (REL)	0.150568	—	0.150568	—	0.039692
	直接企业受损 (ICI)	0.237579	—	0.237579	—	0.062629
地震间接财产损失指数 (IPL)	企业减停产损失 (LSI)	0.454558	—	—	0.454558	0.068756
	产业关联损失 (LII)	0.545442	—	—	0.545442	0.082503
合计		3	1	1	1	1

四、地震损失指数的实证应用

虽然上文通过层次分析方法已经计算出地震指数各项统计指标的具体权重,

但是地震指数的实际计算对数据精确性以及完整程度的要求非常高。在当前的地震灾害统计制度下，不仅大量基础数据欠缺，而且数据结果差异大。本书立足于权威性和完整性，通过多方努力，从四川地震局、四川民政局以及四川发改委所提供的内部数据中，选择四川省最具代表性，相对数据最为完整的两次地震灾害进行实际测算。

（一）地震指数的样本事件选择

2001年2月23日08时09分，四川省雅江——康定间发生里氏6.0级地震。这次地震的震区位于六县交界的结合部分，地震使甘孜州的雅江县、康定县、理塘县、九龙县、稻城县以及凉山州的木里县的部分地区受到不同程度的破坏。选择雅江—康定地震作为研究样本的原因是：第一，雅江—康定地震是进入21世纪以后，四川省发生的第一次大规模破坏性地震，该地震的发生，打破了四川地区自1989年发生巴塘6.5级震群和小金6.6级地震以来，11年无6.0级以上地震的平静，标志着四川省地震开始进入起伏增强的活跃时期。第二，经过多年的积累，我国地震风险管理制度在这一阶段开始形成。《中华人民共和国防震减灾法》从法律上给地震预防工作提供制度性保障；地震会商制度、地震监测工作和地台网建设也给地震预防提供了技术性支持。选择该样本，可以了解我国当时地震应急能力大小以及地震恢复能力的强弱。第三，2001年是国民经济"十五"规划的开局之年，2月27日《中国地震动参数区划图》通过国家验收，4月27日，我国成立国家地震灾害紧急救援队，防震减灾工作有了新的发展，具有启迪性的作用，可以作为分割线来参照对比今后的地震风险管理水平。

2008年5月12日14时28分，四川省阿坝州汶川县境内发生里氏8.0级特大地震，简称"5·12"汶川大地震。该次地震是新中国成立以来破坏性最强、破坏范围最广、损失财产最多、灾害难度最大的一次地震，也是四川省有历史记载以来的地震中人员伤亡、财产损失和基础设施破坏最为惨重的一场灾难。选择汶川地震作为研究分析样本的原因是：第一，汶川地震是有史以来四川省破坏程度最大的地震，该地震具有很强的代表性，尤其是对于地震损失程度指数的研究，选择该样本作为分析对象具有典型意义；第二，汶川地震距离当前的研究时间很短，四川省人民政府各个部门比较重视，大量的数据资料可以查询，因此可以保证研究分析的准确性；第三，汶川地震发生的强度大，损失范围广，在地震救援与灾后重建过程中，动员了全国的力量，因此可以测算现有我国巨灾风险管理制度的总体水平，并从中找到急需改进的地方，对于今后地震和类似巨灾指数的编制也是一个很好的参考。

(二) 地震指数的指标数值确定

本书选择雅江—康定地震和汶川地震作为研究样本进行分析，但是在具体指标值的计算过程中存在很大的难度：第一，时点影响，不同时点救灾资源的投入以及灾害损失的计量存在很大的差异；第二，部门影响，不同损失量化方法在计算中的侧重点不一致，结果导致不同的灾害管理部门所提供的数据存在一定差异；第三，物价影响，雅江—康定地震发生在 2001 年，而汶川地震发生在 2008 年，不同的年份具有不一样的消费水平和物价指数。

为解决上述三个问题，本书在研究过程中，走访多个政府部门，查阅数本年鉴资料和研究分析报告，最后将雅江—康定地震的计算时间定为 2001 年 3 月 4 日，汶川地震的计算定为 2008 年 7 月 15 日；同时在地震应急能力指数指标的选择中以《四川地震年鉴》、《四川民政年鉴》和《中国地震年鉴》的官方统计数值为标准；在地震破坏能力指数指标的选择中以四川地震局出具的《2001 年 2 月 23 日四川雅江—康定 6.0 级地震灾害损失评估技术报告》和《"5·12"汶川特大地震灾害报告》中的报告数据为主要依据；地震损失程度指数指标的主要数据来自四川地震局雅江—康定 6.0 级地震现场工作小组所提供的《2001 年 2 月 23 日四川雅江—康定 6.0 级地震灾害损失评估报告》和四川省人民政府灾害损失统计评估组所提供的《"5·12"汶川特大地震灾害报告——四川省灾害损失统计评估资料汇编》等内部资料；地震恢复能力指数中的指标数值也都来自《四川年鉴》、《四川民政事业发展报告》以及《汶川地震灾区灾后重建调查报告》等权威资料。具体指标的选择标准如下：

在地震损失程度指数的构建过程中，死亡人口生命价值损失（DHL）统计的是死亡人口和失踪人口的总和与 30 年居民人均收入的乘积（地震灾害经济社会指标体系课题组，1991）[1][2]，其中居民人均收入是农村居民收入和城镇居民收入的平均值；受伤人口劳动力损失（IHL）统计的是受伤人口数量与当年的居民人均收入的乘积；建筑物及其室内财产损失（HPL）中房屋损失包括农村住房、城镇居民住宅、城镇非住宅用房，而室内财产损失采用的是室内居民主要财产损失；生命线工程损失（EEI）统计的是基础设施损失数值，包括交通设施、市政公用设施、水利电力设施、铁路设施、广播通信设施、通信损失；其他工程损失

---

[1] 之所以选择死亡人口与 30 年居民人均收入的乘积作为死亡人口生命价值损失，也是在参考汶川地震保险公司赔付标准的基础上做出的选择，将 30 岁设定为平均死亡年龄，而距离退休的时间还有 30 年，假设可以完整工作 30 年，这样就能保证被保险人和受益人的利益，获得更多的赔付。

[2] 地震灾害经济社会指标体系课题组. 地震灾害经济社会指标体系 [J]. 地震学刊，1991 (2)：1-35.

（REL）主要包括土地资源损失、自然保护区损失、物质文化遗产损失、矿产资源损失；直接企业受损（ICI）包括工业系统中厂房折合损失金额及其设备以及生产设施折合金额；企业减停产损失（LSI）采用的是工业系统停产及在建项目受阻损失；产业关联价值损失（LII）是关联企业的损失，一般按照企业减停产损失的 5～10 倍进行计算①。

通过样本地震指标的选择，在构建出具体的指标以后，就能得到如表 6 – 12 所示的各种指标数值。

表 6 – 12　　　　　　样本地震事件的指数指标值汇总

一级指数	二级指数	三级指数	2001 年雅江—康定地震（万元）	2008 年汶川地震（万元）
地震损失程度指数（EDL）	人力资本损失指数（EHL）	死亡价值损失（DHL）	125.205	2 187 174.82
		受伤人口损失（IHL）	64.2719	302 250.272
	直接财产损失指数（EPL）	建筑物室内财产损失（HPL）	8 987	397 710
		生命线工程损失（EEI）	5 604	23 025 700
		其他工程损失（REL）	1 020	4 468 000
		直接企业受损（ICI）	3 982.3	6 752 600
	间接财产损失指数（IPL）	企业减停产损失（LSI）	1 568.5	1 148 100
		产业关联损失（LII）	5 429.10	11 224 760

（三）地震指数的指标无量纲化

在多种指标的指数体系评价过程中，由于各个指标的单位不同、量纲不同、数量级不同，不便于分析，甚至会影响到指数的计算结果。因此，为统计指标，首先需要对所有的指数指标体系进行无量纲化处理，将原始数据经过特定的数学变换以消除量纲，然后再进行分析评价。

根据指标原始值与处理结果值之间的关系特征，一般可以采用直线型法、折现型法以及曲线型法三种方法来进行无量纲化的处理②，其中应用范围最为广泛的是直线型无量纲化法。在直线型无量纲化中，又可以分为极差正规化无量纲化、极大值和极小值无量纲化、平均化无量纲化、标准化无量纲化以及秩次法标准化无量纲化等几种。不同的无量纲化处理结果存在明显的差异，而选择何种方

---

① Alexander, David. The Study of Natural Disasters, 1977 – 1997: Some Reflections on a Changing Field of Knowledge. Disasters, 1997, 21（4），pp. 284 – 304.

② 张尧庭. 指标量化、虚化的理论与方法［M］. 科技出版社，1999.

法进行处理的关键在于保持原有数据整体的一致性和数据之间的关联性,尽量通过平均一致的方法来消除个体极值对数据标准化的影响[①]。极差正规化无量纲化、极大值和极小值无量纲化都需要测算原始样本指标的最大值和最小值,本书的地震指数数据只选择了雅江—康定和汶川地震两期,所以无法进行极值处理;同时,汶川地震在破坏能力以及损失程度等方面的数据结果与雅江—康定地震也存在巨大的差异,如果采用标准方法进行无量纲化,虽然可以很好保持原始数据的整体性和关联性,但是也消除了各个指标之间的变异程度差异;而秩次法需要进行变量的排序,两期数据的正向与逆向指标排序明显不科学,也不具有实际分析意义。

综上分析,在本书的分析过程中,平均化的无量纲化分析技术无疑是最实用、最简单、最普遍、也最能被公众和专家所能接受的方法,本书拟采用该方法对地震指数的各级指标体系进行无量纲化处理,处理结果如表6-13所示。

表6-13　　样本地震事件的指数指标无量纲化结果汇总

一级指数	二级指数	三级指数	综合权重系数	雅江—康定地震无量纲化结果	汶川地震无量纲化结果
地震损失程度指数（EDL）	人力资本损失指数（EHL）	死亡价值损失（DHL）	0.392093	0.0000572	0.999943
		受伤人口损失（IHL）	0.193032	0.000213	0.999787
	直接财产损失指数（EPL）	建筑物室内财产损失（HPL）	0.064189	0.022098	0.977902
		生命线工程损失（EEI）	0.097101	0.000243	0.999757
		其他工程损失（REL）	0.039692	0.000228	0.999772
		直接企业受损（ICI）	0.062629	0.000589	0.999411
	间接财产损失指数（IPL）	企业减停产损失（LSI）	0.068756	0.001364	0.998636
		产业关联损失（LII）	0.082503	0.000483	0.999517

(四) 地震指数的指标结果分析

本书按照目标函数的设定、指数权重的计算以及加权指数结果的耦合三个步骤,已经计算得出样本地震事件的各个权重大小以及指数的具体指标值,现在需要将这些数据代入目标函数中,进行结果分析。

二级指数是连接一级指数和三级指数的关键,指数的计算也一直以二级指数

[①] 樊红艳,刘学禄.基于综合评价法的各种无量纲化方法的比较和优选——以兰州市永登县的土地开发为例 [J].湖南农业科学,2010 (17):163-166.

为核心。在二级指数的指标构造中，由于地震预测与监控能力指数选择地震观测台站的数量作为样本取值，地震间接财产损失总额也小于直接财产损失总额的1/3，按照指数函数设定的具体标准，将上文中求得的各种指标数值代入目标函数，则可以得到雅江—康定地震以及汶川地震的各级指数（见表6-14）。

表6-14　　　　　　样本地震事件指数加权综合值汇总表

一级指标	二级指标	雅江—康定地震		汶川地震	
地震损失程度指数（EDL）	人力资本损失指数（EHL）	0.000063	0.037478	0.585062	0.586048
	直接财产损失指数（EPL）	0.001488	0.885187	0.262123	0.262565
	间接财产损失指数（IPL）	0.00013	0.077335	0.151125	0.15138
合计		0.001681	1	0.998318	1

从指数的计算结果上看，汶川地震的指数结果无论是应急能力、破坏能力、损失程度以及恢复能力等方面都明显高于雅江—康定地震，出现这种结果的原因有以下四方面：

第一，雅江—康定地震发生于2001年，而汶川地震发生于2008年，二者在时间上相隔7年，期间我国政府相关部门投入大量的财力、物力、人力进行防灾减灾工程建设，地震风险管理制度日益完善，地震应急管理水平也得到大幅度的提高，所以汶川地震的应急能力指数结果高于雅江—康定地震理所当然；第二，汶川地震的震级、烈度等客观物理属性也都要高于雅江—康定地震，汶川地震所诱发的各种次生灾害也是雅江—康定地震所不能比拟的，所以地震破坏能力指数结果比雅江—康定地震更大；第三，2008年相比于2001年，随着经济的发展，国家和居民的各类财产日益丰富，商品价格提高，财产的风险暴露面扩大，再加上汶川地震本身的破坏力，所以地震破坏程度指数也较高；第四，汶川地震几乎波及半个中国，是1976年唐山大地震以来，我国所面对的最为严重的地震灾害，汶川地震发生后，中国政府动员全国的力量支援灾后重建工作，因而地震恢复能力指数的结果值也较大。

地震巨灾指数是一个包括地震预防能力指数、地震应急能力指数、地震损失程度指数以及地震恢复能力指数等4个一级指数体系和13个二级指数体系在内的一套完整指数指标体系。各个指数之间相互联系、互为补充，不仅存在层次构造关系，而且在风险管理过程中还存在功能交叉关系。本书通过目标函数的设定，选择层次分析法对地震指数二级指标体系内的各个指数权重进行计算，并以2001年的雅江—康定地震和2008年的汶川地震为样本，采用指标无量纲化技术，实际测算四川地震指数的指标值，其结果表明，除地震恢复能力指数的相关解释效果较弱以外，其他指数的编制与构建机理基本符合预期的假设效果。中国地震指数的构建以及基于四川省地震数据的实际检验是本书进行创新性研究的结果。虽然通过目标函数的设定、指数指标的选择、权重系数的计算、加权结果的分析，最后得到四川地震指数的加权结果，但是在具体的分析过程中依然存在不少的问题：部分指数指标的实际意义代表性不强、线性耦合函数的设定过于简单、权重系数的计算方法主观成分较大、指标数值的统计标准缺乏公理性的检验。因此，在未来研究过程中需要进一步确定统计指标选择标准和计算标准、需要采用客观分析方法测定指标权重，也需要建立动态回归的耦合函数进行调整。

第六节　我国洪水损失指数的指标设计及实证分析

一、洪水损失指数的定义及指标模型

（一）洪水损失指数的定义

东南亚是世界上遭受洪水风险人数最多的地区。2009年，世界银行农业与农村发展部的商品风险管理组（Commodity Risk Management Group of World Bank's Agriculture and Rural Development Department）对在泰国和越南实施洪水指数保险进行了可行性研究，试图在泰国和越南推出洪水指数保险。研究结果表明，洪水指数保险在短期内实施起来是非常具有挑战性的，但是，作为一种先进的风险转移机制，还是值得继续研究的。2009年，慕尼黑再保险（Munich Re）联合印度尼西亚保险公司 Asuransi Wahana Tata，在印度尼西亚实施洪水指数小额保险。他们推出的保险产品"Alert 1 Manggarai Protection Card"，对印尼首都雅加达的低收入家庭提供洪水指数保险保障，每一张保护卡（Protection Card）需花费 50 000 印尼盾，如果水位上升 950cm 以上（Alert 1），则保证一次性支付 250 000 印尼盾。指数保险是相对于传统损失补偿型保险的一种新型保险产品。本书将洪水指数保险的指数定义为在一事先约定区域，由于数日甚至数周大面积密集和（或）连续降雨造成的大范围强降雨而使江河泛滥，或者在地势陡峭地区小范围内集中降雨造成山洪，导致该区域遭受建筑物以及建筑物室内财产损失后，以洪水损失与气象水文条件之间的定量关系为基础，当该区域的洪水损失模拟值大于事先约定的免赔额时，超出免赔额的那部分洪水损失模拟值。

当保险事故发生后，洪水指数保险以指数值是否达到触发值为标准来确定是否进行赔偿。本书设计的洪水指数保险的触发机制为分层比例触发机制，每一层均有触发值和限值，根据指数值到达的触发层来确定赔偿金额。假设指数值为 I，触发层次共有 n 层，那么洪水指数保险的触发层次如表 6-15 所示。

表 6-15　　　　　　　我国洪水指数保险的触发层次

层次	触发值	限值
层次 n	$t_n (= e_{n-1})$	e_n
……	……	……
层次 2	$t_2 (= e_2)$	e_2
层次 1	t_1	e_1

当指数模型、触发值和限值都确定好后，就需确定刻度值的大小，刻度值就是每一单位指数值所对应的赔付金额。确定刻度值的大小不仅需要历史损失数据，还要参考该地区生活水平、宏观经济状况等因素。由于本课题将我国洪水指数保险触发机制设计为分层比例触发机制，因此，需要确定的是每一触发层次对应的赔偿金额。上文中已经将指数定义为超出免赔额的那部分洪水损失模拟值，那么本节将每一触发层次对应的赔偿金额简化为每一触发层次限值和触发值的差值。

只有当指数值 I 到达层次 1 的触发值 t_1 时，洪水指数保险的触发机制才开始启动，也就是说，只有当指数值 I 到达层次 1 的触发值 t_1 时，才有赔偿。若指数值 I 大于 t_2 且小于等于 e_2，则层次 1 被完全触发，层次 2 被部分触发，层次 2 的触发比例为 $\frac{1-t_2}{e_2-t_2} \times 100\%$，那么赔偿金额为 min（保险金额，层次 1 赔偿金额 + $\frac{1-t_2}{e_2-t_2}$ × 层次 2 赔偿金额），依此类推。需要注意的是，当指数值 I 大于 e_n 时，n 个层次均被完全触发，但是也只能根据最高层次的限值 e_n 来确定赔偿金额。

（二）洪水损失指数的指标模型

由上节中指数的定义可以得知，本书设计的指数为模拟损失指数。当洪水灾害发生后，只有当根据指数模型计算出来的洪水损失模拟值超过免赔额时，洪水指数保险的触发机制才启动。

本书假设 L 为洪水损失模拟值，d 为绝对免赔额，指数模型可表达为

$$I = \begin{cases} 0, & L < d \\ L - d, & L > d \end{cases} \quad (6-29)$$

其中绝对免赔额 d 是投保人在投保时与保险公司协商确定的,因此,只需确定洪水损失模拟值 L 即可得出指数 I 的具体数值,也就是说,指数模型体现的是洪水损失与气象水文条件之间的定量关系,一旦洪水损失与气象水文条件之间的定量关系确定了,指数模型也就随之确定。

洪水损失是指洪水灾害作用于有一定易损性的保险标的后造成的破坏性后果,包括财产损失、建筑物损坏、人员伤亡等,本书中洪水损失仅指洪水造成的建筑物及建筑物室内财产损失。因此,当构建气象水文条件与洪水损失之间的定量关系时,因变量自然是洪水造成的建筑物及建筑物室内财产损失值,自变量气象水文条件即上节中选取的降水量、气温和洪水最大流量。

因此,指数模型即为

$$I = \begin{cases} 0, & L < d \\ f(降水量,气温,洪水最大流量) - d, & L > d \end{cases} \tag{6-30}$$

其中,L 为洪水损失模拟值,是通过 $L = f($降水量,气温,洪水最大流量$)$ 计算得到的,d 为绝对免赔额。当洪水损失模拟值 L 低于免赔额时,指数值 I 为0;当 L 大于免赔额时,指数值 I 即为洪水损失模拟值大于免赔额的部分。

我国幅员辽阔,流域情况复杂,即使相邻县市的气象水文条件和洪水损失情况也不尽相同,因此,洪水损失和气象水文条件之间定量关系的具体形式及参数值,应根据每个区域的具体情况而确定。由于指数模型中存在三个自变量,并且完美的线性关系在现实生活中并不多见,因此,本书拟采用多元非线性回归方法来构建指数模型。

构建指数模型时,需要用到回归方法。回归方法是确定两种或两种以上变量间相互依赖的定量关系的一种统计分析方法。回归方法运用十分广泛,按照涉及的自变量的多少,可分为一元回归分析和多元回归分析;按照自变量和因变量之间的关系类型,可分为线性回归分析和非线性回归分析。

线性回归是回归分析中第一种经过严格研究并在实际应用中广泛使用的类型。这是因为线性依赖于其未知参数的模型比非线性依赖于其未知参数的模型更容易拟合,而且产生的估计的统计特性也更容易确定。

但是,现实生活中完全符合线性关系的情况是比较少见的,若仍然建立线性回归模型往往拟合效果不好或者没有合理的现实意义。这种情况下,建立非线性回归模型可能更为合适。只是,非线性回归模型建立起来比较困难,尤其是多元非线性模型。因为,目前世界上在非线性回归领域最有名的软件工具包诸如 Matlab、OriginPro、SAS、SPSS、DataFit、GraphPad 等,均需用户提供适当的预测模型以便计算能够收敛并找到最优解,如果设定的参数初始值不当则计算难以收敛,便无法求出正确结果。

建立的多元非线性预测模型，要能够较好地反映变量间存在的定量关系，也就是说，拟合误差要小。拟合误差可以用均方根误差这个检验量来衡量，均方根误差的定义为 $RMSE = \sqrt{\dfrac{\sum d_i^2}{n}}$，$i = 1, 2, \cdots, n$。在有限测量次数中，均方根误差常用 $RMSE = \sqrt{\dfrac{\sum d_i}{n-1}}$ 来表示。式中，n 为测量次数，d_i 为测量值与期望值的偏差。

二、洪水指数的触发值和限值计算

要想确定洪水指数保险的触发值和限值，需要大量的指数模拟值；要大量获取指数模拟值，需要分别模拟出大量自变量——降水量、气温和洪水最大流量的值，然后将自变量的模拟值输入指数模型，计算出相应的指数模拟值。因此，本书采用 Monte Carlo 模拟法来生成大量模拟数据。

在计算触发值和限值时，本书采用 VaR 方法。VaR 方法是一种主流的风险价值模型，其含义是在一定置信度下，在未来特定时间内面临的最大可能损失。因此，用 VaR 方法来计算我国洪水指数保险的触发值和限值，能够让指数体现出洪水损失的大小，符合指数保险产品指数设计的核心思想。

整个计算步骤分为三步。

第一步，分别对降水量、气温和洪水最大流量进行分布拟合。通过观察样本数据直方图，得出降水量、气温和洪水最大流量的概率密度函数曲线；然后，对每一个分布分别进行 Kolmogorov – Smirnov 检验，选择 p 值最大的分布作为降水量、气温和洪水最大流量的分布函数。

第二步，根据拟合的分布进行 Monte Carlo 模拟，得到降水量、气温和洪水最大流量的大量模拟值，也就是相当于产生了大量随机洪水灾害事件。

第三步，将第二步得到的三个自变量的大量模拟值输入指数模型，计算出相应的指数模拟值，根据 VaR 方法，分别选取置信度为 5%、20%、40%、60%、80%、95% 的 VaR 值作为每一层次的触发值和限值。

三、洪水损失指数的实证分析

以湖南省临澧县为实证对象，采用调研获取的数据，对其进行洪水指数保险的指数设计，确定指数模型、触发值、限值。临澧县属中亚热带向北亚热带过渡的湿润季风气候。气候温和，热量丰富，无霜期长，冰冻较弱；日照充足，春季寒潮频繁，秋季寒露风活跃；雨水充沛，但分布不匀，春末夏初雨水集中，并多暴雨，伏秋干旱常见；四季分明，季节性强。

临澧县年平均降水日为 138 天，历年平均降水量为 1 260.5 毫米。历年平均各月雨量，以 5 月最多，计 197.4 毫米；以 1 月最少，计 34.3 毫米。历史上曾多次发生重大洪涝灾害。2012 年 7 月 17 日 8 时至 18 日 17 时，临澧县就发生特大洪水灾害，境内普降大到暴雨，局部特大暴雨，降雨强度历史罕见，造成直接经济损失高达 1.76 亿元。因此，选取临澧县进行实证分析，既符合理论要求又具有实际意义。

（一）数据来源与处理

本研究旨在对建筑物及建筑物室内财产损失进行指数设计，因此统计调研获取了 1949~2008 年由洪灾造成的居民家庭财产总损失金额以及每次洪水灾害发生时的降水量（毫米）、洪灾月平均气温（摄氏度）以及最大流量（立方米/秒）。家庭财产损失包括房屋、家具、产品、生产（饲养牲畜）生活用具损失数量及金额，并采用 CPI 指数对家庭财产损失数据进行了购买力平价处理，消除了通货膨胀影响。

（二）指数模型的确定

1. 散点分析

为了直观地了解一下洪水灾害造成的家庭财产损失与降水量、洪灾月平均气温、最大流量之间的关系，以下分别对家庭财产损失与三个因素之间的关系做出散点图，以期大致感受它们两两之间关系的图形形状（见图 6-2）。

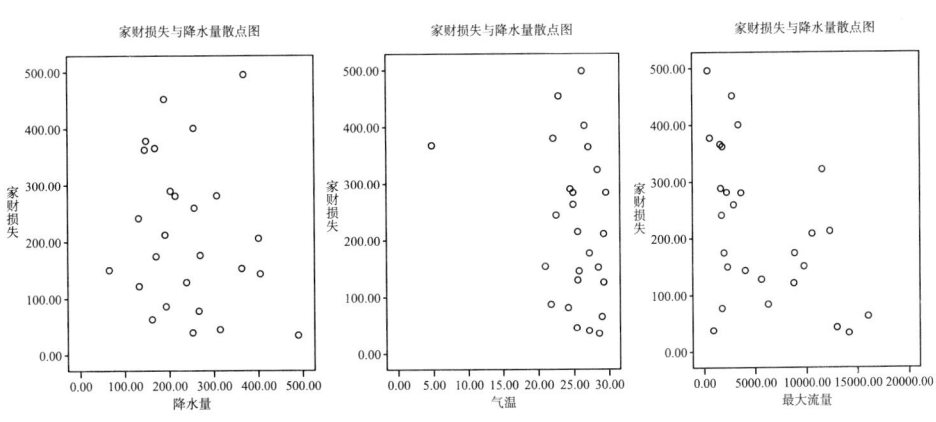

图 6-2　家庭财产损失与降水量、洪灾月平均气温、最大流量之间的散点

通过观察散点图，家庭财产损失与降水量、洪灾月平均气温、最大流量之间均未表现出明显的线性关系。当然，是否服从线性关系，还要进行回归并进行检验。因此，下文进行显著性水平为 0.05 的多元线性回归，考察家庭财产损失与降水量、洪灾月平均气温、最大流量之间的线性关系是否能够通过检验。图 6-3 为多元线性回归的检验值。

Model Summary[b]

Mode	R	R Square	Adjusted R Square	Std. Error of the Estimate	Durbin-Watson
1	0.275[a]	0.076	-0.027	4 389.837 57	2.382

a. Predictors：(Constant)，最大流量，气温，降水量
b. Dependent Variable：家财损失

ANOVA[b]

Model		Sum of Squares	df	Mean Square	F	Siq.
1	Regression	4.250E7	3	1.417E7	0.735	0.540[a]
	Residual	5.203E8	27	1.927E7		
	Total	5.628E8	30			

a. Predictors：(Constant)，最大流量，气温，降水量
b. Dependent Variable：家财损失

Coefficients[a]

Model		Unstandardized Coefficients		Standardized Coefficients	t	Sig.
		B	Std. Error	Beta		
1	(Constant)	-1 282.465	4 815.796		-0.266	0.792
	降水量	11.226	8.445	0.258	1.329	0.195
	气温	37.916	185.007	0.039	0.205	0.839
	最大流量	-0.177	0.183	-0.192	-0.972	0.340

a. Dependent Variable：家财损失

图 6-3 线性关系检验值

方差分析表 ANVOA 中的 F 检验量和 Sig. 值是说明回归方程的整体拟合效果的，F = 0.735 < 2.3534、Sig. = 0.540 > 0.05，说明回归方程没有通过检验，多元线性回归的整体拟合效果并不好。回归系数表 Coefficients 中 t 检验量和 Sig. 是用来检验该回归模型中该自变量是否具有显著预测效果的，可以看出 Sig. 值全都大于 0.05。因此，综合散点图和检验值表，可以认为，家庭财产损失与降水

量、洪灾月平均气温、最大流量之间并不存在线性关系,而是以一种非线性关系相互联系。

2. 回归分析

由于家庭财产损失与降水量、洪灾月平均气温、最大流量之间存在非线性关系,下文将根据上节中所述的三种构建多元非线性回归模型的方法,分别用这三种方法进行多元非线性预测模型的建立,最终选择拟合优度最佳的模型作为家庭财产损失与降水量、洪灾月平均气温、最大流量之间的回归模型。由于图形法仅适用于一元或二元非线性回归,而本书构建的指数模型尚有三个自变量,用图形法很难观察出具体相关关系,因此,以下仅分别运用组合非线性回归及主成分非线性回归方法来构建回归模型。

(1) 组合非线性回归法。

首先,按照常见的非线性函数,如双曲线函数、多项式函数、对数函数等,分别建立家庭财产损失与降水量、洪灾月平均气温、最大流量之间的一元非线性回归模型,三组检验值如表6–16、表6–17、表6–18所示。

表6–16　　　家庭财产损失与降水量之间非线性回归检验值

拟合模型	R^2	方差分析 F	Sig.	回归系数分析 降水量 T	Sig.	常量 t	Sig.
线性	0.029	0.72	0.405	-0.848	0.405	3.904	0.001
二次	0.058	0.703	0.505	0.636, -0.834	0.531, 0.413	0.943	0.356
复合	0.072	1.856	0.186	670.998	0.000	2.557	0.017
增量	0.072	1.856	0.186	-1.362	0.186	14.408	0.000
对数	0.013	0.322	0.576	-0.567	0.576	1.218	0.235
三次	0.059	0.462	0.712	0.026, 0.066, -0.195	0.979, 0.948, 0.847	0.660	0.516
S型	0.017	0.404	0.531	0.635	0.531	14.907	0.000
指数	0.072	1.856	0.186	-1.362	0.186	2.557	0.017
导数	0.001	0.031	0.861	0.177	0.861	3.568	0.002
权重	0.045	1.121	0.300	-1.059	0.300	0.532	0.600

表6-17　　家庭财产损失与洪灾月平均气温之间非线性回归检验值

拟合模型	R^2	方差分析		回归系数分析			
^	^	F	Sig.	气温		常量	
^	^	^	^	T	Sig.	t	Sig.
线性	0.074	1.985	0.171	-1.409	0.171	2.996	0.006
二次	0.075	0.978	0.391	-0.122; -0.214	0.904, 0.832	1.781	0.088
复合	0.064	1.710	0.203	32.281	0.000	1.261	0.219
增量	0.064	1.710	0.201	-1.308	0.203	7.796	0.000
对数	0.065	1.738	0.199	-1.318	0.199	2.221	0.036
三次	0.091	0.763	0.526	-0.631, 0.609, -0.621	0.535, 0.548, 0.541	1.108	0.279
S型	0.044	1.163	0.291	1.078	0.291	19.660	0.000
指数	0.064	1.710	0.203	-1.308	0.201	1.261	0.219
导数	0.056	1.476	0.236	1.215	0.236	4.096	0.000
权重	0.054	1.428	0.243	-1.195	0.243	0.712	0.483

表6-18　　家庭财产损失与最大流量之间非线性回归检验值

拟合模型	R^2	方差分析		回归系数分析			
^	^	F	Sig.	最大流量		常量	
^	^	^	^	T	Sig.	t	Sig.
线性	0.247	8.192	0.008	-2.862	0.008	8.524	0.000
二次	0.248	3.965	0.033	-0.886, 0.221	0.384, 0.827	5.816	0.000
复合	0.242	7.978	0.009	36 110	0.000	4.973	0.000
增量	0.242	7.978	0.009	-2.824	0.009	27.835	0.000
对数	0.269	9.218	0.006	-3.036	0.006	4.239	0.000
三次	0.278	2.947	0.054	-1.247, 0.991	0.225, 0.332	4.653	0.000
S型	0.107	3.002	0.095	1.733	0.095	27.270	0.000
指数	0.242	7.978	0.009	-2.824	0.009	4.973	0.000
导数	0.240	7.886	0.010	2.808	0.010	5.792	0.000
权重	0.183	5.597	0.026	-2.366	0.026	0.912	0.370

从以上 3 个非线性回归检验值表中可以看出，对于线性、指数等 10 个较为常见的非线性模型，家庭财产损失与降水量、洪灾月平均气温、最大流量的拟合效果均不是很好，R^2 均很小，方差分析和回归系数分析中的检验量，也只有家庭财产损失与最大流量之间的线性、复合、增量、对数、指数、导数这 6 个非线性模型通过了显著性水平 0.05 的检验，但是由于 R^2 均太小，说明整个模型的拟合程度不高，因此，组合非线性回归方法不适宜对本书的数据建立预测模型。

（2）主成分非线性回归法。

首先，对自变量降水量、洪灾月平均气温、最大流量样本数据的相关系数矩阵 R，求出其 3 个特征根和特征根对应的特征向量。降水量 x_1、洪灾月平均气温 x_2、最大流量 x_3 之间的相关系数如图 6-4 所示。

	降水量	气温	最大流量
降水量	1.000	0.154	0.269
气温	0.154	1.000	0.286
最大流量	0.269	0.286	1.000

图 6-4 相关系数矩阵

那么，相关系数矩阵 $R = \begin{bmatrix} 1 & 0.154 & 0.269 \\ 0.154 & 1 & 0.286 \\ 0.269 & 0.286 & 1 \end{bmatrix}$。

接下来，对相关系数矩阵 R 求特征根以及对应的特征向量，结果如表 6-19 所示。

表 6-19 特征根和特征向量

特征根	特征向量		
1.4775	-0.5374	-0.7370	-0.4099
0.8464	-0.5544	0.6750	-0.4869
0.6761	-0.6355	0.0344	0.7713

根据得到的特征向量，得到 3 个新因子 Z_1、Z_2 和 Z_3，3 个新因子的具体表达式如下，其中，$\tilde{x}_i$ 为 x_i 的标准化变换：

$$\begin{aligned} Z_1 &= -0.5374\tilde{x}_1 - 0.737\tilde{x}_2 - 0.4099\tilde{x}_3 \\ Z_2 &= -0.5544\tilde{x}_1 + 0.675\tilde{x}_2 - 0.4869\tilde{x}_3 \\ Z_3 &= -0.6355\tilde{x}_1 + 0.0344\tilde{x}_2 + 0.7713\tilde{x}_3 \end{aligned} \quad (6-31)$$

在这 3 个新因子 Z_1、Z_2 和 Z_3 中,每个新因子中各变量的系数反映了各变量对新因子作用的大小。第 i 个新因子的方差贡献率为 $\alpha_i = \lambda_i \big/ \sum_{i=1}^{P} \lambda_i$,$\alpha_i$ 的大小反映了第 i 个因子保留的原信息的多少,可以用来衡量第 i 个因子的重要性。接下来,根据每个新因子的贡献率,选择出主成分。总方差说明表(Total Variance Explained)如表 6 – 20 所示。

表 6 – 20 总方差说明

因子结构	初始特征值			调匀平方和		
	总和	方差(%)	累计值(%)	总和	方差(%)	累计值(%)
1	1.478	49.251	49.251	1.478	49.251	49.251
2	0.846	28.212	77.463			
3	0.676	22.537	100.000			

注:提取法为主成分分析。

在全部解释方差的初始特征根中,给出了按顺序排列的主成分得分的方差、方差贡献率和累积贡献率,在 Extraction Sums of Squared Loadings 中,给出了从左边栏中提取出的一个主成分,因此,只对家庭财产损失和 Z_1 之间做非线性回归即可。进行非线性回归,得到回归模型为 $L = 183.06e^{-0.454Z_1}$,如图 6 – 5 所示,R^2 为 0.691,模型和系数都通过了检验,拟合的效果还是比较好的。

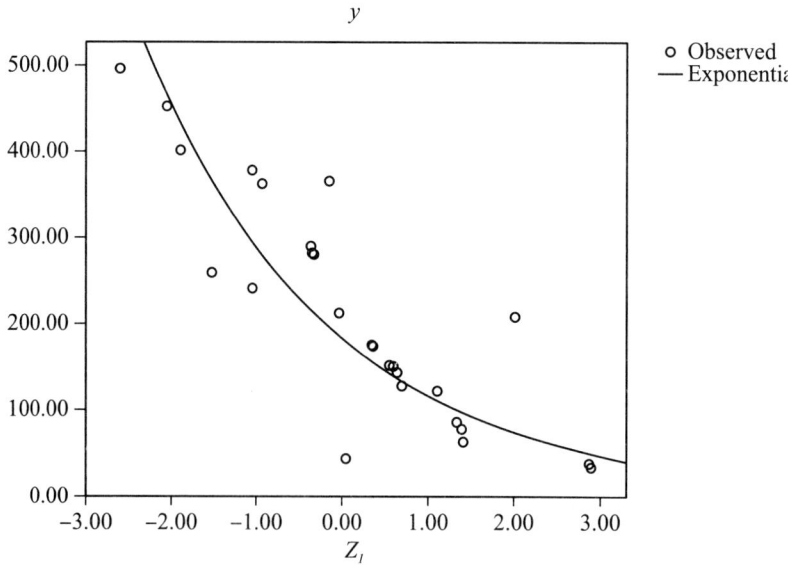

ANOVA

	Sum of Squares	df	Mean Square	F	Siq.
Regression	10.142	1	10.142	53.612	0.000
Residual	4.540	24	0.189		
Total	14.682	25			

The independent variable is Z1.

Coefficients

	Unstandardized Coefficients B	Std. Error	Standardized Coefficients Beta	t	Sig.
Z1	-0.454	0.062	-0.831	-7.322	0.000
(Constant)	183.056	15.710		11.652	0.000

图 6-5 模型拟合检验

将家庭财产损失与 Z_1 之间的回归模型转换为用原始变量表示，即为 $L = 183.06e^{0.0024x_1 + 0.0704x_2 + 3.869 \times 10^{-5}x_3 - 2.5644}$，这就是家庭财产损失与降水量 x_1、洪灾月平均气温 x_2、最大流量 x_3 之间的模型。

至此，家庭财产损失与降水量 x_1、洪灾月平均气温 x_2、最大流量 x_3 之间的定量关系已经得出，即 $L = 183.06e^{0.0024x_1 + 0.0704x_2 + 3.869 \times 10^{-5}x_3 - 2.5644}$。那么，指数模型也已经得出，如式（6-32）所示：

$$I = \begin{cases} 0, & L < d \\ 183.06e^{0.0024x_1 + 0.0704x_2 + 3.869 \times 10^{-5}x_3 - 2.5644} - d, & L > d \end{cases} \quad (6-32)$$

式中，I 为指数，L 为通过 $L = 183.06e^{0.0024x_1 + 0.0704x_2 + 3.869 \times 10^{-5}x_3 - 2.5644}$ 计算出来的家庭财产损失，x_1 为降水量、x_2 为洪灾月平均气温、x_3 为最大流量，d 为绝对免赔额。

（三）触发值和限值的计算

为了确定指数模型的触发值和限值，需要大量的指数模拟值；要获取指数的模拟值，需要分别模拟出降水量 x_1、洪灾月平均气温 x_2、最大流量 x_3 的值，然后根据指数模型计算出指数的模拟值。因此，下文先分别对降水量 x_1、洪灾月平均气温 x_2、最大流量 x_3 进行分布拟合，然后根据拟合的分布进行 Monte Carlo 模拟，得出降水量 x_1、洪灾月平均气温 x_2、最大流量 x_3 的多个模拟值，也就是相当于产生了多个随机洪水灾害事件，这样，就可以根据上文中确定的指数模型计算得到指数模拟值，从而根据 VaR 方法得到触发值和限值。

首先分别做出降水量 x_1、洪灾月平均气温 x_2、最大流量 x_3 的直方图，如图

6-6所示。

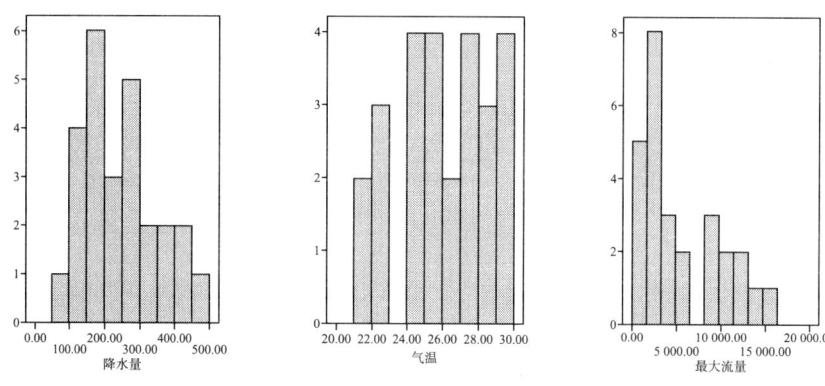

图 6-6 降水量、洪灾月平均气温、最大流量

观察直方图可以看到，降水量和最大流量均存在右偏的情况，而气温分布比较均匀。在对拟合分布进行选择时，正态分布、均匀分布通常是常见的分布，对数正态分布、Gamma 分布、Weibull 分布、广义 Pareto 分布是比较常见的右偏分布。因此，对降水量、洪灾月平均气温和最大流量，本书分别检验它们与正态分布、对数正态分布、均匀分布、Gamma 分布、Weibull 分布、广义 Pareto 分布的相似性，并根据 Kolmogorov - Smirnov 检验最终确定其服从的分布。

首先对降水量进行分布的拟合。为了更直观地感受降水量的分布函数，先分别做出正态分布、均匀分布、对数正态分布、Gamma 分布、Weibull 分布、广义 Pareto 分布的理论密度函数，并将其叠加在降水量的直方图中（见图 6-7）。

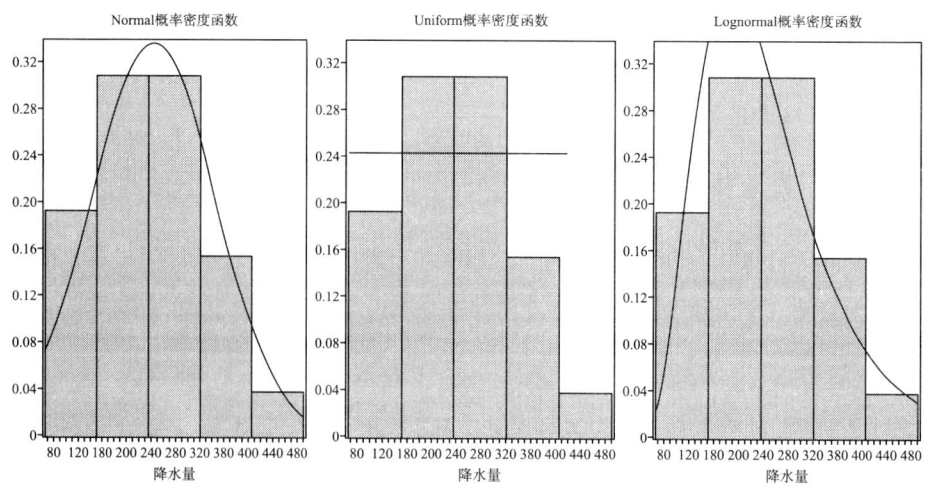

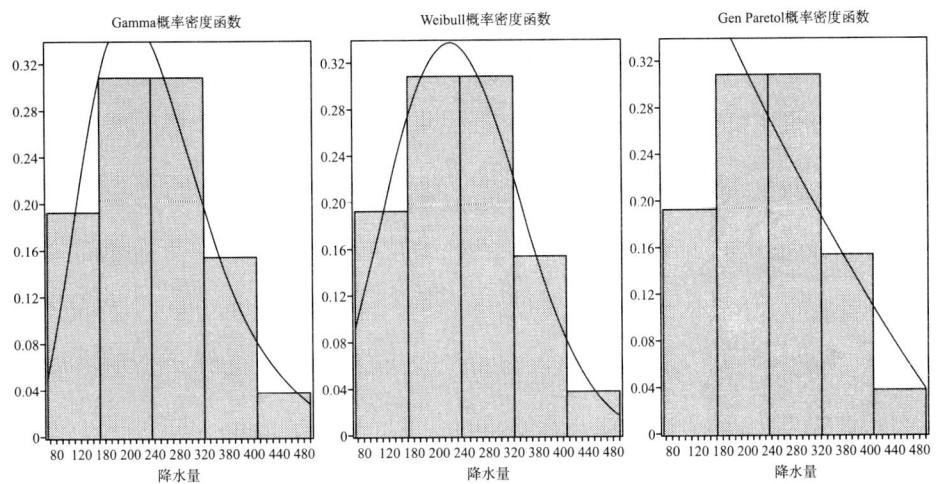

图 6 – 7 降水量直方图叠加理论概率密度函数

从叠加了概率密度函数的直方图来看,正态分布、对数正态分布、Gamma 分布、Weibull 分布的形状都比较相似,无法看出降水量的分布到底与以上预测的哪种分布最为符合。为了解决降水量分布拟合的问题,下文对降水量进行 Kolmogorov – Smirnov 检验,考察以上预测的分布是否能通过该检验,在通过的分布中,比较哪种分布的 P 值最大。K – S 检验的零假设为服从该分布,显著性水平为 0.05。

在进行 K – S 检验之前,对上述所预测分布的参数进行极大似然估计,得出结果如表 6 – 21 所示。对上述预测分布进行显著性水平为 0.05 的 K – S 检验,检验的 P 值如表 6 – 22 所示。

表 6 – 21   降水量分布函数的参数

拟合的分布	分布的参数
正态分布	$\mu = 242.92$, $\sigma = 101.12$
均匀分布	$a = 67.767$, $b = 418.07$
对数正态分布	$\mu = 5.4053$, $\sigma = 0.43211$
Gamma 分布	$\alpha = 5.7705$, $\beta = 42.096$
Weibull 分布	$\alpha = 2.6103$, $\beta = 264.29$
广义 Pareto 分布	$\mu = 103.06$, $\sigma = 201.67$, $k = -0.44191$

表6-22　　　　　　　　　降水量 K-S 检验结果

拟合的分布	是否通过检验	P 值
正态分布	通过	0.6754
均匀分布	通过	0.4227
对数正态分布	通过	0.9941
Gamma 分布	通过	0.9655
Weibull 分布	通过	0.8938
广义 Pareto 分布	通过	0.8961

从表 6-22 中可以看到，对降水量进行 K-S 检验之后，最大的 P 值为 0.9941，来自对数正态分布，P 值均远远大于 0.05，因此接受零假设：服从该分布。也就是说，降水量～对数正态分布 (5.4053, 0.43211)。

下面对洪灾月平均气温进行分布的拟合。同样，为了更直观地感受洪灾月平均气温的分布函数，先分别做出正态分布、均匀分布、对数正态分布、Gamma 分布、Weibull 分布、广义 Pareto 分布的理论密度函数，并将其叠加在洪灾月平均气温的直方图中（见图 6-8）。

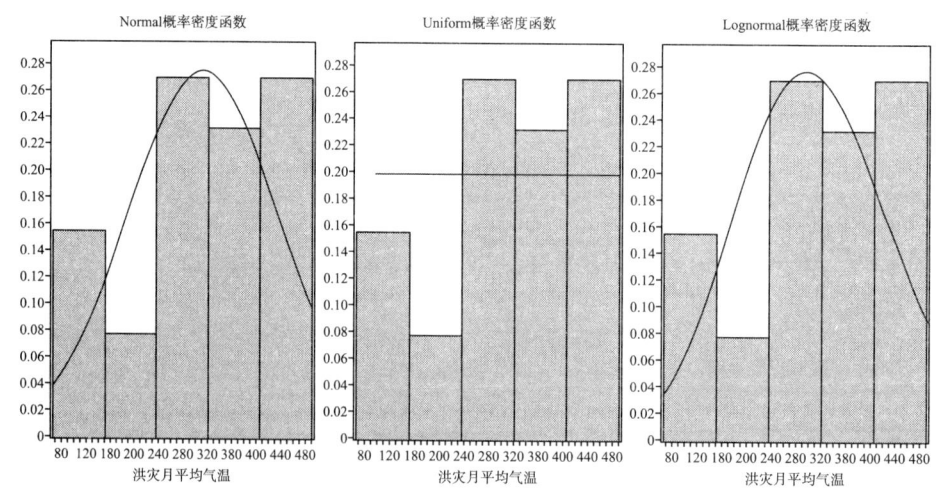

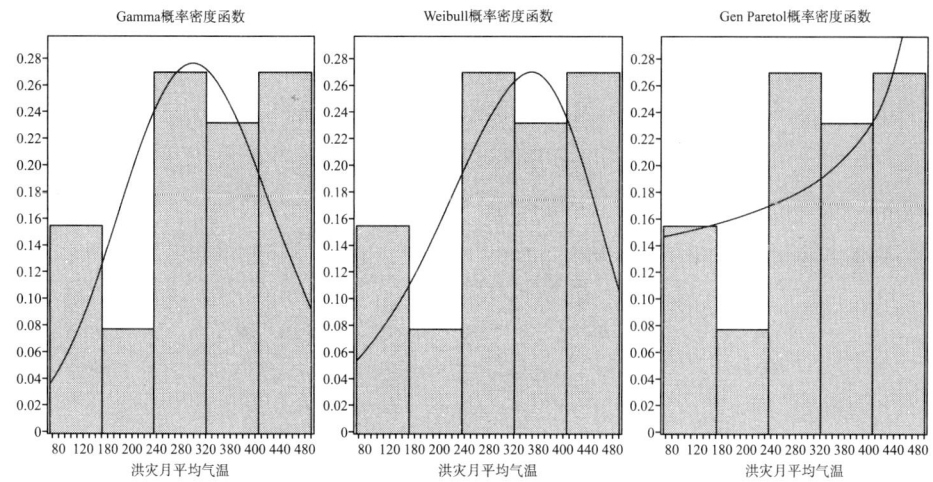

图 6-8　洪灾月平均气温直方图叠加理论概率密度函数

从叠加了概率密度函数的直方图来看，正态分布、对数正态分布、Gamma 分布、Weibull 分布的形状都比较相似，无法看出洪灾月平均气温的分布到底与以上预测的哪种分布最为符合。为了解决洪灾月平均气温的分布拟合问题，下文对洪灾月平均气温进行 K-S 检验，检验以上预测的分布是否能通过该检验，在通过的分布中，比较哪种分布的 P 值最大。K-S 检验的零假设为服从该分布，显著性水平为 0.05。

在进行 K-S 检验之前，对上述所预测分布的参数进行极大似然估计，得出结果如表 6-23 所示。对上述预测分布进行显著性水平为 0.05 的 K-S 检验，检验的 P 值如表 6-24 所示。

表 6-23　洪灾月平均气温分布函数的参数

拟合的分布	分布的参数
正态分布	$\mu = 25.962$，$\sigma = 2.5033$
均匀分布	$a = 21.626$，$b = 30.297$
对数正态分布	$\mu = 3.252$，$\sigma = 0.09679$
Gamma 分布	$\alpha = 107.56$，$\beta = 0.24137$
Weibull 分布	$\alpha = 11.402$，$\beta = 26.927$
广义 Pareto 分布	$\mu = 21.033$，$\sigma = 11.794$，$k = -1.3929$

表6-24　　　　　　　　洪灾月平均气温 K–S 检验结果

拟合的分布	是否通过检验	P 值
正态分布	通过	0.4158
均匀分布	通过	0.7386
对数正态分布	通过	0.3794
Gamma 分布	通过	0.3882
Weibull 分布	通过	0.7148
广义 Pareto 分布	通过	0.4930

从表6-23中可以看到，对洪灾月平均气温进行 K–S 检验之后，最大的 P 值为 0.7386，来自均匀分布，P 值均远远大于 0.05，因此接受零假设：服从该分布。也就是说，洪灾月平均气温 ~ 均匀分布 (21.626, 30.297)。

下面以同样的步骤对最大流量进行分布拟合。首先，为了更直观地感受最大流量的分布函数，分别做出正态分布、均匀分布、对数正态分布、Gamma 分布、Weibull 分布、广义 Pareto 分布的理论密度函数，并将其叠加在最大流量的直方图中（见图6-9）。

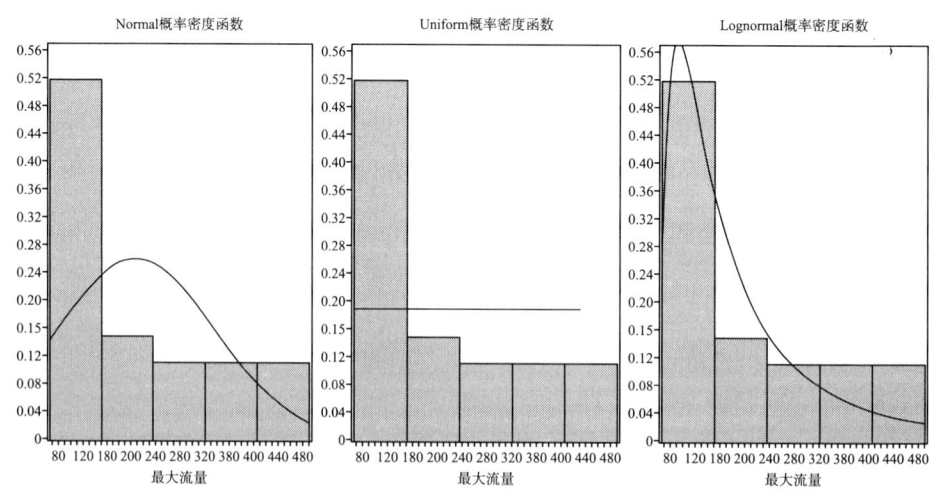

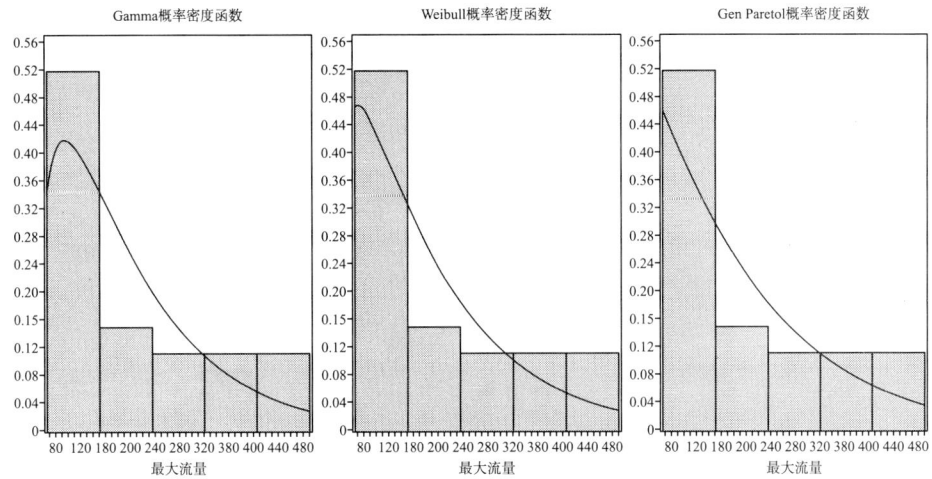

图 6-9　最大流量直方图叠加理论概率密度函数

从叠加了概率密度函数的直方图来看，对数正态分布、Gamma 分布、Weibull 分布、广义 Pareto 分布的形状都比较相似，无法看出最大流量的分布到底与以上预测的哪种分布最为符合。为了解决最大流量的分布拟合问题，下文对最大流量进行 K-S 检验，检验以上预测的分布是否能通过该检验，在通过的分布中，需要比较哪种分布的 P 值最大。K-S 检验的零假设为服从该分布，显著性水平为 0.05。

在 K-S 检验之前，对上述所预测分布的参数进行极大似然估计，得出结果如表 6-25 所示。对上述预测分布进行显著性水平为 0.05 的 K-S 检验，检验的 P 值如表 6-26 所示。

表 6-25　　　　　　　　最大流量分布函数的参数

拟合的分布	分布的参数
正态分布	$\mu = 5536.5$，$\sigma = 4786.8$
均匀分布	$a = -2754.5$，$b = 13828$
对数正态分布	$\mu = 8.1799$，$\sigma = 1.0153$
Gamma 分布	$\alpha = 1.3378$，$\beta = 4138.7$
Weibull 分布	$\alpha = 1.0845$，$\beta = 5501.3$
广义 Pareto 分布	$\mu = -98.744$，$\sigma = 6344.7$，$k = -0.1259$

表 6-26　　　　　　　　　最大流量 K-S 检验结果

拟合的分布	是否通过检验	P 值
正态分布	通过	0.3979
均匀分布	通过	0.2116
对数正态分布	通过	0.5199
Gamma 分布	通过	0.5980
Weibull 分布	通过	0.5475
广义 Pareto 分布	通过	0.5837

从表 6-26 中可以看到，对最大流量进行 K-S 检验之后，最大的 P 值为 0.5980，来自 Gamma 分布，P 值均远远大于 0.05，因此接受零假设：服从该分布。也就是说，最大流量 ~ Gamma 分布 (1.3378, 4138.7)。

以上已经分别确定了降水量、洪灾月平均气温和最大流量的服从分布，下面做出降水量关于对数正态分布、洪灾月平均气温关于均匀分布、最大流量关于 Gamma 分布的 P-P 图，如图 6-10 所示。从图 6-10 可以看出，三个自变量都是比较符合各自的分布的。

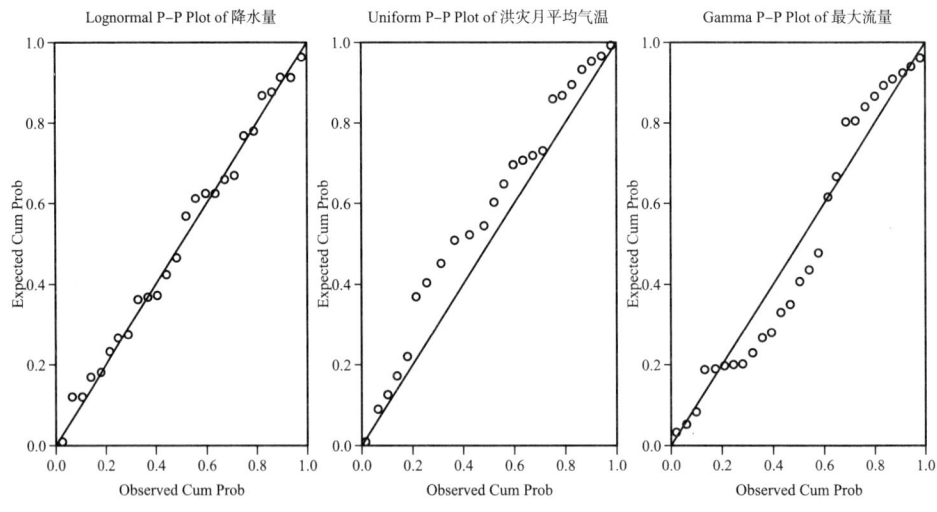

图 6-10　降水量、洪灾月平均气温、最大流量 P-P 图

（四）实证分析结果

通过以上步骤，已经分别确定了降水量、洪灾月平均气温和最大流量的分布，接下来，需要根据这些致灾因子服从的分布产生多个洪灾的随机事件，并依

据洪灾随机事件和指数模型确定出家庭财产损失模拟值，最终确定洪水指数保险的触发值和限值。

首先选取降水量、洪灾月平均气温和最大流量的分布，对数正态分布（5.4053，0.43211）、均匀分布（21.626，30.297）、Gamma 分布（1.3378，4138.7），分别模拟 100 000 次，生成降水量、洪灾月平均气温和最大流量的随机数据集，形成一个洪水灾害的随机事件，并根据 VaR 方法，计算出置信度为 5%、20%、40%、60%、80% 和 95% 的 VaR 值，最终结果如表 6-27 所示。

表 6-27　　降水量、洪灾月平均气温、最大流量各层次模拟值

置信度	降水量	洪灾月平均气温	最大流量
95%	451.6267	29.86252	15 144.27
80%	319.646	28.54859	8 693.058
60%	248.3319	26.83346	5 351.025
40%	199.3831	25.09558	3 285.097
20%	154.8066	23.36484	1 683.38
5%	109.4356	22.05426	539.7051

将生成随机事件的各致灾因子的随机数据，代入指数模型，在免赔额为 0 的假设下，计算出 100 000 个指数模拟值。根据 VaR 方法，选取置信度为 5%、20%、40%、60%、80%、95% 的 VaR 值作为每一层次的触发值和限值。结果如表 6-28 所示。

表 6-28　　　　　　　各层次触发值和限值

层次	触发值	限值
层次 5	316.9422	612.513
层次 4	207.9957	316.9422
层次 3	151.0729	207.9957
层次 2	112.9522	151.0729
层次 1	88.37247	112.9522

至此，层次 1 至层次 5 的触发值和限值都已经计算得出。若下年发生一次洪水灾害，将当地气象部门的降水量、洪灾月平均气温和最大流量数据代入指数模型，即可计算得出当次洪水灾害的指数值。假设计算出来的指数值为 160，则层次 1 和层次 2 被完全触发，层次 3 被触发 15.68% $\left(=\dfrac{160-151.0729}{207.9957-151.0729}\right)$。赔偿金额为层次 1、层次 2 和层次 3 的赔偿金额总和，由于本书将每一层次赔偿金额简化为该层次限值与触发值之差，因此为（112.9522 - 88.37247 + 151.0729 -

$112.9522 + \dfrac{160 - 151.0729}{207.9957 - 151.0729} \times (207.9957 - 151.0729))$,等于 71.62573 万元。同理,若计算出来的指数值为 600,则层次 1 至层次 4 被完全触发,层次 5 被触发 95.77% $\left(\dfrac{600 - 316.9422}{612.513 - 316.9422}\right)$,赔偿金额为 511.62753 万元。若计算出来的指数值为 620,则 5 个层次被完全触发,但是计算赔款时,只能用层次 5 的限值 612.513 来计算,赔偿金额为 524.14053 万元。在每一次新的洪水灾害发生后,指数模型的具体参数必须进行调整,以防止基差风险越来越大,这也是指数产品、包括指数保险产品的内在要求。

通过上述分析,可以指导因保险事故的发生造成保险标的损失后,损失补偿型保险产品通过实地勘察或者委托其他机构勘察获得保险标的实际损失金额,在实际损失金额基础上进行理赔;指数保险产品的理赔依据并不是实际损失金额,而是一些客观的、可测量的、与损失金额之间存在高度相关关系的变量。本书采用蒙特卡罗模拟方法模拟该计划 15 年的运营情况,对不同触发值和限值组合情况下的破产概率进行分析,指出触发值和限值的选择与破产概率的关系,并以此选择合理的触发条件。

从总体上看,就洪水指数而言,目前我国已经借鉴国际 ARC/INFO 全球地理信息系统和中国洪水风险定量评价指标体系,建立起中国城市水灾危险性评价指标系统,能够较为迅速的利用降水、地形、河网以及历史洪灾分布特点,对主要流域范围内的洪水危险度进行预测和量化,这些都为洪水指数的构建提供了基础。但是在指数测算过程中,其提出的模型比较简单,未考虑洪水灾害发生强度、洪水传播规律、致灾参数分布等因素,仅通过对历史洪水灾害损失频率和损失程度的拟合来模拟洪水损失;指数的计算也不够精确。因此,在洪水指数保险方面,还存在许多待研究的空间。

第七节 本章小结

本章主要研究巨灾风险的损失评估与精算。围绕这一研究主题,本章从概念解析和含义界定出发,以巨灾指数与巨灾风险管理的关系为重点,对巨灾风险损失评估的基本属性和主要原理进行分析,并立足于理论研究的科学性,论述巨灾风险评估的主要原理和方法。在此基础上,结合我国当前的巨灾风险管理与巨灾指数现状,探讨我国巨灾损失指数的编制方案和具体政策,并以地震损失指数和洪水损失指数为例进行了损失指数的理论编制和实证应用。

第七章

巨灾风险的预防与控制

第一节 巨灾风险预防与控制的原理及思想

一、客观实体派的风险理论

(一) 客观实体的风险概念

客观实体派从团体的、客观的、数理的观点，一般认为风险是在特定情况下，实际损失与预估损失的差异性，亦即客观风险（Objective Risk）；而差异程度即为风险大小或风险程度（Degree of Risk）；这是传统技术型的定义，侧重风险估计或衡量其后果的经济或实质损失方面。例如，梅尔[1]认为：风险是未来损失的不确定性（Risk is uncertainty concerning loss in the future），这种定义沿用了数百年，至今也仍被包括金融风险管理（Financial Risk Management）等学科所采用。但是不同的学者也有自己的见解，宋明哲[2]认为，所谓的客观实体派认为

---

[1] Mehr, R. I., Fundamentals of Insurance. Homewood: Richard D Trwin, Inc, 1983.
[2] 宋明哲. 现代风险管理 [M]. 中国纺织出版社，2003.

风险是客观不确定的，它是客观存在的实体，它是可以预测的。此派主要以客观的概率，规范与测度不确定性，一切不利后果均以金钱观点来观察和计算，风险真实性则以数学值的高低作为认定的基础。传统的定义均以实证论为基础，如保险学、金融学、工程科学、经济学与心理学领域。

在国内，卓志[①]关于风险客观实体派的研究比较深入，总结了客观实体派风险认识存在以下几个基本特征：

1. 风险具有客观性

风险独立于人的意识之外。不管人是否意识到风险及其存在，风险由自身的内在因素与客观规律所决定，风险不可人为地消灭，或者全然杜绝其发生，人们只可能在有限的时空内改变风险存在和发生的条件，转化风险出现的形态或者让其保持一定的状态，必要时做出应对风险损失的准备。

2. 风险具有不确定性

不确定性一般泛指事件的非规律或非规则性，具体指事件发生的可能性、发生的时间、发生的环境以及发生的结果，难以为人们所事前确切知道和准确判断。"实体"学派思维强调，在集合或总体意义上风险具有客观不确定性；而对"个体"或者"个别"风险的发生与否、发生时间、发生环境及其后果严重性等，具有主观不确定性。

3. 风险具有可测性

在强调风险的客观不确定性的同时，随着人们认识风险的水平在不断提高、数据挖掘与分析的能力在不断增强、风险处理技术与方法在不断改进。风险作为整体发生的可能性后果及其相应的概率，当能够在一定概率水平上进行估计或者确定时，风险便表现出一定的可测性。"实体"学派强调风险具有可测性特征，其意义在于强调风险在一定条件下的可测，奠定了风险处理与管理的量化基础与方法的运用。

（二）客观实体派的风险构成

"实体"学派关于风险的构成和划分，认为风险主要由风险因素、风险事故和损失等多种要素构成，它们共同作用，决定风险的存在、发生与发展。风险因素一般指足以引起或增加风险事故发生可能的条件，也包括风险事故发生时，致使损失扩大的条件，是风险事故发生的潜在原因。按照其性质不同，风险因素通常又可进一步分为实质性风险因素、道德风险因素和心理风险因素。风险事故一般指造成生命财产损失的偶发事件，是直接引起损失后果的意外事件，即是损失

---

① 卓志. 实体派与建构派风险理论比较分析 [J]. 经济学动态，2007 (4).

的直接原因或外在原因。风险"实体"学派看来,由风险导致或引起的损失,一般指非计划、非预期和非故意的经济价值的减少,或直接或间接能够用金钱衡量的人身的伤害。

但从前述风险理论围绕的三个基本问题来看,"实体"学派风险理论存在一些基础性问题。第一,不确定的水平与衡量问题,未来指的是多长。是一天,一个月,还是一年。一般时间越长,不确定程度越高;不确定是什么水平。是像买彩票中奖的可能性、是像房屋失火,还是战争、政权更迭这样的不确定性。第二,从不确定的后果看,是仅指财务的不确定性,还是包括心理的、政治的、与生态环境的。这些问题,在不同的风险理论中,会有不同的理解,例如,精算理论一般认为,不确定可能产生的后果仅包括财务上的后果,其他因此引发的效应,不被包括在精算理论的风险概念中。第三,什么是风险的真实性(Reality)。这是形而上学中本体论和认识论的问题,哲学家经常质疑什么是"真实",人是如何知道的?每个人均在其认为"真实"的世界中来了解世界的种种特质[①]。因此,所谓风险的"真实"就会因人因时因地而异,也就逐渐形成了对风险的另一种理论。

二、主观建构派的风险理论

自 20 世纪 80 年代开始,风险客观实体派传统的定义引来众多质疑。尤其在社会学、文化人类学与哲学等领域的学者专家纷纷质疑什么是"风险的真实性"。归根结底,风险如无真实性,风险管理就无从说起;其次有严重争议的是,不确定可能产生的后果,是否仅指财务的,还是包括心理的、政治的、与生态环境的。两派学者专家间形成了各种不同的观点。

如宋明哲所提:第一,客观本身就是问题,指出客观本身是风险争议的原因之一。梅奇尔认为客观的含义有四种:绝对性的客观:此种客观,放之四海而皆准;学科上的客观:此种客观只强调特定学科研究上取得共识的客观标准;辩证法上的客观:指辩证过程中讨论者所说的客观,这种客观,含有讨论者主观意识的空间;程序上的客观:指处理事务方法程序上的客观。除了绝对性的客观外,其他含义的客观,均是相对的概念,包含大量主观判断成分。第二,价值观与偏好,根本无法从风险评估中免除。权重考虑的本身,就包含人们的价值观与偏好。第三,剔除环境与组织因素非常困难,体制环境如有问题,风险存在的可能性更高。第四,灾害的发生及其后果与人为因子的互动是极为复杂的,不是任何

---

① Berger, P. L. and Luckmann, T. The social construction of reality, 1997.

概率运算方式可以完全解释的。因此，风险建构的思维，日益受到重视。

根据宋明哲（2003）的研究，所谓的主观建构派则分为实证论与后实证论，实证论者认为风险可以用个人主观信念强度来测度，而后实证论者认为风险并不是测度的问题，而是建构过程的问题。

主观建构派的理论中最著名且影响最深远的分别是德国社会学家贝克（Beck，U.）的风险社会理论（The Social Theory of Risk），英国文化人类学家道格拉斯（Douglas，M.）的风险文化理论（The Cultural Theory of Risk），法国哲学家傅科（Foucault，M.）的风险统治理论（The Theory of Risk and Governmentality）。

风险文化理论观点认为风险不是个别的（Individualistic）概念而是群生的（Communal）概念，风险被视为一种文化符号，每一群体用群生概念设定自己的行为模式与价值衡量尺规，违反群体的行为模式与价值衡量尺规的，即被群体解读为风险。风险社会理论方面，代表人物贝克（Beck U.）指出，"风险"（Risk）本身并不是"危险"（Gefahr）或"灾难"（Katastrophe），而是一种相对可能的损失（Nachteil）、亏损（Verlust）和伤害（Schaden）的起点。以后，贝克将风险与现代化联系在一起，他认为风险是一种应对现代化本身诱致和带来的灾难与不安全的系统方法。与以前的危险不同的是，风险是具有威胁性的现代化力量以及现代化造成的怀疑全球化所引发的结果。它们在政治上具有反思性。风险统治理论基本观点认为，风险是与力量有关的范畴，两者相互依存与关联。风险统治观点认为，力量可使任何事物现象被视为风险，也可以说根本没有风险这回事。所有与风险相关的规章制度、办法与机构是为了建构风险而生，风险也只有依存于这些规章制度、办法与机构才有意义，该理论是最极端的风险建构理论。

根据卓志（2007）的研究，以心理学为基础和以社会学与文化人类学等学科为基础的风险认知不完全相同。基于心理学为基础的风险思维，在方式上仍然遵循实证思维，强调风险可以用主观信念测度，从这种意义上看，心理学基础的风险的认识偏重于实体学派同时兼有建构思维。在后者看来，风险不是独立于社会、文化历史因素之外的客观实证，而是与社会、文化与历史等进程和因素密切联系与关联的。"建构"学派有关风险的基本特征包括：

（一）风险具有建构性

即风险不是客观的，而是主观建构的。风险及其存在依赖于人们的认识、态度、社会环境、文化伦理等。

（二）风险具有社会性与团体性

强调风险是一种与社会文化的普遍价值取向或者规范的偏离。

（三）风险具有不确定性与不可测性

不确定性指客观或者主观理念下的不确定性。不可测量性指社会文化观念下的风险不能用大数原则和概率尤其客观概率进行分析测定。

关于风险的构成和划分，风险"建构"学派观点并没有独立而明确地指出风险由风险因素、风险事故和损失等构成。在他们看来，风险因素、风险事故和损失本身就是风险建构过程的一部分。

三、两派理论的比较和启示

综上所述，风险两大学派的主要区别在于：客观实体派对风险及其理论的基本看法认为风险是客观的不确定性，是客观存在实体，可以预测的；以客观概率规范与测度不确定性；后果均以金钱观察与计算；风险真实性以数学值的高低为认定基础。而在主观建构派看来，心理学观点认为风险可用个人主观信念强度测度；社会学和文化人类学等观点认为，风险不是测度问题，而是建构过程的问题。心理学着眼于个人分析；社会学和文化人类学侧重于社会团体。可见，两派理论从不同的视角都抓住了风险的一些根本特征，要形成对具体风险的深入、全面的认识，需要两派理论互相渗透、补充。通过对"客观实体派"和"主观建构派"两派风险理论的介绍和梳理，给我们认识风险提供一个更宏观、更综合的框架。下面，我们基于"客观实体派"和"主观建构派"的思想分别讨论巨灾风险的预防和控制。

第二节 巨灾风险预防与控制的客观实体方法

如前所述，客观实体派认为风险具有客观性、不确定性、可测性，风险主要由风险因素、风险事故和损失等多种要素构成，从而可以基于量化的方法，评测和控制风险因素，预防控制风险事故，以降低甚至消除（能够直接或间接用金钱衡量的）损失。

一、巨灾风险预防与控制中的科技措施

（一）地震预警、预测、预报

首先要在概念上明确地震预警（earthquake early warning）、预测（prediction）和预报（forecasting）之间的区别[①]。地震预警是指在地震发生时，利用地震波传播速度小于电波传播速度的特点，利用地震预警监测台网实时获取地震数据，快速对地震可能的波及范围、到达的时间和破坏程度进行评估。就可以在破坏性地震波到达之前发出预警[②]。根据美国地质调查局（USGS）[③] 分析，"预报"这个术语用来表示某段时间、某个区域和某个范围震级的一组地震事件的趋势，其概率取值倾向是"小概率"；"预测"则表示特定时刻点、特定地点和特定震级的一个地震事件，其概率取值倾向是"大概率"。一般把长期（10 年以上）、中期（1~10 年）预测视作预报，而把短期（10~100 日）和临震（1~10 日及以下）预测视作预测。在具体的定义上，地震预测需要同时给出未来地震的位置、大小、时间和概率 4 种参数，且每种参数的误差应小于、等于一定数值。国际上一些地震学家把不符合上述定义的"预测"统称为预报[④]。

准确的地震预测是地震防灾上最为有效的方式，可以大幅减少人员伤亡及财产损失。不过由于地震发生的原因受到许多非常复杂的因素与过程所影响，导致地震预测至今尚无法实际运用在地震防灾上。因此，现今地震防灾的课题着重于实时地震学（real-time seismology）的发展[⑤]，它通过科技手段，包括地震仪器设计的更新、通信技术的发展以及计算机科技的进步等，在观测地震学（observational seismology）的研究上，同时考虑地震救灾紧急反应的需要，将地震资料的处理从实验室的工作环境转换成实时的真实操作环境，是地震观测及研究在防灾上的实际应用。

[①] 赵纪东，张志强. 地震预警系统的发展、应用及启示［J］. 地质通报，2008，28（4）：456 - 462.

[②] 成都高新减灾研究所，地震预警科普，2012 年 5 月。

[③] Mike Blanpied. Can we predict earthquakes? ［EB/OL］. Reston：2008，（2008 - 05 - 20）［2008 - 05 - 25］. http：//www.usgs.gov.

[④] Knopoff L. Earthquake prediction：The scientific challenge. In：Knopoff L，Aki K，Alien C R，Rice J R and Sykes LR.（eds.），Earthquake Prediction：The Scientific Challenge，Colloquium Proceedings ［J］. Proc Nat Acad Sci USA，1996，93，pp. 3719 - 3720.

[⑤] Kanamori, H. Real-time seismology and earthquake damage mitigation, Annu. Rev. Earth Planet. Sci. 2005, 33.

1. 地震预警

地震预警的观念早在 130 年前就由美国科学家 Cooper 所提出[①]，根据他的构想，因为电磁波传递的速度远快于地震波的速度，因此在地震发生后，利用无线电将地震发生的信息迅速通知给远处的城市，再以敲钟的方式警告当地的居民，即可达到预先警告的效果。不过他的构想在当时并没有实现。

今天我们已经知道，地震波按传播方式分为纵波（P 波）和横波（S 波），纵波的传播速度为 5.5 ~ 7 千米/秒，破坏性较弱；横波的传播速度为 3.2 ~ 4.0 千米/秒，破坏性较强。地震预警系统就是在一定地域范围内布设相对密集的地震观测台网，在地震发生时捕获到传播较快的纵波，利用地震波与无线电波或计算机网络传播的速度差，在破坏性地震波（横波或面波）到达之前给预警目标发出警告，以达到减少地震灾害和地震次生灾害的技术。地震预警的关键是利用地震波前几秒的数据准确估计震级、震中位置、地震对预警目标的影响，并以倒计时方式对地震来袭时间进行记录和播报。

地震预警根据发布流程，可区分为 4 个阶段，分别提供初步地震参数、详细地震消息、基本灾情估计以及灾情影响更新等地震信息（USGS, 1998），在地震发生后数十秒至数十分钟内，迅速将地震的信息传送给防、救灾部门和新闻媒体，通过这些参数估计作为防、救灾重要参考，例如灾情损失程度、损失范围以及余震发生概率、大众及时了解消息以减少恐慌、决定救灾动员策略，加速救灾反应、降低二次灾害等。

相比地震预测，地震预警的时间虽短，但其准确率却相对较高，目前，地震预警系统大体上仍处于初期阶段，但发展中的这种系统还是十分有效的。夏玉胜[②]等从理论上预测了地震预警系统可减少的人员伤亡：如果预警时间为 3 秒，可使人员伤亡比减少 14%；如果为 10 秒，人员伤亡比减少 39%；如果为 30 秒，人员伤亡比减少 78%。日本是最早将地震预警实际运用于地震防灾的国家，自 1964 年规模 7.5 级 Niigata 地震发生以后，日本铁路公司（Japanese Railway，JR）开始在铁道的沿线装置地震警报器，当警报器侦测到 PGA（Peak Ground Acceleration）大于 40 Gal 以上的地震波时，会针对行驶在新干线或是一般铁道的列车发出警告，并自动将行进中的列车停止，以避免行驶至遭到破坏的路段时发生出轨的危险[③]。由于当时自动停车的机制仅使用震波振幅的 PGA 值，而在实际的运

---

① Nakamura, Y. and B. E. Tucker. Japan's earthquake warning system: should it be imported to California?, Calif. Geol. 1998, 41 (2), pp. 33 – 40.

② 夏玉胜，杨丽萍. 地震预警系统及减灾效益研究 [J]. 西北地震学报, 2000, 22 (4): 452 – 457.

③ Nakamura, Y. The earthquake early warning system UrEDAS: today and tomorrow, Workshop on Seismic Early Warning for European Cities (Abstracts), 2004, 9: pp. 23 – 25, Napoli, Italy.

作时发现了两个问题，第一个问题是部分小地震常在震中附近产生非常大的 PGA 值，虽然这些小规模地震不可能造成损坏，但是根据系统的设定，列车还是必须停车；另一个问题则是对于大地震而言，小于 40Gal 还是可能造成灾害，因此会发生破坏性震波到达后才发出警告的情形。为减少上述情况的发生，JR 在 20 世纪 80 年代晚期开发新一代智能型的地震预警系统 UrEDAS（Urgent Earthquake Detection and Alarm System），该系统使用单站 P 波的信号来探测地震发生的位置及大小，可以在探测到 P 波信号后 3 秒钟决定地震的位置以及规模，由于发布警报时规模已经确定，所以可以提高警报的可信度。该系统除了运用于铁道的行车安全外，近几年也装置于东京的地铁系统，并被引进于美国及墨西哥进行一般地震活动监测。

1989 年 10 月 17 日规模 7.1 Loma Prieta 地震发生以后，美国地质调查所（United States Geological Survey，USGS）在旧金山湾区装设一个侦测余震活动的预警系统①，以便对于在 100 公里外奥克兰倒塌高速公路的抢救人员发出警告。该系统将原有北加州的地震观测网 CALNET 加以改装，并使用无线电传送预警的信号，对于抢修人员可以提供约 20 秒的预警时间，该系统是以现有地震观测网为基础，发布预警信息的一个典型范例。

1985 年 9 月 19 日规模 8.1 级的 Michoacan 地震造成墨西哥市万人以上死亡的灾情后，墨西哥开始与国际学术单位合作，在墨西哥市建置地震预警系统 SAS（Seismic Alarm System），因为 Michoacan 地震虽然发生在距墨西哥市约 300 公里的外海，由于墨西哥市特殊松软的湖积土壤构造，导致地震波异常放大造成大量的伤亡，如果在邻近的海岸线装置地震仪，在侦测到地震以后，对于墨西哥市将可以提供 80 秒以上的预警时间。该系统在专家的规划下，在距墨西哥市 280 公里外 Guerrero 地震带的海岸线，装设了 12 个地震仪，并在侦测到地震后，利用专属的无线电频道将地震的信息传送至墨西哥市，然后针对学校、捷运系统、防救灾单位以及广播电台发布警报。该系统从 1991 年开始运作，并成功侦测 1995 年 9 月 14 日规模 7.3 的 Copala 地震，在 S 波到达墨西哥市的 72 秒前发布警报，根据该系统近年来运转的成果，平均对于墨西哥市可以提供 60 秒以上的预警时间。SAS 是第一个对于公共设施提供预警服务的系统，因此为避免造成不必要的恐慌与误解，墨西哥市政府编有完善的演练计划②。

欧洲的土耳其、罗马尼亚、意大利、希腊、葡萄牙等几个遭受地震威胁的国

---

① Bakun, W. H., F. G. Fischer, E. G. Jensen, and J. VanSchack. Early warning system for aftershocks, Bull. Seism. Soc. Am. 1994, 84, pp. 359 – 365.

② Espinosa – Aranda, J. M., A. Jiménez, G. Ibarrola, F. Alcantar, A. Aguilar, M. Inostroza, and S. Maldonado. Mexico City seismic alert system. Seism. Res. Lett. 1995, 66, pp. 42 – 53.

家，近年来积极发展地震的预警系统。以土耳其为例，土耳其第一大城伊斯坦布尔人口超过 1 000 万，由于该城位于 Main Marmara 断层的附近，深受地震的威胁，因此土耳其建造一套地震的预警系统[①]；该系统在 Marmara 内海，靠近海岸线装置了 10 个强震站，并单纯以 P 波的 PGA 及 CAV（Cumulative Absolute Velocity）为发布警报的依据，CAV 为累计绝对速度值，对于低频的地振动有较高的敏感度，当有 3 个实时站的 PGA 及 CAV 超过预先设定的门槛值时（分别为 20gal 及 20cm/sec），则会开始发布预警，最多可提供 8 秒的预警时间。

日本是近年来进行地震预警研究与测试最为积极的国家，在文部省（The Ministry of Education, Culture, Sports, Science and Disaster Technology）的主导下，结合防灾科学技术研究所（National Research Institute for Earth Science and Disaster Prevention, NIED）、日本气象厅（Japan Meteorological Agency, JMA）、实时地震情报委员会（Real-time Earthquake Information Consortium, REIC）以及日本气象学会（Japan Weather Agency, JWA）等单位，从 2003 年开始研究建设全国性的地震预警系统——"紧急地震速报系统"[②]，希望通过产学研的联合，将地震预警实际运用于日本的地震防灾。整体计划中，NIED 负责预警方法的研究、验证与程序开发，并发展观测网实时资料传输与预警信息发布的系统，JMA 负责整个预警雏形系统的安装、地震监测与警报发布，REIC 负责预警信息应用的开发与推广，JWA 则负责调查地震预警对于社会冲击与效益的评估。该计划所使用仪器包括 JMA 的加速度型地震仪、速度型地震仪、宽带地震仪以及 NIED 的高解析速度型地震仪，总数接近 1 000 个，测站间距平均约 25 公里；预警方法则利用 P 波 3 秒记录封包（envelope）形状的形态与振幅，分别获得震中距离以及规模，并通过衰减公式以及地质资料，预估各地的地震参数。以 2011 年日本 311 大地震为例，JMA 的地震预警系统在震后 25.8 秒即向公众发布了第一次预警信息，东京地区的民众接收到地震预警便立即逃出户外避难，约 1 分钟后地震波到达；而核电站、城市轨道交通和高速铁路等重点工程随着收到的地震预警信息而自动关闭，从而减少了地震引发的次生灾害。这次地震的实践表明，地震预警系统对于东京地区发挥了很好的防震减灾作用。

2. 地震预测

在地震长期预报中，通常只涉及在正常情况下地震发生的概率。通过世界各

---

① Erdik, M. Istanbul earthquake early warning and rapid response system. Workshop on Seismic Early Warning for European Cities (Abstracts), 2004, 9: 23–25, Napoli, Italy.

② Hayama, T., S. Horiuchi, S. Tsukada, and Y. Fujinawa (2005). A national research project on earthquake early warning system and its applications. Earthquake Early Warning Workshop (Abstracts), 2005, 6: pp. 13–15, Pasadena, California, U.S.A.

国地震学家长期不懈的努力,自20世纪60年代以来,中、长期地震预报取得了一些有意义的进展,如板块边界大地震空区的确认、"应力影区"、地震活动性图像、图像识别、由帕克菲尔德地震预报试验场的预报实践获得的正反两方面的经验等。这些成果对于地震危险性评估、地震灾害预测、抗震规范制定、地震保险等提供了重要的参考信息。

地震预测方面,长期以来科学家尝试各种可能的方式,找出地震前的迹象以供预测参考。最常见的是根据一些经验型的异常迹象,作为预测地震的依据,如:某些动物会因为地震将要发生而造成异常行为或是族群大规模迁徙、地震光(earthquake light)、地下水位急剧下降或上升、地壳隆起等现象,但目前效果均不理想。

部分科学家研究以"前震序列"(foreshocks)作为预测强震的方法[1],根据前震的规模、位置、形态等预测主震可能的发生情形,但是后来发现规模较大的地震,其发生前震的频率很低。

也有学者通过地震发生率的监测,根据地震宁静(seismic quiescence)寻求地震前兆[2]。

20世纪60年代科学界发现地壳电磁的异常现象(electro-magnetic anomaly)在地震期间的效应特别显著。瓦罗佐斯[3]宣称一种方法(VAN)可以成功地预测地震。VAN利用地表磁场异于平时的变化方向预测地震可能发生的地点,预测日数范围约三周。瓦罗佐斯和拉扎里杜[4]又宣称VAN方法成功地预测了希腊(Greece)的地震,并且以统计的观点验证VAN方法的预测能力。但VAN预测法在地震随机模型的假设上受到许多争议。1981年之后许多国家尝试设立观测站以VAN方法预测地震,其中以日本投资最多,但是最后并无具体成果。

近来也有学者研究在地震前通过观测电离层foF2[5]的变化作为地震的征兆。以往科学家认为电离层扰动机制主要来自太阳和宇宙间的高能粒子的辐射。然而近年来有学者提出许多的观测结果,发现在地震酝酿期间电离层的变化可能是来自地表板块挤压的活动,过程中造成地壳内部的金属离子被释放出来,并通过压

---

[1] Maeda, K., The use of foreshocks in probabilistic prediction along the Japan and Kuril trenches. Bull. Seism. Soc. Am. 1996, 86, pp. 242 – 254.

[2] Habermann, R.E., Procursory seismic quiescence: past, present and future, Pageoph, 1988, P. 126, pp. 279 – 318.

[3] Varotsos, P., K. Alexopoulos, and K. Nomicos, Seismic electric currents, Prakt. Akad. Athenon, 1981, P. 56. pp. 277 – 286.

[4] Varotsos, P., and M. Lazaridou, Latest aspects of earthquake prediction in Greece based on seismic electric signals, Tectonophysics, 1991, P. 188, pp. 321 – 347.

[5] 电离层观测仪所测到的电离层频率称之为foF2。

电效应所产生的电场被带到大气层中造成电离层的扰动。

巴恩斯等[①]在阿拉斯加（Alaska）发生地震时，发现电离层（ionosphere）有扰动现象的发生，之后在1969年的Kurile岛所发生的地震，古本等[②]也发现电离层发生类似的扰动现象。这些现象引起了电离层物理学家的兴趣，并试图由此着手去找出岩圈（lithosphere）与电离层间的关系。沃特福和多布罗夫斯基（Voitove，Dobrovolsky，1994）[③]认为此现象与地震活动带断层溢出的气体有密切的关系，并推论这是因为断层区内的液体流动，导致气体分子由地表进入大气层。

但由于地球内部的"不可入性"、大地震的"非频发性"、地震物理过程的复杂性，短期与临震预测是极具挑战性尚待解决的世界性的科学难题，目前仍处于早期的科研探索阶段，总体水平较低，预测水平与社会需求相距甚远。

（二）洪水灾害预测实时化

洪水是指江河湖海所含水体水量迅猛增加、水位急剧上涨超过常规水位时的自然现象。当洪水对生命和财产造成损失时，就形成洪水灾害。

洪水灾害的最理想的防御方法之一就是能够实时预测、监测河流的水位或降水变动过程[④]。以日本为例，河流的水位预测和监测主要是通过互联网获取气象部门发布的气象数据以及河流的水位数据，依据水文预测系统模型进行数据处理，预测河流水位的变化。市川温等基于地形数学表达方式开发了流域流量模拟系统，并在关西的大户川流域进行了实证应用。SHIYAMA等基于互联网开发了暴雨降雨量网页显示系统。佐山敬洋等人开发了区域分布型流量预测系统。立川康人等开发了流域水位实时预测的系统框架，通过电缆实时收集的水文、气候、降水等信息，实时进行模拟。

降水过程的预测和监测主要是试图通过高精度雷达实时监测小范围的降雨过程，如日本（国立）防灾科学技术研究所开展的"基于多参数雷达（Multi-ParameterRadar）滑坡灾害、洪水灾害的发生预测研究"，以往的雷达所监控的最小方格为2.5千米×2.5千米，每隔30分钟1次，而多参数雷达则为500米×500米，每分钟1次，空间和时间辨识能力分别提高了25倍和30倍。基于高精度数

---

① Barnes R. A., J. R.; R. S. Leonard, Observartion of isnospheric disturbances following the Alaska earthquake, 1965.

② Furumoto A. S., G. W. Prolss, P. F. Weaver, and P. C. Yuen, Acoustic coupling into the ionosphere from seismic waves of the earthquake at Kurile Islands on Auguest 11, 1969, 1970.

③ Voitove, G. I., I. P. Dobrovolsky, Chemical and isotropic - carbon instabilities of the native gasflows in seismically active regions, Physics of the Earth, 1994, 3, 20 - 31.

④ 翟国方. 日本洪水风险管理研究新进展及对中国的启示 [J]. 地理科学进展，2010（1）：3 - 9.

据，结合道路网和下水道网进行洪水泛滥模拟，以 10 米×10 米方格的精度，对下水道管网区域实时预测可能的淹没范围。东京降雨信息系统——"东京 Amesh"信息系统用来预测和统计各种降雨数据，并进行各地的排水调度。利用统计结果就可以在一些容易浸水的地区采取特殊的处理措施。

英国 2009 年成立"洪水预报中心"。综合利用气象局的预报技术和环境署的水文信息，对强降雨可能引发地表水泛滥风险发布预警。按照规定，如果强降雨的可能性达到或超过 20%，该中心即向有关郡发布预警，建议该地启动紧急应对程序。在出现洪灾危险时通过电话、手机短信、网站向人们发布警告。

（三）地理信息系统（GIS）

由于各种地质因素在各个局部区域的差异性和复杂性，要做到较为精确的评价，需将整个研究区域分成若干个小图元，根据各个小区域的不同属性，进行区域评价和危险性区划。这个工作基础数据工作量十分巨大，所以传统的区域评价手段在实际应用中受到多方面的限制。而地理信息系统（GIS）技术恰好可以很方便地管理多源数据，还可以进行二次开发用以空间评价预测，并能直观显示评价预测结果。

根据刘欢的分析[①]，GIS 经过 40 多年的发展，目前已经在地震分析、预测、预报、抗震、减灾、救灾等方面有成熟的应用。地震灾害人口风险性的确定更是建立在 GIS 系统强大的功能之上的。

1. 基础数据的空间化集成

GIS 的核心是一个集成的海量地理数据库系统，发生地震灾害的相关数据信息，如地震震级、烈度、人口伤亡数等都必须首先集成到同一个地理数据库中，由 GIS 系统以二维或者三维的方式来显示和表达。

2. 构造数据的分析方法

通过对基础数据的分析得到一定的决策结论，是 GIS 的主要功能。美国 ESRI 公司开发的 ArcGIS 软件中的 Arc–Toolbox 功能模块，包含了 ArcGIS 地理处理的大部分分析工具和数据管理工具，如缓冲区分析、叠置分析、栅格数据计算功能等空间分析等有效手段。

3. 基于 GIS 的灾害管理系统

目前有很多有关灾害管理与评估系统是以 GIS 为基础而集成起来的。如早期

---

① 刘欢，徐中春等. 基于 GIS 的中国地震灾害人口风险性分析 [J]. 地理科学进展，2012 (3)：368–374.

英国河流管理部建立的海岸带管理系统（SMS）的防洪子系统则是以 MGE 为集成平台；加拿大紧急事务管理部门建立的洪水应急遥感信息系统（FERSIT）则是以 ArcView 为集成环境的。

（四）洪水风险图

目前全球仅有美国与日本完成全国性的洪水风险图，洪水风险图对于洪灾的风险评估有相当大的作用。

美国洪水风险图的绘制与国家洪水保险制度的建立有密切的关系。1956 年美国国会通过《联邦洪水保险法》，美国内务部地质调查局从 1959 年起开始确认洪水风险区，陆续绘制了许多地区的洪水风险区边界图。1960 年的防洪法公布后，陆军工程兵团开始为各地区绘制洪水灾害地图及编制洪泛区信息通报。这些图基本上都是根据历史洪水资料或加上水文资料分析确定的洪水淹没范围图。

60 年代末开始推行《国家洪水保险计划》（NFIP）后，为了合理确定洪水保险费率，新组建的联邦保险管理局（FIA）需要为参加 NFIP 的社区组织详细的洪水风险研究，根据洪水风险分布绘制出社区的洪水保险率图。对于尚未完成洪水保险率图的社区，只能先参加 NFIP 的应急计划，即仅根据洪水风险区边界图确定洪泛区，在洪泛区内，无论风险大小，采用全国平均的保险费率。

FIA 并入 FEMA（Federal Emergency Management Agency，联邦紧急事务管理局）之后，FEMA 制定了洪水风险研究与洪水保险率图的统一规范，目前，FEMA 统一印制的洪水保险率图已覆盖美国全国，并根据环境与防洪工程条件的变化，不断对洪水保险率图进行修改。

该图以 100 年一遇洪水的淹没范围为洪泛区的 A 区，100～500 年一遇洪水的淹没范围为 B 区，此外为 C 区。100 年一遇洪水被作为洪水保险率区划的基准洪水（base flood），并标注行洪区与水位分布。由水位与地面高程可以确定水深分布，进而可以根据风险大小计算保险费率。原则上，行洪区内禁止开发，已建的房屋要拆迁；行洪区外的洪泛区中，新建居民住宅的一层地面要超过 100 年一遇水位以上，非住宅建筑物应能抵御 100 年一遇的洪水。参加保险计划前已有的建筑，要采取减灾措施。水毁的房屋，在利用保险赔付重建时，必须满足 100 年一遇的防洪要求，或从洪水高风险区迁出[①]。

日本从 20 世纪 80 年代初开始编制洪水风险图，现在编制洪水风险图已经成

---

① 张中华，陈艳君. 洪水制图的准确性［J］. 气象科技进展，2011（1）：57-58.

为日本《防汛法》中的法定内容。首先是根据历史洪水水位编制了《历史洪水淹没范围图》。但历史数据不能体现防洪工程和城镇化的影响[①]。

1987年，日本开始编制和公布流域设计洪水（100~200年）相对应的《洪水淹没范围图》，通过洪水模拟仿真确定淹没范围、洪水到达时间、水深、流速、淹没持续时间等。

1991年，为了提高居民水灾意识，编制和公布了"水灾学习型洪水风险图"，在普及水灾和避难知识方面起到了重要作用。可以使居民增强防洪减灾意识，自觉地避开高风险区域，或采取自主的防洪减灾措施。根据调查，看过风险图与未看过风险图的居民相比，避难时间能提早约1小时，居民避难率是过去的1.5倍。

1993年，日本为其主要河流编制了"洪水泛滥危险区域图"，内容除了"洪水淹没范围图"中的内容外，还包括流域内的社会经济信息、洪灾损失评估等。

1994年，建设省提出了编制一级河川洪水风险图的要求。关于洪水风险图的要求是："以市、町、村为单位，在洪水风险图上需简明易懂地标明在决堤泛滥时洪水淹没范围内的洪水信息、避难路线等，据此采取相应措施，将洪水灾害损失控制在最小范围内。"

2000年9月日本东海地区因14号台风引起的大暴雨是典型的城市型洪水，造成巨大经济损失。日本于2001年6月对《防汛法》进行了修订，将洪水预报预警和洪水风险图编制列为法定内容，其中特别强调了地下空间的防洪避难对策。到2000年10月已有87个市、町、村完成并公布了洪水风险图，编制的范围也由一级河川扩大到二级河川。

作为今后洪水风险图编制的方向，日本开始提出将洪水风险图的编制系统化。充分利用GIS、现代通信技术等将洪水风险图的编制工作电子化。要求根据降水情况随时计算各地的淹没水深。随时计算出淹没范围内需要避难的人口数量，年龄结构，自动生成避难方案，及时、清楚地显示各地避难者的合理避难路线。

二、巨灾风险预防与控制中的工程措施

（一）土地使用规划（land use planning）——风险减缓的土地使用管理策略

城市的配置与发展、设施的区位、建筑物与公共设施等都会影响巨灾所造成

---

① 中国人民财产保险公司：城市洪水风险管理，2012.12.

后果的严重性；反之，它们对于巨灾的可能冲击的减低也都扮演重要的角色。因此，土地使用规划、建筑耐震设计规范与其他政府措施都是风险预防与控制的土地使用管理策略，也是城市规划部门的重要任务。

1. 土地使用规划策略

土地使用的风险管理措施主要是在处理造成地震风险的地质灾害条件与城市伤害性因子。弗伦奇等[①]在加州 Northridge 地震后的研究中发现，虽然地区的地质条件仍是损坏预测的最重要因子，但土地使用规划的质量也在损坏预测上具有统计的显著性。换言之，根据自然环境的灾害条件来调整城市土地使用管理措施，可以减少城市中的人与财产暴露于高度灾害的环境。

（1）风险区划。

在大中城市区域中，其地质组成可能具有很大的差异，辨识各种灾害的地表条件，是城市规划整合、灾害风险减缓的一个重要工具。

通过绘制相应的灾害风险分区图，可以界定出城市范围内可能的活动断层位置、地表移动放大（ground motion amplification）、潜在的山崩（landslides）或落石（rockfalls）以及土壤液化（soil liquefaction）等的区域[②]。

如通过地震灾害风险区划，规划者得以知道城市及其周边地区在未来地震中可能产生严重地震灾害的区域，因而避免在该区域修建建筑物。在土地使用管理策略上，具有高度灾害可能性的分区可留下来作为诸如农业区、公园等开放空间使用。当区位选择受到限制或者又必须在较高地震灾害区域开发时，也可以要求区划内的建筑物按照较高的抗震标准来修建。

（2）土地使用管制。

从历史经验知道，如果地震震中正好位于城市的正下方或附近，将会产生最严重的地震灾难。城市发展本身就具有高度集中的意义，人与建筑物的集中也隐含着高度的灾害风险。因此，分散化发展是一个风险降低的基本策略。通过土地使用管制来限制发展的密度，例如容积率或高度管制等措施；当然，该措施对于已建成城市地区的密度是很难改变的，未来的新兴发展区比较容易限制密度。

要降低既存城市地区的密度，根本的做法是针对具有高度地震灾害风险的区域，进行建筑物的拆除以创造开放空间，并将新的城市发展引导到较低风险的地区。例如，墨西哥市在 1985 年地震后将许多倒塌建筑物的基地变更为城市公园，日本也将地震防护目标设定为在所有的主要城市中必须提供每人 3 平方米的公园用地。

---

① French, S. P., Nelson, A. C., Muthukumar, S., & Holland M. M., The Northbridge Earthquake: Land Use Planning for Hazard Reduction, GeorgiaInstitute of Technology, City Planning Program, 1996.

② Coburn, A. and Spence R., Earthquake Protection, John Wiley & Sons Ltd.: England, 2002.

2. 设计与营造策略

除了土地使用规划有关的措施具有减缓地震灾害风险的显著效果外,伯比等[1]也发现建筑法规的要求是另一个显著因子。地震灾害风险的预防与控制在该方面与一般城市土地使用规划的差异,主要体现在对建筑管理的强调上,这包括新建筑物兴建与既有建筑物整修两个方面。

(1) 公共设施防护。

公共设施是城市地震灾害风险减缓的一个很重要部分。政府所提供与管理的公共设施包括医院、学校、公共住宅、政府建筑物、博物馆等;此外,还有许多的公共服务与公用设备,包括运输路网与场站、维生系统等,都在城市土地使用规划中被考虑。这些公共设施与设备对于城市社会持续运作机能而言是很重要,有些甚至是很关键的因素,如何保护它们免于巨灾的破坏,避免城市社会瓦解以及城市服务丧失,成为重要的研究课题。

(2) 私人建筑规范。

就建筑法令的强制执行是最显著、最持续的对地震安全环境改善有帮助的政策,这种建筑物的抗震设计法令能够减低建成环境的伤害性的程度,并且增加对地震灾害的防护。通常,根据最新规范所兴建的建筑物,在后来的地震事件中将比旧建筑物承受较低的损坏后果。美国加州在 1971 年 San Fernando 地震后所修正的新耐震设计法令明显地降低了 1994 年 Northridge 地震的建筑物损坏以及生命损失,1995 年的日本阪神地震也证实此种结论;由于 Northridge 地震中建筑物的成功表现,建筑法令几乎没有再进行修正(Olshansky,2001)[2]。

建筑法令规范的作用受到区域建设的影响。当一个新法令被引入后,只有每年新建的建筑物可能符合新的法令并具有更高的耐震表现。在建筑物增加与建筑物重置均很缓慢的地区,新的耐震设计建筑法令对于建筑伤害性减低的影响程度很小;反之,对于建筑物急速扩张与改变的成长地区或新发展地区而言,新耐震设计法令对地震灾害风险的减缓将较有效果。

因此,采取对既有建筑物的强化整修措施对于地震灾害风险的减缓也具有重要意义。例如,美国洛杉矶于 1981 年采取砖石建筑(URM)整修计划,在 1994 年 Northridge 地震中执行整修计划的建筑物都没有倒塌,只有约 200 栋建筑物严重损坏与 300 栋建筑物部分损坏[3]。证明计划成功地减少了生命和财产损失。

---

① Burby, R. J., French, S. P., & Nelson, A. C.. Plans, Code Enforcement, and Damage Reduction: Evidence from the Northbridge Earthquake [J]. Earthquake Spectra, Vol. 14, No. 1, 1998, pp. 59–74.

② Olshansky, R. B.. Land Use Planning for Seismic Safety: The Los Angeles County Experience, 1971–1994 [J]. Journal of the American Planning Association, Vol. 67, No. 2, 2001, pp. 173–185.

③ Olshansky, R. B. and Wu, Y. Earthquake Risk Analysis for Los Angeles County under Present and Planned Land Uses [J]. Environment and Planning B: Planningand Design, Vol. 28, 2001, pp. 419–432.

3. 举例：日本的工程防洪计划

日本建设省河川局针对日本全国各地的河川堤防的安全性问题，编审了系列化的技术指南《河川堤防总检点手册》。它们被用于指导全日本堤防安全性调查和评价工作。例如，日本农业地区的堤防一般为 50 年一遇，城市堤防百年一遇，对少数经济高度发达地区堤防 200 年一遇。

日本的堤防渗透安全性调查的基本步骤是先普查、后细查。普查和细查的结果不仅为堤防加固处理方案和方法的选择也为汛期堤防的管理工作提供科学依据。在该评价中选用了三类指标：第一，反映堤防及基础土层土质特点的指标；第二，与外力条件有关的指标；第三，与受灾历史有关的指标。基于上述指标的堤防渗透安全性评价，分四个步骤进行。最终根据最不利状态优先和综合考虑的原则，进一步将各段堤防的渗透安全性概略地划分为：A（安全性高）、B（安全性较高）、C（安全性较低）和 D（安全性低）四种不同的等级。堤防实际的渗透安全性最终应由详细的土质调查和分析评价的结果来确定[1]。

在城市雨洪调蓄方面，日本采取"综合治水"思路，即将所有能够减轻洪水的措施通通派上用场，以东京为例，为避免东京都淹水，日本政府下令把学校操场向下挖 3~5 米，作为滞洪池，一旦遇到洪水，就让操场淹水；又例如，日本著名的"地下宫殿"之称的"首都圈外围排水工程"。该工程开工于 1992 年，2002 年开始部分发挥作用，2006 年完工，是世界上最大的地下排水工程之一，总投资 2 400 亿日元（约合 190 亿元人民币）。整个工程一方面具有庞大的蓄洪容积（整个系统总蓄洪量可达 67 万立方米），另一方面又有很强的泄洪能力。在建成后的当年，该工程所在流域在雨季"浸水"的房屋数量即从最严重时的 41 544 家减至 245 家，浸水面积从最严重时的 27 840 公顷减至 65 公顷[2]。

另外日本政府规定：在城市中每开发 1 公顷土地，应附设 500 立方米的雨洪调蓄池。在城市中广泛利用公共场所，甚至住宅院落、地下室、地下隧洞等一切可利用的空间调蓄雨洪，减免城市内涝灾害。

（二）巨灾模型

巨灾模型是为了解决巨灾风险，并有效地作为管理风险的依据的一种现代风险管理方式[3]。

---

[1] 李青云，张建. 长江堤防工程风险分析和安全评价研究初论［J］. 中国软科学，2001（11）：113-116.

[2] 中国人民财产保险公司：城市洪水风险管理，2012.12.

[3] Grossi, P. and Kunreuther, H. Catastrophe Modeling: A New Approach to Managing Risk ［M］. Springer Press, New York. 2005.

评估与管理巨灾风险的科学考察的基本动力，其一为财产保险，另一个则为自然灾害科学。巨灾模型并非根植于一个领域或学科。

保险业者认为巨灾模型最早为处理火灾与闪电的财产保险，在19世纪80年代住宅保险业者通过绘制所处理的图形来管理他们的风险。他们并没有利用地理信息系统软件，而是利用壁挂式地图去指出他们所关心的暴露度。大部分保险业者用这样的粗略技术来控管风险。到20世纪60年代，因上述方式过于繁杂与耗时，而逐渐淡出[①]。

另一方面，地震与气象学家则认为巨灾模型源自于现代科学的认知以及自然灾害的影响。他们更认为巨灾模型的一个关键作用在于衡量地震震级或飓风强度上，以使风险能够被准确评估与管理。这样的评估方式起源于19世纪初，当第一个现代地震仪（评估地震板块移动）以及风速计（评估风速）被发明而获得广泛使用。在20世纪初期，自然灾害的科学评估方式飞速发展，导致研究者去进行灾害与损失的相关研究，以评估地震、飓风、洪灾与其他自然灾害的影响。

上述两个方面的互动，绘制风险（mapping risk）与评估灾害（measuring hazard）于20世纪80年代后期与20世纪90年代初期结合在一起，构成了巨灾模型的滥觞。评估巨灾潜在损失的模型，利用信息技术和地理信息系统，自然灾害评估的科学研究与历史事件，在自然灾害可能范围内，评估巨灾所造成的损失。

然而，在巨灾模型发展初期并未广泛使用，直到1989年两个大规模灾害 Hugo 飓风与 Prieta 地震的相继发生，促使巨灾模型再一次的发展。尤其是在1992年发生的 Andrew 飓风更造成了多家保险企业的破产，因此，保险企业与再保险企业必须更精确地评估与管理他们的巨灾风险，促使巨灾模型的迅速发展。此外，由于一连串的自然灾害，政府也了解到准确评估灾害的影响对于减灾与应急的必要性。所以，1985年美国 FEMA 委托 ATC（Applied Technology Council）执行 ATC-13（Earthquake Damage Evaluation Data for California）计划，通过系统性的专家问卷方法，建立当时最完整的地震损害评估资料。并在1992年投入发展 HAZAS 的研究。

一些私营模型开发商如 AIR Worldwide、Risk Management Solutions（RMS）、EQRCAT 也开发了以巨灾模型为基础的相关评估软件，作为自然灾害风险分析的商业用途。美国 RMS 公司（Risk Management Solutions）是目前全世界最大的专业巨灾风险评估模型公司，而其最早的模型 IRAS（Insurance/Investment Risk As-

---

① Kozlowski, R. T. and Mathewson, S. B. (1995). Measuring and Managing Catastrophe Risk [J]. Discussion Papers on Dynamic Financial Analysis, Casualty Actuarial Society, Arlington, Virginia. 1995.

sessment System）即由美国斯坦福大学以 ATC-13 资料为基础并结合地震风险评估技术所开发，随着地震工程及地震学的发展，地震风险评估技术不断进步，RMS 公司有全球数十个地区的商业地震风险评估模型 RiskLink™，主要的使用对象为保险公司及大型企业。除 RMS 公司的模型外，目前世界上的主要地震巨灾风险评估模型还有 EQECAT 公司的 WORLDCATenterprise™，AIR 公司的 CA-TRADER®等模型，而其模型多包含有 Stochastic Event Module，Hazard Module，Vulnerabilty Module 及 Financial Module 四个模块，目前国际上规模较大的再保险公司如 Swiss Re 及 Munich Re 均有全球的地震巨灾风险评估模型。

第三节　巨灾风险预防与控制的主观建构方法

一、巨灾风险预防与控制的文化视角

早期的社会科学领域，视灾害为"上帝的行动"。随着学科的发展和研究重点的不同，各学科对于灾害或巨灾的理解趋于差异化。

人类学家将灾害看成是自然产生的，或者是人类创建出来的，能够潜在性地对社会造成破坏的环境与特定社会和经济条件下相结合的事件。灾害的发生和治理过程不是简单的自然过程，而是一个与社会文化、人类行为、经济、政治制度等密切联系的过程。尽管灾害发生的主要因素是自然因素，但是它也包括了很多的社会元素和人类系统的结构特征。

社会和文化变迁学派认为，灾害是社会文化变迁的主要因素，灾害的发生使人类行为、社会组织和文化受到挑战，它的发生过程和后果对个体和社会组织产生巨大压力，使社会和文化系统向其成员提供需求的能力遭到破坏，而新的调整和安排又一时建立不起来并发生作用。因此，该学派强调长期的社会文化变迁，特别是灾害发生之后的生产和生活方式的改变[①]。

二、巨灾风险预防与控制的社会视角

从 20 世纪 60 年代开始发展的灾难社会学强调所有灾难都是社会性的，政

---

① 李永祥.灾害的人类学研究[J].民族研究，2010（3）：81-91，110.

治、经济与文化等因素影响了灾难的风险分布与灾后重建的组织绩效。其中1963年恩里科·L·夸然特利（Enrico L. Quarantelli）等人在俄亥俄州立大学设立的灾难研究中心（Disaster Research Center (DRC), Ohio State University）影响较大，人类学家则创造了"灾难人类学"与"灾难的政治经济学"等概念，认为灾难是统治阶层维持政治经济制度的危机，并着重研究文化因素在灾难中的作用。这些研究被一些学者称为"经典的"（Classic）灾难研究。灾难社会学的另一个主要分支是"脆弱性（vulnerability）"研究，受地理学影响较深[1]。

（一）经典灾难研究的理论述评

早期灾难社会学通常认为灾难将使社会结构混乱或使社会原有全部或部分的必要功能丧失。这一观点隐含着功能主义（functionalism）的假设（Hewitt, 1998）[2]，也就是说，相对于灾后的混乱，在此之前有一个功能正常的社会。在功能论的视点下，经典灾难社会学倾向于讨论如何使社会"恢复正常"（status quo ante）[3]，这一研究理论引发广泛的质疑。随着主流社会学理论的变迁，经典灾难研究又分为冲突理论以及符号互动论（symbolic interactionalism）等数派[4]，也有学者提倡引进福柯对可统治性（governmentality）的讨论。

经典灾难研究的重要成果之一，就是打破一些常见的关于灾害的认识误区。

这些误区大致可分为两部分：首先是对灾民心理与行为模式的错误假设：包括认为灾民通常愿意接受警告撤离家园（evacuation）、面对灾害会惊慌出逃（panic flight）、趁火打劫（looting）、哄抬物价（price gouging）、孤苦无依（psychological dependence）[5]。实际上，大部分的灾后研究与记录都显示，许多民众出于维护自己的家庭财产与生计来源（例如土地）的动机，或是更信任自己的经验与家庭成员，坚守家园而非逃跑才是一般人面对灾害警报的正常行为，这提高了灾前撤离的难度；另外，灾民面对创伤时远比想象得更理智、更坚强，而且通常会相互合作、迅速投入救灾以收拾残局[6]。也就是说，灾后的行为模式无异

---

[1] 张宜君等. 不平等的灾难[J]. 人文及社会科学集刊, 2012, 02.

[2] Hewitt, K. Excluded Perspectives in the Social Construction of Disaster. in E. L. Quarantelli (ed.), What is a Disaster? London: Routledge. 1998: 75 – 92.

[3] Stalling, R. A. Weberian Political Sociology and Sociological Disaster Studies. Sociological Forum, 2002, 17 (2): 281 – 305.

[4] Tierney, K. J. From the Margins to the Mainstream? Disaster Research at the Crossroads. Annual Review of Sociology, 2009 (33): 503 – 525.

[5] Quarantelli, E. L. Images of Withdrawal Behavior in Disasters: Some Basic Misconceptions [J]. Social Problems, 1960a, 8 (1), pp. 68 – 79.

[6] Drabek, T. E. Human System Responses to Disaster: An Inventory of Sociological Findings [M]. New York: Springer – Verlag, 1986.

于灾前，这个观点被称作灾民行为的"持续性原则"（principle of continuity）。根据持续性原则，灾难发生后，公民社会的动员扮演重要的角色，家庭、邻里等人际连带形成的"社会资本"往往成为更重要的生存依靠，因此，这些社会资本、社会网络将有助于灾后重建，减轻灾难带来的后果。

第二个关于灾害的误区则是对国家行为模式的误区，可以称为"国家全能"的误区。一般民众往往预设了功能主义或家长制（paternalism）的国家，将救灾与重建仅视为政府才能有效完成的功能，因此，政府被认为理所当然对灾害控制"尽在掌握"①（everything is under control）。经典灾难研究显示，与上述持续性原则相反，国家在灾难后的表现经常不尽如人意，信息残缺、领导混乱、互踢皮球、资源调度不均等，使得救灾工作迟缓，多数研究甚至显示军队抵达灾区的速度普遍晚于民间团体②，在救灾过程中出现严重的国家失灵（state failure）。

（二）社会脆弱性分析：灾前的社会阶层化与风险分布

经典灾难研究的分析集中在灾后心理冲击与重建资源分配，较少论及风险分布与灾前预防。社会脆弱性分析则从不同的视点进行切入。所谓脆弱性是指影响个人或团体受灾概率与灾后恢复能力的特质，可分为物理脆弱性、经济脆弱性或者社会脆弱性等③。社会脆弱性是指某些社会群体在灾难来临时更容易受害。影响受灾概率的特质包括阶层、职业、族群、性别、健康状况、年龄及社会网络等；除了受灾概率之外，脆弱性对灾后生活造成的影响。总之，弱势者往往最容易成为受难者。

社会阶层化与灾难脆弱性。社会脆弱性与社会不平等高度相关，但其中的因果关系及影响机制十分复杂④。一般而言，社会阶层化——例如阶层或族群不平等、贫富差距，是影响社会脆弱性最主要的因素。

其原因：第一，大致在于中上阶层掌握信息的能力更强，富有的区域比贫困的区域更可能建立灾害预警系统或防灾避难设施；第二，各阶层的行动资源和能力不同，例如是靠自有车辆逃离灾区还是依赖大众交通工具，中上阶层建筑物承

---

① Dombrowsky, W. R. Again and Again: Is a Disaster What We Call a 'Disaster'?" [M]. in E. L. Quarantelli (ed.), What is a Disaster? London: Routledge, 1998, pp. 19 – 30.
② Fischer, H. W. III. Response to Disaster: Fact versus Fiction & Its Perpetuation – The Sociology of Disaster [M]. Lanham: University Press of America, 1998.
③ Adger, W. N. Vulnerability [J]. Global Environmental Change, 2006, 16 (3), pp. 268 – 281.
④ Daniels, R. J., D. F. Kettl, and H. Kunreuther (eds.). On Risk and Disaster: Lessons from Hurricane Katrina [M]. Philadelphia: University of Pennsylvania Press, 2006.

受的灾害冲击能力更强，也会导致风险分布不平均[1]；第三，中上阶层拥有较高的原始禀赋，较能承受灾难冲击，灾后获取经济或医疗资源能力也大不相同[2]。

族群不平等也往往影响社会脆弱性，以美国为例，从20世纪50年代中西部的龙卷风到新奥尔良风灾，无论从死亡率还是房屋倒塌比率来看，有色人种总是有较高的风险[3]，灾后少数族群失业率与迁出的比率也偏高。

在性别方面，女性比男性容易受灾，这主要由于女性的阶层或收入分布偏低以及女性老年独居者较多、女性承担家庭照护角色等因素影响。

总之，脆弱性理论认为灾前的社会不平等，经常使得同一次灾难的受害地区内，个人与家庭的受害风险以及受害程度分配不均。灾后的状况差异至少有一部分是由弱势者较高的受灾风险所造成的。

经典灾难研究与社会脆弱性的理论重点有所差异，前者认为社会资本、社会网络有助于灾后重建，灾后资源分配不均可能导致社会不平等的恶化。而社会脆弱性理论则强调受灾风险与社会阶层化的关系，这些因素也涉及灾后的资源取得以及恢复能力。经典灾难研究主要探讨影响灾后重建资源分配公平性的因素，社会脆弱性研究则主要探讨受灾风险与灾难承受能力的社会不平等。经典灾难研究认为社会资本与重建资源分配才是联系灾前与灾后社会不平等的主要机制，社会脆弱性理论认为受灾风险分布是联系灾前与灾后社会不平等的主要机制[4]。

（三）回复力理论

1. 理论基础

回复力的概念最早起源于力学领域，由霍林（Holling）最先引入生态界研究中。他在不同时期对回复力所下的三个定义，成为生态界长达30年的主流思想，也为后续的衍生奠定了基础。1973年，霍林在"Resilience and stability of ecological systems"一文中认为，回复力是一种测量系统持续性的单位，系统受到干扰与改变后，仍能在人口或状态变量间维持相同关系的能力。1986年，霍林修正了第一项定义，视回复力为系统在面对干扰之下，仍能维持其本身结构与

---

[1] Cutter, S. L. The Vulnerability of Science and the Science of Vulnerability [M]. Annals of the Association of American Geographers, 2003, 93 (1), pp. 1 – 12.

[2] Bolin, B. Race, Class, Ethnicity, and Disaster Vulnerability [M]. in H. Rodriguez, E. L. Quarantelli, and R. R. Dynes (eds.), Handbook of Disaster Research. New York: Springer, 2007, pp. 113 – 129.

[3] Cutter, S. L. and C. T. Emrich. Moral Hazard, Social Catastrophe: The Changing Face of Vulnerability along the Hurricane Coasts [J]. Annals of the American Academy of Political and Social Science, 2006 (604): pp. 102 – 112.

[4] 张宜君等. 不平等的灾难 [J]. 人文及社会科学集刊, 2012, 02.

行为模式的能力。最后，他在前两个定义基础上，提出了第三个定义：回复力是一种缓冲的容受力，或是系统吸收扰乱源的能力[①]。

近年的回复力研究逐步走向多学科结合，如灾害学、经济学、社会学等领域。回复力研究改变了过去对于自然资源使用的错误认识，过去一般假设生态系统是线性、可预测和可操控的，假设人类与自然系统为两个独立个体[②]。以霍林为首提出社会生态系统理论，认为人类社会与生态是一个合并的系统，彼此间相互依赖，互依互存。人类的活动或开发，会影响到自然界的运作；同样地，自然界的变化也会干扰到人类的生活，如全球变暖使得冰河日渐融化海平面上升，海岛国家有被淹没的可能。社会生态系统所包含的范围相当广泛，小至当地小区，大至全体人类所组成的全球生态系统。回复力理论强调系统对于外在干扰的回复力和调适力，运用适应性循环（adaptive cycle）来解释社会生态系统的动态机制。

所谓适应性循环一般分为开发（r, exploitation）、保存（k, conservation）、释放（Ω, release）以及更新（α, renewal）。循环基于生态系统交替的观点衍生出来的动态循环过程。举例来说，未开发地区蕴藏着丰富的资源，人们决定立即开采使用。然而在开发一段时间后，人们意识到某些资源具有不可再生的特质，所以开始展开保存的工作。但过度开发的结果，往往严重破坏系统自身的恢复能力，一旦有外来干扰的因素出现，如地震、水灾、土石流，便会造成系统释放潜在的能量摧毁现有状态。因此在最后一个阶段便需进行更新的工作，重新组织系统的结构，以便对抗下次的外在干扰。

由于灾后复原能力以及自我学习的特质，回复力的概念也被引入灾害研究领域。澳大利亚紧急管理部门将回复力界定为一个系统自异常状态中复原的程度，探讨个体和小区的灾害脆弱性以及回复力（Buckle, 2006）[③]。而联合国国际减灾策略考虑到自然灾害的特性，定义回复力为：一个系统、小区或社会处在特定环境灾害条件时，通过对抗或调整以使自身维持一个可接受状态的能力。回复力一般包括三项特质：自我学习、适应能力和自我组织。因为系统本身具有自我组织学习的本领，可以从过去灾害中汲取经验。所以对未来灾害，能降低发生风险的几率和增加抗灾的力量。

[①] Michael, S. A short historical overview of the concepts of resilience, vulnerability, and adaption [R]. Workshop in Political Theory and Policy Analysis, Indiana University, Working Paper W05 - 4, 2005.

[②] Folke, C., Carpenter, S., Elmqvist, T., Gunderson, L., Holling, C. S. and Walker, B. Resilience and sustainable development: building adaptive capacity in a world of transformations [J]. Human Environment, 2002, 31 (5), pp. 437 - 440.

[③] Buckle, P. Assessing Social Resilience [M]. In: Paton, D. and Johnston, D. (Eds.), Disaster resilience: An integrated approach. Illinois, 2006, pp. 88 - 104.

佩林[1]将自然灾害脆弱性,分解成暴露（exposure）、抵抗力（resistance,反映了经济、心理、身体健康以及自身所维持的系统。同时表现个体或团体抵抗灾害冲击的耐受力）和回复力（resilience）三个部分。对于自然灾害的回复力,为个体处理或适应灾害压力的能力,可为潜在灾害作有计划的预防与控制行为。也有学者研究社区回复力,认为加强小区回复力的建设,可以大幅降低灾害所造成的损失[2]。

2. 回复力的实证研究

虽然回复力的概念尚有争议,但其政策运用上的价值已被广泛认可。贝克曼[3]以越南1999年的水患为例,以实地访谈方式,调查当地家户、组织和政府如何进行灾后复原以及后续的预防工作。巴克尔在澳洲紧急管理部门报告书中,以问卷访查和团体座谈的方式,对个人和小区的回复力进行全面性的评估。上述方式所进行的研究,通常较专注在小区、组织、家户或个体等人际关系对回复力的影响。

而在量化方面,佩顿[4]等人对新西兰Ruapehu火山于1995年和1996年所发生的火山爆发事件,以社会心理学角度,采用问卷发放和统计方法调查受灾小区的应对情况。结果显示,小区意识、自我胜任感以及问题导向的应对能力乃是火山回复力的主要预测变量。

而罗斯对地震的经济回复力做了更进一步的研究,利用经济模型如投入产出模型、一般均衡模型和社会收支矩阵,构建区域灾害经济回复力模型。以美国Portland地区的供水系统为例,罗斯采用CGE模型仿真直接产出损失估计,最后得出供水系统的破坏所造成的直接产出损失,会随着总体经济水平、减灾行为和灾后回复力的变动而有所变化。塔纳[5]等人为分析城市治理对气候变迁回复力的影响,采用地方分权和自治、政府透明度与责任、政府组织的同情心与弹性、所有市民的参与和包容边缘化族群、受灾经验与救灾资源五个评估方面,对亚洲十个城市,包含泰国、中国、印度、越南和孟加拉国五个国家进行评估。结果显示,当地政府的办事效率和清廉程度,与回复力有正向的关系。

---

[1] Pelling, M. The vulnerability of cities: Natural disasters and social resilience [M]. London: Earthscan, 2003, pp. 46 – 67.

[2] Rose, A. Economic resilience to disasters: Toward a consistent and comprehensive formulation [M]. In: Paton, D. and Johnston, D. (Eds.), Disaster resilience: An integrated approach. Illinois, 2006, pp. 226 – 244.

[3] resilience society, vulnerable people.

[4] Paton, D., Millar, M., and Johnston, D. Community Resilience to Volcanic Hazard Consequence [M]. Natural Hazards, 2001, 24 (2), pp. 157 – 169.

[5] Tanner, T., Mitchell, T., Polack, E., and Guenther, B. Urban Governance for Adaptation: Assessing Climate Change Resilience in Ten Asian [J]. Institute of Development Studies, 2009 (315), pp. 1 – 47.

三、巨灾风险预防与控制的心理视角

通过风险认知与沟通的方法,灾害风险研究也从人们看待与响应风险的社会层次进行考察。涉及风险认知的研究包括地理学、社会学、政治科学、人类学与心理学等领域[1]。根据斯洛维克[2]的归纳,地理学的研究最初专注于了解人类面临自然灾害时的行为,并已经扩展到了技术灾害方面。社会学与人类学的研究显示风险的认知与接受有其在社会与文化因素上的根源,灾害的应对是由朋友、家人、同事与公众人物所传达的社会影响所促成;在许多案例中也发现,事件发生后的经验是风险认知的重要部分,并成为一个人在下个事件发生前调整行为的基础。

在研究方法的采用上,显示性偏好(revealed preference)与表达性偏好(expressed preference)是两个重要的研究方法[3]。前者以观察个体的行为,作为公众认知的反映,后者则是利用问卷调查询问抽样个体以表达他们的偏好。此外,"心理量表"的使用也可以获得人们做出关于各种灾害风险及其管理程度的量化判断。

(一) 风险认知

在传统的风险管理模式中,对风险认识(risk identification)仅局限于了解风险的来源与所在,采用的方法如政策分析法(policy analysis)、风险列举法(the risk statement method)等[4]。但是在现代风险管理中对风险的了解,则提升至风险认知(risk perception)的层次。

1. 风险认知的重要性

根据史密斯[5],决定个体的安全评价的是所认知的灾害特征,而不是风险的统计/技术的估计。同样地,人们对于灾害的应对是以他们对灾害的认知为基础,而不是灾害的实际概率。所以,认知驱使公众行动,专家必须将公众的观点纳入

---

[1] 周士雄,地震风险与土地使用管路,2004.
[2] Slovic, P. Perception of Risk [J]. Science, 1987 (236): 280 – 285.
[3] Smith, K. Environmental Hazards: Assessing Risk and Reducing Disaster [M]. Routledge, London, 1996.
[4] Jones, D. K. C. Anticipating the Risks Posed by Natural Perils. In: Hord, C. &Jones, D. K. C. ed. Accident and Design – Contemporary Debates in Risk Management. [M]. London: UCL press, 1996, pp. 14 – 30.
[5] Smith, V. K. Benefit Analysis for Natural Hazards [J]. Risk Analysis, 1986 (6), pp. 325 – 334.

他们的考虑之中,并且接受公众认知在他们决策中的重要性①。

2. 决定风险认知的因素

风险认知的定义包括有:个人对风险的评价,亦即个人对环境不确定性可估计的概率和可控制的程度,认知到某些行为及情境可能导致的风险。它是一种社会性建构,个体依据不确定性及模糊的信息进行推测并得到结论②。人类评估日常可能遭遇的风险时,不凭借理性且科学化的衡量标准,而是采取主观的量化评估,并以其所认知的结果从事各种活动。

有关风险认知的主要理论包括:知识理论(knowledge theory):理论假设人是理性的,只要使人们获得有关风险的知识,人们便能正确地认知风险。因此,只要通过各种渠道把有关风险的信息告诉大众,便可消除专家与一般人对风险认知的差异(Holdern,1993)。性格理论(personality theory):该理论认为人的先天性格与后天培育相关的宗教、性别、年龄、职业、教育、所得、婚姻等状况对风险认知皆有影响③。文化理论(cultural theory):该理论说明风险是由社会建构而成,社会中所认定风险,都具有维系现有社会秩序的功能。因此,对于风险认知是离不开人类所赖以生存的社会结构,人们社会生活方式亦即文化形态是影响风险认知的主要因素④。文化理论认为,人们对风险的认知是依赖"经验直觉","经验"包括社会全体所共同拥有的经验(包括具体事件与共有的价值观)以及专属于个别团体或个人的经验。

斯洛维克、菲施霍夫和利希滕斯坦⑤主张认知的风险是可量化与可预测的。他们列出了决定认知风险的五项因素:死亡的频率;主观的致命估计;灾难的潜在可能性;伤亡的重大程度;其他非量化特征包括:伤害性、影响的立即性、对风险的知识、对风险的控制、后果的严重性等9项特征。

3. 风险认知的偏差及不协调认知(inconsistent perception)

公众的风险认知与实际风险之间一直存有差距;人们有估计偏差的倾向,特别是对于低概率的风险,原因可能是不同意专家所提出的信息或认为他们所提供的是一种误导性的信息,或是公众对于这些事件的概率与潜在后果并不愿意非常

---

① Kasper, P. G. Perceptions of Risk and Their Effects on Decision Making. In Societal Risk Assessment: How Safe is Safe Enough?[M]. edited by Richard C. Schwing and Walter Albers. New York: Jr. Plenum Press, 1980.

② Baird, I. S., and Thomas, H. Toward a Contingency Model of Strategic Risk Taking[J]. The Academy of Management Review, 1985, 10 (2), pp. 230 – 243.

③ Covello, V. T. Communicating Scientific Information About Health & Environmental Risks[M]. Plenum Press, New York/ London, 1987.

④ Douglas, M., and Wildavsky, A. Risk and Culture[M]. California Press, Berkeley. C. A, 1982.

⑤ Slovic, P., Fischhoff, B., and Lichtenstein, S. Facts and Fears: Understanding Perceived Risk. In Societal Risk Assessment: How Safe is Safe Enough?[M]. edited by Richard C. Schwing and Walter Albers, Jr. New York: Plenum Press, 1980.

实际地去面对（Mandl and Lathrop，1982）[1]。对风险的控制程度、潜在冲击的大小以及风险是否自愿去面对等都会影响人们如何去认知它们。此外，风险的估计偏误也可能来自于对事件的不熟悉、过度自信的判断以及有关风险意见的歧义（Slovic et al.，1980）。

从过去许多针对低概率严重灾害（low possibility，high consequence，LPHC）的研究[2][3][4]可得到一个普遍性的结论，就是人们会倾向于低估严重灾害的概率，斯洛维克、菲施霍夫和利希滕斯坦（1980）[5] 解释这种对于低概率风险的过度反应，是由于在个体认知中强调了风险在损失数量的重要性，而不是频率；他们发现社会对于罕见的大量生命损失的反应比常见的小损失来得大。然而，在涉及采取风险应对措施的判断上，人们因为不相信灾害会发生在他们身上而倾向于低估某个灾难的发生概率，除非发生的概率高于某种程度[6]。更具体的研究如在昆鲁瑟（1978）[7] 的研究中，没有兴趣购买洪水保险的就是那些认为风险非常低的人。

4. 风险认知困难（invisibility & unrecognization）

造成风险认知困难的原因主要有：

（1）专业领域的复杂性。

由于现代社会风险往往是由专业科技的发展与应用所引起的，所以要认识某种科技可能产生的风险需要细致深入的追溯，但即使是灾害事故的当事人也不一定了解真正的风险来源，或者还没有足够的证据证明某种风险与某种科技有直接因果关系。在这知识爆炸的时代，隔行如隔山，即使是某一方面的专家，对其他研究领域的知识也不一定充足，因此往往没有人能完全了解现代社会风险。

（2）计算困难（uncalculation）。

现代风险往往造成巨大损失、影响深远又难以认知。风险巨大的如核潜艇、

---

[1] Mandl, C., and Lathrop, J. W. Assessment and Comparison of Liquefied Energy Gas Terminal Risk [J]. International Institute for Applied Systems Analysis, 1982.

[2] Brookshire, D. S., Thayer, M. A., Tschirhart, J., and Schulze, W. D. A Test of the Expected Utility Model: Evidence from Earthquake Risks [J]. Journal of Political Economy, No. 93, 1985 (2), pp. 369 – 389.

[3] Boulding, W., and Purohit, D., The Price of Safety [J]. Journal of Consumer Research, No. 23, 1996, pp. 12 – 25.

[4] Petak, W., and Atkisson, A. Natural Hazard Risk Assessment and Public Policy [M]. New York: Springer – Verlag, 1982.

[5] Slovic, P., Fischhoff, B., and Lichtenstein, S. Facts and Fears: Understanding Perceived Risk. In Societal Risk Assessment: How Safe is Safe Enough? [M]. edited by Richard C. Schwing and Walter Albers, Jr. New York: Plenum Press, 1980.

[6] Camerer, C. F., and Kunreuther, H. Decision Processes for Low Probability Events: Policy Implication [J]. Journal of Policy Analysis and Management, No. 8, 1989 (4), pp. 565 – 592.

[7] Kunreuther, H. Disaster Insurance Protection: Public Policy Lessons [M]. New York: John Wiley, 1978.

放射性物质外泄，难以认识的如各种遗传有害物质对人体基因的影响，不仅危害现存的人，而且危害未来下一代。一旦发生，它们对生命及财产所造成的损失是难以估计的，尤其是对受害者精神上的摧残，对全体人群造成的恐惧，往往不能用数字来表示①。

(3) 决策决定。

这里决策泛指政府、民间团体及个人等各种行为主体在行为前所作的决定。传统的灾害风险，例如地震、风灾、瘟疫，其发生与否都是人类不易预测及决定，而现代社会风险有许多是在决策前就知道或部分知道，例如在决定建造核能电站时，政府就知道核能电厂在什么情况下可能会发生灾害；又例如人在决定搭乘飞机时，就知道且必须承担坠机的风险。在这种情形下，风险已经不再是意料之外的"潜在的负面效应"（latent side effect），而是任何一个决定所必然包含的利、弊得失两面中的后者，风险在现代已经是一种"市场选择"（market opportunity），任何一种决定都承担着早已了解的可能的风险。从经济的角度来看，决策意味着各式各样的选择，理性经济人便是以利润最大化作为决策的唯一考虑。但由于外部性等原因，个人或个别厂商对自己有利的决策，却有可能增加了全社会的风险。Bromley 等人主张，现代社会风险所可能带来的成本，已是任何经济决策或政府政策不能不正视的必要项目②。即使如此，信息的不完全常造成决策的盲点。决策和风险如影随形，决策不仅变成是现代风险的根本来源之一，而在解决风险问题时，也是人们所诉诸的主要手段。

(二) 风险评估

在现代风险社会中，无论是损失频率或损失幅度的估算，都属于风险评估的一部分，特别是风险评估中社会或个人对风险的意向与认识部分，这部分正是 Luhmann 主张的"第二秩序观察"即是研究人如何评估风险，即观察别人和自己如何观察，因为风险评估就风险估算的角度而言，虽然是一个理性过程，针对客观事实进行风险估算（第一秩序观察），但事实上，第二秩序观察者知道，相同的事实会带给不同观察者不同的信息。对客观事实的观察永远受到主观立场与认识模式的影响。尤其表现在风险评估过程中，"有权做决定者"与可能受决定影响的人对风险评估往往会有很大差异。

其次，Jonas 在《责任原则》一书中谈到风险社会中现代社会风险的"远程

---

① Becker. Risk Society: Towards a New Modernity Translated by Ritter M [M]. Sage Publishing, London, 1992.

② Bromley, D. W. The Social Responses to Environmental Risk: Policy Formulation In the Age of Uncertainty [M]. Kluwer Academic Pubbliphers, 1992.

效应"并将之纳入风险评估的价值判断中,如果一个决定是负责任的,这一决定就不仅应考虑到行为的实时效果,也应考虑行为的远程效应,即行为效果的效果,他主张面对现代社会风险,其预测力量远落后于技术力量,预知知识远落后于技术知识。换言之,某一决定涉及多数人命运时,决定者是无权下"赌注"的[①]。由此而引申出"后果原则"应优于"概率原则"。这与 Luhmann 所主张的第二秩序观察有着异曲同工之处[②]。

综合前述,在风险评估之中,除了考虑以理性为主的风险估算外,尚需强调社会或个人对风险的意向与价值判断的部分,也就是说后果原则与概率原则;第一秩序观察与第二秩序观察的交互运用,这意味着在风险评估的最终意义上,专家与非专家是平等的,这也是 Beck 极力主张的"次政治"概念,意为在风险评估的过程中,参与决定者应包括专家与代表社会团体单位的成员。

(三) 风险沟通

1. 风险沟通背景

在风险社会中所存在的现代风险往往来自科技知识的发展与应用,高度工业化后,科技知识发展所带来的灾害,已不再局限于过去传统静态风险下的损害范畴。而在所有与风险管理相关的组织中,专家以其专业素养;政府官员基于决策制定的需要;工商企业基于逐利的目标形成交互共生结构下的决策制定链,而一般人相形之下被排斥在决策参与之外。正如 North 在制度经济学中所谓的工具理性失灵的现象 (failure of instrumental rationality)。

科技知识的客观性、确定性受到质疑。事实上,每一项科技知识的新发展都必然地质疑了旧知识。新的科技知识使原来常态状况成为风险,也因而改变了原来的因果关联、责任归属与政策制定。

将风险评估授权给专家,是希望在政治与道德外诉诸一个外在、独立而客观的力量。但想通过单纯的科技来解决风险评估,这种思维本身已经排斥了社会性思考、公共讨论与政治协调的可能。

一般人无法凭着自己的感官来察觉风险。因此,公众的风险认知需要依靠科学的探测技术与评估数据所呈现的客观风险。然而这种依赖关系,却使人们认为科技知识、数据启发了风险认知,而忽略了科技知识、数据对风险认知经常扮演误导、否认与压制的角色。

为了克服前述风险社会中科技知识发展所带来的盲点并实现人们有权获知有

---

① Jonas, H. Das Prinzip Verantwortung. Frankfurt [M]. 1984.
② 袁国宁. 现代社会风险伦理研究. 2006.

关环境中可能危害他们的现代风险信息，进而加强风险认知，确定风险态度并参与风险管理的决策。风险沟通就成为现代风险管理中核心而重要的工作，获得学者及各国政府的重视。

2. 风险沟通的意义与目的

风险沟通是一门结合了风险管理及沟通理论两大领域而形成的新兴研究领域，在现代风险管理中扮演了关键的角色。它与风险认知、风险态度及风险管理方法运用，具有密切的关联。因此，风险沟通不再是单纯地将科技知识由专家传递给一般大众而是在传递的过程中要了解、倾听大众的兴趣、价值及想法，以作为进一步调整行动方案的参考。美国国家研究院（National Research Council）将风险沟通定义为："相关个人、团体或机构，彼此交换信息与意见的互动过程，以共同决定如何预防或管理风险。"

一般认为，风险沟通目的有三个[①]：

启蒙：使人意识到日常生活中无所不在的风险，并了解有关风险的基本概念认知、评估、态度与管理的知识以及风险事故发生后的可能结果。

提升能力：提升民众预防风险和事故发生时的处置能力。

解决争端：对可能带来风险的设施或已经被污染的地区的处理方式，必须征询附近居民甚至全体国民的意见。民众的意见分歧，政府机构、工商团体、专家学者有各自的立场和看法，彼此之间可能抵触。风险沟通的目的就是要解决争端，达成共识。

下面以传媒为例，简述传播媒体在风险沟通中的角色。

传播媒体是风险沟通中最主要采用的方法之一。

在灾害风险事件中传播媒体具有下列的功能：灾害风险信息的报道传播；灾害风险信息内容的诠释；培养大众正确的风险认知态度与共同的价值观；适时动员社会的能量进行防灾、救灾的工作。基于灾害风险事件中传播媒体的功能，在研究传播媒体扮演角色时，应集中在两个层面：新闻报道中有关灾害风险的信息内容；新闻报道对大众的风险认知、态度与风险管理形成的影响。

根据梅里尔（Merrill）的主张传播媒体的行为规范：传媒应在事实基础上，崇尚新闻自由，通过客观、理性、专业的精神从事正确而真实的新闻报道，正面影响大众视听以履行新闻媒体的社会责任。但是事实上，灾害中传播媒体所面临的现实环境，却充满了对前述规范的挑战。一方面新闻报道必须在十分有限的时空限制下从事报道竞争，而风险信息不但具有高度技术性且十分复杂，传媒从业

---

① Kasperson, R. E., & Stllen, P. J. M. eds. Communicating Risk to the Public. Kluwer Academic Publishers [M]. Dorderch/Boston/London, 1991.

者不得不根据各种专家来解析复杂而充满矛盾的风险信息。新闻媒体经常省略风险信息中重要的背景、脉络、条件、限定等，因而使得原来专家们视为初步、假设性、暂时、限定的研究结果被报道为强而有力的结论，甚至不知不觉地制造假新闻，而造成沟通双方对传播媒体皆有一定程度的不信任感。另一方面，来自于传播媒体自身的生存目的，基于传媒市场竞争生存空间的考虑，传播媒体越来越受到相关系统的影响，在既定的言论立场与报道角度下，进行偏颇的信息披露。

其次传播媒体对风险信息的报道对大众造成的影响是相当复杂的，因其并非为完整的双向沟通管道，大部分的报道还是由传播媒体经由诠释过程后再传达至大众手中，对风险沟通双方而言只是一种局部的信息意见交换，缺乏及时、澄清、辨别的时效性。

以上从客观实体方法和主管建构方法两个方面，探讨了巨灾风险预防与控制的方法与实践。

实体客观学派认为风险主要由风险因素、风险事故和损失等多种要素构成，它们共同作用，决定风险的存在、发生与发展。自然灾难风险的形成包括三个要素：灾害或极端事件（Hazard or Extreme Events）、暴露（Exposure）和脆弱性（Vulnerability），因此对灾害的预防控制应在灾害脆弱性、暴露和潜在损失评估方面进行理论研究和开展相应工作。

而根据主观建构派，风险具有建构性、社会性、团体性，风险不能独立于社会、文化历史因素之外，因此对灾害的预防控制应更多地着眼于社会制度、社会资本、社区的脆弱性和弹性等方面进行理论研究和开展相应工作。

下面我们基于客观实体方法和主管建构方法讨论中国地震和洪水巨灾风险的预防和控制。

第四节 中国地震巨灾风险预防与控制

一、中国地震灾害的特点

中国位于全球两大地震带——环太平洋地震带与喜马拉雅—地中海地震带之间，受太平洋板块、印度板块和菲律宾海板块的挤压。大地构造、位置决定了中国地震活动频度高、强度大、震源浅、分布广，是一个地震频繁震灾严重的国家。

中国50%的国土面积位于Ⅶ度以上的地震高烈度区域，23个省会城市和

2/3 的百万人口以上的大城市位于地震高烈度区域[①]。中国的陆地地震占全球陆地地震的 1/3，而造成地震死亡的人数达到全球的 1/2 以上。中国地震主要分布在 5 个区域：台湾地区、西南地区、西北地区、华北地区、东南沿海地区和 23 条地震带上[②]。

二、我国现行应对地震风险的方式与问题

目前，我国在地震巨灾预防控制方面存在一些突出问题：

（一）灾后危机处理相对成熟，事前预防较为薄弱

从客观实体派的角度看，巨灾风险的评估是国家、企业和保险业做出各自巨灾风险决策的最主要依据，事前预警工作对于巨灾实际损失大小有着决定性影响。以上两方面我国还相对薄弱，这两个薄弱环节直接影响预防控制行为的有效性。以地震灾害为例，地震风险评估是保险公司开展地震保险、制定地震保险费率的最主要依据，是国家、企业做出建设投资等决策的依据，科学、公开、透明的地震风险评估将为全社会资源有效配置带来巨大好处。但巨灾风险评估需要投入长期的巨大的人力、物力、财力，在工程、技术上均有较高要求，具有明显的外部性和公共品属性，从中国的现状来看，还有很长一段路要走，应当由政府来主导完成这一工作。

（二）巨灾风险管理体制上的协调性存在不足

从主观建构派的角度看，国家、地方、社区各层面的政治、经济、文化体制，对巨灾风险的控制与预防均有重大意义。目前，中国在巨灾发生前基本没有统一的协调机制和管理部门负责，往往分散到各职能部门，比如洪水风险的事前工程建设、规划由水利部门负责，建筑防震标准和执行由建设部门、地震部门负责，而滑坡、泥石流又由国土资源部负责。各部门间机构间缺乏相互协调。

巨灾发生后，由于巨灾风险的多因性、衍生性、系统性、不可预测性，国家或省政府层面往往会成立一个临时性的领导小组以应对危机，而各部门原来制定的应急预案往往由于缺乏统筹性，不得不采取预案外的很多临时措施。重建工作完成之后，应急小组往往不会保留或实际上处于停滞状态，以致后续工作逐渐荒废，各种数据、经验和教训未能进一步挖掘、分析。

[①] 国务院办公厅. 国家防震减灾规划（2006~2020 年）[R]. 2007.
[②] 数据来源：民政部网站.

以巨灾风险管理体制较为完善的美国为例,我国和美国相比还存在以下主要不足:第一,缺乏实体的"全灾害管理"的专职部门和个人;第二,缺少如美国的"国家紧急应变计划"(NRP)和"国家紧急应变架构"(NRF);第三,缺少如美国联邦政府和州政府均熟悉的"国家紧急事件管理系统"(NIMS);第四,缺少如美国联邦紧急事务管理局(FEMA)协助地方政府的机制。

三、中国地震巨灾风险的预防和控制

中国面临严重的地震巨灾风险威胁,建立完善有效的地震巨灾风险预防和控制体系,形成符合国情又具有良好效果的地震巨灾风险对策方案,提高整个社会防震减灾能力,是当地震灾害管理面临的重要任务。接下来,我们将分别从客观实体派(工程技术层面)和主观建构派(文化、社会、经济层面)对中国地震巨灾风险的预防和控制进行探讨。

(一) 客观实体派思路(工程技术层面)

1. 建立重点区域地震预警预报体系

在2007年10月发布的《国家防震减灾规划(2006~2020年)》中,明确提出要建立地震预警系统,加强地震预警系统建设,加强重大基础设施和生命线工程地震紧急处置示范工作。《国务院关于进一步加强防震减灾工作的意见》(国发〔2010〕18号)中指出:到2020年,建成覆盖我国大陆及海域的立体地震监测网络和较为完善的预警系统,地震监测能力、速报能力、预测预警能力显著增强……建成完备的地震应急救援体系和救助保障体系,地震科技基本达到发达国家同期水平。

近年来,我国在地震预警系统方面取得长足进步:

据赵纪东等(2009)[①]的研究分析,中国广东大亚湾核电站在1994年建立了用于地震报警的地震仪表系统,该系统由6个三分量加速度计、4个三分量峰值加速度计和2台地震触发器组成,当地震动超过给定的阈值(0.01g)时,中心控制室的警报器报警,经专家系统决策后采取相应的措施。此后,秦山核电站和岭澳核电站也相继建成了类似的地震预警与紧急处置系统。2007年,冀宁输气管线也建立了地震监测与报警系统。

据中新网2012年9月2日报道,成都高新减灾研究所自主研发的"ICL地

---

① 赵纪东,张志强. 地震预警系统的发展、应用及启示 [J]. 地质通报,2009,28 (4):456 - 462.

震预警技术系统"通过由四川省科技厅组织的科技成果鉴定,这也是中国首个通过科技成果鉴定的地震预警技术系统。该项目通过对地震动波形的监测、分析、汇总、综合分析、实现地震预警的有关参数计算和估算,生成地震预警警报,从而得到地震预警信息的响应发布。

据新华社 2013 年 1 月 15 日报道,四川省北川县防震减灾局、成都高新减灾研究所 15 日联合宣布,北川县电视地震预警正式启动。今后北川民众可以在地震来袭时通过电视接收到地震预警信息,提前避险。该系统将为 16 万名以上北川民众提供地震预警服务。该预警系统覆盖了北川全境的电视网络,当没有影响或者影响很小的地震发生时,预警信息以滚动字幕的方式在电视屏幕之下方播放;当有影响的地震发生时,会以弹出窗口形式播放地震预警信息,其内容主要包括以倒计时形式播放的破坏性地震波到达时间以及对本地的影响。据成都市高新区减灾研究所所长王暾称这套系统将给北川民众提供 31 秒左右的逃生时间,这也使得中国成为继墨西哥、日本后世界上第三个具有面向公众地震预警能力的国家。据介绍,该预警系统及其预警网络经过了 1 000 多次的实际地震检验,曾有超过 20 万人和全国 28 个省(区、市)志愿者应用过该系统,其所有预警警报都由实际地震触发,大于 2.7 级的地震无一漏报。

利用成都高新减灾研究所研发的技术系统,我国已建成了覆盖四川、陕西、甘肃、云南部分区域的 25 万平方公里的地震预警台网。这是世界上地震预警覆盖面积仅小于日本的地震预警台网。该研究所研发的具有完全自主知识产权的地震预警技术系统的是国内唯一通过省部级科技成果鉴定的地震预警技术,该技术包括从监测、预警信息生成到发布与接收应用的全套地震预警技术,预警信息发布手段包括手机、计算机、广播电视、微博、专用接收终端等。

当然,我国还需要加大在地震预警系统建设方面的投入,一是增加地震监测网点完善信息传播机制;二是把中国的相关地震学研究力量组织起来,形成有效的应急地震学研究体系,尽快建立起重点区域强地震早期预警系统。

2. 加强地震基础研究和基础设施建设

探清断层,修订地震区划。地震发生的时间和强度很难预测,但发生地点都无一例外地位于断层上,地震危险性区划中的断层应成为未来地震预警系统的重要监测对象。我国在断层探测和地震危险性区划方面的工作远远滞后。中国目前应该首先完善基础资料的观测(类似于美国的《地球透镜计划》(Earthscope)、《板块边界观测计划》(PBO)),详细探测地下断层的位置、历史活动状况。在摸清断层的基础上,不断修订地震区划,提高区划图的精细程度。在此基础上,完成详细的地震风险和区划图,有效的地震风险分析与评估成果。

完善地震台网。地震预警系统的基础是庞大而密集的地震台网,其数目越大，获得的资料越丰富，震中和震级的计算越准确，预警也越迅速。中国目前的地震监测网络大体有三级：国家级地震台网、前兆台网，省区市一级的地震台网和重大工程（如三峡水库）的局域性地震台网。中国数字台网建设依然不足。以强震台覆盖密度为例，日本为 1 323 台/$10^4 km^2$，美国为 53 台/$10^4 km^2$，中国只有 0.3 台/$10^4 km^2$。[1] 中国幅员辽阔、人口众多，未来地震预警系统到底在哪里部署、如何部署等都是需要深入研究的问题。

3. 建立我国的地震巨灾风险模型

随着中国保险市场的发展，巨灾模型作为一种特定的巨灾风险管理工具和精算评估工具，也被引入中国。中国人保财险于 2006 年开始使用 AIR 环球公司的中国地震模型，标志着巨灾模型开始直接进入中国保险行业；2010 年，中国再保险集团引入 RMS 风险管理公司的中国地震模型，2012 年 7 月，中国财产再保险股份有限公司（中再产险）购买了 AIR Worldwide（AIR）的中国台风、地震和多灾害农作物保险模型。

但是，我国目前还没有自主开发基于中国详细基础数据的巨灾模型。这一方面是受制于我国基础科学的水平，因为巨灾模型中的灾害模块和易损性模块的实现精度和细节，取决于基础科学的水平，尤其是自然灾害和工程力学方面的基础科学研究。另一方面是由于我国基础数据缺乏。巨灾模型在实际应用中对数据的要求比较严格，输入数据越详细，分析结果也就越精确。各家巨灾模型公司在损失模型中均要求逐单数据的输入，并需要细化到每张保单下的各个风险标的，信息可以详细到邮政编码、街牌号甚至是经纬度。而我国绝大多数的数据信息是停留在省级层面上的，个别数据信息可以实现到市县级层面上[2]。

4. 落实工程手段，提高城乡建设抗震能力

地震中造成伤亡的主要是建筑物的倒塌而不是地震本身。房屋等建筑垮塌，是造成人员伤亡的最主要原因。据资料统计，建筑物的破坏和倒塌造成的人员伤亡占地震伤亡人数的 95%。提高建筑物抗震水平是减少伤亡的最佳途径。

依据地震灾害风险评估与区划，进行严格的工程建筑维护、规划、选址、抗震设计与施工，确保工程建筑的建设质量，是地震灾害风险管理的重要内容，也是中国今后防震减灾需要着力解决的问题。对于一幢完整的建筑，其选址、设计、结构、材料、功能设置、施工管理、质量监督等各个环节都会对该建筑的抗震性能产生重大影响。我国于 2010 年 12 月出台了《建筑物抗震设计规范》，规定了建筑物设防分类及设防标准，作为一般工程在一般情况下的最低要求，再到

---

[1] 赵纪东，张志强. 地震预警系统的发展、应用及启示［J］. 地质通报，2009，28（4）：456 - 462.

[2] 李晓翾，隋涤非. 巨灾模型在巨灾风险分析中的不确定性［N］. 中国保险报，2012.02.

具体工程项目时,设计人员还需从工程设计对象的具体特点出发,视需要采用更高的要求。目前偷工减料是造成建筑物抵御地震能力下降的可怕隐患,建筑施工中如果缺乏有效监管,开发商很容易在利益的驱使下刻意减少钢筋数量,大大降低了房屋的抗震性。这需要我国在完善建筑施工相关法律法规和加强监督检查严厉查处偷工减料等方面采取措施,来保证工程质量。

从提高建筑物抗震能力出发,需要我们在土地利用规划、基础设施建设方面,要对重大工程要进行工程场地的地震安全性评价;按《建筑物抗震设计规范》对新建工程进行抗震设防;对抗震能力不足的现有建筑物和城市基础设施进行抗震加固。

(二) 主观建构派思路 (社会、文化、经济层面)

管理灾害与灾害所带来损失的根本思路,一是减少面临灾害的人数;二是在面临灾害时,利用各种方法来降低损失。不论使用前述何种方法,都是从"人类"的社会、经济与政治方面着手,才能取得成效。

1. 进一步强化地震风险教育

增强全社会的防震减灾意识,提高避险、自救、互救的能力。在面对突如其来的地震灾害时,针对性强的地震教育,可以极大地提高民众应对地震灾害的技能。我国缺乏针对地震的危机教育,缺乏地震应急救援和逃生知识的学习和训练,地震教育仅停留在科普日[①]。要很好地对民众进行地震知识教育,就是要让地震教育成为社会大众日常生活的一部分,当成日常的事情来做。因此,我国各级政府及教育部门,应将向中小学生、社会公众提供日常性的地震危机教育作为一项基本任务,将防震减灾、自救互救等知识纳入学校和社区教育宣传内容。同时,构建一个地震风险减少的信息共享平台,利用各种可能的方法和手段,使每一位公民都能了解如何应对突发而至的地震灾害的方法,尽量减少地震灾害带来的生命财产损失。

面向社会的应急宣传和动员在地震应急管理中发挥着重要作用。为了减少地震灾害损失,需要把基于家庭个人、企业的"自助"意识同基于社区的"互助"及政府提供的"公助"结合起来。

2. 加强防震减灾演练

防灾训练可以使社会公众掌握应对地震发生时采取的防护措施和方法,提高社会公众紧急避险、自救自护和应变能力,也是检验社会地震灾害管理体系是否有效运作的主要手段。各地方政府应根据所在地地震风险情况,制订每一年度的

---

① 中国地震教育缺失:风险评估不公开教育仅科普日 [N]. 北京科技报,2012 – 7 – 2.

"地震演练计划"，明确执行地震演练的要求与规范，并组织实施。创造条件推广应急仿真演练。应急仿真演练通过三维模拟场景替代传统场景，以开放式演习方式替代传统表演性演习方式，可以通过对地震灾害数值模拟，人员行为数值模拟的仿真，在虚拟空间中最大限度模拟真实情况的发生、发展过程以及人们在该环境中可能做出的各种反应。该系统可以训练各级决策与指挥人员、地震灾害事故处置人员；发现应急处置过程中存在的问题；检验和评估应急预案的可操作性和实用性；加强各部门协调能力和应急能力，使应急演练科学化、智能化。

平时训练切忌形式化。缺乏灾害情境模拟的演练，平日演练形式化严重，具体细节不到位，导致灾害实际发生时，由于与平时情境迥异，错漏不断，如需用的设备、设施无法于第一时间发挥应有效能。

3. 充分利用地方政府和社区的社会资本力量及回复力

基层地方政府及社区，是一般居民生活的中心；居民间互相熟识（或可能熟识），居住的距离近，照应方便，甚至经济上互相依赖。因此，有必要充分的以社区或基层地方政府为灾害预防控制的基础单位。虽然中央政府有充分的人力与财力，但地方居民、社会资本之间的互助是灾害控制更有效、更持久的力量，至少也是中央政府救助的不可或缺的补充。同时，也只有通过这些基层单元的认可和协助，政府的各种举措才能得到有效落实，如在灾害发生前，防救灾计划可能限制了居民的土地开发潜力；灾害发生时，存在的不确定性会影响民众间的互信；只有获得居民的充分支持的计划，才不会导致政策效果大为缩水。

4. 发挥志愿者组织的作用

志愿者组织的参与是世界各国救灾的成功经验与发展趋势。世界各国灾害管理经验表明，在地震灾害发生时及时采取自救和互救措施对降低人员伤亡和财产损失帮助作用重大。在发达国家，志愿者组织发展历史悠久，数量众多，其中不乏专门应对突发事件的志愿者组织，他们已成为灾害应急管理的一支重要力量。我国各类志愿者组织在协助政府防灾救灾、自救互救、宣传教育减灾研究等方面发挥着越来越重要的作用。为志愿者组织作用的更好发挥，我国政府还需进一步的鼓励志愿者组织的发展，宣传培育全社会的公民意识和志愿精神，引导志愿者组织规范发展，在志愿者组织培训上给予支持，提高其专业化水平。

5. 加快推进中国地震保险制度建设

对于地震风险，虽然人类为探寻地震发生机理付出了不懈的努力，但还是存在大量未解之谜，短期或临震预报仍是未能攻克的难题。在这种情况下，风险转移就显得尤为重要。从日本、美国等地震保险的发展经验来看，地震巨灾保险是地区和民众遭遇巨灾损失时的"安全阀"，在地震巨灾风险控制中发挥着重要作用，是促进灾后恢复、重建家园的重要经济保障。

由于地震等巨灾风险不符合传统风险管理理论中的可保性条件，地震巨灾风险管理具有公共物品属性，完全市场化的地震巨灾保险市场的运行面临诸多难题，难以应对地震巨灾风险，就需要政府对地震巨灾保险市场进行干预，以矫正地震巨灾保险市场失灵、增进地震巨灾保险市场效率的同时，追求社会公平。

借鉴日本、美国开展地震保险的有益经验，中国地震保险制度的构建，应当从法律法规、核心机构、风险分担机制、条款费率设计、激励约束机制等方面进行整体框架规划[①]。第一，制定一部地震保险的法律、行政法规或部门规章。第二，设立一个地震保险核心机构。地震保险核心机构是地震保险制度的中心枢纽，建立适当的核心机构是制度良好运行的关键。第三，设计一个政府支持的多层次的地震保险风险分担机制。在这个分担机制中政府的角色定位尤为重要，可以考虑建立一个类似日本地震保险制度的三层次风险分担机制。这其中，政府需要担当两个重要责任：一是直接参与地震风险的分担，如在第二层次和第三层次承担一定的风险责任；二是为"中国自然巨灾保险基金"提供财政担保。第四，设定一个条款费率合理的地震保险保单标准。第五，建立一套鼓励公众参与的地震保险激励约束机制。可行的激励约束机制包括：对地震保险保费提供适当的财政补贴，对地震保险保费提供税前扣除优惠，对采取抗震防灾的保险标的提供费率折扣，对申请国家财政信贷支持的项目可考虑要求投保地震保险等。

由于地震巨灾风险的预防和控制涉及地质学、工程物理学、灾害学等多学科内容，本节主要在工程技术和社会文化两个维度下，选择性地从几个方面对中国地震巨灾风险的预防和控制体系的建立作了框架性的论述。

第五节　中国洪水巨灾风险预防与控制

一、中国洪水灾害的特征

（一）洪水灾害现状

在保险领域，洪水被定义为："由于地表水从原有河道中溢出或因大量降水所造成的土地被淹没的现象。"按照各国经济损失来统计，洪水占据了巨灾损失

---

① 郑伟. 地震保险：国际经验与中国思路[J]. 保险研究，2008-6.

的首要位置。

从历史来看，我国是洪水灾害发生频次较高的国家之一。据不完全统计，从汉代至新中国成立（公元前206年至1949年）的2 155年间，我国共计发生较大洪水灾害1 092次，平均约两年一次[①]。新中国成立以来，我国开展了卓有成效的洪水灾害综合治理工作，主要江河的一般洪水得到了控制，但洪水灾害发生频率仍呈现上升趋势。

洪水灾害影响面积大。我国1/3以上的国土面积受到不同程度、不同类型的洪水灾害威胁[②]。受气候、地貌、河流水系、人口和GDP分布等因素影响，我国的洪水灾害高风险地区主要分布在辽河中下游地区、京津唐地区、淮河流域、山东南部地区、长江中游、四川盆地、广东广西南部沿海地区、海南省及台湾的西部地区。

随着工业化、城镇化深入发展，全球气候变化影响加大，我国洪水灾害表现出破坏性强，成灾率高，造成的损失大。1990~2010年间的年均损失额高达1 202.8亿元，因洪水灾害导致的年均死亡人数也高达2 783人[③]。

（二）洪水灾害成因

自然因素是产生洪水和形成洪灾的主导因素，但洪水之所以致灾且其灾害损失不断加重，却与人口增多、经济发展和社会财富积累高度相关。在分析自然因素基础上，此处将着重分析人类活动对洪水成灾规律和防洪安全的影响[④]。

1. 地理位置

我国属于中纬度地区，处于高纬度和低纬度地区的能量变换区。同时我国位于世界上最大的陆地欧亚大陆与最大的海洋太平洋的交界处，大陆冷空气和大洋暖湿空气在我国交汇，气候条件极不稳定。

2. 地形条件

我国地形西高东低，高差数千米，七大江河都是东西走向，一个流域涉及的纬度变化小，汛期降雨带容易形成流域性洪水。美国的密西西比河是从北向南流，纬度跨度大，形成全流域性洪水机遇相对较小。

3. 植被破坏，水土流失加剧，入河泥沙增多

目前我国水土流失面积367万平方公里，占国土总面积的38%，每年流失

---

① 魏华林，洪文婷. 巨灾风险管理的困境与出路兼论中美洪水灾害风险管理差异［J］. 保险研究，2011（8）.
② 中国人民财产保险公司. 洪水灾害与洪水保险，2011-4.
③ 民政部救灾司/国家减灾中心.
④ 熊治平. 我国江河洪灾成因与减灾对策探讨［J］. 中国水利，2004（7）.

土壤达50亿吨。水土流失现象在各大江河流域不同程度地存在，其中以黄河、长江流域最为严重。

4. 围湖造田，与河争地，河湖泄蓄洪能力降低

河流中下游两岸的湖泊、洼地，自然情况下是江河洪水的天然"蓄水场"，起着自动调蓄江河洪水的作用。但随着社会发展和人口的增多，围湖造田、与河争地，在一些地区，江湖关系变得复杂，入水原本和谐的局面被破坏，人们居住和耕耘着原本就不属于自己的土地。由于天然蓄水场失灵，洪水反复无情地施以报复，湖区百姓不得不年年筑堤，年年防汛，防不胜防，居无宁日。

5. 防洪工程标准低，病险多，抗洪能力弱

堤防和水库是对付常遇洪水的两大主要防洪工程设施。堤防是平原地区的防洪保护屏。目前全国已建江河堤防27万多公里。虽经多年持续不断的建设，特别是"98大水"后的重点建设，主要江河堤防的防洪标准有了提高，但从总体上看，我国江河的防洪标准依然偏低。黄河下游的防洪标准为60年一遇，长江中下游、淮河、海河、珠江、松花江、辽河、太湖等一般只能防御10年一遇～20年一遇的洪水。我国的江河堤防，大部分是在历史老堤基础上逐渐加高培厚形成的。由于种种原因，堤防存在问题很多：主要有：堤身内存在如古河道、老口门、残留建筑物、虚土层、透水层等隐患；施工质量较差，部分堤段堤顶高程不足，压实质量达不到设计要求；生物破坏，堤龄老化，年久失修，堤体长期浸润，易产生液化、沉陷变形，而长期脱水则可能产生裂缝以及穿堤建筑物设计施工方面的问题等。所有这些，都将严重影响堤防安全，一遇高洪水位，便有失事酿灾的危险。

6. 蓄滞洪区安全建设不能满足需要，运用难度大

蓄滞洪区是江河防洪体系中不可或缺的组成部分。全国现有蓄滞洪区97处，居住人口1 600多万，由于人口增加和经济发展，蓄滞洪区内的安全设施远不能满足需要，已建成的安全救生设施仅能低标准解决少数群众的临时避洪问题，大部分人员需要在分洪时临时转移，这就意味着一些蓄滞洪区，在实际运用时难度很大。

二、中国现行洪水风险预防与控制的问题

从大禹治水算起，中国人管理洪水风险已有几千年的历史，积累了丰富的经验。新中国成立后，我国洪水综合治理的基本思路逐步从"控制洪水"向"协调人与洪水关系、适度承担风险、合理利用洪水资源"的综合风险管理方向转变。

所谓"洪水综合管理"，主要包括三个方面的内容：一是建设与社会经济发展水平相适应的标准适度、结构合理的防洪工程体系；二是科学引导和管理人的开发

和防洪行为；三是开展洪水资源利用，缓解水资源短缺和水生态恶化的问题[①]。

洪水灾害风险管理体制上，我国洪水灾害风险管理的行政管理是在中央政府的统一领导下，上下分级管理，部门分工负责，防灾、抗灾、救灾相结合的模式，涉及部门包括气象、水利、民政、军队、交通、通信、国土、发改委等，并设立了减灾部际协调机构——"国家减灾委员会"。我国防汛抗旱领导、组织机构为国务院领导下的国家防汛抗旱总指挥部。下设办公室作为其办公机构，负责管理全国防汛的日常工作。各省、市、县成立了各级防汛指挥部。各级水利部门内设防汛办公室，负责日常工作。我国水资源管理实行流域管理与行政区域管理相结合的管理体制。流域机构包括流域水利委员会（或流域管理局）和流域水资源保护局。流域机构主要负责区域内的水资源统一管理、流域规划、防汛抗旱、河道管理等。

从洪水风险管理的理念和政府组织上，我国已经积累了很多的经验，取得了长足的进步。但仍然存在着很多实践上的问题，如部分中、小河流防洪标准偏低；山洪灾害防治措施投入偏少；部分地区水情预报能力不足；灾害损失补偿机制不够完善等。

三、中国洪水巨灾风险的预防与控制

从美国、日本等国在洪水巨灾风险预防与控制经验来看，其都经历了以工程措施为主，转为工程措施与非工程措施相结合，到最终实现人与自然、与水和谐相处的认识过程。与西方发达国家相比，我国的防洪减灾任务更为艰巨，具有很多不利因素。第一，我国人口密集，人多地少，人与水争地，留给洪水的回旋余地比较少，难以像西方国家那样预留出很多蓄洪水的湖泊和湿地。第二，我国的洪水威胁区域与经济相对发达区域基本重叠，洪水灾害的威胁严重而且修建防洪工程的困难很多。第三，我国江河洪水的变化幅度非常大，防御同样标准的洪水需要修建比西方国家更多、更大的防洪工程。第四，我国河流的含沙量高，防洪减灾需要处理更多、更棘手的问题。第五，一般群众遵纪守法的意识不强，防洪管理比较困难，改变历史上形成的传统意识非常困难。

构建中国洪水巨灾风险的预防与控制体系，涉及洪水灾害的风险教育、应急宣传动员、应急演练等内容，与在地震巨灾风险预防和控制方面较为相似，因此不再赘述。

[①] 魏华林，洪文婷. 巨灾风险管理的困境与出路兼论中美洪水灾害风险管理差异[J]. 保险研究，2011（8）.

根据澳大利亚 GHD 咨询公司和中国水利水电科学研究院合作完成的"中国洪水管理战略"构建的风险管理框架，将洪水风险定义为危险性（hazard，指洪水致灾的自然特性）、承灾体（exposure，指可能因洪淹没或影响的人口和资产）以及脆弱性（vulner-ability，指承灾体的抗灾性能）的乘积，风险管理则是指如何控制危险性、承灾体的受灾可能性以及脆弱性[1]。

洪水风险管理需要分析和确认风险区内人口和资产的受灾可能性，在费用、社会效益和环境影响许可条件下评价和实施合适的措施以控制或降低风险至可以接受的水平。这些控制或降低风险的措施通常分为工程措施和非工程措施。一般而言，洪水危险性通常采用工程技术措施进行控制，而承灾体的受灾可能性、降低承受洪水的人口和财产（公共基础设施、私有财产）的脆弱性通常借助各类非工程措施。

接下来，我们也分别从客观实体派（工程技术层面）和主观建构派（文化、社会、经济层面）的视角，就中国洪水巨灾风险的预防与控制展开探讨。

（一）客观实体派思路（工程技术层面）

新中国成立以来，我国政府十分重视防洪减灾工程方面的建设，尤其是 1998 年长江流域大洪水以后下发了《中共中央、国务院关于灾后重建、整治江湖、兴修水利的若干意见》，对灾后重建、江湖整治、兴修水利做出了具体部署。

截至 2009 年，在堤防建设方面，初步形成了江河干支流的控制性枢纽工程、河道堤防工程、蓄滞洪区为主体的较完整的防洪工程体系，我国已拥有各类堤防（含海堤）29.1 万公里。在水库建设方面，修建了一系列承担防洪任务的综合利用性水库，全国已建成各类水库 8.7 万多座，总库容 7 064 亿立方米。但相比发达国家，我国洪水风险管理在工程技术方面仍有待提高。

1. 加快建立区域洪水风险图，重视洪水风险分析（层次划分）

洪水风险图是对可能发生的超标准洪水的洪水演进路线、到达时间、淹没水深、淹没范围及流速大小等过程特征进行预测，以标示洪泛区内各处受洪水灾害的危险程度的一种重要的洪水风险预防措施，是综合表述洪水风险信息空间分布的地图，是洪水灾害风险沟通的一个重要工具。

洪水风险图可应用于以下三个方面：

（1）防洪战略规划。

洪水风险图首要任务是为防洪提供依据，流域防洪可以根据洪水风险分析评

---

[1] John W. Porter. 洪水风险管理新方法在中国的应用，中国防汛抗旱，2010 - 3.

价防洪建设规划方案，既纵观全局，掌握宏观决策方向，又洞察局部，了解区域防洪的重要性，做到优化组合，科学规划。

(2) 防汛指挥决策。

可以通过洪水风险分析制作防汛预案和应急对策，提供不同防汛决策方案的水情、灾情、抢险方案等较为全面的数据信息，并进行比较分析，对防洪决策具有重要的指导和参考价值。

(3) 基于防洪的经济战略规划。

洪水风险图可以反映不同区域的洪水风险状况，对区域的经济发展规划提供重要参考，重视可能的洪水灾害对经济发展的影响，力争避开洪水风险较高的地区，或提前做好防洪的思想准备，提高重要设施的防洪标准，保障地区经济的持续稳定发展。

洪水风险图应包含的信息有[1]：第一，地图背景信息，地形地貌特征、河流水系、土地利用分类等基础地理背景信息；市、县、镇分级行政区划背景信息；主要防洪与水利工程布局，如堤防体系。第二，水情风险特征信息，表述了洪水风险的自然属性部分，包括不同洪水频率最大可能淹没范围；确定频率下，不同堤段溃决洪水的淹没范围、最大水深、最大流速、淹没历时和到达时间的空间分布；描述泛区内综合风险水平的空间差异。第三，风险特征信息，表述了洪水风险的社会属性部分，通过多层社会经济图层与洪水淹没特征分区的空间叠加，辨识各类社经对象（承灾体）受洪水影响的可能性与影响程度，这些信息主要包括村庄、居民地、人口、耕地、工业企业、商业企业、学校、医院、科技文化单位、行政事业单位、供电供气供水设施、邮电通信设施、道路交通设施、仓储设施以及未来规划或正在建设中的设施。第四，区域风险特征综合统计表，以二维关系表的形式给出，描述了相关风险区域的综合风险特征，如风险区的面积及比例、处于风险区的人口及比例、受影响的耕地面积、受影响的企事业单位数、风险区内的受威胁财产总值以及可能的资产损失等，大致可分为区域资产受灾统计表和区域资产损失评估统计表。

我国目前已经完成了部分流域（区域）的洪水灾害风险评估工作，并取得了一定的研究成果，正在开展全国性的洪水灾害风险评估工作。先后完成了永定河泛区、辽河中下游地区、黄河北金堤滞洪区和东平湖分洪区、淮河蒙洼分洪区、珠江的西江流域以及沈阳市和广州市等流域（区域）的洪水灾害风险评估工作。目前，水利部正在积极开展全国洪水灾害风险评估工作，编制全国洪水灾

---

[1] 洪水风险图编制导则 SL 483 – 2010，中华人民共和国水利行业标准。

害风险图①，应该尽快全面开展全国性、大比例尺的洪水灾害风险图编制工作。洪水预警及现代技术的应用。

2. 加快开展洪水预警工作

洪水预警也是防洪减灾的核心技术措施之一，预测洪水并及时发出预警对于防洪减灾意义重大。

以美国为例：美国把全国划分为 13 个流域，每个流域均建立了洪水预警系统，每天进行一次洪水预报（可实时预报），最长的洪水预报是 3 个月。短期预报由国家海洋与大气管理局（NOAA）向社会发布，中长期预报一般不向社会发布，仅限于联邦政府内部使用。在全美 2 万多个洪水多发区域中，其中 3 000 个在国家海洋与大气管理局的预报范围内，1 000 个由当地的洪水预警系统预报，其余由县一级系统预报。此外，美国还利用先进的专业技术和现代信息技术，对洪水可能造成的灾害进行及时、准确的预测，发布警示信息，并逐步建立以地理信息系统（GIS）、遥感系统（RS）、全球卫星定位系统（GPS）为核心的"3S"洪水预警系统。

相比之下，我国虽然已经基本实现了雨情、水情的定时、定点、定量预报，我国水文动态与洪水灾害监测预报网络基本上已覆盖全国大部分地区，各主要专业部门均初步建立了中央—省—地级市的三级自然灾害监测网络，全国有水文站 2 万余处，报汛站点 8 000 多个，但还需要在现代技术的使用与预警精度和实时性、灾害评估方面加快完善，特别是山洪地质灾害监测预警体系亟须加强，以实施及时的转移和避让。

（二）主观建构派思路（社会、文化、经济层面）

洪水灾害风险管理需要采取工程措施和非工程措施相结合的综合性治理机制。目前，我国工程措施取得了较大成效，但非工程措施发展相对滞后。导致受灾地区的救助主要依赖财政手段，市场化机制运用不足。这给财政带来较大压力，也难以保证救助的效率和公平。

1. 树立正确的洪水风险管理理念

加快向人与洪水和谐相处的方向转变。近代水灾损失量增长的主要原因不是自然条件的改变，而是人类活动因素的改变造成的。人类不断逼迫洪水，向洪泛区进军、向河道进军、向调蓄洪水的湖泊和湿地进军，致使洪水的活动范围越来越小，结果付出了洪涝灾害损失越来越大的沉重代价。从世界范围来看，西方发达国家的防洪减灾已经先后走向了人类主动与洪水和谐相处的新阶段。我国过去

---

① 中国人民财产保险公司. 洪水灾害与洪水保险，2011 - 4.

也采用控制洪水,即依赖工程措施进行防洪,试图通过人力根治天然洪水、征服自然。这从实践和经济的角度来看都是不可行的。

2. 加快向现代的洪水管理方向转变

随着经济社会的发展,防洪减灾已不再是传统的缩小洪水灾害的范围,而是致力于减少经济损失总量和人员伤亡数量。在过去的防洪减灾中存在这样一种普遍现象:防洪工程越修越好、工程的标准越修越高,而洪水造成的经济损失总量却越来越大。过去的防洪减灾偏重于对工程方面的管理,今后的防洪减灾必须向洪水管理方面转变。

3. 合理设定洪水巨灾风险预防与控制目标

依据洪水风险管理的理论,洪水风险的预防和控制并不等于确保防洪安全,而是将风险控制在可以承受的范围之内。如果防洪保安全的目标选择过低,不利于社会经济的稳定发展;如果目标选择过高,则社会短期内付出的成本过大,除带来不利于生态和环境问题外,也不利于流域的可持续发展。

从流域整体科学确定防洪标准,上下游、左右岸之间有计划分担洪水风险,共同承担超标洪水造成的损失,是现代防洪的根本策略。《中国可持续发展水资源战略研究综合报告》指出,我国 21 世纪防洪减灾总体目标是:在江河发生常遇和较大洪水时,防洪工程设施能有效运用,国家经济活动和社会生活不受影响,保持正常运作;在江河遭遇大洪水和特大洪水时,有预定方案和切实措施,国家经济社会活动不致发生动荡,不致影响国家长远计划的完成或造成严重的环境灾难。

针对我国洪涝灾害管理现状,目前迫切需要建立一套以全流域为对象的洪水巨灾风险管理的预防与控制目标体系,其首先目标是最大限度地满足国民经济发展、社会进步和生态安全的需求。遵循保障发展的原则,提供可靠的安全体系。逐步解决控制洪水所带来的固有问题,减少其存在的各种负面影响。遵循与河流共存、社会公正的原则,追求人与自然、人与人之间的和谐。

4. 科学制定洪水巨灾风险减灾对策

治水的艰巨性与复杂性决定了我们必须牢固树立长期治水的思想,探讨与洪水共存的发展模式[①]。

注重非工程防洪措施。在人类防洪减灾的历史进程中,挤占洪水出路以求得一时的经济发展是屡见不鲜的,无节制的行为已经导致了严重的后果。减少总体灾害损失应在科学完善防洪工程体系的基础上,依靠社会的自我约束机制来实现。应从可持续发展的角度出发建立和完善管理制度,健全法律法规体系,增强

---

① 李坤刚. 我国防洪减灾对策研究 [J]. 中国水利水电科学研究院学报, 2004 (1).

公众参与意识，实现现代化的指挥调度手段，落实各项洪水管理具体措施，在恰当的范围内回避洪水、适应洪水，给洪水以出路。

注重相关者参与的措施。洪水管理无疑要强调统一管理，但统一管理绝不排斥相关者的参与，相反，在整个管理过程中应该积极鼓励相关者的广泛参与。各级政府、有关部门、单位、抢险部队、科研院所、非政府机构、感兴趣人员等都是相关者，都应参与到洪水的管理过程中。

以流域为单元开展流域综合管理。流域内的水体紧密联系和不可分割，流域间的水体相对独立。这一特点决定了洪水管理必须以流域为单元实施统一管理，否则将导致各种各样的水事矛盾甚至会产生社会不稳定因素。

5. 建立中国洪水巨灾保险制度

作为风险管理的主要手段，在洪水巨灾风险的预防与控制中发挥着重要的作用。国际经验表明，洪水保险是转移洪水风险的最佳方式。从美国、日本等国防洪减灾发展阶段来看，经历了第一阶段重点是修筑堤坝、修建水库、大规模的防洪工程建设到第二阶段转向洪泛区土地利用的管理；到当前的阶段是以最大限度地减少灾后恢复的难度为主要目标的第三阶段，其中保险制度发挥巨大作用，成效显著。即应对百年一遇、千年一遇的洪水，不一定依靠修建能够抵御、但使用率极低的防洪工程，而可以依靠百年、千年的积累来应对这种小概率事件。

洪水保险的开展，最大的问题就是如何提高保单覆盖面或者说提高洪水保险的参保率。参保率低是由以下两个原因导致的，一是人们的风险意识淡漠，从而缺乏购买动机；二是人们不愿意为发生与否存在不确定性的风险事件支出高额的保费。

我国政府对开展洪水保险持鼓励、扶持态度，《中华人民共和国防洪法》中也明确规定"鼓励、扶持开展洪水保险"。我国现行的洪水保险是作为企业、家庭财产保险和农业保险等综合性保险中包含的一项责任，保险条款是适用于各种自然灾害和意外事故的综合性条款，未按洪水灾害本身特点同其他自然灾害区别对待，设立洪水保险单项条款。

更急迫的是，洪水保险作为准公共物品，需要国家的法律保障和政策支持。目前，我国现行法律虽然已提出鼓励和支持发展洪水保险，但缺乏实质性配套政策，难以落实。一是缺乏引导洪水保险发展的纲领性文件，未对洪水保险的定位、模式等进行明晰。二是未建立专门的洪水保险法律法规，难以规范和约束洪水保险各参与主体的职责。三是缺少有针对性的财税政策支持。

同时基础性建设也明显不足，一方面，缺乏全国性、大比例尺的洪水灾害风险图；另一方面，风险定价技术，特别是巨灾定价技术发展滞后，难以满足洪水保险定价的需要。

以上种种导致我国洪水保险市场呈现"供需两不足"状况。洪水保险市场需求方面，由于保险公司洪水保险产品的匮乏呈现具有潜在需求却无真实需求，投保率低状况；洪水保险市场供给方面，洪水保险产品少、保障面较窄、保障程度低、洪水保费收入在非寿险总保费中的占比较小，商业保险公司向再保险、资本市场转嫁分散风险的措施行为也相对滞后①。

洪水保险具有显著的正外部性，是一种具有明显公益性、较高社会效益的产品。通过将保险标的，如建筑物的抗洪标准，作为核保和定价的核心因素，采用差异化费率手段，通过市场化手段和正向激励，促进风险区内建筑物设防水平的不断提升。可以通过灾害补偿，使灾民更快地恢复生活和生产②。

由于洪水保险产品的准公共物品性质，决定了洪水保险单靠政府或商业保险公司都无法开展，其实施必须实行政府主导、政府与市场相结合的机制，尽快制定《洪水保险法》，创设国家洪水保险基金，设立专项管理洪水保险经营的专职机构；制定国家洪灾保险计划；进一步完善巨灾再保险体系等。

第六节 本章小结

本章主要研究分析巨灾风险的预防与控制。传统的巨灾风险预防与控制大多是从客观实体与主观构建的两个维度进行分析，本章遵循这一传统思路，并结合中国的国情进行具体研究。本章认为，巨灾风险预防与控制的实质，就是综合利用法律、行政、经济、技术、教育与工程手段，合理调整客观存在于人与自然之间及人与人之间基于巨灾风险的利害关系，以实现限制灾害损失急速增长的趋势，为经济社会持续稳定的发展提供更高标准的保障。

---

① 陈少平. 洪灾保险的经济学分析与中国洪灾保险模式探讨 [D]. 南昌大学博士学位论文，2008.
② 中国人民财产保险公司. 洪水灾害与洪水保险，2011 - 4.

第八章

巨灾风险的转移与融资机制

第一节 巨灾风险的政府转移与融资

一、巨灾风险的政府转移方式

从参与环节看,政府可以在直接保险与再保险两方面分散巨灾风险。从承担的程度大小看,可以分为政府主导与政府参与两种形式。公共利益学说理论主张政府干预市场活动,当市场失灵导致资源配置失衡时,政府行为可以替代私人机构的协调,从而提高整体福利水平。政府主导形式中,巨灾保险由政府直接提供,往往采取强制保险或与其他利益相挂钩的半强制的形式;或者由商业公司作为原保险人,政府提供再保险和其他财政支持。市场改进理论则认为公共政策应该促进市场的发展,帮助纠正市场失灵,但不能让行政机构完全替代商业机构发挥作用。现行的协作模式主要是由保险公司商业化运作巨灾保险,政府充当政策支持和最终资金保障的提供者。

(一)政府主导分散巨灾风险

巨灾保险市场道德风险和逆选择非常严重,此时,政府的干预不能明显改善保险市场，因为政府无法拥有比保险公司更多的信息。由于巨灾损失超过了保险市场的容量，政府能够提供比保险市场大的巨灾损失保障。政府主导形式中，巨灾保险由政府直接提供，往往采取强制保险或与其他利益相挂钩的半强制的形式；或者由商业公司作为原保险人，政府提供再保险和其他财政支持。新西兰和日本政府即是典型。

新西兰政府于 20 世纪中期成立了地震委员会（Earthquake Commission，EQC），建立巨灾准备金，该准备金的主要资金来源是强制性收取的保费和基金投资收益。政府通过 EQC 的运营直接参与地震保险管理，同时利用国际再保险市场分保，并且提供托底保证，如果保险赔付需求超过基金数额，政府将出资补充不足的部分。日本家庭财产地震险开展方式采用的也是政府主导的管理形式。家庭地震险的损失分摊总共分为三层：理赔金额在 1 150 亿日元以下，全部由 JER 承担；如在 1 150 亿日元至 19 250 亿日元之间，则由政府、各商业保险公司及 JER 各负担 50%；如在 19 250 亿日元至 55 000 亿日元之间，则由政府负责 95%，各商业保险公司、JER 共同负责 5%[①]。所以当重大地震事故发生时，政府将承担大部分的再保险责任，因而在整个制度设计中政府充当最终承保人的重任。

（二）政府参与分散巨灾风险

巨灾保险市场失灵的现象实际中并非理论研究中那样严重，而政府的过度参与可能带来效率的降低。因此，优先发挥市场作用，由保险公司商业化运作巨灾保险，政府充当政策支持和最终资金保障的提供者，而非商业保险公司的替代者。典型代表是美国国家洪水制度。

二、巨灾保险基金的设立与运作

国际再保险市场因灾害发生费率呈现明显的周期性特征，这会降低市场的有效供给。如美国佛罗里达安德鲁飓风之后，至少 39 家保险公司准备退出家庭财产保险市场或者大幅削减承保的范围和额度。将我国巨灾保险基金定位为巨灾再保险的提供者，这可以提高保险市场及再保险市场的供给。

（一）巨灾保险基金设立的原则

1. 资金来源多元化原则

巨灾补偿是一个多层次的体系，根据巨灾损失的不同，个人、保险市场、政

---

① 数据来源：JER 年度报告（2010）。

府都应承担损失。因此，巨灾保险基金的资金来源应体现不同主体的责任，这要求在制度设计时，合理安排不同主体的责任范围。巨灾补偿的数额较大，单一主体难以承受，这也要求巨灾保险基金的来源应多元化，以能够有足够资金弥补巨灾损失。从此原则出发，可考虑建立"以政府与商业保险为主导，以国家救济、社会慈善及社会捐助为补充"的资金来源机制。

2. 广覆盖、低保障原则

巨灾保险基金保障范围不广无法发挥巨灾保险基金的公益性性质，因此巨灾保险基金应该与政府公益性保障类似，采取广覆盖的原则。考虑到我国巨灾种类多、损失大，巨灾保险基金的有限性，保障程度方面可考虑最低保障。采用广覆盖、低保障既与政府救济相区分，又不会与商业保险相冲突，便于充分发挥市场的作用。

3. 巨灾保险基金投资的约束性原则

巨灾保险基金因其特点要求投资应在确保遵循安全性、流动性原则的基础上，再考虑投资的收益性。对具体的投资主体、投资渠道及投资范围均应做严格的限制。

（二）巨灾保险基金的资金来源

从目前的国际经验看，资金来源多样化，而各国背景不同，资金来源也各异。表8-1描述了具有代表性的巨灾保险基金项目的资金来源。

表8-1　　　　　典型国家巨灾保险基金项目资金来源

国家（地区）	资金来源	资金运作
新西兰	保费和投资收益，政府免税，保证补足基金亏空	投资于政府债券等，保费的近40%进行再保险
美国CEA	累计的保费收入、当地会员公司向基金账户缴费、贷款、再保险以及投资收益等，免收入所得税	投资于银行存款、政府债券等风险较低的投资渠道。通过再保险市场分保
日本	保险公司保费向JER全额投保	90%投资于信用级别较高的政府债和企业债，向日本政府和国际再保险公司购买再保险
法国	保险公司是基础单位，收入来源于保费收入，其保险准备金免税	可以选择法国中央再保险公司进行再保险
中国台湾地区	住宅地震保险的纯保费收入、分配时的附加费用收入、资金运作收益以及其他收入	中国台湾地区银行及外汇存款，购买公债、国库券、金融债券、可转让定期存单、银行承兑汇票及金融机构保证商业本票，购买公开发行的有担保的公司债，或经评级机构评定为相当等级以上的公司债，其他经批准的运用项目

注：美国CEA是指加州地震局。

1. 部分保费收入

若巨灾保险是以当前险种的附加险形式或直接作为主险的保险责任时，可借鉴保险保障基金的方式在家庭财产险、企业财产险及农业保险的相关险种中，提取一定比例的保费收入作为巨灾保险基金的资金来源。保险公司留取的比例一方面要满足其险种运营的费用，为调动各公司积极性，还应使保险公司能够取得合理利润。若巨灾保险是以单独的险种推广时，可以借鉴我国台湾的做法将其纯保费收入全额作为巨灾保险基金的资金来源，运营主体留存附加费率作为日常运营费用。

2. 政府财政拨款

政府财政拨款作为巨灾保险基金的初期资本，在商业保险公司积极性不高的情况下，可以起到示范作用。除巨灾保险基金的初期资本外，还应设定巨灾保险基金的最低规模，一旦实际规模降至最低规模以下，国家财政同样应该投入一定量的资金。拨款可以包括中央财政拨款和地方财政拨款、国家民政部门的抗灾救灾资金；也可以在央企每年缴纳的红利中提取一定比例划入巨灾保险基金，保持巨灾保险基金规模的可持续增长。

3. 投资收益

基金投资收益是重要的资金来源之一，考虑到安全性的特点，应对巨灾保险基金的投资范围做严格限制，主要运作方式为投资信用评级较高的债券等。当条件成熟时，可以参照社保基金的方法，逐步扩大投资范围，将上市流通的证券投资基金、股票以及信用等级在投资级以上的企业债、金融债等有价证券等列入投资范围。但用于投资的资金规模应受到限制。

4. 利用资本市场发行巨灾债券等补充资金

可在国际资本市场发行基于我国地震、洪水或台风的巨灾风险债券，以筹集更多资金，但该部分筹集资金应与其他来源资金区分开来。

5. 慈善捐款

可以参考福利基金会的模式接受社会捐赠，甚至可以考虑发行专门的巨灾彩票，将其纳入福利彩票的运作体系中。但由于慈善捐款不具有可持续性，也不可预见，此渠道只能作为资金来源的一个补充。

（三）我国巨灾保险基金的运作模式

1. 巨灾保险基金的组织形式

巨灾保险基金的运作可考虑委托专门机构或成立专门的巨灾保险基金公司进行运作。在巨灾保险基金建立初期，资金规模较小、投资渠道有限，可考虑委托如社保基金等机构进行投资运作，随着巨灾保险基金规模的增大，可考虑设立专门的巨灾保险基金公司进行运作（见图 8-1）。

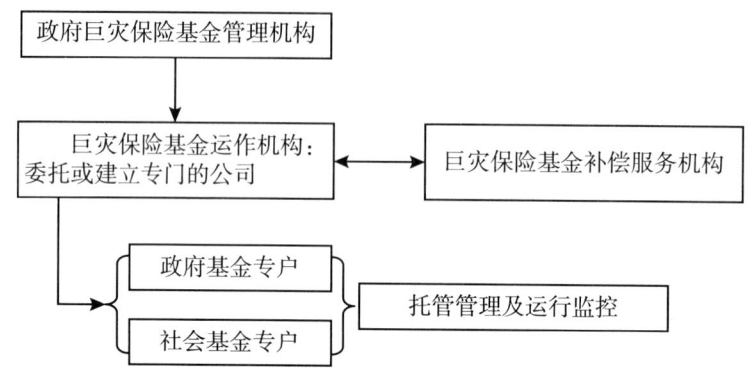

图 8-1 巨灾保险基金的组织形式

2. 巨灾保险基金的资金运作

在资金运作方面，流动性和安全性是首要目标，可以设定一个比例，在此比例下的基金用于银行存款或短期、极短期信用评级较高的债券等。一部分资金可以投资各期限的国债和信用评级较高的企业债券，但考虑巨灾发生的小概率性，应保持足够的流动性，不宜投资时限较长的债券。为保证收益性，可适当考虑投资股票、不动产投资、股权投资等。同时，国家应对其投资在政策、税收等方面进行支持。同时，可考虑进行海外投资。

3. 巨灾保险基金的收入分配

经营中的员工费用、日常开支等方面，可考虑由国家财政予以支持，以避免巨灾保险基金管理人将收益性目标置于首位的冲动。但为调动其积极性，可将其收入与巨灾保险基金投资的收益性合理挂钩。在税收方面，国家可在纳税额、税率等方面进行一定程度的优惠甚至免税，也可采用税收返还的方式进行税收优惠。对于基金持有人的补偿，当巨灾未发生时，其所获得的收益不能采用一般基金的方式直接在基金兑现，而应采用转让的方式在市场兑现；在巨灾发生时，受灾地区的基金持有人可根据基金设计的条款领取补偿。

（四）我国巨灾保险基金融资的效率评价

依据 Swiss Re 对中国巨灾风险模拟的结果，本书假定中国 A 地区面临一逆程周期为 50 年，潜在损失约为 1 500 亿元人民币的巨灾风险[①]。由前文研究可

---

① Peter Zimmerli, Junhua Zhou, Natural Hazards in China Ensuring Long-term Stability, Swiss Re, 2006.

知，要获得流动性缺口，首先要估计灾后恢复和重建各个阶段所需的经济资源。为简便起见，我们假定灾后救援、恢复和重建三个阶段所需的资金占融资总需求的比例分别为 10%、20% 和 30%。

其次，需求根据现有的融资手段确定实际可融入的资金。目前我国现有的融资方式主要有财政支出、捐赠和传统商业保险。确定各个方式下的融资规模时，本书采用如下方法：对于保险融资，假定已实施强制性政策，并立即生效；对于财政支出和捐赠则以"5·12"汶川地震中的融资规模为参考，将其平移到本例中。

1. 现状分析

汶川地震造成的直接经济损失达 8 451 亿元人民币，截至 2008 年 11 月底，用于恢复和重建的资金总额为 2 025.57 亿元，总体融资比例为 24%。其中，1 287.36 亿元来自中央和各级地方财政支出（中央财政为 382.42 亿元），738.21 亿元来自全国各界的捐赠（其中有 97.3 亿元的特殊党费包含在其中），财政支出和捐赠的融资比例分别为 15.2%（中央财政为 4.5%）和 8.7%[①]。以此比例来确定 A 地区财政支出和捐赠的融资规模分别为 228 亿元（中央财政为 68 亿元）和 131 亿元。

假定 A 地区的巨灾保险强制性的附加在普通家财险保单中，并以占总保额 0.8% 的保费承保。我们以 2007 年的投保率（5%）[②] 作为当前投保率，并在未来 50 年内保持不变。鉴于本例中的巨灾事件的逆程周期为 50 年，因此简单的假定该承保灾害精确地在 50 年后出现。由于特定地区巨灾事件中的风险单位间有很高的相关性，因而巨灾风险更多的是在时间上而非空间上得到分散。如果在前 n 年均未出险，那么这 n 年的保费成为已赚保费，积累进入巨灾基金。在参考了长期国债市场的收益率曲线的基础上，假定保费收入以 4% 的无风险利率累积，这里忽略了再投资风险。由此在 50 年后，保险市场融入的资金总量 F_{ins} 由下式得到，三类方式下的融资规模归结于：

$$F_{ins} = 费率 \times 预期损失 \times 投保率 \times \ddot{s}_{\overline{50}|} = 95（亿元）$$

2. 融资安排

现在要确定灾后短期、中期、长期三个阶段分别所获得的实际融资额。确定的依据为：巨灾基金保障的效率原则[③]；各类融资方式下资金到位的速度；灾后融资的社会成本。

---

① 国家审计署，《审计署关于汶川地震抗震救灾资金物资审计情况公告》（4 号），2008 年。
② 中经网，2007 中国行业年度报告系列之保险（电子版），2007 年。
③ 迅速满足灾后救援阶段所需的一切经济资源；中期内充分满足恢复阶段的融资要求；长期内尽量满足重建阶段的融资要求，参见本书第七章第二节。

(1) 短期融资安排。

中央财政资金的到位速度最快，基于效率原则，将其总额 68 亿元先用于救援阶段。捐赠资金发生在中短期可到位，但捐赠的流量较为平均，假定捐赠资金的流量平均分布在 6 个月内（汶川地震捐赠状况），每个月流量为 131/6 = 21.8（亿元），则用于短期、中期的资金量均为 65.5 亿元。至此，短期资金要求还剩余 16.5 亿元，将其全部用保险融资所得补齐。

(2) 中期和长期融资安排。

财政、捐赠、保险融资剩余额分别为 160 亿元、65.5 亿元和 78.5 亿元，依据效率原则，将其全部用于中期融资要求后，长期融资要求仅能满足 4 亿元。在我国当前巨灾风险融资现状下，融资效果非常不尽如人意，其原因在于融资总体水平很低，仅达到潜在损失的 30.2%，长期重建阶段的融资需求基本无法满足；市场化融资方式利用极不充分，保险融资是三者中最低的，资本市场则为空白；政府缺乏计划性，灾前融资方式空白。

针对前例中的不足，存在两类改进方向：提高灾前融资规模和提高灾后融资规模。然而过多采用灾后融资会引起昂贵的社会成本，例如，增加新的国内债务会显著影响国家的债务偿还成本，提高税收可能抑制新的私人投资。阻碍经济恢复和增长等。因此，应当优先考虑改进灾前融资方式。

3. 现状改进

(1) 巨灾储备基金。

这是一种政府灾前融资的方式，即通过稳定的年度财政拨付向巨灾风险基金注入储备金，积累起来用以灾害发生后的融资要求。2008 年度，我国财政支出总额为 3.48 万亿元，从中仅取万分之一，即 3.48 亿元作为巨灾基金的年度储备。因此，政府灾前融资总额为：

$$F_{gov} = 3.48 \times \ddot{s}_{\overline{50|}} = 533 \text{（亿元）}$$

(2) 保险市场。

增进保险市场的发展，提高普通家财险的渗透率。保险市场并不能跳跃性地发展，需要长时间的积累和进步。因此，A 地区的投保率在未来 50 年的逆程周期内每年以 5.5% 的速度上升，届时我国产险投保率将提高到 73%，基本达到目前工业化国家的水平。保险市场在 50 年后的融资规模为：

$$F_{ins} = 费率 \times 预期损失 \times 投保率 \times S(50) = 407 \text{（亿元）}$$

(3) 资本市场。

或有资本：通过向诸如世界银行等国际机构的协议，获得灾后融资。相比于资本市场其他融资方式，或有资本更加简单和便利。这里简单假定巨灾风险基金同国际机构签订 100 亿元的或有资本合约。巨灾债券：对保险人提供风险再融资。虽然此种方式不能直接地增加巨灾风险的融资规模，但可以间接通过影响原保险人或再保险人的财务结构来提高保险市场的融资规模。全球平均有面额为 8% 的巨灾风险由巨灾债券所转移①，结合中国资本市场和保险市场的现状，本书设定 5% 的承保风险（即 20 亿元）由巨灾债券提供。

我们仍然基于前文的三个原则来安排融资。由于保险是投保人的市场化行为，因此，投保人将依据自身在短、中、长期的不同资金要求来安排使用，故对保险融资所得以 1:2:7 的方式来分配到灾后的三个阶段，分别为 41 亿元、81 亿元和 285 亿元，其中巨灾债券对保险市场的融资规模为 2 亿元、4 亿元和 14 亿元。为迅速展开救援工作，应从时滞性最短的巨灾储备中提取部分，满足短期融资要求，这里定为 80 亿元。灾害之前签订了 100 亿元的或有资本协议，随着资金到账，提取其中 29 亿元用于短期融资，至此，短期融资需求完全得到满足。

一般捐赠所得在 1~9 个月内将逐步集结完毕，可将此全部用于中期融资要求，共 131 亿元（捐赠的融资规模同前例保持一致）。或有资本协议中剩余 71 亿元，全部用于中期融资。至此，加上保险市场还对中期提供的 81 亿元，中期融资需求还差 17 亿元的缺口。由于政府在越长的时间内调整预算的弹性越大，成本也越低，因此 228 亿元的预算调整支出针对长期融资需求更为经济。故这 17 亿元由基金储备提供。

储备基金和预算支出的总余额为 684 亿元，连同保险市场融入的 285 亿元，全部用于灾后重建阶段，长期缺口还剩余 81 亿元。政府此时可以通过财政预算调整来弥补缺口，因为在长期，调整预算的成本很小；或者接受这个缺口，因其仅占总损失的 5.4%。

从总体融资效果来看，短期、中期不存在流动性缺口，长期存在缺口但规模很小，仅占长期融资要求的 7.7%，总体融资规模达到总损失的 94.6%。政府以较低的社会低成本（预算内）累积巨灾储备金，从而为潜在损失提供了 36.8% 的融资。保险市场的发展使其成为第二类主要的融资方式，提供了占总损失 27.1% 的资金。虽然保险的贡献度低于政府，但在 50 年之后，保险市场将上升到一个新的台阶（渗透率由 5% 上升到 73%），届时将成为主导型的融资方式。预算调整得到了更高效的运用：集中应对长期融资需求，使政府调整预算的弹性调高，成本降低。

---

① Guy Carpenter, The Catastrophe Bond Market at Year-End 2007, 2008.

第二节 巨灾风险的资本市场转移与融资

一、巨灾风险转移与融资的资本市场工具

巨灾风险向资本市场转移的最常见形式是巨灾期货、巨灾期权、巨灾债券及巨灾互换,其中巨灾债券因发行量较大而最为重要。美国芝加哥交易所 CBOT (The Chicago Broad of Trade) 于 20 世纪 90 年代初开始了保险证券化的尝试。CBOT 于 1992 年 12 月推出了一种保险期货和期权组合,目的是让保险公司可以对保险风险进行套期保值,投资者可以从保险风险转移中获利。但市场几乎没有什么交易,因此交易被迫中断。1995 年 CBOT 用一种设计更完善的合同 PCS 期权代替了原有合同,而第一个在交易所之外交易的用来保障巨灾风险损失的资本市场产品是 1994 年由德国汉诺威再保险公司 (Hannober Re) 发行的巨灾债券。随着极端天气频发,巨灾风险金融产品也逐渐增加,比较新型的工具还包括应急资本、侧挂车公司等。2006 年第 7 期 Sigma 详细总结了巨灾风险向资本市场转移的各类工具及其特点 (见附录 3)。

二、巨灾债券及其转移融资

巨灾债权定价与一般债权定价的不同之处在于存在一个概率事件决定的触发机制,不同的定价方法,依据的原理也不尽相同。定价的理论方法可以分为均衡定价模型与无套利定价模型,这与一般债权定价方法一致,巨灾债券定价的第三种方法是实证定价方法,其实质也是对均衡定价方法或无套利定价方法的验证。

(一) 巨灾债券均衡定价方法[①]

塞缪尔·考克斯 (2001) 等提出了基于均衡定价理论的巨灾风险债券定价模型,即典型代理人模型,分为两个部分:第一,在无巨灾风险的情况下选择或评估利率的变动规律,建立一个相对易于理解的、实用的定期结构模型;第二,

---

① Samuel H. Cox and Hal W. Pedersen. Catastrophe risk bonds [J]. North American Actuarial, 2001, 4 (4), pp. 56 – 82.

评估巨灾发生的可能性。再将巨灾发生的概率与利率的变动规律相结合，完善整个模型。模型是在不完全市场的环境下建立的，但无套利机会。

假设债券债息设计为违约只有一种可能的原因——单一特定的巨灾。如果在债息支付期间没有巨灾发生，债券每期按 d 支付债息，直到最后 T 支付 $1+d$；如果在债息支付期间发生巨灾，债券将产生分段债息支付和分段本金再支付，然后结束。分段支付假定为分段函数 $f(\cdot)$，以便如果巨灾发生，巨灾发生当期期末的支付等于 $f(1+d)$。

金融经济学理论认为投资市场是无套利的，存在一个概率测度，记为 Q，是一个风险中性测度，这样在时刻 0 每一个不确定现金流 $\{d(k), k=1, 2, \cdots, T\}$ 的价格由下面 Q 概率测度下的期望给出：

$$E^Q\left[\sum_{k=1}^{T}\frac{1}{[1+r(0)][1+r(1)]\cdots[1+r(k-1)]}d(k)\right] \quad (8-1)$$

$\{r(k), k=1, 2, \cdots, T-1\}$ 是一阶段利率的随机过程。用 $P(0, n)$ 表示面值 1 元 n 时刻到期的无违约风险的零息票债券 0 时刻的价格，有

$$P(0, n) = E^Q\left[\frac{1}{[1+r(0)][1+r(1)]\cdots[1+r(n-1)]}\right] \quad (8-2)$$

用 τ 表示巨灾首次发生的时刻。巨灾风险债券 T 时刻前巨灾可能发生或不发生。如果发生，则 $\tau \in \{1, 2, \cdots, T\}$。对于一个债息和本金面临风险的巨灾风险债券，持有者的现金流可以表示为：

$$d(k) = \begin{cases} d1_{(\tau>k)} + f(d+1)1_{(\tau=k)}, & k=1, 2, \cdots, T-1 \\ (d+1)1_{(\tau>T)} + f(d+1)1_{(\tau=T)}, & k=T \end{cases} \quad (8-3)$$

附息巨灾债券债息处于风险之中，本金可以在约定到期日偿还，因此上式可以进一步表示为：

$$d(k) = \begin{cases} d1_{(\tau>k)} + f(d)1_{(\tau=k)}, & k=1, 2, \cdots, T-1 \\ 1+d1_{(\tau>T)} + f(d)1_{(\tau=T)}, & k=T \end{cases} \quad (8-4)$$

假定巨灾风险债券是在具有风险中性测度 Q 的无套利投资市场中交易。巨灾发生的时间独立于 Q 概率测度下期限结构。结合式（8-3）和式（8-4），不难发现巨灾风险债券 0 时刻价格可以表示为：

$$d\sum_{k=1}^{T}P(0, k)Q(\tau>k) + P(0, T)Q(\tau>T) + f(1+d)\sum_{k=1}^{T}P(0, k)Q(\tau=k)$$

$$(8-5)$$

其中，$Q(\tau>k)$ 是在风险中性测度下最初 k 时期内巨灾没有发生的概率，其余以此类推。

不完全市场中用于定价不确定现金流的基准金融经济方法是代表性代理人方法（the representative agent）。代表性代理人方法包括一个假定代表性效用函数

(the representative utility function)和综合消费过程(the aggregate consumption process)。代理人应用效用函数进行消费决策。消费流仅依赖于可观测信息,因而是随机适应过程。

(二) 无套利定价方法[①]

沃吉哈赫(Vaugirard)第一个提出了利用套利方法讨论随机利率和有巨灾事件发生的巨灾风险债券的定价模型,在他的系列论文中,对此方法也进行了不断完善。该方法第一步证明即使在一个不完全市场和非贸易基础状态变量(underlying state variables)中,巨灾风险债券套利定价是成立的。第二步将债券的定价归结于计算首次穿越时间的分布,因为债券持有者被认为在一触即付数字型选择权上处于卖超部位,这种选择权是建立在高斯利率框架下服从跳跃扩散过程的损失指数基础上的。

定义一个概率空间$(\Omega, \Im, P)$,其中Ω是状态空间,$\Im$是Ω中子集所生成的一个σ-代数,P是$\Im$上的概率测度。概率空间上的过程被定义在交易区间$[0, T']$上[②]。$\{W_t: 0 \leq t \leq T'\}$和$\{W_{2t}: 0 \leq t \leq T'\}$是两个标准的布朗运动。$\{N_t: 0 \leq t \leq T'\}$是一个强度系数为$\lambda_p$的Poisson过程。$\{U_j: j \geq 1\}$是取值于$[-1, +\infty]$上的一列独立同分布的随机变量。$U_j$在时间$\tau_j$上发生记做$N_t$,也就是$\tau_j = \inf\{0 \leq t \leq T', N_t = j\}$。假设由$W_t$, W_{2t}, N_t, U_j各自产生的σ-域是独立的。对于$[0, T']$中所有的t,令$\{F_t: 0 \leq t \leq T'\}$是由随机变量$W_s$, W_{2s}, N_s for $s \leq t$和$U_j 1_{\{j \leq N_t\}}$ for $j \geq 1$产生的σ-域。σ-域流$\{F_t: 0 \leq t \leq T'\}$代表市场参与者接收到的信息流。进一步扩大$F_t$,让它包含所有零概率事件。$W_t$, N_t, U_j和W_{2t}分别代表非巨灾自然风险、巨灾事件的发生、巨灾的规模以及利率的不确定性。

假设1:在历史概率P下,无风险利率遵循下面的过程:

$$dr(t) = a(b - r(t))dt + \sigma_r dW_{2t}, \quad (8-6)$$

其中a、b和σ_r都是常数。

瓦希切克(Vasicek,1997)的公式对于相应的无风险零票息债券是适用的。

另外,为了方便起见,开始视r为常数:$\sigma_r = 0$;对于$[0, T']$中每一个t, $r(t) = r(0) = b$。

假设2:损失指数由一个Poisson跳跃扩散过程决定。

[①] Victor E. Vaugirard, Pricing catastrophe bonds by an arbitrage approach [J]. The Quarterly Review of Economics and Finance, 2003, pp. 119 – 132.

[②] 考虑到满期的时候由于风险指数评估可能会引起时间滞后,允许债券期T'比风险暴露期T要长一些。

$(I_t)_{t \geqslant 0}$ 是右连续的并且在历史概率意义下满足：

$$\frac{dI_t}{I_{t^-}} = \mu(t)dt + \sigma(t)dW_t + J_t dN_t \tag{8-7}$$

其中 I_{t^-} 表示时刻 t 前的指数值；$\mu(\cdot)$ 是飘移系数，它可以是随机的；$\sigma(\cdot)$ 是过程中 Brown 运动的确定性挥发度参数；(N_t) 是一个 Poisson 过程，它代表单位时间内跳跃发生的次数；(J_t) 代表跳跃的随机大小：

$$J_t = \sum_{n=1,+\infty} U_n 1_{[\tau_{n-1},\tau_n]}(t)$$

其中 (U_j) 和 (τ_j) 在前面已经定义过了，上面的式子也就是说，在时刻 τ_j, I_t 的跳幅是：$\Delta I_{\tau_j} = I_{\tau_j} - I_{\tau_j^-} = I_{\tau_j^-} \times U_j$，或者 $I_{\tau_j} = I_{\tau_j^-} \times (1+U_j)$。

$J_t dN_t$ 是一种简记，它特指一个复合 Poisson 过程。

另外，$\{(1+U_j)\}$ 服从对数正态分布，它们是独立同分布的。

损失指数的变化包括三个部分：无巨灾发生条件下的期望瞬间指数变化，未预料的瞬间指数变化，这种变化可以反映标准（gauge）受到微弱冲击的原因以及由于巨灾的到来产生的瞬间指数变化。

假设 3：投资者对自然跳风险是保持中立的（A31），风险指数中的非巨灾变化（三个部分中的前两个部分）可以通过现有的挂牌证券进行复制，就像复制利率变化一样（A32）。这样解决两个事情：有跳过程时无贸易风险指数和市场的不完全性。

根据上面的三个假设我们可以得出以下结论：

命题 1：对前面已引述的基于风险指数上的或有权益存在一个定义明确的套利定价。

命题 2：令 $IB(t)$ 为一零息票保险在时间 t 的价格，$T_{I,K}$ 代表 I 穿越阈值（一般事先给定）K 的首次穿越时间。我们假设所有的现金赔付在票期 T' 时刻已完成。则

$$IB(t) = FP(t,T') \{1 - \omega E^Q(1_{T_{I,K} \leqslant T} | F_t)\} \tag{8-8}$$

其中 Q 是前面明确定义的风险适应（risk-adjusted）概率测度，I 和 r 在 Q 意义下的动态取值如命题 1 给出，式中的 $P(t,T') = \exp[-(T'-t)R(T'-t,r(t))]$，

其中

$$R(\theta,r) = R_\infty - [1/(a\theta)]\{(R_\infty - r)(1-e^{-a\theta}) - [\sigma_r^2/(4a^2)](1-e^{-a\theta})^2\} \tag{8-9}$$

（三）实证模型

1. Wang 两因素模型

Wang 两因素模型是王（Wang）在多年对金融和保险市场统一定价的研究成

果基础上提出的（王，2004）。所谓"两因素"是指模型既考虑了概率变换，又做了参数不确定性调整。概率转换方法本来是精算学的一种方法，是刻画风险的一种方式。王的两因素模型实际上是对巨灾风险债券的风险溢价进行衡量。

王用一条损失超越曲线（loss exceedance curve）来刻画债券所承担的巨灾损失，用公式表示为：$S(x) = \Pr\{X > x\}$，即巨灾损失额 X 超过 x 美元的概率。有两条途径可以获得这条曲线：一是将公司的风险暴露数据输入巨灾建模软件；二是利用一些参数指标（如某一特定区域一次地震的里氏震级，某一总体行业损失指标等）来设计支付函数。通常巨灾风险债券的发行宣传资料上会提供期望损失、第一美元损失概率、本金耗尽概率（probability of exhaustion, PE）数据，这样我们就可以得到 $S(x)$ 的近似值。

巨灾风险债券的偏斜性和跳跃性使得夏普比率这一概念无法直接适用巨灾风险债券，为了将夏普比率拓展到具有偏斜分布的风险，王（2000）提出了如下的 Wang 变换公式：

$$S^*(x) = \Phi(\Phi^{-1}(S(x)) + \lambda) \qquad (8-10)$$

此处 Φ 表示标准正态分布的累积分布函数。

对于一个给定的损失超越曲线 $S(x)$ 的损失变量 X 来说，Wang 变换的意义在于，产生了一条经过"风险调整"后的损失超越曲线，或者说是一条"价格曲线" S^*。

假设 $S(x)$ 服从 [0, 100] 区间上的均匀分布，设 $\lambda = 0.3$，根据概率密度描绘曲线，王发现，经过 Wang 变换调整后的均匀分布的概率密度随着 x 的增大而逐渐递增；随着 x 的减小而逐渐递减。换句话说，Wang 变换后的分布包含了风险附加，即 Wang 变换对原有分布进行了风险调整。并且如果 $S(x)$ 服从正态分布，那么 Wang 变换后得到 S^* 也服从正态分布，其中 $\mu^* = \mu + \lambda\delta$，$\delta^* = \delta$。因此，对于呈正态分布的风险来说，参数 λ 就是夏普比率。

上面的分析实际上假定风险的概率分布是已知的，不存在模糊性。但事实上，人们总是不得不在有限的可获得的数据基础上估计概率分布，因此参数不确定性因素也就始终存在。

王（2004）遵循用 t 分布代替具有未知参数的正态分布的统计抽样理论，提出用下式对经验估计的 $S(x)$ 进行参数不确定性调整：

$$S^*(x) = Q(\Phi^{-1}(S(x))) \qquad (8-11)$$

此处 Q 是自由度为 k 的 t 分布，它具有概率密度 $f(t; k)$

$$f(t; k) = \frac{1}{\sqrt{2\pi}} \cdot c_k \cdot \left(1 + \frac{t^2}{k}\right)^{-(0.5k+1)}, \quad -\infty < t < \infty$$

其中，

$$c_k = \sqrt{\frac{2}{k}} \cdot \frac{\Gamma[(k+1)/2]}{\Gamma(k/2)}$$

假设 $S(x)$ 服从 $[0, 100]$ 区间上的均匀分布，设 $k=7$，根据概率密度描绘曲线，王（2004）发现，t 分布调整主要使均匀分布在两端的概率密度快速增加，而保持中间区域的密度相对不变，即增加了标的分布的峰度，相应地，分布下的均值就反映出了标的损失分布的不对称性质。

令 $S(y)$ 为参数不确定性调整前经验估计出的概率分布，我们将用 t 分布进行参数不确定性调整的公式和用 Wang 变换进行纯粹风险调整的公式相结合，就可以得到 Wang 两因素模型：

$$S^*(y) = Q(\Phi^{-1}(S(y)) + \lambda) \qquad (8-12)$$

2. LFC 模型

LFC 模型是 Lane Financial 公司总裁莫顿·雷恩（Morton Lane）博士为了能为投资者提供更好的识别巨灾风险债券"便宜"或者"昂贵"而提出的实证模型。这个模型基于 Lane 公司多年对市场的观察得出。

期望损失（expected loss，EL）是债券产生的可能结果（L_i）的概率（p_i）加权之和，即 $EL = \sum p_i L_i$。对于非期望损失的补偿而言，LFC 模型的逻辑基础是风险管理中应用最为普遍的损失频率和损失程度概念。其中，损失频率在 LFC 模型中被称为"第一美元损失概率"（the probability of first dollar loss，PFL），它描述了一次损失发生时所有可能的情形，是所有可能损失的概率之和，用公式表示为：$PFL = \sum_i p_i = (1 - p_0)$，其中 0，$p_0$ 是损失为零时的概率。雷恩（1998）认为条件期望损失（conditional expected loss，CEL）在度量非对称分布的风险方面更为有利。因此，LFC 模型用条件期望损失来表示损失程度，即如果发生一次损失，它的期望规模的大小。在离散概率的情形下，条件期望损失可以表示为：$CEL = \sum [p_i/(1-p_0)]^3 L_i$，其中 $i > 0$。注意到 $CEL = \sum_i (p_i \times L_i)/(1-p_0) = EL/PFL$。所以，我们可以利用巨灾风险债券发行宣传资料上已经给出的期望损失和损失频率值很方便地计算出条件期望损失值，这就使对巨灾风险债券价格进行精确的实证分析成为可能。

投资者可以基于信用评级（违约概率或者第一美元损失概率，PFL），风险倍数[①]（risk multiple），组合的标准差，条件期望损失（CEL）来决定投资组合，但条件期望损失是最为稳健的一个指标。CEL 刻画了风险的非对称性质，但并没有刻画出一次损失的可能性。1999 年的巨灾风险债券价格数据显示，仅依靠 1998 年的 CEL 是无法解释溢价的。因此，引入第一美元损失概率（PFL）与 CEL 一起刻画风险。PFL 通常假定所有债券具有相同的损失分布，但在巨灾风险

[①] 风险倍数等于风险溢价除以期望损失。

债券中并不适用。两者的结合可以更好地解释超额回报（EER）：EER = PFL * CEL。但对两者赋予相同比重的做法暗含了两者对 EER 贡献相同的假设，没有考虑损失分布和风险的非对称性质。因此需要对两者关系进行调整，得出了下面的关系：

$$EER = \beta_1 PFL + \beta_2 CEL$$

在此基础上，Lane 提出了曲面拟合公式：

$$EER = (PFL)^\alpha \times (CEL)^\beta \qquad (8-13)$$

这种拟合表面上强化了作为一种在 PFL 和 CEL 之间做出权衡的机制的风险偏好概念，参数再一次是统计显著的。

进一步的，佐治亚州立大学风险管理和保险系的 Richard D. Phillips 副教授在 Taylor 展开式的基础上提出了 EER 是 PFL 和 CEL 的二项函数形式，即：

$$EER_i = \alpha + \beta_1 PFL_i + \beta_2 CEL_i + \beta_3 PFL_i^2 + \beta_4 CEL_i^2 + \varepsilon_i \qquad (8-14)$$

后来，Lane 被 1998 年价格的早期分析所鼓舞，认为函数的形式为传统经济学教科书的读者所熟悉的 Cobb – Douglas 生产函数的一般形式：

$$EER = \gamma(PFL)^\alpha \times (CEL)^\beta \qquad (8-15)$$

三、巨灾期权及其转移融资

与巨灾债券定价相比，巨灾期权定价理论发展较晚，专门文献也不多，主要代表性理论为康明斯等（1995）的巨灾衍生产品套利定价理论。

（一）巨灾期权定价的基本思路

由于经典的 Black – Scholes 期权定价公式中假设了对应资产价格是连续变化的，但巨灾期权的标的物巨灾损失指数却是跳跃的，只有在巨灾发生时有一个跳跃点，不符合期权定价公式的要求。为解决此问题，将巨灾期权价格的变动假定为是由"标准几何 Brown 运动"引起的连续变化和"Poisson 过程"引起的跳跃共同作用的结果。

（二）巨灾期权定价的模型概述

我们首先定义一个复合泊松过程。$\{N(t), t \geq 0\}$ 成为强度函数为 λ 的泊松过程，若满足下列条件，称 $Q(t) = \sum_{i=1}^{N(t)} U_i$ 为复合泊松过程，其中 $U_1, U_2 \cdots$ 为一列独立同分布的变量：

第一，$N(0) = 0$；
第二，泊松过程有独立增量；
第三，$P\{N(t+h) - N(t) = 1\} = \lambda h + o(h)$；
第四，$P\{N(t+h) - N(t) \geq 2\} = o(h)$。

在没有跳跃的情况下，股票价格满足 $dS_t = \mu S_t dt + \sigma S_t dB(t)$，求解方程可以得到：

$$S_t = S_0 \exp\left[\left(\mu - \frac{1}{2}\sigma^2\right)t + \sigma B(t)\right] \tag{8-16}$$

包含跳跃过程后，方程变为：

$$dS_t = \mu S_t dt + \sigma S_t dB(t) + S_t dQ(t) \tag{8-17}$$

假定复合泊松过程 $Q(t)$ 和布朗过程 $B(t)$ 相互独立，方程的解变为：

$$S_t = S_0 \exp\left[\left(\mu - \frac{1}{2}\sigma^2\right)t + \sigma B(t)\right] U_1 U_2 \cdots U_{N(t)} \tag{8-18}$$

由于跳跃过程对股价的影响期望值为零，可据此对方程进行修正。记 $Q'(t) = Q(t) - \lambda t E(U_i)$ 为补偿性泊松过程，则有：

$$dS_t = (\mu - \lambda E(U_i))S dt + \sigma S_t dB(t) + S_t dQ(t) \tag{8-19}$$

这里的 U_i 可以理解为跳跃高度。则巨灾期权定价模型可为：

$$\frac{dI_t}{I_t} = (\mu - \lambda\theta)dt + \sigma dB(t) + U dN(t) \tag{8-20}$$

其中，I_t 属于巨灾损失指数，$\{U_i, 0 \leq i \leq N(t)\}$ 为一列独立同分布的随机变量，U_i 表示 τ_i 时刻巨灾损失指数的跳跃高度，$1 + U$ 服从对数正态分布，即

$$\ln(1+U) \sim N\left[\ln(1+\theta) - \frac{1}{2}\sigma_U^2, \sigma_U^2\right]$$

其中，θ 为 U 的无条件期望，λ 为跳跃发生的概率，$0 < t \leq T$。

由 Dolease-Dade 指数公式，巨灾期权方程的解为：

$$I_t = I_0 \prod_{i=0}^{N(t)} (1 + U_i) \exp\left[\left(\mu - \frac{1}{2}\sigma^2\right)t - \lambda\theta t + \sigma B(t)\right]$$

$$= I_0 \exp\left[\left(\mu - \frac{1}{2}\sigma^2\right)t + \sigma B(t) + \sum_{i=0}^{N(t)} \ln(1+U_i)\right] \tag{8-21}$$

根据期权定价的保险精算方法，期权价格应该等于保险人在执行期潜在损失的数学期望，用公式表示为：

$$C_t = E(e^{-\mu(T-t)} I_T - e^{-\mu(T-t)} K \mid N(T) = n) p(N(T) = N)$$

$$= \sum_{n=0}^{n} \frac{(\lambda(T-t))^n e^{-\lambda(T+t)}}{n!} [I_t e^{-\lambda\theta(T-t) + n\mu} N(d_1) - K e^{-r(T-t)} N(d_2)] \tag{8-22}$$

在风险中性的条件下，$\mu = r$。

(三) 基于极值理论的巨灾风险期权定价模型[①]

巨灾损失分布的特点是具有极值，这也是定价的难点，即无法用合适的分布来拟合总体损失数据。用极值理论仅仅对损失过程的尾部进行拟合减少了总体拟合的不合理性。从极值理论的角度来看，巨灾风险定价的关键在于估计标的损失过程超过某一高门限值的概率，而可采用的随机门限值方法（PORT）会改进传统方法的尾部拟合效果，使巨灾保险衍生品定价结果更加合理有效。

考虑极值分布的高分位数 χ_p 的半参数估计：

$$\hat{\chi}_{pn} = \hat{\chi}_{pn}(\underline{X}) = X_{n-k_n}\left(\frac{k_n}{np_n}\right)^{\hat{\xi}_n}$$

其中，$\hat{\xi}_n = \hat{\xi}_n(\underline{X})$ 为尾指数 ξ 的一个一致估计。

记 $\hat{\chi}_{pn}^H = X_{n-k_n*n}\left(\frac{k_n}{np_n}\right)^{\hat{\xi}_n^H}$，其中 $\hat{\xi}_n^H$ 为尾指数 ξ 的 Hill 估计：

$$\hat{\xi}^H = \frac{1}{k}\sum_{i=1}^{k}\ln\frac{X_{n-i+1:n}}{X_{n-k:n}}$$

对样本数据 $\underline{X} := \{X_i\}_{i=1}^{n}$ 进行刻度变换不会影响尾指数 ξ 估计的随机特征，即具有刻度不变性。同时，分位数估计还具有以下性质：

$$\hat{\chi}_{pn}(\sigma\underline{X}) = \sigma X_{n-k_n:n}\left(\frac{k_n}{np_n}\right)^{\xi_n} = \sigma\hat{\chi}_{pn}(\underline{X})$$

对任意实数 λ，令 $Z_j := X_j + \lambda$，$j = 1, 2, \cdots, n$，要求能满足变换后的数据。$\underline{Z} := \{Z_i\}_{i=1}^{n}$ 的分位数估计满足：$\hat{\chi}_{pn}(\underline{Z}) = \hat{\chi}_{pn}(\underline{X}) + \lambda$，这意味着与经验分位数相对应的理论分位数具有以下线性表达式：对任意的实数 λ 和正实数 σ，有

$$\hat{\chi}_p(\sigma X + \lambda) = \sigma\chi_p(X) + \lambda$$

在完备市场中，保险衍生品的价格可以表示为标的的未来现金流期望的贴现，在巨灾期权定价中需要考虑两个因素：其一为标的巨灾损失超过某一门限值的概率和在超出门限值的前提下巨灾标的条件期望损失；其二为风险保费，由于巨灾保险衍生品与金融市场其他金融工具相关度较低，根据 CAPM，投资在完全市场中应该收到无风险利率 r。

令 $C(K, t)$ 表示执行价格为 K，到期日为 t 的看涨期权价格，则有：

$$C(K, t) = e^{-rt} \times \int_K^{\infty} f(x)\mathrm{d}x \times E(X - k | x > K) \qquad (8-23)$$

[①] 本部分定价模型主要改写自杨刚等. 基于 PROT 的巨灾保险衍生品定价的新方法 [J]. 湖南师范大学自然科学学报，2008 (1).

其中 r 为无风险利率。进一步地，

$$P\{X > K = u + y\} = P\{X > u\} \times P\{X > u + y | X > u\} = p_u \times \left(1 + \frac{\xi}{\sigma} y\right)^{-1/\xi}$$

其中 K 为执行价格，门限值 u 为 $\hat{\chi}_{p_n}^{(q)}$ 使得标的巨灾损失分布的尾部呈现广义帕累托分布的特征，且对数据变换具有位移不变性和刻度不变性。p_u 为超出门槛值 $u = \hat{\chi}_{p_n}^{(q)}$ 的无条件概率，假设门槛值 u 确定，超出 u 的样本个数 N_u，则 $\hat{p}_u = \frac{N_u}{n}$。

由平均超出函数 $e(u) = E(X - u | X > u)$，可知 X 服从广义帕累托分布，则有：

$$e(u) = \frac{\sigma}{1 - \xi} + \frac{\xi}{1 - \xi} u, \ \sigma + \xi u > 0,$$

因此有：

$$E(x - K | x > K) = \frac{\sigma + \xi K}{1 - \xi} \tag{8-24}$$

其中 $E(x - K | x > K)$ 可以通过下面的样本经验平均超出函数估计：

$$E(x - K | x > K) = \hat{e}_n(K) = \frac{\sum_{i=1}^{n} X_i - K}{\sum_{i=1}^{n} I\{X_i - K\}} \tag{8-25}$$

得到巨灾保险看涨期权的理论价格为：

$$C(K, t) = e^{-rt} \times p_u \times \left(1 + \xi \frac{K - u}{\sigma}\right)^{-1/\xi} \times \frac{\sigma + \xi K}{1 - \xi} \tag{8-26}$$

根据以往巨灾损失的数据资料，可得到 p_u、ξ、σ、$E(x - K | x > K)$ 的估计量，即计算出相应的巨灾保险衍生品的价格。

四、巨灾互换及其转移融资

下文以洪水风险为例，说明巨灾互换的运行模式。洪水风险互换是指交易双方按照一定的条件交换彼此的洪水风险责任，它为不同地域的风险承担者提供了分散风险的新渠道。由于不同地域的风险状况不同，发生洪水风险的时间和程度有很大差异，因此，根据风险相对数所签订的互换双边协议，使承担不同地区的机构实现洪水风险损失的分散化。

（一）洪水再保险互换

洪水再保险互换是一种组合金融交易，双方基于洪水损失导致的或有支付交换承诺费。通过这种做法，交易双方不仅能够得到再保险或证券化提供的诸多好处，还能避免结构设计上的复杂性以及由于协议的临时再保险公司、合同条款或完全洪水风险证券化所发生的成本。在洪水风险互换下，风险分出机构需向再保险公司支付同业拆借利率（LIBOR）外加多年期的利差，以交换一定数量的或有风险承受能力（与规定的指数、赔偿金或参数事件相联系）。如果规定的事件发生且导致了损失，再保险公司就会向交出互换方提供补偿金。如果没有发生规定的洪水风险损失，则交易结束后风险移出方的风险组合仍保持不变。图 8-2 描述了一般的洪水风险再保险互换的内容（见图 8-2）。

规定洪水风险事件发生前：

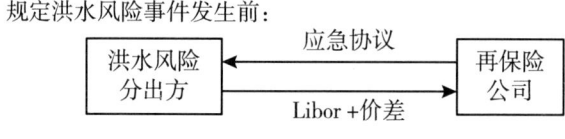

规定洪水风险事件发生后：

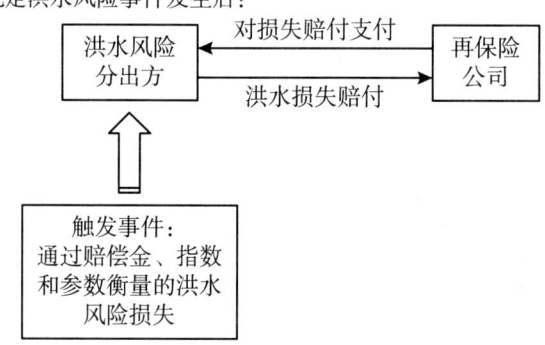

图 8-2 洪水风险再保险互换结构

（二）纯巨灾互换

洪水风险分出方还可以通过纯巨灾风险互换来改变其承担的洪水风险损失。纯巨灾风险互换交易允许双方交换不相关的巨灾风险（双方签署标准协议，因而表现得更像只是巨灾风险的互换而不是真正衍生金融产品）。由于互换的风险之间不相关，所以参与交易的风险分出机构得到了更加分散化的风险组合。

"东京海上"是纯巨灾互换的一个著名例子。东京海上是日本最大的非寿险公司，曾通过 Tokio Marie 与 Swiss Re 进行了一年期价值 4.5 亿美元的纯巨灾。其中，Swiss Re 将部分加利福尼亚地震风险互换成为 Tokio Marie 的佛罗里达飓风和法国风暴风险；同时，Tokio Marie 将部分日本地震风险组合换成 Swiss Re 的日本台风和龙卷风风险组合。这一系列交易的最终结果是互换双方的风险组合更加平衡。图 8-3 描述了这一例子的互换结构。Ganerale 公司也于 1999 年通过 1 亿美元的地震巨灾风险互换交易有效地规避了风险。近年来，其他许多保险公司也进行了类似的纯巨灾风险互换。虽然当前还没有特别针对洪水风险互换的交易先例，但我们可以借鉴世界范围内已有的针对其他纯巨灾风险互换的案例（见图 8-3）。

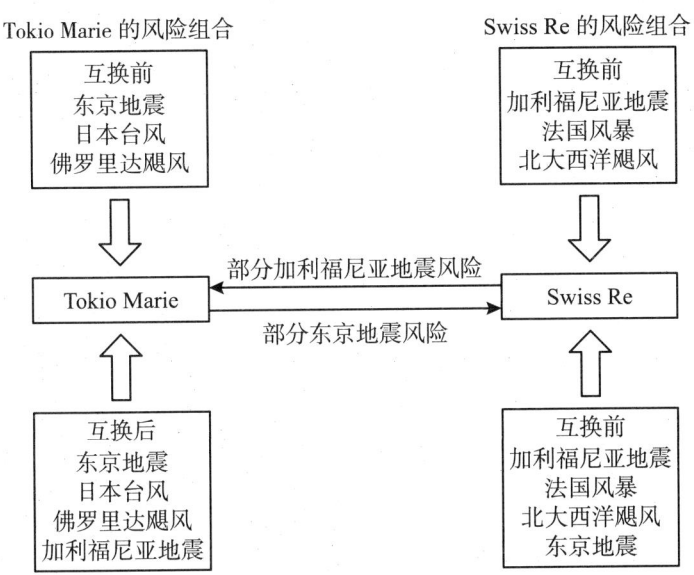

图 8-3　东京和加利福尼亚纯巨灾互换结构

资料来源：Erik Banks. 新型风险转移——通过保险、再保险和资本市场进行综合风险管理 [M]. 东北财经大学出版社，2008：148.

第三节　巨灾风险的其他转移与融资

一、社会资本在巨灾风险转移与融资中的作用

近年来，社会学家开始将"社会资本"（Social Capital）这一概念引入到巨灾救助以及灾后重建的研究中，以解释社会资本在巨灾风险的转移与融资中所起的作用。

目前，对社会资本较为一般的定义为"嵌入一种社会结构中的可以在有目

的的行动中摄取和动员的资源"（Lin，1999）。这一定义包含了三个要素：可嵌入的社会结构、有目的的行动、能够获得的资源。以此可把巨灾救助中的社会资本描述为"嵌入一种组织或社区的，在巨灾发生后可以调用的人力与物力资源"。许多研究都发现受灾者在灾后会及时通过自己的亲属、朋友、邻居等社会网络关系获得支持，这些支持对受灾者的灾后恢复起到了非常重要的作用[1]。斯蒂格利茨（Stiglitz，1999）认为在市场经济不发达的地区，社会资本在灾后重建中发挥的作用很大；但在市场经济发达的地区，市场力量会削弱社会资本在灾后重建中的作用。

（一）社会资本的运行机制

1. 微观层次

在布朗（Brown，1999）看来，微观层次的社会资本分析的是嵌入自我的观点（the embedded ego perspective）。在这个层次上，社会资本关注的是个体通过包含自我的社会网络动员资源的潜力。这里所关注的是在特定的社会结构情境中，个人行动与社会资本互动的关系。对于巨灾风险的转移与融资来说，社会资本的微观层次主要关注的是灾民的自助与互助。

社会关系可以看作是一种非正式的"保险"机制，它的存在使得受难者可以在灾后立即得到人力、物力与财力的支持（Beggs et al.，1996）。灾难过后，反应最迅速的不是训练有素的救援组织，而是亲戚、朋友和邻居。而且组织性较好的社会互助团体也可以在灾后及时响应，他们除了提供援助外，还可以在第一时间将受灾信息传递给外界。贝格斯等人还研究了嵌入程度对人们灾后互助的影响，发现如果某一受难者在灾难前嵌入规模较大、密度较高、男性成员较多、年轻人和亲属所占比例较高的网络结构中，则他在灾后恢复期间更可能向自己所嵌入的网络成员求助；反之，在规模较小、密度较低、结构较松散的网络中的受灾者更可能向核心网络之外的其他网络成员求助，或更多的依赖正式援助。

2. 宏观层次

宏观层次的社会资本的分析被称为嵌入结构的观点（embedded structure perspective，Bronw，1999）。这个层次的社会资本理论关心的是形成、证明和展开社会资本的网络如何有效地嵌入在大的政治经济系统或文化与规范系统之中。对于巨灾过后的社会资本，在宏观层次中的研究较少，现有的研究主要涉及的是社区中的信任、社会规范以及由公民自愿参与形成的社会联合体（association）如何使社会资本在灾害救助中发挥更大的作用（张文宏，2007）。因此，宏观层次

---

[1] 赵延东. 社会资本与灾后恢复——一项自然灾害的社会学研究[J]. 社会学研究，2007（5）.

侧重于微观层次之上的意识形态领域，即个人、社会的文化方面对于社会资本发挥作用的影响。

社区组织中更高水平的信任有助于加快灾后恢复的速度、提高灾民的满意度。冈田夫等人（Norio OKADA et al., 2010）研究发现，社区仪式（ritual events）对于社会资本的发展具有很大的作用。作用主要表现在增加了社会资本的联系（Bonding）、强化了社会资本间的互信以及增加了居民的自我防灾意识。在这一研究中，冈田夫等人将社区仪式、社会资本与巨灾风险转移的相互关系总结为图8-4。

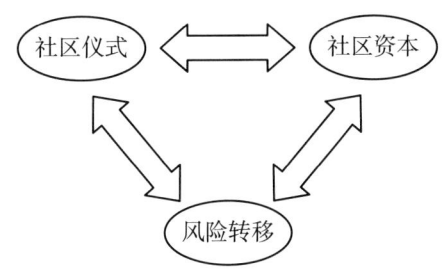

图8-4 社区仪式、社会资本与巨灾风险转移关系

首先，社区仪式增加了人们之间的互信。人们信任程度的增加提高了居民的互助意识，使之成为一种风险转移的手段，并且互信强化了彼此之间的联系，这是社区仪式对于社会资本的影响；其次，社会资本的积累可以作为风险转移的手段，风险转移成本的降低又进一步扩大了社会资本的影响力；最后，社会资本与风险转移手段的提高又促进人们的聚集，社区仪式会不断进行下去。这种良性的循环表明了社会资本间互信的重要性。

因此，从宏观层面上来说，个人与社会的文化影响对于巨灾发生后社会资本更好的调用意义重大。注重培养个人与社会的文化以及它们彼此的融合，对于社会资本发挥巨灾风险转移与融资的作用应该引起足够的重视。

（二）社会资本在巨灾救助中的作用途径

1. 提供信息

这里的信息包括巨灾前的警示以及巨灾发生后的救助信息。社会资本间密切的联系确保了信息沟通的有效和迅速。加上个人与社会间文化的认同，信息得以以最低的成本在成员间进行传递。信息的传递对于巨灾风险的转移与融资是必不可少的，社会资本的存在解决了巨灾风险转移与融资中的信息不对称问题。

2. 提供即时救援

受灾居民在巨灾前嵌入规模较大、密度较高、男性成员较多、年轻人和亲属所占比例较高的网络结构中，往往会在灾难发生后得到亲戚、朋友和邻居及时的援助，而无须等待正式救援队伍的到来。受灾居民的嵌入程度从宏观层面来讲，与他个人与社区间的信任程度有直接的关系。若在灾难发生前，个人与社区有较高的信任程度、较密切的联系次数，其会享受到社区间互助带来的最大好处。同时，由于个人对社会资本有着较高的认可度，因而在灾后的心理恢复上，社会资本也可以发挥意想不到的效果，这一点是其他救助措施无法比拟的。

二、灾后重建在巨灾风险转移与融资中的作用

国际上，MFIs（Microfinance Institutions，小额信贷机构）在灾后重建过程中起着重要的桥梁作用。作为融资方，其接受来自各金融机构、慈善机构以及 DLF（Disaster Loan Funds，巨灾贷款基金）的捐助或者公益贷款；作为贷款方，MFIs 将以较低的担保和抵押要求向灾民提供特殊贷款。资金在公益机构、金融机构和灾民间的有效流动保证了灾后重建的可持续进行。而保证资金有效运作的中心枢纽就是 MFIs。

（一）美国 MFIs 的运作机理分析

在美国，灾后重建特殊信贷的具体运作流程见图 8-5。

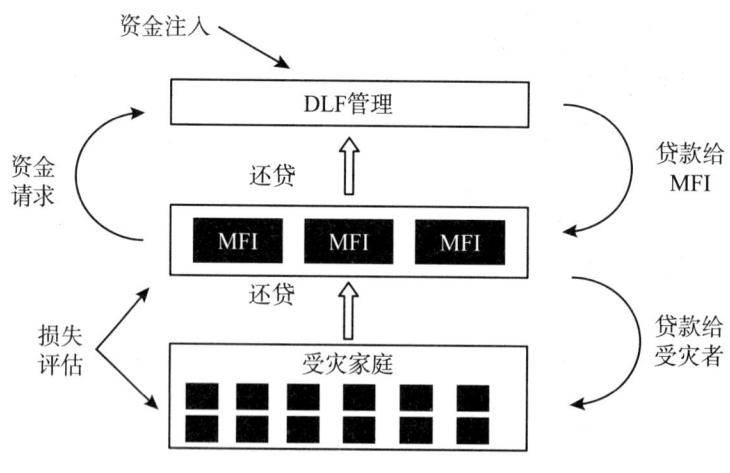

图 8-5 美国 MFIs 的资金来源

由图 8-5 可以看出，美国 MFIs 的资金来源主要是 DLF。DLF 通常由一些公益性捐赠机构出资成立，其资金专门用来对巨灾给社会造成的经济损失进行补偿。由于 DLF 资金庞大、组织结构单一，因而对受灾群众进行损失评估的成本

较高。因此，DLF 通常将资金提供给 MFIs，再由 MFIs 分门别类地贷给受灾群众。MFIs 通常以非常低的利息和宽松的抵押和担保要求向受灾群众发放贷款，这使得贷款救助的意义大于盈利的意义。

因此，美国 DLF 的存在是 MFIs 得以持续经营的前提：首先，DLF 作为 MFIs 的后盾，使 MFIs 具有充足的流动性向受灾民众提供贷款，克服了 MFIs 的自有资金在巨灾发生后的流动性不足问题；其次，DLF 将资金直接借给 MFIs，可以把精力集中在资金的筹集上，这样可以使 DLF 获得稳定的捐助渠道，为筹集更多的资金打下坚实的基础；最后，对于捐赠者来说，DLF 是稳定的资金捐赠对象，DLF 减少了捐赠带来的成本，方便了资金的募集。

2010 年 10 月 1 日，美国费城遭受暴风雨和洪水的侵袭，使得大范围居民的房屋严重受损。巨灾过后，美国的一家小额信贷机构 SBA（Small Business Administration，小企业管理署）立即向未购买保险的受灾民众和公司提供了小额低息贷款，提供的具体产品如下①：

第一，家庭灾害贷款：提供最高 400 000 美元的房屋修缮贷款以及最高 40 000 美元的汽车或物品维修贷款。

第二，商业损失贷款：商业组织及非营利组织可以申请最高 20 000 000 美元的商业损毁贷款，以修复或者重置损坏的商业设施。

第三，经济损失贷款：小公司或者个人非营利组织可以申请最高 20 000 000 美元的经济损失贷款，防范资金的周转不灵。申请者只需在网上填写相应的信息就会有专门人员上门进行损失评估。评估合格后，灾民便可立即取得贷款。SBA 这种快捷高效的贷款方式在灾后重建中起到重要的作用。

（二）我国 MFIs 的运作机理分析

灾后特殊贷款机构在我国也取得了初步的发展。中和农信项目管理有限公司（以下简称"中和农信"），隶属于中国扶贫基金会，专注于小额信贷扶贫项目的管理和拓展。中和农信是我国业务量最大的 MFI，在 2006 年获得我国开发银行 1 亿元人民币授信。在汶川地震过后，中国扶贫基金会提出以小额信贷支援灾后重建的决定，成立了"5·12 小额信贷基金"。在绵竹和什邡地区，灾民可以在无抵押、无公职人员担保的情况下取得安居贷款和创业贷款。并享受利率优惠政策。表 8-2 记录了中和农信在绵竹和什邡地区的业务量。

---

① 资料来源：美国小额信贷机构 SBA 网站 [OL]. https：//disasterloan. sba. gov/ela/Default. aspx.

表 8-2　　　　　　中和农信在绵竹和什邡地区的业务量

区域	放宽金额（元）	放宽笔数（笔）	有效客人（人）	风险贷款率（>1天）（%）
绵竹	13 719 000	758	748	0.00
什邡	3 135 000	167	166	0.00
合计	16 854 000	925	914	0.00

资料来源：中国扶贫基金会小额信贷 2009 年度报告——支持灾后重建。

MFIs 在中国和美国的灾后重建中都发挥了巨大的作用。但与美国的灾后特殊贷款机制相比，我国还存在很大的差距。首先，美国的 MFIs 距今至少有 50 多年的历史，上面提到的 SBA 成立于 1953 年，在成立初期就以灾后特殊信贷作为主要的业务；而在 2008 年汶川地震以前，我国尚没有 MFIs 的援建记录，汶川地震后的重建是中和农信首个以小额贷款的方式登上救灾舞台的 MFI；其次，美国的特殊信贷机制随着时间的推移，已经探索出了一条适合本国的模式，日趋高效与完善是美国灾后特殊贷款机制发展的结果；而我国的 MFIs 处于起步阶段，尚未发展出一套符合我国国情的机制运行模式，这应该是我国今后 MFIs 的努力方向；最后，美国的 MFIs 背后有着 DLF 的支持，DLF 长久的运作为 MFIs 争取到了稳定的资金源，但是作为我国业务量最大的 MFI——中和农信，在汶川地震后成立了临时的"5·12 小额信贷基金"，此基金既非独立组织，也非永久性的基金，不能算作真正的 DLF。因此在募集资金方面存在着时间与空间的局限性，不利于中和农信在巨灾救助中的可持续发展。

第四节　巨灾风险转移与融资的整合

一、巨灾风险转移与融资组织的整合

巨灾风险转移与融资的相关研究和实践存在一个不可回避的困境，即对于由谁来负责或承担转移与融资任务一直是一个被动选择的过程。由前面对政府、资本市场以及其他组织的相关探讨来看，任何组织都无法独立承担巨灾风险转移与融资的任务。这也使得组织整合成为必然之趋。但是，我们并不能将所有组织简单地合在一起，因为这既不利于整合的效果的发挥，也会导致资源的浪费，甚至造成适得其反的效果。据此，组织整合最关键的问题就是如何安排不同组织在巨

灾风险转移与融资工作中的位置,使其能各司其职,发挥应有的作用。这就需要我们将所有参与巨灾风险转移与融资的组织放在同一个标准框架中进行比较,以发现各自的特点和优势,为合理整合提供便利。

(一) 不同组织的作用与优势

如前所述,参与巨灾风险转移与融资的组织主要分为政府、市场和社会(自保和捐赠)三类。其中,市场可更细化为传统风险管理组织(再)保险和新型风险管理组织资本市场;社会则可进一步细分为自保和外部捐赠两部分。为寻求以上不同组织之间的差异,参照瑞士再保险(2008)对灾害风险融资的相关研究,本部分在表8-4中对这些组织在风险转移与融资中的作用和优势进行了对比和归纳总结。从表8-3的横向看,是按风险认知、风险保障及风险转移三大板块进行了罗列,对比不同组织不同环节的功能和优劣(见表8-3)。

表8-3　　　　　　　　不同参与组织的作用与优势

作用	组织	政府	市场		社会	
			(再)保险	资本市场	自保	捐赠
风险认知	提高对风险的认知和处理水平	√	√	×	√	(√)
风险保障	为做好风险防御和减少波动而增加公共资源以及设定制度框架	√	×	×	(√)	×
风险转移	为风险转移产品创建和改善相应环境(制定法规、更新风险数据)	√	(√)	×	×	×
	保持市场有效性(如修改法律条款)	√	×	×	×	×
	研发新型风险转移产品,为巨灾风险转移与融资提供更好途径	×	√	√	×	×
	管理和消除风险,拟定合理风险费率	(√)	(√)	(√)	(√)	×
	在起步阶段或试点提供资金支持	√	(√)	×	(√)	×
	转移风险给全世界	(√)	√	√	×	(√)

注:"√"表示"起关键作用";"(√)"表示"仅起有限作用";"×"表示"基本不起作用"。

1. 风险认知

主要涉及灾害风险知识的普及以及相应风险应对技术的教育。在风险认知环节中，政府和保险通过日常宣传教育可使人们更多地了解到有关风险及其处理的信息，提高风险认知水平；而人们进行风险自留或自保的行为也是提高风险认知的一种过程；灾后的社会捐赠虽然可引起捐赠者对已发生灾害的警觉，但对风险管理技术的传播作用较不明显。

2. 风险保障

主要指在风险尚未发生前进行相应的预防和准备，包括增加公共资源和设定防灾制度框架等。在具体的风险保障环节中，政府起到了不可替代的作用，绝大部分工程性防灾基础设施的建设以及防灾条例的制定都由政府主导完成。同时，社会民众也会采取一定的措施来防御灾害风险的侵袭，如加固房屋等，只是这种保障终究是小范围或单个家庭的，并不惠及整个社会。除此之外，市场和社会捐赠并未起到明显的风险保障作用。

3. 风险转移

这是指将灾害造成的损失通过纵向（跨期）或横向（分散）的方式分摊出去，具体涉及转移的环境、渠道、成本、范围等。与社会组织和资本市场相比，政府及保险业在为风险转移产品创建和改善相应环境（制定法规、更新风险数据）方面具有与生俱来的优势。而研发新型风险转移产品，为巨灾风险转移与融资提供更好途径则主要由保险业及资本市场等市场组织来完成。在市场主导的环境中，保险业和资本市场有风险费率水平的自由决定权；但在非市场主导环境中，费率制订往往要经过政府审批确定；自保组织虽然可以在一定程度上管理和消除风险，但面对重大自然灾害的破坏还是会束手无策。现在有很多国家或地区都成立了相应灾害风险基金，应对灾后的损失给付需求，根据各组织的功能和特性，能够拿出基金（或称准备金）原始积累资金的多半是政府，当然保险公司或社会自保组织也会根据需要在财务上拨出一部分资金留做应急准备。最终，若灾害发生，通过融资将风险分散出去。但因资金来源的问题，风险转移的方向因转移组织的不同而不同。例如，政府用于巨灾风险的资金多为财政资金，在没超过救灾预算时，风险损失实质上通过财政资金分散给了其他未受损失的地区，一旦救灾支出超出财政预算甚至造成财政赤字，就意味着灾害损失是借助预支未来财政收入来分散，带有跨期分散的性质；不过，不论是横向分散还是跨期分散，政府转移风险手段的本质多半还是属于自己消化，只是将消化的范围扩大到一国或者同盟国的范围之内，这是比较有限的。除非是效仿墨西哥政府借助资本市场通过地震风险债券，才能将灾害风险在世界范围内分散。相对而言，保险市场和资本市场则可以突破国别限制，在世界范围内进行灾害风险的汇集和横向分散。

与此同时,包含国际捐款的社会捐赠也能起到将风险在全世界范围内分散的作用,只是这种分散的程度和力度受政治关系原因的约束。

从表8-3的纵向来看,是对不同组织作用和优势的归纳总结。通过前面不同环节的比较,我们可以发现:第一,政府,在灾害风险管理全局的引导、灾前防御的组织投入、灾害风险认知的普及宣传、灾害风险转移的市场环境及制度环境等方面都有不可或缺的作用,也具备较为明显的优势;而在具体的风险转移效率方面,尤其是在风险转移的范围和程度方面,较保险业和资本市场还显得较弱;第二,市场,主要优势体现在可通过多种渠道高效地将风险损失在最大范围内进行分散;第三,社会,可在一定程度上实现风险的消除和分散,但因自保组织的财力及受捐赠的规模等因素的影响,分散和消除的程度有限。

(二) 整合不同组织的思路

经过对不同巨灾风险转移与融资组织的比较,我们可以知道各自组织的不同功能及优势所在。为尽量发挥不同组织最大的效用,我们尝试将这些组织进行整合,使之成为一个相互交错,共同发挥最大功效的综合体,也为我国建立综合风险防范保障体系提供一些有用的建议。鉴于上述组织在风险转移与融资规模及形式的差异,结合分层思想,我们将不同组织安排在一个转移融资体系内,分别应对不同程度的风险。

众所周知,灾害风险的一个重要特点就是,发生概率低,损失程度重。换言之,其发生概率通常与损失程度成反比。据此,如图8-6所示,我们参考世界银行相关研究的划分办法,将巨灾风险按年发生概率的高低分为轻度灾害、中度灾害、高度灾害、重大灾害以及巨灾五类,随着风险年发生概率的减少,其可能产生的损失程度也会越高。其中,轻度灾害指的是那些年发生概率在10%以上的灾害风险,由于这类风险发生较为频繁,人们往往对其已形成了较为成熟的防御措施,产生的损失并不会很大,所以相应的风险后果可由人们自行消化。中度灾害,指年发生概率在2%~10%的灾害风险,这种发生概率的灾害风险所带来的经济损失额往往让人们无法自行消化,而需要将之向外转移或分散。灾害保险在此时可起到很好的媒介作用。当然,如果灾害损失赔付的负担超过了原保险公司可承受的范围,如那些年发生概率在1%~2%的灾害风险(将之归为高度灾害),可能就需要借助灾害再保险的力量帮助分散灾害损失了。但是,再保险市场的容量也是有限的,一旦发生那种年发生概率在0.5%~1%的重大灾害,就需要将更大范围地转移和分散灾害损失,广阔的资本市场无疑是最好的选择。政府在巨灾风险转移与融资体系中主要有两方面的责任,一是负责整体协调,二是为无法分散的巨灾损失兜底。因为,那些年发生概率不到0.5%的灾害风险极有可能就是巨灾。当资本市场都无法充分分散灾害损失时，政府将需要担起余下的损失兜底任务，当然，巨大灾害发生后，还会有一定的社会捐赠。

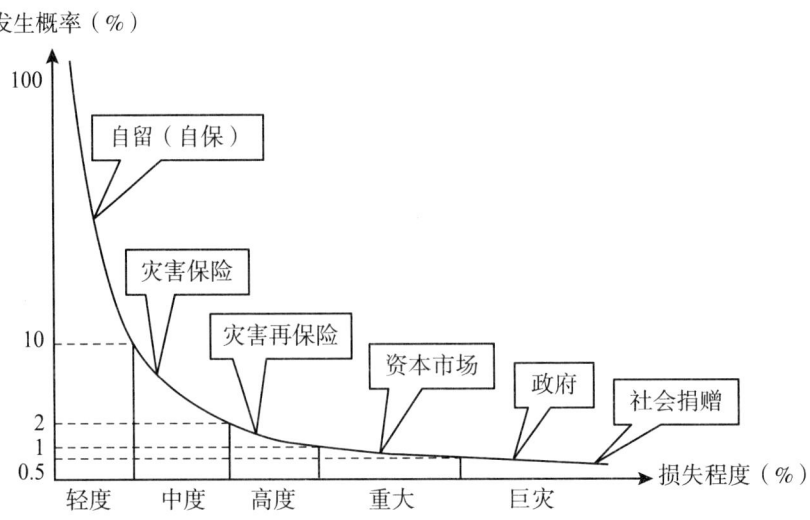

图 8-6　巨灾风险转移与融资组织的整合

以上按灾害风险年发生概率分层设计的巨灾风险转移与融资体系，可将不同的转移融资组织尽可能的囊括进去，且各自发挥各自应有的作用。按图 8-6 中的顺序安排各组织，一是可有效控制人们面对巨灾风险和巨灾保险的道德风险问题，引导人们对巨灾保险的正确需求；二是有利于扩大保险公司应对巨灾风险的融资渠道，提高供给巨灾保险的积极性；三是减少政府民政救助的经济负担，降低准备灾害基金的机会成本。至于图 8-6 中所用到的具体年发生概率，可按具体风险种类等实际情况斟酌调整。

二、巨灾风险转移与融资工具的整合

如前面所介绍的，当前已有的巨灾风险转移与融资工具种类已经相当丰富，且还不断地有新的工具被开发和投入使用。这一方面证实了巨灾风险转移与融资方式和渠道的多元化趋势，另一方面也表露出没有哪一种工具可以完全取代其他的所有工具，我们需要根据不同情况综合使用多项巨灾风险转移与融资工具。那么，我们该如何选择合适的工具呢？本部分将从时效及成本等角度对比分析各种转移融资工具，以期将其有效整合到一个系统中。

(一) 不同工具的时效与成本比较

1. 时效角度

所谓时效，指的是发生效果的时间期间。巨灾风险转移与融资工具的时效不仅指该工具在灾害发生后可发挥作用的期限长度，也包含工具开始发挥作用的具体时点，即灾后所需资金到位的时间。其中，工具时效的长度与工具本身可融会到的资金规模有关，融到的资金越多，可发挥作用的期限相应越长，反之则越短；工具开始发挥作用的具体点则与该工具自身的运作程序相关，运作程序越简单，资金就越容易及时到位。

为便于分析，我们将灾后资金运用的过程分为救济、恢复以及重建三个阶段。如图8-7所示，在这三个阶段中，由于资金作用的不同，各自资金需求的规模也有着较明显的变化轨迹①，阶段越长，意味着所需要的资金也越多。按照这些需求变化轨迹，结合不同工具的时效，我们可发现如图8-7所示的时效性比较情况。若按融资工具运作程序的先后将不同工具分为灾前融资工具和灾后融资工具两大类。其中，灾前融资工具主要是指政府应急预算、财政储备基金、与别国或世界银行形成的应急债务便利、巨灾保险以及巨灾债券等；灾后融资工具指慈善捐款、财政预算再分配、国内外信贷以及税收等。从图8-8中可发现，通过灾前融资的工具普遍能较灾后融资工具更快地筹到资金，且发挥效用的时期更长。

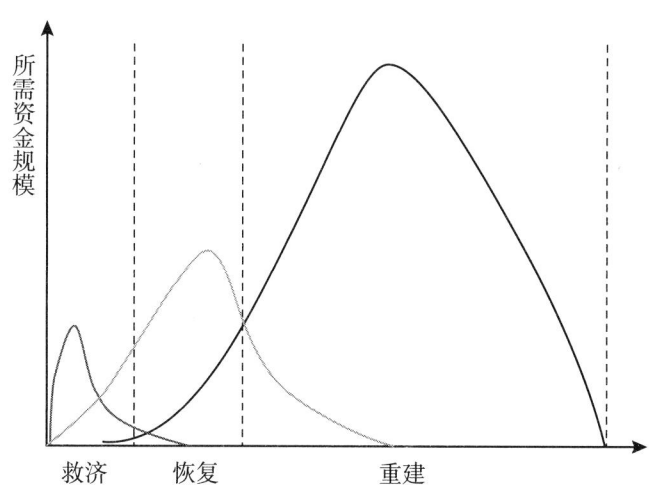

图8-7 灾后资金需要的主要阶段

---

① 此轨迹仅代表了灾害后资金运用的一般过程，不同灾害灾后资金运用的轨迹将有明显差别。

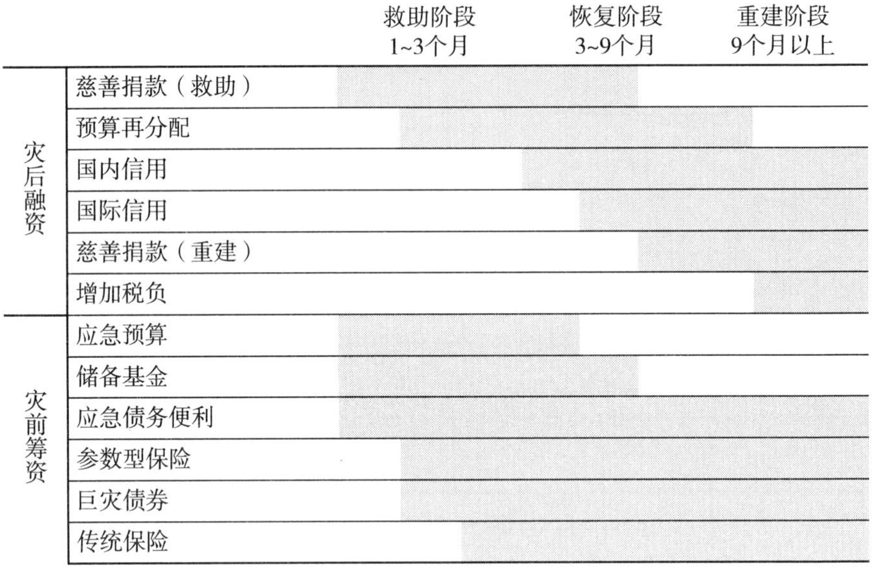

		救助阶段 1~3个月	恢复阶段 3~9个月	重建阶段 9个月以上
灾后融资	慈善捐款（救助）			
	预算再分配			
	国内信用			
	国际信用			
	慈善捐款（重建）			
	增加税负			
灾前筹资	应急预算			
	储备基金			
	应急债务便利			
	参数型保险			
	巨灾债券			
	传统保险			

图 8-8　不同巨灾风险转移与融资产品的作用覆盖期间

资料来源：Olivier Mahul, *Sovereign Disaster Risk Financing*. World Bank. http：//www. gfdrr. org/drfi, 2011.

相反，如果采用灾后融资工具，则很少能迅速获得所需资金，因为这中间还需要经历重重筹资的过程，且突然来临的灾害也为紧急筹到足量的资金增加了难度。所以，我们应该鼓励灾前筹资工具的广泛应用。

2. 成本角度

有收益就会有成本。融资工具能在需要的时候获得所需要的资金，也是以付出一定的成本为代价的。此处所提及的成本，既指直接产生的费用，也指可能会发生的机会成本。图 8-9 给出了财政救助、（再）保险以及巨灾债券等最常用的三大类融资工具的成本比较情况。其中，横轴表示的是灾害造成的或有损失程度，从左自右依次分为自留、风险转移和资本市场三个档次，表示或有损失程度逐渐增加；纵轴表示相应的融资工具成本。随着或有损失程度的增加，三类融资工具的成本都在不同程度地增加，只是在不同的损失程度阶段不同成本曲线的重叠顺序不同。第一，当或有损失程度属于自留阶段时，图 8-9 中财政救助的成本相对最低，（再）保险的成本其次，资本市场的成本最高。这主要是因为，在灾害损失不大的情况下，财政可用预算中的救灾专款进行救济，其成本较小；而资本市场发行巨灾债券，有较高的初始费用；第二，当或有损失程度增大到需要风险转移的阶段时，财政救助的成本超过了保险的成本，并在后期甚至超过了发行巨灾债券的成本，这主要是因为，如果灾害损失过大，在没有保险或资本市场等其他融资渠道的前提下，政府紧急调用其他的财政资金救灾，不仅对其他方面的建设产生了挤出效应,还会催生赤字;第三,当或有损失程度进一步扩大到需要资本市场来转移或分散时,政府财政救助的成本已远超过巨灾债券和保险的成本,而此时(再)保险也因为偿付能力问题以及再保险市场容量及费率问题而造成成本上升,甚至超过资本市场融资的成本。经过这样的比较,我们可以发现,财政救助的成本变化幅度最大,尽管其最初的成本相对最低;资本市场融资的成本较为稳定,尽管其初始成本较高。

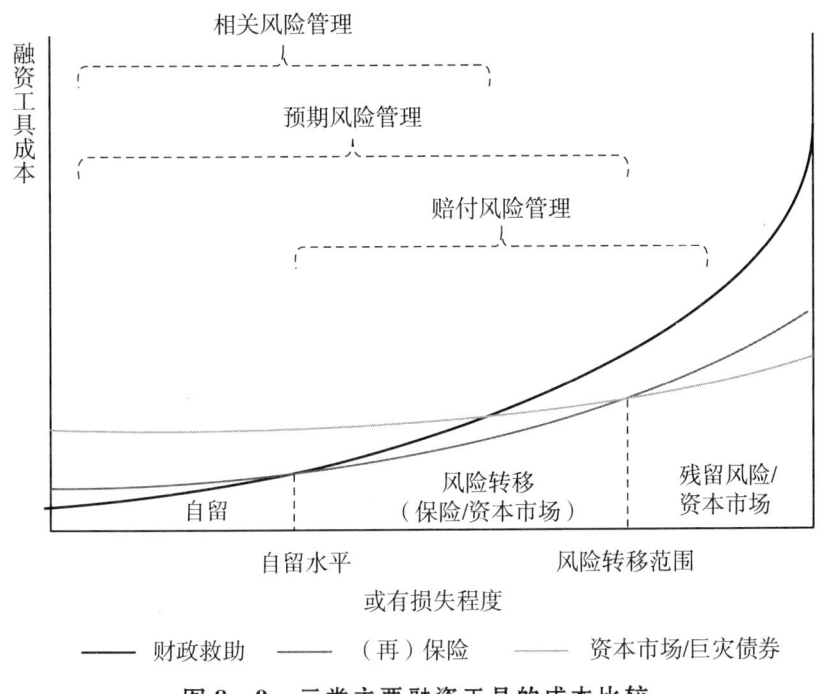

图 8-9 三类主要融资工具的成本比较

综合以上分析,表 8-4 列出了常见巨灾风险转移与融资工具的综合比较情况,即对相应成本、时效以及可获得资金总量进行综合比较。显然,采用不同融资工具各有利弊。

表 8-4　　　　　　　巨灾风险转移与融资工具的综合比较

融资工具	成本乘数	支出(月)	可获资金总量
慈善捐款(救济)	0~1	1~6	不确定
慈善捐款(恢复与重建)	0~2	4~9	不确定
应急预算	1~2	0~9	较小
储备金	1~2	0~1	较小
预算再分配	1~2	0~1	较小

续表

融资工具	成本乘数	支出（月）	可获资金总量
应急债务便利	1~2	0~1	中等
国内借款（增发国债）	1~2	3~9	中等
国外信贷（紧急贷款，发行外债）	1~2	3~6	较大
参数保险	>=2	1~2	较大
新型风险转移工具（巨灾债券、天气衍生产品）	>=2	1~2	较大
传统保险	>=2	2~6	较大

注：成本乘数是指相应转移融资工具的所耗成本是其所融预期损失的一定乘数。慈善捐款虽然没有融资成本，但因其往往是从其他地方获得，所以并不能保证其总量的确定性。

比如，第一，从成本的角度看，慈善捐款的成本虽然最小，但因其是从其他地方获得，所以并不能保证其总量的确定性，且并不能在灾害发生后马上得到，因需要一个筹集的过程，带有一定被动性；第二，从时效角度看，政府应急预算、储备金以及预算再分配的资金可以灾害发生后立刻到位，尤其是应急预算持续的时间也较长，但可获得的资金总量较小，仅适用于临时的紧急救济；第三，从可获资金总量的角度来看，保险、新型风险转移工具都可以筹得较为可观的资金，但缺陷在于成本较高，且不便于频繁使用。

（二）整合不同工具的思路

没有哪一项巨灾风险融资工具可以完全解决所有的巨灾风险转移与融资问题，综合运用是未来发展趋势。在了解不同工具的优势与劣势后，将其进行整合、协调发展，可以扬长避短，更好、更大程度、更有效率地实现巨灾风险转移与融资（见图8-10）。

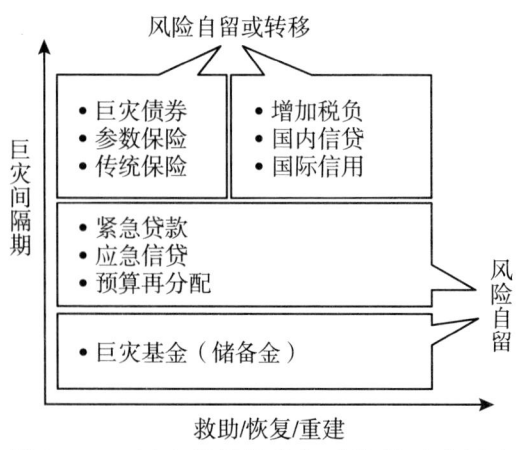

图8-10 巨灾风险转移与融资的三个层次

图 8-10 中，纵轴表示巨灾间隔期，即上一次巨灾发生与下一次发生之间的时间间隔，间隔期越长，表示巨灾发生的概率越低，也从另一方面暗示灾害造成的损失会越大；横轴表示资金运用三阶段所需要的时间和资金量，越往右则表示资金需要的紧急程度越小。如图 8-10 所示，当灾害发生较频繁时，通过较好的灾前防御和准备，灾后所需资金并不会太高，可采取建立巨灾保险基金的方式来转移风险与融资，也可达到节约成本的目的。随着发生灾害的程度增加，在可以自留的范围内，还可以采取紧急贷款、应急信贷及预算再分配等工具来转移与融资，这些工具同样可以节约成本。但是，如果灾害损失已大到无法自留的地步，就需要进一步运用巨灾债券、保险、国际信贷、增税等转移与融资工具，以获得更多的资金和转移更多的风险，尽管这些工具的成本相对较高。

第五节 中国地震风险的转移与融资设计及其产品创新

一、中国地震风险转移与融资的现状与问题

就我国当前的情况来看，发生地震后救灾补贴和恢复生产所需的资金主要由国家财政拨款和社会捐赠来筹集，商业保险的赔付相对而言非常少。

（一）财政拨款是主要资金来源

在汶川地震后，《国务院关于支持汶川地震灾后恢复重建政策措施的意见》（国发〔2008〕21 号）中指出：为支持受灾地区恢复重建，统筹和引导各类资金，中央财政建立地震灾后恢复重建基金。所需资金以中央一般预算收入安排为主，中央国有资本经营预算收入、车购税专项收入、中央彩票公益金、中央分成的新增建设用地有偿使用费用于灾后重建的资金也列入基金。2008 年中央财政安排灾后恢复重建基金 700 亿元，且在 2009 年、2010 年继续做相应安排。同时调整经常性预算安排的有关专项资金使用结构，向受灾地区倾斜[1]。虽然重建资金总量不低，但与灾害损失的绝对额（汶川地震 8 451 亿元）相比则显得相差甚远。据相关资料显示，20 世纪 80 年代，我国财政提供的总的自然灾害救济款平均每年只有 9.35 亿元，相当于灾害损失的 1.35%。到了 90 年代，财政提供的自

---

[1] 《国务院关于支持汶川地震灾后恢复重建政策措施的意见》，国务院办公厅，2008 年 6 月 30 日。

然灾害救济款平均每年 18 亿元左右，相当于灾害损失的 1.8% 左右。1989~2008 年的 20 年间，政府累计救灾支出为 1 005.78 亿元，占直接灾害经济损失的 2.12%，占国家财政支出的 0.27%（见图 8-11）。主要原因在于，如果预算安排的巨灾风险过多容易增加财政赤字压力，会影响财政支出的平衡和稳定，况且财政赤字在数量上要受到经济稳定目标的制约。

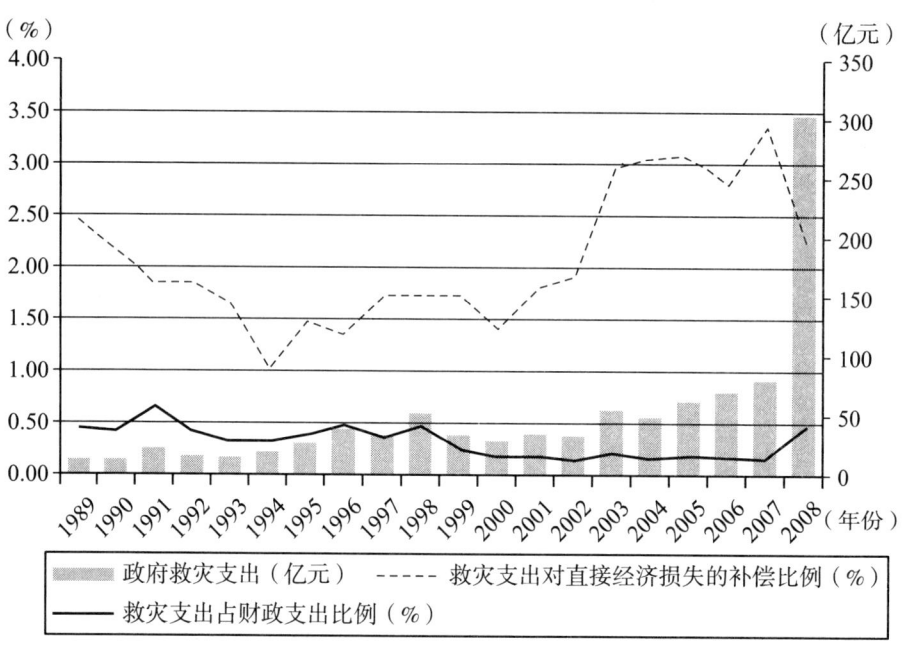

图 8-11　1989~2008 年中国政府救灾支出情况

资料来源：政府救灾支出数据来源于历年中国民政统计年鉴；灾害直接经济损失数据及财政支出数据来源于历年中国统计年鉴。

（二）社会捐赠是重要补充力量

在我国主要包括社团及公益性组织，如中国红十字会、中华慈善基金会、中国青少年发展基金会等一些大型的非政府组织以及来自企业、社会公众和国际组织的捐助。汶川地震后，据统计截至 2008 年 9 月 25 日 12 时，全国共接收国内外社会各界捐赠款物总计 594.68 亿元，实际到账款物 594.08 亿元，其中国家电网、荣程钢铁、台塑集团、恒基地产和中国石油等各家企业捐助金额均超过 1 亿元人民币。同时，国际社会也提供了各种形式的支持和援助，截至 2008 年 7 月 18 日，外交部及中国各驻外使领馆、团体共收到来自外国政府、国际和地区组织、外国驻华外交机构和人员、外国民间团体、企业、各界人士以及华侨华人、海外留学生和中资机构等捐资共计 17.11 亿元人民币。

(三) 商业保险的作用发挥甚微

由于目前我国大多数财产保险尚未将地震灾害列为保险责任，由于地震造成的房屋、车辆损毁等家庭财产和企业财产损失，极少能得到赔付。除非是灾区的投保人事先选择了一些保险公司针对地震灾害造成城乡居民房屋损失的附加险，才能申请赔偿。地震附加险是 2000 年 7 月经中国保监会批准设立的，收费标准一般为主险的 10%，其保险责任为"直接因破坏性地震震动或地震引起的海啸、火灾、爆炸及滑坡所致保险财产的损失"。2008 年 5 月汶川地震造成的直接经济损失 8 451 亿元人民币，保监会估计保险赔款不超过损失的 5%。与全球保险赔款占总灾害损失 36% 的平均比率相比，中国保险业的理赔水平与许多发展中国家的水平相去甚远。这意味着中国保险的覆盖面还很窄狭，其承载的保障社会稳定功能未能充分显现（见图 8-12）。

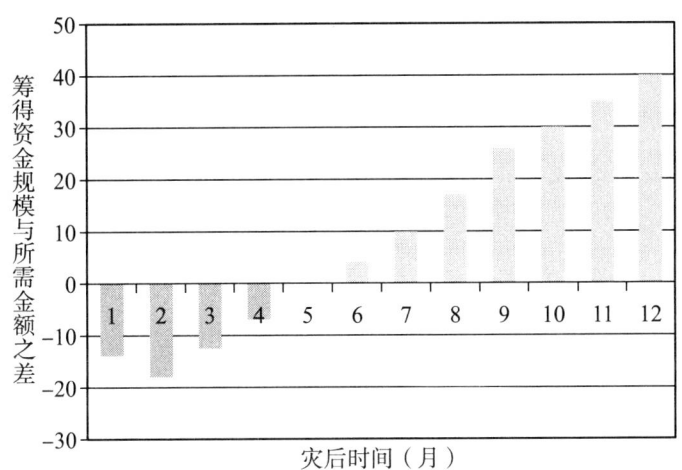

图 8-12　筹得资金规模与所需金额之间的差距

二、地震风险转移与融资的机制设计与创新

据此，在自然灾害频繁发生的当前，我们应建立一个混合型多层地震风险转移与融资机制。之所以要求是混合型，是为了将现有的各转移与融资组织的作用尽可能地发挥出来；同时强调多层，是为了与我国国情相结合，按照实际情况安排不同组织的位置，有的放矢地解决地震风险转移与融资问题（见图 8-13）。

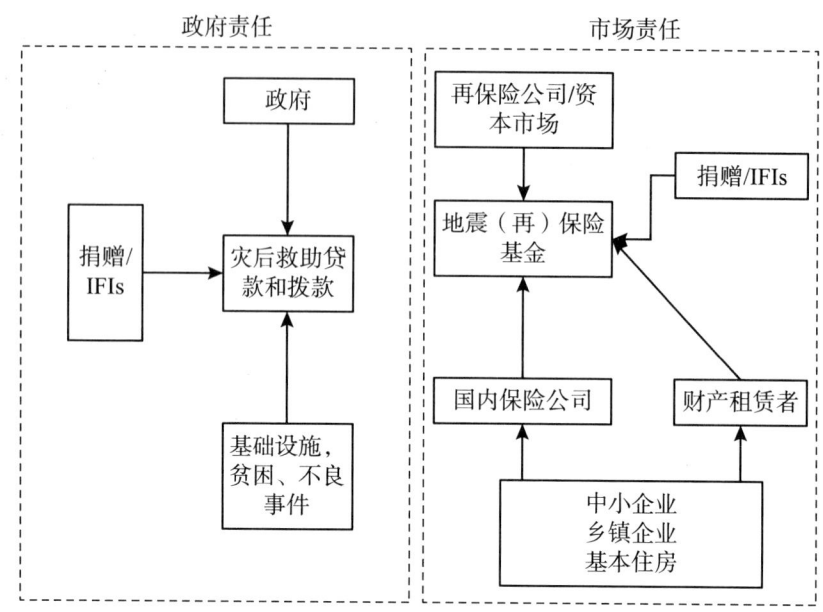

图 8-13 地震风险转移与融资机制

现实生活中，有多种方法和途径来管理风险。为防止风险无法被规避或最小化，厂商往往采取一定的机制来对风险进行自留、筹资或转移。针对以上分析，对于地震风险的转移与融资思路可以有以下几种方法：

（1）地震延迟支用期权（Earthquake Deferred Drawdown Option，EQDDO）原理。

目前不支付期权价格，到期时支付期权价格的终值，可实现零初始成本。执行价格等于相应资产的远期价格时，这类延迟支用期权又叫做不完全远期、波士顿期权、可选退出的远期和可撤销远期。

（2）地震或有信贷（Earthquake Contingent Credit，ECC）。

（3）地震财产保险（Property Earthquake Risk Insurance，PERI）。

（4）小额保险。

三、地震风险债券定价模拟研究

（一）地震损失分布的拟合

从原始数据可以看出，我国地震损失金额的分布也很不均匀，因此，根据原始损失数据，通过组矩式-不等矩分组的方法，将原始数据进行整理，其分布情况如表 8-5 所示。

表 8-5　　　　　　　地震损失分布的原始数据

地震损失金额（万元）	频数
500	153
1 000	29
1 500	22
2 000	24
2 500	10
3 000	7
3 500	13
4 000	3
4 500	6
5 000	4
5 500	9
6 000	3
6 500	2
7 000	2
7 500	5
8 000	5
8 500	1
9 000	3
9 500	4
10 000	2

（二）地震损失次数的拟合

假设地震次数服从参数 λ 的泊松分布，其分布函数为：$P(\xi = k) = \dfrac{\lambda^k}{k!} e^{-\lambda}$，$k = 1, 2, 3$。据此作图，观察图 8-14 中其损失次数分布的拟合效果。泊松分布参数的矩估计值就是观察分布的均值，即 $\lambda = 5$，将这一估计值代入泊松分布的分布函数就得到泊松分布的概率，由上图可知，泊松分布的拟合效果比较好，因此，每年地震次数服从以下分布：

$$P(\xi = k) = \frac{\lambda^k}{k!} e^{-\lambda}, \ \lambda = 5, \ k = 1, 2, 3 \qquad (8-27)$$

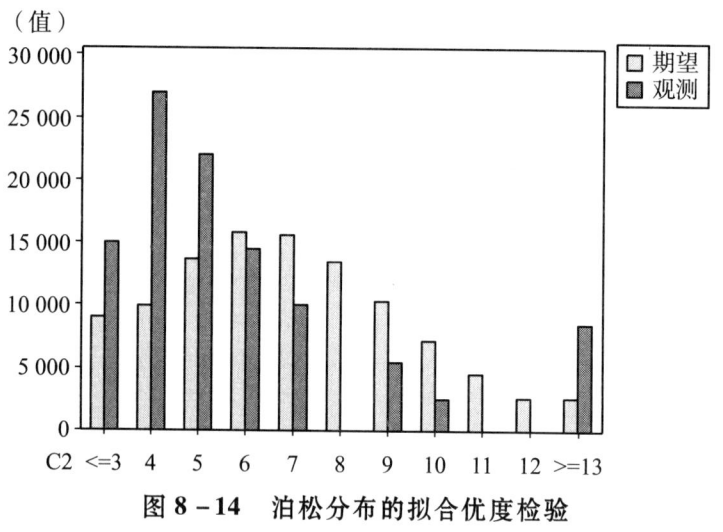

图 8-14 泊松分布的拟合优度检验

(三) 地震损失金额的拟合

根据我国地震损失金额的频率密度直方图和样本的描述性统计量的特点,本研究将假设洪水损失服从正态分布、对数正态分布以及伽马分布,然后比较这三者的拟合效果,选择其中最优的作为地震损失的分布函数(见图 8-15、图 8-16 和图 8-17)。

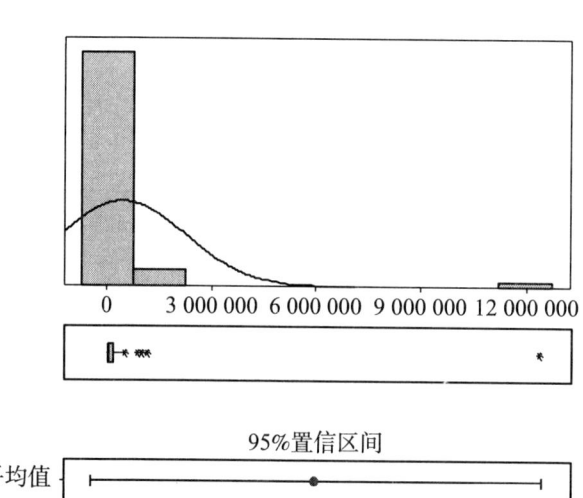

图 8-15 直接经济损失的正态分布

图 8-16　直接经济损失的 Gamma 分布

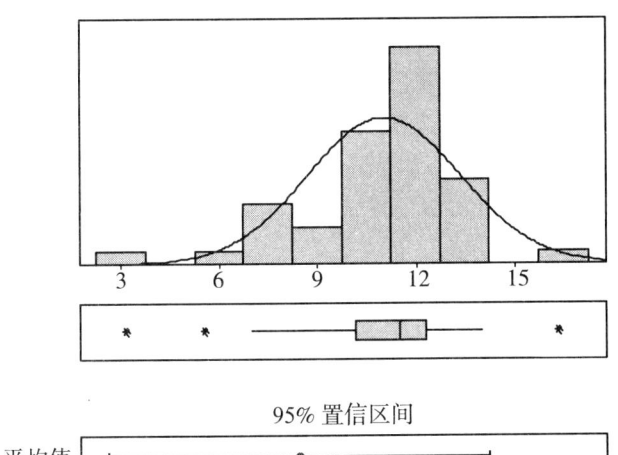

图 8-17　直接经济损失的对数正态分布

由以上三种分布的拟合效果对比，可以直观地看出对数正态分布的拟合效果远远好于其他两种分布。从对数正态分布的拟合图 8-14～图 8-16 中得知，95%平均值的置信区间、中位数的置信区间以及标准差的置信区间跨度都很小，也可以表明拟合精确度很高。所以本书将假设随机变量地震灾害的直接经济损失 L 服从对数正态分布：

$$P = \frac{1}{\sqrt{2\pi}\sigma} e^{-\frac{(\ln(L)-\mu)^2}{2\sigma^2}} \tag{8-28}$$

这里的 μ 为 11.045，σ 为 2.328，那么 $\ln L$ 落在某个区间范围内的概率就可以由正态估计方法求得。再将损失的范围代入就可以求得损失可能发生的概率（见表 8-6）。具体结果及过程如下：

随机变量 $\ln L$ 落在 $(\mu - k\sigma, \mu + k\sigma)$ 内的概率可由下面公式求出，

$$P(|L - \mu| < \sigma) = 2I(k) - 1$$

其中 $\mu = 11.045$，$\sigma = 2.328$，k 可由正态分布数据表查得。

表 8-6　　　　　　　不同损失概率对应的损失程度

损失程度 L（亿）	Ln(L)	P	实际损失概率
5	0.199646248	0.461464561	0.3404255
10	0.052494806	0.118185726	0.1702128
15	0.094656637	0.066581864	0.0851064
20	0.241808079	0.044787464	0.0851064
25	0.388959522	0.032923134	0.0851064
30	0.536110964	0.02555542	0.0425532
35	0.683262406	0.02058699	0.0212766
40	0.830413849	0.017040088	0
45	0.977565291	0.014399561	0.0425532
50	1.124716733	0.012369355	0.021276596

1. 地震风险债券收益率的确定

本节根据资本资产定价模型来确定地震风险债券的收益率。

$$E(R) = R_f + \beta_i [E(R_m) - R_f] \tag{8-29}$$

其中，$E(R_i)$ 表示某金融资产的期望收益率，R_f 表示无风险收益率，β_i 表示该金融资产的贝塔系数，$E(R_m)$ 表示市场组合的期望收益率。

假定平价发行的一年期地震风险债券的票面利率为 R，设地震发生的概率为 p，在不发生巨灾的条件下，投资者获得的收益率为 R。地震风险债券依据本金偿还条件分为三种：本金无风险债券、本金部分无风险债券和本金有风险债券。不同的债券类型有不同的触发条件，列出的概率选取（7 000 000，0.02）、（15 000 000，0.01）、（22 000 000，0.007）三个点分别作为本金无风险型地震

债券，本金50%无风险型地震债券和本金有风险型地震债券的触发点。

假定无风险利率 R_f 为 4%，市场组合的期望收益率 $E(R_m)$ 为 12%，地震债券的 β_i 为 0.5。那么不同类型地震债券的票面利率为：

（1）本金没收型债券。

如果巨灾发生时收益率为 -100%，那么：

$$E(R) = R(1-p) + (-1)p = R_f + \beta_i[E(R_m) - R_f]$$

$$R = \frac{R_f + \beta_i[E(R_m) - R_f] + p}{1-p} = \frac{4\% + 0.5 \times (12\% - 4\%) + 0.7\%}{1 - 0.7\%} = 8.8\%$$

$$(8-30)$$

（2）本金50%保证型债券。

如果巨灾发生收益率为 -50%，那么：

$$E(R) = R(1-p) + (-0.5)p = R_f + \beta_i[E(R_m) - R_f]$$

$$R = \frac{R_f + \beta_i[E(R_m) - R_f] + 0.5p}{1-p} = \frac{4\% + 0.5 \times (12\% - 4\%) + 0.5 \times 1\%}{1 - 1\%} = 8.6\%$$

$$(8-31)$$

（3）本金保证型债券。

如果巨灾发生收益率为 0，那么：

$$E(R) = R(1-p) + 0 \times p = R_f + \beta_i[E(R_m) - R_f]$$

$$R = \frac{R_f + \beta_i[E(R_m) - R_f]}{1-p} = \frac{4\% + 0.5 \times (12\% - 4\%)}{1 - 2\%} = 8.2\% \quad (8-32)$$

2. 地震风险债券价格的确定

假定地震债券面值为1元，如果不发生巨灾，该债券每期末支付利息 i 元，并在最后期末（T）偿还本金。如果巨灾发生，投资者将根据地震债券类型获得债息或本金支付，假定此支付函数为 f，然后债务结束。用 τ 表示地震发生的时刻，如果地震在到期前发生，则 $\tau \in \{1, 2, \cdots, T\}$。该债券持有人的现金流表示为：

$$i(t) = \begin{cases} i \mid_{(\tau>t)} + f(i+1) \mid_{(\tau=t)}, & t = 1, 2, \cdots, T-1 \\ (i+1) \mid_{(\tau>T)} + f(i+1) \mid_{(\tau=T)}, & t = T \end{cases} \quad (8-33)$$

该债券在 $t=0$ 时刻的价格 p 表示未来现金流的现值：

$$P = \sum_{t=1}^{T} \frac{i(t)}{(1+i)^t}$$

首先是对于单一时期的现金流分析。

假定发行面值为100元的单一时期地震债券，不同类型地震债券的价格为：

（1）本金有风险型地震债券。

其年利率为8.8%，触发点为（22 000 000，0.007）

$$P = \frac{108.8 \times 99.3\% + 0 \times 0.7\%}{1 + 4\%} = 104.3$$

（2）本金50%有风险型地震债券。

其年利率为8.6%，触发点为（15 000 000，0.01）

$$P = \frac{108.6 \times 99.9\% + 50 \times 1\%}{1 + 4\%} = 104.8$$

（3）本金无风险型地震债券。

其年利率为8.2%，触发点为（7 000 000，0.02）

$$P = \frac{108.2 \times 99.8\% + 100 \times 1\%}{1 + 4\%} = 104.79$$

其次是对于两期的现金流现值分析。

假定发行面值为100元的两期地震债券，不同类型地震债券的价格为：

（1）本金有风险型地震债券。

其年利率为8.8%，触发点为（22 000 000，0.007）

第一期预期收益的现值：

$$P_1 = \frac{8.8 \times 99.3\% + 0 \times 0.7\%}{1 + 2\%} = 8.567$$

第二期预期收益的现值：

$$P_2 = \frac{108.8 \times 99.3\% \times 99.3\% + 0 \times 0.7\%}{(1 + 2\%)^2} = 103.12$$

债券的价格：$P = P_1 + P_2 = 8.567 + 103.12 = 111.687$

（2）本金50%有风险型地震债券。

其年利率为8.6%，触发点为（15 000 000，0.01）

第一期预期收益的现值：

$$P_1 = \frac{8.6 \times 99\% + 0 \times 1\%}{1 + 2\%} = 8.347$$

第二期预期收益的现值：

$$P_2 = \frac{\begin{array}{c}108.6 \times 99\% \times 99\% + 50 \times 99\% \times 1\% + 50 \times (1 + 0.086) \\ \times 99\% \times 1\% + 50 \times 1\% \times 1\%\end{array}}{(1 + 2\%)^2} = 103.303$$

债券的价格：$P = P_1 + P_2 = 8.347 + 103.303 = 111.65$

（3）本金无风险型地震债券。

其年利率为8.2%，触发点为（7 000 000，0.02）

第一期预期收益的现值：

$$P_1 \frac{8.2 \times 98\% + 0 \times 2\%}{1 + 2\%} = 7.878$$

第二期预期收益的现值：

$$P_2 \frac{108.2 \times 98\% \times 98\% + 100 \times 98\% \times 2\% + 100 \times (1 + 0.082) \times 98\% \times 2\% + 100 \times 2\% \times 2\%}{(1 + 2\%)^2} = 103.841$$

债券的价格：$P = P_1 + P_2 = 7.878 + 103.841 = 111.619$

第六节 中国洪水巨灾风险的转移与融资及其产品创新

一、中国洪水风险转移与融资的现状与问题

洪水是可控制的，这是洪水区别于地震、飓风等其他自然灾害的一个重要特点。但是，洪水的风险却是不可消除的。如果以为只要提高了防洪工程的建设标准，就可能达到消除洪水风险、确保安全的目的，那实际上是一种误解。风险可以在有限的范围内有代价地被降低，但是在整体上不可能被消除为0。所谓降低了风险，实际上往往是改变了风险的存在形式。风险形式的转变，可能是有利的，也可能是不利的；可能在短时期里是有利的，但在长时期里是不利的；可能对一个区域是有利的，而对另一个区域是不利的。

（一）对洪水风险管理仍认识不足

1988年第一阶段试点结束后，计划继续扩大试点，但由于试点中没有发生行洪赔付，地方政府和群众认为不划算，对保险不再积极，配套资金不到位，试点工作中断；1991年淮河发生大洪水，安徽省淮河流域启用了15个行蓄洪区，损失严重，由于保险试点中断无法给予赔偿，给救灾工作造成很大压力。

（二）保费征收困难

第一阶段试点中，群众只负担保费的30%，相当于农业税的数额，但农民不愿交，无法达到取之于民、用之于民的保险目的。

（三）保险操作不规范

在第二阶段试点中，保险协议应对行洪的董峰湖进行赔偿，而其他几个未行

洪的地区也要求赔偿,把保险等同于救灾的做法,不利于保险工作的正常开展。

二、洪水风险转移与融资的机制设计与创新

我国是一个人口大国,也是洪水灾害严重的国家,洪泛区居民约为5亿户,一旦发生洪灾,受灾人口将数以万计。而且,洪泛区居民一般经济实力较差,无力顾及保险,法制观念与风险意识较弱,因此在我国推行洪水保险的困难还是较大的。根据我国国情,采用中央政府为主、地方政府参与支持、现有保险公司代理的国家洪水保险体系,组织由水利、财政、民政、农业、银行、保险公司等专门班子,按照启动保险的要求分工合作,在实验的基础上逐步推行展开。

(一)建立政策性洪水保险经营机构

洪水保险是针对洪水高发区域,由受洪水威胁的人群、政府和其他参与部门共同分担洪水风险的保险模式,它不同于普通的商业保险。普通的商业保险是"千家万户保一家",是以总体盈利为目的的商业行为;洪水保险只能是政策性、非营利性的保险形式。如果没有国家的鼓励和扶持,群众与地方政府对参与洪水保险的积极性并不高;而一旦发生洪水灾害,保险公司又面临着巨额赔付,风险太大,难以生存。因此,商业保险公司一般没有能力单独开展洪水保险。同时,由于洪水风险分布的地域性差异很大,所以,只有国家统一组织、协调,适当采取强制性措施,并辅助以相关的鼓励、扶持政策,才能使洪水保险积极开展并持之以恒,从而成为一种有效的洪水风险管理的手段。因此,洪水保险属政策性保险业务范围,应通过政策性保险机构采用特殊保险方式运作,而商业保险公司只能起补充作用。

(二)建立洪水保险商业化运作的经营模式

由政府出资建立洪水保险基金,并设立专门的账户,采取政府、社会、个人多方面筹集资金的方式,中央、地方政府投入一定比例的资金,受益地区征收一定数量的资金,蓄滞洪区缴纳一部分保险费。对居民所缴的保险费实行特别账户管理,将居民每年缴的保费和政府拨款补贴的保费记入一个账户,年年积累,可以继承,不可提现,积累达到一定水平,可以降低投保费率,或提高保险金额、保障水平。政府委托一家或几家实力强、经营情况好的保险公司代为管理和经营该项基金,以保证基金的保值增值。例如,政府可以发行高利息的特种债券,由洪水保险基金独家购买,以保证洪水保险基金能稳定获利增值。因为鉴于股市的

风险太大,洪水保险基金不能入市。政府在其中起监管作用,对保险基金的运营范围加以限制以确保保险基金的安全。受托的保险公司还要承担洪水保单的出售业务。当发生特大洪水灾害,所筹集洪水保险基金满足不了理赔要求时,再由政府财政拨款给予补贴。

(三) 借鉴国际经验,积极研究具体操作办法

在开展洪水保险之初,实行低保费、低限额的办法,逐步为洪水保险业务的开展创造必要的条件。蓄、滞洪区居民的房屋、生活用具、农具、耕畜、作物等家庭财产可实行一揽子捆绑式保险。可采用定值保险,按蓄、滞洪区经济发展水平对不同保险标的确定不同的保险限额,超过限额标准的财产,不予赔付。

三、洪水风险债券定价模拟研究

本研究将利用 1987~2007 年我国洪水直接经济损失在 1 亿元以上的损失数据(见表 8-7)作为损失随机变量的样本数据,构造我国的洪水巨灾风险债券,并运用非寿险精算的有关原理,对样本数据建立相关的经验分布函数并拟合损失分布,根据资本资产定价模型和现金流分析,计算出我国洪水债券的价格。

(一) 经验分布函数的建立

从原始数据看,我国洪水损失金额的分布很不均匀,因此,根据原始损失数据,通过组矩式-不等矩分组的方法,将原始数据进行整理,其分布情况如表 8-7 所示。

表 8-7　　　　　　　　损失分布的原始数据

洪水损失金额(单位:亿元)	频数
0~10	73
10~20	47
20~30	16
30~40	11
40~50	5
50~60	9
60~70	1
70~80	5

续表

洪水损失金额（单位：亿元）	频数
80～90	6
90～100	2
100～150	1
150～200	7
200～250	1
250～300	2
合计	185

根据表 8-7 的原始数据，编制我国洪水损失的频数和频率的分布表如表 8-8 所示。

表 8-8　　　　　　我国洪水损失的频数和频率分布

洪水损失金额（单位：亿元）	频数	频率	累计频率	频率密度
0～10	73	0.394595	0.394595	0.0394595
10～20	47	0.254054	0.648649	0.0254054
20～30	16	0.086486	0.735135	0.0086486
30～40	11	0.059459	0.794594	0.0059459
40～50	5	0.027027	0.821621	0.0027027
50～60	9	0.048649	0.87027	0.0048649
60～70	1	0.005405	0.875675	0.0005405
70～80	5	0.027027	0.902702	0.0027027
80～90	6	0.032432	0.935134	0.0032432
90～100	2	0.010811	0.945945	0.0010811
100～150	1	0.005405	0.95135	0.001081
150～200	7	0.037838	0.989188	0.007568
200～250	1	0.005405	0.994593	0.0010811
250～300	2	0.010811	1.000000	0.002162
合计	185	1.000000	—	—

由频率分布计算出频率密度（频率密度＝频率/组矩），并绘制频率密度线形图（见图 8-18）。

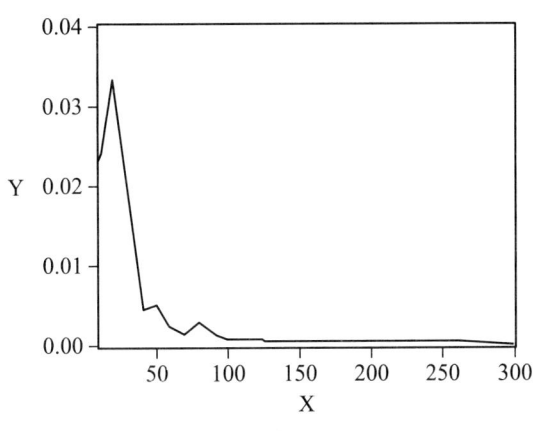

图 8-18 频率密度线形图

因此，可得经验分布函数在各组上限的函数值如表 8-9 所示。

表 8-9　　　　　经验分布函数在各组上限的函数值

X	$F_n(x)$
10	0.394595
20	0.648649
30	0.735135
40	0.794594
50	0.821621
60	0.87027
70	0.875675
80	0.902702
90	0.935134
100	0.945945
150	0.95135
200	0.989188
250	0.994593
300	1.000000

由 [x, $F_n(x)$] 得到修匀的经验分布函数曲线（见图 8-19）。

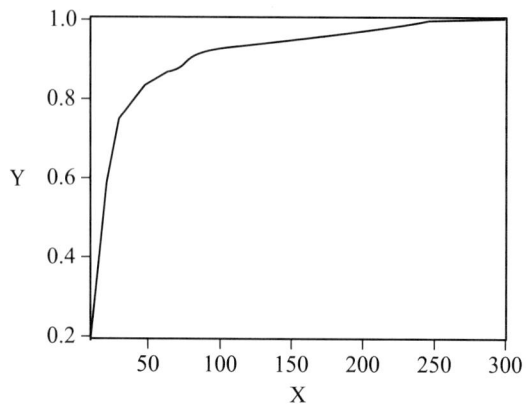

图 8 − 19 修匀的经验分布函数曲线

利用修匀的经验分布函数曲线可以估计各组上限之间的经验分布函数值,进而计算出损失金额落在某个区间的概率。但从图 8 − 19 可见,曲线在损失金额 1 亿元至 50 亿元之间的爬升过快,造成估计结果的误差大大增加,因此,为了减小误差,将损失金额作对数变换,$Y = \ln X Y = \operatorname{Ln} X$,从而建立 y 与 $F_n(y)$ 的对应函数(见表 8 − 10),并修匀 $F_n(y)$ 的曲线(见图 8 − 20)。

表 8 − 10   y 与 Fn(y) 的对应函数

Lnx	$F_n(x)$
2.30	0.394595
2.99	0.648649
3.40	0.735135
3.69	0.794594
3.91	0.821621
4.09	0.87027
4.28	0.875675
4.38	0.902702
4.50	0.935134
4.61	0.945945
5.01	0.95135
5.30	0.989188
5.52	0.994593
5.70	1.000000

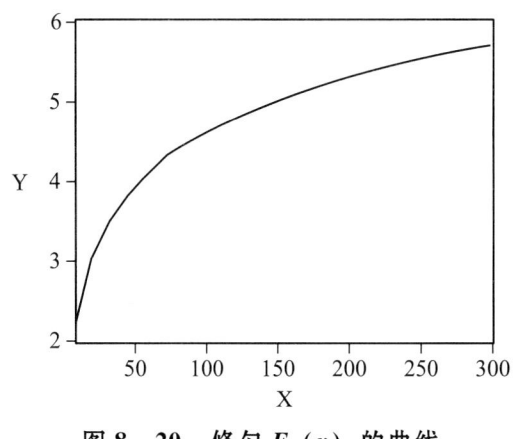

图 8-20 修匀 $F_n(y)$ 的曲线

由此，可以根据经验分布函数图或运用线性插值的方法计算出我国洪水损失金额的概率。

（二）损失分布拟合

1. 洪水损失金额的拟合

根据我国洪水损失的原始数据，计算出样本的描述性统计变量如表 8-11 所示：

表 8-11　　　　　　　样本数据的主要统计量　　　　　　　单位：万元

主要统计变量	统计变量值
平均值	4 789
均值标准误	1 056
中位数	1 331
标准差	7 081
峰度	2.69
偏度	1.87
最小值	1
最大值	26 050

由我国洪水损失金额的频率密度直方图和样本的描述性统计量可以看出，样本数据具有单峰的特点；偏度为 1.87，分布是高度正偏斜的；峰度为 2.69，分布是比较平坦的，具有较高的分散程度。综合这些特点，本研究将假设洪水损失服从正态分布、对数正态分布以及伽马分布，然后比较这三者的拟合效果，选择其中最优的作为洪水损失的分布函数（见图 8-21、图 8-22 和图 8-23）。

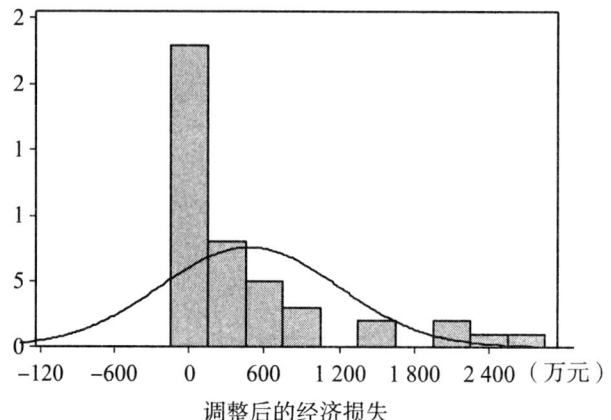

图 8-21　正态分布拟合效果

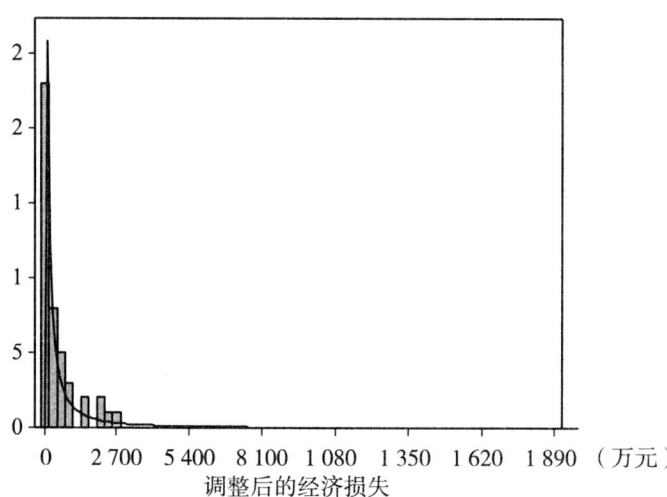

图 8-22　对数正态分布拟合效果

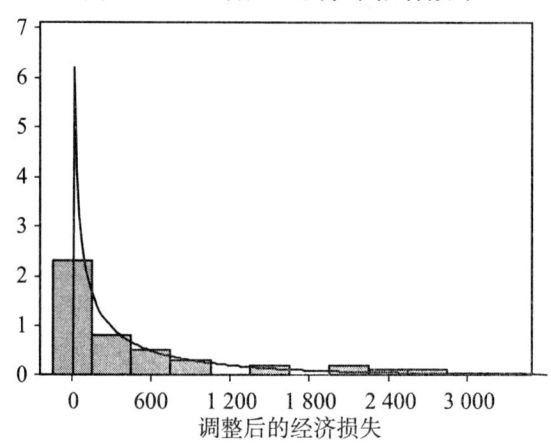

图 8-23　伽马分布拟合效果

对以上三种分布函数的拟合效果进行比较，可以很直观地看到，对数正态分布的拟合效果要优于其他两种分布，所以，我们选取对数正态分布的 Lognormal 模型作为洪水损失的分布函数。

由此计算得到样本的原点矩为：

$$\bar{x} = \frac{\sum_{i=1}^{14} xifi}{\sum_{i=1}^{14} fi} = \frac{5 \times 73 + 15 \times 47 + 25 \times 16 + \cdots + 275 \times 2}{73 + 47 + 16 + \cdots + 2} = 31.5676$$

(8-34)

二阶原点矩为：

$$M = \frac{\sum_{i=1}^{14} xi^2 fi}{\sum_{i=1}^{14} fi} = \frac{5^2 \times 73 + 15^2 \times 47 + 25^2 \times 16 + \cdots + 275^2 \times 2}{73 + 47 + 16 + \cdots + 2} = 3237.0270$$

(8-35)

然后根据矩估计法得到对数正态分布参数的矩估计值分别为：

$$\hat{\mu} = 2\ln\bar{x} - 0.5\ln M = 2 \times \ln(31.5676) - 0.5 \times \ln(3237.0270) = 2.863057$$

$$\bar{\sigma} = \ln M - 2\ln\bar{x} = \ln(3237.0270) - 2 \times \ln(31.5676) = 1.178148$$

所以，我国洪水的损失服从对数正态分布：

$$f(x) = \frac{1}{\sqrt{2\pi}\sigma} e^{-\frac{(\ln x - \mu)^2}{2\sigma^2}}, \text{ 其中, } \mu = 2.863057, \sigma = 1.178148$$

2. 洪水损失次数的拟合

假设洪水损失次数服从参数 λ 的泊松分布，其分布函数为：

$$P(\xi = k) = \frac{\lambda^k}{k!} e^{-\lambda}, \ k = 0, 1, 2,$$

作图，观察其损失次数分布的拟合效果（见图 8-24）。

泊松分布参数的矩估计值就是观察分布的均值，即 $\lambda = 4.1$，将这一估计值代入泊松分布的分布函数就得到泊松分布的概率，由图 8-24 可知，泊松分布的拟合效果比较好，因此，每年洪水次数服从以下分布：

$$P(\xi = k) = \frac{\lambda^k}{k!} e^{-\lambda}, \ \lambda = 4.1, \ k = 1, 2, 3,$$

(8-36)

（三）洪水灾害债券收益率的确定

本节根据资本资产定价模型来确定巨灾风险债券的收益率。

$$E(R) = R_f + \beta_i [E(R_m) - R_f]$$

(8-37)

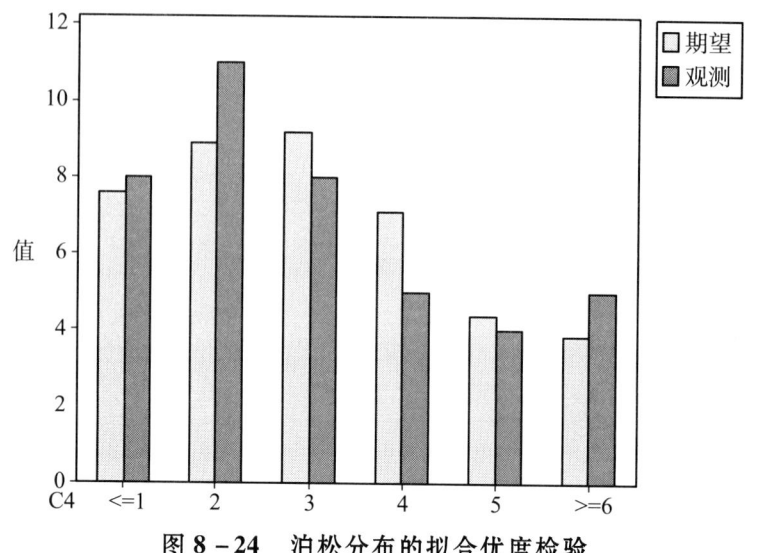

图 8-24 泊松分布的拟合优度检验

式 (8-37) 中，$E(R_i)$ 表示某金融资产的期望收益率，R_f 表示无风险收益率，β_i 表示该金融资产的贝塔系数，$E(R_m)$ 表示市场组合的期望收益率。

假定平价发行的一年期巨灾风险债券的票面利率为 R，设巨灾发生的概率为 p，在不发生巨灾的条件下，投资者获得的收益率为 R。巨灾风险债券依据本金偿还条件分为三种：本金无风险债券、本金部分有风险债券和本金有风险债券。不同的债券类型有不同的触发条件，本研究选取了 (60, 0.196124863)、(90, 0.129005211)、(300, 0.018504) 三个点分别作为本金无风险型洪水债券，本金 50% 无风险型洪水债券和本金有风险型洪水债券的触发点。

假定无风险利率 R_f 为 4%，市场组合的期望收益率 $E(R_m)$ 为 12%，洪水债券的 β_i 为 0.5。那么不同类型洪水债券的票面利率为：

1. 本金没收型债券

如果巨灾发生时收益率为 -100%，那么：

$$E(R) = R(1-p) + (-1)p = R_f + \beta_i [E(R_m) - R_f]$$

$$R = \frac{R_f + \beta_i [E(R_m) - R_f] + p}{1-p} = \frac{4\% + 0.5 \times (12\% - 4\%) + 1.85\%}{1 - 1.85\%} = 10.04\%$$

(8-38)

2. 本金 50% 保证型债券

如果巨灾发生时收益率为 50%，那么：

$$E(R) = R(1-p) + (-0.5)p = R_f + \beta_i [E(R_m) - R_f]$$

$$R = \frac{R_f + \beta_i [E(R_m) - R_f] + 0.5P}{1-p} = \frac{4\% + 0.5 \times (12\% - 4\%) + 0.5 \times 12.9\%}{1 - 12.9\%} = 16.59\%$$

(8-39)

3. 本金保证型债券

如果巨灾发生收益率为 0，那么：

$$E(R) = R(1-p) + 0 \times p = R_f + \beta_i [E(R_m) - R_f]$$

$$R = \frac{R_f + \beta_i [E(R_m) - R_f]}{1-p} = \frac{4\% + 0.5 \times (12\% - 4\%)}{1 - 19.61\%} = 9.95\% \quad (8-40)$$

（四）洪水债券价格的确定

假定洪水债券面值为 1 元，如果不发生巨灾，该债券每期末支付利息 i 元，并在最后期末（T）偿还本金。如果巨灾发生，投资者将根据洪水债券类型获得债息或本金支付，假定此支付函数为 f，然后债务结束。用 τ 表示巨灾发生的时刻，如果巨灾在到期前发生，则 $\tau \in \{1, 2, \cdots, T\}$。该债券持有人的现金流表示为：

$$i(t) = \begin{cases} i|_{(\tau > t)} + f(i+1)|_{(\tau = t)}, & t = 1, 2, \cdots, T-1 \\ (i+1)|_{(\tau > T)} + f(i+1)|_{(\tau = T)}, & t = T \end{cases} \quad (8-41)$$

该债券在 $t = 0$ 时刻的价格 p 表示为未来现金流的现值：

$$P = \sum_{t=1}^{T} \frac{i(t)}{(1+i)^t}$$

1. 单一时期现金流分析

假定发行面值为 100 元的单一时期洪水债券，不同类型洪水债券的价格为：

（1）本金没收型洪水债券。

其年利率为 8.8%，触发点为（300, 0.018504）

$$P = \frac{108.8 \times 98.15\% + 0 \times 1.85\%}{1 + 4\%} = 102.68$$

（2）本金 50% 保证型洪水债券。

其年利率为 8.6%，触发点为（90, 0.129005211）

$$P = \frac{108.6 \times 87.1\% + 50 \times 12.9\%}{1 + 4\%} = 97.15$$

（3）本金保证型洪水债券。

其年利率为 8.2%，触发点为（60, 0.196124863）

$$P = \frac{108.2 \times 80.4\% + 100 \times 19.6\%}{1 + 4\%} = 84.61$$

2. 两期现金流现值分析

假定发行面值为 100 元的两期洪水债券，不同类型洪水债券的价格为：

（1）本金没收型洪水债券。

其年利率为 8.8%，触发点为（300, 0.018504）

第一期预期收益的现值：

$$P_1 = \frac{8.8 \times 98.15\% + 0 \times 1.85\%}{1 + 4\%/2} = 8.47$$

第二期预期收益的现值：

$$P_2 = \frac{108.8 \times 98.15\% \times 98.15\% + 0 \times 1.85\%}{(1 + 4\%/2)^2} = 100.74$$

债券的价格：$P = P_1 + P_2 = 8.47 + 100.74 = 109.21$

（2）本金50%保证型洪水债券。

其年利率为8.6%，触发点为（90，0.129005211）

第一期预期收益的现值：

$$P_1 = \frac{8.6 \times 87.1\% + 0 \times 12.9\%}{1 + 4\%/2} = 7.34$$

第二期预期收益的现值：

$$P_2 = \frac{\begin{array}{c}108.6 \times 87.1\% \times 87.1\% + 50 \times 87.1\% \times 12.9\% + 50 \times (1 + 0.086) \\ \times 87.1\% \times 12.9\% + 50 \times 12.9\% \times 12.9\%\end{array}}{(1 + 4\%/2)^2} = 91.26$$

债券的价格：$P = P_1 + P_2 = 7.34 + 91.26 = 98.60$

（3）本金保证型洪水债券。

其年利率为8%，触发点为（60，0.196124863）

第一期预期收益的现值：

$$P_1 = \frac{8.2 \times 80.4\% + 0 \times 19.6\%}{1 + 4\%/2} = 6.46$$

第二期预期收益的现值：

$$P_2 = \frac{\begin{array}{c}108.2 \times 80.4\% \times 80.4\% + 100 \times 80.4\% \times 19.6\% + 100 \times (1 + 0.082) \\ \times 80.4\% \times 19.6\% + 100 \times 19.6\% \times 19.6\%\end{array}}{(1 + 4\%/2)^2} = 102.45$$

债券的价格：$P = P_1 + P_2 = 6.46 + 102.45 = 108.91$

洪水巨灾债券的融资过程包括以下两个要素：承保现金流向可交易的金融证券的转换、承保风险通过证券向资本市场的转移。第一个要素本质上是将保险业的现金流组合、拆分，变成新的不同的金融有价证券，属于"金融工程"。第二个要素中，巨灾风险的最终接受者，由原来的再保险人转变为更广泛意义上的资本市场。这个过程通过金融工具的买卖得以完成，由此而产生的现金支付则取决于保险事件的发生与否。目前，资本市场已经作为传统巨灾风险融资的有力补充，在一些发达国家和地区的巨灾风险管理中发挥重要作用。Swiss Re 数据表明，1996~2003 年，洪水巨灾债券交易总金额为46.89亿美元，仅2003年就发行了 22.04 亿美元的洪水巨灾债券，比 2002 年增加了 18.94%[①]。洪水巨灾债券是金融业与保险业一体化发展的结果，其产生和发展突破了保险界长期以来传统意义上的风险管理和保险方式，不仅为保险提供了规避转移风险，筹集资金的新型金融工具，同时也为各种金融机构提供了新的发展空间。

第七节 本章小结

传统巨灾风险转移方式的滞后，致使在巨灾风险管理过程中，需要寻找新的巨灾风险的转移融资方法。政府和资本市场作为传统巨灾风险转移与融资的主要参与，是本章研究分析的基础。本章希望通过政府转移融资、资本市场转移融资，以及其他方式转移融资的对比分析，促使巨灾风险转移与融资在组织架构和管理工具上的整合。为更加科学而合乎逻辑的说明问题，本章最后还选择地震债券和洪水债券做了具体的研究，所得到的结论基本支持本书的观点，也就论证了整合巨灾风险转移和融资的必要性和科学性。

[①] Siwss Re. Natural catastrophes and man-made disasters in 2003: many fatalities, comparatively moderate insured losses [J]. Sigma, No.1, 2004.

第九章

巨灾风险的应急与补偿机制

第一节 巨灾风险应急与补偿的基本原理与理论工具

一、巨灾风险应急与补偿的基本原理

应急是指对经济、社会有重大影响的突发性事件发生后一定时间内采取的紧急行动。从狭义上来讲，突发事件是指在一定区域内，突然发生的规模较大，对社会产生广泛负面影响的，对生命和财产构成严重威胁的事件和灾难。从广义上来说，突发事件是指在组织或者个人原定计划之外或者在其认识范围之外突然发生的，对其利益具有损伤性或潜在危害性的一切事件。在 2006 年 1 月 8 日发布的《国家突发公共事件总体应急预案》及 2007 年 11 月 1 日开始实施的《突发事件应对法》中，对突发事件分了四大类：自然灾害、事故灾难、公共卫生事件、社会安全事件。突发事件带来的灾害可以分为直接灾害、次生灾害和衍生灾害三种。应急管理（Emergency Management，简写为 EM）是为了降低突发事件的危害，基于对造成突发事件的原因、突发事件发生和发展过程以及所产生的负面影响的科学分析，有效集成社会各方面的资源，对突发事件进行有效的应对、控制和处理的一整套理论、方法和技术体系。

在任何一个学科中，都有特定的原理和准则来推动学术的规范和界定研究范围及领域。在应急管理中人们会遵从"防范胜于救灾"，"统一指挥、分工协作、预防为主、平战结合、及时灵活、科学有效"，"安全第一，以人为本"等准则。这些准则切实可行、简捷有效，不同于复杂的传统理论，有利于基层应急管理人员实践。这些准则的理论基础是对突发事件的机理分析，即对突发事件的发生、发展、演化与终结规律的探寻及研究，突发事件机理分析是应急管理的基础，只有对事件变化的规律清楚，才能使应急管理具有预见性和科学性。应急管理中的机理及各种解释也主要是基于损害因果关系的分析，如图 9-1 所示，风险因素导致风险事件的发生，风险事件的发生引致损害结果。按照风险程度的不同，从干扰事件到危机事件，再到突发事件具有一定的递进关系，其中，突发事件可能来源于单源突发事件及其衍生性事件，也可能来源于多源突发性事件及其衍生性事件。基于这些基本的因果分析，风险管理内容、方法、决策、效果的评估等会有不同的侧重，图 9-2 显示了风险事件的递进性与风险管理之间的关系。

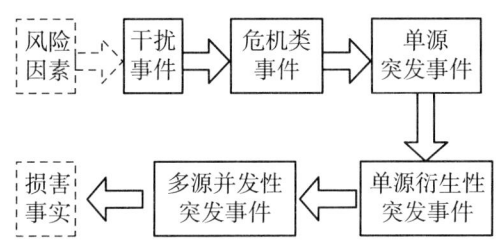

图 9-1 风险事件的递进关系

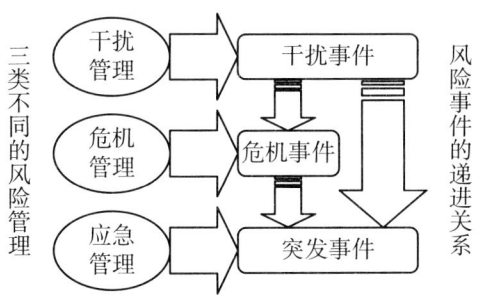

图 9-2 风险事件与应急管理

对突发事件的机理分析是以因果关系分析为基础的，除此之外，还有一种基于生命周期划分的管理学思维模式，将突发事件分为发生、发展、演变和终结四个阶段，每个阶段都有其不同的规律。在讨论应急管理理论时，必须涉及应急管理的每一个阶段，图 9-3 显示了突发事件的前三个阶段。由于突发事件的发生、发展过程具有突然性和不可预测性，因而突变理论也是一种理论模型，被广泛用于火灾、地震、爆炸和泥石流等不同事件的分析中。突发事件的发展主要是指突发事件在范围和影响力度上的增加，而演变则是指突发事件在发展中质变。突发事件的发展一般是连续变化的过程，因而常用系统动力学模型描述，也可以用计算机仿真模型模拟事件发展的规律。一个观点正在达成共识，即应急管理需要多业务部门、多级别机构的人员共同参与，才有可能协调完成任务。

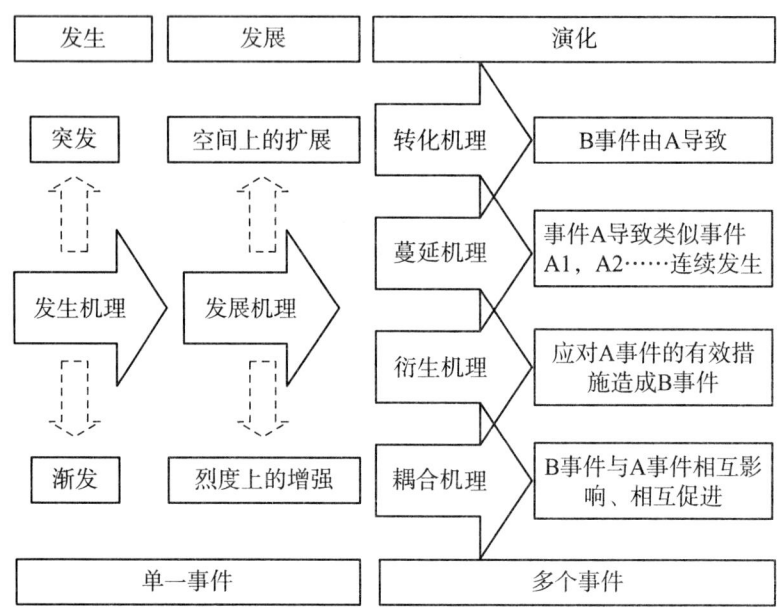

图 9-3 突发事件的三阶段分析

因此，根据因果关系分析及不同阶段的划分，应急管理可针对的运行机制包括监测预警机制、应急信息报告及高效传播机制、应急决策和区域协调机制、分级负责与响应机制、应急资源配置与征用机制、公众沟通与动员机制、社会治安综合治理机制、奖惩机制等多个方面，图 9-4 展示了应急管理原理及机理分析。

补偿通常的理解就是在某些方面有所亏失，而在另一些方面有所获得。巨灾损失补偿和应急管理既有区别又有联系，在应急管理中也存在着损失补偿问题，只是应急管理更加强调突发事件发生后行为的时效性，而巨灾损失补偿更加强调补偿的程度，因而并非所有的巨灾损失补偿都被纳入应急管理中。由于巨灾风险具有准公共物品性质以及损失巨大、影响及波及面广、影响因素复杂等特殊性，保险损失补偿原则及理论并不完全适用于巨灾损失补偿。各国的巨灾补偿机制基本遵从以下原则：政府与市场相结合，多主体风险共担，多层次补偿。其中，政府与市场相结合，既强调了政府与市场介入巨灾损失补偿的必要性，同时也需要

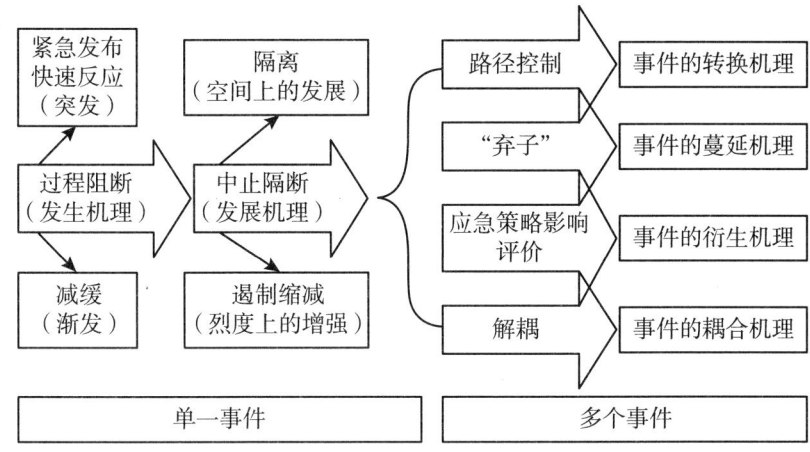

图 9-4 应急管理原理及机理

明确政府与市场的角色及定位。其次，多主体风险共担主要指巨灾损失补偿制度的设计，应该由保险和再保险机构、政府和财产所有人等共同承担巨灾造成的损失。多层次补偿，一方面强调拓宽补偿资金的来源和渠道，另一方面则强调不同主体在承担损失时的顺序，例如日本的地震保险，首先原保险公司出售地震保险保单之后，由日本再保险公司对原保险人承保的全部地震风险提供再保险。然后，地震再保险公司将从原保险公司承保的地震风险分成 3 个部分：自留 30% 风险；向日本政府购买地震再保险，转移 50% 的风险；反向各原保险公司购买地震再保险，转移 20% 的风险。这样，一个风险巨大的地震保险最终由各保险公司、日本地震再保险公司和日本政府三方来分担。

二、巨灾风险应急与补偿的理论工具

（一）政府救助

当一国发生重大的突发事件时，通常是政府在应急管理中处于主导地位，统一指挥、协调和调动资源，进行防灾减灾，并及时提供必要的救助和损失补偿，如提供救援物资（食物、生活用品、医疗用品等），直接拨付资金，创造工作机会，发放代金券，建立应急住所等，此外还有灾后重建的资金安排以及财政制度方面的灾后特别税收政策等。通常在受灾之初，政府主要进行实物援助以满足应急需求，后续的资金援助将会在受灾地区恢复重建中起到更大的作用。

财政资金为事后应急和损失补偿提供了重要支撑。当一个国家遭受巨灾造成的巨大经济损失后，政府通过调整财政预算，将预算资金更多地用于灾后应急救助和灾后重建。这一措施是非常迅速的，作用也就很重要，可以起到增强灾区民众信心、安定民心等多方面的作用。但是，作为一种灾后的融资、事后的弥补方法，不仅耗资巨大，而且可能因为其转移支付等原因，对非灾区经济等造成次生影响。比如，从重点开发项目中挪取资金来支付紧急赈灾和灾后恢复，具有很高的机会成本。同时，由于巨灾的冲击，灾后国内资本市场价格常常会偏高，政府将会面临较高的债务成本，而且由于巨灾造成的损失通常较为巨大，即使该国财力雄厚，其财政支持力度通常也会显得很有限。税收支持，主要是针对灾区的税收优惠政策。具体而言，税收支持又分为两种情况，一种是灾前优惠政策，通常具有持久性，这一方面起到了支持灾区及时重建的作用，另一方面又不会在长期上对国家税收政策产生过大影响[①]。

（二）商业保险、再保险转移

巨灾保险包括商业性保险和政策性保险，由于巨灾风险低频率、高损失的特点，在传统商业保险框架下，巨灾风险是不可保的。巨灾风险中投保人损失的高度相关性和逆向选择的存在，使得保险公司经营巨灾风险时所需要的资本比经营一般风险要多得多，从而令巨灾保险的供给存在缺失，而社会对巨灾保险的需求却很大，因而一些国家将巨灾从一般商业性保险业务中分离出来，作为政策性保险业务来经营，其政府或采取直接介入管理，或通过各种方式给予政策和资金扶持，同时，还通过再保险向国际再保险市场转移巨灾风险，通过跨地域、跨期间和跨种类实现对巨灾风险的分散和转移。

由于保险市场发展程度不同，巨灾保险和再保险在发达国家较常见，在发展中国家则较少运用，这些国家的巨灾损失中平均只有约1%进行了保险，这一方面是由于家庭和企业无力负担商业性保险；另一方面是人们对巨灾保险的重要性认识不够。在20世纪90年代，由于巨灾保险业资金的缺乏和重大巨灾极少发生，康明斯等（2002）研究证实，保险公司支付巨灾赔偿的能力是在持续增长的，但同时，一个重大的巨灾仍可能造成数十亿美元赔偿不能得到支付以及保险市场的严重崩溃。保险业应对巨灾的能力仍然不足，原因是巨灾风险分散不够以及资本仍不充足[②]。因此，对于巨灾风险的应急与补偿还需要运用到下面所列的其他手段。

---

① 杨浩波，车杨，罗林. 地震灾区灾后重建税收问题探讨 [J]. 会计之友，2008（11）.
② Cummins, J. D., Doherty, N., Lo, A.. Can insurers Pay for the 'big one'? Measuring the capacity of the insurance market to respond to catastrophic losses [J]. Journal of Banking and Finance, 2002, 26 (2-3).

(三) 非传统保险转移方式 (ART)

传统的保险方式并不能够完全对巨灾风险进行转移和分散，这是由巨灾风险低频率、高损失的特点，以及传统保险方式中赔付资金的积累方式所决定的。同时，一系列重大灾难的产生也可以导致全球巨灾再保险承保能力下降。在面对特定的巨灾风险时，再保险业将会面临承保能力有限的局面。因此，保险和再保险业开始寻找承保能力的替代工具或资源，当时最合适的莫过于资本量充足的资本市场，资本市场上设计出了以金融产品的形式直接与投资人挂钩的非传统转移方式 (ART)，将巨灾风险转移至资本市场，这一过程称为巨灾风险证券化。巨灾证券化的产生有以下先决条件：首先，当时的风险管理趋于将套期保值和公司财务管理结合起来，一些熟悉金融机构和金融工具的人就将目光投向了金融市场，以求解决风险管理中存在的问题；其次，当时金融衍生品市场飞速发展，一方面是由于有大量的投机需求，另一方面是由于有发展对冲工具的需要；同时，巨灾风险证券化是保险市场本身所需要的，保险公司对冲巨灾风险的传统工具是再保险，而巨灾再保险通常比其他类型的套期保值成本更高；最后，巨灾风险相关信息质量的提高和来源更广泛，新的巨灾模型公司如 RMS、AIR 等，能估计巨灾损失情况，它们的模型结合保险公司的模型使巨灾损失估计更加准确，促进了再保险业和新金融工具的发展。

(四) 社会及国际援助

在面对突如其来的巨大自然灾害面前，为了挽救宝贵的生命和财产，社会各界力量将会团结起来，活跃在抗灾的最前沿。毫无疑问，政府始终是其中最强有力的主导力量。巨大自然灾害发生后，在第一时间赶到灾区进行应急抢救的队伍中除了政府部门外，还有大量的其他非政府组织或个人（下文将两者统称为其他主体）。其他主体主要包括红十字会、基金会、慈善机构、民间组织、志愿者协会等非政府组织以及企业、个人等。可以看出非政府组织是由自然人和法人创建的不属于政府，不代表政府利益的组织的统称。通常非政府组织也是非营利性质的组织。这些非政府组织和个人在抗灾中发挥着重要的作用，可以说是不可或缺的主体。

总之，面对巨灾风险时，各种应急与补偿工具不仅包括灾前的防灾减灾、利用金融工具分散风险，还包括灾后的国际国内救助、保险赔付等方式，如表 9-1 所示。从防损、合作和效率三个角度来看，国际巨灾风险的应急与补偿出现一些新趋势，主要有以下几点：第一，强调防损，表现在实施和推广防灾防损融资计划上、保险机构大力提高防灾防损力度等方面；第二，强调合作，表现在融资主体的多元化、保险再保险市场与资本市场相互结合等方面;第三,兼顾效率,表现在推行以风险为基础的费率、重视事后融资、关注巨灾资金流动性缺口管理等方面(见表9-1)[①]。

表9-1　　　　　灾害的应急与补偿(事前和事后)

	财产保护措施(家庭/企业,非农业)	粮食安全(农作物/牲畜,农业)	救援和重建安全(政府)
事后措施			
	紧急贷款;放债;公共援助	生产资料的销售;食物救援	转移措施;世界银行和其他国际金融机构贷款
事前措施			
非市场化手段	亲属间的协定	自愿的共同协定	国际援助
临时措施	私人部门储蓄	粮食储备	巨灾准备金,地区性资产池,有条件借款
市场化风险转移手段	财产和生命保险	农作物和牲畜保险	巨灾保险及巨灾债券

资料来源：United Nations. World Economic and Society Survey 2008: Overcoming Economic Insecurity. New York: NY, 2008, 6.

第二节　巨灾应急与补偿的政府定位与角色

一、政府在巨灾风险应急与补偿中的实践困境

(一)政府过多地干预巨灾保险市场可能会造成"挤出效应"

政府在建立巨灾风险的应急与补偿机制时,应避免过多地采用行政手段来干预巨灾市场造成"挤出效应",特别是在商业保险市场和再保险市场都比较发达的国家。如果商业保险市场因为承保能力有限而无法承保巨灾风险时,政府应该

[①] 徐美芳. 国外巨灾融资新趋势：防损、合作和效率[J]. 上海经济研究, 2009(3).

作为商业保险市场的再保险人和再贷款人,并尽量减少对风险基础保费信号的扭曲。特别是在巨灾市场发展的初期,过早和过多地介入巨灾保险市场,会影响到保险市场的正常运转和发展。比如,有些政府强迫保险公司向市场提供巨灾保险产品,这会对保险公司的正常承保行为产生干扰。此外,政府向灾后地区提供的灾后援助,也使人们产生了依赖心理,进而减少了人们对巨灾保险的需求。

美国佛罗里达州保险市场上的"费率门"事件主要是政府过度干预巨灾保险市场造成不良影响的典型例子。为促进佛罗里达州财产保险市场的稳定和灾前应急机制良好运转,佛州政府对保险市场采取了干预措施,成立了具有半官方性质的佛罗里达住宅财产和意外联合承保组织,允许它以较高的价格向风险很高并且无法从商业保险市场获得保险保障的居民提供飓风保险;成立佛罗里达飓风巨灾基金,赋予其政策优惠以扩张资本规模,向州内保险公司提供巨灾损失再保险,对保险费率进行管制。这些干预措施影响了私人保险市场的正常秩序,使得私人保险市场与政府之间的矛盾开始显现。比如,在安德鲁飓风之后的很长时间里,监管部门和私人保险公司对保险费率的合理性问题一直都存在争议,并成为影响私人保险市场和政府关系的最敏感因素。佛罗里达州的巨灾保险市场展示了当私人保险市场无法有效应对频繁发生的巨灾风险时政府的过度干预会带来不好的结果。这使政府在建立巨灾风险应急与补偿机制的过程中陷入了一个困境:到底应不应该干预巨灾保险市场?这个困局并不能对政府干预进行简单的肯定或否定,因为巨灾保险问题往往会超出经济问题的范畴,演变为政治问题。

(二) 政府在灾后的应急与补偿过程中会产生弊端

1. 政府的灾后救助可能会产生较高的机会成本

在巨灾发生后,政府立即采取应急措施,动用财政收入进行灾后救济,意味着政府需要把先前确定好的预算支出,比如一些重点工程项目的投资,转移到灾后救济和灾区重建上,这就可能影响到经济增长的速度,产生较高的机会成本。此外,当巨灾发生时,政府从资本市场上进行融资的成本可能比平时要高。

2. 政府的灾后救助会减少人们对巨灾保险的需求

政府救助对受灾地区的恢复和重建十分关键,但是过度依赖政府的救助可能会带来一些负面激励。卡普洛[①]等人的研究表明,如果人们预期到政府在灾后会进行救助,那么这将会减少人们对巨灾保险的需求。此外,如果政府部分承担了居住在高风险地区的人们的风险成本,就将不利于提高居住在高风险地区的人们

---

① Kaplow, L.. Incentives and Government Relief for Risk [J]. Journal of Risk and Uncertainty, 1991.4 (2), pp. 167-175.

的风险防范意识。当下一次巨灾风险来临时,政府可能会面临更高的救助支出。

3. 政府在灾后应急与补偿的效率较低

有的国家在巨灾发生后,政府出于政治稳定因素考虑,会马上集中一切可以集中的力量,对灾区进行救助,应急与补偿的效率比较高,比如2008年汶川地震发生后中国政府的灾后救助。但是有些政府的灾后救助容易受到政治因素或官僚管理体制的影响,这会对救灾资源的分配效率产生制约作用。舒哈特(Shughart,2006)通过回顾美国政府在2005年卡特里飓风发生后的表现,发现政府官员反应迟缓,存在明显的官僚作风,这些因素严重影响了政府进行补偿救助的效率,也使美国政府在很长一段时间都受到了批评。

二、国外政府在巨灾风险应急与补偿中的定位与角色

(一)美国政府的角色定位:巨灾保险的组织者和管理者

1. 美国的洪水保险

从1968年开始,美国就制定了《全国洪水保险法》,提出了洪水保险的详细方案,将洪水保险作为重要的救灾措施,并规定方案由全国洪水保险人协会具体管理。1969年依法制定出《国家洪水保险计划》,1973年国家又通过了《洪水灾害防御法》,将洪水保险由自愿性逐步变为强制性,法案的实施进一步完善了洪水保险计划。该法不仅扩大了洪水保险的承保范围,如将地震、塌方、地表移动等列入赔偿范围,而且还将联邦洪水保险基金由40亿美元增加到100亿美元,并且规定:居住在洪水泛滥区的居民如果没有购买洪水保险,将不能获得联邦政府的灾难援助和灾后贷款等优惠政策,其中包括利息仅为2%的长期贷款2 000美元或更多的豁免优待。由于这种方法颇具吸引力,因此增强了人们投保洪水保险的愿望,也强化了人们的洪水风险意识。因此在美国的洪水保险中,商业保险公司只是充当了保险中介人的角色,代收保费,代理理赔而并不承担理赔责任,最后由政府负责支付赔偿,是典型的商业保险公司配合政府进行巨灾损失补偿的例子。

2. 美国的地震保险

与洪水保险不同的是,美国的地震保险却采用的是另一种模式——商业手段融资,政府公共管理。1994年1月,加州洛杉矶北部发生了6.7级地震,造成了巨大的损失,在此次地震的灾后赔偿中,保险公司一共赔付125亿美元,相当于地震发生前加州所有地震保费的4倍,使许多保险公司受到重创,大量保险资本被侵蚀,并且停止或限制提供住宅地震保险,造成了保险供给危机,许多家庭

无法获得灾后补偿。为了化解危机,加州政府在 1996 年通过立法成立了加州地震局(CEA),它就是一个由私人部门融资,公共部门管理的政府代理机构。它是世界上最大的地震保险机构之一,目前拥有 70 亿美元的索赔能力。资金上它并没有得到联邦政府和州政府的支持,只能享受政府的税收优惠政策,主要还是依靠商业保险公司利用市场去进行投资和运作提供融资、提供巨灾风险的保障与补偿。CEA 地震保险负责赔偿房屋的结构破坏,但不包括游泳池、篱笆、汽车通道、车库等附属设施,以重置成本为赔偿基础,保单的销售和理赔都由参与 CEA 的保险公司来完成,而 CEA 则向各保险公司补偿其销售和理赔[1]。

总之,美国的巨灾保险补偿机制主要是由商业公司承保,商业保险公司配合政府完成巨灾损失的补偿。美国的洪水保险属于联邦政府保险项目,而地震保险则属于州巨灾保险项目。这种巨灾风险补偿机制有以下特点:一是风险分散最大化;二是政府充分发挥了其公共服务的职能;三是鼓励居民积极购买巨灾保险,防灾防损。因此,美国的巨灾风险的补偿机制在应对巨灾时发挥了重大且积极有效的作用。

(二) 新西兰政府的角色:巨灾风险应急与补偿机制的建立者和管理者

新西兰的地震保险制度。新西兰是世界上最早实行由政府主导地震保险制度的国家之一,同时也被认为是政府干预巨灾保险市场的典范。新西兰的地震风险补偿机制主要包括三部分:地震委员会(Earthquake Commission,EQC,1945)、保险公司以及保险协会,各自属于政府机构、商业机构和社会机构。一旦巨灾发生,这三个部门将会各司其职,有条不紊。地震委员会负责法定保险的损失赔偿,房屋最高责任金额为 2 万新元。保险公司依据保险合同负责对超出法定损失的部分进行赔偿。而保险协会负责及时启动应急计划。目前地震委员会已经通过强制征收的保险费和基金在金融市场上投资运作积累了将近 50 亿新元的巨灾风险基金。具体做法是当居民向保险公司购买房屋或是房屋内的财产保险时,会被强制缴纳地震巨灾保险费,其中地震巨灾保险费每户每年大约 60 新元,由保险公司代为征收然后交给地震委员会。同时,地震委员会会利用国际保险市场进行分保来分散风险。当巨灾损失超过地震委员会的支付能力时,由政府来承担剩余部分的损失补偿,地震委员会每年也会支付一定的保证金给新西兰政府。

新西兰巨灾风险补偿机制的核心是风险的分散。当巨灾发生后,为应对紧急

---

[1] 资料来源:美国加州地震局网站 [OL].www.earthquakeauthority.com.

的救灾,先由地震委员会支付 2 亿新元的应急资金,此后如果在灾后的重建过程中 2 亿新元仍然难以补偿巨灾所造成的损失,就启动再保险方案。新西兰的地震保险制度被誉为全球运作的最成功的灾害保险制度之一。当巨灾发生时,它很好地发挥了应急与补偿的作用,补偿效率比较高。这种机制的主要特点是国家以法律形式建立符合本国国情的多渠道的巨灾风险分散体系,走政府行为与市场行为相结合的道路来尽可能地分散巨灾风险。

(三) 日本政府的角色定位:最后再保险人

日本的地震保险制度建立于 1966 年,核心机构是地震再保险株式会社(Japanese Earthquake Reinsurance Company,JER)。保险公司向居民提供地震保险,并将收取的保费向 JER 投保,成为"A 特别签约",JER 再向日本政府和国际再保险公司购买一部分再保险,分别为"B 特别签约"和"C 特别签约"。地震保险费是这样计算而来:保费 = 地震保险金额 × 地震保险费率/1 000。住宅和家庭财产的地震保险费合计一般在 0.7% ~ 4.8% 之间。地震保险额是主保险额的 30% ~ 50% 之间,住宅和家具各有 5 000 万和 1 000 万日元的上限。在家庭地震保险中,先由保险公司承保,然后再将全部风险责任分给由日本各保险公司参股设立的地震再保险公司,超过再保险公司与直接承保限额的部分,由国家承担最终责任。具体分保做法是:当地震发生以后,750 亿日元以下的损失,全部由保险公司承担;750 亿 ~ 10 774 亿日元的损失由保险公司和政府各承担 50%;10 774 亿 ~ 45 000 亿日元的部分由政府承担 95%,保险公司承担 5%。在这一模式下,政府充当了最后再保险人的角色,有效地解决了保险公司在赔付巨灾损失时偿付能力不足的问题。

(四) 土耳其政府的角色定位:巨灾保险制度的设计、运行和监管者以及再保险人

土耳其作为新兴市场国家,同时也是地震灾害频繁发生的国家,尤其是 1999 年发生的马尔马拉 7.8 级大地震,造成了巨大的经济损失。2000 年,土耳其政府在世界银行和欧洲发展银行的鼓励和帮助下建立了巨灾保险基金,成为新兴市场国家巨灾补偿机制的一个新的尝试。土耳其巨灾保险基金由政府、保险公司以及世界银行共同合作建立,主要针对业主和小企业主,为他们由地震引发的财产、人员损失提供保障。其资金主要来源于向业主出售的强制地震保险单,这些强制保险单由土耳其国内的商业保险公司出售,然后这些商业保险公司再以分保的形式把保单的所有风险转移给巨灾保险基金,巨灾保险基金再把大部分风险

转移给国际再保险市场，巨灾保险基金在运作过程中的收益也用于充实该基金。通过建立巨灾保险基金，土耳其政府减轻了灾后重建中财政资金的压力。同时差异化的费率厘定也激励业主进行灾前防灾防损工作。

巨灾风险应急补偿机制的国别比较如表 9-2 所示。

表 9-2　　　　　巨灾风险应急与补偿制度的国别比较

	美国国家洪水保险计划	美国地震保险制度	新西兰地震保险制度	日本地震保险制度	土耳其地震保险制度
模式类型	政府主办，商业保险公司充当中介人	商业手段融资，政府公共管理	政府主导	专项再保模式	在世行的帮助下建立巨灾保险基金制度，利用国际再保险市场分散风险
灾害背景		加州洛杉矶北部地震（6.7级）	惠灵顿和怀拉拉帕地震（1942）	新潟地震（1964）	马尔马拉大地震（7.8 级，1999年）
法案	《国家洪水保险计划》（1969）、《洪水灾害防御法》（1973）		《地震委员会法》（1993）	《地震保险法》（1966）	
主管机构	美国联邦紧急事务管理局（FEMA）	加州地震局（CEA）	新西兰地震委员会（EQC, 1945）	地震再保险株式会社（JER）	土耳其政府
强制/自愿	由自愿逐步变成部分地区强制	强制保险公司提供但并没有强迫投保人购买	部分强制（若购买住宅财产保险，则强制购买地震保险）	自愿，作为住宅财产保险的附加险	强制向业主出售强制地震保险单

从以上几个典型国家的巨灾应急与补偿机制的模式来看，由于巨灾风险的公共性和特殊性，政府一般都会采取直接或间接干预巨灾市场的方式，发挥政府提供公共服务的职能。政府通过设计合理的巨灾风险应急与补偿机制，制定有效的公共政策，重视工程性防损减灾措施的实施。并且各国政府都立足本国国情，注重传统和新型巨灾风险控制手段的结合应用，努力把巨灾风险的损害程度降到最

低，提高灾后补偿效率。尽管各国巨灾补偿制度不尽相同，但都或多或少地体现了政府的作用以及充分发挥市场的作用，建立了多层次的风险分散机制来尽可能地分散风险。

三、我国政府在巨灾风险应急与补偿中的定位与角色

目前，我国既没有美国政府强有力的财政后盾，也没有像英国那样完善的保险和再保险市场，只能走政府与市场相结合的道路，由政府主导转化为政府发挥辅助作用。政府通过对巨灾保险的支持和杠杆作用，使得保险业担当起整个社会巨灾补偿机制中的核心环节。实现这一目标的关键是，政府必须根据巨灾风险的特殊性，综合考虑到我国保险市场的发展程度、风险状况和政治文化因素，设计出能够帮助商业保险机构有效规避风险的机制，提高其风险承受能力。因此，我国政府在巨灾风险应急与补偿机制中的定位和角色应该是：作为巨灾保险需求和供给的拉动者，使巨灾保险的覆盖面尽可能大；作为巨灾保险市场的组织者和引导者，为巨灾保险应急与补偿机制的顺利运行提供法律、财政、税收与金融等多方面的支持，将具体业务的经营、损失的转移等交由市场，由商业保险公司自行运作。这样可以兼顾公平与效率，提高市场的积极性。

（一）政府的定位与角色

1. 建立健全巨灾风险应急与补偿制度的相关法律法规

这是巨灾风险应急与补偿机制构建的前提。政府须在这一环节内发挥应有的作用，必须制定巨灾保险的相关法律法规，做出相应的制度安排，将巨灾保险列为政策性重点扶持的保险项目。政府要尽快制定《巨灾保险法》和《巨灾风险应急与补偿机制实施条例》，做到有法可依。同时，为了使巨灾保险市场更好地运作，政府应发挥其公共服务的职能，应该提供巨灾风险的评估、预警、气象研究资料等公共物品，使巨灾保险损失控制在可以承受的范围内。

2. 培育和支持巨灾保险市场

政府应该积极发展和完善基础设施和服务，鼓励和支持商业保险公司承保巨灾保险业务。比如，政府应该加强防灾减损基础设施的建设、出台相关建筑规范、绘制巨灾地区区划图。此外，政府还应当在巨灾风险的数据收集、风险建模、产品发展等方面为商业保险市场提供支持，可以使保险人对巨灾风险有一个精确的定价。政府的灾后救济可适当地转为灾前对投保人进行保费补贴。政府可以根据我国的实际情况，对投保人进行分类，制定不同的保费补贴，这有助于提高投保人的积极性和保费的支付能力，在一定程度上抑制风险。同时，政府要鼓

励保险公司开展巨灾保险业务,对保险公司的经营费用给予适当补贴,提高保险公司经营的积极性,增加巨灾保险的供给量。此外,可以适当减免保险公司经营巨灾保险相关的税收,以充实巨灾保险基金,提高其偿付能力。

3. 建立多层次的巨灾风险分担机制

基于我国巨灾保险的特殊性,需要建立巨灾风险基金多方共担机制。政府可以考虑建立"巨灾保险基金会",独立于政府机构之外,直接由国家防灾减灾部门监管。巨灾保险基金通过基金会筹集基金。从制度设计上就必须确保基金能够达到起码的规模。作为一种公共利益性质的制度,解决巨灾保险基金问题的较好方法是采用一定程度的强制模式,用最低的成本迅速筹集一个较大的量,形成一定的规模。基金筹集的具体模式可以采用发行巨灾保险债券和彩票。巨灾风险往往会使保险公司出现偿付能力不足的问题,政府可以通过预算的方式,安排一定的财政资金,支持发行巨灾彩票,以形成一个常态的应急储备资本。同时,国家还可以授权"巨灾保险基金会"在特殊时期,根据需要发行"特别巨灾保险债券",以解决特殊情况下赔偿资金不足的问题。

4. 加强巨灾风险的宣传与风险教育

政府应该通过多种途径增进人们对巨灾风险的认识,提高人们对巨灾风险的认识及防范、风险转移以及对巨灾保险方面的了解。降低人们对于巨灾发生后政府经济救援的心理预期,增强对购买巨灾保险和通过资本市场转移巨灾风险的意识。

(二) 政府在构建巨灾风险应急与补偿机制中应注意的问题

第一,政府应积极发展和完善基础设施和服务,鼓励和支持商业保险公司承保巨灾保险业务。但是政府应该避免直接经营和提供巨灾保险,以免造成对商业保险市场的"挤出效应"。如果商业保险市场因为出现偿付能力不足而无法提供解决方案时,政府应该成为商业保险市场的再贷款者,并尽量减少对风险基础保费信号的扭曲。

第二,政府应借鉴发达国家的经验,相比灾后巨额的损失补偿,政府应该把有限的财政资金集中到灾前的控制和巨灾事件应急系统的建设上。政府过度参与灾后的补偿,不利于控制巨灾风险,同时也会加重政府的财政负担,政府应该把资金用到更有效率的地方。政府应加大对灾前应急系统的建设,引进最先进的电子商务、卫星通信技术以及国家信息系统来进行相应的灾害信息的传递,确保用最科学的方法来应对巨灾,给人们带来最科学的预警,努力把灾害程度降到最低。此外,当灾害发生时,要避免民政部、财政部、商业保险公司和慈善机构行动不协调、不能各司其职的现象,使灾前预防、灾中救助和灾后重建这三个环节都能发挥好各自的作用。

第三，政府在建立巨灾风险应急与补偿机制的过程中，应该和商业保险公司相配合。学习并利用保险精算的原理，对政府经营的保险项目实行差别率费，保费要反映出投保人的实际风险水平，起到减灾的激励作用，防止低风险的投保人向高风险的投保人进行补贴等逆向选择问题的发生。在制度设计时，应该严格责任条款，降低政府干预巨灾保险市场的道德风险。

第三节 巨灾应急与补偿中的保险定位与角色

一、保险机制进行巨灾损失分担的必要性

20世纪80年代，风险和不确定性决策理论得到了快速的发展，对偶理论（Dual Theory）、预期效用理论（Anticipated Utility Theory）等更贴近巨灾风险的特点，使解决巨灾风险保险相关问题成为可能。依库和戈利耶（1990）论证了在期望效用理论和对偶理论下，保险成为处理巨灾风险的最适当的风险管理工具之一。保险公司承保巨灾风险成为灾害风险管理的必然选择，但是巨灾风险带来的较大损失规模又会严重影响到保险公司的财务稳定甚至生死存亡，于是巨灾再保险（即保险人将其承保的风险和责任转嫁给另一家或多家保险或再保险公司，以分散责任）就成为防范与化解保险公司巨灾保险经营风险的主要手段，也成为巨灾风险的传统解决手段。其中巨灾超额损失再保险是国外应对巨灾保险的常用方法。

（一）补偿金额的确定性

作为风险损失分担最基本的补偿方式，保险利用大数法则将大量的同质风险集合起来，与投保人建立契约，使遭受损失的个人或团体尽量恢复到事故前的生活水平。因此，投保人或者被保险人依据自己所缴纳的保费，在损失发生后，在保险责任范围内可以得到确定金额的补偿，减少了损失补偿的不确定性。

（二）补偿效率的提高

风险发生后，不论是政府救助，还是社会援助组织的捐款援助在灾害发生后

对灾区的损失是否补偿，什么时候补偿，补偿程度如何等方面都存在很大的不确定性，经常造成应该补偿的受灾体没有得到及时的补偿。保险公司根据事先提取的准备金，向投保人或被保险人进行赔付，保险公司的偿付能力具有保证性。其次，我国保险法对理赔的时限也做出了相关法律规定，保护了投保人、被保险人的利益。我国《保险法》（2007）第二十三条规定了保险人收到被保险人或者受益人的赔偿或者给付保险金的请求后，应当及时做出核定；情形复杂的，应当在30日内做出核定，合同另有约定的除外。第二十五条规定：保险人自收到赔偿或者给付保险金的请求和有关证明、资料之日起60日内，对其赔偿或者给付保险金数额不能确定的，应当根据已有证明和资料可以确定的数额先予以支付；保险人最终确定赔偿或者给付保险金数额后，应当支付相应的差额。虽然，保险事故发生后，保险公司进行查勘、定损需要一些时间，但是其理赔的速度较其他赔偿方式还是迅速和及时的，特别是有些保险公司为了提高公司的服务质量，向客户保证了在特定的时间内赔付时限。

（三）赔偿资金使用的自主性

保险人或被保险人得到补偿资金后，可以自主地使用这笔资金，可以根据自身的需要将这笔资金用于房屋建设或者以后谋生经营。政府救助通常分为实物救助和资金救助，实物救助通常为一些生活必需品，资金救助除了日后生活补助外，一般用于房屋修理、基础设施建设等方面。

（四）收取保费的合理性与公平性

保险公司根据投保人的地理位置、周边环境、投保险种等来确定不同的保费，根据风险的不同以及投保人的需求来收取差别保费，避免了政府补助和社会帮助的"一刀切"模式，这样既可以满足不同风险投保人的需求也可以在保证相对公平的环境下，权利与义务的对等（缴纳保费的多少与赔付是紧密联系的）。

二、保险机制在巨灾风险应急与补偿中的局限性

保险作为传统且主要的风险转移工具在巨灾风险应急与损失补偿中也发挥着重要作用，但也存在较多的局限性和发展"瓶颈"。主要表现为以下几个方面：

（一）定价困难

巨灾风险发生的频率低，无法使用传统的大数法则进行定价；其次，巨灾发生的种类繁多，洪灾、地震、台风、冰雹等自然灾害需要不同的定价模型；由于巨灾风险一旦发生会造成巨额的保险金赔偿，保险公司可能面临亏损甚至破产，所以保险公司都会对其进行分保，而分保给再保险公司会造成定价高；传统再保险合约的安排与协商过程繁难，参与者须有丰富的保险实务经验与法律知识，且再保险费率依个案定价，其定价过程不够透明化，现在的再保险合约大多需每年洽谈续保问题。

（二）推广难题

由于巨灾风险具有社会属性，所以在应对巨灾风险时，都会出现政府的参与。于是民众对巨灾风险的补偿很大程度上都寄予在政府身上，希望政府拿出财政资金进行经济上的补偿。所以很多人对于巨灾风险投保意识不强，参与的积极性不高。

（三）逆向选择和道德风险

逆向选择体现在投保人很可能是那些面临巨灾风险发生频率高的企业或个人。这样保险公司的保单都是一些高风险且高发生频率的保单，面临很高的赔偿压力。道德风险其中的一个体现是，投保人参保后，很可能不会对自己的投保标的进行防灾工作，风险发生后也不会进行减灾工作来使损失降到最低。

三、保险机制在巨灾风险应急与补偿中的角色与定位

（一）国外保险机制在巨灾风险中扮演的角色与定位

英国、美国和日本的巨灾保险承保主体是有差别的：英国只由保险公司承保，政府在巨灾保险体系中不承担承保责任；而在美国的巨灾保险中，政府是唯一承保人；日本则建立了由政府和保险公司共同参与的承保人体系。

在英国的洪水保险中，保险的提供方全部为保险公司，业主可以自愿在市场上选择保险公司投保。英国政府不参与洪水保险的经营管理，也不承担保险风险，政府的主要职责在于投资防洪工程并建立有效的防洪体系。美国洪水保险和加利福尼亚地震局地震保险的所有业务和品种都由政府提供，保险公司并不

开展这类业务。在美国全国洪水保险计划中，保险公司并不参与该保险业务的经营和管理。保险公司在巨灾保险主要是协助政府销售巨灾保险保单。美国政府的洪水保险保单主要是通过保险公司代为销售，保险公司销售保险获得佣金收入。政府承担巨灾保险的保险风险和承保责任。图9-5为日本地震保险损失分摊机制：

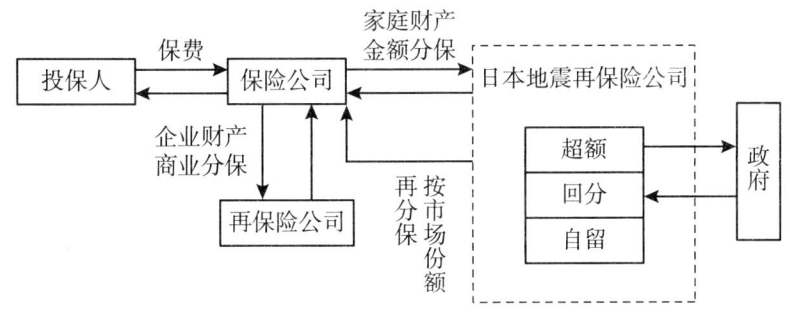

图9-5　日本地震保险损失分摊机制

日本地震保险构成了这样一种"二级再保险模式"，可以最大限度地化解风险，将巨大的地震风险分散到由商业保险公司、地震再保险公司和政府三方共同承担。

（二）中国的保险机制的市场角色与定位

1. 现状

自1996年7月1日起将"地震所造成的一切损失"列入责任免除条款里，要求保险公司不再对地震造成的保险责任负责赔偿。1998年3月1日起实施的《中华人民共和国防震减灾法》第二十五条规定："国家鼓励单位和个人参加地震灾害保险。"这表明地震灾害保险已得到国家的重视与关注。

近年来，我国保险领域已经开始了一些地震保险方面的尝试。产生之初，地震险均以附加险的形式出现，如人保财险的"居家无忧"家庭财产保险组合产品中附加了地震责任扩展条款。2005年11月26日，江西九江发生5.7级地震后，2006年5月，江西出现了我国首个真正意义上地震保险。这是中国大地财产保险股份有限公司江西分公司，针对2006年发生的地震灾害实际状况，通过实地勘察、调研，搜集了大量历史资料，在充分调研市场需求的基础上，自发设计和草拟，经总公司产品开发部门指导和修改，开发出了"大地解忧"房屋地震保险。这是针对地震灾害造成城乡居民房屋损失的一个险种。其主要内容为：大地财产保险公司可以承保3.8级以上地震，被保险人以户为单位，按照房屋价格的1%缴纳保费,一旦出险,保险公司最高可以按照房屋价格的80%承担损失。"大地解忧"房屋地震保险对我国巨灾保险产品的开发进行了有益的尝试。可是,通过前期在江西九江的试点工作发现,其经营状况并不尽如人意。

2. 我国巨灾保险市场的改进

第一,保险的功能不仅是事后对经济损失的补偿,还应该在事前对承保标的进行防灾减灾工作。保险公司在巨灾风险预防中应该进一步发挥自己的专业优势,对投保人进行事前防灾减灾知识普及,指导防灾减灾工作,将损失尽可能降低。目前平安产险开发使用了一套国内仅有的风险管理系统,该系统可以有效地保留客户风险信息,协助开展风险评估,及时提醒防灾防损人员进行客户回访,协助客户开展防灾防损工作。平安产险建立起"中国平安—灾害预警"平台,在灾害来临前,系统通过电话中心95512发送手机短信,向客户传递灾害信息,提醒客户做好灾前的防灾防损工作,保护客户利益。目前该系统收集了平安产险的几万个企业客户和十几万个手机号码。一旦有台风、暴雨、洪水、暴风、暴雪、高温等灾害性天气来临某区域时,系统自动向该区域的公司客户发送灾害预警信息,温馨提示客户做好防灾防损工作。据统计,"中国平安—灾害预警系统"仅仅2005年前8个月就给全国296个地区的客户发送过20多万条灾害预警信息。

第二,发挥保险公司在巨灾损失补偿中的重要作用,政府对巨灾保险应给予各种政策性支持和积极引导,使保险、再保险逐步成为巨灾损失补偿的主要渠道。发达国家应对巨灾风险的常规风险转移机制主要有保险/再保险,包括商业性保险和政策性保险,巨灾保险因其风险的集中性和损失的巨大性,单个商业保险公司甚至整个保险业都无法承担其巨大的风险,而社会对巨灾保险的需求却很大,因而一些国家将巨灾从一般商业性保险业务中分离出来,作为政策性保险业务来经营,而政府采取直接介入管理,或通过各种方式给予政策和资金扶持,鼓励发展巨灾保险,有效分散巨灾风险。所以,政府对巨灾保险的支持可以弥补单纯依赖商业保险的不足。而商业保险应做好承保质量的把控,在事前对承保标的进行谨慎的风险评估,确保风险与保费要成比例,这不仅对原保险公司控制经营风险也对再保险公司的稳定经营是一种良好的保证。原保险公司要与再保险公司建立起长期、稳固的合作关系,同时原保险公司严谨负责任地对待核保,有利于给再保险公司树立良好的形象同时在以后的续保合同洽谈方面减少人力、财力的支出。

第四节　巨灾风险应急与补偿机制中的其他主体角色与定位

一、其他主体参与巨灾风险应急与补偿的必要性

（一）获得信息和采取行动的及时性

从获取信息上，在受灾地区分散的非政府组织和个人，如红十字会、志愿者协会等，他们最能及时准确获取受灾的具体损失情况。另外，从获取信息到采取行动的快速性上，由于非政府组织的管理机制较为紧凑简单，能够迅速动员组织中的成员根据受灾情况及时制定救援决策，随之奔赴救灾前线，抢救生命财产以及为受灾地区及时提供救援物资，安抚灾民。例如，汶川大地震发生后，中国红十字总会立即从成都备灾中心紧急调拨了帐篷、棉被等物资，与此同时要求全国各级红十字会立即联合行动起来，以最快的速度投身到抗灾救灾中。各类民间自发组织也积极投入到抢险工作中。一支由120人和60台挖掘机等大型工程机械组成的民间抢险突击队，从江苏、安徽日夜兼程，在48小时内"几乎与军队同时抵达了灾区"，在抵达绵阳、北川一带后展开大规模的救灾行动。

（二）在抗灾应急物资资源的筹措与分配上具有独特优势

其他主体中的非政府组织一般都秉承利他主义和社会公益精神，追求社会公平和公正，不以盈利为目的，在公众心目中具有一定的公信力，其在筹措应急资源与分配上是建立在公民对非政府组织所倡导的公益性理念的社会认同基础上的一种信任关系，使得其较为容易且快速地开展工作。当巨灾发生后，非政府组织一般会通过各种慈善性、公益性的募捐活动向社会各界筹集善款和物资。在汶川地震中，私人和企业向非政府组织捐助了大量的资金和巨灾物资，及时补充抗灾前线所缺的物品，并对灾害重建提供了强有力的资金支持，有效地为国家财政减轻压力。据报道，汶川地震发生后，截至5月23日18时，中国红十字总会（包括直属单位）及地方各级红十字会已接收到来自境内外捐赠的款物达59.55亿元

人民币[1]。

有时当特大巨灾发生后,对于公共资源的需求是巨大的,这体现在很多方面,如食品、住房、医疗、教育、卫生、建设、心理干预等方方面面,这对于一贯把服务目标群体定位在弱势群体的非政府组织,留下了广大的发挥空间。例如在汶川大地震后,根据对149个NGO(非政府组织)的问卷调查分析,发现NGO所关注的议题较为多样,服务项目也较多[2]。非政府组织可以凭借其服务的专业性为灾区群众及时提供所需的款物以及所需的服务,使得从全国各地调拨来的抗灾物资能够快速而有效地被利用(见表9-3)。

表9-3　　　　　　NGO关注的主要议题比例　　　　　　单位:%

住房	生态环境	文化艺术	生计就业	卫生	社区发展	心理健康	教育	其他
12.1	20.1	26.8	31.5	32.8	51.7	61.1	61.1	12.8

(三) 在发动社会力量 (如救助志愿者) 方面具有很高的效率

其他主体中的非政府组织在巨灾中能够发挥其固有的公信力,充分调动公民参与救灾的积极性,使更多的公民加入到志愿者队伍中,让更多的人投身到救灾大战中,及时弥补抗灾行动中的人力资源短缺。据悉,"5.12"地震发生的次日,包括自然之友、绿家园、非政府组织发展交流网、多背一公斤、震旦纪等在内的民间机构联合行动,组织发起主题为"小行动+许多人=大不同"的非政府组织抗震救灾行动,号召社会公众"通过力所能及的行动,传递关切之心和手足之情"。通过这些宣传活动,在大灾面前,使得更多的公民投身到志愿者队伍中,尽自己的力量积极支援救灾行动。根据共青团四川省委志愿者工作部的数据显示,截至地震发生到6月2日,报名参加抗震救灾的志愿者人数已高达116.09万人。志愿者工作部部长江海称,其中大部分是由社会团体或单位企业组织报名的,个人报名的也有很多。

(四) 内部中的非政府组织之间的联合能形成强大的社会组织力量

在巨灾发生时,必须立即采取有效行动,才能及时挽救生命和财产。大部分非政府组织之间会相互合作,分享信息,联合行动。据调查,在汶川地震中,在接受调查的77家非政府组织中,只有28.6%的组织是独立运作,其余71.4%的

---

① 信息来源于腾讯网 http://news.qq.com/a/20080524/002850.htm,2008-5-24。
② 韦克难,冯华,张琼文.NGO介入汶川地震灾后重建的概况调查——基于社会工作视角 [J].中国非盈利评论,2010 (02).

组织选择与其他组织之间相互合作联合行动。而在有联合行动的非政府组织中，有绝大多数 3 家或 3 家以上的组织之间进行联合，占所有被访组织的比例为 58.6%，有两家合作的组织占被访组织的 12.9%。此外，在应对自然灾害突发和灾后重建方面，非政府组织之间会组织各个方面的专家对项目进行评估，凭借着他们不同的专业背景以及对过去发生的巨灾的评估经验，可以对灾难发生的抢险项目和灾后重建项目进行更有效的评估。

例如，在地震当天 5 月 12 日的下午，贵州一些非政府组织负责人就一起商讨对策，发起了"贵州民间抗震救灾联合行动"。13 日有了一个救灾减灾初步计划，按照此计划，20 多家非政府组织联合行动。他们首先集合了团队中救灾经验丰富的 4 名成员，于 14 日凌晨到达成都，开展信息搜集。在后方，各非政府组织按自身所长进行分工、募集资源、组织运输、联系医院等。因为这种优势资源的整合，使得他们成为第一支到达四川的省外民间救援队伍、第一支向军队提供搜救工具（救援绳）的民间救援队伍、第一支向外发布妇女特殊用品需求的救援队伍，还在第一时间与当地政府合作建立了灾民长期安置点。

（五）在抗灾应急中的专业性

非政府组织一般都会在某一领域具有一定的专长，具有一定的抢险经验。因此，与政府在灾后行动比起来，非政府组织能提供各种各样的专业化服务，尤其是在我国目前救灾体系尚不健全的情况下，这种特色更加明显。例如，无国界医生组织（Doctors Without Borders），这是一个由各国专业医务人员组成的国际性的志愿者组织，也是全球最大的独立人道医疗救援组织。在巨大自然灾害发生后，他们会立刻行动起来，赶赴灾区，提供医疗服务。再如世界宣明会（World Vision），这是一个国际性基督救援及发展机构，是一个全球性的处理以儿童为重点的紧急性援助和持续性的社区发展组织。"无国界医生组织"在汶川地震发生两天后，即派出两支队伍抵达四川，迅速对灾区进行评估工作，开始运输物资，展开对灾区群众提供医疗服务。

二、其他主体在巨灾风险应急与补偿机制中的角色定位

（一）巨灾风险应急中迅速筹措资源和分配的有力助手

汶川地震发生后的第一时间，国内非政府组织反应迅速。爱得基金会作为一个由中国基督徒发起、社会各界人士参加的民间团体，在地震发生半小时后，对

汶川地震的应急预案就开始启动，在掌握了解灾区需求信息后，于当晚即决定先期动用 200 万元资金开展紧急援助工作，并于地震发生后的第二天正式实施。据统计，从 2008 年 5 月 12 日至 2008 年 6 月月底，累计发放 35.2 吨食用油，376.5 吨大米，17 800 床棉被以及其他救灾物资，有力地缓解了受灾群众地震后的燃眉之急。作为社区活动中心的爱白成都青年活动中心，在震后一个小时就通过网络发布地震自救、避难服务等信息，在有成员的城市，为灾民做出心理干预，为灾民提供临时避难所。此外，非政府组织在动员社会公众，发动志愿者积极投身抗灾工作中发挥了积极的作用。可知，非政府组织可在巨灾发生后的第一时间为政府减轻人员和物资上的压力，在巨灾应急阶段，成为政府强有力的助手。

（二）巨灾风险应急阶段专业服务的提供者

不同的非政府组织都有着自己的服务人群和服务目标。他们的工作分布于医疗、教育、心理干预、食品等方方面面。据统计，在汶川地震发生后，各国医疗队员救治地震伤员达数千人次，成功实施骨折、截肢等手术数百例，此外还有不可计数的灾后心理救助。在这次救援中，四川省红十字会组织派往灾区一线的应急救援队伍 75 支，共计 6 546 人。其中省内专家医疗队伍 6 支，计 326 人；专业搜救队 5 支，计 295 人；心理干预队伍 12 支，计 540 人；设立医疗救护站 75 个；协调调配和运输灾区急需物资 5.1 万余吨。据悉，这次救援中，四川省红十字会志愿者救援队从危房和废墟中解救人员 7 200 余人；抢救伤员 1.2 万余人；协助转运受灾群众 12.1 万余人；心理救助灾区群众 5.3 万余人。

（三）巨灾风险应急处理过程中，信息传递的重要载体

非政府组织发展交流网、中国非政府组织互动网等作为中国非政府组织公益交流平台，在救援中也起到了重要的作用。在巨灾风险发生时，这些交流平台可以及时跟踪发布灾难信息，让政府和非政府组织更清楚地了解灾难的状况和抢险的动态。对于一些个体非政府组织或者政府难以在短时间内解决的问题，国内外非政府组织可以通过这样的平台，组织各方面的专家联合起来，凭借他们多年的应急经验，可以对问题进行有效的评估，增强效率。同时通过这样的信息交流平台，可以使得非政府组织的应急能力不断地得到提升，对以后的抢险工作具有积极的作用。

（四）政府巨灾风险应急抢险工作的有力监督者

赋予非政府组织监督政府在巨灾抢险工作的权力，将更好地促进政府工作的

完成。当巨灾发生后，社会公众将自己的爱心转化为向灾区群众捐款的同时，也特别关心自己捐赠的钱能不能真正地落实到位。如果非政府组织对救灾款项和物资等使用情况进行监督，将促使政府在巨灾应急与补偿阶段能更好地运用资金，这样可以有效减少巨灾款项被滥用的现象。汶川地震发生之后，截至 2009 年 4 月 30 日，海内外捐款总数达 767.12 亿元，但 80% 左右的资金流入政府的财政专户，由政府部门统筹用于灾区建设。对这部分善款的使用进行有效的监督意义重大。

三、其他主体在巨灾风险应急与补偿中的对策

（一）建立与政府之间的合作与协调关系

1. 日本非政府组织与政府的合作与协调关系

日本《NPO 法》（全称《特定非营利活动促进法》）于 1998 年 3 月 25 日正式颁布，并于同年 12 月 1 日启动实施，推动了非政府组织与政府的协同合作。双方之间的协同方式包括：资金补助、共同主办、项目委托、派遣人员、使用公共财产、信息交流、活动协调等。日本横滨市制定了如下的协动原则：

（1）协动双方关系对等原则；

（2）尊重 NPO 自主性原则；

（3）协动双方自立化的原则，避免 NPO 对政府产生依赖和被政府收编；

（4）相互理解原则；

（5）双方的共同目的都是解决公共问题，为非特定多数的第三者服务的原则；

（6）公开原则。

2. 英国非政府组织与政府的合作和协调关系

英国政府高度重视推动民间公益事业的发展，并与民间公益组织建立合作关系。1998 年 11 月经英国女王批准，英国首相托尼·布莱尔、内政大臣杰克·斯特劳和全英慈善组织与政府合作委员会主席肯内斯·斯通，共同签署了一项具有划时代意义的协议，即《政府与志愿及社区组织合作框架协议》（COMPACT），后来，由地方政府协会主席和全英慈善组织与政府合作委员会主席共同签署了一个地方性的《地方各级政府与志愿及社区组织合作框架协议》（COMPACT）。为了促进政府各部门及地方各级政府与民间公益组织之间的合作关系，COMPACT 突出强调如下原则：

（1）政府对民间公益组织的资金支持原则；

（2）政府在支持民间公益组织的同时确保其独立性的原则；

（3）政府与民间公益组织在制定公共政策、提供公共服务上的协商、协作原则；

（4）民间公益组织在使用包括政府资金在内的公益资源上的公开性、透明性原则；

（5）政府保障各种不同类型的民间公益组织有公平机会获得政府资助的原则。

3. 从汶川地震应急救援，看我国政府与其他主体之间的合作关系

汶川地震发生后，绵竹遵道镇作为地震重灾区之一，大批非政府组织涌入遵道镇。为了有序地开展救援工作，当时成立了志愿者协调办公室，作为非政府组织的协调机构，同时也被政府纳入救灾体系。遵道镇志愿者协调办公室由非政府组织成员自助管理，镇政府派代表负责联系，重大问题需向镇领导启示。此时非政府组织对自己的角色定位为"查漏补缺，只帮忙不添乱，做政府无暇顾及的"。这种合作模式在实践中取得了较好的效果。但由于很多志愿者缺乏与政府之间的有效沟通以及缺乏救灾经验，造成政府认为非政府组织的一些想法不切实际。

（二）关于我国政府与其他主体之间合作与协调关系的建立

1. 应加快建立鼓励非政府组织发展的机制

例如将非政府组织纳入国家巨灾风险应急预案的规划中，对非政府组织给予资金支持的同时，还应赋予非政府组织更多的自主性管理权力。目前，我国的非政府组织的组成人员一般有三种：政府背景的成员、资金资助组织的负债人以及非政府组织领导者；在非政府组织的负责人中，有49.2%的人之前在行政部门任职，27.9%的人曾在事业单位任职，8%的人从其他的非营利部门转调而来。由此可知，在具体执行项目中，非政府组织会受到政府部门和资助方的意愿的影响。

2. 加强政府与非政府组织之间的互信关系与沟通能力

政府与非政府组织要想建立稳定的合作关系，双方必须保持在一个相互信任的关系。政府应该转变观念，非政府组织的发展壮大，并不等同于是一个拥有权力，威胁社会稳定的不法组织。相反非政府组织的存在，可以使得社会朝着更公平公正的方向发展，对于建设和谐社会具有积极作用。非政府组织应该加强自身建设，积极配合政府工作的展开，积极与政府进行沟通，让自己能够良性地发展下去。

3. 其他主体中的个人应增强在巨灾发生后自救和互救能力

在巨灾发生后，可能由于很多客观条件使得救援工作很难展开，大批救援队伍很难在第一时间到达受灾现场展开救援工作。但对于那些发生巨灾地区的群众而言，在极短时间内得到救援极其重要，这就使得在救援队伍没有到达时，受灾群众自身的自救和互救能力就要备受考验。

4. 其他主体中企业和个人应提高巨灾风险管理意识

对于企业和个人来说，应该利用保险等防范巨灾风险手段使得在巨灾发生后，能够使自身所遭受的财产损失有更多的补偿，这样才能更快地从巨灾中恢复到正常的生产生活。但目前来说，我国相当大的地区保费密度和深度还很低，以至于巨灾发生后，主要依赖于政府的财政援助。然而政府的巨灾财政支出又十分有限，仅能对基本生活起到保障作用。所以企业和个人应注重提高自身的巨灾风险管理意识来应对可能造成的损失。

四、构建巨灾风险应急与补偿中的政策建议

中国是世界上各种灾害最为严重的国家之一，由于特殊的地理气候条件、自然环境和基本国情，我国灾害种类多、分布地域广、发生频次高、造成损失重。2010年以来，就先后发生了玉树特大地震、舟曲泥石流、南北方大面积持续干旱、洪涝等各种重大灾害，给人民生命财产安全造成巨大损失，对我国经济社会发展带来严重影响。总结汶川地震等重大灾害应对的经验，学习借鉴各国防范应对巨灾的成功做法，对于加快构建中国特色巨灾应急管理体系，全面提高防范应对各种巨灾的能力和水平，具有重要意义。近年来，在全力应对各种重大灾害中，不断总结经验，探索规律，初步形成了具有自己特色的巨灾应急管理体系。但是，与有效防范应对各种巨灾频发的要求还不适应，还有不少方面需要改进完善。加快构建中国特色巨灾应急管理体系，当前和今后一个时期，应着力从以下四个方面全面推进：

（一）全面推进巨灾应急管理体制、机制、法制和预案体系建设

要以提高巨灾综合防范应对能力为重点，进一步理顺各级应急管理体制，形成国家统一指挥、分级响应管理、多元协同作战、公众共同参与，反应迅速、运转高效的巨灾应急管理体制。加紧建立健全巨灾风险调查评估、监测预警、信息共享、救援处置、恢复重建、社会参与、区域协作、舆论引导、国际合作等机制。抓紧研究制定国家巨灾防范应对的专门法律，完善各种已有的单项法律法规和配套制度，健全巨灾防范应对的法制体系。进一步加强各类巨灾应急预案的研

究、制定和完善工作，全面开展巨灾预案的演练、评估和修订，不断提高预案的科学性、指导性和可操作性。

（二）全面加强巨灾应急管理的基础能力建设

要把巨灾的防范和应对纳入城乡建设发展规划，以降低脆弱性、增强可持续性为核心，重点加强电力、交通、通信等各类基础设施的防灾和抗灾能力建设，提高学校、医院、大型商场等人员密集场所抗灾设防标准。特别在各种巨灾易发地区、行业，要通过建立健全各种监测预警体系、提高基础设施建设设防标准、加强巨灾防范应对装备投入、强化教育培训等各种有效措施，提升防灾抗灾基础能力。要加大巨灾防范应对的科技投入，整合地震、地质、水利、海洋、航天、航空等各方面资源和力量，研究巨灾形成机理、分布规律和发生条件，探索防范应对的科学方式、方法和技术，全面提升巨灾防范、应对的基础能力和水平。

（三）全面完善巨灾应急管理保障体系

加快完善国家巨灾应急物资储备体系建设，优化储备布局，丰富储备品种和数量，加强跨地区、跨部门、跨行业的应急物资协同保障，全面提升巨灾应急保障能力。加强巨灾防范应对的装备配备和力量充实工作，加快建立专业化、综合性的国家巨灾应急队伍，加强对巨灾应急技术的研发和应急管理平台建设，不断提高巨灾防范和应对的科学化、信息化水平。加大巨灾应急管理的资金投入，加快建立国家财政、金融、保险、慈善等共同参与的多元化巨灾风险防范、化解、补偿等机制，努力形成政府、企业、社会、公民等相结合的巨灾风险多元共担机制和保障体系。

（四）全面提高全社会防范应对巨灾的意识和能力

进一步加大各种巨灾防范和应对知识宣传普及力度，通过多种形式，大力推进防灾避险、自救互救等应急知识技能进社区、进农村、进企业、进学校，全面提高全社会的巨灾风险防范意识和自救互救能力。加强巨灾应急管理的教育培训，着力提高各级领导干部巨灾防范的意识和应对处置能力。加强对各类社会组织、志愿者队伍，特别是"第一响应者救援队伍"的教育培训，不断提高组织化、专业化水平，充分发挥其在防范和应对巨灾中的作用。加强全方位的巨灾应急管理国际交流合作，大胆学习借鉴世界各国防范应对巨灾的成功做法和经验，提高全社会应对巨灾的能力和水平。

第五节　中国地震和洪水巨灾风险的应急与补偿的机制设计

一、中国巨灾风险基金的总体一般设计

（一）中国巨灾风险基金模式选择

目前，全球共有十几个国家建立了巨灾风险基金，主要有三种运作模式：第一，国家政府主办模式，以美国洪水保险基金（NFIP）、佛罗里达飓风灾害基金（FHCF）为例；第二，完全商业化运作模式，如英国的洪水保险基金和挪威自然灾害基金（NNPP）；第三，政府和保险公司共同协作模式，像土耳其的巨灾保险基金（TCIP）和加勒比巨灾保险基金（CCRIF）。每一种模式没有绝对的好坏之分，均为该国或该地区根据当地实际情况，所选择的最适合国情的巨灾风险基金模式。那么，在中国若想建立起一套完善的巨灾风险基金体系，必须根据中国的国情去选择最适合的模式。

1. 国家政府主办模式

在国际上最典型的例子便是美国的洪水保险基金和佛罗里达飓风灾害基金。其主要特征为，由该国政府或当地州政府作为基金建立的发起人和主管者。在基金融资方面，首先我们要明确作为保险基金，不论是哪种模式下，巨灾保费收入都是其资金积累的主要来源，同时巨灾风险由于其损失额度巨大，风险发生频率和损失波动难以准确估计，因此单凭保费收入无法满足灾后的损失补偿，其基金的积累也往往需要多种融资渠道，而在该种模式下，政府对其财政支持力度是最大的。此外，巨灾风险基金作为基金的一个种类，特别是其资金量往往很大，需要进行投资以达到保值增值的目的，因此投资所得也是基金收入的一个重要组成部分，该模式下通常会由政府部门进行投资管理，如 FHCF 的主管机构是佛州管理委员会（SBA），其还对包括州政府公务员退休基金在内的 25 个投资基金进行投资管理，能够提供各种专业化的投资服务。此外，政府主办模式下的巨灾风险基金，有时会通过其他渠道来补充资金，特别是政府授权下的渠道。如佛罗里达州的法律授予 FHCF 当持有现金资产不足以支付保险赔付时，可发行收益债券来筹集资金。这种债券有"事后"和"事前"两种：2006 年 FHCF 首次发行了 13.5 亿美元免税的"事后"收益债券，于 2006 年和 2007 年分别发行了 28 亿美

元和35亿美元的不能免税"事前"收益债券。其发行收益债券所募集到的资金根据赔付期限、金额等不同进行不同的投资,为将来FHCF给保险公司的赔付提供后备保障。

在基金损失分担机制上,三种不同模式的主要参与者很相似,包括保单持有人、原保险人、再保险人、资本市场投资人、政府、非政府部门等,其主要差别在于政府部门是否参与以及参与程度如何。我们以NFIP为例,NFIP的损失分担如图9-6所示,其赔付能力安排包括以下四个部分:最底层是各会员保险公司自留的风险,且随着保险行业的总风险敞口的增加而增加;第二层是往年资金结余与当年保费收入之和;第三层是NFIP对投保人进行的费率补贴,需要注意的是其费率补贴并不是从税收得来的,而是从该项目的巨灾准备金中提取的;最上面部分是政府所承担的赔付部分,NFIP有权向美国财政部借款以应对灾年的巨灾索赔。各层次根据各自的责任范围承担相应的损失分担额度。

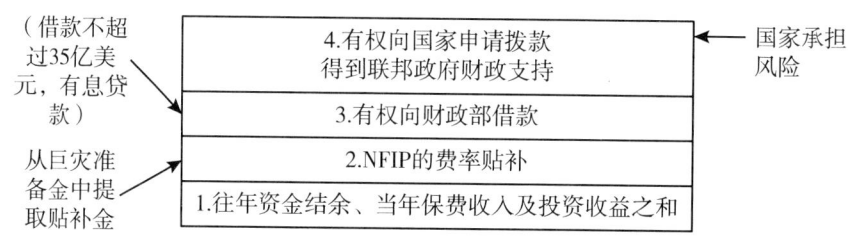

图9-6 美国洪水保险计划的损失分担安排

资料来源:曾立新.美国巨灾政府保险项目研究及其对我国的启示[J].保险研究,2007(7).

2. 完全商业化模式

以英国的洪水保险基金和挪威的自然灾害基金为例,其主要特征是选取此种模式的国家,其商业化保险市场发展均比较成熟,当地居民保险意识比较强,具有雄厚的商业化运营基础。如英国洪水保险是基于英国政府承诺并确实修建了一系列洪水防御设施,使得洪水风险在英国具有了一定的可保性。并且,英国是世界上最古老的保险市场,积累了相当丰富的承保经验,行业自律能力强,发展较为规范,从而促进巨灾风险基金可以完全商业化运作,提高运行效率,减少公共所承担的成本。在英国的洪水保险模式中,私人保险公司参与洪水保险的职能与作用得到了突出,政府不承担风险,而是由民间保险公司自愿承担或根据法律法规的要求承担洪水风险。

该种模式下的损失分担机制,其政府在灾后融资方面扮演的角色很少,而重点参与了灾前的防灾减损工作,如英国修建的一系列洪水防御设施。由于英国采用市场化的洪水保险,其资金来源当然只限于所收取的保费、投资所得以及再保险的赔付,因此其对再保险的依赖性非常强,所以英国的《洪水保险供给准则》中明确提到,如果有再保险的退出,就会对洪水保险的供给进行调整。

3. 政府和保险公司共同协作模式

该种模式在发展中国家较为流行,以土耳其巨灾保险基金和加勒比巨灾保险基金为典型。相对于上面两种模式,其主要特点是基金大多由政府、保险公司、再保险公司等联合筹建,像 TCIP 和 CCRIF 均由世界银行参与组建,CCRIF 更是由多国共同参与。其管理人员也由政府机构、保险业和学术界等各方面共同组成,更彰显其公平合理的一面。在基金融资方面,该种模式下的 TCIP 和 CCRIF 均得到了世界银行的资助,同时 CCRIF 还下设了一个多方捐赠信托基金,由国际捐赠形成,它同 CCRIF 的关系由一个专门的协议所界定,财政支出依据相应的程序来执行,并由世界银行对所有报批的开销实行报账制式的财务管理。

该种模式下的损失分担通常政府的参与程度很低,不作为最后的担保人进行兜底,而是更多地利用国际再保险市场、资本市场等进行风险的分散。图 9-7 所示为 CCRIF 的损失分担,其财务战略是要使其最大赔付能力达到 1.45 亿美元,能够对 1 500 年一遇的灾害所造成的损失进行赔付,其风险转移结构由以下四个层次所组成:第一层次 CCRIF 风险自留为 1 250 万美元,应对的年平均损失是 410 万美元;第二层次由再保险承担超出第一层次以上的 1 250 万美元的损失;第三层次是由再保险承担超出第一、第二层次之上的 3 000 万美元的损失;最后一个层次共有 9 000 万美元,包括 6 000 万美元的再保险和 3 000 万美元的掉期。其中,世界银行与 CCRIF 签订了一笔保额为 3 000 万美元掉期协约,与此同时又与慕尼黑再保险签订了一份同样的掉期协约,抵消了世行自身的风险暴露。这样,CCRIF 通过世界银行成功地把巨灾风险转移到国际资本市场(见图 9-7)。

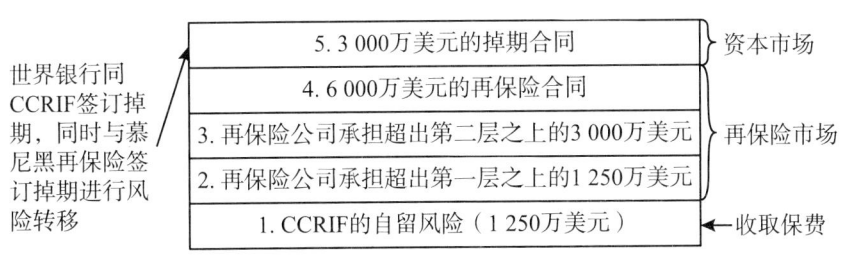

图 9-7 加勒比巨灾保险基金的损失分担安排

注:根据资料自行整理:加勒比巨灾风险保险基金的运作及其借鉴 [EB/OL] 2010 - 12 - 20. http://sjr.sh.gov.cn/detail.jsp?main_colid = 1365&top_id = 1333&main_artid = 69853.

结合中国国情和以上对三种模式的具体分析,可以得出最适合中国的模式是国家政府主办模式。首先,巨灾风险在中国发生的频率高、损失大,使得其巨灾损失融资需要政府进行主导,而且相关的法律法规缺位,中国迄今为止还没有制定出专门的关于巨灾保险的法律法规,仅在个别的法律中提到国家对于巨灾保险的开展持积极态度,因此在整套法律体系建立完成之前,必须由政府来主导整个巨灾风险基金的建立与完善;其次,中国的保险业起步较晚,巨灾保险市场发展尚不完善,私人保险公司的供给积极性不高,对灾害损失赔偿能力十分有限,承保能力严重不足,国民的巨灾保险意识,尤其是对巨灾风险的危险程度与损失程度认识明显不足,甚至抱有侥幸心理,这就导致了巨灾保险将面临的参保率低的问题,从而使大数法则进一步失效,因此建立完全商业化运作模式的巨灾基金也不合适;此外,中国的资本市场尚未成熟,当前无法很好地建立巨灾保险与资本市场之间的风险分摊体系,且中国作为世界上的政治大国、经济大国,在实践上无法重点依靠国际捐赠与救助来对巨灾风险进行应急与补偿,而更多的是依靠本国政府的力量,从政治方面考虑这也是一种彰显本国实力的体现,因此政府与保险公司协作模式也并不适合中国。相对于此,政府主办模式下的巨灾风险基金的建立更适合中国,但我们应该注意的是,不能单纯地仿照 NFIP 和 FHCF 的模式建立,而应该更具体结合中国国情,同时还需借鉴另外两种模式的优点。比如应学习完全商业模式下的英国政府开展的事前的防灾减损工作及各种政策支持;借鉴政府和保险公司共同协作模式下的 TCIP 和 CCRIF,向世界银行等机构寻求条件性融资的项目支持,即巨灾损失一定程度时,按照事先的承诺,国际机构向巨灾基金提供紧急贷款来支付赔款,而贷款由未来基金收入逐渐归还,随着中国保险、资本市场的成熟和完善,再逐步推行面向更多主体发行的更加复杂的巨灾衍生产品,循序渐进地拓展资本市场融资渠道[①]。

(二) 中国巨灾风险基金的总体一般设计 (见图 9-8)

1. 应该建立一个核心的基金管理机构

如图 9-8 所示的基金管理委员会,以对整个巨灾风险基金进行指引和监管。当前国际上成熟的巨灾风险基金虽然模式不尽相同,但均设立了专门的核心机构对基金进行管理,这也是各国巨灾风险基金运行良好的关键,中国也应该借鉴于此,在设立基金的同时成立巨灾风险基金管理委员会作为其核心管理机构。结合中国国情,商业性保险机构的盈利天性使其难以公平地对基金进行管理,而由政府承担监管权能使公众相对更确信基金的公平性,同时巨灾基金也需要立法、税收等多方面的支持,由政府组建在实践中也更具有操作性,因此笔者建议该机构

---

① 卓志,王琪.中国巨灾风险基金的构建与模式探索 [J].保险研究 (增刊), 2008 (1).

应由政府组建,而且为了节约监管成本,有效利用现有的监管资源,可设置为保监会下的单独机构。同时为了避免政府权力的过度集中,还应借鉴 TCIP 的做法,其委员会成员不仅只包括政府机构,还应包括保险业和学术界的成员,以期能组建一个以政府为主导,多方利益相关者共同参与的核心管理机构,也更有利于增加管理委员会的专业性和公平性。

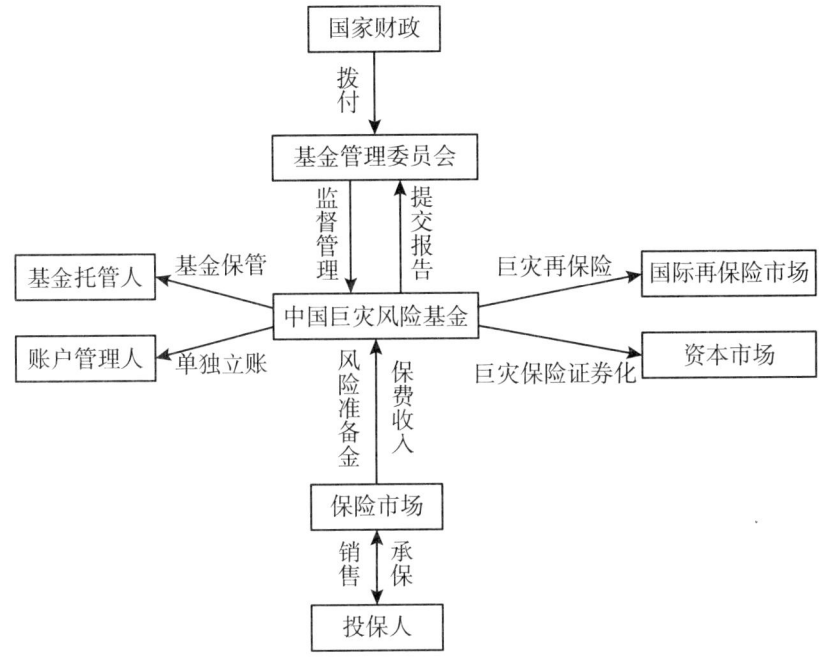

图 9-8 中国巨灾风险基金的总体设计

2. 应该形成一个多层次的损失分担体系

巨灾风险的损失不确定性、损失规模的巨大性、影响的广泛性、传统的不可保性等,决定了单纯依靠一方无法承担起巨灾的损失赔偿,因此,应该建立一个多方的巨灾风险分担机制,联合政府、保险市场、国际再保险市场、资本市场等多方面的力量,如图 9-8 所示损失分担方应包括保单持有人、原保险人、国际再保险、资本市场、政府。在这里,政府不应当充当第一保险人或者巨灾损失的唯一承担者,而是要最大限度地发挥商业保险机构在巨灾保险基金执行过程中的作用,若全部由国家财政承担,受灾民众会普遍存在着依赖社会捐赠和政府救济款的心态,这种心理上的过分依赖会扭曲市场主体激励机制,诱发道德风险,大大增加巨灾的损失概率和损失后果,最终会增加灾害的社会成本。如图 9-8 所示,应先由保单持有人从商业保险公司购买保险保单,将巨灾风险进行转移,而商业保险公司再将这些保单风险分保给政府指定的国内再保险公司,再由该再保险公司向国际再保险市场寻求再保险支持，或到资本市场上发行债券以分散巨灾风险，最后由政府以国家财政兜底，作为最后的再保险人。

巨灾风险基金按照保障范围的不同，可以分为专项巨灾风险基金和综合性巨灾风险基金。专项巨灾风险基金是指专门针对特定区域为某种巨灾风险而设立的巨灾风险基金，而综合性巨灾风险基金其保障范围更广，包括了多种巨灾风险。其中，专项巨灾风险基金的优点一方面可以很好地应付特定巨灾风险，避免了巨灾保险的跨区域补贴；另一方面，有助于保险公司专注于本地区的特定巨灾风险，从而有利于合理制定费率。比如佛罗里达飓风巨灾基金便是一种专项巨灾风险基金，其仅仅只对佛罗里达州的飓风灾害造成的损失进行赔付，体现了自然灾害专项保险的思想。相对来说，综合性巨灾风险基金更能够提高保单持有人的保障程度，进而提高巨灾保险的参保意愿及参保率，同时更重要的是能够实现风险在不同险种之间的分散。中国地域广阔，各种自然灾害的分布和发生概率均有很大差别，因此可以效仿佛罗里达州 FHCF 的设立，从而进一步分散在不同区域内的不同类型的自然灾害风险。比如中国地震频发的四川、陕西等西部各省可以设立区域性的地震巨灾风险基金；长江中下游地区的湖南、湖北等省可以设立区域性的洪水巨灾风险基金。不同的巨灾风险由于其风险属性等各方面的不同，其基金设计也各不相同。

二、地震巨灾风险基金设计——以中国为例

地震巨灾风险基金应是以金融保险产品为载体，结合政府、资本市场、保险市场等多主体参与融资管理与损失分担，用于分散地震风险与分担地震损失的一种专项基金。目前世界上地震损失较为严重的国家或地区，其地震风险损失补偿机制的建立均以保障家庭财产为目的，对企业财产实行商业保险，其中以日本地震保险损失补偿机制最为典型。因为住宅作为生活的基础，一旦遭到毁坏将很容易形成社会问题，而政府积极参与建立的地震保险损失补偿机制可以集中资金帮助灾民迅速获得损失赔付，以保障基本生活需要。我国地域广、人口多，特别是人口密集度也随着城市化建设越来越高，然而我国的地震风险损失补偿机制尚未建立完善，地震发生后，只有少数灾民可以获得救济。此外，随着我国住房市场私有化制度的完善，按揭贷款比率逐步提高，一旦发生大地震，便会对金融系统的稳定性带来巨大冲击。因此，在我国建立政策性家庭财产地震风险损失补偿机制是十分必要的，而地震巨灾风险基金作为地震风险损失补偿机制的核心，也应围绕政策性家庭财产为重点展开，设计相应的险种和制度安排。

我国地震巨灾保险基金的融资来源可包括：第一，国家财政资金。由于每年

我国财政都要拿出相当一部分资金用于全国的灾害救助，那么也可以在该预算中拿一部分这种用途的资金注入地震风险基金，以用于长期的地震风险管理；第二，保费收入。保险公司取得的政策性家庭财产地震保险的保费收入扣除管理费用后全额缴入地震巨灾保险基金；第三，税收的减免。政府对地震巨灾风险基金的税收优惠可直接划入基金账户进行统一管理；第四，各保险公司依比例计提的风险准备金；第五，地震巨灾风险基金的资金运用收益。对基金的投资必须有严格的管理，如日本和中国台湾地区都只允许投资于安全性高、流动性好的债券等项目；第六，通过资本市场融资，如发行巨灾保险债券、保险连接证券等保险金融衍生工具，在资本市场进行风险的转移。

（一）核心运行机构

地震巨灾风险基金的核心机构是设计其组织模式的首要问题，涉及如何界定政府、保险公司、国际再保险公司等参与主体的地位和作用，同时也是我国地震保险制度的核心机构。世界上地震保险制度比较成熟的国家或地区均依据本国国情建立了相应的核心机构，如美国加州的民营公办形式的地震保险局（CEA）、日本的由民营保险公司参股成立、政府参与的日本再保险株式会社（JER）、新西兰的由政府完全注资成立的地震委员会（EQC）等。当前我国的保险再保险市场还不完善，建立市场化运行较高的核心机构尚不具备充分的条件；而完全依托政府，不利于地震巨灾保险基金的有效运行，也不能发挥其减轻财政负担的作用。因此，可考虑政府主办模式，与保险公司等多方主体共同合作的"中国地震巨灾风险基金"。"中国地震巨灾风险基金"的主要任务是包括地震巨灾风险基金的收付、划拨、资金运用、统计等职责。具体职责包括吸纳商业保险公司的保费收入和政府的财政拨付等资金来源，形成地震巨灾风险基金；制定国际分保计划和资本市场融资策略；对基金进行投资管理、费率厘定及损失分摊计划；定期向基金委员会提交评估报告，作为决策依据；对基金销售实施监督管理[①]。

（二）负责总体监督管理的机构

"中国地震巨灾风险基金"上设地震巨灾风险基金管理委员会，作为政府的职能部门对"中国地震巨灾风险基金"进行总体的监督管理，确保基金运行的可行性及有效性。该管理委员会应包括保监会、财政部及审计部门驻派代表、各保险公司和再保险公司、地震专家学者等。主要职责为：地震巨灾保险基金的建立和对运作模式进行总体设计、损失分摊计划的策划指导、各参与主体的职责划

---

① 卓志，王琪. 中国巨灾风险基金的构建与模式探索［J］. 保险研究（增刊），2008（1）.

分及同财政部门进行有效的财税沟通；保监会下设专业巨灾保险监管机构作为地震巨灾基金管理委员会的职能部门，与审计部门配合，对"中国地震巨灾风险基金"的运作及财务状况进行监督。另外，"中国地震巨灾风险基金"可以考虑成立一个咨询小组，作为与地震巨灾保险基金管理委员会的沟通平台，它不是一个决策部门，而是作为一个知情部门，咨询小组由各专家学者组成，对基金的运行状况、各保险公司关于地震保险业务的销售、承保、理赔、产品设计等情况进行调查与总结，定期提交评估报告，以便地震巨灾保险基金管理委员会在作决策时更准确、更审慎，其监督机制更完善、更有效[①]。

（三）其他参与机构

除地震巨灾保险基金的核心机构和监管机构之外，运行主体还包括：商业保险公司、再保险公司、资本市场分摊主体、基金托管人、账户管理人和保险中介机构。商业保险公司的职责主要体现在地震保险产品的承保、销售上，并承担相应的理赔责任。为鼓励更多的财险公司承保地震保险，可采取适当的费用补偿及税收优惠等措施。再保险公司主要负责地震风险的超额损失再保险，我国的再保险市场起步较晚，而国外再保险公司有较大的承保容量和大量的成功案例与风险模型等，可通过建立与国外再保险公司的长期合作，加强地震巨灾风险基金的分散风险的能力，借助与国际的交流合作获得更多宝贵经验。基金托管人可由地震巨灾风险管理委员会指定一家资信良好的商业银行担任，依据托管制度"管理与保管分开"的原则，通过对基金财产的保管和对基金资产操作的监督来有效保护基金的合理运用。账户管理人则应依据"单独立账、专户管理、长期积累、专款专用"的管理方式，负责基金账户的建账、管理、记录、提供查询等职责，以确保基金运作的透明性。最后，资本市场分摊主体通过风险证券化的方式作为融资主体，以获得更大范围的巨灾风险分散。

从可行性的角度出发，目前我国受到灾害评估的技术水平和资金等因素的制约，短期内建立单项巨灾风险基金是较为适宜的。然而，从长远角度来说，我国国土面积大，灾害种类多，地震、洪水、台风等风险发生的可能性都很大，如果专项巨灾风险基金不能用于其他巨灾损失风险的补偿，则会造成资金使用效率低下，而建立综合性的巨灾风险基金体系会有利于分散风险。因此，在地震巨灾风险基金发展较为成熟并积累一定经验后，应逐步扩充基金的保障范围，覆盖包含地震、洪水、台风三类我国主要自然灾害风险的巨灾保险基金，以便最大限度地减少管理成本，提高巨灾损失的补偿效率。

---

① 米云飞. 我国地震保险损失补偿的金融对策研究 [D]. 河北大学学位论文，2010.

三、洪水巨灾风险基金设计——以中国为例

由于我国洪灾损失占 GDP 的比重逐年上升，财政面临越来越大的救灾资金压力，使得我国洪水保险越来越受重视。2006 年，面临洪涝灾害风险大的浙江省，积极推行"政策性农房保险"试点计划，把洪水、台风、暴雨等列入承保范围，得到了广大居民的积极响应，基本实现了全省覆盖。2007 年下半年，能繁母猪保险在全国试点开展，把洪水（政府蓄洪除外）、台风、龙卷风、暴雨、雷击、地震、冰雹七种自然灾害风险覆盖在内，这一保险采用保险公司经营而由财政补贴保费的模式。然而由于投保率比较低，洪水产品所收取的保费积累的资金是比较少的，此外我国近年来自然灾害不断，赔付较多，因此保险公司中洪水保险资金比较少。而洪水灾害作为巨灾的一种，其造成的经济损失往往是非常巨大的，因此不仅需要保险公司积极向其他市场转嫁洪水巨灾风险，分散过大的洪水保险经营风险，更重要的是建立洪水巨灾风险基金，从而能对洪水巨灾所造成的损失及时地进行补偿。

考察世界各国或地区先进的洪水巨灾风险基金体系，大都采取了政府支持的多层次的洪水保险损失分摊机制。在这个分摊机制中，包括了投保人、保险人、再保险人、资本市场和政府等主体。在借鉴国际经验的基础上，我国洪水巨灾风险基金的损失分摊规则可以设计为：首先投保人自行负责免赔额以下的损失。超过免赔额的部分，底层损失由保险人承担；中层损失由国内外再保险市场承担相应的赔偿额度；再保险市场不足以分摊的部分，由洪水巨灾风险基金进行分摊；高层损失由资本市场承担；最后由政府承担所有可用资金以外，保险金额以内的损失。这一损失分摊机制纳入洪水巨灾风险基金的运作过程中，首先由商业保险公司承保洪水保险业务，然后全额分保给中国洪水巨灾风险基金进行管理，由其对洪水保险业务进行损失分摊设计，按照不同比例，将洪水保险业务分保给保险和再保险公司及资本市场，其余自留，基金不足部分由政府补偿，财政资金纳入洪水巨灾风险基金进行管理，基金的投资运作收益不断充实基金规模，并保持基金良好的流动性。

（一）投保人与保险人的风险分摊

目前很多国家和地区均采用限额承保方式，并规定一定的免赔额，这些措施使得投保人承担一部分洪水损失，即使发生全损，投保人也只能获得部分赔偿。我国国土面积大、人口多、人均分布广泛的国情，决定了洪水损失分摊规则采用限额承保方式及免赔额设置是十分必要的。因为若每个投保人都在自己承受范围

内承担起相应的损失，一方面可以降低洪水巨灾风险基金所承担的总风险，另一方面避免了政府因此而承担过重的财政负担。但要注意的是，免赔额的设置应与保险条款相配合，免赔额过低，容易造成大量的小额赔款，提高赔付成本，降低居民对地震风险的自我防范意识；相反，免赔额过高，相当于提高了保费收入，降低居民对洪水保险的购买力以及对洪水保险的投保积极性。而保险市场应承担的损失，主要考虑保险公司的实力和洪水保险的渗透率。英国洪水保险制度市场化程度较高，商业保险公司承担风险，政府只是组织管理；法国的洪水保险中政府和商业保险公司开展了较为密切的合作，损失越大，商业保险公司承担的越少；美国的洪水保险模式是由国家承担洪水风险，商业保险公司只负责洪水保险产品的销售和理赔等工作，不承担风险而将售出的保单全部转交给联邦保险管理局（FIA）。当前，我国的保险市场发展尚不成熟，行业承保能力和资金实力有限，因此，我国商业保险公司不宜承担过多的洪水风险，而应发挥其行业优势，主要负责提供洪水保险产品的销售和理赔等中介服务。

（二）再保险人所承担的洪水风险

再保险市场具有较强的技术力量和资本实力，是转移巨灾风险的有效手段，与投保人、商业保险公司、资本市场、政府共同分担全部洪水风险。目前国际洪水保险市场上，再保险公司普遍倾向选择单项事件超额损失再保险——分出保险公司自身承担低于自留额和高于限额的损失，再保险公司承担介于自留额和限额之间的损失。采取这种措施，商业保险公司虽然转嫁分散了部分洪水风险（介于自留额和限额之间），但是超出自身承担范围的风险（高于限额的损失）并没有完全转嫁出去，因此单单依靠再保险市场是无法完全转移风险的。目前，世界最大的洪水再保险市场是美国、英国和日本，它们的市场份额约为60%。根据瑞士再保险公司市场调查显示，国际洪水再保险市场一直处于不充足状态，集中表现在洪水保费收入在非寿险总保费中的份额较小，承保损失在实际洪水总损失中的份额也很小。因此，建议在我国以再保险方式作为损失分摊的第二层级，由中国洪水巨灾风险基金统一负责向国内和国际安排再保险。其中较低层次的风险由国内保险公司自留承担，较高层次的风险由国外再保险公司分摊。

（三）资本市场在损失分摊中的作用

资本市场具有较大的分散巨灾风险能力，负责承担较高层级的损失赔付。国际上通常采用发行巨灾保险债券的方式将巨灾风险转嫁到资本市场，首先保险公司出售传统的巨灾保险产品给企业和个人，然后再把超出自身承保能力的风险业务进行分保，一般接承分保的是再保险公司或特殊目的机构（SPV），它们开发巨灾债券产品，包括约定期间、致损事件和债券利率等，并通过证券市场向投资者发行巨灾债券，募集资金。如果洪水事件没有发生，资金将被返还给投资者，并且投资者得到高利息的回报。如果洪水等巨灾事件发生了，则资金将被提前取出首先用来赔偿分保的保险公司的损失，剩余的资金才返还投资者。依据事先约定条款以及洪水等巨灾事件损失程度的不同，投资者可能只损失利息也可能损失全部本金。通过上述保险的证券化过程，可以把本来局限在保险市场的风险转嫁到了资金实力雄厚的资本市场，不但释放了保险公司的超额风险压力，并且实现了资金的融通和增值。同时，巨灾风险证券化产品与股票、债券等金融产品无相关性，且巨灾发生的偶然性，与经济社会运行、经济周期无因果关系，是理想的分散风险的工具之一。资本市场是整个经济体运行的基础，传统保险和再保险产品的运作需要借助资本市场来完成。因此，发展和完善我国资本市场同样也是构建洪水风险基金的重要一环。

（四）政府在洪水巨灾风险基金中的定位

在我国的洪水巨灾风险基金设计中，首先需合理界定政府在其中的定位及作用。政府参与损失分摊，其目的是为了帮助基金的快速积累及作为基金的最后托底人，而洪水损失赔付除基金自留外，一般通过再保险方式将地震风险转嫁出去。因此，政府应将财政资金纳入洪水巨灾风险基金的统一管理、统一运作中进行损失分摊。政府实际的损失分摊份额一方面取决于已分摊损失的情况，另一方面取决于洪水风险的总损失情况。此外，洪水保险经营存在许多洪水巨灾因素导致的制约因素，由于洪水暴发的地域性特征，洪水风险较难在较大范围内分散转移，使得保险公司开展这项业务十分困难，特别需要国家给予洪水保险政策支持和资金补贴。从洪水承保上，国家应当强制有灾害风险的个人和单位都必须参保，规定企业和个人的最低投保限额，并给予适当的政策优惠，以克服在洪水保险中的"逆向选择"问题，使洪水保险具有更强的可保性。例如，仿效美国划定一些区域（通常是洪水事件的高发区），该区域的居民和企业如果不购买洪水保险，洪水暴发后，将不提供其灾难援助或灾难贷款等实惠。其中灾难贷款的条款可以设计得很优惠，如可以由政府提供低利息甚至是免息的长期贷款，还有一些豁免优待的条款。同时，洪水保险具有公共服务的积极外部效应，对于分担政府职责的商业保险公司，政府应提供必要的支持与辅助。在保险公司税收制度的会计核算制度上，出台政策给予扶持，将洪水保费看做保险公司的负债而不再看做盈利，免缴相应税费，提高保险公司资金积累能力和洪水盈利空间。同时，保险公司要仿效英国洪水保险经营模式，积极敦促政府兴建高质量防洪工程配合洪水保险业务的开展，克服洪水灾害巨灾问题，以降低洪水灾害的风险，提高洪水保险的可保性。保险公司积极敦促并协助政府建立有效的防洪防损体系,包括向保险公司提供气象预报、灾害预警、风险评估、洪水风险管理咨询等服务,还要运用地方有关部门的防灾职能,配合保险公司财产防灾防损工作的开展,最大限度清除危险隐患,以保障洪水保险业务的顺利开展[①]。

第六节 本章小结

本章主要研究巨灾风险的应急与补偿。首先,本章叙述巨灾风险应急与补偿的基本原理和理论工具;然后再从政府、保险和再保险、资本市场以及其他主体四个角度就巨灾风险应急与补偿中的职能、角色定位、主要的缺陷和不足进行了深入的剖析,尤其是重点提出了改善我国应急补偿机制的思路;最后,本章将所有的应急与补偿机制进行了整合,以地震和洪水为例,从实证层面构建了中国的巨灾风险应急与补偿机制。

---

① 白宇. 我国洪水保险经营模式选择与对策研究 [D]. 河北大学, 2010 (5).

下 篇

对策研究

第十章

巨灾风险的管理体制与机制创新

第一节 巨灾风险的管理体制与机制的理论基础

一、风险管理理论

风险来自于未来的不确定性。人类认识风险的历史几乎与人类的文明一样久远，然而，对风险的掌握是一个极为漫长的过程。人类活动的扩展引起风险日趋复杂，种类不断增加；同时，风险的发展刺激了风险管理的产生与发展，1955年，美国宾夕法尼亚大学沃顿商学院的施耐德教授首次提出了"风险管理"的概念。20世纪70年代以后逐渐掀起了全球性的风险管理运动。随着企业面临的风险复杂多样和风险费用的增加，法国从美国引进了风险管理并在法国国内传播开来。与法国同时，日本也开始了风险管理研究。

此后的近20年来，美国、英国、法国、德国、日本等国家先后建立起全国性和地区性的风险管理协会。1983年在美国召开的风险和保险管理协会年会上，世界各国专家学者云集纽约，共同讨论并通过了"101条风险管理准则"，它标志着风险管理的发展已进入了一个新的发展阶段。1986年，由欧洲11个国家共同成立的"欧洲风险研究会"将风险研究扩大到国际交流范围。1986年10月，风险管理国际学术讨论会在新加坡召开,风险管理已经由环大西洋地区向亚洲太平洋地区发展。

中国对于风险管理的研究开始于20世纪80年代。一些学者将风险管理和安全系统工程理论引入中国,在少数企业试用中感觉比较满意。中国大部分企业缺乏对风险管理的认识,也没有建立专门的风险管理机构。作为一门学科,风险管理学在中国仍旧处于起步阶段。

最初,风险管理是应用于企业管理领域。随着全球气候变暖,自然灾害频发,人们对自然灾害的管理越来越重视,风险管理理论也逐步被引入自然灾害风险管理领域。概括而言,自然灾害风险管理的对策主要有两大类:控制型灾害风险管理对策和财务型灾害风险管理对策。控制型灾害风险管理对策是在损失发生之前,实施各种对策,力求消除各种隐患,减少风险发生的原因,将损失的严重后果减少到最低程度,属于防患于未然的方法,主要通过两种途径来实现:一是通过降低自然灾害的危险度,即控制灾害强度和频度,实施防灾减灾措施来降低风险,如在大江大河附近修建堤坝等工程以抵御洪水灾害,提高地震带房屋的建筑标准以抵抗强震等;二是通过降低区域脆弱性,即合理布局和统筹规划区域内的人口和资产来降低风险,包括将财富转移至低风险区等。财务型灾害风险管理对策是通过灾害发生前所作的财务安排,以经济手段对风险事件造成的损失给予补偿的各种手段,包括开展自然灾害保险、建立巨灾风险基金、发行巨灾债券等。

具体而言,采取哪种方法应对自然灾害风险,主要是依据损失频率和损失程度来选择的(见表10-1)。对第一种风险采用自担风险的方法最为适宜;对第二种风险应该加强损失管理,并辅之以自担风险和超额损失保险;对第三种风险采用保险的方法最为适宜,也可以结合使用自担风险和商业保险来应对此类风险;对付第四种风险的最好方法是回避风险。自然灾害属于损失频率低、损失程度大的风险,采用保险的方法或自担风险与商业保险相结合的方法是较适宜的选择。

表10-1　　　　　　　　风险的类型与管理方法

风险类型	损失频率	损失程度	管理方法
1	低	小	风险自留
2	高	小	加强损失管理
3	低	大	保险
4	高	大	风险回避

二、公共财政理论

重大灾害的发生会使社会成员、社会生产和生活遭受极大的损失和伤害，社会保障理论从国家政府的基本职能出发，提出国家政府应该提供相应的保障措施。但是现代的公共财政理论却提出不同的观点。

现代公共财政学的理论基础是公共部门在经济活动中应当发挥的作用。在市场经济条件下，市场机制是社会资源配置的最有效手段已经为人们所广泛接受。因此，充分发挥市场机制在资源配置中的基础性调节作用成为现代市场经济运行的基本原则。人们认为只有当出现市场失灵的情况时才需要政府的介入和干预。现代公共财政理论提出的基本观点就是按照社会资源最优配置的原则，分析市场机制运行的缺陷，揭示政府在经济活动中的必要性，以此界定政府经济活动的范围和角色，规范公共财政的职能。在公共财政理论中，市场失灵理论是论述由国家财政对重大灾害损失进行补偿的主要依据。市场失灵有很多表现，其中与重大灾害损失问题相关的主要是市场不完全的问题。重大灾害保险市场就是一个不完全市场，保险业的发展还很不完善，私人的保险市场仍缺乏为一些重大灾害风险提供保险业务的技术和能力，所谓承保能力的限制。

一方面由于重大灾害的小概率大损失，具有突发性、不可预测性和破坏性的特征，一旦重大灾害事件发生，其所引起的个体保险损失和理赔之间不像其他类型的保险业务显现出相互独立的性质，而是具有较强的正相关性，这与保险分散风险的基础理论"大数定律"相矛盾。同时，由于重大灾害风险的集中性和强烈性，对保险公司和保险市场在短期内的冲击非常巨大，容易引发市场连锁理赔反应，该特征与一般保险业务普遍具有的长期性特点也相矛盾。因此，重大灾害的发生往往导致保险公司常规经营出现例外情况，可以在短时间内造成或加速保险公司的破产，这是重大灾害保险市场的不完全属性的主要表现。另一方面，由于市场上道德风险和逆向选择行为的存在，重大灾害保险市场的发展受到相当大的制约。在一般情况下，保险公司是在研究高风险与低风险组合的基础上按照平均风险水平来确定其费率水平，由于地震灾害等重大灾害具有很强的地域性，使得逆向选择现象的存在非常突出。保险市场上本来由纯概率水平决定的均衡态势被打破，重大灾害保险市场处于不稳定状态，重大灾害发生后产生的巨额损失完全依靠保险市场机制的自行运作将难以得到保障，随之产生保险市场的不完全。通过上述分析可见，在这种情况下，政府的适当干预与介入保险市场、对保险市场的制度加以完善、采取相应的政策予以保障就显得尤为必要。

现代公共财政理论一方面从市场失灵的角度论述政府参与重大灾害保障的必要性，另一方面从国家财政的基本职能出发，提出国家财政就是公共财政的基本观点。国家财政就是公共财政的含义包括，公共财政存在的必要条件就是社会公共利益和其利益载体存在公共需要。公共财政从本质上来看，是一种满足社会公共需要的财政收支活动，其实施主体是在特定历史时期的社会公共利益的代表者。在现代社会，这一角色的主体责任就由国家和政府承担，因此国家财政也在一定程度上成为公共财政的代名词。因此，这一理论可以解释在重大灾害发生后，由于众多灾民无法进行生产自救而产生的公共需求，此时由政府对重大灾害损失进行补偿就成为必然结果。

虽然由国家财政对重大灾害损失进行补偿具有相当的优势，比如可以在一定条件下为遭受灾害损失的部分社会成员提供基本生活保障，较有效地避免因灾害导致的基本生活需要无法满足而产生社会动荡，有利于维护社会的政治稳定以及社会经济的平稳持续发展。但是在政府干预层面，与市场失灵类似，也同样会产生政府失灵的现象，这也是政府作用的缺陷所在。学者查尔斯·沃尔夫曾针对政府缺陷产生的原因进行了深刻而细致、全面的研究。他提出非市场缺陷的产生是由非市场供求的几个明显的特征因素所决定。第一，由于维持非市场活动的收入具有非市场机制的价格来源，比如国家税收，导致非市场产出的价值同它的成本之间的密切联系被割裂开来，其直接导致成本供给的超出产生政府行为的效率低下，以及公共物品的供给偏离需求。第二，信息不对称性的存在以及对信息的获得或控制不足等现象的存在，会片面扩大政府机构的供给曲线，无形中提高政府机构的成本，导致总成本的无效增加，单位成本提高以及低于社会平均水平的非市场产出水平。第三，基于弥补某种现存的市场缺陷的现实需要，政府有必要采取相应的公共政策，这些公共政策的实施，可能从另一方面干扰社会经济运行中的其他要素，而产生或者积极，或者消极的影响。第四，由于非市场产出的供求不均衡，非市场活动也可能产生分配的不平等。这是产生政府缺陷的另一原因。此外，过高的政府财政补偿支出会在某种程度上削减部分社会投资，不利于宏观经济的后续健康发展。由于社会保障支出的接受主体是各个社会成员，其最终转化形式为个人消费或个人储蓄，相比之下，用于投资部分的资金则经由企业机构储蓄和消费进行间接转化。重大灾害发生后，灾区的社会成员基于对其本身基本生活需要满足的功能，必将所接受的社会保障援助资金主要用于个人消费，从这种意义上说，灾后的救助支出事实上形成对社会投资资本的挤出效应。显然，如果社会救援支出的比例过高，必然对社会资源的均衡分布造成影响。

三、制度变迁理论

(一) 制度变迁的基本理论

1. 制度变迁的要素

制度变迁是指从一种制度安排向另一种制度安排转换的过程，在这一过程中，一种新制度（或新制度结构）产生，原有的制度（或原有的制度结构）被否定、扬弃或改变，它体现了一个间断的、自发的、向更有绩效的制度演化的动态均衡。通常来说，制度变迁包含五个要素：第一，"制度环境"要素，它是指一系列用来建立生产、交换以及分配基础的政治、社会和法律规则。制度环境并不是不能改变的，然而相较于其他制度安排，制度环境的变迁则缓慢得多（革命引起的制度环境动荡除外）。一般地，新制度经济学将"制度环境"视为制度创新模型的外生变量。第二，"制度安排"要素，它是支配经济单位之间是采取竞争方式还是采取合作方式的一种安排。这种安排可能是正规的，也可能是非正规的；既可能是阶段性的，也可能是长期性的。一般地，制度安排是在制度环境框架下进行。制度安排既可能包括单个人，也可能包括一个自愿性群体，还可能包括政府。通常来说，"制度环境"与"制度安排"是相辅相成的关系，一方面制度环境决定制度安排的性质、范围和进程，另一方面制度安排反作用于制度环境。基于福利经济学的视角，评价一项新制度安排好坏的标准有两个，即帕累托改进（PARETO IMPROVEMEN）和卡尔多—希克斯改进（KALDOR – HICKSIM - PROVEMENT）。帕累托改进是指在不减少一方的福利时，通过改变现有的资源配置而提高另一方的福利，它可以在资源闲置或市场失效的情况下实现；如果一种变革使受益者所得足以补偿受损者的所失，这种变革就叫卡尔多—希克斯改进。第三，"初级行动团体"要素，是指一个支配制度安排创新进程的决策单位，这一单位既可以由单个人组成，也可以是由个人组成的团体。他们认识到存在一些或有收入，只要制度安排的结构得到改变，这些收入就可能增加。第四，"次级行动团体"要素，是指用于帮助初级行动团体获取收入而进行一些制度安排变迁的决策单位，事实是，即使次级行动团体作出一些能获取收入的策略性决定，也不能使所有的收入呈现出自然增长趋势。但是如果法律赋予他们一些离散性的权力，他们可能会获得初级行动团体的部分额外收入。第五，"制度装置"要素，是指一项新的制度安排结构中，被用来获取外在于现有制度安排结构收入的手段。

2. 制度变迁的内在机制

通常来说，制度变迁的内在机制包含以下四个方面：

（1）制度变迁的主体。

制度变迁的主体又称为组织，是指具有共同目标的个人组成的集合。组织包括很多类型，如政治组织、经济组织、文化组织等。建立组织的目的是为了获得收入（或其他目标）的最大化。组织既是制度变迁的主体，又是制度变迁的关键。组织作为制度变迁主体，必须满足组织是"有效的"这一前提，组织有效与否，由其是否具有实现最大化目标所必备的知识、技术和学习能力（或创造能力）。制度变迁的主体除了组织之外，还可能是个人或政府（从本质上讲，政府也是一种组织形式）。当以下四种情况出现时，由政府来主导制度变迁是最适宜的：政府机构发展得比较成熟，而私人市场则处于不完善的低水平状态；当获得潜在收益受到私人财产权阻碍时，个人和组织主导的制度变迁可能是无效的；实行制度变迁后具有外部性或搭便车效应时，个人不愿承担这部分费用的；当制度变迁不能全面兼顾所有人利益时，或制度变迁将损害部分人的利益时，变迁就只能靠政府了。

（2）制度变迁的源泉。

制度变迁是一个动态演进的过程，它包括制度的替代、转换过程与交易过程，这一过程是通过一系列复杂的规则、标准和实施的边际调整实现的。从新制度经济学角度来看，制度变迁的代理人是个别企业家，而制度变迁的来源是相对价格和偏好的变化。虽然相对价格和偏好的变化是制度变迁的源泉，但是这并不意味着其一定导致制度变迁发生。制度变迁是由多种因素决定的。从深层次上讲，制度变迁是社会利益格局的重新布局与调整。相对价格和偏好的变化是制度变迁的外部条件。当相对价格和偏好的变化程度没有达到打破现有的制度均衡的程度时，制度变迁就不会产生。制度变迁的成本和预期收益的改变，是相对价格和偏好的变化对制度变迁最主要的影响。

（3）适应绩效。

适应绩效是制度变迁内在机制的另一构成要素。一项有效的制度要求为组织提供适应绩效。什么是适应绩效呢？适应绩效与配置绩效是不一样的，前者涉及那些决定经济长期演变的途径，以及社会获得知识和学习的愿景，引致创新、分担风险，进行各种创造活动的愿景，和解决社会长期"瓶颈"和问题的愿景。

一项有效的制度是如何为组织提供"适应绩效"的呢？这主要表现在两个方面：一是有效制度容忍组织进行分权决策，允许试验，鼓励发展和利用特殊知识，积极探索各种途径来解决经济问题。简单地说，有效的制度应该为组织提供一种创新的环境或氛围。制度作为一种重复博弈的规则，它的主要功能就是为组织提供一种适应外部不确定性的"适应绩效"；二是有效制度能够消除组织的错误,分担组织创新的风险,并能够对产权提供保护。任何组织在激烈的竞争环境和不确定性的世界里,都有可能犯错误,组织该不该犯错误不是我们要探讨的关键问题,重要的是组织是否预先设定了消除组织错误的机制和制度安排。

(4) 制度变迁过程。

制度变迁过程一般包括五个步骤:第一,形成所谓"第一行动集团",他们是这样一群决策者,即预见到潜在收益的存在,并意识到制度变迁是实现潜在收益的必要条件。在这群决策者中,需要一个熊彼特(J. A. Joseph Alois Schumpeter)定义的那种企业家;第二,"第一行动集团"的决策者们提出制度变迁方案。倘若当时尚无一个可行的现成方案,则需等待制度的新发现;第三,在利益最大化原则的前提下,"第一行动集团"在若干个可供选择的制度变迁方案中,理性地选择他们认为最能实现自身利益的制度,并付诸实施;第四,形成"第二行动集团",即在制度变迁过程中对"第一行动集团"提供帮助的个人或机构(如立法机构);第五,"第一行动集团"和"第二行动集团"通力合作,促成制度变迁,产生新的制度。在制度变迁实现后,两个行动集团再将收益进行分配。这一过程见下图(见图10-1)。

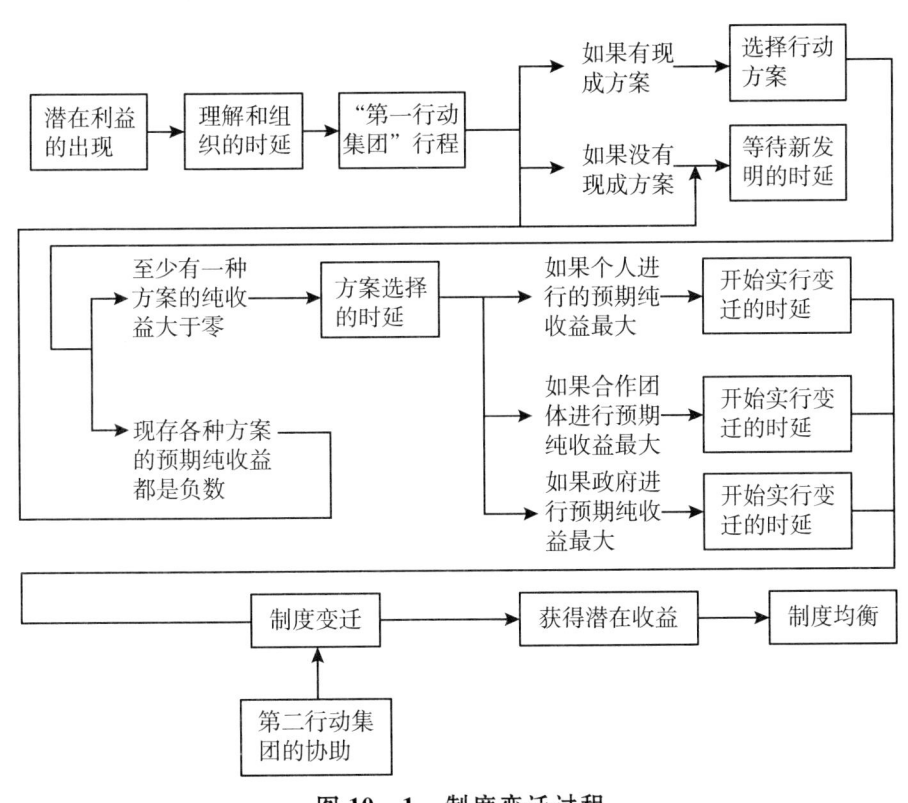

图 10-1 制度变迁过程

(二) 制度变迁存在的现象

在新制度经济学理论中，制度变迁过程主要存在以下三种现象，即时滞现象、路径依赖现象以及连锁效应现象。

1. 时滞

所谓时滞现象，就是从意识到现行制度的非均衡、到发现潜在收益的存在、再到制度变迁真正发生之间所存在的一段时间间隔。制度变迁的时滞包括认知和组织的时滞、发明时滞、菜单选择时滞和启动时滞。所谓认知和组织的时滞，是指从意识到现行制度的非均衡到组织"初级行动团体"所需要的时间；所谓发明时滞，是指从人们发现潜在收益的存在，并且组织"初级行动团体"，如果没有多种可供选择的新制度，则需要发明新制度的时间，如果存在多种可供选择的新制度，那么就直接从中选取一种最佳的制度；所谓菜单选择时滞，是指搜寻已知的可替换的制度安排，并从中选出能满足"初级行动团体"的，并能实现利润最大化的制度安排的时间；所谓启动时滞，是指选择出最优制度变迁方案之后，到真正开始实施制度变迁之间的时间间隔。

2. 路径依赖

制度变迁中的"路径依赖"类似于物理学中的"惯性"。无论之前的路径是"好"的还是"坏"的，一旦进行就可能对其产生依赖，原有路径的既定方向就会在以后的发展中自我强化。沿着原有的路径，经济制度和政治环境的变化也许会进入良性循环的轨道，得到快速优化，也可能会沿着既定的错误路径下滑，甚至陷入某种无绩效的状态之中无法脱身。一旦进入了锁定状态，要逃离其中就变得十分困难。

基于制度变迁的路径依赖现象，我们可以得到如下两方面的启示：第一，沿着原有的制度变迁路径和既定方向前进，可以节省大量的制度设计成本及制度实施成本，相对另辟蹊径更为方便；第二，每一种制度安排后都存在着该制度安排下的一个既得利益集团（或一种既得利益格局），他们会对该制度安排产生异常大的需求，即使这种制度安排是无绩效的，他们也有可能采取大量的措施来维持原有制度安排，倘若对此制度安排进行改革，则有可能遭到他们的强烈抵制而使制度变迁无法成功。

3. 连锁效应

连锁效应是指各个产业部门之间的相互联系、相互依赖以及相互影响的关系。制度结构包括由正式制度与非正式制度两部分，在制度均衡条件下，正式制度和非正式制度是互补的关系，而在现实生活中，因为存在潜在收益，正式制度与非正式制度又是相互冲突的关系，因此，制度之间的相互关系就构成了"制度连锁"的效应。

第二节 巨灾风险管理体制与机制的国际比较

一、发达国家巨灾风险管理的体制与机制

（一）法国

法国自然灾害风险管理体系由三方面构成：一是风险预防方面，由生态与可持续发展部负责制定风险预防规划；二是公众安全方面，由国家紧急事务办公室负责灾后救援工作；三是灾害损失补偿方面，财政部与商业部起主要作用，只对投保的财产进行补偿。

风险预防是法国自然灾害风险管理的重要组成部分，它将土地利用、人文信息和重大灾害事件的补偿活动结合起来，目的是通过规划手段，降低自然灾害造成的损失，通过划定一定区域风险级别，给予无风险优先发展权或对有风险地区提出城镇规划、建设和管理方面的建议和指导。目前法国已经初步建立起自然灾害风险预防的综合管理框架，并从中受益。

灾害损失补偿方面，1982年7月13日《天然灾害保险补偿制度》颁布，建立国家巨灾保险体系，承保的危险事故包括：洪水、地震、地层滑动、地层下陷、海啸、土石流、雪灾等。1992年7月修正法案将因飓风、冰雹及积雪对屋顶之损害也纳入本保险的承保范围。基于"捆绑"（National Solidarity）原则，法国天然灾害保险制度采取强制投保和单一附加费率方式筹集应对巨灾的资金。换言之，任何被保险人不论其天然灾害暴露程度如何，投保"火险"、"其他风险"或"营业损失险"的所有资产和陆上机动车辆都必须购买巨灾保险，在每张财产险保单中自动地、无选择地附加自然灾害风险。并且，对于同种财产和同样的保单，全国以相同的费率计收附加保费。

由于缺乏市场机制的激励，采取交叉补贴的保费，道德风险十分严重，法国通过将减灾活动移交给政府来解决这个难题。从1982年开始，政府对易受自然灾害侵袭的地区进行调查，并对这些区域的建筑规范进行控制。然而，基于成本

过高和社区的不合作[①]等原因，迄今为止，在36 000个市镇中，只有5 000个实施了该项计划，许多未采取防御措施的市镇都面临着洪水、地震、地陷和雪崩的风险。

（二）英国

从灾害管理体制上看，英国从中央到地方都有一整套的灾难事件处理系统。中央政府负责应对恐怖袭击和全国性的重大突发公共事件，首相是应急管理的最高行政首长，相关机构包括内阁紧急应变小组、国民紧急事务委员会、国民紧急事务秘书处和各政府部门；从地方层面来看，英国各地区都设有紧急规划机构，负责地区危机预警、制订有关计划和进行应急培训，该机构首脑"紧急规划长官"负责协调地方资源处理危机以及向政府部门咨询和请求支援。

英国政府鼓励非政府组织和民间团体建立应急志愿者队伍。英国非政府组织和团体众多且由来已久，一部分机构还承担公共服务职能。政府把这些民间力量纳入应急管理体系，支持建立各类专业性、技能性的应急志愿者队伍，在很大程度上弥补了政府应急资源的不足，同时增强了民间组织的社会责任感。此外，英国的一些大型公司，甚至社区都有相应的应急手段。一些大型公司为防不测，就号召公司职员成为志愿者，在工作之余进行适当培训，一旦有事随时能组建应急小组，在第一时间处理突发事件。英国还有一些教会和慈善组织以及基金会发起了社区睦邻运动，一旦发生灾难，展开互救。

在灾害损失的保险补偿方面，英国与法国不同，自然灾害保险的渗透率非常高（曾经一度达到70%），这很大程度上是因为自然灾害自动涵盖到家庭标准财产保单中。由于并非针对单一风险制定保险费率，导致不同地区和不同风险的交叉补贴，使穷人能够买得起保险，同时缓解灾害发生后政府在对穷人进行补偿的政治压力。但是，随着行业内灾害风险评估的加强，保险人逐渐转向收取风险费率，这将导致低收入群体的保险覆盖面降低，最终大灾害发生后对政府补偿需求的增加。

（三）美国

美国于1979年4月成立的美国国家紧急事务管理局（Federal Emergency Management Agency，FEMA）联合联邦27个相关机构，形成了灾害风险综合行政管理体系（见图10-2）。FEMA是联邦政府应急管理的核心协调决策机构，其职责是通过一系列综合的、有准备的应急管理计划减少人民的生命和财产损失，保护好国家重要基础设施免遭各种灾害的破坏，领导全国做好防灾、减

---

① 社区反对风险评估是担心结构影响社区内财产的价值。

灾、备灾、救灾和灾后恢复工作。此外，它还负责联邦突发事件警报系统，联邦大坝安全计划与其他一些联邦灾害援助计划。处理各种自然灾害的主要职权则在州一级，州政府通过运用税收和增加公益金的手段从事大量的自然灾害管理活动，包括兴修水库、堤防、海塘以及投资划分灾害风险区、绘制风险图、灾害预报等工作。同时，州政府还可通过行使治安权从事一系列灾害管理活动，如编制国土利用规划，建立和实施土地管理细则及不动产交易条例，制定住宅及其他各类建筑的规范标准等。

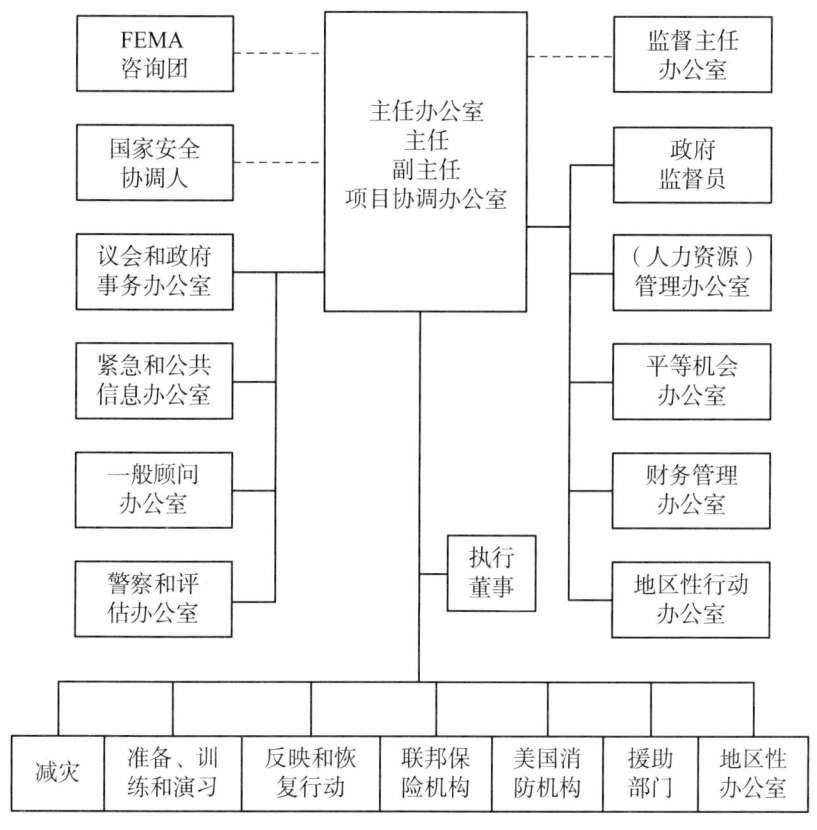

图 10-2 美国国家紧急事务管理局（FEMA）的机构设置

此外，私人保险公司、信贷机构以及民间社团也在减灾方面发挥着重要作用。如在美国的国家洪水保险计划中，通过采取防洪减灾措施作为社区参加洪水保险计划的先决条件，再将社区参加全国洪水保险计划作为社区中个人参加洪水保险的先决条件，对地方政府形成了双重的压力，从而促使地方政府加强洪泛区管理，使洪水保险计划达到分担联邦政府救灾费用负担和减轻洪灾损失的双重目的。

(四) 日本

日本是世界上易于遭受自然灾害的国家之一。在长期与灾难的对抗中，日本已形成了中央、都（道、府、县）、市（町、村）三级防救灾组织管理体制（详述见巨灾风险管理模式）和一套较为完善的综合性防灾减灾对策机制。

1. 完善的应急管理法律体系

日本作为全球较早制定灾害管理基本法的国家，它的防灾减灾法律体系相当庞大。以《灾害对策基本法》为龙头，在其中明确规定了国家、中央政府、社会团体、全体公民等不同群体的防灾责任，下设各类防灾减灾法50多部，建立了围绕灾害周期而设置的法律体系，即基本法、灾害预防和防灾规划相关法、灾害应急法、灾后重建与恢复法、灾害管理组织法五个部分，使日本在应对自然灾害类突发事件时有法可依。

2. 良好的应急教育和防灾演练

日本政府和国民极为重视应急教育工作，从中小学教育抓起，培养公民的防灾意识；将每年的9月1日定为"灾害管理日"，8月30日~9月5日定为"灾害管理周"，通过各种方式进行防灾宣传活动；政府和相关灾害管理组织机构协同进行全国范围内的大规模灾害演练，检验决策人员和组织的应急能力，使公众能训练有素的应对各类突发事件。

3. 巨灾风险管理体系

日本经济发达，频发的地震又极易造成大规模经济损失，为了有效地应对灾害、转移风险，日本建立了由政府主导和财政支持的巨灾风险管理体系，政府为地震保险提供后备金和政府再保险，巨灾保险制度在应急管理中起到了重要作用，为灾民正常的生产生活和灾后恢复重建提供了保障。

4. 严密的灾害救援体系

日本已建成了由消防、警察、自卫队和医疗机构组成的较为完善的灾害救援体系。消防机构是灾害救援的主要机构，同时负责收集、整理、发布灾害信息；警察的应对体制由情报应对体系和灾区现场活动两部分组成，主要包括灾区情报收集、传递、各种救灾抢险、灾区治安维持等；日本的自卫队属于国家行政机关，根据《灾害对策基本法》和《自卫队法》的规定，灾害发生时，自卫队长官可以根据实际情况向灾区派遣灾害救援部队，参与抗险救灾。

二、发展中/转型国家巨灾风险管理的体制与机制

（一）拉丁美洲的灾害风险管理体制与机制

拉丁美洲大多数国家的灾害管理体制一开始仅是单一的政府应急响应机构，一些国家，像厄瓜多尔、秘鲁和委内瑞拉，几乎完全依赖于民事防护来应对灾害；而在另一些国家，由于在过去几十年中经历了巨灾，认识到建立涵盖防灾、减灾、备灾以及灾后重建与恢复的全面的灾后管理制度的重要性。因此，一些国家，如阿根廷、巴西、智利、哥伦比亚、多米尼加共和国、萨尔瓦多、尼加拉瓜、危地马拉、洪都拉斯和墨西哥，已经开始转变方法来应对自然灾害风险。同时，在过去十年中，灾害管理区域化的趋势不断增强，形成了一些实体机构，进行国家间的信息共享和技术交流。1988年为预防自然灾害在中美洲成立的协调中心就是为了加强该地区应对自然灾害的能力。在说英语的加勒比国家中，成立了加勒比紧急救灾机构（CEDRA）以增强灾害响应与国家和地区的灾害管理。在南美洲，安第斯开发协会（ADC）应5个成员的要求，正在发展区域安第斯计划，来预防和减轻风险。

1. 阿根廷

1998年，根据阿根廷"宪法"第99条建立了联邦紧急系统（SIFEM），通过协调全国的力量，来减轻自然灾害风险，并制订有效的应急计划，援助受影响地区的恢复重建。SIFEM是基础性的联邦政治机构，负责协调在国家、省和市水平上开展的自然灾害风险识别和减轻活动。联邦政府在调动资源和协调国家和国际组织在减轻和应急响应的努力方面发挥着重要的作用；省级政府承担了评估区域易损性和开展减轻工程以便在各自省份应对好自然灾害的责任。这种分散化的方法强调了当地政府的积极角色，并且看上去是一种国家层面上的控制与地方层面上的强烈的决策权威之间达成的妥协。

阿根廷的独特之处在于它创造了国家层面的实体机构，专门负责重建资金的分配。1998年，阿根廷通过了国家496/8号决议，建立负责受灾地区重建与恢复的国家咨询委员会（CONAREC），监督灾害恢复和社区重建。CONAREC的主要目标是协调和分配资金到省市有关部门，援助家庭、企业和道路灯基础设施的灾后重建工作。CONAREC由一些省级政府的代表组成，作为国家和省级救灾的中介提供服务。在救灾资金方面，保险公司在灾害风险保险方面受到限制，阿根廷的资金很大程度上来自国家贷款储备金和国际贷款组织提供的自然灾害信贷。1998年，SIFEM特地向世界银行贷款4.2亿元用于区划条例的制定、地震风险

图的绘制等。

2. 智利

智利是通过扩大单一机构的权利来逐步提升国家灾害综合管理能力的。1960年智利中部地区发生里氏9.5级强烈地震，这是人类有记录以来的最强地震。灾后，智利政府组建了国家紧急救援办公室（ONEMI），负责协调灾区救援、秩序恢复和灾后重建工作。这个办公室的职能不断得到加强，逐渐涵盖了综合灾害管理的其他元素。智利中央政府可以通过这个办公室对突发事件在第一时间迅速做出反应，应对地震、火山爆发、海啸等自然灾害。现在，办公室强调预防和减灾战略，并关注风险管理关键干预因素的脆弱性。

智利灾害风险管理体系由社区、省和区域层面上的委员会组成，各级别的委员会分别负责评价不同级别提议的行动，并且设计和优先考虑适合于每一个管理层级的防灾、减灾和备灾项目。一旦紧急情况发生，首先使用受影响社区的所有可用资源，如果事情的严重程度超过了当地的承受能力，再逐级从省、区域和国家各级调动额外资源来应对灾害。2002年，智利又出台了"公民保护国家计划"，规定了各级政府在应对突发灾难性事件的每个阶段应采取的措施。

3. 哥伦比亚

哥伦比亚的国家灾害体制是1985年创建的，通过建立由共和国总统领导的国家减灾备灾体系（SNPAD）将灾害管理扩向应急响应以外的内容。SNPAD鼓励来自科学、规划、教育、应急响应各机构网络参与者加入灾害管理，并扩展了省级和市级委员会的委任权。它不但负责协调应急响应，同时根据事前防御和减灾工作做好政策抉择。尽管哥伦比亚模式在拉丁美洲得到国家组织的大力推进，但是减灾活动趋向于重建而不是减少风险，并试图回避脆弱性问题。尽管从当前来看不具有可行性，但是私人市场必将在促进风险减少活动中发挥重要的作用。

4. 萨尔瓦多

国家应急委员会（COEN）是灾害管理的主要机构，与萨尔瓦多武装部队和其他救援组织紧密合作，专注于应急响应。2001年地震后，在政府、非政府组织、联合国、市政协会帮助下，在减少风险所带来的利益的驱动下，萨尔瓦多的环境和自然资源部创建了一个新的风险管理技术实体机构。该机构职责范围十分广泛，与国家应急委员会一起协调应急响应活动。此外，由于该机构是部级机构，能够向许多重要经济部门灌输更为广泛的风险分析和灾害管理视角。但是，政府应该意识到建立私营部门机构的重要性，这些机构最终在灾害管理中能与政府机构平行或合作发挥作用。

5. 墨西哥

在墨西哥，通过网络型方法增加公共部门在灾害风险管理中的职责。墨西哥早期的救灾主要由红十字会承担。1961年成立了国家灾害预防委员会，向公众提供灾害预防指导。1986年通过了"国家灾害预防体系"，确立了墨西哥政府灾害管理体系以及政府部门间的协调机制。1988年成立灾害预防中心，负责制定国家减灾战略，推广防灾技术应用。1991年通过"国家公众灾害预防计划"，在全国开展防灾教育。1996年建立"国家自然灾害基金"。墨西哥现建有国家、州和市三级防灾组织。总统是灾害应急响应的最高决策者和指挥者，内务部、社会发展部等12个部长负责相应的工作。总统任命一位政务部长，负责具体工作，此外还设有协调官、技术指导官和执行官，分别负责相关工作。墨西哥是自然灾害多发的国家，灾害发生时，政府各部门按照分工，倾其全力抗灾。总体来说，墨西哥的灾害风险管理体系包括灾害预防、应急响应和灾后恢复三部分。

灾害预防的主要工作有：一是灾害预警系统建设，包括飓风监测、预报、警报发布直至通知到每个公民；二是制订危险区居民撤离计划；三是制订紧急状态下的供水、供电、排涝、灾民食宿等保障计划。1985年墨西哥大地震灾害以后，对民众防灾教育成为灾害预防的一项重要工作。

警报和撤离是应急响应阶段的主要措施，也是减少人员伤亡的最有效措施。以应对飓风为例，墨西哥根据热带风暴或飓风距海岸线距离分为蓝色、绿色、黄色、橙色和红色5级警报，当热带风暴或飓风距海岸24小时发布橙色警报，也即紧急警报。由于热带风暴或飓风移动路径的不确定性，确定撤离范围、撤离命令下达时机和保证信息传递到每个公民是飓风警报成功发布的关键。撤离命令下达后，居住在低洼危险地区或危险房屋的居民，按照灾害防御计划，在有效的时间内和可行的路线向安全地区撤离。

墨西哥灾后恢复包括自救、保险赔付和政府救济。1996年成立的"国家自然灾害基金"重点对基础设施、公益设施和低收入居民住房损失实施灾后救助。根据不同受灾对象，国家承担费用在30%~70%之间，其余部分由州、市分担。1996~2003年，"国家自然灾害基金"共支付了相当于40.5亿美元的救灾资金，其中70%用于飓风或洪水灾害。

保险对灾后恢复起到了重要作用，墨西哥政府鼓励公司和个人参加保险，特别鼓励农民参加农业保险。但是，参加灾害保险在地区间、年际间并不均衡，墨西哥90%的工业企业和50%的商业企业参加了保险，小型企业和私人财产参保则相对较少，2005年Wilma飓风灾害损失中有近50%的财产参加了保险。墨西哥还比较成功地通过国际再保险市场化解了保险公司的风险。

（二）亚洲的灾害风险管理体制与机制

1. 斐济

斐济面临着巨大的自然灾害风险，龙卷风、洪水、干灾、地震和海啸灾害十分严重。1990 年以前，特设了政府应急委员会开展国家灾害管理计划，到 1990 年，国际减灾计划进行了重组，使其更加全面，在应急响应的基础上，涵盖了防灾、减灾、备灾和恢复重建工作。1995 年政府公布了国家灾害管理计划，实施了全面的灾害管理政策，并全面制定了非政府组织在灾害管理中的支持角色。保险公司在减灾和防灾中发挥了积极主动的作用。尤其是在 1984 年严重的龙卷风发生后，保险业监理处成立了斐济建筑标准委员会，主要由私营保险公司组成。该委员会负责监督编制设定最低标准的国家建筑规范，以减少灾害损失，并帮助稳定和减少飓风保险费。

2. 印度

印度灾害管理组织体系是由国家、邦、县和区一级的灾害管理机构组成。国家一级的减灾组织机构由内阁秘书领衔的灾害管理小组组成，成员包括涉及应对各种灾害的关键的部委。应对自然灾害是以农业部为主，其他各部密切配合。灾害发生后，受灾的邦将邀请中央政府的救灾小组到现场进行灾情评估并提出援助建议。邦一级备灾工作一般由赈灾和安置部或者财政部负责。邦一级也有邦政府首席秘书领衔的邦危机管理小组，小组成员由所有有关部机构的领导人参加。县一级建立协调考察委员会，委员会由县财税局长主持，县政府所有有关部门的领导人参加。

有关自然灾害的救济与安置的财政开支计划是由印度政府任命的财政委员会负责制制订，该计划每年制订一次。比如：1995～2000 年度的财政救助计划其中有一笔资金叫灾难救灾金（Calamity Relief Fund），该基金由首席秘书为首的邦级委员会负责管理，基金的规模则视该邦遭受灾害程度而定。联邦政府和邦政府每年救灾基金分担比例为 3∶1，1995～2000 年各邦灾害救济金的总额为 630.427 亿卢比，遇到灾害，邦政府可以自由动用这笔资金。

3. 韩国

韩国政府于 2004 年 6 月成立了"国家应急管理局（NEMA）"，形成了以 NEMA 为基础，由中央安全管理委员会、公共行政和安全部、气象局、广播委员会和地方自治机构组成的灾害管理体系。中央安全管理委员会是灾害和安全管理的最高层，国务总理是该委员会的主席，国家应急管理局（NEMA）的主管担任秘书长。在国家层次上有三个委员会或总部，即国家灾害应急总部、国家灾害与安全对策中心、国家紧急救援管理委员会。在地方层次上，这三个机构也分别延伸到省级、市级和地区级，地方政府的领导也负责管理灾害与安全管理中央委员会系统。总统令规定大规模灾害由处在国家层次上的安全管理和安全对策总部进行管理，省级委员会管理中等规模灾害或地区灾害。如果小规模灾害在一个区域发生，市级或地区级委员会将负责管理。灾害发生后，应立即向市级、地区级和灾害营救机构的领导汇报所有灾害情况。

在改体制下，韩国建立了动态预警机制、预报信息管理机制和全民灾害防治机制。

（1）动态预警机制。

鉴于气候灾害问题有增多趋势和复杂化倾向，韩国建立了动态预警系统，重新设定了模型参数。如根据降雨密度的增加、海洋表面温度变化加强台风监测，根据海平面上升的幅度增加洪水强度设计等。预警系统从经济、环境和社会等多方位评估灾害的影响，对制定灾害应对措施提供了重要参考。

（2）预报信息管理机制。

在该机制下，收集有关灾难信号的信息，通过新闻媒体、民诉、公众舆论和预报来提升灾害预报的精确度。挖掘薄弱环节，建立预防性安全体系，完善国家灾害管理支持系统数据库。分析灾害预报信息，决定预报等级。基于灾害可能性、财产损害规模和人民安全分五个等级：A（严重）、B（警告）、C（小心）、D（注意）、E（观察）。力求及早告知民众，引导民众根据灾害发生的不同等级做好相应的预防工作。

（3）全民性灾害防治机制。

韩国政府积极开展灾难管理的研究、教育培训工作，国家应急管理委员会下属的应急培训中心在2004年成立后，培训了大批国家政府官员、企事业团体及学生。培训中心设有火灾、有毒气体、地震、应急逃生等试验基地，培训人员可以实地演练。韩国的防灾教育研究院、中央消防学校和中央119救助队也都参与民众应对灾害的教育和培训工作。在民间还有防灾协会、儿童安全团、安全市民协会等组织，在事前预防、快速应对、灾后救援支持和科普教育等多方面帮助全体公民，努力培养国民积极参与、快速反应应对突发灾难的能力。

三、各国巨灾风险管理体制与机制的差异性分析

根据前文的分析，不难看出发达国家与发展中/转型国家在巨灾风险的管理的体制和机制上存在着不同的差异，体制上的差异性主要体现在灾害风险管理体制是否全面，以及在该体制下的政府、市场和民众的参与程度，机制上的差异性主要体现在各国的灾害预警机制、应急响应机制、恢复重建机制和损失补偿机制

的完备程度（见表10-2）。

表10-2　自然灾害风险管理中发达国家与发展中/转型国家体制与机制差异性

体制与机制差异 \ 地区	发达国家			发展中/转型国家	
	欧洲	美国	日本	拉丁美洲	亚洲
风险管理体制	全面	全面	全面	较单一	较全面
政府参与程度	较低	较高	较高	高	较高
市场参与程度	高	高	较高	低	较低
民众参与程度	高	高	高	低	较高
灾害预警机制	有	有	有	有	有
应急响应机制	有	有	有	有	有
恢复重建机制	有	有	有	较缺乏	有
损失补偿机制	有	有	有	无	无

（一）发达国家灾害管理体制与机制更加健全

总体来说，发达国家与发展中国家相比，灾害风险管理体制与机制更加健全，欧洲、美国和日本等发达国家已形成一套层级分明、机构健全的灾害管理体制和全面的灾害管理机制，美国和日本是在灾害风险管理国家层面的结构最为完备，同时他们也率先开展了包含政府和私人市场机制在内的损失分担方案。这些方案强调了结合在国家体系中，综合反映国家文化的不同等级和个人形式的社会结构的重要性。虽然文化间差异很大，但是两国灾害管理体系的演变却是惊人的相似。两国都在国家层面建立了综合的计划对灾害风险进行管理。美国的联邦紧急事务管理署（FEMA）以集中协调管理国家一级的灾害而著名。1978年日本的大地震应对法创建了国家项目，并对增加私人市场的参与设置了相应的体制条件。

相对而言，拉丁美洲等发展中/转型国家的灾害管理体制较为单一，但是政府正逐步采取措施，将灾害管理从单一的应急响应扩展到包括备灾和减灾在内的风险管理职能。大多数国家，如智利和哥伦比亚，通过扩充现有机构的责任来增加灾害管理的范围，如民防的职责。其他国家，如萨尔瓦多，通过创建平行机构负责管理减灾和备灾，扩大政府的风险管理委任权。第三个方法，就如墨西哥一样，引进、加强和巩固一系列的关键机构网络（见图10-3）。每一种组织方法的长处和弱点，取决各自运作的大背景。无论是集中的、松散集中，还是网络型的，公共计划应该在一个体制范畴内运行，具有足够的投入、来自私营部门（包括在市场上的行为主体和公民社会）的反馈和控制。

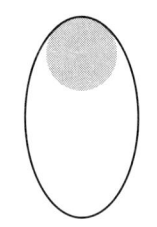

现有的风险管理组织扩大了其活动范围，或者包括了更多的职能

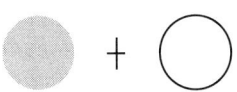

在原有风险管理机构继续存在并发挥作用的情况下，增加新的机构来承担新的风险管理活动职责

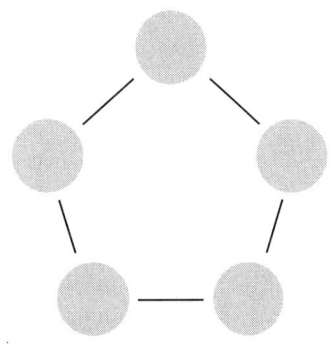

将灾害风险管理视为一个网络工程（network），并将社会中负责灾害管理不同方面的机构连接到一起

图 10 – 3　拉丁美洲国家建立综合灾害管理体系的方法

（二）发达国家灾害管理的市场参与程度较高

无论是发达国家还是发展中/转型国家，政府在灾害风险管理中都发挥了很大的作用，包括法律法规的制定与颁布、灾害风险预警信息的发布、灾害防御工程的实施、公众防灾减灾意识的宣传等，但是在这两种类型国家的灾害管理中，市场的参与程度差异较大，通常来说，国家越发达，市场化程度越高，市场机制在灾害风险管理中的作用也就越大。如美国、日本两国都建立了公私合营的保险制度来促进灾后恢复。两国都开拓了包含政府和市场机制在内的损失分担计划。在日本，地震风险保险由私营保险公司提供，作为火险保单的一部分；在美国，政府和商业保险公司共同对洪水灾害提供保险保障。虽然相对而言美国更注重个人的激励。此外，两国的政府机构在许多重要方面与市场参与者进行了互动。有了政府在研究方面的支持，私人市场在防灾方面更加积极主动。例如，日本的铁路公司率先开发了早期地震检测警报系统（UrEDAS），这个系统可以检测到附近 P 波的到来，估计地震的震源和等级。美国开发了 HAZUS 软件，一个基于地理信息系统（GIS）的软件程序，它可以根据地震区的位置和强度对地区的破坏和损失进行估算并且生成地图。

然而，亚洲和拉丁美洲等国的民间社团和私营部门在灾害风险管理中的参与则十分有限，尤其是拉丁美洲的国家。对该地区的大多数国家来说，灾害管理仍然由中央政府机构主导，民间社团和私营部门等非政府组织缺乏参与其中的机会。在拉丁美洲，保险在其中发挥着微乎其微的作用。尽管区域再保险和保险计划取得了进展，保费仍然超出了大多数人的可支配收入。在巴巴多斯以外的地区，除非贷款机构强制要求，大多数业主和中小企业不会购买保险。此外，保险的供给也是一大问题。美国国际开发署和美洲国家组织（OAS）开发的加勒比灾害管理项目表明，提高资产可保性的问题在于当地保险公司和区域机构只保留很少的承保风险。OAS下一步致力于提高该提取的承保工作，这有利于提高来年市场机制在灾害管理中的参与度。

此外，拉丁美洲国家的灾害重建资金融资不充分。很多国家为应急响应准备了储备金，如哥伦比亚的国难基金，但是极少有国家为灾后重建与救援提供准备基金。这种情况会引发更多的问题。有些国家发现没有能力完全进行灾后重要基础设施重建工作，或给贫困人口提供灾后必需的供给。灾害恢复重建资金的缺乏会引起连锁反应，不但影响国家经济，甚至会使贫困线进一步下降。最后，如果对恢复重建和救援资金没有很好的事先安排，那么资金的筹集很容易变成向国家制度外的机构和组织进行高度政治化的任务分配，这会破坏国家体制的可信度，并对以后的事前风险预防和减轻活动造成阻碍。而且，除政府财政拨款外，发达国家灾害损失补偿的基金基本来自本国的灾害保险补偿，而发展中/转型国家灾害损失补偿的基金多来自非政府机构，如世界银行的贷款。

（三）发达国家灾害管理参与主体更加多元化

虽然无论是发达国家还是发展中/转型国家，自然灾害风险管理的主体都是政府，但不能把灾难治理只当作政府的职责。通过分析，我们发现，越是发达国家，灾害管理参与的主体越发多元化。发达国家防灾治灾的实践已经证明，只有构建起以政府为主体，全民参与的联动机制才能把灾难造成的损失减到最小。例如英国政府鼓励非政府组织和民间团体建立应急志愿者队伍，英国非政府组织和团体众多且由来已久，一部分机构还承担公共服务职能。美国在治灾过程中除了靠政府动员广泛的人力、物力和财力外，还有大量的民间组织参与其中，包括红十字会、教会、志愿者组织等，这些组织在救灾及灾后恢复过程中扮演着非常重要的角色，成为政府主导力量的重要补充。如美国红十字会在美国非政府组织（Non-Government Organization，NGO）中处于明显优越的主导地位，在联邦政府制订的紧急事件支持功能（Emergency Support Functions，ESFs）中是唯一被单独赋予主要职权的非政府组织。在日本，救灾是政府工作人员的职责，志愿者和志愿者机构是政府救灾最广泛力量源泉，民间团体在筹集救灾资金中起到重要作用。相对而言，发展中/转型国家的灾害参与主体比较单一，除了政府，只有民防的参与程度较高。

四、各国巨灾风险管理体制与机制发展演变的启示

（一）建立完备的灾难治理常设机构

从各国灾难风险管理体制的发展演变来看，都逐步设立起了从中央到地方较为完备的灾难治理机构并有明确的职责分工，这就使得灾难事件一旦发生，这些机构能够迅速运转起来，各司其职、各负其责，从而在第一时间指导救灾。此外，设立从中央到地方专职负责处理重大灾难事件的部门，建立一套完备的灾难处理系统和自行启动模式也是十分有必要的。这样可以避免分行业、分部门进行的以"条"为主的单灾种防御体系，并有效促进各部门的沟通与合作以及社会资源的应急整合。

（二）建立完善的灾害管理法律体系

一个国家灾害管理法律体系是否完备是衡量该国灾害管理水平的标志。各国在灾害管理体制和机制的形成与发展过程中，都不同程度地制定了相关的综合性灾害专门法（如灾害预防法、灾害应急法、灾害救助法）和各单灾种的法律，以及相应配套的行政法规和规章，并因地制宜的加强地方性灾害防御法规的建设。通过上述法律法规明确灾害管理体制与机制的基本内容和原则，对灾害管理的目的、范围、方针、政策、重要制度与措施、分层组织管理机构、法律责任、运行机制等通过法律的形式做出统一规定。但是，在灾害管理的立法过程中，要实现立法的民主化和科学化，避免出现某些国家片面强调部门利益，忽视全局利益，对自身的责任和义务有意规避或只作原则规定而导致权责严重失衡的现象。

（三）建立及时的灾害信息披露机制

建立及时的灾害信息披露机制，有助于公众对政府的监督，提高各级政府的灾害管理能力。同时，在灾情面前，及时准确的信息既是政府救灾指挥的重要依据，也是阻止小道消息传播，防止人为制造紧张混乱的关键。由于技术手段的原因以及对人们恐慌心理的担忧，信息往往不能够畅通地表达出来，既给救灾的决策指挥带来麻烦，也更加剧了人们的恐慌心理，从而增加了灾难治理的难度。相反，开展灾情的信息披露，有助于公众对政府的监督，提高各级政府的灾害管理

能力，开展社会公众灾害应对教育和演练。同时，公众了解各种灾害发生的过程，掌握一定的灾害自我保护的技能，也有利于增强全社会对于预防灾害的心理、行动和物质方面的应对能力。

（四）建立多元的社会救灾动员机制

建立多元的社会救灾动员机制是灾害管理体制的重要内容之一。世界上许多发达国家都建立了有效的灾害社会动员机制，由灾害管理部门制定各级救灾组织、指挥体系、救灾标准流程及质量要求与奖惩规定，组织民防、社区组织、民间慈善团体和志愿者在灾害防御、救助和赈灾方面发挥重要的作用。社会动员机制具有两个优点：一是经常性、社会化，即在全体公民中进行经常性的灾害应对教育和准备；二是机制性，即有一套覆盖全社会的灾害应对机制，而不是靠临时动员、临时应对。因此，灾害管理中应加强全民的灾害应对教育，特别是要着力加强社区灾害应急机制的建设，充分发挥社会力量在灾害应急中的作用。

第三节 巨灾风险管理模式的研究

一、巨灾风险管理模式研究 I：基于管理结构的不同

（一）政府集中型管理模式

政府集中型管理模式是以中央为核心、各类灾害相对集中管理的模式，其总特征为"行政首脑指挥，综合机构协调联络，中央会议制定对策，地方政府具体实施"。日本就是采取此种模式的典型代表（见图 10-4）。日本位于地震和火山活跃的环太平洋活动带，仅占全球面积 0.25% 的日本是世界上自然灾害发生非常频繁的国家之一，在若干次的防灾减灾实践中，日本逐步强化政府纵向集权应急职能，形成了完善的灾害管理体制，实行中央、都（道、府、县）、市（町、村）三级防救灾组织管理模式，同时制定行政机关（总务省的消防厅等 23 个中央省厅）、公共机关（行政独立法人、日本银行、日本红十字会、

NHK、电力、煤气等63个公共机关）都有责任参加防灾业务计划的制订、实施与推进。在中央一级，中央防灾委员会是日本防灾方面最高的行政权力机构，由内阁总理和其他内阁大臣组成。在地方一级，设立了都道府县防灾委员会和市町村防灾委员会，各地方政府机构、指定公共机构和其他组织的地方官员参加。内阁府作为自然灾害管理的中枢，牵头负责地震、台风、暴雨等自然灾害以及没有明确责任部门的灾害应急救援工作，其他突发公共事件的预防和处置由各牵头部门相对集中管理，如总务省消防厅牵头负责火灾、化学品等工业事故应急救援工作，文部科学省牵头负责核事故应急救援工作，经济产业省牵头负责生产事故应急救援工作，海上保安厅和环保署牵头负责防治海洋污染及海上灾害工作。

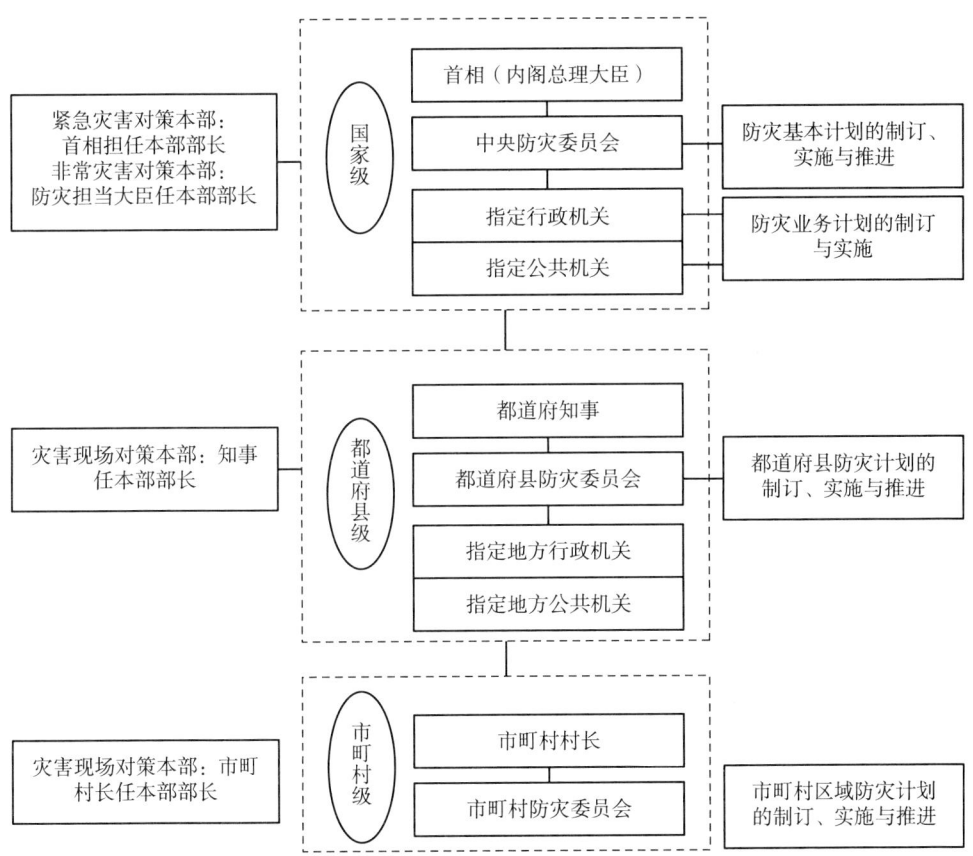

图10-4　日本灾害管理组织体系及其职责对应

2001年，日本中央政府机构重组，内阁府成为国家灾害管理的行政机构，负责汇总、分析日常预防预警信息，制订防灾和减灾基本政策和防灾计划，协调各省、厅的活动以及重大灾害的响应。内阁府设立了负责危机管理的内阁官房、副官房长官和内阁信息采集中心等职位和机构，还新设立了"防灾担当大臣"的职位（日本政府内阁仅设 20 个大臣，设立防灾大臣这个职位充分体现了日本对防救灾工作的重视），承担防灾政策的规划、大规模灾害的应急、统筹协调等职责，进一步改善和加强在重大灾害、严重事件和事故等应急状态下的危机管理功能。中央防灾委员会是日本最高的防灾决策机构，主席由内阁总理大臣（首相）担任，防灾担当大臣、全体内阁部长、指定公共机关负责人（日本银行总裁、日本红十字会会长、NHK 总裁、NTT 总裁）与 4 名专家参加，日常工作由内阁府承办，其主要职责为：制定和推动实施基本防灾计划、草拟地震防灾计划；制定和推动实施大灾紧急措置计划；根据内阁总理大臣和/或防灾担当大臣的要求，商讨有关防灾的重要事项，如防灾基本方针、防灾对策、宣布灾害紧急状态等；向内阁总理大臣和防灾担当大臣就有关防灾的重要事项提出建议。

（二）社区驱动型管理模式

社区驱动型管理模式是一种以地方性应急管理为主、必要时启动全国应急管理的灾害管理模式，总特征为"行政首长领导，中央协调，地方负责"，其典型代表是美国（见图 10-5）。美国的社区驱动型管理模式可以归纳为十六个字：统一管理、属地为主、分级响应、标准运行。"统一管理"是指自然灾害、技术事故、恐怖袭击等各类重大突发事件发生后，一律由各级政府的应急管理部门统一调度指挥，而平时与应急准备相关的工作，如培训、宣传、演习和物资与技术保障等，也由政府应急管理归属部门负责；"属地为主"指无论事件的规模有多大，涉及范围有多广，应急响应的指挥任务都由事发地的政府来承担，联邦与上一级政府的任务是援助和协调，一般不负责指挥，例如"9·11"事件和"卡特里娜号"飓风的应急救援活动主要由纽约市政府和奥兰多市政府指挥，联邦应急管理机构很少介入地方的指挥系统；"分级响应"指应急响应的规模和强度分为不同的级别，并非指挥权的转移，在同一级政府的应急响应中，可以采用不同的响应级别，确定响应级别的原则包括两条，一是事件的严重程度，二是公众的关注程度，事件越严重、公众关注程度越高，则需保持最高的预警和响应级别；"标准运行"指从应急准备到恢复重建的全过程都需遵循标准化的运行程序，包括物资、调度、信息共享、通信联络、术语代码、文件格式乃至救援人员服装标志等，以减少失误，提高效率。

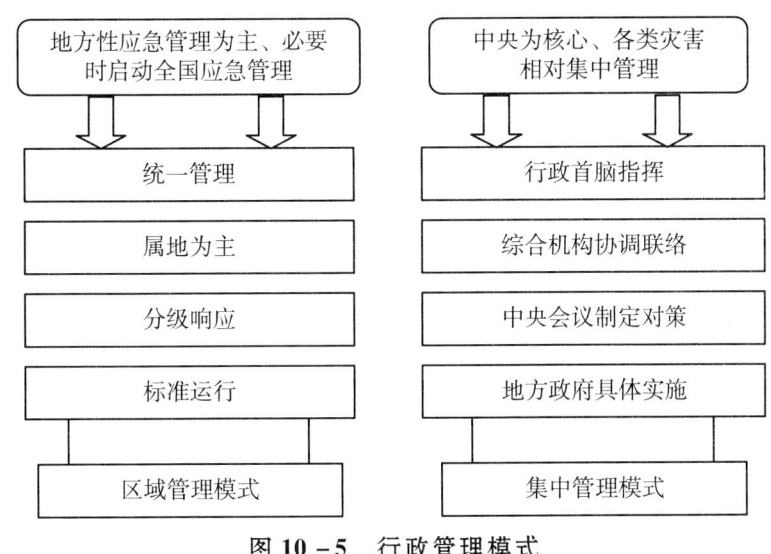

图 10－5　行政管理模式

二、巨灾风险管理模式研究 II：基于灾害过程的不同

(一) 灾害危机管理模式

灾害危机管理模式，是一种强调灾后的救济和恢复，轻视灾前的预防和准备的灾害管理模式，即灾害发生后，再着手研究和拟定应急管理措施，减轻灾害持续过程中及灾害结束后的损失程度，部署并执行灾后的恢复与重建计划（见图10－6）。

灾害危机管理模式缺乏针对性和实时性、协调性差、效率低。随着自然灾害的发生越来越频繁、导致的损失越来越严重，人类社会在历经一次次灾害之后并未能有效降低灾害风险，灾害脆弱性却因过于依赖政府的应急响应计划和救援机构的款物救助非减反增。由于不同领域、不同部门的机构分散管理灾害风险，他们在组织协调、制定抗灾对策、执行抗灾计划等方面都带有明显的局部特征，因此缺乏有力的抗灾领导组织、统一的管理制度，以及良好的信息支持和信息沟通机制。此外，政府当局主要采取暂时的、被动的、应急性的抗灾救援行动，缺乏对灾害风险的长期预防和实时预警，未能进行适当的抗灾宣传、教育、培训和演习，而是集中于对灾害临近或已经发生时的险情控制及管理。重救轻防，行动被动且仓促，导致综合管理力度不够。故而，往往因缺乏长远的、全局性的战略部署，导致"从一个灾害到另一个灾害"的低效抗灾路径。根据国际减灾战略（ISDR）评价，该灾害管理模式下的社会在灾害面前是非常脆弱的（ISDR，2007）

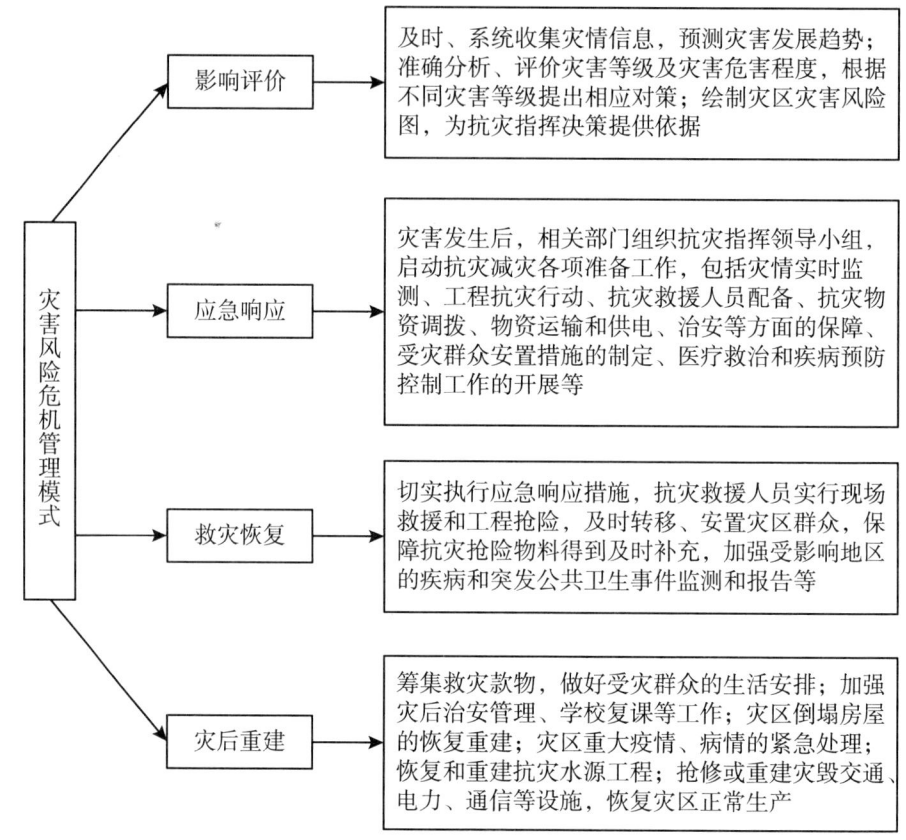

图 10-6　灾害危机管理模式

(见图 10-7)。随着灾害在全球造成的影响越来越大，人们的注意力越来越转向降低灾害风险方面，即通过采取各种减灾行动及改善运行能力的计划降低灾害事件的风险，对灾害进行风险管理。

(二) 灾害风险管理模式

灾害风险管理模式是指采用科学、系统、规范的办法，对风险进行识别、处理的过程，以最低的成本实现最大的安全保障或最大可能地减少损失的一种科学的管理模式。对于灾害管理，预防与控制是成本最低、最简便的方法。灾害风险管理模式正是基于这个道理提出的。风险管理模式着重于在灾害发生前进行系统充分的防灾减灾准备、制定恰当适时的减灾措施和程序（包括灾害监测、早期预警及灾害风险分析、评估），将可控的灾害影响在其发生前消灭或减轻，减少灾害发生频率、降低损失严重程度（见图 10-8）。

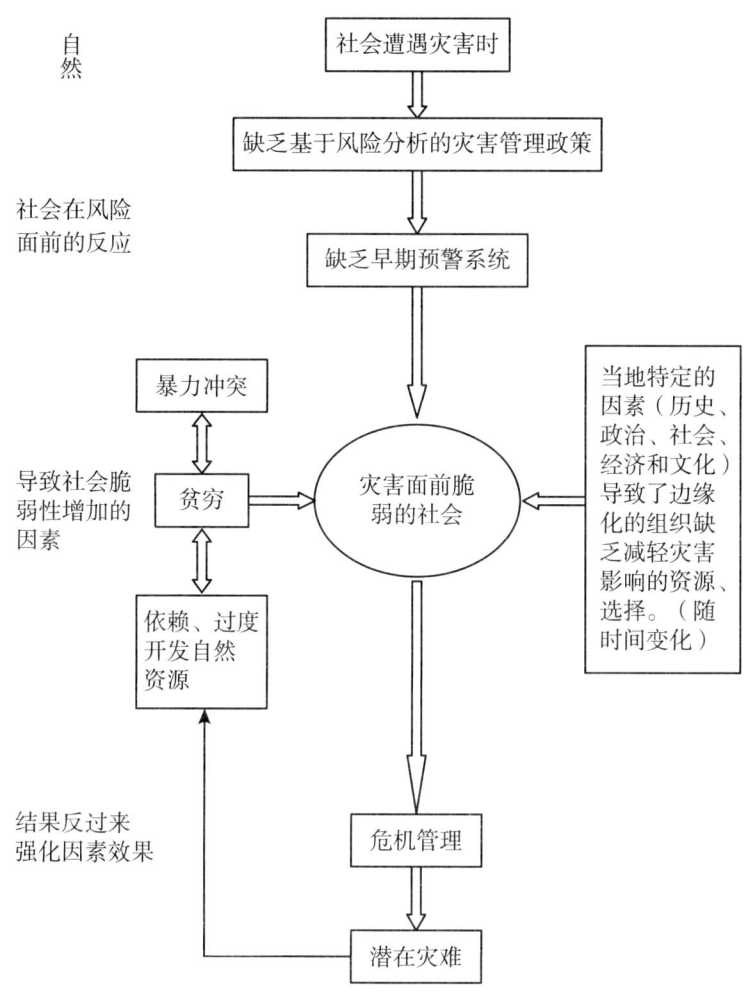

图 10-7 危机管理模式下的社会脆弱性

强调抗灾准备（Preparedness）和减灾措施（Mitigation）的风险管理模式旨在降低风险（risk reduction）及自主预防，比之危机发生后再施以灾害救助的危机管理模式，更具有前瞻性、更高效，且有助于资源可持续管理，减少政府干预程度，且以该模式管理灾害风险的社会在灾害面前具有较强抵御能力（见图 10-9）。它主张对灾害风险实行长期控制和管理，从长远和全局的角度主动防灾，这与危机管理模式主要关注致灾因子和灾害事件本身截然不同，更注重降低灾害脆弱性和控制风险因素。通过灾前预防和早期预警实现对灾害的主动应对，多部门协调、共同管理，有机结合正规制度和非正规制度，动员全社会力量共同参与防灾抗灾工作，以最低成本实现最大效益的安全保障和最全面的灾害管理。

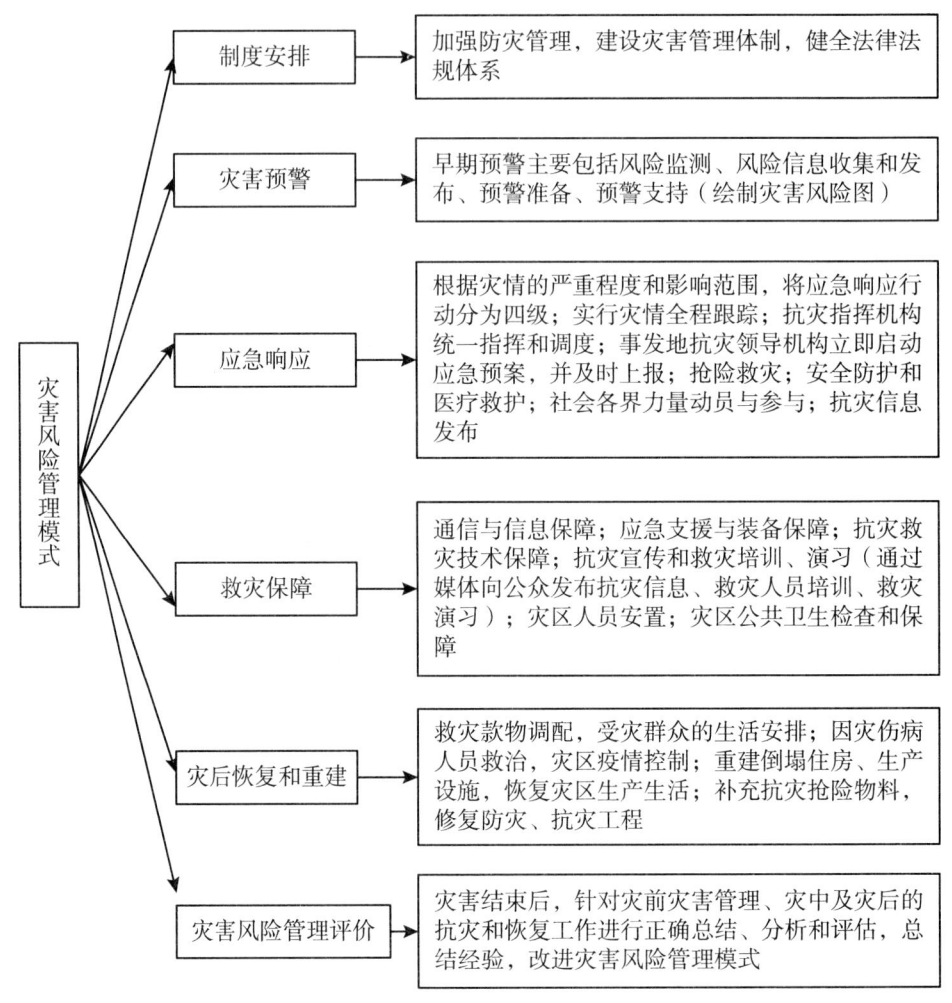

图 10-8 风险管理模式

三、巨灾风险管理模式研究Ⅲ：基于管理主体的不同

前文从广义的巨灾风险管理视角，对巨灾风险管理的模式进行了研究，本部分从狭义的巨灾风险管理视角，对巨灾保险的模式进行研究。国际上，巨灾风险管理的模式有三种：商业化运作模式，政府主导模式和公私合作模式。如表10-3所示，在这三种模式中，政府分别扮演监管者、主导者，以及合作者三种不同的角色。与之对应，私人商业保险公司则分别扮演主导者、参与者和合作者的角色。

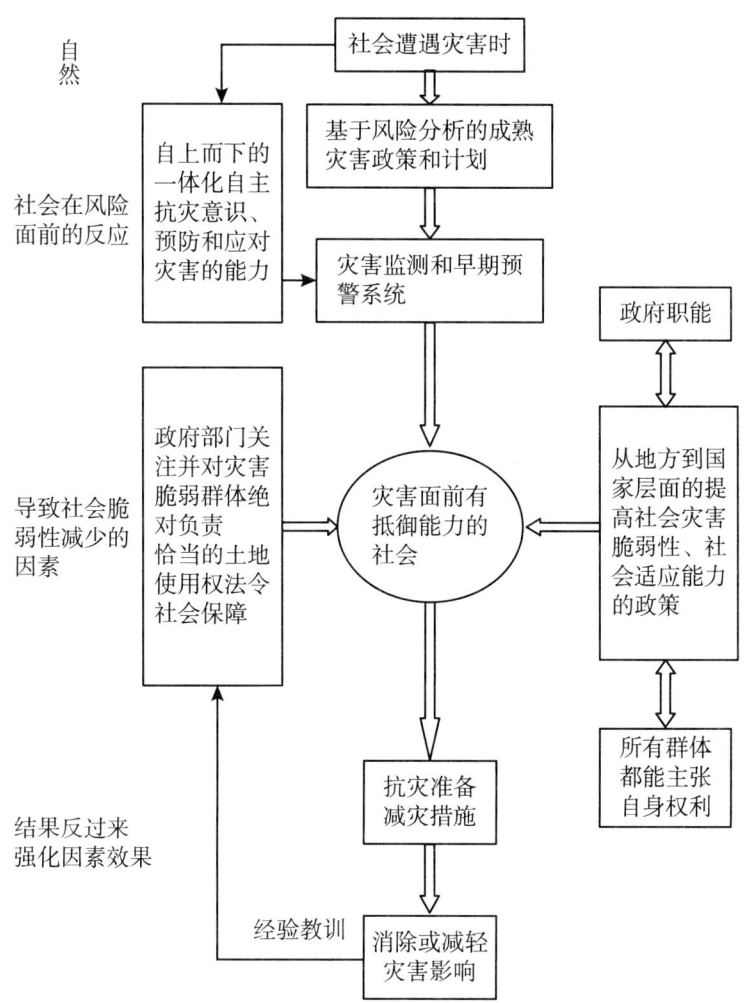

图 10-9 风险管理模式下有抵御能力的社会

表 10-3 国际巨灾风险管理的三种模式

模式	政府角色	政府职责	保险公司角色	保险公司职责	代表国家
商业化运作	监管者	进行监管	主导者	完全提供保险保障	英国、瑞士
政府主导	主导者	提供实质保障	参与者	保险销售和理赔	新西兰、美国
公私合作	合作者	协助商业保险	合作者	主要提供保险保障	法国、日本

（一）政府主导的风险管理模式

1. 模式特征

政府主导模式是指政府直接提供巨灾保险，往往采取强制或半强制的形式，并由政府提供再保险支持。该模式的特征如下：第一，政府负责保单设计，保费确定，保险资产管理和保险赔付；第二，私人保险公司只负责保单销售和理赔服务；第三，在保险资金来源方面，除了投保人缴纳保费之外，政府可以直接动用财政资金提供税收优惠；第四，在保险资产运作方面，所有保费收入组成一个全国性的巨灾保险基金，由政府部门管理运作；第五，由政府统一负责灾后赔付，一旦保险基金不足以支付时，会动用政府财政给予必要的支持。

2. 典型代表

政府主导模式的典型代表是新西兰地震保险制度和美国国家洪水保险计划。

（1）新西兰的地震保险制度模式。

新西兰的地震保险承保地震、山体滑坡、火山爆发、地热活动、海啸、暴风雨、洪水以及上述灾害引起的火灾等风险，实际上是一种将多种主要巨灾风险捆绑在一起的综合性自然灾害保险。保险标的包括居民家庭住房和住房内的重要财产等。新西兰的地震保险设有法定赔偿限额和免赔率与免赔额。房屋的最高赔偿限额为10万新元，屋内财产的最高赔偿限额为2万新元。房屋受损或房屋及屋内财产均受损的，免赔率为1%，最低免赔额为200新元。对于房屋或屋内财产价值超过法定最高责任限额的部分，居民家庭可以自愿向商业保险公司投保商业保险。商业保险公司代收法定保险限额内的保险费，并代办法定限额内的理赔业务。对于已经核定的灾害损失，由地震委员会先在法定限额内进行赔偿；超过法定限额的损失，则由商业保险公司按其与居民家庭签订的保险合同进行赔偿。新西兰的地震保险具有强制性，且为硬强制的特点，所有居民家庭都必须参加，保险费按每户每年60新元（保险费率为0.5%）向居民家庭强制收取。新西兰的地震保险制度模式如图10-10所示。

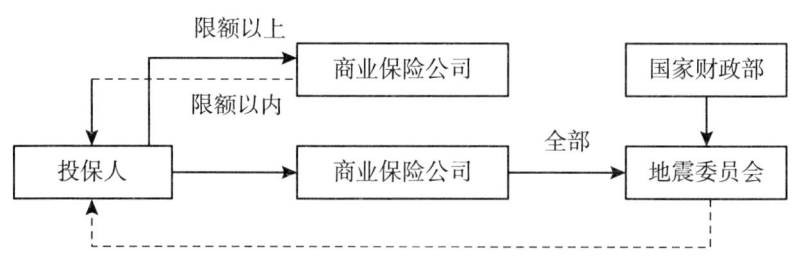

图 10-10 新西兰的地震保险制度模式

（2）美国的国家洪水保险制度模式。

美国国家洪水保险的保险责任包括江河泛滥、山洪暴发、潮水上岸及横泄等对建筑物及其内部的财产等造成的损失。国家洪水保险的保险业务由商业保险公司以自己的名义承保，但由其承保的保险业务与所收取的保险费要全部转交联邦保险管理局（Federal Insurance Administration，简称 FIA），商业保险公司只是按销售保单数量获取佣金，而并不承担保险赔偿责任。按照 1994 年的国家洪水保险改革法案的规定，居民住宅性房屋和室内财产的最高承保限额分别为 25 万美元和 10 万美元；小型企业非住宅性房屋和屋内财产的最高承保限额均为 50 万美元。限额以内的赔偿责任全部由政府承担，超过国家洪水保险承保限额的财产价值，投保人自愿向商业保险公司投保，并由商业保险公司承担赔偿责任。美国国家洪水保险的一个重要特点在于它的弹性强制，即政府并不硬性规定居民家庭和小企业主必须购买洪水保险，而是通过相应的带有强制性的经济政策促使他们购买洪水保险。对于财产处于洪泛区而没有购买洪水保险，因洪水导致财产损失的居民家庭和小企业主，联邦政府不给予灾害救济和所得税减免。美国的洪水保险模式如图 10-11 所示。

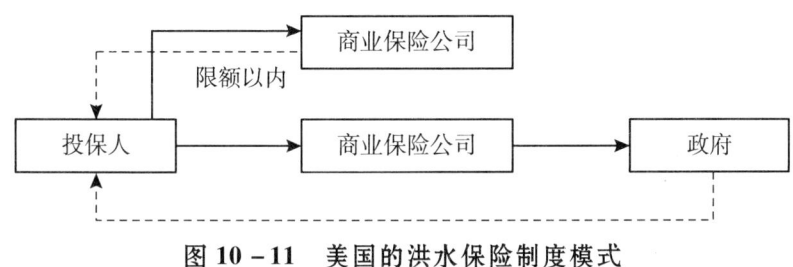

图 10-11　美国的洪水保险制度模式

（二）市场主导的风险管理模式

1. 模式特征

市场主导的风险管理模式是指商业保险公司自愿或依法来承担巨灾风险，并在巨灾风险管理中起主导作用。在该模式下，巨灾保险完全由私人保险公司提供，政府不提供再保险保障，只扮演监管者的角色。保险公司在保单定价、销售和服务方面，完全是市场化的运作。具体特征如下：第一，保险市场承担大部分巨灾风险；第二，保险费率由保险公司完全依据精算模型自主制定；第三，保险基金的运作是商业化的。

2. 典型代表

英国和瑞士是采取商业化方式进行巨灾风险管理的典型代表，但是市场化程度有所不同。

（1）英国的洪水保险制度模式。

英国的洪水保险由商业保险公司承保，并由商业保险公司承担全部赔偿责任。居民家庭及小企业可就其财产自愿选择商业保险公司投保。政府的主要职责不是作为风险承担主体承担保险责任，而是投资防洪工程，建立有效的防洪体系，使洪水易发生地区的洪水风险成为商业保险公司可以按照商业原则经营的商业性可保风险。在此基础上，政府要求商业保险公司对这些地区投保洪水保险的居民家庭及小企业财产予以承保。各商业保险公司可以通过英国发达的再保险市场与分人公司签订再保险合同，以控制承保风险。英国的洪水保险模式如图10-12所示。

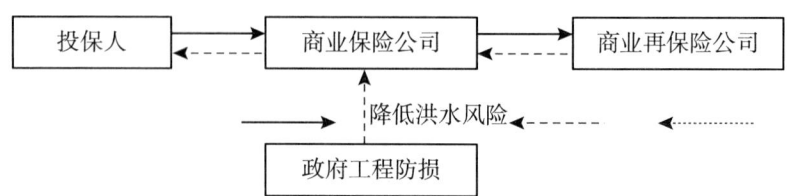

图 10-12　英国的洪水保险制度模式

（2）瑞士的自然灾害保险制度模式。

瑞士的自然灾害保险属于非强制性的自愿保险，承保的风险限于洪水、风暴、雹灾、雪崩和山崩等自然灾害风险，而不包括地震风险。自然灾害保险业务由加入自然灾害保险集团的各成员公司承保。各成员公司自留40%，其余60%分给灾害保险集团，后者再按各成员公司在财产保险市场上占有的份额在它们之间分配。自然灾害保险集团又以赔付率超赔再保险方式与各成员公司订立再保险合同。当各成员公司承保的自然巨灾保险业务的赔付率超过合同规定的自负责任比率时，超过该比率以上的赔款由自然灾害保险集团承担。瑞士的自然灾害保险模式如图10-13所示。

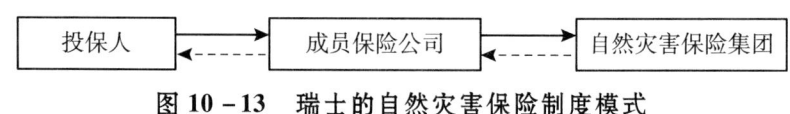

图 10-13　瑞士的自然灾害保险制度模式

（三）公私合作的风险管理模式

1. 模式特征

公私合作模式是指政府和保险公司在风险意识、风险防范和风险转移三方面分工协作，共同承担责任的巨灾风险管理模式。这是一种将政府在制定法制框架和政策以及公共财政上的优势与保险公司在市场运作的优势相结合的较佳模式。该模式的主要特征是多方参与下的多层次巨灾损失分担机制：第一，最底层是风险自留。投保人通过免赔额自留了这部分风险；第二，直接保险。在政府风险控制政策下，投保人直接向商业保险公司投保；第三，商业再保险。商业保险公司再将部分风险转移给国内外商业再保险公司；第四，国家再保险。政府成立国家再保险公司或巨灾保险基金，承担商业再保险公司无法承担的超额风险；第五，政府的最终保障。政府通过特别紧急拨款对国家再保险公司无法承担的风险提供最后保障。

2. 典型代表

法国的自然灾害保险制度和日本的家庭财产地震保险制度是公私合作的典型代表。

（1）法国自然灾害保险制度模式。

法国《自然灾害保险补偿制度》法案规定，在商业保险公司签发的所有火险保单、汽车险保单和业务中断险保单中，都必须以附加险形式把洪水、山崩、火山爆发、地震、海啸、风暴、龙卷风、雹灾和雪灾等自然灾害风险纳入保险责任范围。对于所承保的自然灾害保险业务，商业保险公司可以自愿地向中央信托再保险公司分保，或在国际再保险市场上分保。中央信托再保险公司由国家预算提供资助。当其所承担的自然灾害保险赔款与其相关费用总额超过其再保险费收入时，超过的部分由国家财政承担。中央信托再保险公司与商业保险公司之间的再保险架构分为两个层次：第一层次针对商业保险公司承保的全部自然灾害保险业务，商业保险公司以比例再保险方式将其中一部分转移给中央信托再保险公司。一旦保险标的因承保风险而发生损失，后者按比例承担赔偿责任。第二层次针对商业保险公司承保的自然灾害保险业务中尚未分出的部分，以非比再保险方式向中央信托再保险公司分出。当商业保险公司承担的赔款超过其自负责任额时，超过的部分由中央信托再保险公司负责赔偿。法国的自然灾害保险制度模式如图 10-14 所示。

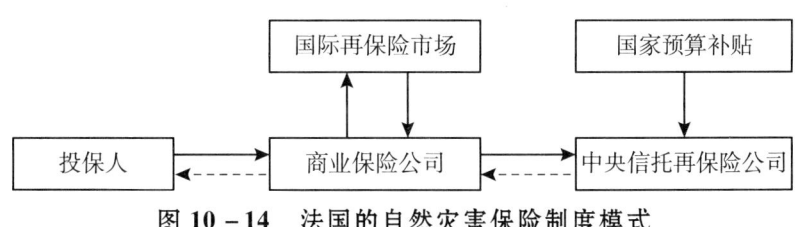

图 10-14 法国的自然灾害保险制度模式

（2）日本的家庭财产地震保险制度模式。

日本的地震保险的保险责任范围包括地震所造成的保险财产的直接损坏、埋没以及火灾（包括连锁性火灾）和冲毁所造成的损失。日本的国家地震保险的法定限额表现在两个方面：一是规定家庭财产地震保险的承保限额为其财产险（火险）的保险金额的 30%~50%，且建筑物和建筑物以内的家庭财产的最高承保限额分别为 5 000 万日元和 1 000 万日元，超过限额的部分，居民家庭可以向商业保险公司办理商业性的地震保险；二是规定国家地震保险体系的总赔偿限额为 41 000 亿日元，并利用再保险与共同保险方式将其在商业保险公司、地震再保险公司和政府三个层次的风险承担主体之间进行划分。法定承保限额内的家庭财产地震保险业务由各商业保险公司承保后，以比例再保险方式全部分给日本地震再保险公司；后者先把分入的全部保险业务由保险金额转换为赔偿金额，然后再以事故超额赔款再保险的方式将其分为三个部分：一部分以市场份额为依据分给各商业保险公司；一部分自留；一部分分给中央政府。日本的国家地震保险制度模式如图10－15所示。

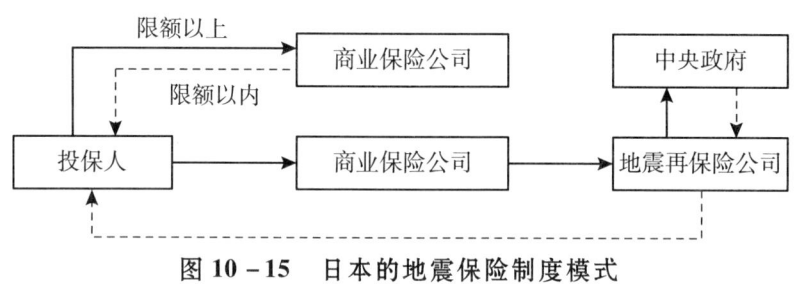

图10－15　日本的地震保险制度模式

第四节　中国地震巨灾风险管理的体制与机制创新

一、构建中国地震巨灾风险管理体制与机制的目标

在巨灾频发、损失严重的背景下，如何应对风险，如何管理风险、如何灾后融资，是构建中国地震巨灾风险管理制度的现实目标的基础。本研究认为，构建我国的巨灾风险管理制度的显示目标主要是风险防范、风险转移、风险融资以及实现社会管理。

（一）风险预防

风险的客观存在以及地震发生的无法观测，是构建中国地震巨灾风险管理制度的前提，风险的客观存在要求我们正确的认识风险、评估风险和应对风险，地震的发生源自于地壳的自然运动，由于当前技术的限制以及历史资料的欠缺，地震巨灾风险管理制度的基础现实目标为预防风险。地震风险造成的损失主要为短时间能量的释放，为了预防风险，其一，应建立完善的地震检测预警机制是重点，依靠多样化的信息传播渠道、借助先进的地震检测技术，使灾区民众在地震发生的短时间内得到信息。其二，政府立法实施严格的建筑抗震等级制度，特别是医院、学校等公共场所建筑,通过加强建筑物的抗震等级预防风险。其三,加强公众风险教育,正确认识风险与灾害应急应对,减少地震风险发生的次生灾害。公众对小概率大损失事件的主观有意识忽略会减少风险防范行为,这将削弱巨灾应对和巨灾风险管理的水平,通过公众风险教育、增进公众风险意识、提升风险应对能力、加强风险防范效力。

(二) 风险转移

风险管理的核心之一即为转移受灾人群的风险,构建中国地震巨灾风险管理制度的核心关键目标为风险转移。地震风险会造成人身伤亡、财产损失、经济秩序紊乱等,通过巨灾风险管理制度的一些安排转移公众面临的风险。地震巨灾风险管理制度以经济损失为基础的风险转移,人身伤亡的风险在于对家属、企业、债权人等利益相关者的经济损失,通过保险机制的风险集合与风险分散的本质,地震导致的人员伤亡致使利益相关者的经济损失风险转移出去;财产损失的风险转移,则是基于我为人人、人人为我的保险机制等市场手段,将自身面临的损失转移到整个体系;经济秩序的紊乱是由于地震发生造成了社会系统的部分甚至是整体的崩溃,经济活动无法正常进行。巨灾风险管理则通过一系列的应急处理方式维持经济社会秩序的正常。

(三) 风险融资

地震风险发生造成的灾害如何补偿、所需资金如何筹集、资金又应该如何管理等,构建地震巨灾风险管理制度的核心目标在于妥善的解决好风险融资问题。巨灾风险管理制度可以转移风险但不会消除风险,在损失发生以后如何保证公众的正常生活、保证经济秩序的稳定运行、维持风险管理制度的可持续,风险融资是核心。首先,灾害损失应该如何补偿是前提,风险管理需要解决灾害补偿的方式,是实物赔付、原物替换还是货币补偿,是完全补偿还是部分补偿,免赔的比例是多少,共保的份额如何确定;资金筹集是关键,要实现风险融资的目标的关键在于资金的筹集,是通过市场的方式解决、是通过政府的财政补贴、是通过资本市场的投资者,是通过社会在组织的捐款等,依靠一种渠道还是多种渠道,各自的比例又应该怎么分配;巨灾的发生是偶然而筹集的资金是持续存在的,如何进行资金的管理,是依靠政府部门管理又或者依靠市场组织管理,是独立经营还是委托第三方管理等。

(四) 社会管理

正如社会学家或人类学家对巨灾风险的定义,巨灾风险的发生会造成社会秩序的崩坏或紊乱。地震风险的影响范围广、损失严重，灾后重建时间长，又因为地震的次生灾害以及亲历者的心理变化，如何维持正常的社会秩序、灾后重建、平抑公众恐慌心理，是构建中国地震风险管理制度的又一重要目标。

二、构建中国地震巨灾风险管理体制与机制的原则

（一）减轻中央财政负担的原则

长期以来，中央政府在地震减灾与救灾以及灾后重建中，占据绝对主导地位，并发挥其他形式不能替代的重要作用。但是，中央政府对地震损失的高负担、民众对政府的高度依赖性等，已使过去的制度在日益频发的灾害损失面前弊端凸显，引进包括保险市场在内的市场机制，将有助于中央财政负担的减少。

（二）保证资金持续与稳定的原则

我国尚未建立完备的地震巨灾风险的专项基金，地震灾后应急和重建资金主要依赖政府的财政预算转移和不稳定的社会捐助资金。长期下去，通过非充分的融资，调用公共预算中投资资金进行减救灾以及损失补偿，对国家的长期经济增长不利。灾前建立以地震巨灾保险制度为核心的灾后融资安排，能基本保证灾害资金的可持续性和稳定性。

（三）发挥保险与风险管理作用的原则

一方面，我国有关法规和意见中明确指出，要充分发挥商业保险市场在地震巨灾风险管理中的作用。另一方面，目前保险业发挥应对地震巨灾的作用十分有限。随着保险业的发展，风险管理的深化，保险业社会责任的担当，国际合作的加强，保险在巨灾的多层次风险分散体系中将发挥越来越重要的作用。

（四）多层次风险融资原则

地震巨灾风险带来巨大的损失，从当前已有的地震风险管理实践经验可知，无论是哪一种模式，多层次的风险融资是保证地震巨灾风险管理的基础。充分利用各层次的优势发挥其风险融资的职能。保险机制的风险集合与分散本质为风险管理的基础，资本市场的资金实力与全球融合作为应对风险融资的关键，多层次的风险融资体系为中国地震巨灾风险管理制度的保障。

（五）建立可行与创新制度的原则

中国地震巨灾保险制度的建立，必须考虑国情并有机衔接目前业已形成的防灾、减灾、应灾和重建管理体系，发扬现有巨灾风险管理的优点，融入和扩大市场机制的作用，创新建设富有效率的新型制度。

三、构建中国地震巨灾风险管理体制与机制的模式

（一）现实可能性

1. 单纯政府的模式

在不改变现行模式下，可在中国地震局下设国家地震保险局，负责全国的防震减震和地震保险，同时在国家地震保险局领导与规划下，各级地方地震局负责本区域的防震减震和地震保险。

2. 单纯市场的模式

组织保险公司合作建立地震巨灾共保体，通过制定统一的地震保险保单，以各家的市场份额来进行灾后损失责任分摊。

3. 政府和市场相结合的模式

我国保险市场发展初期乃至未来一段时期，支撑保险业的市场主体是国有控股公司，而且不论国有与民营公司，还是整个保险业，需要国家的推动与支持。我国保险业与国家政府之间这种天然的关系，决定了政府和市场相结合模式的可能性。

（二）现实可行性

上述地震巨灾保险制度模式均具有建立的可能性，然而，政府和市场相结合的模式更具有适合国情的可行性，理由如下：

1. 我国政府应对巨灾的经济实力有限

我国作为发展中国家，国家经济实力有限，其有限的财力不仅要应对地震巨灾，而且还要应对洪水、农业巨灾、风灾与旱灾等自然灾害；不仅要应对社会基本养老保障，而且还要力求解决社会基本医疗保险并关怀弱势群体等。即使政府财政以最大能力和积极态度应对地震巨灾，其实施的经济补偿也很难使生命财产恢复到灾害前的水平，如"5·12"汶川地震后对农房重建补贴平均为每户1万元，这与中国台湾地区的40万~50万新台币，日本的100万日元的政府补助标

准相差甚远。因此，对一个经济实力有限的发展中国家，完全政府主导的地震巨灾保险制度模式并不可行。

2. 我国保险市场承保巨灾的能力有限

巨灾保险需求总是不足的，单纯靠巨灾保险积累资金周期长而且规模有限。1994年北岭地震后的加州地震保险市场的供给迅速萎缩；我国"5·12"地震的总经济损失就高达8 415亿元，而同年财险业全年保费收入约2 446亿元等就是佐证；目前我国保险业处于发展的初级阶段，无论是资本实力，还是保险公司性质与经营目标以及法律与政策的不配套等，决定了目前乃至相当一段时期内，完全市场主导的地震巨灾保险制度极不现实。鉴于我国政府和保险市场分别难以独立分散地震风险并承担损失，选择二者相结合的模式是相对最优的，这样政府不仅可以从庞大的财政负担中逐步淡出，而且在建立初期政府对保险业的扶持将推动保险业的发展，从中长期看，最终实现政府与市场良性互动的双赢局面。

值得指出的是，在我国保险市场不成熟时期，政府可以承担较多的风险，逐步扶持保险业的发展，等保险市场承保能力增加后，政府可以逐步减少责任甚至退出。

（三）地震巨灾保险制度模式的设计

1. 模式框架设计

国内有学者提倡建立多层次的风险融资体系，逐步建立完善的地震巨灾保险制度。我们继承多层分散思想，对我国政府与市场相结合的地震巨灾保险制度模式，提出如下设计方案：在中央政府、地方政府和商业保险公司（简称保险共保体）三个层次间分别建立政府与市场因素结合的地震巨灾保险基金。以每个省为单位，其省辖范围内的保险公司组成共保体，面向市场以地震风险出险概率和损失幅度等测算的费率计收保险费，建立共保体地震保险基金，该基金账户主要依赖最初参与保险公司出资的原始资金、地震保费收入等资金来源。由于目前我国灾后政府补助标准较低，可以设置较低的免赔额，同时鉴于模式运作初期资金积累不足，也应该承担有限地震巨灾责任。这样在共保体根据其承保能力确定一定自留额后，向地方政府分出剩余的地震风险。地方政府同样以省为单位，建立对应于共保体地震保险基金的地方（或省）地震保险基金，该账户主要依赖每年地方财政收入的一定比例提取额、社会捐助资金、所在省保险共保体向地方政府分入的再保险保费等资金来源。考虑到地震巨灾可能损失大地方政府或地方地震巨灾基金捉襟见肘，所以其在自留一定风险后，将其余风险转移中央地震巨灾保险基金，以换取中央政府对该地区的地震所造成的高层损失分摊。中央地震巨灾保险基金账户资金主要来源于每年中央财政收入的一定比例提取、国际援助资金、地方政府向中央政府的再保险保费等。中央和地方地震巨灾基金是专项资金，先期可以由专门机构进行投资运用，地方地震基金及其增值等只能用于所在地区地震及其相关的后备基金；中央地震巨灾基金除地方发生巨灾用于转移风险的补偿外，其积累额也可以作为超额赔付的调节资金。

2. 模式情景分析

政府与市场结合的地震巨灾保险模式，关键是解决两者如何结合且合理体现公平与效率。由于巨灾保险的准公共品属性以及巨灾保险市场供需天然存在的不足，如果缺乏富有合理激励和利益分配机制的制度安排，便不能较好解决市场机制引入后可能存在的失灵问题。为此我们考虑：第一，模式建立初期，地方和中央地震巨灾基金可以委托中国再保险公司省公司和总公司专项管理和运作，在技术与组织上保证巨灾制度的运作，等条件成熟后可以成立独立的基金公司或再保险公司进行管理；第二，给予商业保险公司和地震巨灾保险基金一定的政策支持和财政激励（具体在本文最后部分说明）；第三，明确规定保险（再保险）公司经营地震保险不以盈利为目的，专项单列经营并以独立账户核算盈亏，可依据资本金或偿付能力的一定比例确定保险（再保险）公司一定的地震责任承担限额；对投保人可采取强制或半强制保险要求，不同省地震风险赋予差异性费率，同时给予投保一定的激励，如费率的补贴或优惠等。

3. 模式可行性

第一，我国保险市场主体不断增加，实力壮大，以人保、人寿等大保险集团为代表的公司已在市县设有网点，集合这些寡头保险公司成立共保体具有可行性；第二，我国政策性农业保险试点，采用保险共保体和政府共同分担风险模式，所取得的阶段性成果，为地震巨灾风险分摊提供了有益参考；第三，由于我国税制改革后，地方和中央的财政明晰分开，中央和地方政府间的财政隔离为再保险方式有效发挥提供重要前提，同时还一并规范了地方对中央的依赖。可见，上述模式具有一定的可行性。

四、构建中国地震巨灾风险管理体制与机制的路径

巨灾风险管理是一个复杂的体系，包含着丰富的内涵，是一套如何预防、转移和融资的体系，其实施路径可从建立巨灾风险基金、准确定位政府角色、提供法律政策保障、培养公众风险意识、借助资本市场力量和完善保险产品体系等方面实施。

（一）建立巨灾风险基金

制度的实施不仅仅依靠完善的设计，如何发挥制度的作用、维持制度的稳定，财务基础是必不可少的。地震巨灾风险管理制度的有效运行必须依靠雄厚的巨灾风险基金，巨灾风险基金是实现风险融资的前提和根本。

地震巨灾风险基金应是以金融保险产品为载体，结合政府、资本市场、保险市场等多主体参与融资管理与损失分担，用于分散地震风险与分担地震损失的一种专项基金。我国地震巨灾保险基金的融资来源可包括：第一，国家财政资金，由于每年我国财政都要拿出相当一部分资金用于全国的灾害救助，那么在该预算中拿一部分这种用途的资金注入地震风险基金，以用于长期的地震风险管理；第二，保费收入，保险公司取得的政策性家庭财产地震保险的保费收入扣除管理费用后全额缴入地震巨灾保险基金；第三，税收的减免，政府对地震巨灾风险基金的税收优惠可直接划入基金账户进行统一管理；第四，各保险公司依比例计提的风险准备金；第五，地震巨灾风险基金的资金运用收益，对基金的投资必须有严格的管理，如日本和中国台湾都只允许投资于安全性高、流动性好的债券等项目；第六，通过资本市场融资，如发行巨灾保险债券、保险连接证券等保险金融衍生工具，在资本市场进行风险的转移。

（二）准确定位政府角色

由于历史的原因，当前我国政府在巨灾风险应对中仍然处于重要的地位，而构建中国地震巨灾风险管理制度中，要充分结合政府、市场和社会三者的力量，因此，准确定位政府的角色对于实施风险管理制度具有重要的影响。借鉴已有的巨灾风险管理实践，中国政府在的角色主要为：第一，建立健全巨灾风险应急与补偿制度的相关法律法规。政府须在这一环节内发挥应有的作用，必须制定巨灾保险的相关法律法规，做出相应的制度安排，将巨灾保险列为政策性重点扶持的保险项目。政府要尽快制定《巨灾保险法》和《巨灾风险应急与补偿机制实施条例》，做到有法可依。同时，为了使巨灾保险市场更好地运作，政府应发挥其公共服务的职能，应该提供巨灾风险的评估、预警、气象研究资料等公共物品，使巨灾保险损失控制在可以承受的范围内。第二，培育和支持巨灾保险市场。政府应该积极发展和完善基础设施与服务，鼓励和支持商业保险公司承保巨灾保险业务。比如，政府应该加强防灾减损基础设施的建设、出台相关建筑规范、绘制巨灾地区区划图。此外，政府还应当在巨灾风险的数据收集、风险建模、产品发展等方面为商业保险市场提供支持，可以使保险人对巨灾风险有一个精确的定价。政府的灾后救济可适当地转为灾前对投保人进行保费补贴。同时，政府要鼓励保险公司开展巨灾保险业务，对保险公司的经营费用给予适当补贴，提高保险公司经营的积极性，增加巨灾保险的供给量。此外，可以适当减免保险公司经营巨灾保险相关的税收，以充实巨灾保险基金，提高其偿付能力。第三，建立多层次的巨灾风险分担机制。基于我国巨灾保险的特殊性，需要建立巨灾风险基金多方共担机制。政府可以考虑建立起"巨灾保险基金会"，独立于政府机构之外，直接由国家防灾减灾部门监管。巨灾保险基金通过基金会筹集基金。从制度设计上就必须确保基金能够达到起码的规模。作为一种公共利益性质的制度，解决巨灾保险基金问题的较好方法是采用一定程度的强制模式，用最低的成本迅速筹集起一个较大的量，形成一定的规模。基金筹集的具体模式可以采用发行巨灾保险债券和彩票。巨灾风险往往会使保险公司出现偿付能力不足的问题，政府可以通过预算的方式，安排一定的财政资金，支持发行巨灾彩票，以形成一个常态的应急储备资本。同时，国家还可以授权"巨灾保险基金会"在特殊时期，根据需要发行"特别巨灾保险债券"，以解决特殊情况下赔偿资金不足的问题。

（三）提供法律政策保障

保险法律制度的构建在应对巨灾时发挥着重要作用，可以保证国家、保险公司、民政部门之间的力量紧密结合，有效提升防灾救灾能力，更好的发挥保险业功能。建立和完善巨灾保险法律制度，是有效应对我国巨灾风险的迫切需要。从国际经验来看，立法模式主要有三种：第一，针对不同的巨灾风险分别进行专项立法；第二，以一部单独立法；第三，以补充立法。对比以上三种立法模式以及结合我国保险业发展现状，应选择专项立法来适应目前大众对巨灾保险的认知水平以及减小立法难度。同时，在立法的过程中，应遵循以下原则：根据不同区域巨灾风险的差异分布情况、保费支付能力、再保险的分散条件的不同而有差异性的建立法律制度；巨灾保险应该在全国范围内展开以体现公平性，避免逆向选择；应对巨灾风险，事先预防优于事后补偿，巨灾保险法律的制定应该指引公民提高防范意识，增加巨灾风险投资愿望。巨灾保险政策法律可以通过明确巨灾保险的主体限定、承保对象及范围、巨灾保险的实施形式、巨灾保险基金的来源、适用、管理和监管以及巨灾保险的再保险规定等方面保障巨灾风险管理制度的实施。

（四）培养公众风险意识

巨灾风险管理制度的主体可分为政府、市场、公众和社会组织四类。制度的构建与实施需要四类主体具有风险意识。风险意识的强弱是影响各主体采取风险管理行为的关键,若相信政府是万能的、缺少风险意识的政府则可能在实施中排斥市场主体或社会主体,然而实践已经证明,单一的政府主体是无法高效地完成巨灾风险管理职责的。而若缺少巨灾风险意识的市场主体则会产生市场无力管理巨灾风险的观点进而阻抑了巨灾风险管理产品的提供;缺少风险意识的公众,缺少对风险的认识与认知,将会产生对巨灾风险管理的不信任甚至是排斥,阻碍制度的正常运行;培养风险意识,树立正确的风险管理思维、理念和行为,对于构建巨灾风险管理制度有强大的推动力。

(五) 依靠多层融资渠道

与单一的主体无法实施巨灾风险管理制度相似,单一的融资渠道同样无法实现巨灾风险管理制度的核心目标:灾后融资。巨灾风险的小概率大损失的一场分布特点,影响范围广泛损失巨大的灾难后果,依靠多层次的灾后融资渠道是构建巨灾风险管理制度的基础。政府有保护公民生存权的义务,在公众受到巨灾威胁时政府有义务提供救济,基于大多数法则的保险机制是风险管理的有效手段,再保险市场可以在更大范围内分散巨灾风险,资本市场的雄厚实力以及高度分散的投资者,慈善组织具有的强大的社会号召力,多层次的风险融资渠道在纵向和横向两个维度保证巨灾风险管理制度的构建与实施。

五、相关政策建议

目前,深圳获保监会批准成为地震巨灾保险试点后,地震巨灾保险在深圳已进入了实质性操作阶段。据了解,深圳保监局已拟订《深圳市地震巨灾保险方案》,相关产品正在报批过程中,该方案创新融合了政府统保与商业保险,使深圳居民有望得到全面地震巨灾风险保障。当前,我国地震巨灾保险机制建设的时机、条件已经基本成熟,应该在吸取国际地震巨灾保险成功经验的基础上,结合我国实际,以保障民生为出发点,提高地震巨灾保险的保障范围和水平,充分发挥保险的经济补偿和社会管理功能,循序渐进地建立我国地震巨灾保险制度和体系。具体建议如下:

建立多支点、多层次的地震巨灾保险保障模式。参照国际通行的地震巨灾保险模式,建立以政府为主导、商业保险体系为主体、国家财政支持、全球再保险市场分散风险的多层次、多方位地震巨灾保险保障模式,形成政府、市场及其他社会力量相结合的地震巨灾风险转移分担机制,构建地震巨灾风险管理长效机制,提高抗御地震巨灾风险的能力。政府对地震巨灾保险给予财政、税收支持,推动建立地震巨灾保险基金和有关地震巨灾强制保险制度,必要时对地震巨灾险经营主体提供相应的救济，并充当地震巨灾再保险人的角色。保险人和再保险人负责发展地震巨灾保险业务，接纳并分散地震巨灾风险，直接向社会公众提供地震巨灾保险服务，同时依据市场化原则承担相应的风险责任。被保险人依据合同约定缴纳保险费，承担防灾防损责任，并享有接受政府保费补贴、灾后索赔等权利。通过地震巨灾保险机制安排，可以实现政府、保险人、再保险人、被保险人在地震巨灾风险管理上的共同参与和风险损失的有效分担，全面发挥地震巨灾保险在地震巨灾风险管理中的重要作用。

进一步建立健全地震巨灾保险的相关制度。在地震巨灾保险的立法方面，借鉴国际经验，在我国已经制定颁布的法律规章基础上，专门制定洪水保险法、地震保险法等，进一步明确有关强制性地震巨灾保险制度。在地震巨灾保险的财税支持政策方面，对参与地震巨灾保险的企事业单位、居民个人在地震巨灾保险费的缴纳、赔付金的领取以及防灾防损等方面所发生的相关费用，给予免税、减税或税收延迟等优惠待遇；对保险公司经营的地震巨灾保险业务，实行独立核算，减免营业税，免征企业所得税或将所得税返还充实地震巨灾保险基金。

加快推进地震巨灾保险基金的筹设与运作。目前，全球有十几个国家建立了地震巨灾保险基金，通过政府与保险公司合作来分担地震巨灾风险。我国可采取政府与商业保险公司共同建立地震巨灾保险基金的方式，地震巨灾保险基金在国际再保险市场上安排再保险保障，以分散风险。地震巨灾保险基金可委托保险公司进行专业化管理，实行专户管理、滚存积累、专项使用。地震巨灾保险基金的筹集渠道包括：中央和地方财政直接拨款，财政年度救灾资金结余划转，保险公司无大灾年份地震巨灾保险保费结余滚存，将目前保险业营业税的一部分直接化转为地震巨灾保险基金，允许保险企业发行地震巨灾保险基金债券等。

加强对建立地震巨灾保险机制的引导。地震巨灾保险机制建设是一项复杂的系统工程，可以从建立单项的地震巨灾保险保障入手，针对那些对人民生命财产安全威胁最大的地震，要分险种、分区域试点并推广实施，实现重点突破。可以借鉴开展政策性农业保险的经验，以中央财政补贴为先导，结合地方财政和被保障人的投入，对特定地震巨灾险种实施强制性保险制度，逐步扩大地震巨灾保险保障范围。

强化对地震巨灾保险机制运行的监管。强化地震巨灾保险市场准入管理，对商业保险公司提供地震巨灾保险的资质进行认证和管理；加强对保险公司地震巨灾保险费率的监管，对准备金的提取和累积进行严格监管；根据各地地震巨灾历史数据，制订差异化的防灾防损标准，规定只有达到特定灾害防范标准的地区才能提供地震巨灾保险,以提高地震巨灾风险的可保性,增加各地防灾防损的意识。

第五节 中国洪水巨灾风险管理的体制与机制创新

一、构建中国洪水巨灾风险管理体制与机制创新的目标

(一) 现实目标

第一,通过优化洪水灾害风险管理的体制、机制、法律,进一步完善现有洪水灾害风险管理制度,提升制度绩效,包括建立洪灾行政管理体制、洪灾工程防御机制、防汛应急管理机制、洪灾风险转移机制等。有效地规避风险、承受风险、分担风险,提高化解和承担洪水风险的能力(见图10-16)。所谓规避风险,就是要以防为主,防患于未然,采取永久性或临时性的有效措施,将水灾弱势群体与重要易损资产安置或转移到可能的洪水位以上或受淹区之外。所谓承受风险,就是通过经济、社会与生态等综合分析、权衡利弊,将洪水灾害风险控制在一定的程度之内,既不可能也没有必要控制所有量级的洪水,并要准备承受超标准的洪水风险。修建防洪工程时标准要适度,还要按照风险管理的要求合理确定工程的工程,避免一味转移风险。所谓分担风险,就是要公平地对待风险转移,除国家财政承担必要的责任外,要根据利害相关因素在不同区域以不同形势合理分担风险,建立洪水风险补偿救助机制和洪水保险制度。

第二,建立与我国金融、保险市场发展水平相适应的洪水巨灾风险保险体系,加强保险在洪水灾害风险转移中的作用,弱化重大洪水灾害对国家财政的临时性冲击。借鉴世界保险市场发达国家的巨灾风险转移经验,发展洪水巨灾保险和再保险,并发行巨灾债券,用巨灾保险制度来部分替代政府的灾害救助,将灾害多发年的损失分摊在灾害低发年,将本国洪水灾害损失波动纳入国际保险市场和资本市场来化解。

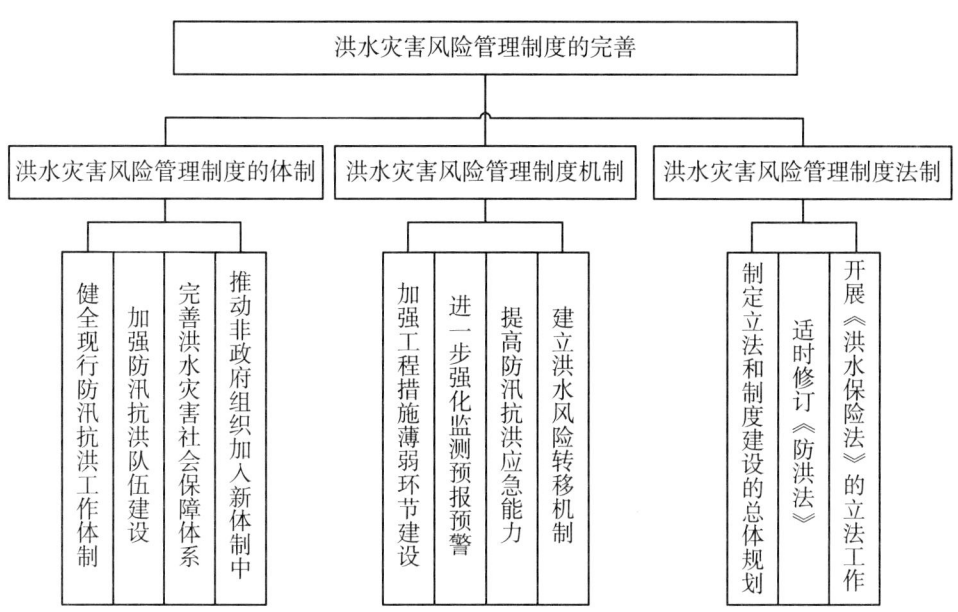

图 10-16 洪水灾害风险管理制度的完善

(二) 客观原则

1. 综合减灾原则

洪水风险具有复杂性特征，减轻洪水灾害损失是一项跨部门，跨学科的庞大复杂的系统工程，它不仅涉及自然科学的各个领域，还涉及社会科学的领域诸多方面。综合减灾原则是指行政上采取中央与地方政府风险管理的综合指导，理论上坚持灾害学、环境学、管理学等各学科的统一指导，实施上加强各防灾减灾等灾害管理部门的紧密合作。

2. 政府和市场结合原则

洪水风险的管理是一项巨大的工程，不是单靠政府或单靠市场力量就可以予以解决。在洪水风险管理制度下，坚持政府和市场结合的原则，也就是坚持效率和公平相统一的原则，既发挥出政府在洪水灾害风险管理中的全局指导和部门协调作用，也发挥出市场在其中的资源优化配置作用。

3. "软硬兼施"原则

洪水灾害风险管理是一项复杂的系统工程，一方面要采取"硬"的工程措施，实施减灾工程，提高灾害综合防范防御能力，另一方面也要采取"软"的非工程措施，构建监测体系，提高监测预警预报能力；建立抢险救灾应急体系，提高应急处置能力；建立自然灾害保险体系，提高巨灾风险转移能力。

(三) 路径选择

第一，明确中央政府、部委及地方政府之间的责任，进而形成一个完整的综合灾害行政管理体系，即中央政府、部委及地方政府分工负责、协同合作，实现"纵向到底与横向到边"一体化；从灾害过程角度，该体系明确灾前、灾中与灾后统筹规划，以实现备灾、应急、恢复和重建的一体化；从涉灾部门的角度，明确政府、企业与社区相协调，以实现能力建设、保险与救助一体化（见图10-17）。

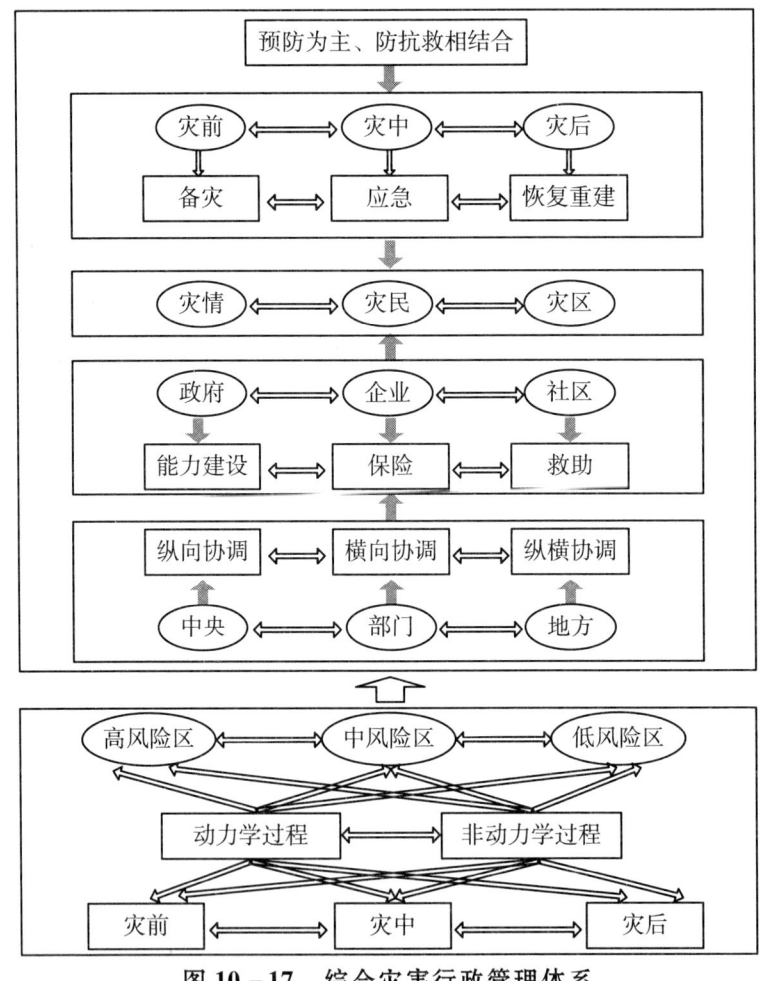

图 10-17 综合灾害行政管理体系

第二，对全国防洪区包括蓄滞洪区、洪泛区和堤防保护区进行洪水风险分析，编制洪水风险图，确定不同区域洪水风险程度，在此基础上采取不同的工程和非工程措施，完善洪水风险管理的法律法规体系和风险补偿机制，探索建立洪水保险制度，从而减少和化解洪水风险，将洪水灾害损失降低到最低程度。

二、构建中国洪水巨灾风险管理体制与机制创新的框架

（一）洪水灾害风险管理的体制约束

就体制基础而言，中国长期的实践表明，有些制度是行之有效的，如防汛行政首长负责制、应急管理体制，等等，与国外相比，具有鲜明的特色。但同时也存在着许多的约束条件，其中重要之一就是现行法律与行政体制中有一些与洪水管理要求不适应的地方，实施洪水管理战略要求逐步改进和完善相关法律和体制，进一步从法律和体制上明确相关部门的作用、职责和协调机制，进行机构改革，增强部门间的协调，加强能力建设，形成稳定有序的资金保障，培训公共洪灾意识，等等。

1. 地方政府管理职责模糊

目前，在各级政府之间洪水灾害管理职责的划分、应急响应过程中条块部门的衔接配合等方面，还没有统一明确的界定，尤其是缺乏明确规范的流程，不具备可操作性的具体措施，尚未完全形成职责明确、规范有序的分级响应体制。在实践中，应对公共危机原则上是小灾靠自救、中灾靠地方、大灾靠国家，但由于条块应急管理职责划分并不清晰，经常出现条块衔接配合不够，管理脱节，协调困难等问题。此外，我国洪水灾害管理重心偏高，各种权力、资源主要集中在中央政府等上级政府，基层地方政府既不拥有相应的决策权力，又不具备丰富的物资、人才、经费等各类资源，因而往往地方政府应急管理的积极性和实际能力都相对不足。而洪水灾害管理的对象又往往呈现出区域性或地方性，地方政府首先承担着具体防洪抗洪的管理责任，所以必须明确要明确地方政府的职责和权力，加强基层洪水灾害风险管理能力建设。

2. 政府内部信息沟通不畅

目前，我国的灾害管理体制基本是逐级管理、对上负责、随意性强、共享性低。一方面，从纵向上下级政府信息传递上看，上级政府对洪水灾害事件的了解主要来自于下级政府的报告，在某些时候，某些下级政府或地方政府处于地方利益与保护自己官位等自利性考虑，往往在向上传送信息时候，有意隐瞒危机信息，造成危机信息传递残缺、迟缓，使上级政府无法及时、迅速地获得危机信息，有效地做出决策。另一方面，从横向政府部门间信息传递来看，由于政府部门之间联系并不密切，有时候会因为各部门利益的考虑，造成部门之间信息交流

受到阻碍，使得许多宝贵的信息资源不能得到及时有效地在部门、地区之间传递。此外，各个部门的管理信息系统也相互分割，缺乏互通互连，难以实现信息资源共享，导致综合性的信息分析和研判不足，综合评估和预测预警欠缺。虽然在自然灾害领域，地震、气象、地质等相关部门都建立相应的监测体系，开展有关灾害风险的预报预警工作，但从全局看，目前对灾害风险信息的综合利用、分析评估和趋势预测则有所不足，风险评估指标体系不健全，不利于实现综合减灾和早期预警。需要地质、气象、地震等多个部门共同协作，从地质构造、降水分布、余震情况等多个方面综合分析评估，才能有效应对。但实际灾害处置过程中，各部门在开始时并没有进行有效协作，在形势严重后才给予重视，从而影响到综合减灾的预见性和有效性。

3. 社会组织参与程度不高

从我国洪水灾害风险管理实践来看，突出的特点是过分依赖政府所属部门力量，不重视发挥社会组织体制的作用，造成应急管理的主体单一，社会参与度较低。首先，受中国历史和现实政治因素的影响，我国的社会力量比较薄弱，社会组织、公众对于参加洪水灾害风险管理的意识还不强烈，人们普遍比较缺乏相应的参与热情。其次，我国非政府组织发展不足。由于社会发育的成熟度偏低，我国对民间非营利组织进行引导、规范、培育、扶持方面做得不够，使非政府组织发展缓慢，在我国洪水灾害风险管理中很难起到明显的作用。同时，我国关于公众和非政府组织参与灾害管理的法律文件缺失，这使得公众和各种民间组织的参与不被政府决策机构所重视，即使有参与的愿望也无法实现。再次，公民参与能力弱。目前对全社会防范风险和应急管理处置的教育、培训和演练工作不够，措施不到位，具体要求不明确，社会公众自身的社会危机意识、风险防范意识、自救互救知识和能力都十分薄弱，专业性不强，盲目性较大，参与应急管理存在现实的困难。最后，企业参与相对不足。虽然我国存在庞大的企业群体，员工具有较强的组织性和协调性，在危机状态下理应成为政府应急处置的重要参与力量，但在现实中，企业参与社会所发挥的作用与人们的期望还存在较大差距，如搞假捐赠、提供伪劣产品、哄抬物价等令人失望的情况仍有发生，企业正向积极参与缺位严重。由此可知，鉴于目前我国的社会现实，政府不得不独自承担着洪水风险管理尤其是应急管理的主要责任。但是，面对复杂、频发甚至灾难性的突发事件，迫切需要有全社会的参与。

（二）完善洪水管理的行政组织体系

1. 指导思想

第一，按照洪水灾害风险管理的现实目标，调整各级水行政主管部门及流域机构的职能范围，既要充分体现以流域为基本单元的洪水管理特定，包括流域内可能受到不同类型洪水灾害影响的所有地区，又要体现洪涝灾害风险管理特性，有效发挥国家防汛抗旱总指挥部与水行政主管部门的协调功能。

第二，将洪水管理的技术内容纳入行政管理的范畴，保证管理决策者在制定洪涝灾害管理规划与相关城市及地方政府行为之间的一致性、科学性。

第三，依据法律法规的规定，为城市及地方政府确定洪水管理的具体职权范围，使地方洪涝综合规划与相关区域或流域防洪规划保持一致。

2. 具体措施

第一，进一步健全中国现行防汛抗洪工作体制，进一步明确和规范各级行政首长和相关政府部门在防汛抗洪工作中的管理权限、责任、任务和分工，健全工作评价和责任追究制度；推动洪泛区、蓄滞洪区、河道、防洪规划保留区中土地利用和建筑标准的管理，规范经济社会发展的各项活动，强化部门间的协调机制；明确各类突发事件的处理工作程序，增强各级应急预案的可操作性；对已经正式实施的法律法规，要加强执法检查，维护法律的权威性和严肃性。通过修订相关法律框架，提高流域水利管理委员会的行政地位，增设与洪水管理相关部门的委员，加强其在流域综合规划与管理方面的协调、监督作用，发布和监督实施区域发展中与洪水管理相关的地方管理规范和技术导则。明确堤防安全管理的相关机构，这些机构可以是代表中央政府的流域水利委员会、水利厅、城市水务局和地方水利局。其职责是进行堤防工程的管理和维护、保证汛期防洪工程的安全运行、进行定期安全评价、提出工程加固建议等。

第二，加强防汛抗洪队伍建设。要将防汛抗洪组织机构延伸到乡镇村组，在洪水灾害严重的地区建立乡镇、社区等基层防汛抗洪组织。要建立专业化与社会化相结合、地方与军队武警相结合的应急抢险救援队伍，力争通过建成包括国家级、省级（流域）、地市级、县级和乡镇及以下5个层次的防汛抗洪应急队伍体系。要着力推进县乡两级防汛抗洪服务组织建设，积极推广湖南、江苏、山西等省的经验，加大政策和资金扶持力度，加强防汛抢险队、抗洪服务队和物资仓库"两队一库"建设。要切实加强各级防办自身能力建设，进一步强化防办的组织机构和工作职能，在机构规格、干部配备、设备配置、资金保障等方面积极争取政府和有关部门的支持。要加强人员培训，不断提高防汛抗洪队伍的综合素质、专业水平和处置防汛抗洪突发事件的能力。

第三，建立有效的社会管理和经济调节机制，完善社会保障体系，形成完备而确有约束力的法规、合理的灾害救助补偿办法、适当的经济调节手段等；建立洪水风险补偿救助机制和洪水保险制度，根据利害相关因素在不同区域以不同形式合理分担风险，建立以洪水保险为基础的市场化风险转移体系，设计长期的洪水保单,安排合理的洪水再保险,研发可行的巨灾风险转移新技术,如巨灾债券、"边车"和行业损失担保等,实现对洪水风险的多层次转移,既可以应对一般年份的常规洪水灾害,也能够应对特殊年份的超常规洪水灾害。

第四,推动非政府组织加入洪水灾害风险管理体制中。一是要为非政府组织发展营造良好环境。首先,政府应当转变执政观念,加快职能转变,为非政府组织的生存和发展留下足够的空间。只有政府逐步从越位的领域中退出来,才能真正实现政社分开,还非政府组织作为民间组织的本来面目。其次,积极推动公民社会的建设,通过加强公民教育,提高公民素质,培养人们的社会责任感和自愿精神,为我国非政府组织的发展提供良好的社会土壤。二是要加强非政府组织灾害管理能力建设。首先,要完善非政府组织灾害管理制度,政府通过制定相应管理办法,加强监督和培育,引导非政府组织的规范发展。其次,要注重非政府组织人力资源管理。一方面积极拓宽吸引人才的渠道,将那些有专业知识和管理经验的高素质人才引入到非政府组织的队伍中来。另一方面,通过加强教育培训,有计划有针对性地提高非政府组织成员在应对危机方面的知识和技能。三是要提高非政府组织的公信力。通过舆论宣传和危机教育,倡导防灾减灾的公民责任,提高公民参与志愿服务的意识和积极性,使非政府组织理念深入人心,让志愿者形象广为人知,确保非政府组织能在洪水灾害管理中赢得公众支持,取得公众信任。

三、构建中国洪水巨灾风险管理体制与机制创新的机制

(一)洪水灾害风险管理的机制约束

1. 基础设施薄弱

(1) 部分中小河流防洪标准偏低。

与大江大河的防洪建设相比,中小河流和山洪灾害防治仍然是洪水风险管理工程体系的薄弱环节,许多中小河流防洪标准仅3~5年一遇,有的甚至不设防。目前,中小河流洪灾损失约占全国水灾损失的80%,中小河流洪水灾害和山洪灾害伤亡人数占全国水灾伤亡人数的2/3以上。但山洪多发区和中小河流存在着防洪标准不高,防洪能力比较薄弱,但又很难提高的矛盾。这主要是由两大原因造成的。首先,山区丘陵地区的中小河流保护面积小,洪水涨落幅度大,要达到较高的防洪标准,需要大量的投入,从经济效益上看,可能不合理;其次,即使经济上可行,有些地方河流保护面扩大后,形成"洪水归槽",将更多的洪水输送到下游,造成下游防洪标准相对降低,防洪压力增大。

（2）小型病险水库除险加固率低。

通过近年的不懈努力，我国小型水库管理与建设工作取得显著成效，其重要的标志是小型水库溃坝率大大降低，溃坝事件逐年减少。但是，我国小型水库大多建于20世纪50~70年代，限于当时经济和技术条件，建设标准不高，再加上管理薄弱，老化失修严重，安全隐患突出。到2012年新一轮规划5 400多座小Ⅰ型病险水库实施完成后，还只是解决了小Ⅰ型水库的病险问题。据初步统计，全国6.5万多座小Ⅱ型水库中约有70%~80%的水库还存在不同程度的病险问题，亟待除险加固。特别是2010年入汛以来，已有多座小型水库出险，江西、广西、贵州、新疆等地先后有6座小Ⅱ型病险水库溃坝失事，更加凸显水库安全隐患问题。而且现行的小型水库管理工作尚不规范。小型水库多由乡镇或由农村集体经济组织管理，相当一部分无专门的管理机构和人员，特别是小Ⅱ型水库，一般由当地村民负责看护。水库建设及运行管理基础资料缺乏，正常维修养护经费不足，管理设施落后，甚至缺乏基本的报警通信手段，在责任落实和规范管理各方面、各环节的工作都有待进一步加强和规范。

（3）山洪灾害防治措施投入偏少。

山洪灾害历来是我国防治任务最为艰巨的自然灾害。我国山地丘陵面积约占国土面积的2/3，自然条件复杂，降雨时段集中，极端天气频发。我国山洪灾害呈多发、易发、频发、重发的特点。全国29个省、自治区、直辖市，274个地级行政区，1 836个县级行政区具有山洪灾害防治任务，防治区面积达到463万平方公里，涉及人口5.6亿，其中重点防治区面积97万平方公里，影响人口1.3亿，7 400万人受到直接威胁，防御形势十分严峻、治理任务极为艰巨。

山洪灾害破坏性强，一旦发生往往造成毁灭性灾难。近几年，我国突发性、局地性极端强降雨引发的山洪灾害频繁发生，造成死亡人数占全国洪涝灾害死亡人数的比例呈递增趋势。据统计，20世纪90年代以前，全国每年山洪灾害死亡人数约占洪涝灾害死亡总人数的2/3，21世纪以来已上升到80%左右。山洪灾害导致大量群死群伤事件，严重破坏基础设施和生态环境，直接影响广大人民群众生产生活，迫切需要加快防治步伐。经过多年持续建设，山洪灾害防治区尚未开展全面、深入的普查和排查，大量隐患点尚未被发现；雨水情监测预报设施和预警手段严重不足，灾害预警信息传递和人员转移较为困难；基层群测群防体系还不完善，尚未建立覆盖到县乡村组户的组织体系和"纵向到底、横向到边"的预案体系；一些地方山洪灾害防治宣传教育、培训力度不够，基层干部群众防灾减灾意识淡薄，自防自救能力不足。因此，迫切需要在继续加快大江大河大湖治理的同时，进一步加大山洪灾害防治力度，尽快改变被动局面，整体提升我国洪涝灾害防御能力。

2. 预报能力落后

水文情报预报工作主要包括洪水监测、洪水预报与预测分析等,多年来在汛期的防洪减灾中发挥了重要作用:第一,洪水预报的预见期大大延长,为防洪抢险赢得了宝贵的时间。利用先进的洪水预报技术,可以大大延长洪水预报的预见期。根据及时准确的洪水预报与预测分析,地方政府预先组织群众加强堤防防守,提前转移可能受灾地区的群众,保障了人民生命财产的安全,最大限度地减少洪涝灾害损失。第二,洪水预报的精度大大提高,提高防洪抢险指挥决策的科学性。利用先进的洪水预报技术,可以大大提高洪水预报的精度。根据及时准确的洪水预报与预测分析,可以事先对防洪工程(水库、闸坝、蓄滞洪区等)进行合理调度,及时拦洪、泄洪、削减洪峰、与下游区间洪水错峰,有效地调控洪水,减轻下游河段的防洪压力,也可以有计划地运用分蓄洪区拦蓄超额洪水,牺牲局部、保护全局,提升了抗御洪涝灾害的能力,充分发挥水利工程的减灾效益,最大限度地减少洪涝灾害损失。

我国洪水预报系统建设项目现已基本建成,大大强化了信息采集、传输、处理的及时性、准确性、可靠性,提高了决策的科学性、主动性,全面提升了我国水文情报预报的整体水平,使得我国水文情报预报的水平在世界上发展中国家处于领先地位,特别是在大江大河的洪水预报的技术上可与发达国家媲美,但在中小河流的洪水预警与预报中还存在一定的差距,特别是在边远山区,暴雨、山洪、滑坡、泥石流等灾害呈现多发频发趋势,由于监测和预警能力偏低,信息发布不够及时,预案体系不够完善,群众防灾意识不强,往往造成人员伤亡和经济损失。

3. 补偿不足

中国的洪水灾害的损失补偿方式,目前主要有三种,第一,由国家财政提供的政府援助,包括国家财政部门专门设立的特大防汛抗旱补助费、水利建设专用基金等;第二,由社会公众或机构提供的社会救助;第三,由商业保险公司提供的损失补偿。但是,目前的损失补偿方式各自都还存在着一些问题,并且三者之间没有通过制度设计将其有效地起来。

首先,政府救助存在着补偿额度低,持续性差的问题。政府救助的目的既不在于使灾民生活恢复到原有水平,也不在于使灾民获得永久性或持久性的生活来源,而仅在于保障灾民灾后渡过暂时性的困难,获得短时期的生活保障。抢救生命财产、物质财产等是临时性的,许多医疗救助行为也是临时性的,食物、衣服、救济款等的无偿给予一般也是临时性或一次性的。政府救助这种保障方式只限于灾民最基本的生活保障,救助标准至多只是满足灾民低层次的生存需要,灾民并不能通过政府救助的方式使生活恢复到受灾前的水平。从国家民政部 1990 年后的统计数据来看,我国每年拨付的救灾专款(包括旱灾、洪灾、地震、台风、雪灾等各类自然灾害）平均在 80 亿元左右，而洪水灾害导致的年均损失为 2 500 多亿元，占自然灾害所致直接经济损失的 60%，即使将所有的国家救灾专款用于洪水风险损失救助，相对灾民的损失补偿需要，也是杯水车薪（见表 10-4）。

表 10-4　　　　1990~2010 年中国自然灾害与洪水灾害经济损失关系

年份	自然灾害救济费（亿元）	自然灾害直接经济损失（亿元）	洪水灾害直接经济损失（亿元）	洪灾直接经济损失/自然灾害直接经济损失（%）	自然灾害救济费/洪灾直接经济损失（%）
1990	13.3	616.0	239.0	38.80	5.56
1991	20.9	1 215.0	779.0	64.12	2.68
1992	11.3	854.0	413.0	48.36	2.74
1993	14.9	993.0	642.0	64.65	2.32
1994	18.0	1 876.0	1 797.0	95.79	1.00
1995	23.5	1 863.0	1 653.0	88.73	1.42
1996	30.8	2 882.0	2 208.0	76.61	1.39
1997	28.7	1 975.0	930.0	47.09	3.09
1998	41.2	3 007.4	2 551.0	84.82	1.62
1999	35.6	1 962.0	930.0	47.40	3.83
2000	35.2	2 045.3	712.0	34.81	4.94
2001	41.0	1 942.2	623.0	32.08	6.58
2002	40.0	1 717.4	838.0	48.79	4.77
2003	52.9	1 884.2	1 301.0	69.05	4.07
2004	51.1	1 602.3	714.0	44.56	7.16
2005	62.6	2 042.1	1 662.0	81.39	3.77
2006	79.0	2 528.1	1 333.0	52.73	5.93
2007	79.8	2 363.0	1 123.0	47.52	7.11
2008	609.8	11 752.4	955.0	8.13	—
2009	199.2	2 523.7	846.0	33.52	23.55
2010	237.2	5 339.9	3 745.0	70.13	6.33
平均	82.19	2 523.05	1 237.81	58.55	5

注：表中的金额均为当年价。2008 年自然灾害损失主要是由地震灾害导致的，自然灾害救济费主要用于地震灾害的救济，因此在计算平均值时将 2008 年剔除。

资料来源：自然灾害救济费、自然灾害直接经济损失数据来自中华人民共和国民政部网站 1990~2009 年民政事业统计公告；1990~2007 年洪水灾害直接经济损失的数据来自《中国水利年鉴》（1990~2007）；2009 年洪水灾害直接经济损失数据来自中华人民共和国水利部网站《陈雷在全国防汛抗旱工作会议上的讲话》。

其次，社会捐赠存在透明度低，随意性强的问题。当前社会捐赠立法存在空白。法律作为调整社会行为的规范应当与社会发展保持同步。丧失这种同步性，就会因法律调整的缺失而引发相关问题。就社会捐赠而言，虽然我国目前出台有《中华人民共和国公益事业捐赠法》等法律，对公益性质的捐赠行为进行了一定的规范，但在社会捐赠的具体操作层面，仍有许多"空白点"，造成目前社会捐赠的随意性。同时，社会捐赠的运作不够透明、缺乏监督，使得有的捐赠款物未能及时转达受助人，甚至被侵占、挪用或截留，使受助人不能得到有效的救助。而且，社会捐赠的金额具有随意性。这种随意性与捐赠人的主观意愿有着内在的关系。这样一来，使得损失补偿的程度带有比较大的不确定性。

最后，我国目前尚未开展专门的洪水保险。虽然保险补偿相对于政府援助和社会捐赠具有足额补偿，透明度高，及时性强等优点，但是在我国，现阶段涵盖洪水风险的险种无法满足人们保障洪水风险所致损失的需要。目前市场上的保险产品存在着种类少，保障范围小，保额低等问题。虽然洪水风险责任一般在人身险、家财险、车损险、企财险、政策性农业保险和农房保险中都有涵盖，这意味着由洪水灾害导致的人身伤亡、家庭财产损失、车辆损失、企业财产损失、农业损失和农房损毁，都可以相应地依据保险合同的条款得到部分或全部的赔偿。然而，这些险种存在着购买门槛高或保障范围小的不足。通常情况下，普通财产险对家庭财产实行有选择性的承保，如承保范围包括房屋、房屋附属物、房屋装修、家具、家用电器和文化娱乐用品等，而金银、珠宝、钻石及制品、玉器、首饰等珍贵财物则不在承保范围内。如果发生洪灾，这些珍贵财物受损将无法获得赔付。在投保家财险时，虽然可以通过选择承保对象，将存放于院内、室内的非机动农机具、农用工具以及存放于室内的粮食及农副产品纳入保障范围，但需要相应增加部分保费。家庭自用汽车损失保险其中有一则免责条款，"发动机进水后导致的发动机损坏除外"，但在实际中，以往遭受暴雨受损的车辆有很大一部分就是因为发动机遇水熄火后车主强行打火而导致发动机受损的。虽然车主也可以通过购买"发动机特别损失险"或者附加险，来对因二次打火导致发动机受损进行投保，但是据了解，该险种根据车辆价格不同而进行调整，一年大约几百元。这就导致并不是所有洪水灾害导致的损失都能通过保险手段获得补偿。以2010年海南省的洪涝灾害为例，相对洪涝灾害直接经济损失91.4亿元而言，报损金额仅1.6亿元，即使保险公司全部进行赔偿，保险赔付比例也不足2%。作为受自然风险影响最大的行业，全省农作物直接经济损失6.39亿元，报损金额仅130万元。保险的损失补偿功能和社会管理功能完全无法凸显。

以各项补偿比例最高的1998年特大洪水为例，当年国家下拨的抗洪救灾资金总额为83.3亿元，这一金额仅占洪水造成的直接经济损失2 550.9亿元的

3.3%。即使加上社会捐赠和保险补偿，总计 200 亿元，也只占此次洪灾直接经济损失金额的 8%。因此，目前以国家财政救助和社会捐赠为主的巨灾损失补偿模式，已不能适应洪水灾害损失补偿的需要。

（二）形成有效的洪水灾害管理机制

1. 指导思想

第一，建成完善的防汛抗洪工程体系，使重点城市和防洪保护区防洪能力明显提高，尽快完成重点中小河流重要河段治理、全面完成小型水库除险加固和山洪灾害易发区预警预报系统建设。

第二，健全应急管理机制和备灾机制。制定灾害发生后的一系列紧急救援救助、卫生食品发放、传染病预防、风险人群和重要财产疏散疏离方案，重点关注特殊环境条件下的可操作性。

第三，从组织管理、资金运作、技术准备等几个方面建立灾后恢复与重建机制，尤其加快洪水灾害风险转移机制的建立。

2. 具体措施

（1）加强工程措施薄弱环节建设，加快中小河流治理和小型水库除险加固。

中小河流治理要优先安排洪涝灾害易发、保护区人口密集、保护对象重要的河流及河段，加固堤岸，清淤疏浚，使治理河段基本达到国家防洪标准。巩固大中型病险水库除险加固成果，加快小型病险水库除险加固步伐，尽快消除水库安全隐患，恢复防洪库容，增强水资源调控能力。推进大中型病险水闸除险加固。山洪地质灾害防治要坚持工程措施和非工程措施相结合，抓紧完善专群结合的监测预警体系，加快实施防灾避让和重点治理。

（2）进一步强化监测预报预警。

政府相关部门应该加强雨情、水情的监测预报工作，完善监测网络，强化应急机动监测能力建设，争取形成一套驻测、巡测、调查、应急监测和卫星遥感监测相结合的多方式、多层次的监测体系。并进一步完善优化洪水预报，加强技术研究，提高预报精度，延长预见期，加快预警系统和设施建设，完善预警信息发布机制。同时，加强山洪灾害的监测预警工作，使得全国山洪灾害防治县级非工程措施建设能够早日完成，加强台风监测预报，并深入研究台风致灾规律，努力提高台风防御工作的针对性。

（3）提高防汛抗洪应急能力。

尽快健全防汛抗洪统一指挥、分级负责、部门协作、反应迅速、协调有序、运转高效的应急管理机制。加强监测预警能力建设，加大投入，整合资源，提高雨情汛情旱情预报水平。建立专业化与社会化相结合的应急抢险救援队伍，着力推进县乡两级防汛抗洪服务组织建设,健全应急抢险物资储备体系,完善应急预案。建设一批规模合理、标准适度的抗洪应急水源工程,建立应对特大干旱和突发水安全事件的水源储备制度。加强人工增雨(雪)作业示范区建设,科学开发利用空中云水资源。

(4)建立洪水风险转移机制。

保险作为社会活动风险管理的基本方式,保险的基本功能是对承保标的因灾害事故而遭受的经济损失进行补偿。保险补偿的基本原则是填平原则。如果投保人对自己的财产购买了足额保险,那么,因灾造成的损失可以得到足额的补偿,使之恢复到灾前状态。从这种意义上说,保险对损失的补偿具有一定的确定性。与其他损失补偿制度相比,保险制度尤其是巨灾保险制度更具优越性。我国应建立以洪水保险为基础的市场化风险转移体系,设计长期的洪水保单,安排合理的洪水再保险,研发可行的巨灾风险转移新技术,如巨灾债券、"侧挂车"和行业损失担保等,实现对洪水风险的多层次转移,既可以应对一般年份的常规洪水灾害,也能够应对特殊年份的超常规洪水灾害。

四、政策建议

(一)进一步健全中国现行防汛抗洪工作体制

要明确和规范各级行政首长和相关政府部门在防汛抗洪工作中的管理权限、责任、任务和分工,健全工作评价和责任追究制度;推动洪泛区、蓄滞洪区、河道、防洪规划保留区中土地利用和建筑标准的管理,规范经济社会发展的各项活动,强化部门间的协调机制;明确各类突发事件的处理工作程序,增强各级应急预案的可操作性;对已经正式实施的法律法规,要加强执法检查,维护法律的权威性和严肃性。通过修订相关法律框架,提高流域水利管理委员会的行政地位,增设与洪水管理相关部门的委员,加强其在流域综合规划与管理方面的协调、监督作用,发布和监督实施区域发展中与洪水管理相关的地方管理规范和技术导则。明确堤防安全管理的相关机构,这些机构可以是代表中央政府的流域水利委员会、水利厅、城市水务局和地方水利局。其职责是进行堤防工程的管理和维护、保证汛期防洪工程的安全运行、进行定期安全评价、提出工程加固建议等。

(二)加强防汛抗洪队伍建设

要将防汛抗洪组织机构延伸到乡镇村组,在洪水灾害严重的地区建立乡镇、社区等基层防汛抗洪组织。要建立专业化与社会化相结合、地方与军队武警相结合的应急抢险救援队伍,力争通过建成包括国家级、省级(流域)、地市级、县级和乡镇及以下5个层次的防汛抗洪应急队伍体系。要着力推进县乡两级防汛抗洪服务组织建设,积极推广湖南、江苏、山西等省的经验,加大政策和资金扶持力度,加强防汛抢险队、抗洪服务队和物资仓库"两队一库"建设。要切实加强各级防办自身能力建设,进一步强化防办的组织机构和工作职能,在机构规格、干部配备、设备配置、资金保障等方面积极争取政府和有关部门的支持。要加强人员培训,不断提高防汛抗洪队伍的综合素质、专业水平和处置防汛抗洪突发事件的能力。

(三)建立有效的社会管理和经济调节机制

要完善社会保障体系,形成完备而确有约束力的法规、合理的灾害救助补偿办法、适当的经济调节手段等;建立洪水风险补偿救助机制和洪水保险制度,根据利害相关因素在不同区域以不同形式合理分担风险,建立以洪水保险为基础的市场化风险转移体系,设计长期的洪水保单,安排合理的洪水再保险,研发可行的巨灾风险转移新技术,如巨灾债券、"侧挂车"和行业损失担保等,实现对洪水风险的多层次转移,既可以应对一般年份的常规洪水灾害,也能够应对特殊年份的超常规洪水灾害。

(四)推动非政府组织加入洪水灾害风险管理体制中

一是要为非政府组织发展营造良好环境。首先,政府应当转变执政观念,加快职能转变,为非政府组织的生存和发展留下足够的空间。只有政府逐步从越位的领域中退出来,才能真正实现政社分开,还非政府组织作为民间组织的本来面目。其次,积极推动公民社会的建设,通过加强公民教育,提高公民素质,培养人们的社会责任感和自愿精神,为我国非政府组织的发展提供良好的社会土壤。二是要加强非政府组织灾害管理能力建设。首先,要完善非政府组织灾害管理制度,政府通过制定相应管理办法,加强监督和培育,引导非政府组织的规范发展。其次,要注重非政府组织人力资源管理。一方面积极拓宽吸引人才的渠道,将那些有专业知识和管理经验的高素质人才引入到非政府组织的队伍中来。另一方面,通过加强教育培训,有计划有针对性地提高非政府组织成员在应对危机方面的知识和技能。三是要提高非政府组织的公信力。通过舆论宣传和危机教育,倡导防灾减灾的公民责任,提高公民参与志愿服务的意识和积极性,使非政府组织理念深入人心,让志愿者形象广为人知,确保非政府组织能在洪水灾害管理中赢得公众支持,取得公众信任。

第六节 本章小结

本章主要论述巨灾风险管理的体制与机制创新，围绕这一研究主题，本章首先采用对比研究的分析方法，重点比较发达国家和发展中国家巨灾风险管理体制与机制之间的差异性，并从中得到启示；本章其次从管理结构、灾害过程以及管理主体的比较出发，研究巨灾风险管理模式之间的不同；最后本章选择地震和洪水作为研究分析的重点，从目标、原则、模式以及路径等多个维度构建起适合我国国情的巨灾风险管理体制与机制。

第十一章

巨灾风险管理的再保险制度设计

第一节 商业性巨灾保险市场运行面临的问题及原因

一、商业性巨灾保险市场需求制约

(一) 非寿险深度低

大量的经济分析都揭示了保险是发达市场现象。表11-1显示了2006年全球分地区总非寿险保费情况。该表显示：北美、西欧和亚洲三个发达经济体的非寿险保费占到全球份额的88%。

表11-1　　　　　分地区的非寿险保费规模（2006）

地区	保费规模（百万美元）	占比（%）
北美	685 440	46
西欧	492 117	33
东欧	52 178	3

续表

地区	保费规模（百万美元）	占比（%）
拉丁美洲和加勒比地区	42 505	3
亚洲：日本、韩国和中国台湾	136 694	9
亚洲：其他	61 859	4
非洲	14 200	1
大洋洲	20 102	1
全球合计	1 514 094	100

资料来源：Swiss Re（2007b）. 转引自 Cummins and Mahul（2009）。

欠发达或发展中市场包括拉丁美洲和其他亚洲国家，有着大量的人口，仅占全球总保费的 8%。对于政府和私人消费者而言，中低收入非寿险市场的欠发达状态使得发展综合性的风险融资策略变得困难。有必要通过外部援助来激发这些市场的发展，从而在未来能提供足够的巨灾风险保障。

保险市场发展程度的另外两个指标是保险密度和保险深度，前者代表人均保费水平，后者代表保费收入与 GDP 的比例。表 11-2 给出了世界的不同地区非寿险（包含大部分的财产保险和机动车保险）的密度和深度。北美、大洋洲、欧洲的保险密度是全球最高的，他们拥有的人均保费收入分别为 2 072 美元、891 美元和 626 美元。其他地区的人均保费收入都未突破 100 美元。非洲的保险密度是最低的，仅为人均 15.3 美元，其中，南非就占到非洲总非寿险保费收入的 54%。北美、大洋洲和欧洲的保险深度也是全球最高的，分别占各自 GDP 的 4.7%、3.3% 和 3.0%。在世界其他地区，非寿险深度约为 GDP 的 1.5% 左右。

表 11-2　　　　分地区的非寿险密度和深度（2006）

地区	保险密度*	保险深度*（%）
北美	2 072	4.7
西欧	626	3.0
拉丁美洲和加勒比地区	75	1.4
亚洲	50	1.6
非洲	15	1.4
大洋洲	891	3.3
全球合计	224	3.0

注：*人均保费、GDP 都以 2006 年的美元价格计算。

资料来源：Swiss Re（2007b）. 转引自 Cummins and Mahul（2009）。

与北美和西欧的工业化国家有很高的保险深度形成鲜明对比的是,许多非洲、亚洲和拉丁美洲国家却还难以获得非寿险保障,巨灾保险更是几乎无法获得。图 11-1 按照收入水平不同给出了不同人均 GNI(国民收入)水平(横轴以对数 lnGNI 表示)下非寿险深度的情况。根据相关分析,非寿险深度与人均 GNI 呈现了指数曲线关系,不考虑国别差异得到的弹性系数约为 0.3,这意味着人均 GNI 提升 1%,将能提升非寿险深度 0.3%。当按收入组别:低收入、中等收入和高收入等来计算,尽管统计上不显著,但对于低收入国家而言弹性系数较低,而高收入国家的弹性系数则较高。

非寿险市场的发展可分为三个主要阶段:

新兴市场:人均 GNI 低于 1 000 美元,非寿险深度低于 1%;

起飞市场:人均 GNI 约在 2 000~10 000 美元,非寿险深度约在 0.5%~3%;

成熟市场:人均 GNI 高于 10 000 美元,非寿险深度将达到 5%。

尽管这三阶段给出了全球非寿险市场发展阶段的精确图景,但巨灾风险保险数据却无法获得。这使得挖掘巨灾保险在自然巨灾融资的作用变得困难。图 11-1 给出了 1997~2006 年全球自然巨灾导致的保险损失估计情况。尽管由于数据信息来源的限制导致解释力不那么强,但仍可以得出两个主要结论:

第一,如人们预期的,高收入国家的被保险巨灾损失(为自然巨灾导致的直接经济损失的百分比)要高于低收入国家;

第二,在过去十年,该比例趋势在高收入国家和中等收入国家有不断增长的趋势,但是在低收入国家仍然保持在低于 5% 的水平。

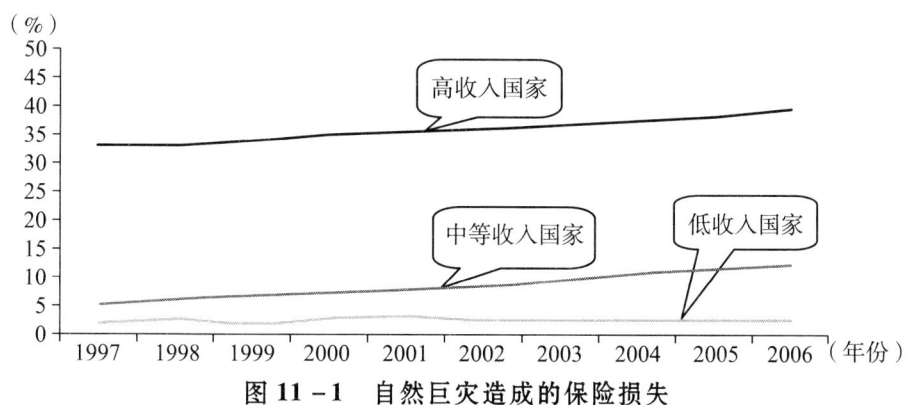

图 11-1 自然巨灾造成的保险损失

注:自然灾害的直接损失不包括流行病、病虫害、泥石流、山火等。

资料来源:作者估计,来自 Swiss Re (2007a)、CRED EM-DAT, World Bank (2006). 转引自 Cummins and Mahul (2009)。

(二) 巨灾风险保障意识淡薄

低收入和中等收入家庭和政府通常对巨灾风险暴露的认识是有限的。目前，很少有能提供基于国别的灾害暴露、经济风险暴露等巨灾风险特征情况的研究，其主要原因在于受到可靠数据（灾害和资产）缺乏以及研究成本过高（使用现代巨灾风险模型技术）等的阻碍。

尽管贫困家庭可能会知道巨灾风险暴露情况，但他们并不会把巨灾风险的管理作为首要考虑的问题，因为他们面临其他更为迫切的挑战。他们的隐含折现率如此之高（例如由于很低的期望寿命的缘故）以至于对他们而言，潜在巨灾损失的净现值相对于其他周期性发生的损失而言就变得微不足道了。

(三) 保险教育程度低下

保险需求特别是发展中国家的巨灾保险需求低下的一个普遍提及的原因，是对其好处的理解不够。保险经常被看作一种非活性（Nonviable）的投资，因为每年需要缴纳保费，但赔款却并不经常支付。一般而言，保险被视为富人的范畴。这对于巨灾保险而言尤为明显，根据定义，只有在低频的巨灾事故发生时才会支付赔款。

保险是一个相对复杂的金融产品，特别是相对于其他基础性金融产品，例如银行存款和信用卡。许多发展中国家的家庭文化程度不高，保险对于许多潜在的保单持有人而言并不熟悉。因此，当前可获得的保险产品（在低收入和中等收入国家）中几乎无法被潜在购买者很好理解。保单除外和保障限额也是人们不理解的一个原因。因此，潜在购买者，甚至教育程度较高的人有时偏好自留风险，而不是转移给第三方例如保险公司。

(四) 保险支付能力有限

从严格意义上讲，虽然市场的不完美并未考虑有限支付能力的因素，但支付能力问题会导致保险需求缺乏，也为中低收入保险市场的公共干预提供了合理性。

在许多发展中经济，人们的低收入阻碍了保险市场发展。在人均 GNI 低于 1 000 美元的国家，大多数家庭的收入都主要用于食物和房屋开支。在可以得到保险的地方，对购买者而言，健康和寿险的吸引力通常比巨灾保险更大。居民的有限收入都满足于即时需要诸如医疗保障和健康保险等方面。最近的分析表明，尽管一些原因促使人们认为小额保险特别是人寿和健康保险的市场深度将在未来得到提升，但在世界上最贫穷的国家，保险供给仍然是极为有限的（Roth, Mc-

Cord and Liber, 2007)。

(五) 政府的巨灾风险管理能力薄弱

由于发展中经济的政府对巨灾风险暴露的认识不足,因此,几乎没有国家能建立起发达的和执行力强的国家巨灾风险管理计划和机构(在国家和地区层次都有),来确保灾害管理的有效计划和合作以及灾害的应急响应。当这些巨灾风险管理计划发展出来时,这些国家的政府又会主要集中对风险减轻领域进行投资,而不是发展风险融资策略。

(六) 灾后第三方融资

调查表明,能够获得免费的或者便宜的灾后融资,往往会打击那些灾后频发的国家和人口发展主动的事前风险管理的积极性,例如寻找市场驱动的风险转移方案包括保险以及发展风险降低项目等。面对由商业市场提供风险融资计划的高成本问题,表面上看,发展中经济主要依赖低成本的灾后援助和发展银行的紧急贷款是很重要的,但这会引发了一个"慈善困境"(Coate, 1995),即灾后援助虽然能够提供财务救助解一时之需,但也会挫伤发展能提供更为有效的金融方案和降低未来事故损失规模等项目的积极性。

来自多边机构的灾后发展贷款在中等收入国家扮演了重要角色,而来自双边的援助在低收入国家也占据了绝对比例。自 20 世纪 80 年代早期以来,世界银行已经发放了 528 笔灾后恢复和重建贷款,总额超过了 400 亿美元(World Bank, 2006)。这些援助的大部分是近期发放的,其中大约 43% 的贷款还未到期。与无偿援助类似,世界银行的许多借款都是在灾后提供的,因此对刺激灾害国家发展主动的风险管理没有发挥推动作用。

许多中低收入国家在灾后依赖于国际社会的援助。尽管很多情况下这些援助都是慷慨的,但援助却高度依赖于国际媒体对这些巨灾事故的关注及报道,因此对于被援助国而言并不是可靠的风险管理工具。尽管快速救助可以通过国际社会得到满足,但用于灾后恢复和重建的援助而言则需要到几个月才能付诸实施。这些援助通常都是指定用于特定投资项目,用于支付人员工资、其他政府义务和快速恢复成本的预算支出可能性较小。

图 11-2 显示了援助在发展中国家的灾害融资中扮演的角色。作为总经济损失的一个比例,通过援助得到的融资额自 1992~1998 年有减少的趋势,主要是因为经济损失的增长明显快于救灾援助资金的增加。该比例自 2000~2003 年提升得很快,在 2003 年达到 10.5%。尽管这表明了援助在自然灾害融资中的地位不断上升,但该统计也显示,捐助融资在满足发展中国家不断增长的灾害风险融

资需要方面仍是不充足的。考虑到许多发展中国家的保险深度非常低甚至几乎不存在，自然灾害的经济损失的绝大部分都将由该国自身来承担。

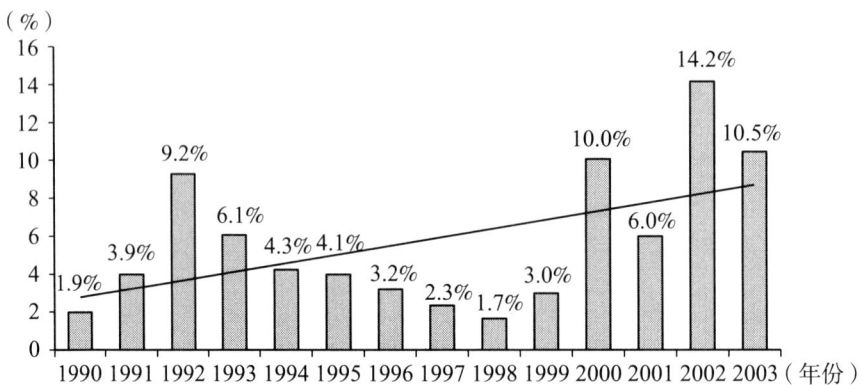

图 11-2　外部援助占灾害经济损失的百分比情况

注：自然灾害的募捐数额假定为紧急和灾害救济总额的 1/3 （IMF，2003）。
资料来源：OECD（2005），CRED，World Bank（2006），转引自 Cummins and Mahul（2009）。

（七）保险业务规模偏小

许多发展中国家（不包括例如中国和印度）国土面积狭小，无法为发达市场中的保险公司提供有吸引力的全球化扩张。而且，在中低收入国家，保费规模非常小，管理成本相对较高，并缺乏保险基础设施例如保险分销系统和保险投资工具等，因此挫伤了许多国际性保险公司进入发展中市场的积极性。

在许多情况下，国际性保险公司可获得的潜在收入并不足以弥补在中低收入市场里的开业成本。潜在进入者需要发起高成本的研究来了解市场需求、发展概率风险模型、设计保单等从而吸引当地消费者。把发达市场的保单应用到发展中市场并不是有效战略。引入不符合本地实际的保单可能会导致降低当地消费者的忠诚度和续转率，降低保险在缓解风险方面的有效性。因此，以好的产品进入新市场的固定成本往往会降低发达市场的保险公司进入的积极性。

（八）巨灾保险需求不稳定

保险公司视其业务为客户的长期合作关系。长久以来，保险公司通过对客户需求的更好理解并提供有效的定制解决方案，以期弥补开业成本。通过在一段时间内为同一客户重复服务，形成信任关系，保险公司就能平滑其收益，以好年景的利润对冲在坏年景的损失。

保险市场因此区别于依赖于匿名金融交易的资本市场。从该角度上讲，保险公司并不情愿与政府发展业务关系，因为政府无法提供一个长期的可信承诺。政府预算（包括主权保险的购买）都是以年为基础来制定的，每年都会发生变化，不断变化的政治制度无法实现稳定的合作关系。

二、商业性巨灾保险市场供给制约

（一）难以进入资本市场

国内保险公司和政府机构直接进入资本市场进行风险融资还有待发展，但有很多措施来加快这一进程。当前，中低收入国家的保险证券化市场虽然极为不发达，但有加速发展的迹象，例如，墨西哥政府 2006 年发行的巨灾债券就证明，中低收入国家可以以优惠条件进入资本市场，但这需要在巨灾风险融资方面的强大的机构能力。

（二）国际再保险承保能力和国内保险承保能力

与直保公司相似，再保险公司必须持有股权资本来兑现其支付非预期损失的承诺。由于他们通常对直保公司业务组合中的风险最高的部位进行再保险，因此，再保险公司将需要比直保公司更多的股权资本。基于很多原因的影响，承保能力缺乏经常出现在再保险市场。例如，巨灾冲击耗尽了再保险公司的资本，就会导致再保险供给的缩减。过去十年里，新资本无法快速而充足地流入再保险行业，来对冲供给紧缩。但是，有证据显示，这种情况正在改变，在 2005 年飓风季过后，大量的新资本快速进入了再保险市场（Cummins，2007、2008）。尽管看起来再保险市场的复苏由于新资本的加入而比过去更快，但在损失冲击过后仍然能看到再保险供给紧缩的现象。损失冲击也会对损失分布的概率和强度的精确性带来质疑，除非这些质疑得到消除，否则资本可能会相对更昂贵一些。

图 11-3 给出了全球再保险业的承保能力变化情况。在 2007 年年末，全球再保险公司的再保险保费和资本分别达到 1 615 亿美元和 1 613 亿美元。但是，仅有很小一部分全球再保险保费对应于巨灾财产损失。尽管各业务线的再保险保费数据难以收集，但瑞士再保险公司（全球两大再保险公司之一）的再保险业务组合，提供了最优业务组合模型的范例。2007 年，财产再保险占到瑞士再非寿险保费的 35% 左右（Swiss Re，2008a），但巨灾再保险仅占其中的一部分。在美国，财产非比例再保险主要用于购买财产巨灾损失，占到瑞士再保险公司续转保费的 27%（Swiss Re，2007b）。用于巨灾再保险的总资本以及巨灾超赔（CAT XL）再保险保费，两项合计约为全球再保险行业总资源的 15%，大约在 480 亿美元左右。

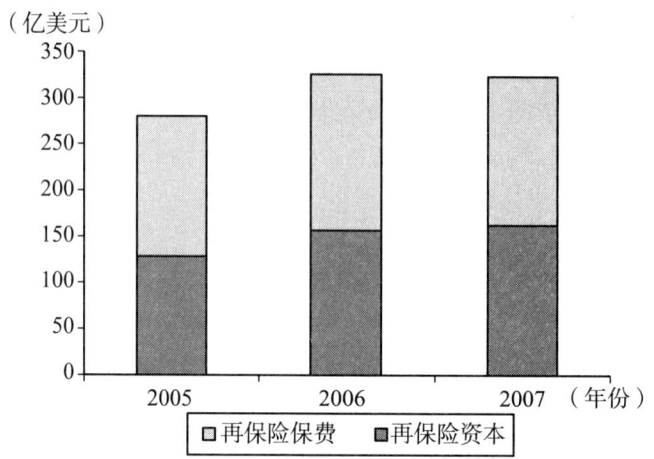

图 11-3　全球再保险行业资本状况

资料来源：Standard & Poor's（2007），Guy Carpenter（2008a）及作者研究，转引自 Cummins and Mahul（2009）。

图 11-4 给出了全球分地区的超额损失再保险（XOL）市场的规模的数据。该表数据来自再保险经纪公司 Benfield 未公开发表的数据以及估算。该表显示，2007年全球大约购买了 1 750 亿美元的超额损失保障，比 2006 年上升了约 8%。欧洲（主要是西欧）和北美（主要是美国）吸收了大约 75% 的巨灾再保险承保能力。从这些数据来看，保障发展中国家主要风险的承保能力是足够的，特别是把这些风险与极值市场（Peak Market）的风险对冲存在的分散化效应考虑进去的话更是如此。

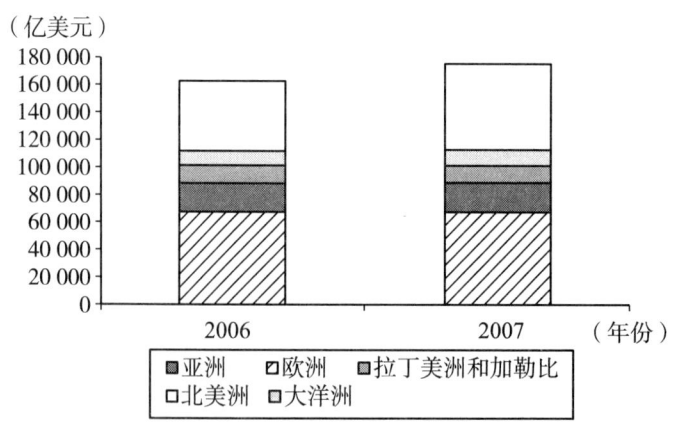

图 11-4　全球分地区的财产巨灾超额损失再保险保障

资料来源：Benfield 及作者研究，转引自 Cummins and Mahul（2009）。

再保险公司资本是向市场（主要是直保公司）发出自己在定价和准备金估计非常可靠的重要信号。当再保险公司承诺用于巨灾再保险市场的资本更少时，他们传递的信号是，当前的风险价格太高了，这意味着保费必须提高，直到能够匹配其感受到的风险为止。当用于巨灾再保险的资本过量时则向市场传递了相反信号，这将驱动降低保费。另外，资本市场也需要注意的是：股权资本虽然对技术性准备金提供了支持保护，但也意味着再保险公司期望获取合理的利润来匹配其资本和承担的风险。

尽管再保险价格和供给存在周期性循环和间歇性保障短缺的问题，但市场看起来变得更有效率。通常，再保险市场对非常大型的巨灾例如 2004 年和 2005 年飓风快速做出了反应。大多数情况下，2004~2005 年的损失代表的是收益事件，而不是一个资本事件，意味着收益降低，但资本并未显著降低。如同保险公司发行新的股票一样，大规模的新资本进入再保险行业的一些新设立公司。例如，在 2006 年，超过 200 亿美元的额外资本通过新公司和现存公司进入市场。巨灾损失在 2006 年较低（约为 123 亿美元）。尽管欧洲的巨灾损失相对较高，但总的被保险巨灾损失在 2007 年（约为 228 亿美元）仍相对较低，特别是与 2004 年和 2005 年的 462 亿美元和 1 069 亿美元的损失相比更是如此（Swiss Re，2008b）。与此同时，再保险资本持续通过留存收益得到进一步充实，而另一些再保险公司则通过分红或股份回购的方式向股东返还资本（Guy Carpenter，2008a）。2007 年，再保险公司的新股权资本发行并不多。进入 2008 年，再保险价格降低且市场持续走软。

2004~2005 年的巨灾事故引发了保险公司和模型公司提升未来飓风损失增加的预期，再保险价格在 2006 年续转时提高了。但是，2006 年价格的提升及承保能力短缺主要针对的是美国飓风频发的区域。在全球其他区域，价格的提升则相对缓和，严重的保障短缺并没有出现（Guy Carpenter，2006）。但是，再保险价格在 2006 年后半段开始下降，2007 年再保险价格继续保持下跌趋势（Benfield，2007）。佳达再保险经纪（Guy Carpenter，2008）预计，再保险价格在 2007 年将下跌 9%，2008 年的软市场局面将至少持续到 2009 年，可以承担任何大型巨灾的发生。因此，从趋势上看，再保险市场的承保循环仍然存在，但相比以前周期变得更短，价格波动得更为缓和。

资本通过非传统金融工具的方式例如巨灾债券、巨灾风险互换以及行业损失保证等也能够进入再保险市场。巨灾债券市场在 2006 年和 2007 年吸引新的风险资本方面都达到了新的纪录。据统计，2007 年，通过巨灾债券筹集的新资本达到了 70 亿美元之多（见图 11-5）。另外，大规模的风险资本也以风险互换和行业损失保证等形式进入再保险市场。风险互换是再保险公司之间达成风险互换协议来提升各自分散化潜力的互换合约，例如，一个具有加利福尼亚地震风险暴露的再保险公司和一个具有日本地震风险暴露的再保险公司可能就各自地震风险达成互换（Takeda，2002）。行业损失保证是传统再保险和资本市场风险工具的混合工具,在过去 10~15 年里该市场增长也极为迅速(McDonnell,2002)。

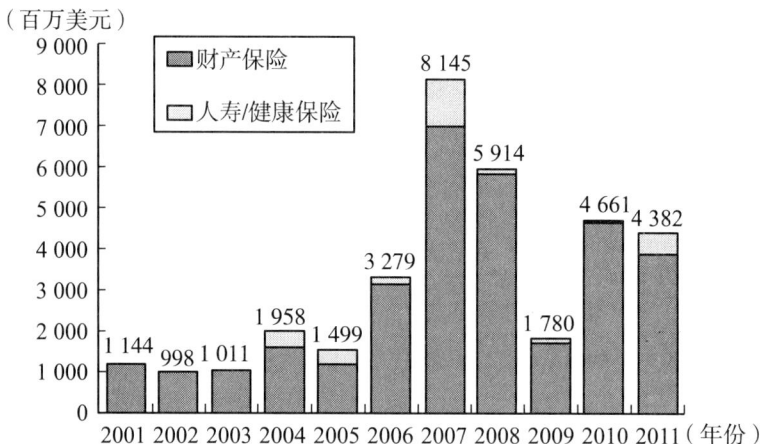

图 11-5 近年来巨灾债券发行情况(截至 2011 年 6 月 30 日)

资料来源:Aon Benfield(2011)。

考虑到全球再保险行业的承保能力以及发展中市场对巨灾保障需求偏弱等因素,全球再保险公司的承保能力无法对中低收入国家形成较大的再保险供给约束。事实上,这些发展中市场上的再保险需求对于全球再保险公司实现分散化目的而言是有价值的,因此,这些市场的再保险价格应该低于诸如美国这样的对巨灾保障存在高需求的地区的再保险价格。中低收入国家获得再保险的主要障碍是直保市场的保险深度太低,以及在许多国家当前还没有能力在结构上打包其再保险项目从而给全球再保险市场产生足够吸引力。

由于发展中市场的保险密度和保险深度较低,国内保险市场也就缺乏承保能力对巨灾损失进行融资。例如,土耳其和墨西哥的 PML 约为 359 亿美元和 256 亿美元。但是,两个国家总的非寿险保费也仅为 45 亿美元和 77 亿美元(Swiss Re,2007b),与 PML 相比仍然太低(而且其中的保费还需要赔付其他业务线,例如机动车保险)。因此,发展中国家仍严重依赖于国际再保险市场来承保巨灾损失。

2005 年卡特琳娜等飓风过后,新资本进入再保险行业有加速迹象。这说明,只要发展中国家的巨灾数据和模型变得更为易得和可靠,再保险价格适中,有充足的法律保障允许国际再保险公司在一个稳定的和竞争的环境里开展业务,那么,全球再保险市场就可以给发展中国家提供充足的承保能力。

(三)再保险的周期性循环

尽管向发展中国家提供再保险供给以及其他对冲产品没有障碍,但这些国家的直保公司向国际市场购买再保险时仍面临困难。再保险市场经历周期性市场波动，引发保障供给的限制和价格的快速攀升。再保险市场价格和供给的波动是广泛的，一般被称为承保循环。周期性波动通常都是由非预期性的巨灾损失或投资损失所引发。例如，1992年的安德鲁飓风，2001年的恐怖袭击，以及2005年的三大飓风，都刺激了再保险市场的周期性波动，还有2008年的全球性金融危机。由于美国在全球再保险市场上的重要地位，这些发生在美国的巨灾冲击就会带来全球性再保险市场的周期性动荡。

承保循环是财产责任险市场包括巨灾再保险市场的特有现象，表现为软和硬市场阶段的交替。在硬市场阶段，保障供给受限、价格攀升；而在软市场阶段，保障供给充足、价格疲软。经济学研究对承保循环达成的共识是，承保循环主要受资本市场和保险市场不完美性的影响而阻止资本对巨灾损失作出反应，无法自由流入或流出保险市场（Winter，1994；Cummins and Danzon，1997；Cummins and Doherty，2002）。在资本提供者和保险公司之间关于风险暴露水平和准备金充足与否等的信息不对称导致了在硬市场阶段出现高资本成本，因此资本短缺发生了。硬市场通常由承保或投资损失导致的资本耗尽所触发。

图11-6通过ROL指数的走势反映了全球再保险市场在1990~2008年的波动情况。ROL是再保险合约下的保费与该合约下最大可能赔付之间的比率。图11-6中给出了世界范围的ROL指数、美国、日本、澳大利亚/新西兰和墨西哥等分国别的ROL指数，各曲线走势表明，再保险价格不仅是周期性的，而且全球各市场之间高度相关。

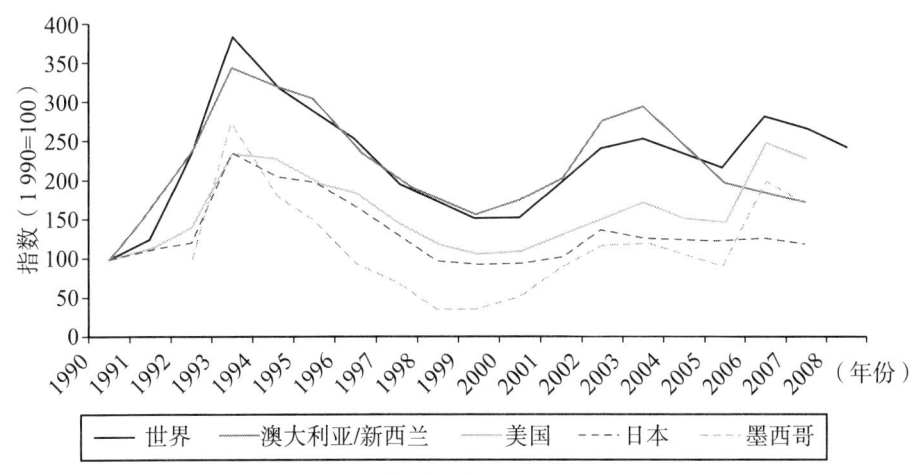

图11-6 巨灾再保险市场：World Rate on Line

资料来源：Guy Carpenter（2008），转引自Cummins and Mahul（2009）。

图 11-6 中，全球 ROL 指数在 1993 年攀升到极值，这是美国安德鲁飓风造成的 230 亿美元保险损失的结果。与此类似，2001 年 9 月 11 日的恐怖袭击造成了 237 亿美元保险损失推动了 2000~2003 年的价格攀升。2005 年的三大飓风共造成了 926 亿美元的保险损失，ROL 因此提高了 32 个百分点。

全球 ROL 指数是其他所有市场的平均数，它的波动主要受的是那些 2005 年发生巨灾损失的国家的 ROL 水平提升到峰值的影响。美国和墨西哥的 ROL 指数各自平均提高了 72% 和 127%，但其他地区仅有小幅度的提升。由于之后年份的巨灾损失较少，2007 年的 ROL 指数比 2006 年下跌了 6%，美国和墨西哥则分别下跌了 9% 和 14%。墨西哥的 ROL 指数比许多发达市场更具有周期性，这预示着发展中市场的再保险循环对于发展事前的风险转移方案也存在一定挑战。

图 11-6 虽没有显示再保险供给情况，但事实上在承保循环的各个阶段，再保险供给数量发生了很大的波动，因此，一定程度上说明一些年份再保险需求无法充分得到满足。由于大量的再保险合约是每年续转的，因此，在多年期内，直保公司将受到可预期的再保险定价和再保险供给的影响。对于低频、高危害程度的巨灾事故而言，再保险乘数（ROL/LOL：再保险保费/期望损失）将会攀升到最高，因此，当再保险供给不足时，这类处在高风险层再保险合同中的巨灾损失可能会首先受到供给不足的影响。

ROL 指数虽然显示了再保险定价的周期性，但并没有揭示价格波动的影响，例如受到损失预期的影响程度是多大，受到保费附加的影响（也就是保费构成中的费用和利润）有多大。一般认为，在安德鲁飓风过后的再保险价格提升，部分是因为损失预期的重新估值，部分原因是市场不确定性的增加提升了利润附加。

图 11-7 和图 11-8 清晰地反映了再保险费用附加对再保险价格的影响。图 11-7 给出了 2005~2006 年在每一 LOL 水平上的 ROL 变化情况。如图 11-7 所示，2006 年的再保险保费附加比 2005 年有明显提高，对于 10% 的 LOL，ROL 从 17.9% 提升到了 24.7%，提高了 38%；对于 20% 的 LOL，ROL 从 31.1% 到 37.7% 提高了 21%。该价格提高是再保险市场在灾后共同期望的，因为飓风提高了损失频率和严重程度的不确定性。该价格提高也可能是 2004~2005 年的巨灾损失所造成的承保能力收紧通过正常的市场供求引发的价格提升。如前面提及，尽管在 2006 年的晚些时候市场已经看出该年损失不大之后，定价有所松动，但对于美国海岸财产巨灾保障而言巨灾保险价格提升并伴随着承保能力短缺尤为严重。

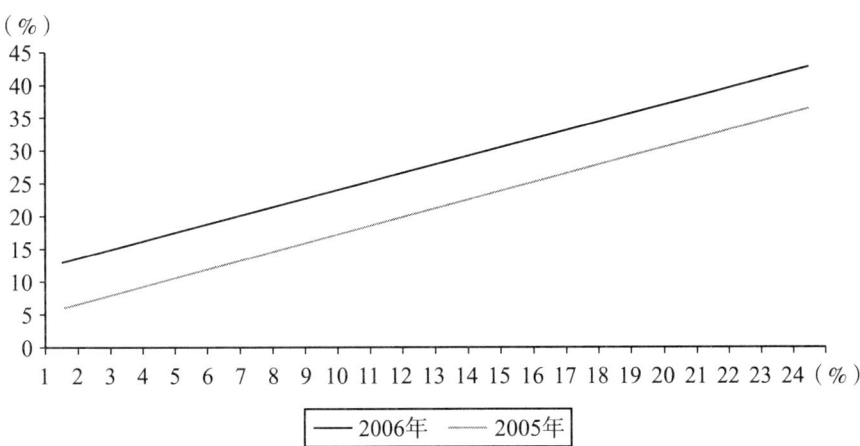

图 11 –7　全球 2005 ~ 2006 年基于 LoL 的 RoL 变化情况

资料来源：Guy Carpenter（2006）。

图 11 – 8 给出了 2007 ~ 2008 年美国巨灾再保险市场由于保费附加的变化对 ROL 的影响情况。图中横轴为 LOL，纵轴为 ROL。在 LOL 不变的情况下，ROL 的变化就取决于费用附加的变化。

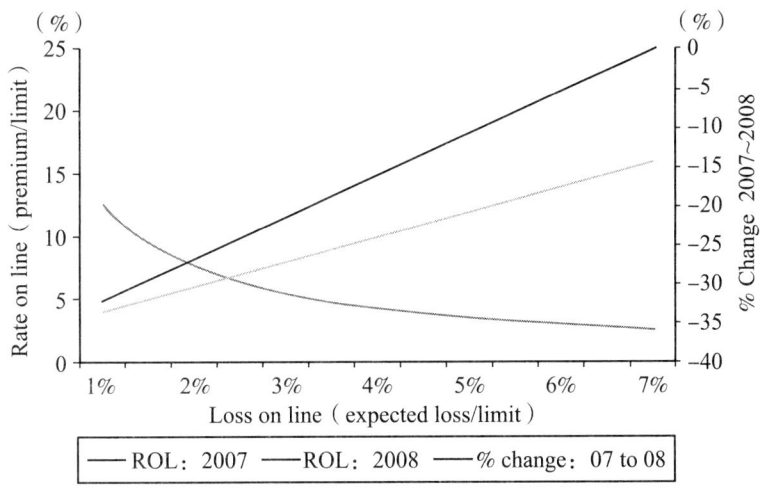

图 11 – 8　美国再保险 2007 ~ 2008 年基于 LoL 的 RoL 变化情况

资料来源：Guy Carpenter（2008）。

图 11 – 8 显示，作为对 2007 年低巨灾损失以及全球领先的再保险公司留存收益累积的回应，2007 ~ 2008 年，美国再保险价格显著下滑。对于高风险层合约（承保更低频、更高损失事故的保障层，有低期望 LOL），价格下降得很少。对比 1% LOL 合约（表现在横轴左端），价格降低约 20%，而 7% 的 LOL 合约

（表现在横轴右端），价格则下降约36%。

综合图11-7和图11-8，由于三大飓风的缘故，ROL的加权平均价格在2005年和2006年提升了约72%，呈现显著提升状态。价格提升最大的是那些期望损失低的保单，这些保单提供了对高损失、低频巨灾事故的保障。例如，再保险保单2%的LOL，ROL提升了120%，20%的LOL，ROL则平均仅提升了21%。尽管ROL在2006~2007年下降甚至2008年也继续下降，但再保险价格仍然高于2005年三大飓风发生之前的水平。

再保险保费附加的提升意味着再保险对于直保公司而言变得更为昂贵。单年期价格提升在70%左右或者更高，对于发展中国家的直保公司而言几乎无法忍受，因为再保险价格一般会传递到直保市场的消费者手中，从而提高直接保费价格。由于发展中市场风险自留率较低，再加上低收入的现状，保险价格的大幅度提升将给保险消费者带来严重问题。

就价格难以预期和供给短缺的周期性出现这个角度讲，再保险循环和危机的存在意味着，再保险市场对巨灾事故的反应并不是完全有效的。再保险价格和保障供给波动剧烈，在承保循环阶段，两者通常是负相关的，即价格上升通常伴随着保障供给下降。由于比发达国家的保险公司财务脆弱性更高，因此价格和保障的波动对于发展中国家的直保公司而言影响更大。多年期再保险合约的推广能够帮助发展中市场的直保公司缓解这一问题。

第二节 主要国家和地区的巨灾再保险制度

一、日本地震再保险制度

日本地震保险制度最大的特色在于其再保险制度的建立，且其成员完全由国内组织所构成；换言之，其再保险完全留在国内，并不仰赖国外再保险公司。其成员组织由政府、全体产险业者以及由日本全体产物保险业者联合组成的"日本地震再保险株式会社"（Japan Earthquake Reinsurance CO. Ltd., JER）。其成员间的关系、契约及再保险制度的内容如下：

（一）再保险结构

因地震可能产生巨额损失的特性，纯粹由商业保险公司承担其保险责任，有丧失偿付能力的担忧，为避免保险公司偿付能力（资金）的不足，除由政府承受再保险以分担保险责任外，还应由政府在融资方面给予支持，建立官民一体制度。日本政府以再保险方式分担其责任，成立日本地震再保险株式会社来担任这个任务。各承保公司所承保地震保险业务，全额向 JER 分保。而 JER 则与政府订立超额损失再保险，并将剩余部分扣除自留额，转再保给各承保公司。

1. 损害保险公司与日本地震再保险株式会社的关系

（1）损害保险公司与日本地震再保险株式会社（JER）签订再保险契约。

日本国内营业的损害保险公司和 JER 之间缔结再保险契约，再保险契约的签订是根据《地震保险法》规定，将损害保险公司所承保的地震保险契约全额向 JER 办理再保险，而 JER 没有拒保的权利。

（2）日本地震再保险株式会社（JER）与损害保险公司签订转再保险契约。

JER 在和损害保险公司个别缔结再保险契约之后，将保险责任扣除政府应负担的额度与 JER 自留额，剩余部分全额转再保于各损害保险公司。各损害保险公司间的转再保险比例，依照各自损失保险公司地震保险的危险准备金余额来决定。

2. 日本地震再保险株式会社与政府的关系

日本地震再保险株式会社（JER）与政府签订地震保险超额的转再保契约。JER 和政府缔结地震保险超额转再保险契约中规定，当地震保险超过其所承受的保险责任时，由国会承认在一定的责任限额内由政府负担。

3. 各组织间的保险责任

由前述可知，日本地震保险制度中的再保险主要是由政府、JER 与各损害保险公司所组成。每一次保险事故其责任额最高可以达到 45 000 亿日元，如何分配该保险责任也是一大问题，因此 JER 在与政府所签订的转再保险契约中约定，政府负担超过 750 亿日元至 10 774 亿日元部分的 50% 及超过 10 774 亿日元至 45 000 亿日元部分的 95%。至于 JER 与各损害保险公司间则约定，每一事故 JER 先负担 750 亿日元，再负担超过 6 386 亿日元至 10 774 亿日元的 50%，最后当损害超过 27 874 亿日元时，JER 需负担超过 27 874 亿日元至 45 000 亿日元部分的 5%。其余部分则依各损害保险公司地震保险的危险准备金余额来决定负担比例（见表 11-3）。

表 11-3　　　　民间和政府的再保险责任负担比例　　　　　　单位：%

	750 亿日元以下	750 亿~10 774 亿日元	10 774 亿~45 000 亿日元
民间	100	50	5
政府	0	50	95

（二）再保险费的分配[①]

再保险费的计算，以承保公司所收保险费扣除 25.9% 的再保险手续费后给予 JER。此 25.9% 部分支付代理公司手续费及承保公司业务费用。附加保险费 27% 中的 1.1% 由 JER 保留，以支付损失查勘费用。此损失查勘与理赔处理通常都有一定的程序，平时设有中央地震保险损害处理综合对策委员会专司其事。而在地震灾害发生时，依规模大小，有"共同查定"、"准共同查定"的规定，由各保险公司共同作业或由各保险公司间密切配合协助执行，以期能迅速服务客户。JER 再从再保险费收入中，支付政府超额损失再保险的再保险费，以及支付给各损害保险公司转再保险时的再保险费。

支付政府超额损失再保险的再保险费，依下列方式计算：

第一，先以过去大约 500 年间日本所发生的 375 次重大地震为依据，算出假定其现在再出现时各地区类别、建筑物构造类别的预期损失率（支付保险金总额与总保险金额的比率）。

第二，每月底依各地区类别、建物构造类别的保险金额，乘上上述的预期损失率，得出预期保险金，再将全部受灾地区合计，算出该地震的预期支付保险金总额，并依超额再保险契约算出政府负担额。

第三，上述预期支付保险金总额与政府负担额，就 375 次地震全部算出予以合计，算出两者之间比例，将此比例作为本月份再保险费率。

第四，将地震保险收入的纯保险费（毛保险的 73%），依保险期间开始月及终止月相同契约各集团合计，再将该保险期间每月上述再保险费率的平均值乘上各集团的合计，得出该契约集团的再保险费。

第五，依此方法计算再保险费，必须在保险期间终了后才能确定，因此先以暂定再保费支付，满期后再调整。转再保险费由 JER 支付给损害保险公司，其数额为承保公司缴纳的再保险费总额（扣除了再保险手续费 25.9% 及损失查勘费 1.1% 后的余额）的 20.7%。此 20.7% 是根据计算支付政府超额再保险费的同样方法得出的转再保险费的近似值。

（三）日本地震再保险的委托管理

各损害保险公司的地震保险转再保险费，全部委托 JER 管理，JER 代理公司运用这笔资金。因此 JER 转再保险费的支付仅做账面处理，并不做实际结算。其运用所生利益也积存于 JER。

[①] 王光煜. 日本地震保险［J］. 保险专刊，1987，3（7）.

JER 依前述特定目的而设立，以政府为后盾，并与商业保险公司达为一体，所以在会计处理上有其特色。简言之，以三种会计结算处理：业务会计，即 JER 接受再保险费的处理；受托基金会计，即上述委托管理、资金运用等。资本会计，即 JER 本身经费支出、资本运用等。

（四）责任准备金和保险金支付

各保险公司于每会计年度结束时，须将其自留保费扣除自留业务费用后的金额提存为地震保险赔款准备金（就各承保公司而言，自留保费即为 JER 支付的转再保险费。另营业费用与支付给 JER 的再保手续费相同，故实际自留业务实用为零）。然而，根据上述再保险制度，此准备金全部委托由 JER 管理，其资金收益也并入准备金提存。依据《地震再保险特别会计法》的相关规定，除支付地震保险金外，赔款准备金不准被挪用。

当地震保险事故发生时，其保险金的给付依照下图程序运作（见图 11-9）。

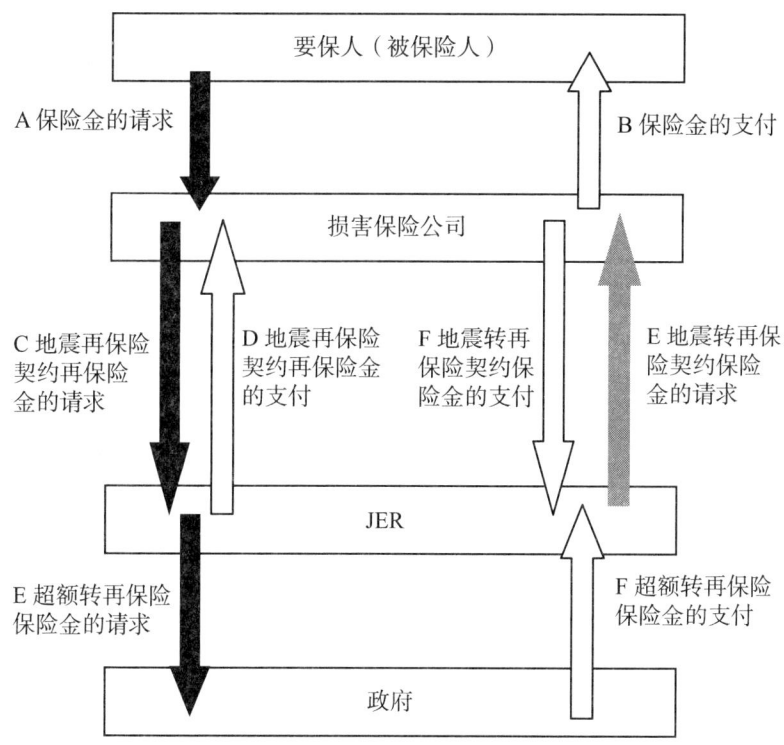

图 11-9 日本地震保险的保险金支付的运作

资料来源：日本地震再保险株式会社（http://www.nihonjishin.co.jp）。

二、美国加州地震再保险制度

（一）加州地震保险制度沿革

1994年美国加州立法规定，保险公司在销售住宅保单时需向消费者提供地震保险。1989~1994年间，加州自然灾害频传，致使更多消费者投保地震险，投保率自1985年的10%上升到1994的34.5%[①]。然而1994年，美国加州遭遇北岭大地震（Northridge Earthquake），其估计财物损失约为470亿美元，政府重建预算为125亿美元，为其保费收入的227倍，将过去数十年的地震保费收入消耗殆尽，致使大部分保险公司停止地震险的承保业务或设立更趋严格的投保限制条件[②]。因此，美国加州保险监管厅提出一套地震保险的承保财务计划，并于1995年及1996年通过加州地震保险法——AB13、SB1993、AB2086及AB3232法案。其中，AB13即为设立加州地震局的创始法，SB1993、AB2086及AB3232法案为加州议会于1996年9月27日针对加州地震保险局《地震保险法修正案》的立法。

（二）现行加州住宅地震保险的内容

1. 承保方式、保险标的和承保范围

加州地震保险局的设立是为了解决地震保险的供给问题，希望确保提供适当的地震保险供居民投保，而对于住户是否确实购买此保险则不重视。地震保险原则上自由投保，政府并不强制投保。但是当房屋所有人向保险人投保住宅保险时，保险人有义务告知有关地震保险信息，并询问其是否投保，如投保人不在30日内答复，则视为拒绝投保地震险。

保险标的仅限于以供居住为目的的建筑物、其内的生活用动产（家财）及生活补助款，并不包括游泳池、车库等建筑物。

承保范围包括直接或间接因地震或因地震所引起的火灾、爆炸所导致的损害。

[①] 蔡升达. 地震灾害风险评估及地震保险之风险管理 [D]. 台湾中央大学土木工程研究所硕士论文, 2000.
[②] 许文科. 整合性多目标地震风险评估系统之建立 [D]. 台湾中央大学土木工程研究所博士论文, 2000.

2. 保险费率

加州地震保险局地震险的费率经加州地震保险局的咨询小组精算评估，平均而言，保险费率约为 3.29‰，上限为 5.25‰[1]，可上网查询或可请保险经纪人（佣金 10%）提供，一般来说，其地震险保险费率考虑因素以标的所处区域为主要依据。保户可上网输入居住所在地的邮政编码、投保金额、住家方式（公寓或独栋等）、自负额比率、建筑物年份等，即可显示保险费若干。费率厘定需要具体考虑：是否靠近地震带、土质、建筑物结构、屋龄、是否有损害防阻的措施。保费最多可获 5% 的减免。费率须经加州保险监管厅核准。

3. 保险金额[2]和支付总额限制

凡是因地震及地层滑动所造成的灾害损失，其保障范围约可分为三类：

（1）建筑物。

以重置价值为保额基础，以 20 万美元为上限（公寓式房屋则以 25 000 美元为上限），每一保单被保险人须负担保额的 15% 为自负额。但租屋者不能投保此范围。

（2）家财。

以重置成本为保额基础，以 5 000 美元为投保上限，每一保单被保险人须负担保额的 15% 为自负额。租屋者可以投保此范围。

当投保人就上述两项内容均投保时，一旦遭受震灾损失，要对房屋和室内财产承担占总损失金额 15% 的免赔额，而不是两项损失分别计算免赔额[3]。

（3）生活补助款。

每一保单的保障上限为 1 500 美元，无自负额。

由于地震发生所造成的巨大灾害有其无法预测的特性，因此保险金的支付也可能达到巨大金额。因此每一次地震损失，加州地震保险局计划的总承担累计赔款限额确定为 105 亿美元。

（三）加州住宅地震保险制度下的地震保险局

加州地震保险制度由加州地震保险局（California Earthquake Authority，CEA）来执行任务，现就该局的成立背景、法律地位与组织架构、经营与损失分摊等分述如下：

---

[1] 梁正德著．孙惠瑛译．各主要国家天然灾害保险制度介绍（上）[J]．保险资讯，2000（174）．
[2] 曾能君．集集大地震后地震保险经营之未来方向 [D]．逢甲大学保险学系硕士论文，2001．
[3] Charles Scawthorn. National Programs for Natural Hazards Insurance. First Annual IIASA – DPRI Meeting, Austria, August 1–4, 2001.

1. 成立背景

加州的基本住宅业主保险一开始并不保障地震灾害。1986 年后，法律规定保险公司在销售住宅业主保单时，应一并提供地震保障。而在 1994 年加州发生北岭大地震后，加州保险业承受了巨大的损失，以至于多数保险人为了避免增加地震风险，不愿承保加州新的地震业务；另外，地震保险的费率暴涨 1 倍以上，大多数人负担不起，以致投保率自 25% 下滑至不及 10%，造成需要地震险保障的民众难以获得适当保险的情况。为了改变此情形，1995 年加州议会立法通过《地震保险法》，1996 年加州地震保险局（California Earthquake Authority，CEA）依据此法应运而生，以提供地震保障[1]。

2. 法律地位与组织架构

（1）法律地位。

加州地震保险局依据加州《地震保险法》而设立，该局被视同为保险人，须比照保险人遵循一般法律规定并负担责任，接受加州保险厅的监管，且除经加州议会依据该法第一节规定并经立法通过外，不得签发其他保险单[2]。

（2）组织架构。

加州地震保险局由商业保险公司出资组成（在开始运作之前，加州承保住家综合险的公司参与率必须达到 70% 以上），扮演准公共机构角色，类似所谓民办公营方式，为承担因地震及地层滑动灾害造成民众居家财产损失而成立的财务计划，但并非由加州保险厅单独监管，而是由加州州长（Governor）、加州财政厅长（Treasurer）、加州保险监督官（Insurance Commissioner）、参议院临时主席（The Senate President Pro Tempore）以及国会（Assembly Speaker）五单位所组成的加州地震保险局管理委员会（CEA Governing Board）联合监管，该委员会还聘请了一个咨询小组，其成员由保险业者、消费者和地震专家组成。

（3）损失分摊方案。

赔案处理及损失理算由签单公司处理。但加州地震保险局需支付理赔金，也负责解决各种不同的纷争。加州地震保险局的理赔金来自许多渠道的资金支持，其中包括直接来自保户的保费，以及签单公司将其业务转移到地震保险基金时的贡献。再保险人、信用额度以及其他投资也在支持此项制度。当重大保险事故发生之后，保险公司与保户也可能必须支付部分费用。以下就针对加州地震保险局

---

[1] 台湾地区财政部门委托研究计划．地震保险制度之建立成果报告——第一篇地震保险制度建立之法律基础，美商达信保险经纪股份有限公司，2003．

[2] 赵秋燕．美国加州地震保险制度［J］．保险专刊，2003，3（59）．

损失分摊结构共分为六层说明如下[①]：

第一，加州地震保险局的资本金由在加州营业的 170 家保险公司依其市场占有率所缴的资本金，预计汇集 10 亿美元。而在加州地震保险局开始营运前，至少需有 7 亿美元的营运资金。

第二，第一次额外分摊金。当加州地震保险局因支付任何地震损失致可营运资金降至 3.5 亿美元以下，或当营运资金不足以赔付与继续经营时，加州地震保险局有权要求参与保险人分摊所需理赔金。摊收金额不得超过 30 亿美元。自加州地震保险局成立后两年内，若经营情形有大量盈余产生，则保险公司对于此层的责任可因加州地震保险局有盈余而得以解除，但每年解除的速度不得大于 15%；若加州地震保险局成立 12 年后，若无损失发生，则签单公司对于此层责任可以完全解除。

第三，第一超额损失再保险。累计损失超过 40 亿美元时，由再保险公司负担 20 亿美元。

第四，CEA 发债的信用额度。累计损失超过 60 亿美元时，加州地震保险局可以发行加州政府盈余公债计 10 亿美元。此时，加州地震保险局委托国库局销售盈余公债或替其发行其他举债融资混合商品或保证其他举债融资。如有前述发行公债或举债融资情形时，加州地震保险局有权于每年向保单持有人课征额外附加保险费，以取得偿付公债或其他债务的基金。如保单持有人不依地震局规定支付地震保险附加保费，则地震局将撤销其基本住宅地震保险单，且保险人也将撤销其住宅财产保险单。

第五，向资本市场发行巨灾债券。累计损失超过 75 亿美元时，可以再向资本市场发行 15 亿美元的巨灾债券来筹措资金。

第六，第二次分担金。当累计损失超过 85 亿美元时，可以再向保险公司摊收 20 亿美元。如果加州地震保险局累积盈余加上会员初期缴纳的资本金超过 60 亿美元，并超过 180 天时，则超过的金额可以解除保险公司对此层的责任，但解除速度不得大于 15%，保险公司责任一旦解除，则不再恢复。加州地震保险局成立 12 年后，若无损失发生，则保险公司对此层责任得以免除。

第七，加州地震保险局所有可用资金来源用尽后的应对方法。首先是管理委员会议定加州地震保险局所有可用资金有用尽之虑且未来可能无其他基金来源（如分摊金、再保险或来自资本市场的资金）可供支付保单持有人的损失时，管理委员会须向加州保险监管厅报告一份以比例或分期支付保单持有人理赔金的计

[①] 蔡升达. 地震灾害风险评估及地震保险之风险管理 [D]. 台湾中央大学土木工程研究所硕士论文，2000.

划。管理委员会将保有足够资金以继续经营地震保险局，借以执行该比例或分期支付计划；其次是当保险监管厅认为有需要时，可命令地震保险局中止续保或接受新的地震保险单。

三、土耳其地震再保险制度

（一）土耳其地震保险制度的沿革

土耳其的地震保险始于 1993 年。这个时期的地震保险由政府制定的最大保障为 80%（也就是说，20% 为共保）和一个以总保额的一定比例计算免赔额的保单。一般而言，这个免赔额设定为 5%，当然，根据投保人愿意支付的费用，从保险市场上可以获得免赔额从 2%~10% 的多种保单，在 2000 年前，土耳其地震保险主要作为火险和工程险的附加险存在。地震保险投保率很低，特别是住宅的地震险投保率只有 5%[①]。

面对较大的自然灾害冲击和较低的保险保障水平现状，土耳其政府一直致力于推动灾害保险研究，并建立一个广覆盖的、高效率的地震保险制度。Marmara 地震后，公众及保险业对地震保险制度建设的要求更加强烈。土耳其政府在世界银行的帮助下，颁布了一个强制地震保险计划法案，该计划由名为土耳其巨灾保险基金（TCIP）的机构执行，要求对坐落在法定区域的私人住宅提供保障。该基金为所有注册居民的建筑物提供达到限定地震震级的保障，农村地区和 1999 年 12 月 27 日以后未被认可的建筑不在保障范围内。

新计划的法律框架由与法律等同效力的政令确定。根据该政令，地震保险于 2000 年 9 月 27 日强制实行，位于市区内的所有住宅建筑物都必须参保。这个新保险计划已经有效取代了灾害法令所规定的政府义务的重要部分。

TCIP 由 Milli 再保险公司经营，最初的委托管理期限为 5 年[②]。在国际市场上，通过实施一个潜在超额损失再保险计划来支持 TCIP，保单由 TCIP 许可的地方保险公司和代理机构销售。

（二）土耳其地震保险制度的内容

1. 保险标的、保险范围和保险方式

土耳其现行强制地震保险计划仅保障坐落于市区内的居民建筑物，屋内财产

[①②] Guy Carpenter. The World Catastrophe Reinsurance Market: 2004. Sep. 2004.

和动产在自愿基础上由保险公司提供独立的保障。工商业风险和小村庄（没有设立市政机构）都在自愿基础上参保。合格的保单持有人是坐落于市区内的民居所有人和承租人。

该保险计划的保单由 TCIP 设计提供。目前，它对由以下风险因素导致的建筑物损失提供保障：地震；地震引发的火灾；地震引发的爆炸；地震引发的山崩。在该计划中，针对洪水和山崩等自然灾害的新产品以后将提供。

该保险计划属于强制投保，是一个独立的产品，它的销售独立于火险（屋主险）。为了该保险的顺利实行，需要采取两项措施[1]：

第一，根据新的灾害法令，政府提供灾后建房资金和灾民住宅的义务在 2001 年 3 月 27 日终止。那些被要求参加地震保险而没有参加的居民在遭受震灾后没有资格从政府那里获得补偿；

第二，如果就应该保险的建筑物进行买卖交易，业主必须向房地产注册处提供相关保险单文件。

土耳其政府的计划是将强制保险要求扩展到其他公共服务设施并设立新的检查点。一旦这些新的检查点得以应用，屋主在他们为水、电、气和电话服务开户时就有义务出示相关保单文件。土耳其政府希望这些推动实施的新举措每年能够带来大量的新保单。

2. 保险费率和保险金额、免赔额

保险费率由 TCIP 厘定。定价考虑到地震风险和建筑类型，最低 0.4‰，最高 5‰。

根据脆弱性因子，TCIP 采用的地震分布图将土耳其划分为五类风险区。价格表就是在三类建筑物类型基础上根据所处的风险区域制定的。作为这两组因素的结果，根据位置和建造类型，建筑物的适用费率有 5 档（见表 11-4）。

表 11-4　　　　　　土耳其民居强制地震保险费率一览

建筑类型	风险区域				
	I	II	III	IV	V
钢筋、混凝土	2.00‰	1.40‰	0.75‰	0.50‰	0.40‰
砖石	3.50‰	2.50‰	1.30‰	0.50‰	0.40‰
其他	5.00‰	3.20‰	1.60‰	0.70‰	0.50‰

资料来源：Selamet Yazici. The Turkish Catastrophe Pool (TCIP) and the Compulsory Earthquake Insurance Scheme. World Bank. 2004.

---

[1] Selamet Yazici. The Turkish Catastrophe Pool (TCIP) and the Compulsory Earthquake Insurance Scheme. World Bank. 2004.

保险金额为民居的总面积乘以相应的单位重建成本。但是，每份保单有最高赔偿限额，因此，参与这一强制保险计划的投保人购买的保险金额一般不会超过这一限额。在这个保险金额下，有一个 2% 的免赔额。不过，超过 TCIP 赔偿限额的超额保险（Top-up Insurance）可以从传统保险公司处获得，但是因为 TCIP 限额已经达到财产价值的 90% 左右，所以购买超额保险的并不多。

3. 保险金额的支付

强制地震保险的事故赔款由 TCIP 直接支付。自 TCIP 设立以来，已经支付赔款金 350 万美元。TCIP 的偿付能力在 2003 年已近 10 亿美元。任何损失赔付都以保险金额为限，砖石建筑或者小民居的保险金额通常低于最大可保额。住宅保险保单（仅保建筑物）有 2% 的免赔额，且每份保单的赔偿限额为 400 亿土耳其里拉①。因此，保险人的赔偿额 = min[max(保险损失 − 免赔额, 0), 上限额]。

4. TCIP 的风险承担机制②

在前 10 亿美元的赔款损失中，划分为 6 个层次，分别由世界银行、TCIP、再保险公司来承担。超过 10 亿美元以上的 10 亿美元损失由政府来承担，其中 70% 仍通过再保险形式由国际再保险公司承担。在 TCIP 成立的前 5 年，总体损失赔偿限额设置为 10 亿美元，具有 A + 以上评级的国际再保险公司承担其中 7.5 亿美元的损失，世界银行承担 1 700 万美元以上至 16 300 万美元损失中的 40%，其余 60% 部分由再保险公司承担。TCIP 用其盈余资金承担 12 000 万美元的损失。

到目前为止，国际再保险公司仍然是 TCIP 最大的偿付能力来源。

在最初的发展中，TCIP 通过 Milli 再保险公司将 100% 的地震风险转移给了 Munich Re 和 Swiss Re③。但进一步的计划是通过全球近 50 再保险人来为 TCIP 提供再保险支持。

（三）土耳其强制民居地震保险计划的执行和管理

土耳其强制民居地震保险计划由 TCIP 执行和管理。TCIP 是一个合法的公共实体，日常事务由 Milli 再保险公司经营，最初的委托经营期限为 5 年。

TCIP 的最初发展是由 Willis 所领导的协会来实施，该协会由来自学术界、公共部门和私人机构的 7 名成员构成。协会承担以下责任：建立地震和洪水模型

---

① Selamet Yazici. The Turkish Catastrophe Pool (TCIP) and the Compulsory Earthquake Insurance Scheme [R]. World Bank. 2004.

② Eugene N. Gurenko. Building Effective Pubilc Private Partnerships: A Case Study of Turkish Catastrophe Insurance Pool [R]. World Bank. 2005.

③ Weiming Dong. Catastrophe & Insurance [R]. Beijing. 2003.

来评估财产和国家所面临的风险;建立经济模型;设计保险基金和风险转移（再保险）计划;并就可能的减损措施进行研究。整个程序都是透明的,并接受学术和保险业界的评审。

虽然 TCIP 最初被设计为一个多种自然灾害风险的保险人,但在形成时,它只提供地震强制保险保障。针对诸如洪水和山崩等其他自然灾害的新产品将在以后提供。

为了实现成本最小化和创建一个有效率的运行模式,TCIP 的多数功能和操作都实行了外包。例如,运行管理已经被外包给 Milli 再保险公司,它是土耳其再保险市场中的"领头羊"。同样,保险公司和他们的代理人承担保单销售和市场开发,独立的保险损失理算人进行损失评估。目前,32 家保险公司获得了销售 TCIP 保单的资格。

财政部负责监督该计划,并审查 TCIP 所有的运行和财务状况,由独立的审计机构进行年度财务审计。

TCIP 和其收入免征所有税费,累积的基金存入独立的账户。运营经理管理这个基金,并遵循 TCIP 董事会的投资指南,将基金投资于多样化的金融工具。

四、我国台湾地区地震再保险制度

（一）我国台湾地区地震保险制度的沿革

在集集大地震发生之前,我国台湾地区对于地震保险漠不关心,将一切交由市场运作,因此地震保险制度无法律依据,仅能依据地震保险承保办法等行政规定。1972 年,我国台湾地区财政部门以首先核准火灾保险附加险的规则,将地震险列为附加险种类的第二项。1995 年,中国台湾"产险公会"新修订的地震保险承保办法规定,将地震险以附加承保的方式附加于火险等保单。

经历了 1999 年"9·21"集集大地震后,为满足社会各界关于建立地震保险制度的需求,中国台湾于 2001 年 7 月 9 日修正"保险法",增订第一百三十八条之一的规定,成为我国台湾地区住宅地震保险制度的法律依据。该条文规定:"保险业应承保住宅地震危险,以共保方式及主管机关建立之危险承担机制为之。前一项危险承担机制,其超过共保承担限额部分,需成立住宅地震保险基金或由政府承受或向再保险业为再保险。前两项有关共保方式、危险承担机制及限额、保险金额、保险费率、责任准备金之提存及其他主管机关指定之事项,由主管机关定之。第二项住宅地震保险基金为财团法人。其捐助章程及管理办法,由主管机关定之。"

依据该条规定，中国台湾保险主管机关于2001年年底陆续公布相关行政法令，如《财团法人住宅地震保险基金捐助章程》、《财团法人住宅地震保险基金管理办法》和《住宅地震保险共保及危险承担机制实施办法》等。其后，中央再保险公司与"产险公会"又依据《住宅地震保险共保及危险承担机制实施办法》分别制定《住宅地震保险共保组织作业规范》、《住宅地震保险承保理赔作业处理要点》、《保险业办理住宅地震保险会计处理原则》与《住宅地震保险共保业务稽查作业规定》等住宅地震保险相关作业要点，报经主管机关核定后实施。至此，我国台湾地区住宅地震保险制度的雏形基本建构完成。

（二）我国台湾地区新住宅地震保险的内容

1. 法源依据

我国台湾地区新住宅地震保险的法源依据包括法律和法规命令两部分：

（1）法律。

2001年7月9日修正的"保险法"第一百三十八条之一。

（2）法规命令。

依该条规定财政部门陆续公布《财团法人住宅地震保险基金捐助章程》、《财团法人住宅地震保险基金管理办法》、《住宅地震保险共保及危险承担机制实施办法》等。

2. 保险标的、承保范围和承保方式

根据《住宅火灾及地震基本保险条款》的有关规定，住宅地震保险的保险标的物为本保险契约所承保的住宅建筑物，不包括其内部的动产。

依《住宅火灾及地震基本保险条款》第四十三条的规定："因下列危险事故致保险标的物发生承保损失时，依本保险契约规定负赔偿责任：第一，地震震动；第二，地震引起的火灾、爆炸；第三，地震引起的地层下陷、滑动、开裂、决口。前项危险事故，在连续七十二小时内发生一次以上时，视为同一次事故。"但是只保障保险标的物全损情形的，全损的认定依《9·21大地震灾区建筑物危险分级评估作业规定》办理。换言之，即经政府机关或专门的建筑、结构、土木等技师公会出具证明鉴定为不堪居住必须拆除重建，或非经修建不能居住且补墙费用50%以上者才属于保障范围。这在《住宅火灾及地震基本保险条款》第四十五条中有规定。

新制住宅火灾及地震基本保险的承保方式有两种：

（1）基本保险方式承保。

凡投保住宅火灾保险者即自动涵盖地震危险，保险期间为1年。除现行住宅火灾及地震基本保险外，产险业者已经核准修正或以后新开发的各种住宅综合保险均应涵盖地震基本保险。

（2）以附加地震基本保险批单方式承保。

凡原已投保长期住宅火灾保险者，要以批单方式加保地震基本保险，并需逐年办理。

3. 保险费率和保险金额

根据《住宅地震保险共保及危险承担机制实施办法》第六条的有关规定，为简化核保手续，并减轻高风险、高保费地区保户的保费负担，在我国整个台湾地区采用单一费率，每户按保额新台币 120 万元计算，每年保费新台币 1 459 元（保额低于新台币 120 万元者，按比例计算），其中纯保费占 85%，附加保费占 15%。

依据《住宅火灾及地震基本保险条款》第四十四条的规定，承保初期以该保险标的物的重置成本①为基础，依其投保时我国台湾地区"产物保险商业同业公会"《台湾地区住宅类建筑物造价参考表》的金额为保险标的物的重置成本，并以重置成本为保险金额，且最高不得超过新台币 120 万元。除了该保险标的物重置成本外，还有因该保险标的物发生全损后，另外支付临时住宿费用新台币 18 万元。

4. 保险金给付方式和支付总额限制

为简化理赔程序，以最短时间完成保险理赔，并降低理赔所需费用，住宅地震保险理赔采取全损理赔基础，被保险人无须负担自负额，理赔以现金给付方式处理，签单公司不需办理实地查勘，损失认定依据全损证明办理。需注意的是，如该地震保险保险标的物本身设定有抵押权时，依《住宅火灾及地震基本保险条款》、《住宅火灾保险附加地震基本保险抵押权附加条款》第二条的规定，"于保险标的物发生地震基本保险承保之事故致有损失时，本公司同意除临时住宿费用外，其他应给付的保险金以百分之六十为限，在抵押权人与被保险人债权债务范围内，优先清偿抵押权人之抵押债权，本公司并应直接给付予抵押权人。"换言之，如该保险标的物的房屋，如果本身设有抵押权而该债权尚未清偿时发生地震事故，该抵押权人可以于不包括临时住宿费用的保险金额的 60%（即 120 万元 ×60% =72 万元）范围内优先受偿，但以不超过该剩余债权为限。

（三）我国台湾地区住宅地震保险各组织间的保险责任

为了应付因地震灾害所造成的巨大损失，住宅地震保险制度采取了分层承担

---

① 《住宅火灾及地震基本保险条款》第三条第六款规定："重置成本：指保险标的物以同品质或类似质量之物，依原设计、原规格在当时当地重建或重置所需成本之金额，不扣除折旧。"

的方式，以保障保险金的支付能力。需注意的是，各层危险承担限额均以每一次地震事故保险损失金额为计算基础。同一次地震事故合计应赔付的保险损失总额超过前项规定四层危险承担限额总额时，按比例削减赔付被保险人的赔款金额。换言之，每一地震保险事故赔偿总金额为新台币 500 亿元。

1. 共保组织

（1）成员。

住宅地震保险共保组织（以下简称"共保组织"）是由办理住宅火灾保险业务的财产保险业与中央再保险股份有限公司（以下简称"中再公司"）共同组成，并由中再公司担任本共保组织的经营管理人（《住宅地震保险共保组织作业规范》①第三条）。

（2）危险承担限额。

第一层新台币 20 亿元，由共保组织承担，并依各财产保险的认受成分分配共保组织会员的承担额（《住宅地震保险共保及危险承担机制实施办法》②第三条第一款）。

（3）共保合约。

危险承担机制第一层 20 亿元作为各会员公司的认受成分，包括基本成分及分配成分。基本成分由中再公司会商台湾地区"产物保险商业同业公会"（以下简称"产险公会"）订定。分配成分的计算，以各会员过去 3 年平均住宅火灾保险保险费收入占有率为准。而各会员公司依其认受成分，各自负担共保责任，不负连带责任。

2. 住宅地震保险基金

《财团法人住宅地震保险基金管理办法》规定，住宅地震保险基金的收入来源包括：住宅地震保险分配的纯保费与管理费用③；资金运用收益④；本基金累积金额不足支付应付赔款时，由本基金拟定财务筹措计划向我国台湾内外贷款或

---

① 《住宅地震保险共保组织作业规范》依据《住宅地震保险共保及危险承担机制实施办法》第二条第三项规定制定。

② 《住宅地震保险共保及危险承担机制实施办法》依据我国台湾地区"保险法"第一百三十八条之一第三项制定。

③ 《住宅地震保险共保及危险承担机制实施办法》第七条规定："本保险之保险费收入，应全数纳入共保组织；其纯保险费部分，由中再公司依照第三条危险承担机制各层应分配之金额分配之；附加费用部分，由中再公司依照前条之费率结构所定项目及比率分配。前项纯保险费于第三条危险承担机制第四层以上部分，纳入第二层之财团法人住宅地震保险基金累积处理。第三条危险承担机制各层应分配之纯保险费比率，由中再公司依据风险评估结果及再保险市场或资本市场状况订定之。"

④ 《财团法人住宅地震保险基金管理办法》第七条规定："本基金之资金，除支应业务之需要外，其运用以下列各款为限：第一，存放于岛内银行；第二，购买公债、国库券、金融债券、可转让定期存单、银行承兑汇票及银行保证商业本票；第三，其他经主管机关核准之运用项目。"

以其他融资方式支付，必要时由我国台湾地区财政部门提供保证以取得必要的资金来源；其他收入。

根据《住宅地震保险共保及危险承担机制实施办法》的规定，住宅地震保险基金的危险承担限额为损失分摊的第二层新台币 180 亿元，并且在必要时可获得我国台湾地区财政部门的资金来源保证。

2005 年 12 月 1 日，明确财团法人住宅地震保险基金为住宅地震保险制度的中枢组织。

3. 再保险

如同一般保险，住宅地震保险也会向国际市场购买再保险，由中再公司安排在台湾内外再保险市场或资本市场分散。其目的是加强自身的理赔能力，减少政府可能的保证负担。

4. 政府保证

损失分摊的最后一层新台币 100 亿元由政府承担，损失发生时由主管机关编列经费需求报请我国台湾地区行政部门，按预算程序办理（见表 11-5）。

表 11-5　　中国台湾地震保险风险承担限额及分配方法

	政府	
第二层 （新台币 480 亿元） 住宅地震保险基金	20% 台湾地区内 2 Layer 再保 （新台币 20 亿元）	80% 台湾地区外 2 Layer 再保 （新台币 80 亿元）
	1 Layer 再保（新台币 100 亿元 ~ 美元 1 亿元）	
	巨灾债券（美元 1 亿元）	
	住宅地震保险基金	
第一层（新台币 20 亿元）	共保组织	

资料来源：我国台湾地区《住宅地震保险共保及危险承担机制实施办法》。

五、新西兰住宅地震再保险制度

（一）新西兰住宅地震保险制度的内容

1. 法源依据

新西兰地震保险从 1944 年立法通过《地震与战争损害法案》（The Earthquake and War Damage Act 1944）开始，至今已经历过许多变革。如今住宅地震保险的法源依据基本上是1993年国会通过的《地震保险委员会法案》（The Earthquake Commission Act, 1993）。在自然灾害基金的运用上，基于1993年法案的1998年《地震保险委员会法案》是其法律依据。

2. 承保方式、保险标的和承保范围

依据1993年《地震保险委员会法》第十八条规定，新西兰地震保险以强制方式附加于住宅火灾保险单上，民众如向商业保险业者购买火灾保险契约，即自动取得地震保险保障，并由商业保险业者代收保险费，经扣除2.5%的佣金后，再将净保险费拨付给自然灾害基金。

新西兰现行住宅地震保险制度的基本精神是帮助新西兰居民从自然灾害损失中恢复。因此，其保险标的范围很广，包括：住家用的不动产；大部分家财，但汽车、古董、珍玩等艺术品除外不保；住宅邻近土地、通道、围墙等。

新西兰地震保险的保障范围在不断修正中逐步扩展。1944年《地震与战争损害法》第十四条规定，其承保范围仅限于因地震及战争所致的损失，之后，该法历经数次修正，承保范围也不断扩大，主要修正过程有：第一，1950年扩大承保暴风雨与洪水所致的损失；第二，1954年扩大承保火山爆发的损失，并引进任意附加的地层滑落危险；第三，1967年以任意附加方式扩大地热液喷出危险；第四，1970年将地层滑落危险由任意附加方式变更为自动附加方式；第五，1984年将暴风雨损失与洪水损失的承保对象限定于住宅用的土地，排除住宅用建筑及动产；第六，1993年增加海啸危险，将地热液喷出改为自动附加，并将战争危险排除于承保范围外。

至此，新西兰地震保险制度已从地震保险范围转换成自然灾害保险，目前所承保的保险事故有：地震、自然塌方、火山爆发、地热活动、海啸，以及因上述事故所引起的火灾、暴风雨、洪水等。

3. 保险金额和保险费率

新西兰地震保险的保险金额的住宅与个人动产部分以重置成本法计算，部分如围墙等则以补偿基础。住宅部分保险金额最高为100 000新元，土地赔款无限额，动产部分则限制为20 000新元。

保险费率采取单一费率（Flat rate）0.05%，即每万新元保额的保费为5新元，最高年保费为67.5新元，列计如下：

住宅（最高100 000）×0.0005 = 50.00（新元）

个人动产（最高20 000）×0.0005 = 10.00（新元）

小计 = 60.00（新元）

12.5%的货物及服务税 = 7.50（新元）

总计 = 67.5（新元）

4. 自负额和保险金支付总额限制

新西兰地震保险设有自负额制度，当一般财产损失超过 20 000 新元时，地震保险委员会赔付 99%；若低于 20 000 新元时，自负额一律为 200 新元。对于土地损失超过 5 000 新元时，赔付 90%；若低于 5 000 新元时，自负额一律为 500 新元；但土地损失自负额不高于 5 000 新元。大部分新西兰保险公司都另外提供非家庭财产的地震险保单与家庭财产的超额保险，以提高其保障额度。

新西兰地震保险制度的基本精神是帮助新西兰居民从自然灾害损失中恢复，因此仅在个别契约有保险金额限制，并无保险金支付总额限制，当自然灾害基金支付至耗尽时（约56亿新元）仍不足时，剩余部分由政府负无限赔偿责任。此规定也是新西兰地震保险制度的特色之一。

（二）新西兰住宅地震保险制度下的地震保险委员会（Earthquake Commission，EQC）

1. 地震保险委员会组织

《地震保险委员会法》第七条规定，地震保险委员会资本额为 15 亿元新币，股份全部由政府所有，其组织形态属于商业化公司，为新西兰政府拥有的皇室组织。同法的附件一中规定，地震保险委员会的董事会设董事 5~9 人，经财政大臣提名后由总督指派，任期不超过 3 年。地震保险委员会可自行负责灾害基金管理，但每年需向政府提出会计报告，并向国库缴一定金额，以作为政府承担损失超过再保险合约部分的代价。

2. 地震保险委员会的职责和功能

地震保险委员会是地震保险制度的营运机构，其创办目的是补偿因地震灾害而导致的居民住宅损失，以实现政府的社会使命。地震保险委员会的职能除了保险费的收取、再保险的准备与支付保险金等地震保险经营活动外，还有自然灾害基金的管理营运、针对防灾进行调查、研究与防灾教育的实施等职责。

（1）财务会计处理。

任何理赔案件应直接向 EQC 提出申请，如自然灾害波及范围太广，EQC 将通过社会媒体公告，设立地区办公室，并与各保险公司的分支机构合作。一般赔案须经独立的理赔人员理算后才能赔付，但若金额太低，可能免于查勘，查勘期限为 30 日。EQC 每年都要处理为数约 2 000 件的赔案，每件成立的赔案几乎会要求 2 项或 3 项给付，因理赔采用重置基础，又需涉及大量的建筑材料购买与劳务雇用，造成 EQC 工作量繁重。

(2) 管理自然灾害基金（Natural Disaster Fund）。

自然灾害基金的设立是由政府斥资作为异常自然灾害的财务准备，截至 2003 年 6 月 30 日，该基金的总额已累积至约 43 亿新元。自然灾害基金的投资收入是 EQC 的主要收入。

(3) 设定与演习异常自然灾害应变措施。

EQC 为应对巨灾，成立了一个自然灾害应变管理小组，拟定一套包含四个步骤的应变措施，每月演练一次，确保一切应变措施的有效性。为加快自然灾害发生时的动员工作，EQC 与国内 26 家机构签订动员合约，主要动员项目是自然灾害救护、灾民安置、损害评估及理赔。为确保办公基地与数据的安全性，又在奥克兰市另设有临时办公基地及联网的备份计算机，以避免设在威灵顿的 EQC 总部因地震而使整个 EQC 系统瘫痪。

(4) 自然灾害的小区教育与沟通。

EQC 定期在电视播放广告，教导社会大众平时做好防御自然灾害的准备，住户每年会收到 EQC 寄来说明其职能的彩色广告单及可吸附在冰箱面板上的冰箱贴，上面印有保险项目及免费服务电话。

(5) 自然灾害预测与损害控制的研究。

自然灾害预测和损失预防研究是地震保险委员会的重要职能之一，EQC 每年编制预算来支持有关自然灾害预测与损失控制的研究工作。

3. 地震保险委员会保险金的支付能力

为了应付因地震灾害所造成的巨大损失，新西兰地震保险制度采取了下列方式，以保障保险金的支付能力。首先，将被保险人所缴的保费扣除必要费用后，成立自然灾害基金；然后，再向国外购买再保险；最后，当自然灾害基金和再保险无法完全填补损失时，剩余部分由新西兰政府负无限保证清偿责任。

(1) 自然灾害基金。

被保险人向各保险公司购买火灾保险时，自然灾害保费即由各保险公司代收，并缴入地震保险委员会的自然灾害基金。在 1993 年以前，所有自然灾害基金均留在新西兰境内。而从风险管理的角度来看，无疑该资金将面临新西兰本国的经济风险，故 1993 年以后，自然灾害基金在政府的指导下，70% 投资于新西兰的政府公债、债券、购买银行票券或以现金方式孳息，另 30% 则投资于全球资本市场。根据其年报数据显示，各年度累积的准备金绝大部分均来自投资收益，仅有极少部分来自核保收益。以 2003 年为例：保费收入为 7 678 万新元；保险支出为 7 482 万新元。由此分析，保费收入几乎完全支付当年度的费用支出,可以转入自然灾害基金的余额,多来自投资收益①。在1999~2001年的3年间,基金每年的投资报酬率约为7%左右,平均每年投资收益约为保费收入的3倍。

(2) 再保险。

如同一般保险公司,地震保险委员会也向国际市场购买再保险,所买的额度非常大,其目的在于加强自身理赔能力与减少政府可能的保证负担。地震保险委员会的再保险购买一直十分顺利。其原因主要是地震保险委员会坚持使用同一首席再保险人(Swiss Re),提供完整的风险与损失数据,与政府一起致力于降低地震累积风险,严格落实建筑法规等。

1992年国际再保市场因连续几年亏损,费率大涨,再保能量紧缩。1992年的再保方案,仅购买10亿新元,起赔点也高达12.5亿新元,显示出受再保市场价格的影响颇为明显,这被认为是地震保险委员有效管理的体现,即从风险管理角度,根据国际再保险市场价格的高低,适时调整所购买的再保险保障②。

(3) 政府保证。

《地震保险委员会法案》第十六条规定,当损失金额超过 EQC 的支付能力时,由政府负担剩余理赔支付。换言之,即 EQC 的自然灾害基金与再保险保障不足以填补损失时,由政府国库拨款补足。而 EQC 在平时须为此保证责任付费。付费金额则须每年商定,如1992年为6 000万新元,1998年则为1 000万新元③。

4. 巨灾损失的分摊计划

地震保险制度之所以要建立,其主要目的在于避免因一次巨大的自然灾害而造成民间与政府重大的财政负担,因此巨灾损失分散规划是整个险计划的核心。EQC 对单一巨灾事件损失的分摊规划如图11-10所示。

第一,当巨灾事件发生时,首先由 EQC 支付底层损失2亿新元。

第二,损失若在2亿~7.5亿新元之间时,由 M 再保险人承担损失的40%,即2.2亿新元(=550m×40%);剩余60%的损失由 EQC 先承担2亿新元,超额者再由 A 再保险人承担1.3亿新元。

第三,损失额若在7.5亿~20.5亿新元之间时,则安排三层超额损失保险合约承保:7.5亿~9.5亿新元间由第一层再保险人支付;9.5亿~13亿新元间由第二层再保险人支付;13亿~20.5亿新元间由第三层再保险人支付。

再保险合约期限为1~5年不等,所有参与承保的再保险人超过90家,分散

---

① 吕慧芬. 新西兰地震保险制度之评析 [J]. 保险大道, 2004.
②③ 萧鹤贤, 赖丽琴. 各国巨灾保险比较研究 [R]. 中央再保险公司, 2000.

于美国、欧洲、澳洲及亚洲地区,其清偿能力均被评等为 A 级或以上,并且每年定期检查再保险人的等级。

第四,损失额若超过 20.5 亿新元时,则由自然灾害基金支付至耗尽,仍不足时,1993 年 EQC 法案条款规定,由政府负无限赔偿责任。因为政府的无限偿付保证,所以近年来 EQC 的理赔能力,被澳大利亚标准普尔评级机构评为 AAA 级。

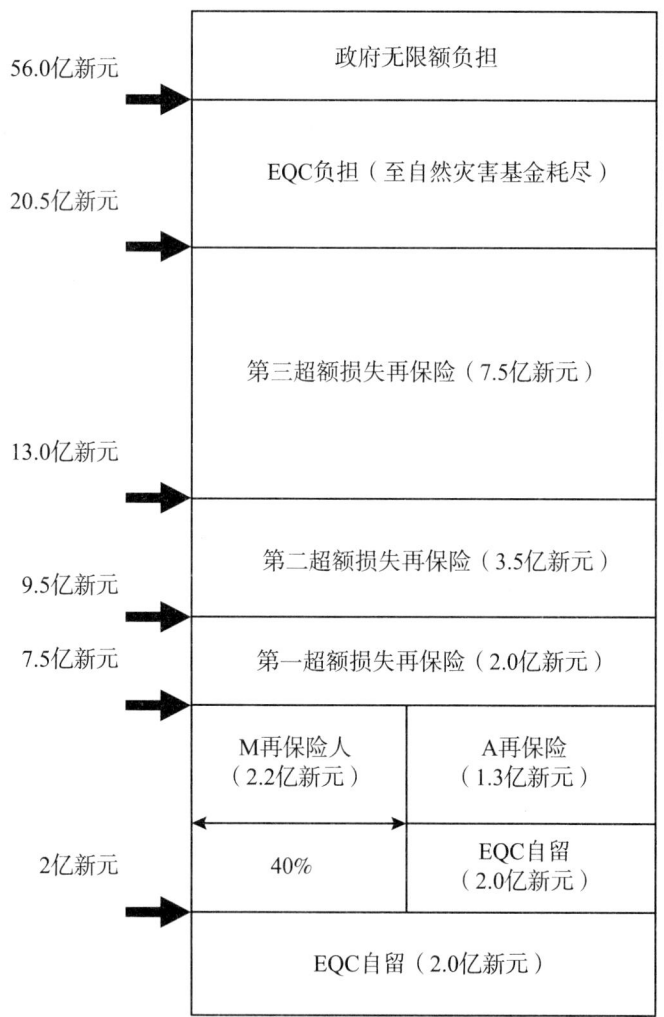

图 11-10 新西兰巨灾损失分摊

资料来源:陈森松. 从新西兰地震保险委员会之经验论台湾地区地震保险制度之建立与管理 [J]. 保险资讯,1999,12 (172).

六、法国自然巨灾再保险制度

(一) 法国中央再保险公司 (CCR) 在自然巨灾保险制度中的作用

法国中央再保险公司（CCR）迄今已有60多年的历史。这家创建于1946年的国有公司，如今已是世界25家顶级再保险公司之一。"官方颁布的一项协约允许CCR在某些特殊保险类别上提供再保险服务，这一再保险服务在自然灾害保险中的作用尤为显著。但国营性质并没给予CCR自然巨灾再保险的垄断权，事实上，任何保险人都可以选择再保险人并寻求帮助，甚至可以冒险不签订再保险协约"。[①] 由保险人和CCR签订的再保险条约是保险的最初形式，它在政府无限制承诺下将成数再保险和损失赔偿条款两者结合起来。

CCR是代表政府提供全面性无限制再保方案的再保险公司，对于法国所有承接自然灾害保险的保险公司而言，CCR是绝对安全的保障，无论任何巨灾或巨灾发生，造成再大的损失，CCR都是自然灾害保险计划的最大支柱。

依据法国1982年8月10日第82~706号令，授权CCR在自然灾害保险补偿制度中提供由政府担保的再保合约；CCR成立自然灾害部门（Natural Disaster Division）负责自然灾害再保险的相关事宜。CCR主要任务如下：

第一，设计自然灾害再保险方案，并执行自然灾害业务核保、费率厘定及再保险合约管理事宜；

第二，针对不确定风险暴露及财务风险补偿成本研究改善方式；

第三，针对重大自然灾害事故，研究其经验重现期（Experience Return）；

第四，执行中央政府跨部门工作小组有关自然灾害业务的行政工作。

除此之外，CCR还担任着政府与保险业者之间的桥梁，研讨补偿机制相关的可能修正或调整事宜。

(二) 再保险的合同安排

因巨灾风险波及范围广且风险累积巨大，全球再保险市场很难完全消化，因此特别立法授权CCR针对这一强制性保险提供业者再保险。CCR提供给业者比例再保险（Quota Share），或比例再保险加上自留部分的停损再保险（Stop Loss），并获得政府的保证。

[①] CCR，自然灾害报告 [R]. 2000.

此项自然灾害再保险方案并非要求法国保险公司必须强制分出再保险给予 CCR，而是保险公司可以依照自己的情况，在接受巨灾保险之后，以自留承接风险或再保险方式分给其他再保险公司。但因为 CCR 是唯一代表政府提供全面性无限制再保方案的再保险公司，所以商业保险公司迄今主要向 CCR 分出。据 CCR 公布的年报显示，2002 年 CCR 为执行政府相关自然灾害保险政策，有关巨灾保险费收入总数为 6.523 亿欧元；其中 82% 为自然灾害保险补偿制度的保险费收入，计达 5.364 亿欧元。

自 1982 年开始，CCR 开始提供巨灾再保险，其间虽经几次修正，但其基本架构并无重大改变。其再保险架构分为两层：

第一，比例性再保险（Quota Share）。保险人分出某一比例的保险费给 CCR，一旦有损失发生时，CCR 也承担这一比例的赔款。此部分的保障是基于再保险人与保险人同一命运原则，以避免可能产生的逆选择。

第二，停止损失再保险（Stop-Loss）。承保保险人于比例性再保险未分出的部分，也就是承保保险人自留部分的损失，这是非比例性再保险，是保障保险人发生频率较高的损失，如旱灾。虽然停止损失再保险合约中订有赔偿限额，但因为法国政府提供保证，所以 CCR 的巨灾保障是无限额的，不论单一年份中有多少损失发生，CCR 合约中保险人的自负额即是保险人在单一年份的最大的自留赔偿限额。

上述再保险方案的具体内容经历了 1997 年 1 月 1 日和 2000 年 1 月 1 日两次修改。目前的再保险方案规定：依个别保险公司的损失经验计算非比例性再保险的费率；针对业务量较小的保险公司，停止损失再保险改为超额赔款再保险；所有巨灾保险业务一律以 50% 比例再保险分进；没有再保佣金。

（三）CCR 的平衡准备金（Equalization Reserve）

所谓"平衡准备金"是巨灾保险部门在核保准备金之外另提列的一项特别准备金，属免税性质。当保险人或再保险人经营自然灾害保险业务时，可按年度盈余的 75% 提列；累计上限不得超过年度总保费收入的 300%。每年的提存数，于满 10 年后即可释出。由于自然灾害再保方案是提供业者双重保障及确保业者经营基础的稳固，故在 1982 年法案通过的同时，规划使 CCR 能迅速累积"平衡准备金"以调节补偿制度的运作。

1986 年 CCR 平衡准备金 2.3 亿美元；持续增加至 1992 年达 5.3 亿美元；1999 年则减少至只有 1.5 亿美元。为此，自 2000 年 1 月 1 日起，CCR 为弥补以往赔款数并迅速累积平衡准备金，再次调整再保条件，并实施 5 年。到 2004 年，保险公司的平均自留额度已提升至令保险业者及 CCR 均满意的水平，其结果一方面可避免所有自然灾害损失转移由 CCR 承担；另一方面也增加了平衡准备金的累积，2000 年恢复到 2.61 亿美元，2001 年进一步恢复到 4.86 亿美元（见表 11-6）。

表 11-6　　　　CCR 保费收入与平衡准备金的年度情况　　　单位：亿美元

年份	1986	1987	1988	1989	1990	1991	1992	1993
平衡准备金（ER）	2.23	3.38	4.42	4.16	4.83	4.83	5.25	4.99
保费输入（IP）	3.31	2.68	2.38	2.39	2.33	2.33	2.4	2.6
年份	1994	1995	1996	1997	1998	1999	2000	2001
平衡准备金（ER）	4.06	3.49	3	3.1	2.3	1.55	2.61	4.86
保费输入（IP）	2.95	3.21	3.5	3.09	2.94	3.58	5.05	4.27

七、巨灾再保险制度的比较

（一）巨灾风险保障风险范围比较

大多数巨灾保险制度主要针对自然灾害提供保障。新西兰在 1945 年建立的是地震的单项巨灾风险保障，后来发展为综合性巨灾保险制度；土耳其和我国台湾地区在巨灾保险制度建立之初也是采用单项巨灾保险制度，但是现在土耳其和我国台湾地区也在研究积极策划由单项巨灾保险制度发展为综合性巨灾保险制度。一般而言，各巨灾保险制度根据实际风险状况来确定巨灾风险保障范围，高风险国家倾向于提供单项巨灾风险保障。大多数国家和地区巨灾保险制度的建立是因巨灾造成重大灾害后果，在巨大的社会压力下，政府采取应对措施而产生的。巨灾发生之后损失保障不足，引起社会关注，各国和地区解决这一问题的办法通常是建立巨灾保险制度。

（二）政府在巨灾保险制度中的重要作用

巨灾风险是高度相关的风险，大数法则对高度相关风险难以发挥作用。近年来，商业保险公司也开发了相关技术来应对这些高度相关的风险，但是这些商业解决方案的保单价格很高。如果想让巨灾保险计划得以实施，就需要政府采取行动来控制该计划的成本。

因为政府可以通过税收以及发行债券等方法来获得资金来源，同时，由于对于灾后的救援赔付往往是政府的职责和义务，所以，政府通常通过建立巨灾保险制度，以替代灾后直接的政府援助，减轻政府的财政压力。土耳其的地震保险制度就充分体现出这一特点。

政府在巨灾保险制度中主要通过三种方式发挥作用：方式一是政府独资设立拥有的特别保险公司，新西兰就是采取这种形式；方式二是政府的再保险计划，通过商业保险公司提供保险服务，法国和日本都是这种模式。方式三是建立巨灾基金。保险业与政府共同参与的巨灾基金通常在运作方式上与保险业巨灾基金相同，保单的销售由各保险公司承担，并与该公司一般性保险单一起销售。但风险则由政府承担，政府保证承受一定范围内或某个额度以上的损失，或接受一个固定比例的共保份额。我国台湾地区现行的地震保险计划是政府保证类型；加州地震保险局的保险计划是联合保险计划形式，但政府的角色是组织和运营这项计划，而不是承担风险。

政府对巨灾保险制度的支持除采取直接出资和担保的方式外，通常还给予巨灾保险基金或巨灾保险业务以税收优惠政策。政府在巨灾风险管理体系中扮演了重要角色，如制定风险管理法规和土地使用政策，出台建筑工程质量标准，加强对国民的风险意识教育等。

（三）是否强制

一般来说自愿性巨灾保险制度只有在保险市场及风险保障认知都很高的国家和地区才采用。巨灾保险可由一般保单的附加条款所提供，或由特殊保单处理。美国的灾害保险计划对投保人而言一般都是自愿性的，但美国加州保险监管当局要求在州内开展保险业务的财产保险公司必须提供巨灾保险。自愿性保险计划的一个明显问题是对高风险群体较有吸引力，而易造成逆向选择。

大部分巨灾保险制度都有一定的强制因素。在法国、新西兰及我国台湾地区都要求财产保险单强制附加巨灾保险。土耳其的巨灾保险制度强制城市住宅拥有者参与巨灾保险制度。

（四）被保险人共同承担风险的方式比较

完整的巨灾保险保障采取无限额的重置成本和最小的自负额，然而此方式只能在风险比较低的国家才能实行。一般来说，巨灾保险制度的纯风险保费要高于投保人可接受的保费水平。要降低保费，同时又要降低巨灾保险制度的风险程度，一般采用的方法是实行高额自负额或赔偿限额限制，其中高额的自负额最为有效。除美国和新西兰以外，大部分国家和地区的巨灾保险制度都依据实际现金价值赔付。新西兰使用实损实赔方式，但这并非是一个好的安排，因为此方式是贫穷者补贴富裕者。我国台湾地区住宅房屋的地震保险计划（TREIP），其保障是以一定毁损程度的定额赔偿为主。定额赔偿是重置成本或实际现金价值的一定百分比，或者是保险计划规定的固定赔偿额。这种方案也被日本所采用，按不同毁损程度的总赔偿价值定出相对的百分比。这样可以减少理赔查勘的费用。这种制度安排的问题是按不同级别的受损程度来设定，如日本和我国台湾地区采用"全损"或"半损"等词来设定。如何决定全损或半损，若无严格的界定原则与严谨的系统管理，就会产生道德风险。如果巨灾保险制度的主要保障目标在社会方面，则多采取部分保障形式，大多数国家和地区的巨灾保险制度都是部分补偿。这种巨灾保险制度设计注重保障居民基本的经济损失，对一般大众来说能基本满足生活恢复和重建需要，而财富较多的人则只能满足一部分保障需要，更高的保障需求只能通过投保商业保险来满足。此方案的弱点是以大多数居民的支付能力来确定保险费。如果巨灾保险制度采取共同保险方式，或按照承保范围的百分比方式赔付，当风险增高时，保险费也增高，此制度设计更适合不同付款能力的被保险人选择。

（五）费率

通过前文的介绍，可以看出存在三种不同的保险费率制定方式（见表11-7）。

表11-7　　　　　　　三种不同的保险费率制定方式

固定保险费	固定保险费率	浮动保险费率
我国台湾地区	新西兰、法国	日本、美国、土耳其

保险费的支付方式需依据保障形式而定。保障按照毁损程度赔付固定额度，如我国台湾地区的巨灾保险制度采取收取固定保险费的方式是适当的。这种方式要考虑的是保费级别需要配合社会中较贫穷人群的支付能力。此外，这种制度安排对不同风险的投保人都收取相同保费，使投保人主动减灾的意愿降低。

固定保险费率根据赔偿金或保险标的重置价值而定，它的好处是便于简化作业，弱点也是因对待不同风险的方式皆相同，因而使低风险补贴高风险，产生交叉补贴。

采取浮动保险费率的巨灾保险制度注重系统内的公平性，确定保险费率的主要依据是灾害风险水平及采取的风险管理措施。这种制度设计对主动减灾有更大的激励，但对巨灾保险系统的管理要求更高，需要有更复杂的管理系统和信息化处理系统。

（六）赔偿上限

关于巨灾保险制度的赔偿上限有三个不同选择：第一，无上限，且无政府担保；第二，无上限，但有政府担保；第三，固定上限值，超过上限的部分按固定比例赔付的保障由保险业共保支持。

无政府直接参与的巨灾保障制度趋向于采用无上限限制，如同普通的商业保险公司提供的无赔偿限额灾害保障。若发生罕见的重大损失，则一些公司会宣告破产。通常那些由政府担保的制度，若发生损失超过保险计划可承担能力时，政府便会介入，新西兰、法国的保险计划便是此类方式的例子。一些国家和地区的巨灾保险制度则规定单一事件的理赔上限，日本的保险计划便是一例。如果损失超过上限时，所有求偿则按比例递减，使求偿总额不超过赔偿上限。我国台湾地区和美国加州地震保险方案就是采取固定上限值，超过上限的部分按固定比例赔付的保障由保险业共保支持。

（七）提供理赔服务的主体

理赔服务是巨灾保险制度的一项重要服务功能，如果巨灾保险制度是由保险公司管理，公司在销售保单时一起销售巨灾保险单，则该公司通常负责处理索赔案件。如果是政府保险制度并由政府组织运营，则由该组织负责理赔，新西兰便是这方面的例子。由于巨灾损失发生概率低，因此巨灾保险制度应特别关注灾后定损和赔偿问题，预先安排好应对方案或委托第三方机构理赔服务，以保证系统能运作顺利。新西兰地震保险局在索赔管理方面已投入大量资金，包括事先委托国外保险公估人，一旦发生巨灾可迅速参与损失理赔工作。目前，保险业和政府机构都重视研究开发巨灾损失模型，并用模型估算出索赔案件的可能数量，预测所需要的保险损失理赔人员，便于合理调动人员资源，顺利完成理赔任务。

（八）巨灾保险制度的管理

巨灾保险制度通常是由专门的委员会或董事会来进行日常管理，如新西兰和美国加州。对于由保险业管理的巨灾保险制度，委员会则由参与的保险公司派代表依据章程组成。保险业与政府联合参与管理的保险制度一般由政府及保险业各自派代表组成，这种保险制度通常依据政府所制定的有关代表资格的法规来选派代表。如果是由政府组织管理的保险制度，通常会由政府指派管理人员，除政府及保险业代表外，还可加入技术专家及被保险人代表。选派代表的资格应在相关法规中明确。若保险制度由政府机构办理，则它的管理架构与政府巨灾保险委员会相似。总之,共有四种巨灾保险制度的管理方式:外包给保险公司或再保险公司;成立独立法人组织进行运作管理,在形式上由参与公司组成的独立法人单位(如共保组织),或单独设立的政府或半政府性质的独立法人组织,如保险业与政府共同参与的共保组织;若是政府部门运作的保险制度,则由政府部门来做行政管理,或选择由政府特殊保险组织负责管理;如果政府已有巨灾保险专门组织,则由该专门组织负责巨灾保险制度的管理。

(九) 减灾方式

世界上大部分巨灾保险制度都含有一定程度的减灾措施,减灾的方法可以分为直接方式和间接方式。大部分巨灾制度采用的是间接方式,一般是把一定比例的保费收入用作减灾及风险管理研究。各国和地区政府大都重视建筑法规、建筑标准与土地利用方针的制度,新西兰等国的巨灾保险制度中政府在灾害预防方面的作用非常重要。少数保险制度直接规定了减灾要求,如要求建筑物设计必须达到一定标准或已升级至该标准才允许投保。有直接减灾要求的巨灾保险计划的问题是把不符合规定的建筑排除在巨灾保险制度之外。另一种制度设计是所有建筑物都可投保巨灾保险,但符合规定的建筑物在保险费及承保范围内都能较那些不符合规定的建筑物有所优惠,通过这种方式可以刺激不符合规定的建筑物业主将建筑物标准升级。

第三节 中国巨灾风险管理再保险制度的构建

一、建立巨灾再保险制度应关注的基本条件

(一) 巨灾保险制度建立的时机选择

一场自然灾害发生之后,政府往往负有紧急救难的责任,包括事中的紧急救援、事后的灾区重建、损失补偿以及提供各种公共服务。但这些仅凭政府力量仍然难以胜任,巨灾的发生对政府财政构成巨大的压力。从前文的对比中可以看出,几乎所有巨灾保险制度的建立时机都是在本国和地区遭受巨灾损失之后,在强大的社会压力下,政府不得不采取的巨灾应对制度安排。

我国古代有"积谷防饥"等主动性的巨灾损失保障制度，强调在灾害发生前采取主动的预防措施未雨绸缪，《左传》有言，"居安思危，思则有备，有备则无患。"我国是巨灾事件多发国家，巨灾风险对人民生命财产的威胁日益严重，我们应从各国和地区被动建立巨灾保险的过程中吸取教训，在全面建成小康社会中，必须注重构建和完善我国的社会安全网。我国应及早建立巨灾保险制度，由政府部门主导制度设计，引导社会广泛参与，尤其是要求保险业者参与执行。万一有巨灾发生，该制度可发挥保障国家经济社会发展、安定人民生活的作用；通过巨灾保险体系的运作还可累积资金，提高储蓄率，促进资本形成，减少政府的财政负担。

从发展的观点看，经济越发达的国家和地区，建立巨灾保险制度所需的保障能量或政府的担保额度将越高，实施巨灾保险的难度自然就越高。当前，我国建立巨灾保险制度已刻不容缓。

（二）巨灾损失承担机制

巨灾保险制度的重点是建立完善的巨灾风险损失承担机制，巨灾保险制度中通常是运用再保险来转移风险，在大多数巨灾保险制度中，政府都提供一定的财务支持和风险担保。

在巨灾保险制度设计中一种方案是在可能最大损失（PML）以内，采用再保险方式转移风险，并保留小量自留额，对于超过PML的极端损失的大多数巨灾保险制度一般要求政府提供保障。从经济学观点来看，这种巨灾保险制度是一个理想的使用者付费系统，使用者付出风险的市场成本，而缺点在于此系统可能被再保险市场所控制，而当再保险市场困难时会出现难以购买到巨灾保险系统所需的再保险的情况，同时该方案还可能出现投保人对支付较高保险费的抵制。鉴于此，大多数巨灾保险制度都采取建立巨灾基金的方式以积累资金应对巨灾风险，使保险制度不会因风险转移的成本或再保险价格的波动而受影响。建立巨灾基金一般采用收取高于市场成本的保费的形式，或采取由政府承受适当比例的风险的形式。巨灾保险系统的保费收入要先支付管理成本及每年赔款支出，剩余的部分在购买再保险后才能转入到巨灾基金中。如果保险费采取固定金额，则购买再保险的额度应依据所需基金规模的增长速度及政府假定承担的风险程度而定。如果政府希望将巨灾保险损失的风险限额控制在中度水平，则需购买相对较贵的再保险。如果想加快基金规模的增长，则政府需要承担更多风险，若假设重大损失在巨灾保险制度建立短期内发生的概率低，政府可决定先承担所有风险使得巨灾保险基金可以快速增长，待基金积累到一定规模时，就可以依靠其自身收入维持巨灾保险系统的运转。一旦巨灾保险基金积累到一定规模便能减少对政府的依赖，使政府得以重点关注于担保超出 PML 部分的损失风险。

另一种巨灾保险制度实施方案是采用共同保险的方式，将巨灾保险以垂直形式划分层次承保，并与由政府保证承担的部分一起安排再保险，但当基金增长到一定规模后，则风险转而由基金承担。购买再保险可以比例方式或超额方式为基础，但随着巨灾损失的不断增加，采取超额方式购买保险更加可行。

（三）巨灾保险制度一般应实行强制保险

自然灾害损失与一般危险损失的特点不同，其主要表现在其损失波动幅度特别大，损失频率也不确定。由于损失巨大，再加上受灾地区人口和财产集中，使得单个保险公司乃至整个保险行业都无法独自承担，需要得到政府的支持。大多数巨灾保险制度都通过一定程度的强制保险安排来解决巨灾风险保障的难题。采取强制保险形式主要出于以下几点考虑：

1. 区域分散（Geographically Spread）

通过强制保险，可以实现在更大的地理范围内分散风险，降低风险集中的程度，从而提高巨灾保险系统的承保能力。强制性安排能够达到危险单位数量增加的目的，从而有效克服保险的逆向选择。若不采取强制保险，则风险较低的个体将不愿加入，仅剩下数量不多但风险较高的个体投保巨灾保险，最终使巨灾保险制度成为政府财政的沉重负担，使制度难以持续运转。对于新西兰、土耳其及日本来说，其国土面积虽然不大，地震属于全国性的灾害，但地震的烈度会随着距离震源位置的增加而减弱，因此，这三个国家都将全国划分为数个区或者数十个区，使得地震风险可以在全国范围内分散。

2. 险种间分散（Diversification）

法国巨灾保险制度的承保风险包括地震、暴风雪、飓风、暴雨、洪水、干旱等。法国不同地区面临着不同的自然灾害风险。南部地中海沿岸受到地震威胁，但没有飓风和暴风雪的风险；北部虽有飓风或暴风雪的危险，但没有地震之忧；中部有洪水干旱之苦，但地震、飓风等威胁程度较轻。法国综合性的多种风险保障安排可以借助险种不同实现风险的分散，增加危险单位的数量，稳定保险经营的基础，从而减少巨灾保险损失波动的幅度。新西兰的巨灾保险制度也是因为考虑到不同灾害风险之间的不相关性，而在巨灾风险保障种类中增加了地壳滑动、暴风雨、洪水等风险。

3. 时间（Timing）分散

以时间减少损失波动的方式主要是通过提取巨灾准备金形式实现的，增加准备金可以提高保险保障能力，使保险公司有足够的资金应对自然灾害损失频率的不确定性与损失的异常波动。为了使准备金快速增加，多数国家都对保险公司提取准备金给予免税的优惠，免税优惠的另一个积极作用在于其也有利于促使分保公司增加自留额。法国虽没有全国性的专门保险机构来承保自然灾害损失，但政府对于强制参与承保的保险公司给予了为期 10 年的巨灾保险准备金的免税优惠，并提供国家巨灾再保险的支持。

4. 强制保险一般仅限于居民住宅

国家支持的巨灾保险制度主要保障人民的基本生活，一些国家和地区的政府都提供一定的政策支持，并把巨灾保险的保障范围限定在家庭住宅和个人财产上。如日本、新西兰及我国台湾地区的巨灾保险制度仅对家庭住宅和家庭财产提供保障。对于其他保险需求，则可以通过购买商业保险来满足。

5. 再保险与政府保证

即使像法国这样保险市场发育成熟的国家，其巨灾保险制度在应对自然灾害损失频率与损失幅度的不确定性方面仍然需要再保险与政府保证的支持。法国因各地区所面临的自然危害威胁不同，有利于保险人分散其危险，然而因逆向选择的缘故，迫使保险人以提高价格等手段限制保障供给，避免巨灾损失。政府介入的主要目的是以强制的手段创造供给，并以强制附加保险的方式，增加优质风险标的数量，降低保障的供给价格。法国采取一系列措施降低损失，提高风险管理水平，实现保费负担的公平性。国营的中央再保险公司虽有政府保证，可以无限制提供再保险，但其经营状况良好，准备金逐年增加，保障的危险区域也在逐年扩张。

即使保险业可以运用各种方式克服损失波动，但仍无法解决损害发生频率不确定的限制。例如，准备金尚未提足；或第一年即遭受巨灾袭击；或损失频率异常集中，在少数年度里连续发生，这些都将对巨灾保险制度形成巨大冲击。通过发挥再保险与政府保证的作用以及运用巨灾债券等风险转移工具，不仅可以减少对国际再保险市场的依赖，而且可以降低政府的财政负担。

对比各国和地区的强制保险制度，可以发现相对成功的模式大都具有以下四个特点：

（1）团结一致的理念。

部分危险单位可能因其危险暴露程度低，而不愿加入这一强制保险。危险单位数量的减少，将使保险所赖以运作的大数法则规律的发挥大打折扣。如果风险程度较低的单位不愿加入保险，巨灾保险必将成为风险程度较高的单位集合，从而需要依赖政府大量的财政补贴。政府只有提供政策支持，通过强制保险的运作，促使全民参与团结一致地应对自然灾害的威胁，才能确保巨灾保险制度的成功。

(2) 政府保证。

国际再保险市场的承保能量不足以分散因自然灾害所导致的风险累积,近年来虽有巨灾债券的发行,但仍属初级阶段,不足以减缓对国际再保险市场的依赖。由于经济发展的缘故,风险累积与集中程度日益增加,再保险承保能力仍不足以满足社会对巨灾保险的需求。若没有足够的再保险承保能力,签单公司会因为自身的财务因素制约而止步不前。所以,一般强制性住宅保险只有依赖政府的保证才能正常运作。此外,政府保证能够有效消除社会大众对保险公司承保能力的疑虑,提高投保意愿。

(3) 强制保险要有法律保障。

强制保险如果没有立法支持,那么它的保费计算与收取、损失查勘与理赔,势必与一般商业保险无异。普通社会大众可能因法律没有明文规定而不愿投保;保险公司也可能采取拒绝承保或选择性承保,最终丧失强制保险的意义。因此,建立强制性巨灾保险制度,必须通过相关法律,明确其法律地位及有关具体实施事项。如制定巨灾保险特别法,对于强制保险、巨灾保险管理组织的设立、保费收取、责任准备金提存、税负减免等作出明确的规定。

允许巨灾准备金免税,才能使保险公司加速扩充准备金,逐步减少政府的财政负担。法律还应明确巨灾准备金的使用办法,巨灾准备金应由专门的机构管理,除支付赔款外,不得挪作他用。

立法中还应要求保险公司和银行全力参与配合强制保险的实施。对于保费的收取、事故的查勘理赔等,一般应由保险公司来完成。

(4) 国家应制定自然灾害预防的法律制度。

日本实施严格的建筑法规,使建筑物具有较高的抗震能力,所以 1995 年 1 月发生的 7.2 级与 1997 年 3 月发生的 6.3 级强烈地震所造成的损失相对较轻微;新西兰也因实施建筑物的防震标准,而获得国际再保险人的长期支持;法国则将全国危险地区划分为蓝区与红区,以保险的手段要求人民遵守环保的规定,避免滥建。

一般而言,损失预防的功能包括:可降低 PML,从而减轻政府的财政负担;促进费率的公平,进而提高人民投保的意愿;减少资源浪费,达到环保的目标。

(四) 充分发挥市场机制及商业保险的作用

无论是法国巨灾保险制度,或是新西兰、日本、土耳其以及我国台湾地区的巨灾保险制度,均重视利用现有保险市场力量,避免另外增设政府机构,造成无谓的行政浪费。这些制度注重运用市场机制提高其运作的效率,进而减少附加费用，降低保费，减轻民众的保费负担。商业保险机构利用其营业网点优势、专业的保险服务队伍，能够在巨灾保险体系中发挥重要作用。此外，通过发挥市场机制的力量，借助再保险市场，可以实现本国的巨灾风险在全球范围内的分散，扩大承保能力，稳定巨灾保险系统运转，从而降低巨灾保险体系的运作成本和管理费用。

二、构建巨灾再保险制度的技术支撑

再保险是一种最典型的巨灾风险分散方式。甚至可以说，推动以技术为驱动力的现代再保险发展的一个重要因素便是巨灾风险。总体来说，在构建巨灾风险商业化保障体系中，可以依托再保险在搭建技术信息桥梁、交换巨灾风险、提高资本效率、提升风险管理能力等方面所具有的技术优势。

（一）搭建技术信息桥梁

地震（海啸）、台风等巨灾风险具有跨地区甚至跨国界性，单一巨灾具有大面积特点，而从属地法人监管与经营管理看，保险公司的经营单位多集中于某一国或地区之内。2010年10月的"鲇鱼"台风，产生于亚太台风海盆。这个海盆辐射的国家和地区包括菲律宾、印度尼西亚、我国的台湾和大陆。因此，对于单个保险公司而言，测算巨灾引起的潜在保险损失是很困难的，但通过再保险桥梁作用，就可以比较容易地获得所需的有关损失参数。从更加宏观的角度来看，通过再保险形成了一个巨灾风险共同体，使得本地不可保或本国不可保的风险转化为全球范围内的可保风险，有利于实现巨灾风险在更大地理空间内的分散。

（二）交换巨灾风险

虽然不同地区、不同国家的地震（海啸）、飓风（或台风）和干旱等自然灾害的发生时间和损害程度不一，但借助再保险可以实现单灾害事件或多灾害事件合同的互换。如图11-11所示，通过不同地区巨灾风险的互换，再保险公司可以将自身积累的某个地区的风险在更大范围内实现组合管理，提高了风险分散能力，也相应地提高了该地区的巨灾风险整体承担能力。

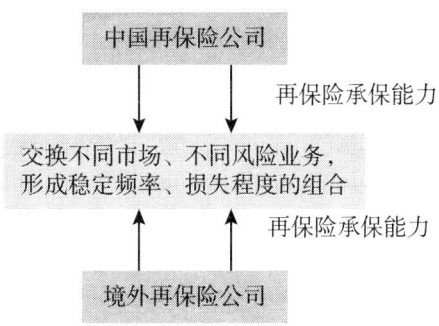

图 11-11　再保险公司之间的巨灾风险交换

（三）提高资本效率

由于再保险能够进行跨地域、多风险因素的交换和风险稀释，它不仅可以实现单个再保险公司自身的资本效率的提升，也提升了分出公司的资本效率。

举例言之，A 公司法定净资产是 10 亿元，法定偿付能力为 100%。其中原保险责任是 16 亿元，对应的法定资本金是 4 亿元。当 A 公司将原保险责任的 10 亿元分给再保险人 B 时，在不考虑手续费的情况下，A 节约的资本约为 2.5 亿元，或者说法定偿付能力由 100% 提升至 133% 以上。

这一点我们还可以从新西兰地震损害赔偿委员会 2008 年报告中的一段描述得到印证："在未做再保险安排的时候，委员会负责管理的自然灾害基金为了赔偿潜在的巨灾损失，经过测算，大约需要 107.5 亿新西兰元，但在进行了 25 亿新西兰元的再保险保障安排之后，自然灾害基金仅需要维持 69 亿新西兰元的规模"。

此外，通过再保险，把不同风险进行重新打包、组合，形成新的风险组合，也大大地提高了资本效率。如图 11-12 所示，上方具有不稳定性的风险组合线，通过再保险的作用，达到了下方具有较稳定性的风险组合线。

（四）提升风险管理能力

分析巨灾风险定价模型及价格影响因子，我们可以发现，再保险在提升社会、行业风险管理能力方面发挥着巨大的作用，并主要体现在主动和被动两个方面。

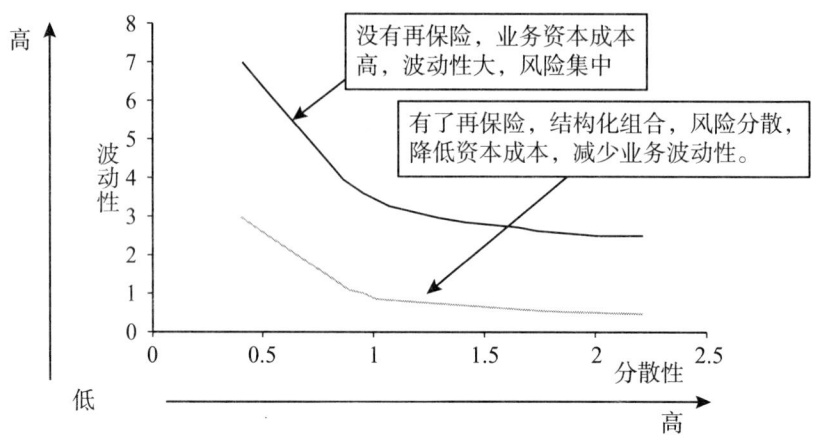

图 11-12 再保险组合与资本效率

从主动方面来说,再保险行业十分重视科技应用、抗灾材料的改进和研发能力的提升。举例来说,1993 年成立于百慕大的复兴再保险集团(Renaissance Re),目前已成为全球最大的巨灾再保险公司之一,承保全球自然、人为灾难财产风险再保险和保险业务。集团旗下的天气预测咨询公司借助气象研究方面的优势,充分利用微波卫星遥感技术获得快捷、高效的灾害数据资料,为农业保险、期货指数交易提供完整、准确的数据参考。再如,慕尼黑再保险公司的巨灾数据库常为国际组织、政府机构所参考使用;瑞士再保险公司的 SIGMA 数据库对业内的经营产生巨大的导向作用。

从被动方面来看,保险行业对巨灾风险价格敏感。分析巨灾风险定价模型,影响巨灾风险价格的因子主要包括自然灾害风险因素的发生频率和强度、财产标的易损性和相关特征、保单条件等。再保险可以利用巨灾风险模型去评估巨灾风险价格,并借助价格传导机制来推动原保险人或被保险人关注风险管理、提高风险管理能力。

三、构建巨灾再保险制度的机构保障

国内再保险企业,例如中国再保险集团,作为在国内再保险市场占主导地位的专业再保险公司,始终致力于推动国家巨灾风险补偿机制的建立,并希望能在这一关系国计民生的社会事业中发挥专业再保险公司应有的作用。为此,该集团在机制建设、技术准备和政策推动方面做了一些有益的探索。

(一) 积极推进巨灾风险管理体系的制度建设

中再集团险积极与国家部委及有关方面合作,从制度保障、体系构建和巨灾风险分散等方面，以商业合作模式为载体，积极开展巨灾风险管理制度建设的再保险实践。第一，参与了保监会牵头开展的国家十五项金融领域重大课题"建立巨灾保险制度"的调研工作，研究探索符合我国国情的巨灾风险分散机制。第二，积极参与国内巨灾超赔再保险市场，为国内保险公司设计巨灾再保险保障产品提供专业服务，推动我国保险行业巨灾风险管理整体水平的提升。第三，推动完善我国农业巨灾风险分散机制，探索组建中国农业再保险共同体，为解决农业再保险的有效承保能力、转移农业巨灾风险提供重要保障。

（二）发挥再保险在巨灾风险分散机制中的作用

目前，中再集团作为国内财产保险公司最重要的合作伙伴，承担了包括地震、海啸、台风、冰雪灾害等巨灾风险的再保险业务，发挥了巨灾风险分散的主渠道作用，并通过转分保机制，使国内巨灾风险向国际市场得到了有效的转移。中再集团参与了国内绝大多数直接保险公司的巨灾再保险合约，承担国内地震风险总累计责任超过 5 000 亿元人民币，洪水台风总累计责任超过 20 000 亿元人民币，旱灾风险总累计责任超过 1 000 亿元人民币，已经成为国内巨灾再保险和农业再保险的主要承担者。与此同时，中再集团通过巨灾压力测试分析，在自身承受能力及风险控制需求的基础上，采取了包括转分保和巨灾超赔等方式的多层次再保险保障，具备了抵御一定规模巨灾风险的能力。

（三）引进和开发符合中国国情的巨灾风险模型

巨灾模型的研发是巨灾风险管理中核心的技术手段，在这个方面我国与国际先进水平存在较大差距。发达市场的风险分析技术已经比较成熟，一些知名的巨灾模型公司如 RMS 和 AIR 都拥有不同灾种和地区的巨灾模型，并以此为基础为各国政府、金融市场和保险公司提供广泛的技术支持。目前，我国在巨灾分析模型的研究和应用上相对滞后，符合中国国情并具有自主知识产权的巨灾分析模型尚未建立起来。从 2009 年开始，中再集团与 RMS 巨灾模型公司进行合作，以地震风险为突破口，在探讨如何建立拥有自主知识产权的巨灾风险分析模型及数据库方面开展了一系列的工作，取得了一些阶段性成果。目前，中再集团在比例/非比例再保险业务报价中已经广泛使用了巨灾模型，为国内的保险公司提供更科学和系统的再保险及风险管理服务。下一步，中再集团将整合更多的资源并加大巨灾模型的开发力度，在与合作伙伴一道对模型的参数和算法进行优化的基础上，进一步拓展模型的应用领域，除对再保险产品的设计和报价提供支持外，还将特别重视在灾后辅助评估以及各种证券化的风险融资产品创新领域中的运用。

(四) 进一步发挥再保险公司的职能和作用

从发达国家的经验来看，再保险公司在巨灾风险管理体系中发挥着重要的作用。首先，从职能上讲，再保险公司是最主要的风险承担者，通过独立承保和交换承保大量同质巨灾风险，能够达到最大限度分散风险和分摊损失的目的，从而有效地消除单一巨灾风险对区域经济造成毁灭性打击的潜在威胁。其次，从能力上看，再保险公司通过综合评估和更大范围的保费收入分享机制来达到平衡本地区巨灾风险的目的，使得同一笔风险资本能多次使用，在提高承保能力的同时，大大降低整体风险转移的交易和使用成本。再次，从经验方面考虑，再保险公司可以利用在数据及保险经营方面的经验，通过构建巨灾评估模型和定价模型，整理并分析损失基础数据，不断推进巨灾风险评估技术的发展，使巨灾保险更加精准并满足不同的风险保障需要。

巨灾风险管理体系建设具有较强的理论性和实践性。中再集团非常重视自身在国内再保险市场上的定位，近年来投入了大量的人力、物力从事巨灾风险管理的研究，也有专门的人员和机构在进行专题研讨，但从总体上看还处在起步阶段，下一步中再集团将在已取得的成果基础上，继续开展更高层次、更深入的研究和实践，特别是重视借鉴国内外巨灾风险管理的成功经验，进一步加大研究和投入力度，发挥再保险分散风险的作用，协助构建中国特色的巨灾风险管理体系，促进行业的全面协调发展。

四、构建巨灾再保险制度的政策建议

为尽快构建符合我国实际的巨灾保险体系，可以借鉴日本地震保险体系的建设经验，分别从商业性巨灾保险和家庭住宅财产政策性巨灾保险制度两个方面试行。对于商业性巨灾保险市场的发展，保险公司应多开展市场需求调研，在做好巨灾风险分散预案的前提下，设计开发适销对路的巨灾保险产品；政府部门和保险业应加强宣传引导，提高经济主体的风险和保险意识；政府部门还可以出台一些促进巨灾保险市场发展的政策，比如税收优惠政策和巨灾准备金制度等。对于构建我国家庭住宅财产政策性巨灾保险制度，应着重注意以下三个方面：

(一) 充分借鉴农房保险成功经验

政策性农房保险制度作为我国农村地区的住房财产巨灾保险制度，其成功主要得益于三点经验：第一，政府推动统筹、财政出资支持；第二，因地制宜、试点推进；第三，低保费、广覆盖，逐步提高保障水平。在建设城镇地区的家庭住宅财产巨灾保险制度时，起步阶段可以考虑由各地根据本省面临的实际风险状况，选择风险保障责任，确定保险金额，各级财政给予一定额度的保费补贴，在省级范围内统筹建立巨灾保险基金。例如，西部省份、沿海省份、沿江省份可以分别着重建设以地震风险、台风风险、洪水风险为主要保障内容的巨灾保险制度。待到时机成熟后，中央政府可以推动面临相似风险状况的省份结合起来，在地区层面上统筹建立巨灾保险基金。直到合适的时机，在全国范围内建立涵盖多种风险保障责任的综合性巨灾保险制度，在中央政府一级统筹巨灾保险基金。

（二）积极发挥商业保险公司作用

商业保险公司应发挥专业高效的优势，在加强自身网络建设、提升服务能力的同时，应严格执行政府制定的关于家庭住宅财产巨灾保险的承保、报灾、查勘、理赔等工作流程与标准，并在发生大面积住宅财产受灾的情况下，由保险业和相关政府部门组成联合查勘小组，及时进行现场查勘，规范支付理赔款。由于巨灾保险制度提供的是一种基本保障，如果需要更高额度的保障，可以从商业保险市场上补充购买。为此，商业保险公司还应在控制好自身经营风险的情况下，做好补充巨灾保险产品的研发和销售工作。

（三）合理构建巨灾风险分散机制

可以借鉴日本家庭住宅财产地震保险制度的经验，考虑将巨灾损失按一定标准分为三个相互衔接的层次，分别为低层损失、中层损失和高层损失，对于不同层次的损失采取不同的风险分担比例，从而构建由保险公司、再保险公司和政府共同承担的巨灾风险分散机制。例如，低层损失全部由保险公司和再保险公司承担；中层损失由保险公司和再保险公司共同承担50%，由中央政府和地方政府按1∶1的比例共同承担另外的50%；高层损失由保险公司和再保险公司共同承担5%，由中央政府和地方政府按2∶1的比例共同承担另外的95%。当然，具体承担比例的确定要建立在科学评估的基础上。

第四节 本章小结

巨灾再保险作为巨灾风险管理支撑保障制度中的重要组成部分，在当前保险机制构建存在诸多难点的条件下无疑不失为一种合理的选择。本章以分析巨灾保险市场中的供求不均衡为逻辑起点，通过对主要国家和地区巨灾再保险制度的比较，系统地梳理了当前再保险制度安排中存在的主要问题和关键难点，并在此基础上，提出构建中国巨灾保险支持保障制度的思路。

第十二章

巨灾风险管理制度创新的政策主张

第一节 巨灾风险管理体制与机制创新的法律主张

一、巨灾风险管理领域法规建设存在的问题及原因分析

（一）现行巨灾风险管理法规建设存在的问题

经过长期以来各种大灾大难的洗礼，我国已经在部分自然灾害管理方面积累了一定的经验，并结合实践需求建立了一系列法规，为巨灾风险管理提供了一定的法律基础。到目前为止，我国已陆续制定了包括《防洪法》（1998）、《海洋环境保护法》（1999）、《气象法》（2000）、《海洋环境预报与海洋灾害预报警报发布管理规定》（2005）、《国家海上搜救应急预案》（2006）、《防震减灾法》（2008）、《森林防火条例》（2008）、《抗旱条例》（2009）在内的多部有关自然灾害预防和应急的法律、法规和部门规章，对不同领域自然灾害风险的预报、预防、救灾、重建等方面做出了相应的规定，在一定程度上对各类自然风险损失的管理奠定了基础。

在洪水管理方面，截至 2010 年，国家制定的与防治洪水、防御和减轻洪涝

灾害、维护人民群众的生命和财产安全的法律达 3 部，分别是《中华人民共和国水土保持法》(1984)、《中华人民共和国水法》(1988) 和《中华人民共和国防洪法》(1998)。国务院和各部门出台的相关法规达数十条，其中较为重要的部门法规包括《中华人民共和国抗旱条例》(2009)、《防汛条例（修订）》(2005)、《中华人民共和国水文条例》(2007)、《三峡水库调度和库区水资源与河道管理办法》(2008)、《海河独流减河永定新河河口管理办法》(2009) 等（见附录 4）。

在防震减灾方面，我国目前关于应对地震灾害的制度框架的核心由"三法两案"构成。"三法"指《中华人民共和国防震减灾法》、《破坏性地震应急条例》和 2007 年 11 月实施的《突发事件应对法》，"两案"指《突发公共事件总体应急预案》和《国家地震应急预案》。此外，防震减灾法规体系还涉及其他一些法规、规章以及地震行业各类强制性标准等（见附录 5）。

然而，在现行的法规下巨灾风险管理尚未获得理想的效果，凸显了法规建设的不足，这些问题集中表现在：

1. 现有法规未有效促进巨灾风险管理体系的完善

截至目前，我国在巨灾风险管理中投入最多的还是在工程预防方面。但是由于人类对大自然的了解和防御能力还十分有限，预防无法在根本上消除灾难事件发生的可能性。2003 年 SARS 事件以后，国家各部委、各级政府注重制订应急预案，如《自然灾害救助应急预案》、《防汛抗旱应急预案》、《地震应急预案》、《突发地质灾害应急预案》等。预案及相应的应急措施固然有其价值，但是在一些重大自然灾害面前，这些措施仍然无法阻挡居民的人身安全和财产遭受重创。在遭受损失的情况下，灾后补偿能够帮助人们尽快恢复到正常的生产和生活中去，但一个规范的灾后补偿制度却还没有建立起来。除此以外，土地规划、风险图描绘等非工程性措施在防灾减灾中的作用没有得到重视和发展。总体而言，巨灾风险管理体系还缺乏完整性。

2. 现有的巨灾相关法规不够注重市场在巨灾风险管理中的作用

以灾后补偿为例，一旦自然灾害造成损失，受灾体主要依赖政府财政进行损失补偿（何霖，李红梅，2009）[①]，此外主要依靠社会捐助，而来自于市场的灾后补偿则几乎微不足道。从西方国家的经验来看，利用市场机制进行灾后补偿是最有效的方式，在巨灾事件中，来自于市场的补偿份额约为 30%～60%。而我国的巨灾保险市场一直未得到发展，2008 年的汶川大地震，保险补偿仅仅占总损失的 3% 左右。因此，在灾后补偿领域，应当建立一定的法制规范，明确各种

---

① 何霖，李红梅. 我国构建巨灾保险法律制度的必要性探讨 [J]. 四川文理学院学报，2009 (6).

灾后补偿方式的作用和地位，并使每种补偿方式能够有效发挥作用（彭晨漪，2009）[①]。

3. 现有的法规未能将巨灾风险损失的预防、应急、灾后补偿等环节联系起来，难以取得最佳的巨灾风险管理效果

现有的法规是分散的和彼此割裂的，而且多强调于巨灾风险管理的某一方面，因此难以使巨灾风险管理达到"成本最小，保障最大"的总体效果。

（二）原因分析

1. 直接原因

法规建设滞后是导致现行法规不能满足巨灾风险管理需求的直接原因。巨灾风险管理是个复杂的系统工程，涉及多方利益和众多人口，尤其需要通过法规来使不同的措施相互衔接，明确各方的权利和责任，并激励当事人能够积极进行防灾防损。法规不完善使得各种防灾减损措施、补偿措施等不能有效实施，而且这种"碎片化"的风险管理方式无法通过相互协调达到最佳效果。因此，加快法规的建设和整合是巨灾风险管理发展的必由之路。

2. 深层次原因

巨灾风险管理理念、理论以及实践的落后是制约法规建设，并导致法规不能适应巨灾风险管理发展的深层次原因。巨灾风险管理理念上，仍然没有走出在巨灾问题上政府主导、政府兜底的落后思路，政府仍然存有包办一切的"父爱主义"情怀，没有充分发挥法规的促进、激励、引导的作用，也没有重视市场在巨灾风险管理中的作用；在巨灾风险管理理论研究上，我国起步较晚，没有能够提出一套能够充分指导实践并为立法提供支持的理论；在实践方面，我国在风险承保、应急救助等方面的实践能力较为落后，也难以为立法提供充分的支持。在此条件下，有必要充分认识巨灾风险管理法规建设的必要性和迫切性，深入研讨巨灾风险管理技术和理论，并以此为出发点推进相关法规建设。

二、世界各国巨灾风险管理立法经验借鉴

（一）日本的地震风险管理立法

日本也是目前世界上地震立法较为系统和健全的国家。日本的第一个防震减

[①] 彭晨漪. 我国亟待制定巨灾保险法［J］. 中国保险，2009（7）.

灾法律是1947年制定的《灾害救助法》。截至2005年，日本的国家级防震减灾法律已达近20部，特别是1995年阪神大地震后，日本在防震减灾体系和法律制度方面的发展更为迅速。在国家层面的各项防震减灾法律法规之下，各级政府的议会制定了与国家法律相配套的地方法律，此外还制订较详细的地域防灾计划。

其中最值得关注的是，作为地震灾害多发的日本，充分认识到保险对于地震灾害补偿的重要作用，于1966年开始实行《地震保险法》。《地震保险法》的主要内容包括：地震保险的保险标的仅限于住宅（包含并用住宅）及家庭财产两类；地震保险的保险事故明确限定为因地震、火山喷发及由此引发的海啸而造成的火灾、损坏、掩埋及流失；在住宅综合保险或店铺综合保险（专用店铺除外）契约订立的同时，强制附加订立地震保险契约，不允许仅订立综合保险契约或仅订立地震保险契约；无论是住宅还是家庭财产，其保险金均为主契约的综合保险契约保险金的30%，住宅的地震保险金是以90万日元为限，而家庭财产是以60万日元为限；将全国划分为一等地、二等地、三等地三个区域，将建筑物的构造划分为耐火构造和非耐火构造两个等级，据此保险费率也有所不同；政府和私营保险共同承保。这部法律经过宫城地震（1978）和阪神大地震（1995）的检验，在多个方面进行了修改和完善。正是这部法律的运作，使得日本成功经受了2011年3月11日的地震和海啸灾难的考验。日本巨灾立法经验显示，巨灾保险是灾害管理中的重要环节，及早进行巨灾保险立法有利于整个灾害管理体系的建立。另外，尽管日本的灾害管理有综合化的趋势，但是对特定灾害进行单独立法仍有其优势。

（二）美国的洪水风险管理立法

从19世纪50年代开始，美国着手洪水风险管理立法。1850年制定了《沼泽地和淹没区法》，规定密西西比河沿岸数万平方公里的沼泽地交由州政府管理。

目前，美国联邦政府颁布的有关水法规达1 000多条，既包括全国性法案，又包括地方性法案。从联邦到州、从州到地方政府，已经形成了一套层次分明、内容完整的法律、法规体系，从工程的规划、设计、管理、投资，到灾害的防御、抢险救灾的组织、灾后的恢复和重建都有法律规定，法令法规内容详尽，可操作性强（主要的法律法规见表12–1）。

表12–1　　　　　美国洪水风险管理法律法规一览

法规名称	时间	内容/意义
沼泽地和淹没区法	1850年	第一部管理水的法案
洪水控制法	1919年	联邦政府介入洪水控制工程建设

续表

法规名称	时间	内容/意义
密西西比河下游防洪法	1928年	授权修建水库大坝、整治河道、设置滞洪区、开辟泄洪道控制洪水
田纳西峡谷管理局法案	1933年	建立了田纳西峡谷管理局和资源发展的区域性计划
洪水控制法	1936年	把陆军工程兵团负责的防洪区域从密西西比河流域扩展到全国
洪水保险法	1956年	创设了联邦洪水保险制度
东南飓风减灾法	1965年	检查包括保险和其他洪水灾害财政救助计划的可行性
国家洪水保险法	1968年	制定了《国家洪水保险计划》,建立了国家洪水保险基金
洪水灾害防御法	1973年	认识到自愿的洪水保险计划是无效的,实施保险强制购买要求
罗伯特斯坦福法案	1988年	限制了灾害救助,灾害救助只对已投保或未投保的公共和非营利组织提供
洪水保险改革法	1994年	提高遵守强制购买要求,禁止在没有购买洪水保险的地区提供联邦灾难援助
灾害减轻法	2000年	强调州、种族和地方政府要紧密合作
洪水保险改革法	2004年	解决重复财产损失问题
洪水保险改革法(草案)	2011年	解决巨灾冲击后NFIP的财务稳定性问题

其中《洪水灾害防御法》和《洪水保险改革法》强调了洪水灾害损失的强制承保,并将洪水灾害投保与损失预防、应急救灾等环节联系起来,取得了较佳的洪水灾害综合治理效果。

三、我国巨灾风险管理法规建设的对策建议

巨灾风险管理法规建设应同时考虑巨灾风险管理的内在规律和立法的可行性。从巨灾风险管理的内在规律来看,巨灾风险管理的最终目的就是要以最小的成本获得最佳的风险管理效果。从立法可行性的角度来看,立法难度不应过大,而且立法以后法规具有较强的可操作性,能够达到预期目的。

(一) 基于最佳风险管理效果的立法建议

从总体上来看，巨灾风险管理的着眼点在三个方面，即"防灾、减灾、补偿"。要取得最佳的巨灾风险管理效果，需要把这三者有机地结合起来。在我国以往的立法实践中，工程防损一直是巨灾风险管理的核心。已经出台的法规中，侧重于工程防损的《防洪法》、《地震法》等不仅立法相对较早，而且由于缺乏风险管理相关的其他法律，这些法律一直是相关领域中风险管理的标尺和指引。尽管立法者在立法过程中也在一定程度上考虑到了工程预防方式和其他方式的对接问题，但是这种以工程预防为主的指导思想下的设计却未获得理想的效果。以《防震减灾法》(1998) 为例，这部法律侧重于从工程的角度进行风险的防范，尽管其中有"国家鼓励单位和个人参加地震保险"的条款，但是这些设想都未能落到实处。实际上，1996 年 7 月，中国人民银行发文，禁止中资保险公司大范围开展地震保险工作，地震保险业务仅以个案特别审查批准的形式开展。2000 年以后，保监会开始放宽对保险公司开展地震保险业务的限制，然而由于地震的风险性高，很多保险公司在实际运营中并不愿意承保地震风险 (冼青华，2010；胡焕，宋伟，2009)[①]。2008 年的汶川大地震在很大程度上暴露出地震保险的薄弱。从我国的经验来看，以工程防损为主导来推进应急救灾和灾后补偿的巨灾风险管理并未取得令人满意的效果。

而在美、英等国，则在一定程度上采取了以非工程性措施为主导的巨灾风险管理思路。1968 年，美国通过立法建立"国家洪水保险计划"(NFIP)，确立了非工程措施在未来的美国洪泛区管理政策中的中心地位。美国 NFIP 将灾害区域的管理与风险图的绘制作为其体制本身的组成部分，并规定，只有社区采取并实施旨在减轻未来洪水灾害的洪泛区管理措施，才可以加入 NFIP。由于 NFIP 还对未购买洪水保险的建筑采取一定的惩罚性措施，所以 NFIP 对当地政府、企业、个人均形成防损减灾以及进行灾后财务安排的激励。在英国，国家虽然未强制购买洪水保险，但是只有某地区有达到特定标准的防御工程措施或积极推进防御工程改进计划，各商业保险公司才会在该地区的家庭财产保险和小企业保单中包含洪水保障 (孙祁祥，锁凌燕，2004)[②]。

相较于我国以工程预防为主导的风险管理策略，美英等国以非工程性措施为主导的风险管理策略取得了更好的综合效果。因此，建议我国的巨灾风险管理思

[①] 冼青华. 论我国巨灾保险立法的历程、现状与改进 [J]. 重庆理工大学学报 (社会科学)，2010 (02).
　　胡焕，宋伟. 中国巨灾保险法律制度的构建 [J]. 重庆理工大学学报 (社会科学)，2009 (01).
[②] 孙祁祥，锁凌燕. 英美洪水保险体制的比较及启示 [J]. 保险研究，2004 (3).

路做适当的调整,加快以商业保险为核心的非工程性措施的发展,并以巨灾保险为主导对巨灾风险管理的各个环节进行整合。

(二) 基于可操作性的立法建议

巨灾风险管理是一个复杂的系统工程,由于风险的种类众多,而且仍有很多未知的自然规律有待人类探索,因此订立符合实际并且具有可操作性的法规是一个挑战。我国在过去一些年已经对某些特定风险类型的某些风险管理环节分别出台了一些法律,比较合理的选择是在修订这些法规的基础上,对不同类型的风险单独立法。考虑到对不同风险单独立法可能出现法律体系零散,彼此难以协调的弊端,有必要在单独立法的基础上制定一部国家巨灾风险管理的上位法,该上位法经宪法确认,对各种应付不同风险的下位法具有优先权并对其中出现的冲突进行协调(曾文革,张琳,2009)[①]。总之,相对于巨灾风险管理的实践和需求,我国相关法规的建设已经严重滞后。法规的建设应考虑巨灾风险管理内在规律以及立法的可行性。我国应改变传统上以工程预防为中心的巨灾风险管理思路,加快以巨灾保险为主要内容的非工程措施的立法,以非工程措施为主导来整合巨灾风险管理,而且当前的巨灾立法模式应该采取在一个上位法之下各种自然风险单独立法的模式。

第二节 巨灾风险管理制度创新的组织保障

一、我国巨灾风险管理体制与机制创新的组织约束

我国目前的灾害管理是按灾种划分的,分别由气象、水利、国土资源、海洋、农业、林业、消防、环境、防疫和地震等部门承担相应灾种的管理职责,属于单项灾害管理体制。具体是:灾害预测预报工作是分类、分区、分部门开展的;防灾、抗灾由各级政府及行业部门承担;救灾与援建分别由民政和计委、商务部等经济主管部门承担;紧急情况下需要动用军队、武警部队参与救灾;灾害评估由科研部门和学术团体负责开展;在立法方面,气象灾害防御、防洪抗旱、地质灾害防治、农林病虫害防治、森林防火、消防、地震等方面的单项灾害防御

---

① 曾文革,张琳. 我国巨灾保险立法模式探讨[J]. 上海金融学院学报,2009(4).

的法律、法规已比较健全。

目前的不足主要表现为：部门分割、协调不足；条块职责划分有待理顺；全过程、综合性评估有所不足；信息沟通和共享欠缺等（关贤军，2006）[①]。

以单一风险——地震风险的管理为例，我国现行的防震减灾组织结构如图12-1所示。

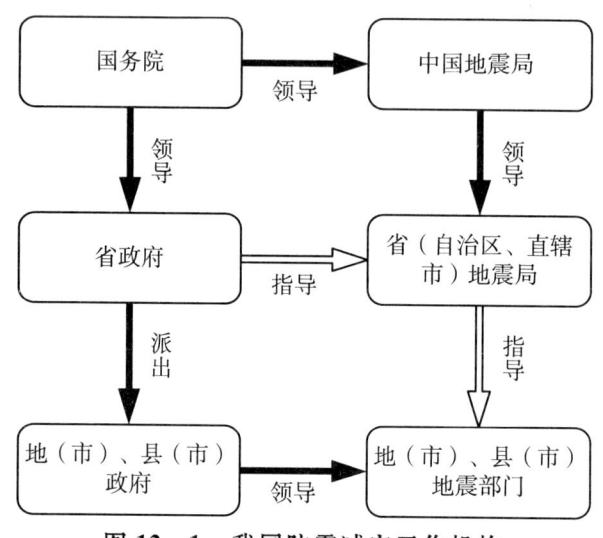

图 12-1　我国防震减灾工作机构

这种组织结构的不足在于缺乏顶层设计和宏观协调管理，传统的条块分割、部门所有在此均有体现，现行体制强调地方管理，但共同负责的空间又为工作的顺利开展埋下隐患（陈莉莉，2010）[②]。

此外，从多灾种的角度来看，国务院各部门（水利、气象、海洋、地震、地质灾害、农作物灾害、森林灾害、救灾指挥、灾后救济等）纵向减灾系统时，缺乏或很少考虑各种灾害和系统间的相互影响和联系，未能形成一个高度统一的综合减灾系统，不可避免地造成大量重复和浪费。以水利防洪为例，防洪是水利部门的事，其他部门的建设一般并未附加防洪要求，以致出现一些部门的建设却带来对防洪能力的削弱。例如，森林的过度砍伐显著增加了水土流失，矿产开发和交通建设也会增加水土流失；而且排弃物往往直接增加水库和河道的淤积，降低调洪能力；桥梁设计过水能力不足，交通道路穿越行蓄洪区，都直接削弱排洪能力而增加水灾损失。除洪涝灾害以外，我国主要的自然灾害还包括旱灾、地

---

① 关贤军.完善我国防灾救灾体制、机制和法制的必要性［J］.上海管理科学，2006（3）.
② 陈莉莉.环境灾害风险管理中公众参与机制研究［A］.Proceedings of the Conference on Web Based Business Management［C］.2010.

震、地质、气象、海洋、农林病虫害等灾种。由于在不同灾种的致灾因子之间往往存在着某种内在联系，客观上构成了自然灾害系统。

减轻自然灾害损失是一项涉及自然界和人类社会的复杂体系，因此有必要建立综合多部门的全国性的灾害监测预报系统、信息系统、示警系统以至灾害的防、抗、救、援系统等（周魁一，1991）[①]。否则，灾害发生时，由于各救助系统互不隶属，机制不同，网络不能互通互联，资源不能共享，政府各项灾害管理和监控处于多头管理的状态，救灾指挥和救援力量分散在彼此独立的各灾害管理部内，缺乏统一的协调和指挥体系，造成灾害处置效率低下。

从巨灾风险管理工作的总体来看，如果缺乏总体部署和系统的管理，没有一个主导机构将灾害管理周期的各个环节统筹起来，那么就会出现一些薄弱环节；或者不同的风险管理环节只注重该环节的效果，而不顾总体效果。比如在一个灾害管理周期中（见图12－2），在灾后重建阶段如果不考虑减灾措施，就将陷入一个恶性循环：灾害损失→政府救灾资金→重建→同样的灾害损失→政府再提供救灾资金。

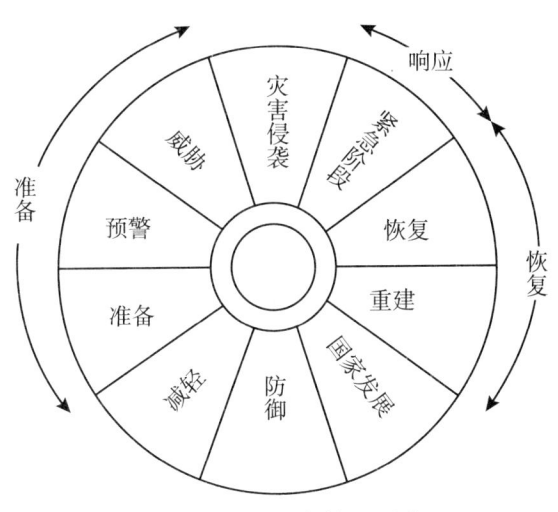

图 12 - 2　灾害管理周期

尽管以上的一些问题已经逐渐被我国相关部门认识到，但是我国防灾救灾的组织却仍是以灾难类型为基础的多部门管理的形式。实践证明，分灾害类别管理的确在一定程度上有利于发挥专业化的优势，但是由于我国设置部门较多、专业性较强，在实际防灾减灾过程中，各部门"打架"的情况却广泛存在。从当今世界各国的防灾减灾实践来看，灾害风险的综合性管理和纵向集权已渐成趋势，

[①] 周魁一. 关于防洪减灾体制的思考 [J]. 科技导报，1991 (8).

相关的组织机构设置也体现出较为显著的效率，值得我们关注和借鉴。

二、世界各国巨灾风险管理组织结构经验

（一）美国的巨灾风险管理组织结构

自20世纪30年代开始，美国灾害管理职能一直分散在不同部门中。到60年代末70年代初，管理指挥权分散情况达到严重的程度。20世纪60年代和70年代，美国发生了一系列重大自然灾害，在防灾救灾中由于各个机构之间不协调而导致减灾效果不佳的情况遭到了民众的责难。1979年，卡特总统发布总统令，将相关灾害机构合并组建为联邦应急管理局（FEMA），负责联邦抗灾救灾工作。经过多次调整，联邦应急管理局逐步向综合应急管理体系发展，建立了飓风、地震、台风、洪水、火灾等所有自然灾害和恐怖袭击等人为灾害事件的全方位（预防、救灾、减灾、重建等全过程）指导、协调和预警体系。"9·11"事件发生后，美国总统布什于2001年9月20日在白宫设立国土安全委员会和国土安全办公室，负责协调国土安全事务。2002年6月7日，布什总统宣布将国土安全办公室与其他22个联邦机构进行整合，组建内阁级大部即国土安全部，负责保护美国领土免受恐怖袭击，并应对所有自然灾害。国土安全部的主要职能是：保护美国的国土安全；保护边境、交通、港口和关键的基础设施；综合分析国土安全情报信息；协调州、地方政府、私营企业和美国人民应对危险；管理联邦紧急事件等。任务是监测、预防、保护、封锁与危机管理、遏制与后果管理等。布什政府的灾害管理组织架构在2005年遭遇了卡特里娜飓风事件的考验。联邦政府在抗御卡特里娜飓风时的应急管理工作进展缓慢，缺乏效率，受到美国各界的广泛批评。在联邦政府灾害管理组织上，主要有以下两个问题。第一，国家抗灾行动未能实现统一指挥。根据美国宪法精神，联邦政府只能承担国防、外交以及跨州自由贸易等州政府不能或不应该做的职责。原有的框架结构没有预先计划或建立一个运作良好的州和地方政府应急指挥体系，鉴于卡特里娜飓风带来的需求范围大强度高而应急资源却严重不足，从而严重制约了优化组织联邦、州和地方资源以应对卡特里娜飓风的行动。第二，联邦政府内部的指挥和协调存在缺陷。防灾、应急等部门的分设使指挥与协调的运行机制严重不足，国土安全部以及其他联邦机构的指挥中心角色定位不准、职责不清。

美国的灾害管理机构的演变对我国的巨灾管理组织机构建设有三点启示：第一，应坚持强化自然灾害防治综合机构的独立性和高权力地位；第二，应将自然灾害综合防治机构的建设延伸到地方政府的层级，在地方政府的各个层级综合协

调和调度有关部门；第三，不应当仅仅注重组织机构的建设，还应当加强信息、管理等软件的一体化，以便使灾害管理机构的运作更有效率。

（二）日本的巨灾风险管理组织结构

依据《灾害对策基本法》和日本的行政管理体制，日本建立从中央政府到都道府县到市村町的灾害管理行政体系（见图12-3）。

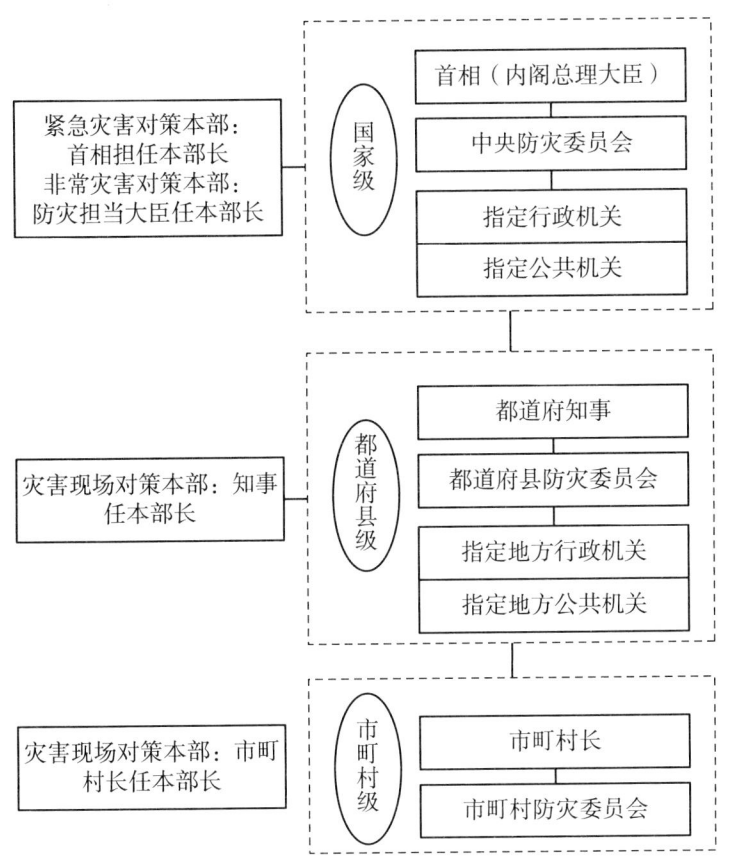

图12-3 日本灾害管理组织结构

中央建立了中央防灾会议，中央防灾会议是日本防灾方面最高的行政权力机构，其建立是为了促进综合的防灾对策。由内阁总理大臣担任会长，其他内阁大臣担任成员。中央防灾会议负责制订防灾基本计划，作为减灾程序的基础，并商讨其他关于减灾的重要问题。同时，中央防灾会议有着重要的组织协调作用，负责协调各中央政府部门之间，中央政府机关与地方政府以及地方公共机关之间有关防灾方面的关系，协助地方政府和各行政机关制定和实施相关的地区防灾规划和防灾业务规划。在中央一级,内阁府设立了防灾担当大臣负责全国的防灾事务,还专门设立政策统括官(防灾担当)、大臣官房审议官(防灾担当),下一级设立了防灾统括灾害预防、灾害应急对策、灾后复旧复兴、地震火山对策等参事官等官职。在负责灾害应急对策的参事官下还特别设立了防灾通信官。

在地方政府一级,建立了都道府县防灾会议和市町村防灾会议,成员来自地方政府机构,指定公共机构和其他组织的地方官员。会议负责制订地方的防灾基本计划以及其他计划。由于日本实行地方自治体制,地方要根据国家防灾基本计划的要求,结合本地区的特征,制订出本地区的防灾计划。在防灾事业方面,除了一部分依靠国家的防灾事业预算经费外,将主要根据本地区的特点和需要,通过地方财政预算建立本地区的灾害紧急对应,灾后恢复等灾害对策体制。

当灾害发生,情况符合紧急状态时,市村町政府首先建立灾害对策指挥部提供灾害救援。如果情况达到都道府县一级,则建立都道府县的灾害对策指挥部。在国家一级,灾害的紧急情况需达到中央一级的标准。如果需要中央的紧急对策,则建立中央一级的灾害对策指挥部(袁艺,2004)[①]。

日本的巨灾风险管理组织机构有以下三个特点:第一,防灾机构设置升级。2001 年,日本在行政机构重组时,尽管进行了减员缩编,但为了提升政府的防灾决策和协调能力,把原来设在国土厅的"中央防灾会议"移至内阁府,从行政组织上进一步强化了防灾赈灾体制。第二,防灾管理设岗增编。为了确保内阁府各省厅在防灾工作上的密切配合,新增设了由内阁总理任命的具有特命担当(主管)大臣身份的"防灾担当大臣"。其职责是除掌管防灾事务外,还担任国家非常灾害对策本部长以及紧急灾害对策副本部长(本部长由内阁总理大臣担任)。第三,强化中央防灾会议的机能。具体是把中央防灾会议作为内阁重要会议之一;赋予防灾担当大臣咨询权;根据防灾担当大臣的建议,审议重要的防灾事项等(王德迅,2004)[②]。

(三) 韩国的巨灾风险管理组织结构

在消防防灾厅成立以前,韩国原有的灾难管理部门是多元化的,包括中央各部署、各地方政府和有关公共机关,业务比较分散。韩国政府在 2004 年 6 月 1 日成立了危机管理专门机构——消防防灾厅(National Emergency Management Agency),消防防灾厅设立的目标有五个:一是通过灾难管理业务体系的一元化,强化政策审议和综合调整职能;二是提高对灾难预防的认识,强化预防投资;三

---

① 袁艺. 日本的灾害管理(之一)日本灾害管理的法律体系 [J]. 中国减灾,2004 (11).
② 王德迅. 日本危机管理研究 [J]. 世界经济与政治,2004 (03).

是强化救助、救急和现场演习等现场应对体系;四是强化地方政府的灾难管理职能和民间与官方的协助体系;五是确立为提高国民安全意识而进行的政策宣传等预防活动体系。

消防防灾厅在一名厅长和一名副厅长的领导下,在三个参谋和咨询机构的支持下,领导着一个职能部门——计划调整官和三个业务机构——预防安全局、消防政策局和防灾管理局。除了消防厅最初基本的消防职能外,还负责灾难的预防和管理工作。这三个局的业务范围不仅覆盖了灾难管理的舒缓、准备、回应和恢复四个阶段,还包括灾害保险、气候变化应对等多个重要的职能,其下属机构更包括以消防和防灾的教学与研究为主要内容的学校和研究所,为消防防灾工作培养高素质人才并提供相应的理论支持。

随着消防防灾厅的设立,韩国全国 250 个地方政府都设置了相应的灾难管理部门,在行政安全部的领导下,在全国范围内形成了一个完整的消防灾难管理体系。在国家层面的消防防灾厅、市道层面的消防本部和市郡区层面的消防署,各自负责相应辖区的消防防灾工作,市郡区消防署所属的派出所和救护救急队深入到各个社区和重要场所,形成了一个覆盖面非常广泛、结构严密的消防防灾网络。以消防防灾机构为主体,从中央到地方,深入基层的三级灾难管理体系的构建,为灾难的预防、反应和恢复以及政令的下达和执行、信息的上报与反馈提供了一个非常便捷、有效的渠道。

除了由消防防灾厅负责一般灾害的管理之外,当遭遇国家重大灾害时,将会启用国家灾难管理体系来进行灾害管理(见图 12-4)。该体系的最高层次是由

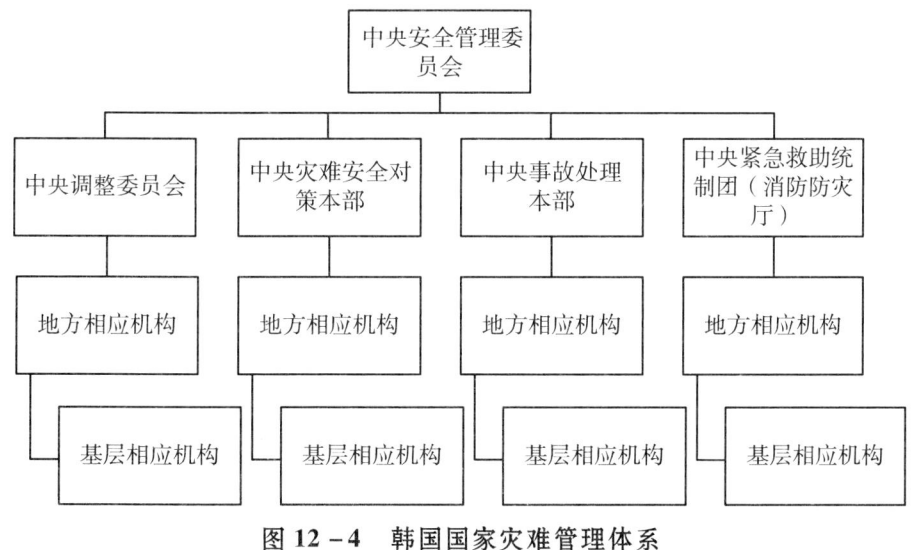

图 12-4 韩国国家灾难管理体系

国务总理任委员长的中央安全管理委员会，下面包括由行政安全部部长任委员长的中央调整委员会、由其任本部长的中央灾难安全对策本部、由主管部处长官任本部长的中央事故处理本部和由消防防灾厅厅长任团长的中央紧急救助统制团。广域市和道，市、郡和区等地方组织中也都建立了相应的由地方行政首长为委员长的安全管理委员会、灾难安全对策本部和紧急救助统制团等机构。国家灾难管理体系可以在更大的范围内配置资源来实现防灾减损（强恩芳，2010）[1]。

韩国灾害管理组织结构的特点在于其将一般的灾害管理职能赋予了行政安全部下属的消防防灾厅，消防防灾厅是常设机构，拥有明确的组织架构，其范围从中央延伸到地方，深入基层，具有较高的防灾行动效率。同时，对于巨型灾害，国家灾难管理体系又可以随时启动，动用全国各地区的资源进行防灾救灾。

（四）俄罗斯的巨灾风险管理组织结构

20世纪90年代初，俄罗斯开始建立比较完整的救灾救援体系。1994年1月10日，时任俄罗斯总统的叶利钦下达总统令，成立了俄罗斯联邦公民安全、紧急状态和减轻自然灾害部（以下简称"紧急状态部"）（见图12－5），与内务、外交、国防、商务并列为俄罗斯的5大部。普京总统就任后，进一步对紧急状态部的职能进行规范和完善。该紧急状态部的主要职责包括：提出全国减灾政策问题的建议并制定减灾规划；在俄罗斯联邦范围内管理救援、搜索和营救；为俄罗斯各州灾害管理系统制定职责，指导各地制定减灾纲要；指导旨在预防大规模灾难、突发灾祸和其他应急事故的减灾活动；进行特别的水底及海底活动；监管分拨给政府的抗灾资金的使用；组织人员培训，指导全俄灾害管理机构和部队应急救灾活动；组织开展广泛的国际减灾合作。在组织机构上，紧急状态部设立：人口与领土保护司、灾难预防司、部队司、国际合作司、放射性及其他灾害救助司、科学与技术管理司、森林灭火委员会、抗洪救灾委员会、海洋及河流水下救灾协调委员会、营救执行管理委员会。俄罗斯联邦紧急状态部机构设有9大地区性中心，分设在莫斯科、圣彼得堡、顿河罗斯托夫、萨马拉、叶卡塔琳娜堡、诺瓦西比斯克、契塔和卡巴洛夫斯克，在紧急状态部的地区性中心之下，许多地区、省、自治区、县和镇都设有民防和应急司令部，司令部一般设在有化学工厂的城镇，下辖80个中央搜索小分队，分队由约200名队员组成（关妍，高昆，2007）[2]。

---

[1] 强恩芳. 韩国灾难管理体系及其对我国的启示［J］. 行政与法，2010（11）.
[2] 关妍，高昆. 中亚国家的灾害管理体制［J］. 中国减灾，2007（08）.

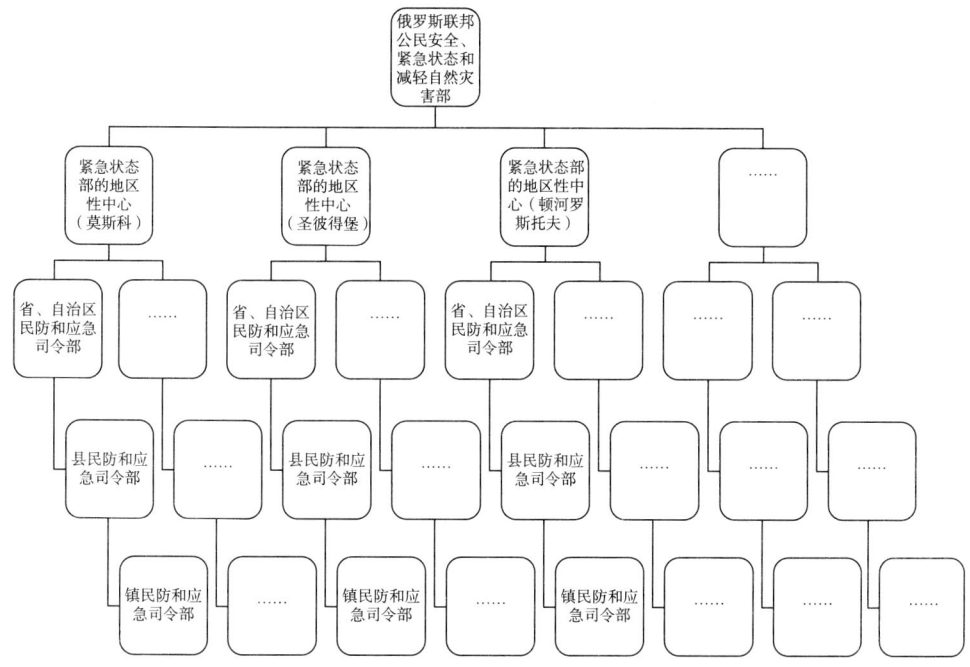

图 12-5　俄罗斯灾害管理组织机构

自 1990 年以来,俄罗斯联邦的灾害管理组织机构一直较为稳定。该组织体系的特点在于灾害管理的权力级别高,而且较为集中,从中央到地方都建立了稳定的组织机构,可以有效实施垂直指挥。

(五) 澳大利亚的巨灾风险管理组织机构

澳大利亚在联邦政府司法部内设有"联邦灾害管理署"(Emergency Management Australia, EMA),为全澳大利亚级别最高的灾害管理部门,作为联邦政府内阁成员的司法部长是 EMA 的最高领导。组成联邦政府的各部,如国防部、农业部等,平时都指派本部门的专家共同参与 EMA 的工作。

联邦灾害管理署下设三个小组:计划与行动小组、管理小组、教育与培训小组。主要负责:制订法律以外的灾害应对计划;负责制定全国的减灾预案及处理相关事务;与各州政府沟通,帮助他们处理各自辖区内的减灾工作。此外,EMA 还代表澳大利亚联邦政府,在环太平洋地区开展救灾方面的对外交往工作。EMA 架构内还设有"国家紧急事务管理中心",简称 NEMCC,为联邦应急事务日常处理的机构。

在 EMA 的架构外，澳大利亚还设有"灾害管理委员会"（Emergency Management Committee, EMC）。联邦司法部长既是 EMA，也是 EMC 的首长。该委员会每年定期举行会议，各州政府均通过本州在委员会中的代表在联邦政府就减灾工作进行协调。EMC 主要负责协调联邦与各州政府之间的关系，各州也都设立了相应的委员会。

相对于联邦政府的灾害管理委员会（EMC），州（State）、区域（District）、地方（Local）三级政府分别对应设立了相应的委员会（SEMC、DEMC、LEMC）。各州政府的灾害管理委员会，其名称和具体组成都各不相同。区域政府级的灾害管理委员会，其首长一般是本地区警察部门的首脑；地方级政府为了节省资金，往往由两个甚至更多个地方政府联合建立一个委员会，统筹跨地域的减灾工作。此外，澳大利亚每个州都设有一个灾害委员会（简称 SDC），相当于州政府开展减灾工作的咨询机构，主要负责向州政府提出减灾专业方面的建议。

澳大利亚是联邦制国家，其对紧急救援实行分级负责制，各州、郡建立独立的运行机构和体系，负责根据发生的灾害启动紧急救援预案开展救援，如果灾害严重超出州、郡、市的救援能力，州可向在灾害发生时，各州将首先独立应对，如果需要联邦介入，则向国家紧急事务管理中心（NEMCC）求援（冯金社，2006）[①]。澳大利亚的巨灾风险管理组织模式较好地适应了联邦和地方的权力结构，有利于灾害防治工作的顺利开展。

（六）挪威的巨灾风险管理组织机构

挪威在减灾救灾领域有两个系统，即军队国防系统和民防系统。当灾害发生时，由司法和警察部与国防部配合救灾。挪威司法和警察部下辖四个机构——警察部、民防署、警察安全服务部和国家安全署。挪威救助中心隶属于国家司法和警察部，是一个有组织的高效协调机构，专门负责在灾难发生后对死伤人员进行救助。挪威救助中心在 28 个地区建有救助分中心，全国分为 2 个大的分中心，即南部中心和北部中心。挪威救助中心下设警察署长、空中救援部、海岸救援部、医疗保健部、通讯部、民防部、顾问协调部等。挪威救助中心由政府的公众服务部门、志愿组织和私人公司组成（祝明，2008）[②]。

[①] 冯金社. 澳大利亚的灾害管理体制 [J]. 中国减灾, 2006 (02).
[②] 祝明. 挪威瑞典的灾害管理体制 [J]. 中国减灾, 2008 (10).

由于挪威是个欧洲小国，其减灾救灾组织依附于其他安全防卫机构，组织结构也较为扁平，这与其国情是相吻合的。

三、我国巨灾风险管理的组织机构创新建议

综合考察国外的经验和我国防灾救灾的实践，本报告认为应该强化综合防灾的概念，强化纵向集权应急职能，撤并现有的专门防灾机构，组建综合性的防灾救灾机构。具体而言，设立国家、省、地市、县四级纵向自然灾害风险管理常设机构，建议在国家部委层面单独设立灾害风险防治部（局），在省级设立灾害风险防治厅，地市级建立灾害风险防治局，县级设立灾害风险防治站等，并在每一级机构中设立具体灾害管理部门（见图12-6）。各级灾害防治机构作为政府的职能部门，平时实施综合减灾的管理职能，规划减灾事业的发展战略；灾时作为政府应急和救灾的指挥机构，实施救灾行动的指挥。为了更好地在更大范围内调动资源进行防灾救灾，不仅应国家层面设立国家减灾委员会，其日常工作包括建立重大危机事件会商制度，定期召集专家对一定时间内可能发生的各种危机进行预警分析，提出相应应对措施等，而且在省级、地市级和县级分别组建减灾委员会，协调处理不同层级的巨灾事件。

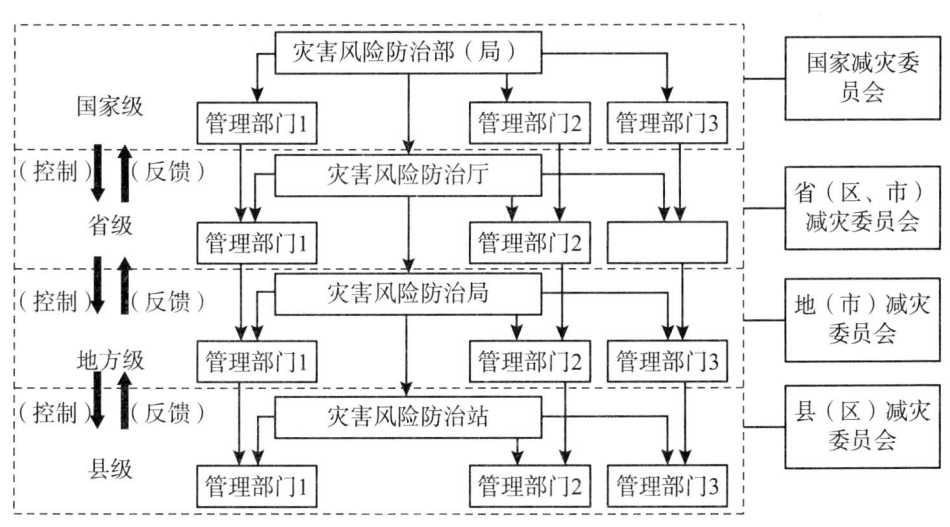

图12-6 我国灾害管理组织结构目标模式

第三节 巨灾风险管理制度创新的财政税收政策

一、巨灾风险管理中的财政税收政策运用及其存在问题

尽管实施财政税收政策支持可能在一定程度上减少国家税收收入、增大国家财政负担,然而在灾害管理和灾后重建中,政府给予财政、税收等方面的政策支持乃是世界各国的普遍做法。就财政政策而言,我国主要是通过财政拨款的形式给予灾区支持。自新中国成立以来,中央政府一直投入大量资金用于救灾工作。如,1950~1966年,中央用于救灾投入共计55.08亿元,而在此期间,中央财政收入每年只有300亿元左右。从近年来看,中央对地方救灾工作的补助范围得到扩展,包括灾民生活救济经费、卫生救灾经费、防汛抗旱经费、汛前应急度汛经费、水毁道路补助经费、文教行政救灾补助经费、农业救灾经费和恢复重建补助经费等。随着补助范围的扩大,中央救灾资金的投入也相应增加。截至目前,我国的巨灾损失融资主要依靠财政和社会救助,商业保险的巨灾损失融资作用较为不明显。以汶川地震为例,灾后的保险赔偿仅占重建成本的3%左右,远低于发达国家保险业对这类灾害的30%以上的比例。"3·11"日本大地震给日本本土造成了巨大的财产损失,但得益于商业保险赔偿,日本灾民得到了及时的财务救助,日本政府的财政也得到保护。我国巨灾保险"缺位"的主要表现是绝大多数保险公司将地震等巨灾风险列入不保的范围,而深层次的原因则在于保险公司受到承保能力的制约不能提供巨灾产品。巨灾市场失灵的根本原因不在于保险市场,而在于资本市场,具体而言是一个关于长期中均匀收取的巨灾保费与突然发生的巨灾事件所要求的损失赔付资本之间的矛盾(Jaffee and Russell,1997)[1]。所以当前的财政政策和税收政策应该致力于帮助保险业筹集资本承保巨灾风险。

二、世界各国(地区)巨灾保险计划中的财政税收支持

截至目前,世界上已经有很多国家(地区)建立了巨灾保险制度,我们下

---

[1] Jaffe, Dwight M., and Thomas Russell. Catastrophe insurance, capital markets, and uninsurable risks [J]. Journal of Risk and Insurance, 1997 (64).

面的分析将揭示在这些制度框架下巨灾承保资金来源问题是如何得到解决的,尤其是如何通过政府的财政和税收方面的支持而得到解决的。

(一) 美国的国家洪水保险计划

美国采用的全国洪水保险计划(以下简称 NFIP)开始于 1968 年,由联邦紧急事务管理局的减灾部管理,它向民众签发单独的洪水保单,其资金由全国洪水保险基金负责累积。一般而言,NFIP 的经费和赔付资金来源是所收取的保费,但在损失超过预期水平时,NFIP 有权向财政部借用不超过 15 亿美元的有息贷款,国会也可能会提供特别拨款。自 1968~2005 年,NFIP 共支付保险赔款 146 亿美元,资金基本上来自于所积累的保费。自 2004 年以后,由于洪水损失大增,如果不是有国家财政支持,NFIP 已经破产。在私营保险公司无力承保洪水风险的情况下,美国联邦政府创造了 NFIP 这个保险机构。从内部融资部分来看,NFIP 承保全国的洪水风险,所以保费积累较快。从外部融资部分来看,NFIP 依靠政府财政的支持,不需要担心承保资金的问题。因此,尽管经历了 2005 年 Katrina 飓风的巨额损失,依然能够开门营业。

(二) 日本的地震保险计划

日本政府于 1966 年依据日本《地震保险法》建立了结合政府和私营保险公司的家居地震保险计划。私营财产保险公司接受民众的投保,然后将其全部的地震风险通过分保方式转移到日本地震再保险公司。日本地震再保险公司由非寿险公司出资建立,专门从事地震再保险,是联系私营保险业和政府的桥梁。在确定自留风险后,日本地震再保险公司通过超额损失再保险的方式将地震风险分保给私营财产保险公司和私营再保险公司及政府。简单地说,日本地震保险体系是由私营财产保险公司、私营再保险公司、日本地震再保险公司、政府共同构建的一个保险与再保险的体系。

由日本地震险的设计可见,日本政府通过无偿提供灾后外部资金的方式来帮助私营保险公司对保险损失进行赔付,私营保险公司的巨灾损失被限制在一定程度之内,私营保险公司的承保资本难题得到根本的解决。在这样一个基础之上,私营保险公司还可以借助再保险、巨灾债券等进行外部融资。在内部融资方面,日本政府还允许私营保险公司和再保险公司建立延税的巨灾基金 (tax-deferred pre – event catastrophe reserves),该基金只有在巨灾事件发生时才考虑计税,这种做法加快了内部承保资本的积累（Milidonis，Grace，2007）[①]。

（三）法国的自然巨灾保险方案

法国的巨灾项目 Catastrophes Naturelles（CatNat）开始于 1982 年，政府通过法律要求标准的财产保险保单必须包括自然巨灾风险，有 95% 以上的民众购买了这种综合性保单。政府确定了自然巨灾的保费是普通财险保费的 12%。政府创建由政府财政支持的再保险公司 Caisse Centrale de Réassurance（CCR），如果私营保险公司将超过 50% 的风险转移给 CCR，那么它就可以获得政府的无限的资金支持来支付巨灾赔款。

法国的 CatNat 项目通过强制的方式提供巨灾保险。不仅避免了逆向选择问题，而且有利于加快巨灾保费的积累。在外部资本方面，政府一方面鼓励私营保险公司利用再保险，另一方面强制直接保险公司将超过 50% 的风险转移给政府设立的再保险公司，同样有利于避免直接保险公司的逆向选择，也有利于巨灾保费在再保险公司的快速累积。通过这样的方式，私营直接保险公司的损失波动性可以得到较好的控制，融资矛盾得到缓解。

（四）西班牙的自然巨灾保险方案

与法国一样，西班牙强制保险公司将巨灾风险包括到标准财产险保单中，与法国不同的是，西班牙政府创建了一个国有的实体 Consorcio de Compensación de Seguros（Consorcio）来提供巨灾保险，私营保险公司收到保费后按月将附加的巨灾保费全部转给 Consorcio，从中获得 5% 的手续费。Consorcio 对巨灾损失负责，政府承担终极付款人的角色。尽管自 1990 年以后，私营保险公司被获准独立承保巨灾风险，但是几乎没有私营保险公司愿意那样做（GAO，2005）。

西班牙利用政府强大的财力全面接管巨灾风险的承保，由于政府在融资方面具有得天独厚的条件，因此较好地解决了巨灾承保资本融资矛盾问题。而缺乏融资优势的私营保险公司则不愿涉足巨灾风险的承担。

（五）瑞士的自然巨灾保险方案

自 1953 年起，瑞士的法律要求保险公司的财产险保单承保建筑物和室内物品的巨灾风险损失。与法国和西班牙一样，瑞士的自然巨灾保险实行统一费率，是火灾保险费率的一个固定比例。但是瑞士的自然巨灾保险没有得到国家财政的

[①] Milidonis, A., and M. F. Grace. Tax - Deductible Pre - Event Catastrophe Loss Reserves: The Case of Florida [R]. Working Paper. Manchester, UK: The University of Manchester. 2007.

明确支持。瑞士州立的一些保险公司出资组建了一个专门的再保险公司来转移巨灾风险，该再保险公司也会根据情况继续向其他再保险公司转移巨灾风险。相应地，其他一些私营保险公司也成立了专门再保险公司 Elementar Schaden Pool（或称 Swiss Elemental Pool）来转移风险。

瑞士的巨灾保险方案设计中重点采用了再保险的外部融资方法。到目前为止，这个体制运行的效果还不错。我们认为其中的原因在于：第一，瑞士是一个小国家，2009 年的 GDP 为 3 100 亿美元，与中国香港相近，这决定了自然巨灾损失的总额不至于过大；第二，瑞士是一个再保险业十分发达的国家，有十分丰富的再保险资源。因此，利用再保险就可以达到外部融资的目的，不需要借助其他的资源和力量。类似地，我们在再保险业发达的英国、德国等国家的自然巨灾保险组织结构中也没有看到政府的强力介入。

（六）新西兰的地震保险

1944 年，新西兰颁布《地震与战争损害法》，1945 年，政府成立了当时称为"地震与战争损害委员会"的机构来提供相应的保险项目。后来，该项目取消了战争损害险，机构名称演变为地震委员会，承保范围扩大到山体滑坡、火山爆发、海啸和地热活动等自然巨灾。新西兰地震委员会管理着一项自然巨灾基金，该基金的主要来源是强制征收的保险费及基金投资收益。如果居民向保险公司购买住宅或个人财产保险，会被强制征收地震巨灾保险和火灾险保费。除了自然巨灾基金外，地震委员会还利用国际再保险市场进行分保，同时拥有政府担保，如果保险赔付需求超过基金数额，政府将出资补充不足的部分。通过由政府成立的巨灾基金组织承保自然巨灾风险，新西兰加快了内部融资的速度，在政府出面作为最后融资人的情况下，借助再保险等资源予以辅助，同样获得了较好的运作效果。

（七）中国台湾地区的住宅地震保险

中国台湾地区的住宅地震保险项目于 2001 年 12 月实施，地震险作为火险的附加承保，具有半强制性，当保户在购买住宅火险时自动内含地震险。根据目前该项目的设计，住宅地震保险损失在 28 亿元台币以内时由省内主要产险公司所组成的共保组织承担，而 28 亿~200 亿元台币间的损失则由省内住宅地震保险基金承担，200 亿~400 亿元台币间的损失则由巨灾债券及安排省外再保险承担，400 亿~560 亿元台币间的损失则由省内再保险及省外再保险承担，560 亿~700 亿元台币间的损失由政府保证负担。当损失超过 700 亿元台币时保户所能获得理赔金额将按照实际损失金额与 700 亿元台币的比例减少。

中国台湾地区的住宅地震保险综合运用了外部融资的各种手段，设立共保组织的目的在于减小任何单个私营保险公司的损失波动性，地震保险基金便于利用再保险进行分保和加快保费的积累，属于内部融资的方式。截至2010年11月，地震基金已经累积到了105亿元台币（张泽慈，2010）。同时，该项目还试验性地发行了巨灾债券、利用省外的再保险等，最后政府提供有限度的担保。

三、我国巨灾保险融资的财政税收政策支持建议

（一）我国巨灾损失融资来源的现实条件

1. 直接保险业的承保资本

根据康明斯等（1994），保险业承保资本的内部来源分为两个部分：收取的公平保费和所有者权益。为简化分析，我们首先将整个财产保险行业视为一个大的保险公司，来考察其承保资本状况。据统计，截至2008年年底中国财产保险业41家保险公司的净所有者权益为448.6亿元人民币。21世纪前五年我国平均每年的自然灾害经济损失已达1 840亿元，2008年，我国的自然灾害损失达到创纪录的9 500亿元。假设2008年的灾害是百年一遇的，保险损失为总损失的40%（合3 800亿元），那么每年为此收取的保费约为38亿元。开始承保巨灾风险时保险业的内部承保资源至多为486.6亿元，与3 800亿元的缺口高达3 313.4亿元，是保险业内部承保资源的6.8倍左右。如果2008年的灾害是200年一遇的，那么所收取的公平保费将更少，在承保初期财产保险业的承保资本缺口将更大。

2. 再保险资源

在巨灾承保的外部融资资源中，再保险是最常被采用的，如前所述，在一些再保险业发达的国家，再保险甚至被作为唯一的外部融资来源。截至2008年年底，中国再保险市场上的财产再保险公司有5家，总承保资本为41.8亿元人民币，远远不能满足巨灾外部融资的需求。至2007年，国际再保险业的所有者权益在400亿~500亿美元之间（Cummins，2006）（约合2 800亿~3 500亿元人民币），即便全部用来承保我国的自然巨灾风险，仍不算充足。另外，过度依赖外国再保险既增加了违约风险，而且在巨灾风险分保谈判中将处于不利地位。尽管最近两年，中国再保险集团公司得到增资，资本金达到300亿元人民币左右，但是相对于自然巨灾的高额损失而言，仍是杯水车薪。

3. 资本市场

截至2009年年底，沪深两市上市公司达到了1 718家，总市值约24万亿

元,股票市值与国内生产总值的比例由 1992 年的 3.93% 提高到 2009 年的 72.74%。与此同时,期货市场交易活跃,2009 年全年成交量 130 万亿元,同比增长 81.48%。债券市场得到快速发展,截至 2009 年年底,债券票面总额已达 165 173.50 亿元,债券数量达到 1 740 支。由此看来,通过资本市场来吸纳巨灾损失具有天然的优势。如果能够连通国际资本市场的大量资本,则巨灾的承保资本问题就很容易解决。

4. 国家财政（包括地方和中央）

2010 年,我国已经成长为世界上第二大财政收入经济体,全国财政收入 83 080 亿元,其中,中央本级收入 42 470 亿元,地方本级收入 40 610 亿元。财政收入中的税收收入为 73 202 亿元。尽管近年来财政收入以 20% 以上的速度增长,但是有一些情况值得关注。第一,中央财政赤字和国债余额大幅增加,2010 年达到 67 527 亿元;第二,政府隐性债务急剧增加,国有银行的高负债和巨额不良贷款,还有 3 万亿元左右的基本养老保险基金欠账等成为政府的隐性负债,增加了国家财政的负担和风险;第三,地方政府融资平台过度膨胀,在 2009 年年末的负债已经达到 4 万亿元,也成为国家财政的隐忧。因此,国家财政仍有很重的负担,难以轻松地挪出数以千亿计的资本用于巨灾风险的承保。

（二）巨灾融资的财税政策支持

1. 通过会计制度和税收制度改革加快保险公司权益资本累积

税收因素制约着所有者权益项目中巨灾准备金的快速累积。为此建议对巨灾准备金进行税前提存,而且巨灾准备金的提取比例也应在现有 10% 的基础上适当放大。

2. 通过会计制度和税收制度改革加快巨灾保费基金累积

快速累积的巨灾保费基金可以尽快将其他用于承保巨灾风险的资本解放出来,提高这些资本的使用效率,降低承保巨灾的成本。为了能够成功地进行保费的累积以备巨灾来临的赔付,政府政策制定上可以有如下考虑:第一,允许财产保险公司自愿单独设立巨灾保险账户,财产保险各险种每年根据巨灾赔付的相关性将一定比例的保费存入巨灾账户,进行滚动累积;第二,减免或者取消巨灾保费的营业税,直到巨灾保费的累积达到一定规模;第三,初始阶段巨灾账户中的保费不纳入已实现收益来计提公司所得税,直到所累积的保费达到一定的规模,此后可以对新增的保费提取所得税后计入实现的利润。

3. 通过税费优惠等措施促进风险损失向资本市场的转移

资本市场的资本可以对巨灾损失进行有效的弥补。目前我国的巨灾金融工具还没有得到有效的发展。建议在巨灾融资机制设计中，尝试 ART（Alternative Risk Transfer）工具，并在条件成熟的情况下逐渐加大 ART 比重。政府应加快资本市场主体、法规等的建设，以及通过税收优惠等政策促进巨灾风险向资本市场的转移。

4. 国家财政应以适当的方式在巨灾融资体系中发挥作用

我国是经济大国，随着经济的发展，巨灾事件所造成的损失量越来越大，通过其他方式已经很难为巨灾风险的承保筹集到足够的资本（如美国的洪灾保险）。前面的研究显示，巨灾风险保险项目启动时对外部承保资本的需求是最大的，而目前除国家财政之外没有任何一个渠道能够为保险业提供足够的承保资本，因此国家财政应在这一时期需要起到主导作用。随着巨灾保险的技术、制度、其他外部资本渠道的逐渐改善，政府可以考虑让市场承担更多的责任。而实际上，发挥主导作用并不意味着一定要拨付大量的财政资本，如中国台湾地震保险基金在设立之初，财政并没有出资，美国恐怖风险保险项目的设立也没有导致国家财政有实质性的大量财政资金流出。根据我国国家财政的现实状况，本课题组建议：第一，国家财政可以以再保险的形式仅承诺提供有限额度的巨灾风险赔付责任，以后根据情况再决定是否需要改变风险承担额度；第二，政府可对国民经济和人民生活影响很大，可在保险机制上较为可行的风险（如地震）先提供财政支持建立保险供给；第三，由于政府在跨时期的风险分散上比保险公司更具有优势，所以可以考虑在巨灾赔付之后要求投保人多支付保费的方式来弥补财政支出。

第四节 巨灾风险管理制度创新的金融政策

一、巨灾风险管理中的融资工具创新

传统再保险合约是典型的谈判式合约，采取年度定价且通常一个合约仅涉及单一风险。这种单一年度单一风险的合约的不便之处，再加上与承保周期相关的定价风险的共同作用，促使市场参与者逐渐把眼光投向了保险市场以外的资本市场。

ART（Alternative Risk Transfer）的发展部分地反映了这种内在需求动力的转变，也形成了研发 ART 的主要驱动力。由于再保险市场存在事实上的价格周期

波动，在硬市场周期，由于费率水平高启，再保险风险承担能力局限性非常明显，保险人成本快速上升，再保险人由于赔付风险加大，风险资本出现紧张。而在软市场时期，费率价格下降，风险资本流出，整个市场的承保能力又出现不足，特别是对低频率、高严重程度事件的承保供给仍然是有限的。

ART市场在过去的40~50年里取得了稳定的发展。图12-7展示了目前市场上较为流行的一些混合了再保险和金融工具的巨灾衍生产品：

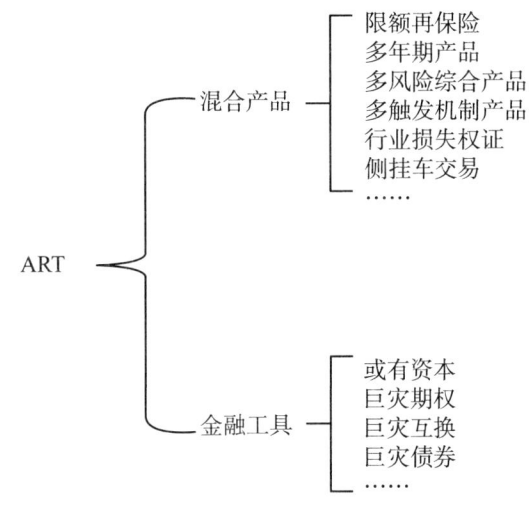

图 12-7 ART 产品的主要类型

（一）混合产品

限额再保险（Finite Risk Reinsurance），或称为有限风险再保险，通过再保险人限定的风险分担，经常被用来作为原保险人平滑其收入的工具。限额再保险因此是一个用限额再保险混合了多年融资交易的金融产品，其特点：第一，风险转移和风险融资混合在一个合同里；第二，与传统再保险相比较，较少的承保风险转移给再保险人；第三，限额再保险一般是含多年期限，这一点不同于年度续转；第四，原保险人需要支付的保费的投资收入明确包含在了合约定价之中，而在传统的再保险中是不包含保费时间价值的；第五，风险的最终结果通常是再保险人和分出人共担的。如实际经验损失率低于预期损失率时，再保险接受人要依合同约定将资金结余的部分退还给分出人，与分出人分享再保险合约正绩效所产生的利润。

混合多年期多险种产品（Integrated or Structured Multi-year/Multiline Products，MMPs）。再保险人发行一种打包产品（Blended Covers），综合了传统保险和限额风险保险的元素。混合保险的主要目标是将具有更多显著风险转移的传统再保险和非传统的风险管理功能的限额风险保险混合起来。因此，混合保险通常是承保多年的，使分出人免受再保险周期影响，而且通常包括货币的时间价值的酬劳。这样的合约也可以转移外汇风险、利率风险和时间风险。但是，多年合约比年度续保合约缺少普遍性，一般只在再保险市场软市场阶段才更加有效。

MMP 对传统再保险在 4 个主要方面做了修改，它已经不再是传统意义上的再保险了，而是一种含权的融资工具：第一，混合多险种在一个保单之内；第二，多年期的保费预定模式；第三，功能包括对冲财务风险和承保风险；第四，承保不是使用传统的可保风险概念为基础，一些如政治风险、特殊商业风险也被涵盖其中。

多触发机制产品（Multiple – Trigger Products）。MTP 下的支付依赖于保险事件的触发和商业事件的触发，这两者必须同时被激活才产生赔付。例如，一个 MTP 合约承保的是分出人的飓风巨灾风险损失并同时发生的市场利率出现大幅波动的风险。分出人将因此而可以预防在不利的利率市场价格时不得不进行的债券清算以履行巨灾引起的赔付，但是在市场利率很好的情况下巨灾发生则不必引发再保险人支付。

MTP 是组合传统再保险保障和金融衍生工具为一体的综合性合约。由于同时发生利率高企和财产巨灾的风险的概率很低，MTP 产品的价格比一般的巨灾再保险低得多，使分出人可以直接对冲结果状态集合的总开销，因此，这种对冲支付具有很高的经济价值。

边车交易（Sidecars），也称为侧挂车交易。边车交易是一种创新的金融交易，有点类似传统再保险，但却是通过资本市场直接获得私人借贷和权益投资。边车交易可以追溯到 2002 年但是直到 2005 年美国飓风季后才越来越多地被关注。通过边车交易在 2005 ~ 2007 年间保险人筹集到了大约有 70 亿美元的私人借贷和权益资本。由于监管和税收等原因，几乎目前所有的边车交易都建立在百慕大。

边车交易是一种特殊目的交易，由再保险人发起提供附加的附加承保能力，通常是用来承保财产巨灾和海事风险。边车交易由分入公司设计，其风险承担活动通常被限定于特定的再保险人。边车交易筹措的资本出于投资人的利益由一个抵押信托账户持有。分出人通常通过成数再保险合约进入一个边车交易。边车交易为因承担再保险人的风险而收取保费并依边车再保险合同条款承担索赔支付责任。在硬市场条件下，边车交易通常限定了资本化的时间，而在软市场则限定快速赎回权利。图 12-8 是一个典型边车交易的结构：

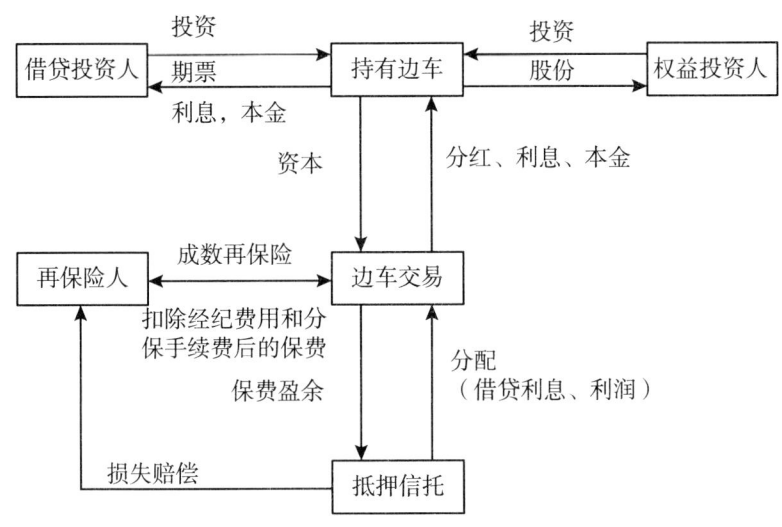

图 12-8 边车交易的运行模式

(二) 金融工具

资本市场工具进入巨灾风险管理领域，极大地促进了风险转移市场的流动性和透明度。这对于传统保险和再保险人来讲是最大的挑战，而实践证明这也许是解决巨灾风险的一条重要通路。目前，证券化通常有两大类：第一，资产抵押支持证券化产品。如抵押担保债券、企业债、汽车贷款，学生贷款，房产权益抵押贷款，信用卡应收款保证贷款等；第二，非资产抵押的证券化产品，如期货和期权。资产抵押支持证券是一种典型的抵押担保，以底层资产作抵押，而非资产抵押证券产品则是通过交易对手的信用保证或缴纳保证金来运行的。无论是资产抵押或无资产抵押债券化产品都可以在特定的交易机构中发行和交易，或者是场外交易。目前大多数的保险证券化产品是仿效其他金融市场中的资产和无资产抵押债券的设计结构的。

1. 或有资本

或有资本（Contingent Capital）是一种类似于卖权期权的证券交易，它允许保险人发行资本债券（也可以是普通股、混合资本或债权）在发生定义的巨灾事件后以预先决定的执行价格获得资本。例如，如果巨灾发生后保险人的股票价格下跌低于执行价格，保险人将选择按照之前已经协商确定的价格增发股份以补充资本。或有资本协议类似于巨灾债券（CAT），但通常是期权形式的。或有资本的好处在于一个较低的向上的选择权保证金，保证保险公司在巨灾发生以后资产负债表的平滑，免受到资本市场杠杆作用的影响。或有资本的缺点是增发股份具有稀释作用，这一点在 CAT 和巨灾期权中不会发生，发行或有债务逆向地影响保险人的资本结构。在 2007 年,或有资本大约发行了 12 亿美元,主要包括债务债券和混合债务。其中包含,农场主保险集团(Farmers Insurance Group)发行的 5 亿美元或有债务债券交易,它给予保险人一个固定价格的银团贷款权证,以得克萨斯州、阿克拉马州、阿肯色州或路易斯安那州的风暴损失最少为 15 亿美元为触发机制。这笔交易代表了商业银行首次与再保险人合作为保险人提供资本支持,并承担保险人和巨灾风险的次级信用风险。类似做法,还有夏威夷飓风保险基金,也应用了背后的辛迪加贷款支持。

2. 巨灾期货和期权

1992 年安德鲁飓风对保险和再保险产业应对巨大灾害的承保能力提出了质疑。作为事件的结果,市场参与者开始开发另类工具以对冲巨灾风险。第一个努力就是 1992 年芝加哥交易所上市的巨灾期货和期权。但是到了 1995 年该交易被要求重新设计,而到 2000 年,由于交易量太低而被摘牌了。这些交易的失败的原因是多种的,包括过多的基本风险,期权交易中缺乏保险专业人才,低的流动性,交易对手信用风险,以及会计监管政策的不确定等。在百慕大商品交易所(Bermuda Commodities Exchange)交易的巨灾期权也失败了。这些失败可以部分地归结为理论上对期权赋予了比那些较高结构化和全部抵押保证机制的 CAT 过多的对冲巨灾风险的有效机制的原因。近年来随着市场需求的增加,2007 年,百慕大商品交易所、芝加哥商品交易所(CME)挂牌上市了芝加哥气候交易合约(Chicago Climate Exchange,CCX)的巨灾期权和期货。

巨灾期权和期货的主要特征如表 12-2 所示。

表 12-2　几种在美上市的巨灾期权和期货合约的特征比较

	NYMEX	CME	CBOT - PCS
合约类型	巨灾期货和期权	巨灾期货和期权	巨灾期权
损失指数	PCS/Gallagher Re	CHI	PCS
指数定义	PCS loss/10M	风暴风速/半径	PCS loss/100m
承保事件	美国承保的恐怖事件和地震以外的财产损失	美国飓风	美国承保的财产保险损失(包含地震)
地理范围	国内,得克萨斯—缅因地区(不包括佛罗里达)、佛罗里达	6 个地区	国内,5 个地区,3 个州
触发机制	年度总损失	总损失	区域内的总损失
触发产品	N/A	1. 事件数量;2. 季节;3. 季节内的最大事件	超过 5 个基点的倍数

续表

	NYMEX	CME	CBOT - PCS
触发类型	总和/欧式期权	总和/美式期权	总和/欧式期权
合同支付	$10*I	$1 000*CHI	$200/指数基点
最高支付	不限	不限	不限
合约期限	年度	登录日期+2 天； 6月1日~11月30日+2天； 6月1日~11月30日后2天	季度
合约终止	年度结束3个月	登录后2天； 11月30日+2天； 11月30日+2天	合约期限后的6~12个月
上市日期	2007年3月5日	2007年3月12日	1995年9月

注：CHI：由 Carvill 公司研发的飓风指数；I：PCS 指数。

3. 巨灾互换

另一类型的保险连接衍生品被称为巨灾互换。在巨灾互换交易中，保险人（分出人）协议在以浮动的或变化的支付为触发机制的特定保险事件发生时，支付一组固定的保费给交易对手（不限于再保险人）。这种互换可以直接和交易对手进行谈判或通过其他金融中介进行。尽管对互换交易对手来说没必要获得保险风险敞口，但是对两个保险人或两个再保险人来说，互换风险就成为可行。互换也可以为多风险提供基金支持，如在同一个巨灾互换合同内，用日本的台风风险交换北大西洋飓风风险。互换的好处是比 CAT 简便易行，固定成本较低，不需要为单一目的再保险人捆绑基金。缺点是相对于 CAT，互换不能全额获得抵押保证，因此存在交易对手的信用风险。相对于可交易债券来说，互换的非流动性也是一个缺点。

4. 巨灾债券（CAT）

尽管巨灾债券市场在20世纪90年代起步较慢，但发展到现在已经非常成熟，已经成为保险人和再保险人稳定的资本来源。巨灾债券的交易金额由1997年的10亿美元增长到2007年的70亿美元，交易的合约数量也已经从最初的5个增加到了2007年27个，累计筹集的风险资本达到140亿美元。由于经济危机的发生，2008年CAT交易出现了急剧下降，萎缩到了27亿美元。这一下降趋势一直持续到了2009年上半年，只发行了不足14亿美元的巨灾债券，但是到了2010年，市场出现明显的复苏迹象，全年总规模接近60亿美元，仅上半年的发行规模就已接近2008年全年水平,成为仅次于2007年高峰水平之后的历史第二规模。统计分析,2007年巨灾债券已经占据了全球财产保险8%的承保限额,12%的美国财产保险限额。因为巨灾债券通常都使用在高层级损失风险方面,因此,这也可以说明巨灾债券已经占据了高层风险市场的更大的份额。因此,巨灾债券已经成为保险和再保险进行风险对冲调节的重要工具。

图12-9展示了巨灾债券的基本运行方式。

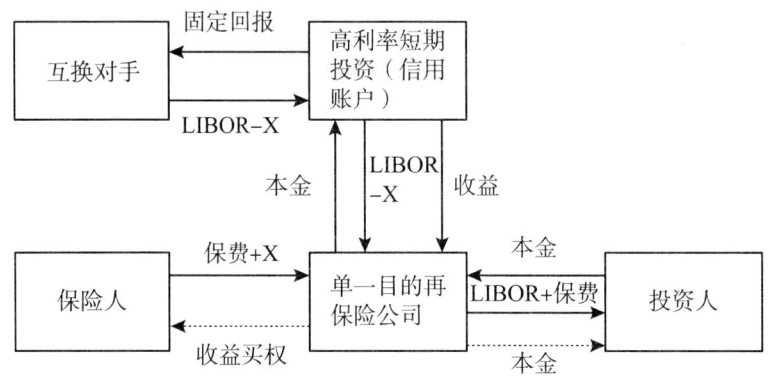

图12-9 巨灾债券的典型运作模式

注:X为支付给互换对手的手续费。

巨灾债券通常是由单一目的再保险人(SPR)向投资人发行债券完成交易的。收益是由一个典型的安全的短期债券产生,并由一信用账户持有。嵌入巨灾债券的是一个对定义巨灾事件的买权期权。当约定时间发生时,债券收益由SPR释放给保险人,用以支付赔款。而基金的释放通常是根据事件损失大小的比例确定的而不是采用二元机制。大多数巨灾债券的本金是全风险敞口的,这意味着投资人可能全部损失其投资的本金(但也有一些巨灾债券包括了本金保护部分,本金的返还是被担保的。对这一部分,触发事件将影响利息支付以及本金返还的时间。目前市场上,本金保护的巨灾债券已经变得相当罕见,主要是因为他们不能为发起人带来足够的风险资本)。由信托账户持有的债券收益通常要经过利率互换,由固定的收益率换为基于LIBOR的浮动利率或者其他认可指数。利率互换的目的是保险人和投资人获得市场利率风险和履约风险免疫。这样,投资人的真实回报就是LIBOR加上风险保费。如果没有或有事件发生,在巨灾债券到期后,本金归还给投资人。

二、世界各国巨灾风险管理的金融政策经验借鉴

（一）美国巨灾金融衍生工具的政策及监管

总体来看，目前美国政府对待巨灾风险和其融资的态度是随巨灾增长而增长的，并没有本质上的更倾向于传统或是巨灾金融衍生工具的区别。

1. 监管资本

美国保险业监管的核心规则是风险资本模型（Risk Based Capital），但其并不明确包括巨灾风险的考虑。因此可以认为美国的风险资本标准是相对较低的。

高度发达的监管架构可以被视为促使美国较低资本要求的一个必要条件。美国保险监督官协会（NAIC）建立了一系列财务监管工具，包括早期预警系统和一系列可以为监督官定制和使用的应用分析软件。各州监管行为通过使用NAIC的一致的基础信息系统和模型促进监管和财务分析得到更多扩充。然而，这些还是静态的比率基础系统，包括非动态的检验和模型。因此，并不能精确地计量保险人的财务风险。

2. 盈余和巨灾准备

通过附加盈余去应对巨灾损失被视为是传统的巨灾融资机制，也是保险人的第一层防护机制。在美国，SAP和GAAP准则下并不设置为未来损失做准备的巨灾准备科目。这种政策使美国监管者虽然不限制这一融资机制，但是实际上使它成为一种高成本技术策略（比实际需要的）。第一，保险人通常被强制要求在他们的一般盈余账户中保持巨灾基金，这将很容易耗尽从其他或有事项中聚集起来的资金。第二，监管者很可能会把它看作是额外盈余而更加严格限制保险人的定价。第三，作为收入增加的税后盈余和这些税后盈余的投资收益一起被再次征税，阻碍（延缓）了巨灾风险储备的积累。这与欧盟国家的税收政策存在差别，欧盟国家允许保险人为巨灾准备及其相应投资收入折减所得税收。

3. 再保险

再保险一直作为最首要的巨灾风险承载者而被保险人所使用。然而，在发达的美国市场上，美国对待国内和外国再保险人的监管待遇竟然是完全不同的。美国本土再保险人可以被授予完全信用，而外国再保险人则被要求按照财政部的监管要求缴纳监管保证金。这样，外国再保险人不得不将他们的总责任分保给了美国保险人。

具体的政策包括：第一，在计算净保费时，当保险人分出业务给未经许可保险人时，不允许扣减保费。净保费通常是用来间接测定他们的未来潜在责任和风

险。第二，不允许保险人计算未经核准的再保险人的可追回保费为资产，除非分出保险人持有或是有权使用由再保险人收取的抵押金。美国保险人被允许计算的再保险人赔款摊回额最高不能超过抵押价值。

这样的监管政策，对巨灾风险融资的成本和范围产生非常不利的影响。一是保证金对外国再保险人来讲是非常昂贵的；二是这种要求降低了对美国保险人的再保险供给；三是保证金降低了美国再保险人对外国再保险人信用资质的考核。这一机制与欧盟形成了高度反差。

目前，美国监管者也开始意识到了这一点，并开始着手改进。NAIC 的最新提案就是建立一个外国再保险人的评级系统，并且他们的保证金要求将随评级结果而变化。这种提案模式是次优的解决方案，过度的官僚主义、不充足的、并不能消除对所有再保险人的保证金要求，仍然有一些州在考虑立法，建立州再保险人保证金要求。

4. 巨灾期权和互换

美国的监管者允许保险人使用对冲风险为目的的期权，但是并没有规定当触发这样的交易时在财务报告期内这样的交易应该如何定价。据推测，如果一份巨灾期权被触发，保险人将可以把他的预期支付作为一种资产，直到发生现金赔付。

美国监管者对这种对冲工具始终存在过度投机的疑惑，而态度审慎。通常保险人熟悉巨灾风险和巨灾风险敞口的变动水平，因此会至少有一些占据很好的投机地位，而这些可能会过度增加保险人的财务风险。这将使那些本没有巨灾风险敞口的保险人而为了获利去承担巨灾风险。同时，某一地区承担了巨灾风险的保险人可以通过这种工具对冲风险或是通过承担其他区域的巨灾风险作为一种地理多样性的选择权来降低风险转移成本（包含较低的转移成本）。然而，目前的监管体系并未能充分评估保险人在巨灾期权中的以及他们面临的全部财务风险。

5. 巨灾债券

NAIC 在 2001 年针对 SPRV 使用在岸巨灾证券或是受美国监管发行的巨灾债券颁布了标准法案，实质上将上述债券视为和美国再保险人之间进行的再保险转移。

SAP 规则允许保险人将支付已经证券化的承保风险，核减他们的已签单和已赚保费。因此，从会计目的而言，这些支付将当作向核准再保险分出保费看待，这将减少保险人的净保费收入以作为一种间接应付其潜在责任的手段。而在未来，任何作为保证赔付为基础的证券事件发生的摊回赔款均被认为是保险人总发生损失的削减机制和损失费用调节机制。因此，在监管中仍被看作是一种传统的再保险转移机制。然而实际上，由于非优惠的税收政策和其他因素已经削弱了在岸巨灾债券的使用，目前市场上已经看不到在岸巨灾证券化产品了。

（二）欧盟对巨灾金融衍生工具的政策及监管

欧盟对巨灾金融衍生工具的监管政策已列入即将在2013年1月实施的solvency II 中，但其规则并不很详细。这种粗略，很大程度上是由于其监管指导思想中的"原则基础"模式，因此欧盟更倾向避免设置详细的规则。另一个因素是 solvency II 仍然还是框架性的，而更详细的内容要素尚未明确。最终，巨灾金融衍生工具的监管策略将会因被监管者采取的不同处理方法而有所区别。

1. 监管资本

欧盟 solvency II 指引中关于偿付能力资本要求（SCR）已经实质性地包含了巨灾风险元素。指引对巨灾风险予以定义，即"由于与极端或异常事件相关的定价和准备假设的显著不确定性造成的保险债务价值的风险损失或不利改变"。

在目前的 solvency II 提案中，对特定类型借贷资本的监管偿付能力计算问题已经基本达成一致，即对那些深度次级债（DSD）和那些还未包含在欧盟指引中的衍生债务有了比较一致的认识。指引全面认可了次级债的1～3层级，甚至一些欧盟国家（如法国）认为 DSD 对偿付能力问题是积极的，并且将其认定为第一层级资本。尽管 solvency II 还没有关于混合资本政策的任何新的规则，但有一点似乎越来越清晰，监管更趋向于"原则基础"的规范模式。"原则基础"规范模式可以促进监管更加协调也更容易为保险人所改进和利用。这有利于保险人和再保险人更多地使用巨灾金融衍生工具以及其他类型的财务和承保风险融资。可以看出，solvency II 的最大优势是可以提供更加清晰的政策给保险人，并允许他们很容易地为他们的顾客建立融资结构和框架，而且 solvency II 的开放性将导致欧盟以外国家的发起人可以顺利地进入欧盟巨灾证券市场，增加该地区的巨灾工具的供给。

2. 证券化和巨灾债券

欧盟对证券化方式转移风险非常关注。欧盟再保险指引允许成员国家建立 SPV。欧盟再保险指引承认 SPV 可以 "承担来自于保险或再保险人承诺的风险，和与其通过债务发行收益或是其他具有这样的债务提供者偿还权的融资机制或其他属于再保险责任的从属责任（次级责任）的融资机制风险敞口相应的全部基金"。未来，趋向于风险敏感性的偿付能力体系将会在欧盟内部建立。这意味着保险企业将有更大的动力去证券化其风险，更广泛地使用 SPV 工具，以获得适当的信用等级。

尽管指引意图为保险人提供更大的弹性和更大的在另类巨灾风险转移的认可，但是更加规范的欧盟政策将采取分步实施的办法。最终，一些详尽的有关管理 SPV 和巨灾债券的监管要求将留给各欧盟成员国去甄选。例如，在英国，金融服务局（FSA）已经将证券化的监管政策作为国家政策的一部分列入再保险指引。保险特殊目的工具（ISPV）被视为和再保险一样的一种公认的风险转移方式，尽管 ISPV 并不同于再保险人的监管。根据 FSA 的规定，ISPV 必须是经过授权的、受监管的、按要求纳税的独立法人，且被要求保持一定的监管资本剩余水平以满足保险人的需要。

三、我国巨灾风险管理的金融政策创新探索

（一）资本市场创新对巨灾风险的稀释作用

中国资本市场的发展很快，无论是市值还是市场参与者都有了相当规模，并已成为世界第三大商品期货交易市场。这为可能的衍生工具的发展提供了良好的市场基础。

境内股票市场，2010 年年底上市公司达到 2063 家，市值 26.54 万亿元，年累计交易额近 55 万亿元。股票市场筹资 1.13 万亿元。

境内债券市场，2010 年累计发行人民币债券 5.1 万亿元，债券市场债券托管总额达 16.31 万亿元，其中银行间市场债券托管额为 15.8 万亿元。银行间市场年累计成交 179.5 万亿元，其中现券成交 64 万亿元，拆借成交 27.9 万亿元，质押式回购和买断式回购成交 87.6 万亿元。金融债 1.3 万亿元，外资法人银行获准在国内市场发行金融债。公司信用债券 1.6 万亿元，其中短期融资券 6 742 亿元、中期票据 4 924 亿元、中小非金融企业集合票据 46.6 亿元、企业债券 3 627 亿元、公司债券 511.5 亿元，超短期融资券 150 亿元。从期限结构上，银行间市场债券发行结构以中短期债券为主，其中，5 年期占债券发行总量的 40%，5~10 年的占比 34.7%，10 年以上的占比 25.2%。

衍生品市场，2010 年债券远期交易成交 967 笔，成交金额 3 183.4 亿元。交易的主要品种是政策性银行债，交易量占总量的 54.5%。人民币利率互换市场交易总量 1.2 万笔，名义本金总额 1.5 万亿元。远期利率协议交易全年成交 20 笔，名义本金 33.5 亿元。期货市场，2010 年 1~10 月全国期货市场累计成交期货合约 24.95 亿手，累计成交金额 236 万亿元。中国金融期货交易所股指期货产品，4~10 月累计成交量 7 127 万手，成交额 62 万亿元。此外还有少量权证交易，而国债期货由于过度投机在 1995 年被叫停。

相比较中国保险市场，2010 年我国保险机构实现保费收入 1.45 万亿元，其中财产险保费收入 3 895.64 亿元。保险业整体资产总额 5.05 万亿元，净资产

5 208.9 亿元。当年的非寿险赔款 1 815.2 亿元。这样的数字很容易得出这样的结论，商业保险公司是无力承担一次 250 年一遇的巨灾风险损失的。以汶川地震为例，造成的直接经济损失超过 8 452 亿元人民币（其中 70% 属于各类房屋和基础设施损失），这还不包括次生灾害损失在内。按照当年全国财产保险公司总保费收入 2 336.7 亿元计算，根本无法满足足额赔偿，如再扣除财产保险公司年度其他赔偿的 1 418.3 亿元，覆盖缺口更是扩大至 7 533.6 亿元。由此假设的商业保险的覆盖程度和承保能力，只能做到 11% 左右。尽管这种表达的粗略估计并不精确，但足以反映国内传统商业领域应对巨灾损失的尴尬境地。因为，即使是按照 2010 年年底的财产保险公司全行业未到期责任准备金和未决赔款准备金的 3 283.9 亿元的提取总额比较，我们仍与这样的损失缺口相差一倍还要多。换句话说，如果汶川地震的全部经济损失由商业保险公司来承担的话，时至今日我们的保险业都无法将这些赔款支付完毕。这大概也就是为什么保险业内人人都说巨灾保险重要，但是人人都是望而却步的内在原因之一。

可见，传统保险和再保险所针对的相互独立的高频率、低损失率的不确定性的优势在巨灾风险管理方面面临巨大挑战。而资本市场的广大容量和投资者的多样性，恰恰可以弥补低发生概率、高损失程度的巨灾风险的管理缺口。相信在未来的实践中，新的巨灾金融衍生工具的发展将越来越彰显他们的优势和效率。

（二）国内金融衍生工具的政策现状

中国资本市场和货币市场衍生工具都存在严格的市场监管。一方面是由于审慎市场监管的考虑；另一方面，也说明了资本市场的不发达，对资本市场发展的内在规律不能够很好地掌握和把控。无疑，在这方面，特别是针对以巨灾转移为目的的巨灾金融衍生工具发展政策和市场监管需要更多的关注。

1. 中国金融衍生工具监管主要是按照产品的逐项监管

这在实践中，往往表现衍生工具开发与衍生工具的监管的不匹配，衍生交易的需求与监管目标不匹配。整体上，衍生工具的监管是分散的，按照开发者的产品单一性地审查管理，因此，监管成本很高，衍生工具的开发和使用效率被大大降低了。同时由于监管者单纯强调审慎，而对衍生工具提出过多的附加监管要求，大大降低了产品的可交易性，许多衍生工具最终都是无疾而终了。

2. 交易参与者有限

目前国内已有的货币市场衍生品市场基本上为四大国有银行所控制，事实上的参与者寥寥，对境外交易者更是通过规定严格的担保制度限制进入。这在一定程度上也演变成了国内衍生工具市场交易不活跃的现状。资本市场衍生工具仅限于股指期货，但却对机构投资者的参与，特别是金融保险类机构投资者的参与设定了较多限制，而且仅就股指期货而言，并不能成为解决巨灾风险管理问题的工具手段。

3. 定价机制并非市场化

中国的货币政策是独立执行的，利率属于管制工具，没有形成市场化的利率机制，这实质性地阻断了衍生工具依赖的定价基础，这使衍生工具的风险敞口放大。本来的设计是通过衍生工具实现风险对冲，但是由于利率不能随市场需求有效变动，衍生工具很容易被当作成为一种投机工具来使用，而给企业带来过度投机的更大风险。

4. 中国的金融衍生工具的监管者层级较多，对于跨领域的衍生工具需要多层审批

现行的规章规定，中央银行监督管理银行间同业拆借市场和银行间债券市场、外汇市场、黄金市场。中国银行业监督管理委员会对银行业金融机构的业务活动及其风险状况进行非现场监管，建立银行业金融机构监督管理信息系统，分析、评价银行业金融机构的风险状况。中国证券监督管理委员会负责对证券机构和证券市场进行监控与管理。中国保险监督管理委员会负责保险市场和保险机构的准入和市场监管，对保险产品要求有严格的审批备案流程。但是从目前的情况看，并没有一个明确的如何解决跨金融领域的衍生工具的协调和监管机制或制度。

5. 衍生工具的监管法规空白较多

银监会在 2004 年，银监会公布了 1 号令，正式发布《金融机构衍生产品交易业务管理暂行办法》，其中借鉴了巴塞尔委员会的做法，对金融衍生产品采用原则也更明确的定义，即金融衍生产品是一种金融合约，其价值取决于一种或多种基础资产或指数，合约的基本种类包括远期、期货、掉期（互换）和期权。2011 年 1 月，银监会对该办法进行了修订，其他监管机构如保监会并未对保险衍生工具有过具体的法律描述和监管描述。此外，银监会对银行参与衍生工具交易的规模予以了限制性规定，银行业金融机构从事非套期保值类衍生产品交易，其标准法下市场风险资本不得超过银行业金融机构核心资本的 3%。

6. 债券发行的规定限制严格

中国证监会 2007 年 8 月 14 日颁布的《公司债券发行试点办法》规定，债券发行人，需要具备以下条件：第一，公司的生产经营符合法律、行政法规和公司章程的规定，符合国家产业政策；第二，公司内部控制制度健全，内部控制制度的完整性、合理性、有效性不存在重大缺陷；第三，经资信评级机构评级，债券信用级别良好；第四，公司最近一期末经审计的净资产额应符合法律、行政法规和中国证监会的有关规定；第五，最近三个会计年度实现的年均可分配利润不少于公司债券一年的利息;第六,本次发行后累计公司债券余额不超过最近一期末净资产额的 40%;金融类公司的累计公司债券余额按金融企业的有关规定计算。

关于金融类机构的债券发行余额累计的规定,目前只有银监会对银行类金融机构有具体的规定。从投资者的角度,因为巨灾衍生品的投资者主要是机构投资者,而其中更多数是保险公司和再保险人,因此,对于债务投资的参与者的监管,也是同样重要的。就目前的监管法规而言,保监会《保险机构投资者债券投资管理暂行办法》有所涉及,规定"保险机构投资同一发行人发行或者提供担保的各类债券(不含政府债券、中央银行票据、政策性银行金融债券、政策性银行次级债券)的余额,按成本价格计算,合计不得超过该保险机构上季末总资产的 20%"。

(三) 我国巨灾金融衍生工具的创新选择和政策建议

1. 通过立法建立地震、洪水等巨灾的融资保险体制

根据《中华人民共和国地震法》、《破坏性地震应急条例》、《中华人民共和国水法》、《中华人民共和国防洪法》、《国家突发公共事件总体应急预案》,我国先后制定了较为详细的《国家地震应急预案》和《国家防汛抗旱应急预案》。但两项预案均是以应急处理为核心机制进行的制度设计,在地震巨灾预防和预警方面只规定了气象报告和信息预警的责任与内容;在防汛抗旱方面虽增加有关于工程、物料、通信等方面的预准备的要求,但也仅是围绕巨灾发生后如何安排应急处置准备的。从资金经费的保障方面看,地震应急预案只规定了事中事后的物资保障和经费保障,确定了财政部负责中央应急资金以及应急拨款的准备的职责,而对保险仅作了"保险监管机构依法做好灾区有关保险理赔和给付的监管"一项象征性要求。防汛抗旱预案对资金保障有更明确的层级管理规定,中央财政安排特大防汛抗旱补助费,省、自治区、直辖市人民政府在本级财政预算安排资金,用于本行政辖区内遭受严重水旱灾害的工程修复补助,而且明确规定,国家建立中央水利建设基金,专项用于大江大河重点治理工程维护和建设。但是,在防汛抗旱预案中并未提及有关保险辅助巨灾救助的内容。

正是由于制度安排的缺位,导致国内巨灾管理中利用保险、再保险及其巨灾衍生融资工具等国际经验较为成熟的市场化手段转移巨灾损失、加快资金周转、提高财政资金使用效率、提高受灾居民(含潜在受灾居民)生产生活保障水平的有效金融保险政策取向长期得不到应有的重视,保险和资本市场作为巨灾损失风险转移的事前安排的有效作用不能够得到应有的发挥。

从实践的角度,中国巨灾救助集中在巨灾发生过程中的应急处理和巨灾发生并造成损害损失的善后处理,责任基本由中央政府和地方政府两级承担。这也是中国长期计划经济影响的结果，长期忽视市场、忽视居民主体自发性的国家经济的结果。由于财政的公共性，在忽视效率的情况下，容易造成管理上的扭曲行为。同时，过度对国家救助的依赖也产生了巨大的市场挤出效应，增加了居民的财税负担。

因此，我们建议政府应针对地震、洪水等巨灾建立基于市场机制的保险、再保险及资本市场巨灾保险融资机制，通过立法建立《国家自然灾害预防资金保障预案》，将巨灾保险及巨灾保险融资安排纳入中央巨灾预防体系，制定地震、洪水等国家巨灾目录，制定国家巨灾保险和再保险计划，鼓励以资本市场为基础的巨灾融资机制的建立。这样，在国家巨灾管理的体制上就可以突破目前单纯依赖政府财政的僵化局面，建立国家行政、资本市场两个并行的巨灾管理窗口，相互补充协调，增强巨灾管理的事前预防效能，既有利于巨灾救助资金的多元和充盈，也有利于国家财政计划执行的稳定性，提高各类资金、资本的使用效率。

2. 加快推进中国巨灾保险衍生工具市场的建设

前文已经讨论，中国资本市场和货币市场衍生工具市场都存在严格的市场监管，而作为以损失事件或损失指数为触发机制的巨灾衍生工具更是这个市场的另类，无论在发展政策指导和市场监管方面都近乎空白。基于中国政府将进一步扩大对市场化巨灾融资手段的运用为前提假设，中国必然需要加快巨灾衍生市场的建设。

当前，中国巨灾衍生市场的状态几乎为零，其原因是多方面的，既有供给不足的问题，也有的过度监管的问题；既有道德风险的问题，也有技术壁垒的问题。通常建立区域的巨灾衍生市场可以采取两种方式，一种是建立独立于其他资本市场或者保险交易平台的专门性巨灾衍生交易场所，经过特定的审核发行程序和渠道募集资金；另一种就是直接采取传统资本交易市场平台，发行政策和监管要求完全符合或是基本符合一般性衍生工具发行的规则和要求，直接在现有资本市场公开募集。

从国际经验看，单独为巨灾衍生品建立独立市场进行交易的做法是缺乏效率的。第一，存在交易信息不透明，妨碍大规模资金的有效募集，因此通常都只有小规模的定向发行的方式，流动性差，且存在较大的基差风险；第二，交易参与者有限，为分散风险而需要的大量投资者参与的目的不能达到，与此同时，由于该类市场中的交易者主要还是保险人、再保险人或是一些专门的巨灾风险投资基金，从融资的渠道和结果看，风险仍然是集中在风险承担者内部，并不能真正起到资本市场稀释风险的作用；第三，这些市场中的产品的流动性差，交易不活跃，其价格不能合理反映产品的价值。因此，充分利用国内已经蓬勃发展的资本市场是更现实的选择。首先，在最大限度的投资者内部转移了巨灾风险；其次，也降低了监管成本，使巨灾衍生工具的运行与其他金融产品在同一监管环境下运行；最后可以充分利用巨灾产品与市场风险的无关性，有利于各方面进行有效的风险对冲，使更多的投资基金或者机构投资者参与巨灾产品的配置，从而达到有效筹集巨灾资金的目的。

3. 加快推进巨灾衍生工具发行制度的创新建设

加快巨灾衍生市场的建设，第一项需要政策突破的就是创立和规范巨灾衍生工具的发行机制和制度。从实证的角度，为发展中国巨灾保险衍生工具市场，可以借鉴银监会的《金融机构衍生产品交易业务管理暂行办法》，制定《保险机构衍生品交易管理制度》，并将巨灾衍生工具的监管纳入保监会的日常监管活动。

从市场稳定角度，中国巨灾风险融资的首选渠道应聚焦在巨灾债券的使用上。这就要求巨灾债券的发行机制要在政策上予以突破：第一，允许私募发行。按照证监会的规定，私募发行是指面向少数特定的投资者发行债券，一般以少数关系密切的单位和个人为发行对象，不对所有的投资者公开出售。具体发行对象确定为机构投资者，如大的金融机构或是与发行者有密切业务往来的企业等；暂不考虑个人投资者。第二，采取直接销售的方式，不经过证券发行中介机构，不必向证券管理机关办理发行注册手续，只需向保监会备案即可，这样可以大大节省承销费用和注册费用，手续比较简便。这种发行方式的缺点是，不能公开上市，流动性差，利率比公募债券高，发行数额不能太大。考虑实际操作的初期，行业内部使用衍生工具一定是有限的，所以其规模可以不大，可以针对行业内部的一种至几种特定风险进行对冲交易。第三，对巨灾债券的累积余额限制性规定，应明确可以不考虑次级债的同时累计，使保险人可以自主地根据巨灾保险的业务情况，配套发行巨灾债券。第四，开辟巨灾债券的离岸发行机制。这样做的好处是既可以回避国内监管的影响，同时也可以将巨灾风险在全球范围进行转移，有利于风险的大数分散。此外，离岸证券化的监管认可可以更加促进保险人使用这些工具去更好地管理他们的巨灾风险。对于期权和互换也是同样的作用。该领域的监管改革将被证明是有益的，如果保险人可以在较低的成本上利用和获得这些工具信用，将有利于帮助改进财产保险的承保能力和主要水平上的财产保险有效性。

在中国巨灾衍生市场发展初期，按照循序渐进的原则，建议对巨灾衍生工具的参与者予以适当的范围限制，以机构投资者为主，辅以成熟的私人投资者。这主要是因为，巨灾衍生工具依据巨灾的发生和相关指数等为触发机制，损失风险较大，一般私人投资者没有完善的风险控制手段，不易把握。另外，随着近两年大量机构投资者和普通境外机构投资者制度（QFII）加入市场，他们已逐渐替代个人投资者成为市场投资主体，且他们对于规避市场系统性风险，对冲套利的投资操作有着强烈的内在现实需求。

4. 加快研究建立中国自己的巨灾损失综合指数

巨灾损失指数的建立既是一个基础性问题,同时也是一个技术性问题。通常考虑的因素包括灾害强度、频度、物体易损率、损失区域分布和规模等。但是综合这些全部因素的损失指数是非常复杂的,而且可能是低效率的。一个简单的巨灾综合损失指数可以设计为巨灾报告损失与巨灾保费收入的比值平方根,也可以考虑使用期望损失与实际损失之间的标准差与实际损失的比值的方差方法来确定,但这种方法可能会由于历史数据的有限性而显得粗略,尽管长期观察的结果也许是极为近似的。从国际经验看,巨灾衍生产品依据的巨灾指数存在多样化,第一类是直接使用灾害强度频度指标;第二类是通过构建巨灾模型进行计算机大规模计算而产生的模拟数据;第三类是直接使用行业经验损失分布数据。

根据中国的情况,地震、洪水等巨灾的历史数据是有限的,如果使用实际参数的方法,直接用极值定理估计存在一定局限性。根据美国 PCS 指数经验,使用行业平均损失概率分布的方法,对中国更有实际操作意义。原因有二,其一是损失数据获取方便及时,因为这些数据是保险公司和再保险公司内部产生的,甚至可以做到每日获取;其二是数据可以按照地域特征、巨灾类型特征任意拆分合组合,有利于衍生产品的设计、定价和组合。

一般认为巨灾损失分布符合几何复合泊松过程,即损失额为一常数 A,损失次数服从参数为 λ 的泊松过程。

假定 $[0, t]$ 区间 t 损失总额为 $L(t)$,巨灾损失的发生次数为计数过程 $N(t)$,且符合 $\{N(t): 0 \leq t \leq T\}$ 服从泊松过程,参数为 λ,$L(t)$ 符合复合泊松过程,每次损失的金额为 I_j(本例中可以设定 $I_j = A$),且符合 $\{I_j: j \geq 1\}$,取值为 $(-1, +\infty)$ 的同分布随机序列。其连续时间随机模型可以表示为如下模型,其中 $\{W(t): 0 \leq t \leq T\}$ 为标准布朗运动,代表巨灾损失 $L(t)$ 的连续变动,μ 和 σ 分别为常数,分别表示漂移项和扩散项系数(在本例中 μ 和 σ 可以设定为 0 值):

$$L(t) = exp\left[\left(\mu - \frac{\sigma^2}{2}\right)t + \sigma w(t) + \sum_{j=1}^{N(t)} ln I_j\right] \quad (12-1)$$

其中 $\{W(t): 0 \leq t \leq T\}$ 为标准布朗运动,代表巨灾损失 $L(t)$ 的连续变动,μ 和 σ 分别为常数,分别表示漂移项和扩散项系数(在本例中 μ 和 σ 可以设定为 0 值)。

据此,我们可以设计基于该指数的相关份额的期权或期货交易,也可以据此设计指数触发的巨灾债券等,而更大的作用是,这样就有了一个基础的巨灾衍生工具定价标准。

5. 加强巨灾衍生工具的市场监管，提高运行效率

对风险金融衍生工具宜采取复合监管的方式。长期以来，由于分业监管等其他原因，导致两大体系的所属市场和参与者相互割裂，使风险厌恶者和风险偏好者之间无法成为交易对象。因此，银行证券系的市场由于风险无法得到转移、传递，存在着流动性风险；而保险系的巨灾风险市场又由于承保能力等原因留有大量的市场空间。在一个统一的监管体系和模式下，让市场所有参与者都能够进入市场，使风险厌恶者和风险偏好者都能在该市场上找到各自的对手，这样才能真正发挥风险传递、发现价格、对冲套利的市场功能作用。

信息的完备应作为巨灾衍生工具市场监管的重点。除产品本身的风险信息外，特别是相关会计信息的披露，需要及时准确完整和公开透明。第一，要在现行会计准则框架下对巨灾衍生工具的资产类属进行确认，区分"金融资产"和"非金融资产"，在权益类项目中增加反映"衍生金融工具影响"的项目，在编制现金流量表时增加有关由金融衍生工具引起的现金流量变化的信息；第二，加强对衍生金融工具表外业务的披露。从目前的实际操作情况看，不排除将来由于衍生工具的交易行为而产生过多表外业务的可能，而且很可能会增加。因此，应规定要求对衍生巨灾工具附加详细说明，列出相关特殊合同条款和条件、与衍生巨灾工具相关的风险、衍生巨灾工具确认的时间标准、公允价值的来源及确认和计量衍生巨灾工具所引起的盈利和亏损的基础等内容；第三，加强衍生巨灾工具的现场监管，从衍生巨灾工具交易市场和交易者两个方面加强稽核审计监管，运用数学性证据和分析性证据，分产品类型和不同交易场所给予评估。

第五节 巨灾风险管理制度创新的保险政策

一、保险政策对巨灾风险管理的影响

巨灾风险破坏力强，往往发生后会引起次生灾害，能够造成重大的人身伤亡和物质损失，可以对一个国家的经济造成巨大的负面影响，如果处理不利，就会影响社会的稳定和国家的安全，因此，巨灾风险属于国家安全风险。

一个国家的发展，通常依赖于三个基本要素：资源、科技和灾害风险管理。而灾害风险管理包括自然灾害风险管理、环境灾害风险管理和社会灾害风险管理三个方面，三者之间相互关联，相互影响。灾害风险管理是保证国家安全、实现

社会稳定和促进社会发展的重要保障。从这个角度来讲，巨灾风险管理是国家安全风险管理的重要内容。巨灾的破坏力取决于巨灾本身的强度和破坏性以及国民经济对于巨灾的敏感性。按照风险管理的理论，国家管理巨灾风险的措施也可以分为两个方面，一是如何控制灾害源本身，以降低其危害程度，二是如何提高国家应对巨灾的能力，即降低经济敏感性。巨灾风险转移的主要手段就是通过购买巨灾保险实现的，因此，涉及巨灾保险的相关政策必然成为国家巨灾风险管理的重要内容。

（一）保险政策的含义及作用

保险政策是一国保险监管机构为了实现保险市场供需平衡，促进保险市场健康发展，对保险活动所采取的各种管理、调节手段和政策措施。

保险政策是一国保险经济发展战略的具体化，它是该国经济战略在保险业的体现。由于金融是现代经济的核心，而风险保障是现代经济的基础，因此，保险政策在促进本国金融业和社会保险业发展的经济政策体系中处于重要地位，对该国的保险业以及其他行业的发展都起到了十分重要的作用。

保险政策的作用既可能是积极的，也可能是消极的。积极的保险政策能够促进社会保险资源的合理配置，也能促进该国保险业的发展，还能够协调保险业内部各要素以及保险业和其他行业之间的关系。

（二）保险政策对巨灾风险管理的影响

保险政策的实施，通过影响投保人、保险人的决策，从而影响一国巨灾风险的管理。

1. 从投保人的角度来看

投保人有效需求不足是阻碍巨灾保险发展的关键之一。投保人有效需求不足主要原因有：第一，保险产品不是社会生活必需品，是社会经济发展到一定程度的产物，巨灾保险产品更是如此。只有面临巨灾风险可能导致的损失金额不断增加，人的生命价值被社会充分尊重，社会购买力和经济水平显著提高，巨灾保险才会发展起来。第二，投保人面对巨灾风险时的非理性导致保险购买的消极性。传统的保险需求理论认为，理性的投保人是风险厌恶的，因此，为了追求自身的期望效用最大化，愿意支付高于公平价格的保费以获得保险保障。然而，在巨灾保险市场中投保人却不愿意购买保险产品。运用行为经济学中的前景理论（Prospect Theory）可以解释投保人的上述行为。前景理论有三个基本观点，一是大多数人在面临获得时是风险规避的；二是大多数人在面临损失时是风险偏好的；三是人们对损失比对获得更加敏感。前景理论中个人的价值函数在损失区域中的斜率大于在收益区域中的斜率，因此，个人损失一单位的痛苦要大于获得一单位的收益所带来的快乐。在这种决策模式下，投保人将偏好低免赔额以及带有保险折扣的产品。但巨灾保险产品往往免赔额较高，并且设置一定的赔偿限额，因此，投保人对巨灾产品的购买缺乏积极性。第三，从投保人的心理来看，投保人会存在侥幸、短视、逆向选择等心理，影响其对巨灾保险产品的购买。保险人和投保人在保险标的风险认识以及出险后的风险事故处理方面存在信息不对称，一般来讲，投保人拥有更多的信息。因此，投保过程中以及出险后需要投保人遵循最大诚信原则，以防止逆向选择和道德风险给保险人带来的不利影响。

如果一国的保险政策能够提升对投保人对巨灾保险产品的购买，则有利于促进该国巨灾风险管理能力的提升。诚然，这还需要其他政策的协调，共同促进投保人的风险管理，例如，关于地震区的建筑抗震等级的要求设定和监察等，需要政府其他部门的介入和管理。

2. 从保险人角度来看

风险可以分为个别风险和基本风险两类。个别风险一般影响个体经济行为，影响有限，而基本风险的发生，会对区域经济产生巨大的影响。因此，从国家层面来讲，对基本风险的管理更为必要。但现实情况是，基本风险没有得到保险，而个别风险却往往得到保障，巨灾风险的保险就是如此，理论上称为"巨灾保险供给悖论"（Paradox of Cat. Insurance Provision）。保险人不愿意提供巨灾保险产品，原因主要有，第一，保险公司具有厌恶不精确性的核保心理。由于巨灾风险没有规律性或者缺乏历史损失数据，因此，核保人不能够像核保其他业务那样通过大量的历史数据对风险进行评估和精确的定价，因此，保险人更多地选择规避巨灾风险。第二，保险人一旦承保的巨灾风险发生，可能导致企业破产，这对保险公司的管理层来讲，其决策行为最优的选择就是规避巨灾风险。

从政府角度来讲，理想的保险模式是更应为巨灾风险等基本风险提供保险。因此，一国的保险政策能够促进保险公司为基本风险提供更多保险，则可以使该国的巨灾风险管理水平得到提高。

巨灾风险作为影响国家安全的重大基本风险，国家在管理巨灾风险时，需要政府财政、金融、保险等政策协调配合，才能取得预期的效果。

二、国外巨灾风险管理中的保险政策设计

由于各国面临不同的巨灾风险环境，这使得各国巨灾风险管理的政策呈现不

同的特点。下面从巨灾保险市场的供给、需求角度来分析国外巨灾风险管理中的保险政策的特点，为我国巨灾保险政策的选择提供参考。

（一）巨灾保险市场的供给角度

巨灾保险的供给主要探讨的是巨灾发生后补偿资金的来源问题，而其中政府的参与程度是区分不同模式的重要标志。从目前存在巨灾保险制度的国家来看，英国的洪水保险制度是唯一由私人部门提供的，从损失融资角度来看，完全是市场化的。西班牙的保险赔偿联盟、美国的全国洪水保险计划则完全由政府提供。法国的巨灾保险制度、日本的地震保险制度则是由私人部门和政府联合提供的。美国加州地震保险制度、土耳其地震保险制度则是由"准公共部门"提供的，所谓"准公共部门"，是指由政府成立的专门提供巨灾保险的经营机构，这些经营机构在税收、监管等方面享有优惠，但是与公共部门不同的是，其不能得到政府财政的直接担保。

从损失融资的规模来看，政府和私人部门联合提供的方式可以提供最大的融资规模，但对政府的财政产生一定的压力。而完全由私人部门提供其融资规模是有限的，完全由政府提供则对财政的压力最大。

（二）巨灾保险市场的需求角度

一国的保险政策对巨灾保险市场需求的影响主要是否实行强制巨灾保险政策。从目前来看，并不是所有的国家都实施了强制巨灾保险政策。欧盟各主要成员国的保险政策不尽相同，面对巨灾风险主要建立了强制性和非强制性两种巨灾保险体系。例如，法国、挪威、西班牙、瑞典和土耳其建立了强制巨灾保险体系，该体系通过立法方式要求符合投保条件的投保人必须购买。以英国为代表的其他国家大都实行非强制性巨灾保险，即市场上销售的商业保险的保险责任中已经涵盖了巨灾风险责任，投保人可自行选择购买。

实施强制保险，能够提高巨灾保险的覆盖面，同时能够获得损失融资的稳定来源，是解决巨灾风险可保性问题的重要途径。但同时，我们也要看到实施强制保险的弊端：第一，违背市场经济自由竞争的核心理念；第二，产生了不公平的现象，即产生了低风险区域的居民对高风险地区的居民的费率补贴问题。

三、我国巨灾风险管理新模式下的保险政策创新建议

(一) 巨灾保险的需求政策：实施差别费率的强制巨灾保险政策

1. 原因分析

在中国现阶段实施强制保险，原因主要有：第一，中国现阶段保险市场不是很成熟，保险密度和深度均较低，在保险市场发展水平较低的背景下，不推行强制巨灾保险制度，就不可能扩大保险的覆盖面，进而也就不可能有效发挥保险机制的损失补偿作用；第二，公众保险意识不强，受到传统计划经济体制以及文化习俗等因素的影响，中国公众的保险意识仍然相当淡薄，在这一情形下，为了发挥保险的损失补偿作用，推行强制巨灾保险制度也是一条重要途径；第三，发达国家的实践表明，人们容易忽视巨灾风险的影响。在这个问题上，美国的国家洪水保险计划由自愿投保变为半强制投保就是一个很好的案例。

2. 政策效果分析

我们可以从理论上分析推行强制巨灾保险的政策效果。

按照大数法则，保险公司稳健经营的前提就是其所面对风险的独立性；面对存在相关关系的巨灾风险则会影响保险公司的稳定性。

下面用数理方法简单的描述一下上述的问题：

假设 x_1，x_2，…，x_n 是一组随机变量，代表保险索赔，并服从 $N(\mu, \sigma^2)$ 的正态分布。根据大数法则，我们有：

$$P\left[\frac{\sum_{i=1}^{N} X_i - N\bar{\mu}}{\sigma_N} < Z_\varepsilon\right] = 1 - \varepsilon \quad (12-2)$$

这里，

$$\bar{\mu} = \sum_i \frac{\mu_i}{N}, \bar{\sigma}^2 = \sum_{i=1}^{N} \sigma_i^2,$$

$$\sigma_N^2 = \sum_{i=1}^{N} \sigma_i^2 + 2\sum_{j=2}^{N}\sum_{i=1}^{j-1} \sigma_{ij}, \sigma_{ij} = \text{cov}(X_i, X_j) \quad (12-3)$$

因此，根据中心极限定理，保险公司为了将偿付能力不足的风险控制在 ε 内，其持有的股本至少为 $Z_\varepsilon \sigma_N$。

当 x_1，x_2，…，x_n 相互独立时，$\lim_{N \to \infty} \frac{Z_\varepsilon \sigma_N}{N} = \lim_{N \to \infty} \frac{Z_\varepsilon \sqrt{\sigma^2}}{N} \to 0 \quad (12-4)$

当 x_1，x_2，…，x_n 相互不独立时，

$$\lim_{N\to\infty}\frac{Z_\varepsilon \sigma_N}{N}=\lim_{N\to\infty}\frac{Z_\varepsilon \sqrt{\sigma^2}}{N}=\lim_{N\to\infty}\frac{\sqrt{N\sigma^2+N(N-1)\overline{\sigma_{ij}}}}{N}\to\sqrt{\overline{\sigma_{ij}}}$$

(12-5)

这里$\overline{\sigma_{ij}}$表示平均的协方差。

由此可见，当承保风险符合独立性的条件时，在保险标的足够多的情况下，保险公司的每个保险标的所需要的股本接近于零；当承保风险不符合独立性的条件时，每个保险标的所需的平均股本依赖于风险的相关性。

保险公司不具备承保巨灾风险的愿望，除非风险的相关性得以降低，实施强制保险是一种解决方案。中国国土面积大，不同区域面临不同的巨灾风险，对于单一风险而言，全国范围内实施巨灾保险政策，可以降低风险的相关性。

诚然，在全国范围内推行强制巨灾保险，一是增加居民的负担，特别是低收入家庭；二是存在着交叉补贴的问题，即低风险地区的居民被迫承担了高风险地区的居民所面临的部分损失。

通过研究比较国外巨灾保险制度，西班牙、法国等国家的巨灾保险费率是统一的，这是因为这些国家的国土面积不大，并且其国内面临的巨灾风险的空间分布较小，因此，实行统一的费率不会存在较大的交差补贴的现象。而另外一些国家的巨灾保险制度，比如美国的洪水保险制度、美国加州地震保险制度、土耳其的地震保险制度等都采取了差别费率的方式。

为了减少上述的负面影响，可以考虑对不同风险区域的居民实施差别费率。就我国而言，洪涝灾、风暴、地震、旱灾是我国发生频率最高、分布范围最广、损失最严重的四类自然灾害。我国巨灾风险的空间分布差异非常大，不同地区面临不同的巨灾风险，因此，我国不适宜采取统一的费率模式，而应该根据不同地区的巨灾风险类型采取差别的费率。否则，地区之间会出现严重的交叉补贴现象，这一方面会使高风险地区的居民出现逆向选择，也不利于被保险人强化自身的风险管理，影响社会的公平性。

(二) 巨灾保险的供给政策：采用国内财产保险公司共保的模式

1. 原因分析

在面对巨灾风险时，可以考虑美国加州地震保险制度、土耳其地震保险制度的供给模式，即由"准公共部门"提供。我国的巨灾保险可以由国内的财产保险公司采用共保的方式实施，共保的比例根据各保险公司的最大承保限额来核对。这样的好处是：一方面可以获得共保带来的保费优势；另一方面可以防止个别保险公司涉足巨灾风险而出现偿付能力问题，从而影响整个行业的稳定性；最后可以调动全部的社会保险资源，共同应对巨灾风险。

2. 政策效果分析

我国开展巨灾保险，需要明确巨灾保险的供给模式，即各保险供给主体如何提供巨灾保险呢？是指定个别的几家保险公司来承保，还是通过共保方式对巨灾风险统一承保呢？下面以简单的模型来分析共保带来的费率优势。

假设存在两个保险人 A 和 B，A 的效用函数为

$$u_1(X) = X - \frac{1}{2c_1}X^2, \quad X \in [0, c_1], \text{且 } c_1 > 0 \quad (12-6)$$

B 的效用函数为 $u_2(X) = X - \frac{1}{2c_2}X^2$，$X \in [0, c_2]$，且 $c_2 > 0$，再设他们对同一风险 X 所愿接受的最低保费分别为 G_A 和 G_B，则 A 和 B 共同承保风险 X 的最低保费 p 小于其单独承保时的最低保费，此时 A 的承保份额 $\alpha = \frac{c_1}{c_1 + c_2}$。

下面对上述的模型加以分析证明。

保险人 A 和 B 都是风险厌恶的，c_1 和 c_2 分别表示保险人的最高承保额，为了简化分析，假设保险人的初始财富为 0，则根据保险人定价的效用方程，可以有：

$$G_A = E(X) + c_1 - \sqrt{c_1^2 - \sigma^2(X)} \approx E(X) + \frac{\sigma^2(X)}{2c_1}, \quad \sigma^2(X) \ll c_1 \quad (12-7)$$

现在考虑 A 与 B 合作承保 X 的情况，假设保险人 A 和 B 承保 X 的份额分别为：

$$\alpha X \text{ 和 } (1-\alpha)X, \quad \alpha \in (0, 1), \text{ 则 } p = G_A(\alpha X) + G_B[(1-\alpha)X] \quad (12-8)$$

由上式有：

$$p = G_A + G_B \approx E(X) + \left[\frac{\alpha^2}{2c_1} + \frac{(1-\alpha)^2}{2c_2}\right]\sigma^2(X) \quad (12-9)$$

为了使总保费 p 最小，对 α 求解极小值，可以得出 $\alpha = \frac{c_1}{c_1 + c_2}$。

此时，

$$p = E(X) + \frac{\sigma^2(X)}{2(c_1 + c_2)} \quad (12-10)$$

这说明保险公司之间通过合作增强了对风险的承受能力，从而可以减少"安全附加费用"。因此，保险管理机构应出台相关规定鼓励巨灾的共保。

（三）政府对巨灾保险的介入：保费补贴政策

政府介入巨灾保险市场主要存在如下的原因：第一，巨灾保险产品的特性决定政府需要介入巨灾保险市场。保险公司对巨灾风险的补偿具有很强的正外部性，巨灾保险既不是纯粹的私人产品，也不是纯粹的公共产品，而是兼具了公共

产品和私人产品的特征（何小伟，2010）[①]。第二，从实践来看，除了英国的洪水保险制度，其他国家的政府基本上都介入了巨灾保险的供给。第三，从巨灾保险市场本身的表现来看，国际巨灾保险市场对巨灾损失的补偿水平仍然很低（Swiss Re，2008），换句话说，巨灾保险市场的确存在着失灵现象。这就要求政府需要在巨灾保险市场中发挥关键的作用。但如果政府在减灾、救灾和灾后重建等过程中发挥了全部的作用，那么必然会导致潜在被保险人对政府的过度依赖，使巨灾保险失去市场。这可以看作是对巨灾保险存在"挤出效应"的，从而不利于保险业的健康发展。

1. 我国政府在当前巨灾风险管理中的职能错位

在我国实行改革开放政策以来，市场经济得到了飞速的发展，但总体上来讲，我国的市场经济不发达，社会经济保障体制还比较落后。经过多年的实践，我国形成了以财政资金为主、社会捐助为辅的救灾模式，即政府主导的损失救助和补偿模式，这种模式使巨灾风险保险市场几乎未获得任何的发展。在发生巨灾风险后，政府一方面要组织强有力的减灾和救灾行为，还要动用各级巨额财政支出用于灾后重建，导致政府巨大的财政负担，个人也很难得到足额的补偿，阻碍了国家或地区经济的恢复速度。表12－3说明的是灾后，减灾、救灾和灾后重建的资金来源的分布情况：

表12－3　　　　　"5·12"汶川大地震灾后恢复重建资金来源主要渠道

渠道	金额（亿元）	占比（%）
中央政府	2 203	54.55
地方政府	412	10.21
国内募捐	751	18.59
国际捐助	135.4	3.35
保险赔偿	16.6	0.4
对口支援*	521	12.9
合计	4 039	100

注：*对口支援是指东部地区一个发达省市对应支援重建一个受灾区域。
资料来源：(1) 中国扶贫基金会. 汶川地震灾后重建工作报告，新华网，2009－5－8.
(2) 民政部，中华慈善捐助信息中心. 2008年度中国慈善捐助报告，2009－3.

如果将国家财政、地方财政和政府对口支援归集在一起，那么政府的补偿占到了77.66%，而保险的作用十分有限。此外，如果按照汶川地震的直接经济损

[①] 何小伟，代宝. 强制巨灾保险制度的国际经验及其借鉴 [J]. 金融与经济，2010 (01).

失 8 451 亿元人民币计算，灾后的补偿度仅为 47.8%。可以说，我国现存的巨灾风险管理体制存在着严重的弊端。

2. 我国政府在巨灾风险管理中的定位：保费补贴政策

通过上面的分析可以看出，我国的政府是通过事后补偿的模式来管理巨灾风险的，这种模式存在较大的弊端。如果在强制保险模式下，通过向投保人提供保费补贴的方式，可以使政府的期望效用增加，下面加以证明。

假设政府是风险中性的，政府相对于财政支出的效用函数如下：

$$U(G) = aG + b \quad (12-11)$$

其中 G 代表政府财政支出，类似于个人消费，政府消费将为政府带来更好的效用，例如社会稳定，其中 $a > 0$，表示财政支出与政府的效用函数存在正相关的关系，b 为常数。

假设市场中存在 N 个投保人，其财富分别为 W_0，W_1，…，W_i，W_N，面临的巨灾风险发生的概率为 π，且 $\pi < 1$，当发生巨灾风险 L 时，每个投保人发生全损，即第 i 个投保人的损失为 W_i，则发生巨灾后，期望损失为：

$$E(L) = \pi \sum_{i=0}^{N} W_i \quad (12-12)$$

假设政府对巨灾损失的补偿度为 γ（定义为政府补偿占总损失的比例），在这种情况下，其期望效用如下：

$$E_P[U(G)] = a\gamma\pi \sum_{i=0}^{N} W_i + b \quad (12-13)$$

在强制保险制度下总保费为 P，假设投保人支付的总保费为 αP，政府补贴的总保费为 $(1-\alpha)P$。

保险人面对巨灾风险 L 时，其承保的公平保费为 P：

$$P = E(L) = \pi \sum_{i=0}^{N} W_i \quad (12-14)$$

在这种模式下，政府仅需转移支付 $(1-\alpha)P$，在这种情况下，其效用函数为：

$$E_T[U(G)] = a(1-\alpha)\pi \sum_{i=0}^{N} W_i + b \quad (12-15)$$

我们用式（12-13）减去式（12-15），可以得到

$$E_P[U(G)] - E_T[U(G)] = (\alpha + \gamma - 1)a\pi \sum_{i=0}^{N} W_i \quad (12-16)$$

我们从式（12-16）中无法比较出政府采用补偿政策还是保费补贴政策的优劣，但我们可以更换一下思维方式，即如果政府支付同样金额的费用分别用于补偿和保费补贴，对政府的效用会如何呢？

假设面对巨灾损失，政府补偿的金额同样为 $(1-\alpha)P$，根据对 γ 的定义，

可以得出，

$$\gamma = \frac{(1-\alpha)p}{\sum_{i=0}^{N} W_i} \quad (12-17)$$

相减，可以得到，

$$\gamma = \pi(1-\alpha) \quad (12-18)$$

代入式（12-16）可以得到，

$$E_P[U(G)] - E_T[U(G)] = (\alpha-1)(1-\pi)a\pi\sum_{i=0}^{N} W_i \quad (12-19)$$

由于 $a>0$，$\alpha<1$ 且 $\pi<1$，可以得到上式为负数，
即 $E_P[U(G)] < E_T[U(G)]$。

也就是说在巨灾损失后补偿的方式对政府来讲，效用低于保费补贴方式，结论得证。

从以上的分析可以看出，政府的保费补贴模式更具有效率，政府每年从国家财政预算中提出一定比例作为保险费的补贴，可以起到平滑财政预算支出的效果。此外，政府的职能也调整为事前的风险防范、紧急情况下提供医疗、临时住所、食物等紧急援助，损失补偿则由保险公司提供。在这种模式下，既提高了效率，也增加了社会的公平，使社会福利整体水平提高，实现了帕累托改进。

第六节 巨灾风险管理制度创新的社会保障政策

一、我国现行的社会保障制度

社会保障制度的建立，对于保障公民的基本人权、维护社会稳定、发展社会主义市场经济、实现社会正义与公平等方面有着积极的作用。目前我国社会保障制度基本包括两大部分：一是完全由国家财政支撑的项目，包括对社会弱势群体的救助、对军人及其军烈属的优抚安置、对无依无靠的孤老残幼、残疾人员以及社会大众举办的社会福利和有关的社区服务，完全属于国民收入再分配范畴，充分体现社会公平；二是由用人单位、职工个人缴费、国家给予适当补助的三方共同筹资的项目，包括养老保险、医疗保险、失业保险、工伤保险和生育保险等，属于社会保险范畴，其中，养老保险和医疗保险实行个人账户与统筹相结合，其他三项保险属于完全统筹的项目。但是由于历史性因素和制度性限制的影响，我

国社会保障制度还面临着许多问题，主要有：

（一）制度不统一

目前，我国社会保障制度是以社会保险费征缴和发放为基础、以部分城市居民最低生活保障和居民生活救济为辅助而形成的一套制度。可以说，社会保险制度是我国目前社会保障制度的主体。1999年1月我国颁布了《社会保险费征缴暂行条例》（简称《条例》），但由于此《条例》在征费率等方面没作具体规定，在此前后，各省、自治区、直辖市也都制定或修订了本地区的社会保险费征缴条例或规定。由此往后，不少地市也制定了本地的社会保险费征缴规定，一些县或县级市也制定了本地的社会保险费征缴规定或办法。每一个地区的社会保险费征缴制度在具体规定上都有别于其他地区。例如，就基本养老保险的覆盖范围来看，有的地方规定为企业的职工，有的地方规定为自收自支事业单位及企业所有职工，有的地方规定为行政机关及企业和事业单位的所有职工，有的地方把范围进一步扩大到个体户、临时工、农民工及自由职业者。

（二）统筹层次低

统筹层次决定动员社会保障资金的伸缩能力，从一个侧面也能反映社会保障制度的完善程度。目前我国社会保险费的统筹层次很低，虽然国家也要求各地区尽快实现省级统筹，但大部分地区落实到地市级统筹，还存在不少的县级统筹。我国各地区的自然资源、天然环境各不相同，经济基础也不一样，管理水平和人才条件也存在着一定差异，这些都决定着一个地区的经济发展水平，进而也决定着一个地区的资金筹措能力。社会保障资金的统筹层次决定了动员社会保障资金的伸缩能力，统筹层次越高，动员社会保障资金的伸缩力越强；相反，统筹层次越低，动员社会保障资金的伸缩能力越弱。所以，一个国家的社会保障资金的统筹层次应尽可能地高，即实现国家级的统收统支，形成全国一盘棋。目前，我国过低的社会保障资金的统筹层次直接影响了社会保障的良好运行，表现为：条件好的地方，较低的收费率即可满足当地的社会保障支出，条件差的地方，较高的收费率也无法满足当地的社会保障支出。

（三）覆盖范围小

健全的社会保障制度应覆盖全体公民，这里的"覆盖全体公民"并不是说全体公民在同一时间内都在享用社会保障资金，而是说社会保障制度对任何一个公民都有制度意义，制度没有排他性，全体公民都能"享用"社会保障制度。

目前，作为我国保障非主体的社会救济应该说具备这种特性。但作为我国社会保障主体的社会保险则不具备这种非排他性，我国《社会保险费征缴暂行条例》规定：参加基本养老保险的范围是国有企业、城镇集体企业、外商投资企业、城镇私营企业和其他城镇企业职工，实行企业化管理的事业单位职工；基本医疗保险的范围是国有企业、城镇集体企业、外商投资企业、城镇私营企业和其他城镇企业及其职工，国家机关工作人员，事业单位职工，民办非企业单位职工，社会团体专职人员；失业保险的范围是国有企业、城镇集体企业、外商投资企业、城镇私营企业和其他城镇企业职工，事业单位职工。可见，目前社会保险还没有一个统一的参加范围，社会保险的三项内容有三个范围，最大的范围（基本医疗保险）也仅局限于国有企业、城镇各类企业、事业职工，社会团体专职人员和国家机关工作人员。其他城镇非单位从业人员和广大农村从业人员及失业人员和非从业人员都不在制度规定的社会保险的制度覆盖面（制度规定应该参加社会保险的人员占全部从业人员的比例）为30%左右。

（四）执行成本高

制度的执行成本高表面的含义是执行制度的操作费用大，它可体现为两种情况：第一，制度在现有环境下很难完全执行，表现为执行度不高；第二，要达到一个较高的执行度，就要付出更大的人力、财力和物力（都可体现为成本费用）。我国目前的社会保障制度执行成本高，主要是指社会保障资金中的社会保险费征缴成本高。我国社会保障中的居民生活救济和部分城市居民最低生活保障的资金来源于政府财政收入，其资金的征收以强制力很强的"税"的形式由税务系统完成，应该说不存在成本高的问题。然而，用于基本养老、基本医疗、失业补助等社会保险项目的社会保障资金仍以"费"的形式征收，其强制力就不够，再加上群众基础薄弱，就很难取得被征收单位和个人的有力配合和支持。其结果，社会保险的执行面就上不去，提不高。

二、社会保障制度在巨灾风险管理中的作用

近年来，日本大地震及核事故、"9·11"恐怖袭击、疯牛病、SARS等重大灾害不断，全球已进入风险型社会。在应对频繁发生的巨灾中，各国逐渐认识到巨灾风险管理中社会保障问题的重要性，巨灾中的社会保障制度设计也就被看作是社保制度的一项核心内容。从理论上讲，社会保障是巨灾风险管理的重要内容，是我国自然灾害状况的客观要求，是我国救灾制度理论创新的要求，也是指导救灾工作时间的迫切需要。巨灾风险管理体系中的社会保障制度，其本质在于

通过在灾害发生和影响的社会状态下，维护和保障灾民的基本生活需要，以解决灾害的社会问题，调解社会矛盾，促进社会公平，维持社会稳定，推动社会发展。在"5·12"大地震中，我们正是本着保障目标，明确救助意义，进行积极稳妥的救援工作，并在全国人民众志成城，齐心抗灾的努力下，救援工作进行的较为顺利，并取得了可喜的成就，简单分析如下：

（一）广泛动员人员，积极参与救灾

"5·12"地震灾情发生后，我国政府和财政部门投入了大量资金、人力和物资，全力进行抗震救灾。全国人民齐心协力，在第一时间开展了灾害救助工作，尽量将人员伤亡和经济损失减少到最低限度，大批灾民已经成功安置，体现了社会保障的救助功能在全国范围内的体现。

（二）财政的高效率为抗震救灾提供了保障

5月12日地震发生几小时后，国务院和财政部的主要负责人就相继到达灾区紧急部署救灾工作。在5月13日震后的第二天，中央财政就紧急下拨了8.6亿元资金用于灾区救灾。此后的几天中，国家财政针对灾区水利等基础设施加固、灾民救治和生活安置等各方面，陆续迅速拨付了大笔资金。这充分表明我国财政在面对突发灾害时，已经具备了较强的应急处理能力。而高速拨付资金有助于国家财政有针对性和计划性地展开救援工作，推进灾区抗震救灾工作的顺利进行。

（三）较好地控制了次生灾害，没有发生重大的传染病疫情

地震的破坏，造成当地群众的生活和卫生条件极度恶化，比较容易造成传染病的发生和流行。为此，全国累计投入139 642名医疗卫生人员参加了抗震救灾工作，其中，投入四川灾区的医疗卫生人员达到91 298人。对灾区的县、乡、村和灾民临时安置点都实现了医疗救治、防疫监督和医疗卫生物资三个"全面覆盖"，而且事实证明目前并无重大疫情出现。

（四）慈善事业发挥了巨大作用

慈善事业是建立在社会捐助基础之上的社会救助事业，其通过社会捐助帮助解决贫困人口的基本生活问题。如在"5·12"地震灾害救助过程中，政府共收到国内外社会各界捐赠款物500多亿元，为中国有史以来接收捐款捐物最多的一次，大大缓解了灾区救助资金短缺的燃眉之急。

三、社会保障制度在巨灾风险管理中存在的问题

虽然政府和社会各界人士均积极投入到四川汶川地震的灾害救助当中,但是从社会保障的角度,我们仍然可以看到一些亟待解决的问题。

(一) 社会保障的救助比例较小

从实际运行效果来看,与灾害所造成的巨大损失相比,在我国当前的灾害补偿机制中,社会补偿所占的比重还是十分微小的。这点可以从我国历年灾害所造成的直接经济损失补偿中社会捐助所占的比重得到印证。从 2000~2007 年,社会捐助平均仅占灾害直接经济损失补偿的 2.28%,而政府救助也平均仅占直接经济损失补偿的 2.53%,即使把两者相加也仅占总损失补偿的 4.81%。由此可见,在我国的灾害补偿中,社会捐助的补偿比是极其低下的,灾害补偿主要还是依靠灾民个人来承担。当然,2008 年的汶川地震后,在党中央和社会各界的大力宣传下,社会捐助款物有了大幅的增长,在灾害补偿中的作用也越来越大。但是,社会捐助资金的使用与管理尚是一个需要深入的问题。

(二) 医疗救助的范围比较狭窄

以地震造成的伤亡人数较多的绵阳为例,灾害救助中就存在医疗费用如何处置的问题。为了解决这一问题,绵阳将受到治疗的灾民分为三类:第一类是由部队、官员以及专业救援人员救出的灾民,他们的医疗费用全由政府财政包干;第二类是从灾区逃生后已进入安置点,并由安置点转移到医院的,他们的医疗费暂由医疗机构垫付,相应药品从捐赠中冲抵;第三类是自行到医院的灾民,他们需要出具自己的身份证和所在乡镇或街道一级政府的灾民证,医疗费实施报销一部分、自行支付一部分。问题在于,绵阳所划定的第一类人员,在所有受伤人员中可能所占比例最小,但受到的待遇却是最优,第二类、第三类人员的伤情不一定比第一类轻,但并未享受到第一类人员的费用全免待遇,且有较为烦琐的审批手续,使灾区医疗救助遭遇到公平问题,同时,由地方来承担相关费用,值得商榷。

(三) 社会巨灾资金运营管理能力较弱

灾区资金上缴和运营过程中存在很多问题,如震区捐款上缴、拨付不及时、部分捐赠物资与实际需求脱节等。此外,还出现一些地方接受的矿泉水、方便

面、医用注射液和注射器等食品、物资存在积压现象。这样，给国家进行灾害救助带来了很多不便，且救助的成效将大打折扣。由此可见，应及时建立灾害救助资金的管理和监督系统。

四、巨灾风险管理模式的社会保障制度重构

从社会保障的视角来看，巨灾风险补偿其实是一种重要的社会保障形式。因此，应充分发挥政府和市场的作用，让它们在各自的优势领域承担起补偿巨灾损失的重要责任。社会保障的结构与体系考虑，我们应针对不同的巨灾种类与损失程度建立起社会保险、社会救助、商业保险、慈善捐赠相结合的多元巨灾风险补偿机制。

（一）社会保险巨灾补偿机制

社会保险巨灾补偿机制，是指以社会保险的形式，充分发挥政府和个人在巨灾预防与补偿中的法定责任，体现社会保险中责任与权利统一的原则，在养老保险、医疗保险、工伤保险、失业保险中充分体现其巨灾补偿的制度功能。社会保险作为一种社会化的风险集散和互助共济的保障机制，是集合具有同类风险的众多单位或个人，以合理计算分担金的形式，实现对少数成员因风险事故所导致的经济损失进行补偿的行为。其原理是社会保险的"大数法则"，即通过风险集合，利用群体的力量实现风险的分散，以增强参与者抵御社会风险的能力。借鉴西方发达国家的成功经验，我国在目前的社会保险制度设计中，应充分考虑发生巨灾后相应保险项目的巨灾补偿问题，把受灾风险补偿纳入到社会保险制度中来，让其充分发挥巨灾的经济补偿功能。以养老保险为例：美国"9·11"事件两周年的时候，据美国社会保障总署发布的一份报告披露：社会保障制度为"9·11"事件中涉及的残疾和遗属津贴的支付大约为6 700万美元，每月支付300万美元左右。因为根据美国"老年、遗属与残障保险"的相关制度规定，"9·11"事件中死亡人员的家庭成员享有获得遗属津贴的资格。美国"老遗残"养老保险制度中的这种巨灾补偿做法，值得我国养老保险制度学习与借鉴。目前，我国在医疗保险、失业保险以及工伤保险中，制度设计仅是对常规状态下的风险进行保障，并没有体现发生巨灾后的巨灾补偿功能。因此，在社会保险的制度设计中，应充分考虑发生巨灾后在本保险领域的经济补偿问题。对我国社会保险制度来说这还是一个全新的事物，既需要借鉴国外成功经验，又需要通过保险精算，再结合我国的实际国情予以全新构建。

（二）社会救助巨灾补偿机制

社会救助巨灾补偿机制，是指在发生自然巨灾后由政府或者政府组织实施的，面向全体受灾群众的生活和服务补偿制度。由于其资金来源的政府拨款性和补偿过程的公平性，而成为我国目前重要的巨灾救助与补偿方式。根据救助补偿的内容，可以把这种巨灾救助补偿机制分为生活救助补偿、住房救助补偿、医疗救助补偿以及心理救助等。

以医疗救助为例，目前我国所实施的城市医疗救助制度和农村医疗救助制度，虽然在缓减弱势群体医疗负担方面起到了积极作用，但受医疗救助资金有限、难以及时到位以及救助程序烦琐等影响，大大限制了其救助效能的发挥。从一些西方国家的成功经验来看，巨灾发生后，由非政府组织发起的巨灾经济救助，对受灾群众的灾后生活正常化起到了极其重要的作用。而我国无论是医疗保险还是医疗救助，巨灾救助和补偿的功能还十分有限，亟须大力建设。此外，巨灾发生后，灾民除了有医疗救助的需求外，还有普通的生活救助以及住房救助等需求。而我们国家目前在生活救助中的最低生活保障制度、在住房援助中的保障性住房政策等，都没有体现在巨灾发生后如何予以相应的救助和补偿问题。所以，在上述领域仍有很大的制度空间，需要政府在巨灾补偿中以各种救助为手段，充分保障受灾群众的合法权益。

（三）慈善捐赠巨灾补偿机制

慈善捐赠的巨灾补偿机制是指，以非政府组织为主体，在政府的引导与规范下，对受灾群众开展的以捐款捐物为主要内容的巨灾补偿形式，是补偿巨灾损失的一个重要渠道。慈善捐赠是由非政府的慈善机构组织运营的，而慈善机构已成为当前社会治理的一个重要主体。在发达国家，它甚至与政府机构并驾齐驱，在发生特大自然巨灾时更能起到重要的经济补偿作用。例如：在美国"9·11"事件发生后，纽约最大的两家慈善机构"纽约社区信托基金"和"纽约联合道路"便宣布成立了一个合资性质的"9·11基金"，而这个基金会仅成立两星期就获捐款1.15亿美元，到第四个月时，捐款高达4.25亿美元。捐款的个人来自全美50个州和150多个国家；由于捐助数额太大，2002年1月16日，该基金宣布不再接受任何捐助，但截至2002年6月又获得了7 600万美元。这笔巨额的捐款在"9·11"后的巨灾补偿中发挥了极其重要的作用。慈善捐赠作为一种重要的巨灾补偿手段是不可或缺的，但是我国的慈善事业并不发达，慈善捐赠在巨灾补偿机制中发挥的作用较小，存在的问题也较多。虽然近年来慈善捐赠的总数增长很快，但由于资金运作方面存在问题，其在补偿巨灾损失方面的作用体现不是十分明显。在国家财力有限、补偿能力仍显不足的情况下,我国应积极、稳妥地发展社会慈善事业,发挥社会捐赠在巨灾补偿中的积极作用。

第七节 本章小结

本章以巨灾风险管理体制与机制的变革和创新为主要研究内容,首先明确在制度设计中需要充分考虑的巨灾风险管理的有关原理和理论,使该项制度建构在科学的基础上;其次,通过比较欧洲、美国、日本等发达国家与地区和拉丁美洲、亚洲等发展中/转型国家巨灾风险管理的体制与机制,总结和比较实践中存在的巨灾风险管理基本模式;最后,再根据我国国情对有关目标模式进行合理的选择,为我国巨灾风险管理制度的具体设计和实施提供基础。

第十三章

研究结论与研究展望

第一节 学术与应用价值

中国是世界上自然灾害最严重的国家之一。灾种之多,范围之广,频率之高,损失之重,世所罕见。自然灾害严重地影响了国家的经济发展、社会进步和民生改善,因此,对自然灾害进行有效的灾害管理势在必行。而中国灾害管理工作在体制、机制和法制等方面尚不适应自然灾害发生及致害的现状,与经济社会发展的需要和广大人民群众的要求相比还有较大差距。因此本书在现有灾害管理体制框架的基础上,跨学科多视角研究巨灾风险管理制度及其创新问题,构建和发展新型的巨灾风险管理体制,补充和丰富防灾减灾机制与风险转移机制,同时提供适当的政策支持以促进目标体制和机制的建立,其学术价值体现在以下几个方面:

一、在研究框架和路径设计上打破传统研究的分散性和局限性

巨灾风险管理制度创新研究不仅仅是一门比较系统的跨学科研究领域,涉及较多的学科以及较多的分析范式,而且作为一项政策性和制度性的研究对象,还

经常受到政策调整的影响，研究重点和研究方法需要随着问题的变化发展而进行适度调整。为此，本项目在综合国内外文献基础上，着力于巨灾风险管理制度创新为突破与重点目标，遵循科学研究的基本范式，以经济学、金融（工程）学、保险学、风险管理学、工程学、地质学、气象学和文化心理学等其他人文社会和自然科学知识，通过对巨灾风险的预警与评估、产品定价与精算、转移与融资、体制与机制、支持保障政策等内在有机的框架设计，运用跨学科方法，较为全面、系统、深入地开展以制度创新为核心的巨灾风险管理研究，体现探索性和创新性，突破传统研究范式与视角，扩展研究的广度和分析问题的深度。

二、在研究方法和研究策略的选择上更加突出定量的实证分析

在巨灾风险管理制度创新研究中，我们遵循从问题提出到揭示隐藏在问题背后的本质与思维逻辑，透过纷繁复杂的单个或零散现象，到关联与整体看待巨灾风险管理本质，再到寻求破解重大问题症结，到提出并研究解决问题的基本范式，使用规范、实证、归纳、演绎、定性、定量等众多的研究方法：

（一）系统与综合的分析方法

本书站在国家战略高度，以系统整体的分析视角，用发展联系与动态的思维探讨了巨灾风险制度各子项目的系统整合与系统配套，搭建了我国巨灾风险管理制度创新的系统综合分析框架并勾勒出发展的长效机制。

（二）跨学科研究与比较分析法

本书不仅运用金融工程与金融市场和风险管理理论等社会科学理论，而且还应用自然科学的工具；不仅停留在意识到运用跨学科而且体现在研究团队构成和研究工作中体现跨学科。同时，在不同经济体制与不同经济发展程度国家的巨灾风险管理的比较分析基础上，提炼不同类型国家巨灾风险管理的路径依赖特征，把握不同类型国家巨灾风险管理的最新发展趋势。

（三）定量分析与精算模型的创新

本书在对巨灾风险管理制度与运行机制进行定性分析的基础上，为我国巨灾风险指数编制、巨灾风险产品定价或者证券化或者精算制度提供测算方法与工具，运用时间序列和多元统计等模型，探索改进巨灾风险产品定价模型。精算模

型以既有的部分研究成果和精算软件为基础，综合调整与测度巨灾产品的定价及巨灾指数编制等可行性与敏感性。

三、在研究结论和研究观点的提炼上更加注重对实际问题的指导性

（一）在巨灾风险产品的定价与精算制度方面

一方面，对我国巨灾指数的编制是创新亮点之处，为我国巨灾风险模型的研究提供基础，弥补国内此方面研究的空白；另一方面，巨灾债券的实证研究也是本部分的创新所在，目前为止我国该方面的研究成果屈指可数，而市场的发育已经要求对市场进行系统的理论分析，通过对巨灾风险产品的理论定价模型进行改进，以满足该种产品连接保险定价与金融的定价的特征。

（二）在巨灾风险的转移与融资制度方面

巨灾风险融资效率的研究及其相应的结论与建议是创新的重点。具体创新表现在：第一，在融资效率损失与政府干预方面，通过分析三度价格歧视及可负担性问题存在的可能性，价格歧视下保险人定价和效率损失，不同市场条件下巨灾保险实施平准费率导致融资效率的差异以及收入结构对平准费率实施效果的影响，有针对性地给出了权变和组合性的干预措施；第二，在巨灾风险资本市场融资的内部效率方面，通过从巨灾证券道德风险和基差风险的替代性入手，在技术给定和进步条件下，研究道德风险和基差风险的最优组合以及对融资效率的改进，并试图通过案例研究，分析归纳巨灾证券产品设计对融资效率的影响；第三，在融资整合效应方面，提出一个包括保险市场、资本市场和政府在内的融资机制将产生补充效应和替代效应，研究两类效应的形成，以及改进融资效率的路径和建议。

（三）在理论分析与研究内容方面

巨灾风险基金的制度安排的理论分析和专项研究内容，也是在国内现有极少的文献中领先的。为缓解当前巨灾风险不断加剧和支持保障制度不足的矛盾，建议尽快建立巨灾风险基金，构建系统性的巨灾基金管理体系，防范和化解巨灾风险。同时，应当完善我国的社会救助体系，为弱势群体设置巨灾基金的专用账户。

(四) 分析研究的政策适用性方面

巨灾风险管理体制与创新机制以及相关综合配套政策的分析研究，为我国制定相关政策制度提供思路与方向和依据。探索简单、透明、易于管理和实施的巨灾风险创新机制，构建包括巨灾风险基金，税收政策、法律制度、保险与社会保障制度等为一体的综合性巨灾风险管理体制，成为本课题巨灾风险管理制度创新研究的又一亮点。当前巨灾风险管理已经进入了一个关键时期，应当避免单项改革措施的推进，相反需将改革推进与管理体制创新，立法规范完善，基金安全营运与保值增值等，进行综合考虑、整体推进，不断提升巨灾风险管理的绩效，最大化巨灾风险管理价值，保障人民群众利益。

第二节 主要的研究结论

一、巨灾风险的预警与评估制度创新

本书在梳理巨灾风险预警与评估制度的理论基础上，分析其动因、效应及演进的一般规律；然后通过描述中国巨灾风险预警与评估制度的现状，划分其演进的阶段，并在分析研究各阶段的特征的基础上预测其发展趋势；在对我国巨灾风险预警与评估制度实证分析的基础上，构建我国巨灾风险预警与评估模型。本书的主要研究结论是，在当前巨灾风险发生频率高、损失程度大的社会背景下，在对巨灾风险预警研究中，传统的注重事后损失补偿的巨灾风险分散安排已经被当前的注重事前风险预警的巨灾风险管理制度所取代，巨灾风险预警与评估机制通过对尚未发生的巨灾风险及其可能造成的后果进行科学的评估和计量，不仅可以提高个体对巨灾风险的感知能力进而选择经济合理的风险转移策略，而且还可以为政府编制防灾减灾策略、制定和实施灾害预警提供科学参考。随着巨灾风险预警与评价过程由定性分析向定量分析的转移，国外传统的单一巨灾成因机理分析和统计测量开始被与社会经济条件分析相紧密结合的综合评估预警评估体系所替代，综合性系统性的巨灾风险预警与评估指标体系不仅测度事前的巨灾风险潜在损失，而且还可以提供事后的经济价值损失评估，加大巨灾预警与评估体系的构建，势在必行。

二、巨灾风险的产品与精算制度创新

本书认为，巨灾风险的产品与精算制度构建包括巨灾产品定价的核心即巨灾风险模型（数学）描述、我国巨灾指数的编制及巨灾债券的实证研究三个方面。第一，巨灾风险模型（数学）描述的研究主要集中于不同风险（洪水、地震等）模型（数学）描述方式是否一致、不同描述方式的优劣及最优描述方程的确定；第二，巨灾指数编制是巨灾定价模型由理论向实践转化的关键。目前，巨灾指数在我国还处于空白，其编制对定价模型有重要意义；第三，巨灾债券的实证研究目标是理解巨灾债券（期权）市场多种如高溢价、低流动性等特别的现象，也有助于检验各种定价方法。本书通过分析传统分布函数在巨灾风险分布拟合中的不足，从理论上探讨 POT 模型在巨灾风险分布尤其是厚尾分布应用的可行性，指数触发型巨灾债券作为一种目前广泛应用的保险风险证券化工具，可以将潜在的巨灾损失转移到资本市场。但指数触发型巨灾债券在很好地解决了巨灾风险承保能力不足的同时，随之而来的基差风险也使得保险人难以完全对冲掉自身的巨灾风险，我们的结论是地区间经济均衡程度、地质断层复杂度和人口分布等是影响我国巨灾债券的基差风险大小的重要因素。因此，应尽快编制更加系统性我国的巨灾损失指数。

三、巨灾风险的转移与融资制度创新

本书首先对巨灾风险转移与融资的相关理论进行初步归纳；其次从保险市场、资本市场、政府三方面，对巨灾风险的转移与融资进行分类研究和整合研究，然后在加入巨灾风险转移与融资的约束条件和现实选择的情景上，构建我国多层次多渠道整体协调的巨灾风险基金。本书的观点是，在巨灾风险的融资方面，通过对国际上的优秀融资机制进行全面的分析，研究共同点和差异性，为我国的巨灾融资构建奠定现实指导，并根据我国的巨灾融资构建的特有原则和目标，构建出将集合政府、部门以及私人等社会资源有机地整合在一起的巨灾风险基金体系和多渠道融资框架，而巨灾基金作为巨灾风险融资的重要组成部分，巨灾基金的适当初始规模与保费收入水平相关，采用中央财政直接补贴资本金，地方财政补贴保费的互补方式，将风险分散到国际市场，在大力建设专业化投资团队的同时强化监管，要成立专门的巨灾保险基金资产管理部门。

四、巨灾风险的应急与补偿制度创新

本书在系统总结和梳理巨灾风险应急与补偿的内涵与特征和相关理论研究的基础上,从国内外不同视角评述巨灾风险应急与补偿的制度和制度特征,通过分析研究巨灾风险应急与补偿的参与主体和角色定位等内容,对巨灾风险应急与补偿的制度进行设计和机制进行重构。本书的观点是,在巨灾风险的应急资金管理方面,应急资金渠道单一、总额不够是应急管理中亟待解决的突出问题,应该结合财政资金、保险资金、商业信贷资金以及捐赠资金四种应急资金渠道的不同特点,明确了保险资金在应急资金中应有的地位,初步确定以政府主导、市场参与的巨灾保险运作模式,建立政策性保险制度,明确政策性保险公司的资金来源,政策性保险公司在巨灾保险中的功能,充分发挥政策性保险在巨灾损失补偿制度中应起到的作用。

五、地震和洪水巨灾风险的制度创新

地震与洪水乃我国常见的巨灾风险,选取地震与洪水风险为巨灾风险的具体研究对象,既可作为一般理论的验证,又可丰富与支撑一般理论,同时也可为我国地震与洪水风险管理提供可借鉴的经验。因此,通过对地震与洪水风险的因素分析,并对地震与洪水灾害理论和实际结合进行分析,构建我国地震与洪水风险的保险处置安排。在地震巨灾风险研究方面,本书在分析总结我国地震巨灾风险管理的理论与实践的基础上,全面考察和比较了国际上地震巨灾保险制度模式的利弊和建设的有益经验,通过对地震保险发展历史沿革及现状进行系统分析,探讨了地震保险制度建设中的模式选择、基金归集等五大难点问题,提出了我国政府与市场相结合的地震巨灾保险制度模式及其适合性,并且按照构建我国地震保险制度的六项原则,借鉴国外地震保险体系建设的经验,结合我国二元经济的基本国情,提出了当前我国地震保险制度建设的总体思路;在洪水巨灾风险研究方面,我们认为,中国洪灾风险的管理虽颇有成效,却仍属灾害救助式的被动应对危机。当前,我国急需创建"安全设防、救灾救济、应急管理与风险转移"相结合的新型洪水灾害风险综合管理体制,在灾前、灾中、灾后的各个环节,将政府、保险市场与资本市场相结合,将"危机管理"与"风险转移"相结合,将一般洪水风险的管理与巨灾风险的管理相结合,实现对洪水灾害风险的全方位、多层次管理,并针对我国经济发展水平和洪水保险发展的不同阶段,提出了我国洪水保险应以小额保险先行,逐步过渡到强制性补偿保险,最后推广为指数化保险的三步走战略。

六、巨灾风险管理的体制与机制创新

体制与机制是巨灾风险管理实施及其效果的保证，为此，在反思国内外巨灾风险管理体制与机制的前提下，运用现代管理理论和机制设计原理，分析我国巨灾风险管理体制与机制演变的路径与现实环境，进而对我国巨灾风险管理体制与机制进行创新。本书的观点是，巨灾保险制度的建立和机制的运行，靠单纯的市场或单纯的政府都过于偏激，相反借助市场和政府的共同力量已成为一种趋势，另一方面，在实践中以日本的地震保险制度、美国加州保险、新西兰以及土耳其地震保险制度为参考，结合国际地震巨灾保险制度建设的经验，分别分析政府主导模式、市场主导模式和政府与市场相结合的模式的利弊，在分析提出政府与市场相结合的模式适合我国的结论的基础上，进一步构建了我国地震巨灾保险制度的具体模式以及政策支持。

七、巨灾风险管理的支持保障制度创新

巨灾风险管理是一项系统工程，涉及不同子系统，需要支持保障制度。为此，首先对巨灾风险保障体系的进行界定；其次，比较研究巨灾风险管理传统与创新保障体系；再次，在对我国巨灾风险管理支持保障进行分类和整合研究后，提出巨灾风险管理支持保障制度创新内容。巨灾风险管理是一项极其复杂的系统工程，它涉及社会生活的方方面面，巨灾风险管理体制和机制的建立以及顺利运作离不开有关法律法规和国家政策的支持，通过借鉴巨灾风险管理的基本规律以及世界各国经验，着重从法律、组织、财政税收、金融、保险、社会保障等几个重要方面来探讨巨灾风险管理体制机制建设中的法律法规建设和国家政策支持问题。

第三节 研究的不足与展望

一、课题研究不足

课题组围绕"巨灾风险管理制度创新研究"这一核心命题，借鉴和运用

相关理论，从理论研究、实证研究和对策研究三个部分，就巨灾风险的预警和评估、巨灾风险的产品定价与精算开发、巨灾风险的转移和融资、巨灾风险的应急与补偿、地震和洪水巨灾风险、巨灾风险管理的体制和机制，以及巨灾风险管理的支持保障制度七个方面展开研究。在整个研究过程中，课题组严格按照申请书的进度进行系统安排，主要调研项目顺利完成，总体研究计划基本落实，阶段性研究成果丰硕，但是在课题研究内容以及研究方法等方面也存在一些问题。

第一，在一些核心概念的界定及其逻辑关系上，仍存在着分歧与争议乃至空白与盲点。如：我国巨灾的大小与边界界定不清晰将影响巨灾的测度；巨灾风险融资无确切经济学含义关系到巨灾损失的补偿；应急机制与补偿机制间内在关系需要探索等。

第二，巨灾风险评估与指数编制存在一定的客观障碍和条件约束。由于巨灾风险评估涉及气象、地质、水文等特定的专业知识，对其研究在一定程度上超越了人文社会科学的研究范畴，而其内容又是巨灾风险管理实践所需要的。虽然本书已经构建出一款地震指数，但是仅仅局限于四川模式，而且也只选取了3个样本，代表性依然不够。

第三，巨灾风险产品定价和精算问题既是巨灾风险管理的技术重点也是需要研究的技术难点。首先，巨灾风险发生概率小，加之过去的忽视，我国至今尚未建立较为完善的灾害及损失数据的保留与共享机制，这可能导致产品定价和其他精算问题所需要的有效数据的可得性降低，难以实现模型和结论的稳定性。其次，某些巨灾风险产品同时连接了保险市场和金融市场，使其价格决定机制更为复杂。保险市场和金融市场如何相互作用，影响并决定巨灾风险产品的价格是本书研究的又一难点。

第四，不同国家有不同政体。发展中与转型国家的政府除固有基本职能外还拥有一定的特殊职能，不同政府对巨灾风险管理的重视与影响程度，表现出不同的行为特征。在我国，尽管多次巨灾中政府发挥了强大的作用，而且只有我国政府才具有这样的召集和动员力，但是创新新型的政府主导的巨灾风险"公共品"，抑或政府与市场有机结合的、体现多层次、多水平、多保障、多方位，同时利益均衡具有可操作的巨灾风险管理制度，无疑有相当的难度。

第五，巨灾风险及其管理创新研究的普遍性，如何抽象到一般成为新的理论，并反过来应用到特殊和有差异的个案，如地震、洪水或者农业巨灾，自然是本课题的难点，更是方法论的难题。

二、课题研究展望

课题组开展研究的三年来,期间经历青海玉树地震、东日本"3·11"大地震等自然巨灾事件,课题组潜心研究、刻苦攻关,初步解决了我国巨灾风险管理问题的理论与现实问题,针对巨灾风险的预警和评估、巨灾风险的产品定价与精算开发、巨灾风险的转移和融资、巨灾风险的应急与补偿、地震和洪水巨灾风险、巨灾风险管理的体制和机制,以及巨灾风险管理的支持保障制度七个方面展开研究,成果颇丰。基于课题研究过程中的经验与体会,课题组的下一步研究方向为:

第一,对于基本问题,在下一步的研究中可以通过查阅文献资料、参与学术研讨、参加国际交流等方式对某些基础问题和核心命题进行进一步分析,提出自己所独有的、能够经得起推敲的、适合中国国情的学术见解和学术观点,争取在方法论的选择和使用上独树一帜,能够为后继学者们的研究提供一定的借鉴性和参考性。

第二,对于空白领域,比如巨灾债券的实证研究也是本书的创新所在,目前为止我国该方面的研究成果屈指可数,而市场的发育已经要求对市场进行系统的理论分析,通过对巨灾风险产品的理论定价模型进行改进,以满足该种产品连接保险定价与金融的定价的特征,对于这些关键性的空白问题,课题组也应该在下一阶段的研究过程中加大时间和精力的投入。

第三,要继续高度重视实证研究,尤其是在巨灾风险产品的定价与精算制度研究,以及巨灾风险的灾后融资、应急与补偿制度的进行制度设计和机制探索方面。现有的数据和统计材料还不具有全局的代表性,而且量化分析的研究方法也比较简单,因此,要在下一阶段的研究中重视不同量化研究方法的比较以及不同研究工具分析结果的差异性,通过数据支撑为前期的理论分析和基础模型构建提供坚实的基础。

第四,要更加重视国情分析。任何巨灾风险管理体系的建设以及支持保障制度的构建都需要深入结合分析中国的基本国情,国外的巨灾风险管理制度根源于不同的政治体制以及社会文化环境,其本身在运行过程中也在不断的调整和完善,因此,在后期的研究过程中需要进一步寻找国体、政体、国情、民情的差异性,在探索制度演进规律以及发展模式的普适性基础上,找到适合中国基本国情的巨灾风险管理制度。要将研究结论与中国实践做到进一步的结合,将研究结论落在解决中国自身的实际问题上,多提出一些具有可操作性的政策方案,以此解决中国巨灾风险管理制度构建过程中的实践问题。

附录

附录 1　国内外有关巨灾的界定和标准

巨灾定义、特征	划分标准	提出学者及时间
以受灾对象的极端不幸、绝对性颠覆或毁灭为标志的重大悲剧式突发性自然灾害	—	Gove P B. (1981)
由超强度致灾因子导致的严重人员伤亡和财产损失的自然灾害	—	Schwarz S. (1991)
各类灾害级别中最高级别的灾害和接近最高级别的灾害。其特征是：在频度上的低发生率，在成因上的多因强化，在预报上的高度非线性，在相关时空的大尺度，在对策上的超预案	若发生在人烟稠密和经济较发达地区：10 000人以上死亡；或者100亿元以上经济损失；地震巨灾为≥7.7级	郭增建，秦保燕（1991）
—	直接灾损率（G）= 灾害直接经济损失/（受灾地区灾害事件发生前一年的社会生产总量×物价指数）当 G > 0.5 时，认定为巨灾	赵阿兴，马宗晋（1993）

575

续表

巨灾定义、特征	划分标准	提出学者及时间
—	死亡人数（x，人）、经济损失（y，亿元）：$x^2 + y^2 \geq 20\,000$ 时，认定为巨灾	于庆东（1993）
—	考虑重伤和死亡比率（A）、直接经济损失比例（B）二因子： 国家级：$A > 8 \times 10^{-4}$，$B > 2 \times 10^{-3}$ 省级：$A > 5 \times 10^{-3}$，$B > 1\%$ 市（县）级：$A > 3\%$，$B > 20\%$	汤爱平（1993）
—	考虑死亡人数、重伤人数及经济损失三因子计算灾害指数： $G = Id + Ih + Ie$， $Id = \log d - 1$， $Ih = \log h - 2$， $Ie = \log e - 2$， $G > 9$ 时，认定为巨灾	冯志泽、胡政、何钧（1994）
巨灾是指对整个国计民生产生重大社会和经济影响，需要国务院直接组织动员和组织进行抗灾救灾的灾害	需达到以下其中2项标准： ①死亡10 000人以上； ②直接经济损失（按1990年价格计算）≥100亿元，或损失超过该省前3年的年平均财政收入100%； ③干旱受灾率70%以上，或洪涝受灾率70%以上，损失超过该省前3年年平均粮食收成的36%； ④倒塌房屋30万间以上；牧区成畜死亡100万头以上	马宗晋（1994）

续表

巨灾定义、特征	划分标准	提出学者及时间
—	受灾人数大于 1 000 万，死亡人数大于 10 000；受灾面积大于 666.7×10⁴ km²，成灾面积大于 333.3×10⁴ km²；直接经济损失（1990 年价格）大于 100 亿元；受灾人口比例大于 40%；受灾面积比例大于 40%；直接经济损失占工农业产值的 20%	刘燕华，李钜章，赵跃龙（1995）
发生率低；孕灾过程就是能量积累过程和能量转换过程，且大都是多因素非线性叠加的结果；次生灾害频繁，灾能放大途径多，影响深远；难于预报；超常规性	考虑死亡人数（D，人）、重伤人数（H，人）和直接经济损失（E，万元）；$G = \lg(DHE) - 5 \geq 8.1$	冯利华，骆高远（1996）
	①地震≥7级； ②洪水和干旱 50 年以上一遇； ③强台风，风力≥12级，风速 >32.6 m/s； ④大火山爆发，大海啸，大飓风及陨星碰撞地球等	张林源，苏桂武（1996）
地震巨灾是人员死亡大于 1 万人，直接经济损失超过 100 亿元人民币的地震灾害	①10 000 人以上死亡； ②100 亿元以上经济损失	高庆华，张业成（1997）
由于巨大灾难（如地震、火灾、水灾、暴风雨、战争、暴乱等）造成的严重损失；导致保险人赔付 100 万美元以上的灾难事故	—	单其昌（2002）

续表

巨灾定义、特征	划分标准	提出学者及时间
由多种效应叠加而成，是局部地壳均衡累加为整体地壳均衡的产物	—	杨学祥，张启文，陈震（2003）
旱涝巨灾是指50年一遇以上的旱涝灾害	50年一遇以上	范垂仁，李秀斌（2004）
某一灾害发生后，发生地已无力控制灾害造成的破坏，必须借助外部力量才能进行处置	—	OECD报告（2004）
巨灾后果有可能超过国家财政的救济能力，在风险分类上属频率极低而强度极高的风险	—	第一财经日报（2004）
巨灾是低概率自然或人为事件，对现有的社会、经济和/或环境框架产生巨大冲击，并拥有造成极大的人员和/或财产损失的可能性	许多小事件可能直到较长时间及许多损失的积累之后，才能被确认为巨灾事件	Bank E.（2005）
环境巨灾可从时间、区域和社会特征3方面理解	①突发并持续一定时间； ②受灾面积或受灾比例大，甚至整个国家或地区（如太平洋岛国）； ③承灾体中包括呆板僵硬的社会组织系统	Leroy S A G.（2006）
巨灾是指地震、洪灾、台风等可能造成严重人身与财产损失的巨大灾害；其特点是发生概率小、损失大，发生呈现一定的区域性，发生带来的损失因地而异	—	韩立岩，支昱.（2006）

578

续表

巨灾定义、特征	划分标准	提出学者及时间
造成重大人员伤亡或直接经济损失巨大的地震灾害	1 000人以上死亡，或50亿元以上经济损失	曲国胜、李亦纲、黄建发（2006）
保险界认定的巨灾通常用经济损失表达	财产损失超过2 500万美元（美国）；超过750亿日元的损失（日本）；超过3 870万美元（瑞士再保险公司）	Bank E.（2005）
巨灾给人类带来巨大的财产损失甚至是大量人员伤亡；具有突发性、不可避免性，任任具有链性特征	—	陈波、方伟华、何飞（2006）
巨灾是指对人民生命财产造成特别、巨大损失，对区域或全国社会经济产生严重影响的自然灾害事件；灾害活动规模或强度巨大，远远超过现有减灾能力	①受灾面积达上百个县（市）； ②受灾人口达几千万或一亿以上； ③死亡上千人或数万人，几百万或上千万人无家可归； ④倒塌房屋几百万间或上千万间； ⑤经济损失百亿元以上； ⑥农业生产受到严重破坏，几百万或上千万公顷农作物受灾； ⑦当年以及次年、后年的GDP、财政收入、个人收入明显下降	张业成、马宗晋、高庆华（2006）
—	需达到以下其中1项标准： ①死亡5 000人以上； ②直接经济损失100亿元（以1990年价格标准）以上	高建国（2008）

续表

巨灾定义、特征	划分标准	提出学者及时间
—	需达到以下其中1项标准： ①死亡5 000人以上； ②受灾面积大于1 000平方公里	Mohamed Gadel - Hak. (2008)
巨灾是指系统内或系统外的突变，导致系统无法承受不利影响	—	Roopnarine P D. (2008)
由百年一遇的致灾因子造成的人员伤亡多，财产损失大和影响范围广，且一旦发生就使受灾地区无力自我应对，必须借助外界力量进行处置的重大灾难	需达到以下其中二项标准： ①强度为7.0（地震）或百年一遇； ②10 000人以上死亡（含失踪）； ③1 000亿元以上直接经济损失（因灾造成的当年财产实际损毁价值）； ④100 000平方公里以上成灾面积	史培军、李宁、叶谦（2009）
巨灾风险是指因自然灾害、外来原因和意外事故所导致的极其严重的，也可能出现跨灾单位或地区自身无法解决，需要跨地区乃至国际援助的未来不利情景	①死亡人数超过100人； ②直接经济损失超过2亿美元	石兴（2010）
—	巨灾通常情况下，成千人死亡，数十万人无家可归，受灾国家的经济环境受到致命的打击，或保险损失巨大，超过保险人难以承受的赔偿限度	石兴（2010）

续表

巨灾定义、特征	划分标准	提出学者及时间
巨灾也称非常规性灾害，指的是具有明显的复杂性特征，以及潜在的次生、衍生危险、破坏性极强，采用常规管理方式难以克服的大型灾害	—	应松年（2011）
巨灾是造成人类痛苦的最严重的自然灾害	用灾度来表达，$$D^2 = \frac{3 \times (\ln(R+1))^2 + 2 \times (\ln(C \times J))^2 + (\ln K)^2}{6}$$ 其中 D 为灾度 R 为死亡人数（人） J 为直接经济损失 C 为物价指数（2000年取100） K 为受灾人数（百人） $D \geq 5$ 时，属于巨灾	高建国（2011）
巨灾是指突然发生的，无法预料且无法避免，并带来巨大损失的严重灾难或灾害，包括台风、暴雨、洪水、干旱、冷冻、冰雹以及地震、海啸等自然巨灾和大火、爆炸、恐怖事件、环境污染等人为巨灾	—	谷洪波、郭丽娜、刘小康（2011）

附录2

巨灾的分级与界定标准

项目	分级标准		
	轻度巨灾	中度巨灾	重大巨灾
洪水	洪峰流量重现期10~20年一遇；6h内的降雨量达到50mm以上，或者已经达到50mm以上的降雨连续持续；区域内中型、位置重要的小型水库出现险情，市区内部分道路出现积水，部分房屋进水，主要河道通近警戒水位	洪峰流量重现期20~50年一遇；3h内降雨量达到50mm以上，或者达到50mm以上的降雨连续持续；一般大中小型水库发生垮坝或出现安全造成直接影响的重大险情。市区内部主要排洪河道淤积，洪水超过警戒水位	洪峰流量重现期大于50年一遇；3h内降雨量达到100mm以上，或者已经达到100mm以上的降雨连续持续；大型水库发生垮坝，重点中型水库和位置重要的小型水库发生垮坝，市区内部的主要排洪河道严重淤积，大量河水倒灌
台风	农作物受灾面积5千到1万公顷之间的较大区域；造成10到30人左右的人员死亡；倒塌房屋在1 000到3 000间之间；直接经济损失在100万到1 000万元人民币之间	农作物受灾面积在1万到10万公顷之间的较大区域；造成30到100人左右的人员死亡；倒塌房屋在3 000到1万间之间；直接经济损失在1 000万到1亿元人民币之间	农作物受灾面积10万公顷以上的较大区域，或造成100人以上死亡；造成100人以上死亡；2万间以上房屋倒塌；10 000万元以上经济损失
干旱	综合气象干旱指数CI值位于-1.8到-1.2之间；降水持续较常年偏少，土壤表面干燥，土壤出现水分不足，地表植物叶片白天有萎蔫现象。临时性饮水困难人口占所在地区人口比例在20%到40%之间；作物受旱面积占播种面积之比位于30%到50%之间	综合气象干旱指数CI值位于-2.4到-1.8之间；土壤出现水分持续严重不足，土壤出现较厚的干土层，植物萎蔫，叶片干枯，果实脱落，对农作物和生态环境造成较严重影响，对农作物产生一定影响，工业生产、人畜饮水产生一定影响。临时性饮水困难人口占所在地区人口比例在40%到60%之间；作物受旱面积占播种面积之比在50%到80%之间	综合气象干旱指数CI值小于-2.4；土壤出现水分干枯，地表植物干枯，死亡；对分时间内严重不足，地表植物干枯，死亡；对农作物和生态环境造成严重影响，工业生产、人畜饮水产生大影响，临时性饮水困难人口占所在地区人口比例高于60%；作物受旱面积占播种面积之比高于80%

续表

项目	分级标准		
	轻度巨灾	中度巨灾	重大巨灾
地震	造成1人以上、50人以下死亡，或造成一定经济损失的地震；发生在市内4.5以上地震；震级未达到上述标准但造成较大经济损失和人员伤亡损失或较严重影响的地震	造成50人以上、300人以下死亡的地震。造成一定的经济损失，发生在省内5.0级以上地震，震级未达到上述标准但造成重大经济损失和人员伤亡损失或严重影响的地震	造成300人以上死亡，直接经济损失占全省上年国内生产总值1%以上。发生在省内人口较密集地区7.0级以上地震
地质灾害	因山体崩塌、滑坡、泥石流等造成3人以上、10人以下死亡，或直接经济损失100万元以上、500万元以下的；受地质灾害威胁，需转移100人以上、500人以下，或潜在经济损失1000万元以上、5000万元以下的灾害险情	因山体崩塌、滑坡、泥石流等造成10人以上、30人以下死亡，或直接经济损失500万元以上、1000万元以下的；受地质灾害威胁，需转移人数在500人以上、1000人以下，或潜在经济损失5000万元以上、1亿元以下的灾害险情	因山体崩塌、滑坡、泥石流等造成30人以上死亡，或直接经济损失1000万元以上，受地质灾害威胁，需转移人数在1000人以上，或潜在可能造成的经济损失在1亿元以上的灾害险情
气象灾害	暴雨、冰雹、大雪、大风等造成3人以上、10人以下死亡，或300万元以上、1000万元以下经济损失的气象灾害	暴雨、冰雹、大雪、大风等造成10人以上、30人以下死亡，1000万元以上、5000万元以下经济损失的气象灾害	特大暴雨、大雪等极端天气影响重要城市和50平方公里以上较大区域，造成30人以上死亡，或5000万元以上经济损失

583

附录 3 巨灾风险衍生品种类

	巨灾债券	巨灾互换	应急资本	侧挂车公司
赔偿融资	赔偿买方的损失	赔偿买方的损失	在损失事件发生时按照事先约定的条件提供融资，并不可以改善收益	赔偿再保险人的损失
基差风险/尾部风险	如果是赔偿性/模拟行业触发交易，基差风险极小，如果是指数性/模型/尾部风险或参数性触发机制，风险较大	在指数性触发机制的交易中存在	如果是赔偿触发机制，风险就极小；如果是指数性触发机制，风险就巨大	尾部风险巨大，附带由结构性因素所引起的一些基差风险
道德风险	如果是指数型/参数性触发机制；如果是赔偿性触发机制就中等，通过合同设计可减轻风险	如果是指数性/参数性触发机制，就很低；如果赔偿性触发机制通过合同设计可减轻风险。	低，指数性触发机制	中等，通过合同设计减轻
交易对手风险	极小。资本被投入由受托人所持有的安全证券中	有	取决于是否有事先融资	取决于"侧挂车"公司的结构以及任何"过手"比例再保险的担保安排
风险承担者的流动性	对于评级交易来说，流动性中等；与按照 144A 规则出售的类似的私募方式或资产支持证券的公司债券或资产支持证券相同。	低	低	仅局限于转分保市场

续表

	巨灾债券	巨灾互换	应急资本	侧挂车公司
适用分保公司的监管/会计/税收规定	会变	没有监管/会计/税收方面的优惠待遇	没有监管/会计/税收方面的优惠待遇	监管/会计/税收方面的被广泛接受优惠待遇，结构性风险和基差风险未负面考虑因素引起的尾部风险因素
承保能力的提供者	机构固定收益投资者，对冲基金	大型原保人或再保人	再保险机构，对冲基金、机构投资者	机构固定收益投资者，金融发起人（私人权益）、对冲基金
风险保护买方	大型原保险人、再保险人、公司和政府	大型原保险人或再保人	再保险公司、对冲基金	主要是再保险公司
中介机构	投资银行	交易对手、经纪人	再保险经纪人	直接、再保险经纪人
标准化	定制	定制	定制	定制
承保的复杂程度	高，预计会随经验积累而降低	高，预计会随经验积累而降低	高	视被保险业务的种类而定

585

附录4 新中国防洪抗旱法规建设情况一览表

法规类型	名称	颁布日期	实施日期	修订日期	内容/意义
法律	中华人民共和国水法	1988.01.21	1988.07.01		防汛与抗洪专门设章，主要对各级人民政府对防汛抗洪工作的领导，单位和个人参加防汛抗洪的义务，防汛指挥机构的权责，防御洪水方案的制定和审批，汛情紧急情况的处理等方面的内容作出了原则规定
	中华人民共和国水土保持法	1991.06.29	1991.06.29	2010.12.25	预防和治理水土流失，保护和合理利用水土资源，减轻水、旱、风沙灾害，改善生态环境，保障经济社会可持续发展
	中华人民共和国防洪法	1998.01.01	1998.01.01		明确了防洪工作的基本原则，强化了防洪行政管理职责，规定了规划保留区制度、规划同意书制度、洪水影响评价报告制度，补充和加强了河道内建设审批管理等几项法律制度，使依法防洪具有可操作性
法规和规章	中华人民共和国河道管理条例	1988.06.10	1988.06.10		
	开发建设晋陕蒙接壤地区水土保持规定	1988.09.01	1988.09.01		
	城市节约用水管理规定	1988.12.20	1989.01.01		
	水库大坝安全管理条例	1991.03.22	1991.03.22		
	中华人民共和国防汛条例	1991.07.02	1991.07.02		

续表

法规类型	名称	颁布日期	实施日期	修订日期	内容/意义
法规和规章	中华人民共和国水土保持法实施条例	1993.08.01	1993.08.01		
	城市供水条例	1994.07.19	1994.10.01		
	淮河流域水污染防治暂行条例	1995.08.08	1995.08.08		
	蓄滞洪区运用补偿暂行办法	2000.03.20	2000.03.20		
	中华人民共和国水污染防治法实施细则	2000.05.27	2000.05.27		
	长江三峡工程建设移民条例	2009.02.11	2009.02.11		
	长江河道采砂管理条例	2001.02.21	2001.03.01		
	取水许可和水资源费征收管理条例	2001.10.25	2002.01.01		
	大中型水利水电工程建设征地补偿和移民安置条例	2006.02.21	2006.04.15		
	黄河水量调度条例	2006.07.07	2006.09.01		
	中华人民共和国水文条例	2006.07.24	2006.08.01		
	中华人民共和国抗旱条例	2007.04.25	2007.06.01		

资料来源：刘洁．新中国防洪抗旱法律法规建设［J］．中国防汛抗旱，2009（S1）．

附表5　我国防震减灾有关法规和技术标准

法规类型	名称	颁布日期	实施日期	内容/意义
法律	中华人民共和国防震减灾法	2008.12.27	2009.05.01	对地震监测预报、地震灾害预防、地震应急救援、地震灾后过渡性安置和恢复重建等防震减灾活动进行调整
法规和规章	地震监测设施和地震观测环境保护条例	1994.01.10	1994.01.10	
	地震预报管理条例	1998.12.17	1998.12.17	
	破坏性地震应急条例	1995.02.11	1995.04.01	
	震后地震趋势判定公告规定	1998.12.29	1998.12.29	
	地震行政法制监督规定	2000.01.08	2000.03.01	
	地震行政复议规定	1999.08.05	1999.10.01	
	超限高层建筑工程抗震设防管理暂行规定	1997.12.23	1998.01.01	
	工程建设场地地震安全性评价许可证书管理办法	1993.09.08	1993.09.08	
标准	地震震级的规定（GB17740）	1999.04.26	1999.11.01	
	工程场地地震安全性评价技术规范（GB17741）	2005.12.01	2005.12.01	
	中国地震烈度表（GB17742）	2008.11.13	2009.03.01	

资料来源：笔者整理。

参 考 文 献

中文部分

[1] 澳大利亚 GHD 公司，中国水利水电科学研究院．中国洪水管理战略研究 [M]．郑州：河水利出版社，2006．

[2] 包国宪，鲍静．政府绩效评价与行政管理体制改革 [M]．北京：中国社会科学出版社，2008．

[3] Scott E. Harrington，Gregory R. Niehaus 著，陈秉正，王珺，周伏平译．风险管理与保险 [M]．北京：清华大学出版社，2005．

[4] 程晓陶，尚全民主编．中国防洪与管理 [M]．北京：中国水利水电出版社，2005．

[5] 程晓陶，吴玉成等著．洪水管理新理念与防洪安全保障体系的研究 [M]．北京：中国水利水电出版社，2004．

[6] 褚松燕．中外非政府组织管理体制比较 [M]．北京：国家行政学院出版社，2008．

[7] 邓国取．中国农业巨灾保险制度研究 [M]．北京：中国社会科学出版社，2007：26-34．

[8] 国家科委全国重大自然灾害综合研究组编．中国重大自然灾害及减灾对策 [M]．北京：科学出版社，1993．

[9] 蒋伯杰，曾越，李杨红．洪水危机应急预案编制和处理技术 [M]．北京：中国水利水电出版社，2009．

[10] 李原园，文康等．防洪若干重大问题研究 [M]．北京：中国水利水电出版社，2010．

[11] 刘鸿儒．金融体制改革研究 [M]．北京：中国金融出版社，1987．

[12] 刘星．突发事件应对的财力保障机制：治理视角的分析 [M]．北京：中国社会出版社，2009．

[13] [美] Chennat Gopalakrishnan，[墨] Cecilia Tortajada，[加] Asit K.

Biswas 著,刘永贵,周志勇译. 水资源开发与管理体制：政策、实施与前景 [M]. 北京：中国水利水电出版社, 2010.

[14] 陆佑楣,曹广晶等. 长江三峡工程技术篇 [M]. 北京：中国水利水电出版社, 2010.

[15] 裴光. 中国保险业竞争力研究 [M]. 北京：中国金融出版社, 2001：287.

[16] [美] 马克·S. 道弗曼著,齐瑞宗等译. 风险管理与保险原理 [M]. 北京：清华大学出版社, 2009.

[17] 秦德智. 洪水灾害风险管理与保险研究 [M]. 北京：石油工业出版社, 2004.

[18] 沈荣华. 国外防灾救灾应急管理体制 [M]. 北京：中国社会出版社, 2008.

[19] 水利部水文局,水利部长江水利委员会水文局. 1998 年长江暴雨洪水 [M]. 北京：中国水利水电出版社, 2002.

[20] 水利部长江水利委员会. 长江流域水旱灾害 [M]. 北京：中国水利水电出版社, 2002 年 5 月第一版.

[21] 宋俭,王红. 大劫难：300 年来世界重大自然灾害纪实 [M]. 武汉：武汉大学出版社, 2004（8）.

[22] 谭徐明等. 美国防洪减灾总报告及研究规划 [M]. 北京：中国科学技术出版社, 1997：187 - 188.

[23] 藤五晓,加藤孝明,小出治. 日本灾害对策体制 [M]. 北京：中国建筑工业出版社, 2003.

[24] 王义成. 世界洪水管理理念与实践 [M]. 北京：水利水电出版社, 2007.

[25] 魏华林,李开斌. 中国保险产业政策研究 [M]. 北京：中国金融出版社, 2002.

[26] 魏一鸣. 洪水灾害风险管理理论 [M]. 北京：科学出版社, 2002.

[27] 吴定富. 中国风险管理报告（2011）[M]. 北京：法律出版社, 2011.

[28] 小阿瑟威廉姆斯,理查德·M·汉斯著,陈伟等译. 风险与风险管理 [M]. 北京：中国商业出版社, 1990.

[29] 谢永刚. 水灾害经济学 [M]. 北京：经济科学出版社, 2003.

[30] 谢志刚,韩天雄. 风险理论与非寿险精算 [M]. 天津：南开大学出版社, 2000.

[31] 姚国章. 日本灾害管理体系：研究与借鉴 [M]. 北京：北京大学出版

社，2009.

[32] [英] Selina Begum，[荷] Marcel J. F. Stive，[英] Jim W. Hall 著, 叶阳，邓伟，付强等译. 欧洲洪水风险管理：政策创新与实践创新 [M]. 郑州：黄河水利出版社，2011.

[33] 张楠楠. 自然灾害风险管理研究 [M]. 北京：中国商业出版社，2010.

[34] 赵坤云，沈中华. 美国洪泛区管理 [M]. 郑州：黄河水利出版社，2002：41.

[35] 郑功成. 灾害经济学 [M]. 长沙：湖南人民出版社，1998：97.

[36] 中国水利年鉴编辑委员会. 中国水利年鉴1999 [M]. 北京：中国水利水电出版社，1999：145-146.

[37] 中华人民共和国水利部. 中国水利统计年鉴2011 [M]. 北京：中国水利水电出版社，2011：53.

[38] 朱铭来，田玲，魏华林等译. 保险经济学前沿问题研究. 北京：中国金融出版社，2007.

[39] 卓志. 人寿保险的经济分析引论 [M]. 北京：中国金融出版社，2011.

[40] 张琳，何超. 基于建筑物易损性的洪水保险纯保费厘定 [A]. 中国保险学会学术年会入选论文集 [C]. 2010.

[41] John W. Porter，程晓陶，邹进彰. 中国洪水管理战略框架和行动计划 [J]. 中国水利，2006 (23)：17-23.

[42] 曾文革，张琳. 我国巨灾保险立法模式探讨 [J]. 上海金融学院学报，2009 (4)：50-56.

[43] 陈克平，灾难模型化及其国外主要开发商 [J]. 自然灾害学报，2004 (2)：1-8.

[44] 程晓陶. 2002年8月欧洲特大洪水概述——兼议我国水灾应急管理体制的完善 [J]. 中国水利水电科学研究院学报，2003 (4)：3-10.

[45] 丁香，王晓青，王龙，郑友华. 地震巨灾风险评估系统的研制与应用 [J]. 震灾防御技术，2011 (6)：454-460.

[46] 丁志雄，李纪人，李琳. 基于GIS格网模型的洪水淹没分析方法 [J]. 水利学报，2004 (6)：1-6.

[47] 方春银，骆艳. 巨灾风险与再保险 [J]. 中国金融，2005 (7)：59-60.

[48] 冯金社. 澳大利亚的灾害管理体制 [J]. 中国减灾，2006 (2)：46-

47.

[49] 冯民权,周孝德,张根广. 洪灾损失评估的研究进展 [J]. 西北水资源与水工程, 2002, 13 (1): 32-36.

[50] 付湘, 谈广鸣, 纪昌明. 洪灾直接损失评估的不确定性研究 [J]. 水电能源科学, 2008, 26 (3): 35-38.

[51] 付湘, 王放, 王丽萍, 纪昌明. 洪水保险研究现状与发展趋势分析 [J]. 武汉大学学报 (工学版), 2003 (1): 24-28.

[52] 甘小荣. 对我国洪水保险的可行性研究 [J]. 人民黄河, 2007 (9): 2-7.

[53] 关贤军, 徐波, 尤建新. 完善我国防灾救灾体制、机制和法制 [J]. 灾害学, 2006 (9): 72-75.

[54] 关妍, 高昆. 中亚国家的灾害管理体制 [J]. 中国减灾, 2007 (8): 34-35.

[55] 何霖, 李红梅. 我国构建巨灾保险法律制度的必要性探讨 [J]. 四川文理学院学报 (社会科学), 2009 (6): 46-47.

[56] 何霖. 我国构建巨灾保险法律制度的可行性分析 [J]. 四川文理学院学报, 2010 (6): 12-14.

[57] 何小伟, 代宝. 强制巨灾保险制度的国际经验及其借鉴 [J]. 金融与经济, 2010 (1): 62-64.

[58] 胡焕, 宋伟. 中国巨灾保险法律制度的构建 [J]. 四川理工学院学报 (社会科学版), 2009 (2): 62-64.

[59] 胡辉军. 国外有关洪水保险的实践及对我国的启示 [J]. 中国水利, 2005, 19: 49-51.

[60] 胡新辉, 王慧敏. 洪水保险理论基础及保费影响因素分析 [J]. 人民黄河, 2008, 30 (11): 10-11.

[61] 黄英君, 江先学. 我国洪水保险制度的框架设计与制度创新——兼论国内外洪水保险的发展与启示 [J]. 江西财经大学学报, 2009 (2): 35-41.

[62] 江朝峰, 从日本经验来改善我国地震保险制度 [J]. 保险专刊, 1996 (45): 181-203.

[63] 姜付仁, 姜斌. 美国灾害管理体制与政策演变 [J]. 水利发展研究, 2009 (3): 62-66.

[64] 蒋卫国, 李京, 王琳. 全球 1950-2004 年重大洪水灾害综合分析 [J]. 北京师范大学学报 (自然科学版), 2006 (5): 530-533.

[65] 寇继虹, 王丽萍等. 美国洪泛区管理机构及洪泛区管理沿革 [J]. 水

利水电科技进展，2004（4）：65-68.

[66] 李永，许学军，刘鹏．当前我国巨灾经济损失补偿机制的探讨［J］．灾害学，2007（1）：121-124.

[67] 林守钦．浅议社会捐赠存在的问题与对策［J］．中国民政，2008（11）：32-33.

[68] 林宇．美国的灾害紧急救援管理［J］．安全与健康，2003（17）：52-53.

[69] 刘博，唐微木．巨灾风险评估模型的发展与研究［J］．自然灾害学报，2011（6）：151-157.

[70] 刘朝辉，胡新辉，王慧敏．国际洪水保险比较及对我国的启示［J］．水利经济，2008，（5）：36-38.

[71] 刘洁．新中国防洪抗旱法律法规建设［J］．中国防汛抗旱，2009（S1）：11-14.

[72] 刘京生．促进我国巨灾保险发展［J］．中国金融，2005（7）：57-58.

[73] 刘新立．中国巨灾综合风险管理中保险的角色［J］．保险研究，2008（7）：9-11，35.

[74] 娄伟平，吴利红，倪沪平，唐启义，毛裕定．柑橘冻害保险气象理赔指数设计［J］．中国农业科学，2009，42（4）：1339-1347.

[75] 卢婷，麦勇．国际巨灾保险模式创新及其启示［J］．浙江金融，2010（6）：39-40.

[76] 栾存存．巨灾风险的保险研究与应对策略综述［J］．经济学动态，2003（8）：80-83.

[77] 毛德华，何梓霖等．洪灾风险分析的国内外研究现状与展望（Ⅰ）——洪水灾害风险分析研究现状［J］．自然灾害学报，2009（1）：139-149.

[78] 彭晨漪．我国亟待制定巨灾保险法［J］．中国保险，2009（7）：30-35.

[79] 强恩芳．韩国灾难管理体系及其对我国的启示［J］．行政与法，2010（11）：1-4.

[80] 秦凯．浅议我国自然灾害税收优惠政策［J］．天府新论，2009（2）：59-62.

[81] 沈湛．试论建立我国商业巨灾保险制度［J］．管理科学。2003（6）：51-54.

[82] 石勇，许世远，石纯，孙阿丽，王军．洪水灾害脆弱性研究进展［J］．地理科学进展，2009，28（1）：41-46.

［83］史祥. 加快中国巨灾模型建设的思考［J］. 中国保险, 2010（8）: 18 - 24.

［84］孙晶. 中国巨灾风险防范与化解机制研究［J］. 保险职业学院学报. 2008（6）: 41 - 46.

［85］孙湘云. 天人感应的灾异观与中国古代救灾措施［J］. 中国典籍与文化, 2000（3）: 38 - 43.

［86］万群志. 试论中国的洪水保险［J］, 水利经济, 2003（6）: 22 - 24.

［87］王本德, 于义彬. 洪水保险的理论分析与研究［J］. 水科学进展, 2004, 15（1）: 117 - 122.

［88］王德迅. 日本的防灾体制与防灾赈灾工作［J］. 亚非纵横, 2004（3）: 52 - 56.

［89］王德迅. 日本危机管理体制的演进及其特点［J］. 国际经济评论, 2007（2）: 46.

［90］王栋, 朱元甡. 防洪系统风险分析的研究评述［J］. 水文, 2003（2）: 15 - 20.

［91］王和. 我国地震保险方案研究［J］. 保险研究, 2008（06）: 15 - 18.

［92］王祺. 欧盟巨灾保险体系建设及对我们的启示［J］. 上海保险, 2005（2）: 36 + 37 + 31.

［93］王艳艳, 梅青, 程晓陶. 流域洪水风险情景分析技术简介及其应用［J］. 水利水电科技进展, 2009, 29（2）: 56 - 60.

［94］王义成, 丁志雄, 李蓉. 基于情景分析技术的太湖流域洪水风险动因与响应分析研究初探［J］. 中国水利水电科学研究院学报, 2009, 7（1）: 7 - 14.

［95］魏华林, 洪文婷. 巨灾风险管理的困境与出路——兼论中、美洪水灾害风险管理差异［J］. 保险研究, 2011（8）: 3 - 12.

［96］魏华林, 李文娟. 历史纬度上的大地震风险分析与保险责任辨析［J］. 保险研究, 2008（9）: 31 - 35.

［97］魏华林, 龙梦洁等. 旱灾风险的特征及其防范研究——由西南旱灾和冬麦区大旱引发的思考［J］. 保险研究, 2011（3）: 3 - 18.

［98］魏华林, 吴韧强. 天气指数保险与农业保险可持续发展［J］. 财贸经济, 2010（3）: 5 - 12.

［99］魏一鸣, 金菊良. 洪水灾害研究进展［J］. 大自然探索, 1998（2）: 7 - 11.

［100］吴利红, 娄伟平, 姚益平, 毛裕定, 苏高利. 水稻农业气象指数保险产品设计——以浙江省为例［J］. 中国农业科学, 2010, 43（23）: 4942 -

4950.

[101] 冼青华. 论我国巨灾保险立法的历程、现状与改进 [J]. 重庆理工大学学报（社会科学）, 2010 (2): 71-75.

[102] 肖星, 肖文, 王先甲. 基于可持续发展的城市防洪与城市洪水保险 [J]. 科技进步与对策, 2006, (12): 94-96.

[103] 谢世清. 论巨灾期货及其市场演进 [J]. 财经理论与实践, 2010 (4): 17-21.

[104] 熊海帆. 巨灾风险管理问题研究综述 [J]. 西南民族大学学报（人文社科版）, 2009 (2): 49-53.

[105] 徐道一, 王明太, 耿庆国等. 翁文波院士的信息预测理论体系的创新性极其意义 [J]. 地球物理学进展, 2007 (4): 1375-1379.

[106] 许文科, 蒋伟宁, 陈震武, 曾惇彬, 蔡忠宏. 各国地震保险之介绍 [J]. Journal of Crisis Management, 2004 (2): 23-26.

[107] 杨旭东, 黄兆宏. 我国古代防治自然灾害的主张及经验述略 [J]. 开发研究, 2004 (1): 95-97.

[108] 袁庆明. 制度效率的决定与制度效率递减 [J]. 湖南大学学报（社会科学版）, 2003 (1): 40-43.

[109] 袁艺. 日本灾害管理的行政体系与防灾计划 [J]. 中国减灾, 2004 (12): 54-56.

[110] 张慧茹. 指数保险合约——农业保险创新探析 [J]. 中央财经大学学报, 2008 (11): 49-53.

[111] 张继权, 冈田宪夫等. 综合自然灾害风险管理——全面整合的模式与中国的战略选择 [J]. 自然灾害学报, 2006 (1): 27-37.

[112] 张琳, 孔小玲. 洪水风险的可保性分析 [J]. 金融经济（理论版）, 2008: 2-9.

[113] 张琳, 邵月琴. 我国洪水保险设立模式探讨 [J]. 保险研究, 2010 (8): 1-9.

[114] 张璐. 洪水影响因子的研究 [J]. 科技信息, 2012 (20): 146.

[115] 张曙光. 论制度均衡和制度变革 [J]. 经济研究, 1992 (6): 30-36.

[116] 张宪强, 潘勇辉. 农业气候指数保险的国际实践及对中国的启示 [J]. 社会科学, 2010 (1): 58-63.

[117] 赵春红, 许一涌. 国外巨灾保险经验对我国的借鉴与启示 [J]. 商业经济, 2010 (18): 1-2+22.

[118] 中国水利经济研究会. 关于美国、加拿大洪泛区建管体制及相关政策的考察 [J]. 水利经济, 2000 (4): 56-64.

[119] 周宝砚. 发达国家灾难治理基本经验及其启示：以英国、美国、日本为例 [J]. 中国公共安全（学术版），2010 (4): 19-26.

[120] 周俊华. 关于中国巨灾保险体系建设的构想 [J]. 保险研究, 2008 增刊.

[121] 周魁一. 关于防洪减灾体制的思考 [J]. 科技导报, 1991 (8): 3-5.

[122] 朱俊生. 中国天气指数保险试点的运行及其评估——以安徽省水稻干旱和高温热害指数保险为例 [J]. 保险研究, 2011 (3): 19-25.

[123] 祝明. 挪威瑞典的灾害管理体制 [J]. 中国减灾, 2008 (1): 38-39.

[124] 祝伟, 陈秉正. 自然巨灾风险评估综述 [J]. 保险与风险管理研究动态, 2009 (1): 41-50.

[125] 卓志, 王寒. 保险企业社会责任探析 [J]. 保险研究, 2009 (02): 3-8.

[126] 卓志, 王伟哲. 巨灾风险厚尾分布：POT 模型及其应用 [J]. 保险研究, 2011 (8): 13-19.

[127] 曾能君. 集集大地震后"我国"地震保险经营之未来方向 [D]. 逢甲大学, 2001.

[128] 陈彪. 中国灾害管理制度变迁与绩效研究 [D]. 中国地质大学, 2010.

[129] 陈莉莉. 中外防震减灾管理体系比较研究 [D]. 云南大学, 2010.

[130] 杜国志. 洪水资源管理研究 [D]. 大连理工大学, 2005.

[131] 何小伟. 论政府对巨灾保险市场的干预 [D]. 北京大学, 2010.

[132] 江世宇, 强制汽车责任保险法共保联营之研究 [D]. 逢甲大学, 1994.

[133] 刘春华. 巨灾保险制度国际比较及对我国的启示 [D]. 厦门大学, 2009.

[134] 沈湛. 中国巨灾保险制度研究 [D]. 厦门大学, 2003.

[135] 许文科. 整合性多目标地震风险评估系统之建立 [D]. 台湾中央大学, 2000.

[136] 王秀娟. 国内外自然灾害管理体制比较研究 [D]. 兰州大学, 2008.

[137] 吴群刚. 制度变迁对长期经济绩效的影响机制：理论、模型及应用 [D]. 清华大学, 2002.

[138] 姚庆海. 巨灾风险损失补偿机制研究——兼论政府和市场在巨灾风险管理中的作用 [D]. 中国人民银行金融研究所, 2006.

[139] 于宁宁. 农业气象指数保险研究 [D]. 山东农业大学, 2011.

[140] 张琳, 金超群. 我国洪水指数保险的触发指数测算 [D]. 湖南大学, 2011.

[141] 张琳. 我国巨灾保险立法研究 [D]. 重庆大学, 2010.

[142] 赵黎明. 灾害管理系统研究 [D]. 天津大学, 2003.

[143] 甄志宏. 正式制度与非正式制度的冲突与融合——中国市场化改革的制度分析 [D]. 吉林大学, 2004.

[144] 周志刚. 风险可保性理论与巨灾风险的国家管理 [D]. 复旦大学, 2005.

[145] 卓强. 基于 DFA 方法的我国洪水保险定价研究 [D]. 湖南大学, 2007.

[146] 邹小红. 自然灾害对我国经济增长的影响研究 [D]. 厦门大学, 2009.

[147] 保险与巨灾风险管理研究课题组. 保险在巨灾风险管理中的作用：国际视角和中国的现实选择 [R]. 中国发展研究基金会研究项目, 2009.

[148] 蔡升达著. 地震灾害风险评估级地震保险之风险管理 [M]. 台湾中央大学土木工程研究所, 2000.

[149] 曾武仁, 张玉辉. 主要国家灾害保险制度考察报告 [R]. 2002.

[150] 栾存存. 保险证券化 [R]. 中国社会科学院经济研究所, 2003.

[151] 萧鹤贤, 赖丽琴. 各国巨灾保险比较研究 [R]. 中央再保险公司, 2000.

[152] 张玉辉, 吴娱椿. 主要国家自然灾害保险制度考察报告 [R]. 2004.

[153] 中国保险监督管理委员会. 我国农房保险试点工作取得较好成效 [EB/OL]. http：//www.circ.gov.cn/web/site0/tab40/i156148.htm, 2011-3-1.

[154] 中国保监会. 保监会落实强农惠农政策部署2011年农业保险工作 [EB/OL]. http：//www.China.com.cn/policy/txt/2011-04/12/content_22336221.htm, 2011-4-11.

[155] 周道许. 关于建立我国巨灾保险制度的思考 [EB/OL]. http：//siteresources.worldbank.org, 2008-6-12.

[156] 姚庆海. 关于建立和完善我国洪水保险制度的建议 [N]. 中国保险报, 2007-12-10.

[157] 李朝智, 廖敏. 震灾震醒市民保险意识：如何给生命财产系上"保

险绳"？［N］. 南国早报，2008 - 5 - 20.

［158］李晓翾，隋涤非. 巨灾模型在巨灾风险分析中的不确定性［N］. 中国保险报，2012 - 2 - 2.

［159］孙祁祥，锁凌燕. 英美洪水保险体制比较［N］. 中国保险报，2004 - 7 - 9.

［160］王和. 2010 年我国财产保险市场综述［N］. 中国保险报，2011 - 1 - 20.

英文部分

［1］Aase, K. K. (2001). A Markov Model for the Pricing of Catastrophe Insurance Futures and Spreads. The Journal of Insurance Issues, 68 (1), 25 - 50.

［2］E de Alba, J Zúñiga, MAR Corzo. (2008). Measurement and Transfer of Catastrophic Risks: A Simulation Analysis. ASTIN Bulletin.

［3］Andersen, T. J. (2004 November). Managing Economic Exposures of Catastrophe and Terrorism Risk: International Financing Solutions. Powerpoint Presentation. Conference on Catastrophe Risks and Insurance, Paris, OECD.

［4］Arrow, K J. (1963). Uncertainty and the Welfare Economics of Medical Care. American Economic Review, 53 (5), 941 - 973.

［5］Bakshi G. & Madan, D. (2002). Average Rate Claims with Emphasis on Catastrophe Loss Options. The Journal of Financial and Quantitative Analysis, 37 (1), 93 - 115.

［6］Banks, E. (2004). Alternative Risk Transfer Integrated Risk Management through Insurance Reinsurance and the Capital Markets. Chichester, John Wiley & Sons Ltd.

［7］Banks, E. (2005). Catastrophic Risk. Analysis and Management. Chichester, John Wiley & Sons Ltd.

［8］Bantwal, V. J., & Kunreuther, H. C. (2000). A Cat Bond Premium Puzzle?. Journal of Psychology and Financial Markets, 1 (1), 76 - 91.

［9］Barrett, C. B., & Barnett, B. J. (2007). Index Insurance for Climate Risk Management & Poverty Reduction: Topics for Debate. IRI Technical Report 07 - 03 Working Paper.

［10］Bates FL, & Peacock WG. (1992). Measuring disaster impact on household living conditions: the domestic assets approach. Int J Mass Emerg Disasters, 10 (1), 133 - 160.

［11］Birgit Muller, Martin Quaas, Karin Frank, Stefan Baumgartner. (2009).

Pitfalls and potential of institutional change: Rain-index insurance and the sustainability of rangeland management. University of Lüneburg Working Paper Series in Economics, 149.

[12] Olivier Jean Blanchard, Florencio Lopez-de – Silanes, Andrei Shleifer. (1994). What Do Firms Do with Cash Windfalls?. Journal of Financial Economics, 36: 337 – 360.

[13] Blanchard – Boehm, R. D., Berry, K. A., Showalter, P. S. (2001). Should flood insurance be mandatory? Insights in the wake of the 1997 New Year's Day flood in Reno – Sparks, Nevada. Applied Geography, 21 (3), 199 – 221.

[14] Borden, S. & A. Sarkar. (1996). Securitizing Property Catastrophe Risk. Current Issues in Economics and Finance, 2 (9): 1 – 6.

[15] Bouriaux, S. & W. L. Scott. (2004). Capital Market Solutions to Terrorism Risk Coverage: A Feasibility Study. The Journal of Risk Finance, 5 (4), 33 – 44.

[16] Brandon, K. L. & F. A. Fernandez. (2004). Terrorist Risk: Insurance Market Failures and Capital Market Solutions. SIA Research Reports V (1): 3 – 11.

[17] Brandon, K. L. & F. A. Fernandez. (2005). Financial Innovation and Risk Management: An Introduction to Credit Derivatives. Journal of Applied Finance, 15 (1), 52 – 63.

[18] Brockett, P. L., M. Wang, et al. (2005). Weather Derivatives and Weather Risk Management. Risk Management and Insurance Review, 8 (1), 127 – 140.

[19] Browne, Mark J. & Robert E. Hoyt. (2000). The Demand for Flood Insurance: Empirical Evidence. Journal of Risk and Uncertainty, 20 (3), 291 – 306.

[20] Butt, M. (2007). Insurance, Finance, Solvency II and Financial Market Interaction. The Geneva Papers on Risk and Insurance, 32, 42 – 45.

[21] Campbell, S. D. & F. X. Diebold. (2005). Weather Forecasting for Weather Derivatives. Journal of the American Statistical Association, 100 (469), 6 – 16.

[22] Cantor, M. S., J. B. Cole, et al. (Fall 1997). Insurance Derivatives: A New Asset Class for the Capital Markets and a New Hedging Tool for the Insurance Industry. Journal of Applied Corporate Finance, 10 (3), 69 – 83.

[23] Carayannopoulos, P., P. Kovacs, et al. (January 2003). Insurance Securitization. Catastrophic event exposure and the role of insurance linked securities in

addressing risk, Institute for Catastrophic Loss Reduction.

［24］Carreño ML, Cardona OD, Barbat AH. (2007). Urban seismic risk evaluation: a holistic approach. Nat Hazards, 40, 137–172.

［25］Chang, C. W., J. S. K. Chang, M. T. Yu. (1996). Pricing Catastrophe Insurance Futures Call Spreads: A Randomized Operational Time Approach. The Journal of Risk and Insurance, 63, 599–616.

［26］Chernobail A. C., Burnecki K., Rachev S., Truck S., Weron R. (2006). Modeling Catastrophe Claims with Left-truncated Severity Distributions. Computational Statistics, 21 (3–4), 537–555.

［27］Culp, C. L. (2006) Structured finance and insurance. New Jersey: John Willey & Sons, Inc.

［28］Considine, G. (2000). Introduction to Weather Derivatives. Weather Derivatives Group. Aquila Energy, Available at: http://www.cme.com/weatherintroweather.pdf.

［29］Cox, S. H., & Pedersen, H. W. (2000b). CATastrophe risk bonds. North American Actuarial Journal, 4 (4), 56–83.

［30］Cox, S. H., Fairchild, J. R., Pedersen, H. W. (2000a). Economic Aspects of securitization of risk. ASTIN Bulletin, 30 (1), 157–193.

［31］Cummins J. D., Neil Doherty, Anita Lo. (2002). Can Insurers Pay for the "big one"? Measuring the Capacity of the Insurance Market to Respond to Catastrophic Losses. Journal of Banking & Finance, 26, 557–583.

［32］Cummins, D. J., & H. German. (March 1995). Pricing Catastrophe Insurance Futures and Call Spreads: An Arbitrage Approach. Journal of Fixed Income: 46–57.

［33］Cummins, David J., Lewis, Christopher, Phillips, Richard D. (1999). Pricing excess of loss reinsurance contracts against catastrophic loss. In: Froot, K. (Ed.), The Financing of Property/Casualty Risk. University of Chicago Press.

［34］Cummins, J. D. (2005). Convergence in Wholesale Financial Services: Reinsurance and Investment Banking. The Geneva Papers on Risk and Insurance, 30, 187–222.

［35］Cummins, J. D. (July/August 2006). Should the Government Provide Insurance for Catastrophes?. Federal Reserve Bank of St. Louis Review, 88 (4), 337–379.

［36］Cummins, J. D., & Mahul, O. (2009). Catastrophe Risk Financing in

Developing Countries: Principles for Public Intervention. World Bank.

[37] Cummins, J. D. (2007). Reinsurance for Natural and Man-made Catastrophes in the United States: Current State of the Market and Regulatory Reforms. Risk Management and Insurance Review, 10 (2), 179 – 220.

[38] Cummins, J. D., D. Lalonde, et al. (2004). The Basis Risk of Catastrophic – Loss Index Securities. Journal of Financial Economics, (71), 77 – 111.

[39] Cummins, J. David, & Olivier Mahul. (2009). Catastrophe Reinsurance Pricing, Catastrophe Risk Financing in Developing Countries: Principles for Public Intervention. The World Bank, 237 – 256.

[40] Cummins, J. David, & Mary A. Weiss. (2000). The Global Market for Reinsurance: Consolidation, Capacity, and Efficiency. In Brookings – Wharton Papers on Financial Services, 2000, eds. Robert E. Litan and Anthony M. Santomero, 159 – 209. http://www.muse.uq.edu.au/demo/brookings-wharton_papers_on_financial_services/v2000/2000.1cummins.pdf.

[41] Cummins, J. David, & Richard D. Phillips. (2005). Estimating the Cost of Capital for Property – Liability Insurers. Journal of Risk and Insurance, 72 (3), 441 – 478.

[42] Cummins, J. David, Neil A. Doherty, Anita Lo. (1994). Can Insurers Pay for the "Big One"? Measuring the Capacity of an Insurance Market to Respond to Catastrophic Losses. Journal of Banking and Finance, 26, 557 – 583.

[43] Cummins, J. David. (2006). Should the Government Provide Insurance for Catastrophes?. Review – Federal Reserve Bank of St. Louis, 88 (4), 337 – 379.

[44] Cummins, J. David. (2007). Reinsurance for Natural and Man – Made Catastrophes in the United States: Current State of the Market and Regulatory Reforms. Risk Management and Insurance Review, 10 (2), 179 – 220.

[45] Cummins, J. D., & M. A. Weiss. (2009). Convergence of Insurance and Financial Markets Hybrid and Securitized Risk Transfer Solutions. Journal of Risk and Insurance, 76 (3), 493 – 545.

[46] D'Arcy, S. P., & V. G. France (1992). Catastrophe Futures: A Better Hedge for Insurers. The Journal of Risk and Insurance, 59 (4), 575 – 601.

[47] D'Arcy, S. P., V. G. France, et al. (1999). Pricing Catastrophe Risk: Could Cat Futures Have Coped with Andrew? Securitization of Risk, Casualty Actuarial Society.

[48] David, M. (2005). The Potential for New Derivatives Instruments to Cover Terrorism Risk. Catastrophic Risks and Insurance. OECD. Paris, OECD Publishing: 163 – 169.

[49] Davidson, Ross J. (1998). Working Toward a Comprehensive National Strategy for Funding Catastrophe Exposure. Journal of Insurance Regulation, 17 (2), 134 – 170.

[50] De Roo A., Gouweleeuw B., Thielen J., Bates P., Hollingsworth A et al. (2003b). Development of a European flood forecasting system. International Journal of River Basin Management, 1 (1), 49 – 59.

[51] De Roo Ad, Schmuck G, Perdigao V, Thielen J. (2003). The influence of historic land use changes and future planned land use scenarios on floods in oder catchment. Physics and Chemistry of the Earth, Part B, 1291 – 1300.

[52] Denuit, M., Dhaene, J. & Van Wouve, M. (1999). The Economics of Insurance: A Review and Some Recent Developments. Bulletin of the Swiss Association of Actuaries, 137 – 175.

[53] Diamond, Douglas. (1984). Financial intermediation and delegated monitoring. Review of Economic Studies, 51, 393 – 414.

[54] Doherty, N. A. (1997). Innovations in Managing Catastrophe Risk. The Journal of Risk and Insurance 64 (4): 713 – 718.

[55] Doherty, N. A., & A. Richter. (2002). Moral Hazard, Basis Risk, and Gap Insurance. The Journal of Risk and Insurance, 69 (1), 9 – 24.

[56] Doherty, N., & O. Mahul. (2001). Mickey Mouse and Moral Hazard: Uninformative but Correlated Triggers. Working Paper. Wharton School.

[57] Doherty, Neil A., Smith Jr., Clifford W. (1993). Corporate insurance strategy: The case of british petroleum. Journal of Applied Corporate Finance, 6 (3), 4 – 15.

[58] Doherty, N., & G. Dionne. (1993). Insurance With Undiversifiable Risk: Contract Structure And Organizational Form Of Insurance Firms. Journal of Risk and Uncertainty, 6 (2), 187 – 203.

[59] EC (Earthquake Commission). (November 2008). Briefing for the Minister in Charge of the Earthquake Commission. Chairman and Board of the Commission.

[60] Eeckhoudt, L., & Christian Gollier. (1999). The Insurance of Lower Probability Events. Journal of Risk and Insurance, 66 (1), 17 – 28.

[61] Elliott, M. W. (September 2001). Contingent Capital Arrangements.

Risk Management Section Quarterly, 18（2），1 – 8.

［62］Erwann Michel – Kerjan. （2001）. Insurance Against Natural Disaster：Do The French Have The Answer? . Strengths And Limitations.

［63］Eugene N. Gurenko. （March 4，2009）. An Overview of Disaster Risk Financing Instruments in the World Bank Operations.

［64］Eugene N. Gurenko. （2005）. Building Effective Pubilc Private Partnerships：A Case Study of Turklish Catastrophe Insurance Pool, World Bank, Euroflood^{TM} – EQECAT's Europe Flood Model. http：//www. eqecat. com/catastrophe-models/flood/europe/.

［65］European Commission. （2000）. ART Market Study. Final Report. Study Contract ETD/99/B5 – 3000/C/51，Internal Market Directorate General of the Commission of the European Communities.

［66］Fisher, M. , & Z. Shaw. （2003）. Securitisation：For Issuers Arrangers and Investors. London, Euromoney Books.

［67］Freedom, Paul K. （2001）. Hedging Natural CATastrophe Risk In Developing Countries. The Geneva Papers on Risk and Insurance, 26（3），373 – 385.

［68］Froot, K. A. （1999）. The Evolving Market for Catastrophe Risk. Risk Management and Insurance Review, 2, 1 – 28.

［69］Froot, K. A. （1999）. Introduction. The Financing of Catastrophe Risk. Chicago and London, The University of Chicago Press：1 – 22.

［70］Froot, K. A. , B. S. Murphy, et al. （1995）. The Emerging Asset Class：Insurance Risk. New York, GuyCarpenter & Co.

［71］Froot, K. A. , & P. G. J. O. Connell. （2008）. On the pricing of intermediated risks：Theory and application to catastrophe reinsurance. Journal of Banking & Finance, 32（1），69 – 85.

［72］Froot, Kenneth A. （2001）. The Market for Catastrophe Risk：A Clinical Examination. Journal of Financial Economics, 60（2/3），529 – 571.

［73］Froot, Kenneth A. （2007）. Risk Management, Capital Budgeting, and Capital Structure Policy for Insurers and Reinsurers. Journal of Risk and Insurance 74（2），273 – 299.

［74］Froot, Kenneth A. （1999）. The limited financing of catastrophe risk：An overview. In：Froot, K. （Ed.）, The Financing of Property/ Casualty Risk. University of Chicago Press.

［75］Froot, Kenneth A. , O' Connell, Paul G. J. （1999）. The pricing of US catastrophe risk. In: Froot, K. (Ed.), The Financing of Catastrophe Risk. University of Chicago Press, 195 – 232.

[76] Froot, Kenneth A., Perold, André. (1996). Determinants of Optimal Currency Hedging. Harvard Business School Working Paper No. 97 – 011.

[77] Froot, Kenneth A., Scharfstein, David S., Stein, Jeremy C. (1993). Risk management: Coordinating corporate investment and financing activities. Journal of Finance, 48 (5), 1629 – 1658.

[78] Froot, Kenneth A., Stein, Jeremy C. (1998). Risk management, capital budgeting and capital structure policy for financial institutions: An integrated approach. Journal of Financial Economics, 47 (1), 55 – 82.

[79] Gale, Douglas, Hellwig, Martin. (1985). Incentive-compatible debt contracts I: The one-period problem. Review of Economic Studies, 52 (4), 647 – 664.

[80] GAO. (2000). Insurers' ability to pay for Catastrophe claims. Working Report.

[81] GAO. (September 2002b). Catastrophe Insurance Risks. The Role of Risk – Linked Securities and Factors Affecting their Use. Report to the Chairman, Committee on Financial Services, House of Representatives. GAO – 02 – 941. Washington D. C.

[82] GAO. (September 2003). Catastrophe Insurance Risks. Status of Efforts to Securitize Natural Catastrophe and Terrorism Risk. Report to Congressional Requesters. GAO – 03 – 1033. Washington D. C.

[83] GAO. (2002a). The role of risk-linked securities. Working Report.

[84] GAO. (2008). Natural Hazard Mitigation and In surance: The United States and Selected Countries Have Similar Natural Hazard Mitigation Policies but Different Insurance Approaches.

[85] Geman H., & M. Yor. (1997). Stochastic Time Changes in Catastrophe Option Pricing. Insurance: Mathematics and Economics, 21 (3), 185 – 193.

[86] Glenn Meyer, & John Kaller. (2000). CATastrophe risk securitization, insurer and investor perspectives. Working Paper.

[87] Golden, L. L., M. Wang, et al. (2007). Handling Weather Related Risks Through the Financial Markets: Considerations of Credit Risk, Basis Risk, and Hedging. The Journal of Risk and Insurance 74 (2): 319 – 346.

[88] Gorvett, Richard W. (1999). Insurance securitization: the development

of a new asset class, presented in 1999 Casualty Actuarial Society "Securitization of Risk".

[89] Goshay, R., & R. Sandor. (1973). An Inquiry into the Feasibility of a Reinsurance Futures Market. Journal of Business Finance, 5 (2), 56 – 66.

[90] Gron, A. (1999). Insurer Demand for Catastrophe Reinsurance. The Financing of Catastrophe Risk. K. A Froot. Chicago and London, University of Chicago Press: 23 – 49.

[91] Guy Carpenter. (2009). World Catastrophe Reinsurance Market.

[92] Guy Carpenter. (January 2012). Renewal Report: Catastrophes, Cold Spots And Capital Navigating For Success In A Transitioning Market.

[93] Harrington, S., & G. Niehaus. (1999). Basis Risk with PCS Catastrophe Insurance Derivative Contracts. Journal of Risk and Insurance, 66 (1), 49 – 82.

[94] Harrington, S. E. (1997). Insurance Derivatives, Tax Policy, and the Future of the Insurance Industry. The Journal of Risk and Insurance, 64 (4), 719 – 725.

[95] Harrington, S. E., S. V. Mann, et al. (1995). Insurer Capital Structure Decisions and the Viability of Insurance Derivatives. The Journal of Risk and Insurance, 62 (3), 483 – 508.

[96] Harrington, Scott E., & Greg Niehaus. (1999). Basis Risk with PCS Catastrophe Insurance Derivative Contracts. Journal of Risk and Insurance, 66 (1), 49 – 82.

[97] Harrington, Scott E., & Greg Niehaus. (2003). Capital, corporate income taxes, and catastrophe insurance. Journal of Financial Intermediation, 12 (4), 365 – 389.

[98] Harris Schlesinger. (2000). The Theory of Insurance Demand. Handbook of insuarance, Huebner International Series on Risk, Insurance, and Economic Security, Vol. 22, 131 – 151.

[99] Henri Loubergé, Evis Kellezi, Manfred Gilli. (1999). Using CATastrophe-linked securities to diversify insurance risk: a financial analysis of CAT bonds. Journal of Insurance Issues, 22 (2), 125 – 146.

[100] Hodgson, A. (1999). Derivatives and Their Application to Insurance: a Retrospective and Prospective Overview. The Changing Risk landscape: implications for insurance risk management, Proceedings of a conference sponsored by Aon Group Australia Limited, http://www.aon.com.au/pdf/reinsurance/Aon_Derivatives.pdf.

[101] Hogarth R M, Kunreuther H. (1989). Risk, Ambiguity, and Insurance. Journal of Risk and Uncertainty, 2 (1), 5 – 35.

[102] Hogue, R. D.. (13 December 1997). The Hogue Insurance Stock Report. Insurance AdvoCATe, 28.

[103] Howard Kunreuther. (1984). Causes of Underinsurance against Natural Disaster. The Geneva Papers on Risk and Insurance, 9 (31), 206 – 220.

[104] Howard Kunreuther, Nathan Novemsky, Daniel Kahneman. (2001). Making Low Probabilities Useful. Journal of Risk and Uncertainty, 23 (2), 103 – 120.

[105] IAIS (International Association of Insurance Supervisors). Global Reinsurance Market Report. End-year edition, December 2010.

[106] Insurance Services office, Inc. (1999). Financing CATastrophe Risk: Capital Market Solutions, ISO Insurance Issue Series.

[107] J. David Cummins etc. (2000). Can insurers pay for the "big one"?. European Journal of Operational Reserch, (122): 452 – 460.

[108] Cummins, J. David, Neil Doherty, and Anita Lo. (2002). Can Insurers Pay for the' Big One? Measuring the Capacity of an Insurance Market to Respond to Catastrophic Losses. Journal of Banking and Finance, 26 (2/3), 557 – 583.

[109] Jaffee, D. M., & T. Russell. (2003). Markets Under Stress: The Case of Extreme Event Insurance. Economics for an Imperfect World: Essays in Honor of Joseph E. Stiglitz. R. Arnott, B. Greenwald, R. Kanbur and B. Nalebuff. Cambridge, MA, MIT Press: 35 – 52.

[110] Jaffee, D. M., & T. Russell. (1997). Catastrophe insurance, capital markets, and uninsurable risks. Journal of Risk and Insurance, 64 (2), 205 – 230.

[111] Jerry R. Skees. (2003). Risk Management Challenges in Rural Financial Markets: Blending Risk Management Innovations with Rural Finance. Paving the Way Forward for Rural Finance an International Conference on Best Practices. Washington, DC.

[112] Joanne Linnerrooth – Bayer, & Aniello Amerndola. (2000). Global Change, Natural Disasters and Loss-sharing: Issues of Efficiency and Equity. The Geneva Papers on Risk and Insurance, 25 (2), 203 – 219.

[113] John Duncan, Robert J. Myers. (2000). Crop Insurance under CATastrophic Risk. American Journal of Agricultural Economics, 82 (4), 842 – 855.

[114] Kielholz, W. & A. Durrer. (1997). Insurance derivatives and securiti-

zation: New hedging perspectives for U. S. CAT insurance market. The Geneva Paper on Risk and Insurance – Issues and Practics, No. 82, January, 3 – 16.

[115] King, R. O. (February 2009). Financing Recovery from Large – Scale Natural Disasters. CRS Report for Congress.

[116] Kleffner, A. E. (1993). Catastrophic Risks and the Functioning of Insurance Markets. Ph. d Dissertation, University of Pennsylvania.

[117] Kleffner, A. E., & N. A. Doherty. (1996). Costly Risk Bearing And The Supply Of Catastrophic Insurance. Journal Of Risk And Insurance, 63 (4), 657 – 671.

[118] Klugman, Stuart A., Harry H. Panjer, Gordon E. Willmot. (2004). Loss Models: From Data to Decisions. 2nd ed. Hoboken, NJ: John Wiley & Sons.

[119] Kunreuther, H. & E. Michel – Kerjan. (2005). Insurability of (Mega –) Terrorism Risk: Challenges and Perspectives. Terrorism Risk Insurance in OECD Countries. OECD. Paris, OECD Publishing. 9: 107 – 148.

[120] Kunreuther, H., Novemsky, N. & D. Kahneman. (2001). Making Low Probability Useful. The Journal of Risk and Uncertainty, 23 (2): 103 – 120.

[121] Kymn Astwood. (2000). Risk Securitisation 101, Arrow Reinsurance company, Ltd. Research report.

[122] Lai, T. (May 2011). Evaluation of Residential Earthquake Risk. 2011 AIR Beijing Catastrophe Modeling Seminar.

[123] Larry W mays. (2001). Water resources engineering. New York: John Wiley& Sons, 548 – 549.

[124] Lee, J. P. and M. T. Yu. (2002). Pricing Default – Risky CAT Bonds with Moral Hazard and Basis Risk. The Journal of Risk and Insurance, 69 (1), 25 – 44.

[125] Lin S. K., C. C. Chang, & M. R. Powers. (2009). The Valuation of Contingent Capital with Catastrophe Risks. Insurance: Mathematics and Economics, 45 (1), 65 – 73.

[126] Lin, Y. and S. H. Cox (2006). Securitization of Catastrophe Mortality Risks. ARIA Annual Meeting, Washington D. C.

[127] Lind, Robert C. (1967). Flood control alternatives and the economics of flood protection. Water Resources Research, 3, (2), 345 – 357.

[128] Linnerooth – Bayer, J., & A. Amendola. (2000). Global Change, Natural Disasters and Loss-sharing: Issues of Efficiency and Equity. The Geneva Papers on Risk and Insurance, 25 (2), 203 – 219.

[129] Litzenberger, R. H., D. R. Beaglehole, et al. (Winter 1996). Assessing Catastrophe Reinsurance – Linked Securities as a New Asset Class. The Journal of Portfolio Management, 76 – 86.

[130] Luan, C. (2001). Insurance Premium Calculations with Anticipated Utility Theory. ASTIN Bulletin, 31 (1), 27 – 39.

[131] Major, J. A. (2002). Advanced Techniques for Modeling Terrorism Risk. The Journal of Risk Finance, 4 (1), 7 – 14.

[132] Mark J. Browne, & Robert E. Hoyt. (2000). The Demand for Flood Insurance Empirical Evidence. Journal of Risk and Uncertainty, 20 (3), 291 – 306.

[133] McGhee, C., J. Faust, et al. (2005). The Growing Appetite for Catastrophe Risk: The Catastrophe Bond Market at Year – End 2004. Guy Carpenter & Company, Inc.

[134] Mey, J. D. (2007). Insurance and the Capital Markets. The Geneva Papers on Risk and Insurance, 32, 35 – 41.

[135] Munich Re brings index-based flood micro-insurance to Indonesia. http://www.artemis.bm/blog/2009/05/07/munich-re-brings-index-based-flood-micro-insurance-to-indonesia/.

[136] Mürmann, A. (2001). Pricing Catastrophe Insurance Derivatives. Financial Markets Group Discussion Paper No. 400.

[137] Mutenga, S., & S. K. Staikouras. (2007). The Theory of Catastrophe Risk Financing: A Look at the Instruments that Might Transform the Insurance Industry. The Geneva Papers on Risk and Insurance, 32, 222 – 245.

[138] Myers, Stewart C., and James A. Read, Jr. (2001). Capital Allocation for Insurance Companies. Journal of Risk and Insurance, 68 (4), 545 – 580.

[139] NAIC. (June, 2009). Natural Catastrophe Risk: Creating a Comprehensive National Plan (DRAFT). http://www.naic.org.

[140] Nancy McCarthy. (2003). Demand for Rainfall-Index Based Insurance: A Case Study from Morocco. International Food Policy Research Institute.

[141] National Research Council (U.S). (2000). Risk Analysis and Uncertainty in Flood Damage Reduction Studies. Washington DC National Academy Press.

[142] Nell, M., & A. Richter. (2000). Catastrophe Index – Linked Securities and Reinsurance as Substitutes. Working Paper Series: Finance and Accounting 56. Goethe University Frankfurt am Main, Department of Finance.

[143] Nell, M., & A. Richter. (2004). Improving Risk Allocation Through

Indexed Cat Bonds. The Geneva Papers on Risk and Insurance, 29 (2), 183 - 201.

[144] Niehaus, G. (2002). The Allocation of Catastrophe Risk. Journal of Banking & Finance, 26, 585 - 596.

[145] Niehaus, G., & S. Mann. (1992). The Trading of Underwriting Risk: an Analysis of Insurance Futures Contracts and Reinsurance. The Journal of Risk and Insurance, 59 (4), 601 - 627.

[146] OECD. (2005). Terrorism Risk Insurance in OECD Countries. Paris, OECD Publishing.

[147] Olivier Mahul, & Eugene Gurenko. (2006). The Macro Financing of Natural Hazards in Developing Countries. World Bank Policy Research Working Paper 4075, December.

[148] Olivier Mahul, Jerry Skees. (2006). Piloting Index-based Live-stock Insurance in Mongolia. Access Finance: A News letter Published by the Financial Sector vice Presidency of the World Bank, (10).

[149] Ornsaran Pomme Manuamorn, William Dick. (2009). Flood Risk Management: Feasibility Research on Index - Based Flood Products in Thailand and Vietnam. Commodity Risk Management Group Paper Program, 1995, 1 (5), 111 - 150.

[150] Parisi, F., & H. Herlihy. (1999). Modeling Catastrophe Reinsurance Risk: Implications for the CAT Bond Market. Asset - Backed Securities Research. S. Poor's. New York.

[151] Patrick, M. Liedtke. (2002). Reflections on the essence of insurability-limites and extensions. Insurance Economics, 46 (7), 3 - 6.

[152] Patrik, Gary S. (2001). Reinsurance. In Foundations of Casualty Actuarial Science. 4th ed. Arlington, VA: Casualty Actuarial Society.

[153] Paul R. Kleindorfer, & Howard C. Kunreuther. (1999). Challenges Facing the Insurance Industry in managing Catastrophic Risks. University of Chicago Press, (1), 149 - 194.

[154] Paul Slovic. (1987). Perception Of Risk. Science, (236), 280 - 285.

[155] PCS North Atlantic Hurricane Event Risk Analysis Results. Insurance Services Office. Inc, 2010.

[156] Phillips, Richard D., J. David Cummins, & Franklin Allen. (1998). Financial Pricing of Insurance in the Multiple - Line Insurance Company. Journal of Risk and Insurance, 65 (4), 597 - 636.

[157] Raymond J. Burby. (2002). Flood Insurance and Floodplain Manage-

ment: The U. S. Experience. Journal of Environmental Hazards, (3), 3.

[158] Rejda, G. E. (1998). Principles of Risk Management and Insurance. Addison – Wesley Educational Publishers Inc.

[159] Richter, A. (2003). Catastrophe Risk Management – Implications of Default Risk and Basis Risk. Working Paper. Illinois State University.

[160] Rodermund, M. (1965). Four Points of Confusion about Reinsurance: Comment. The Journal of Risk and Insurance, 32 (1), 133 – 136.

[161] Sarah E. Gergel, Mark D. Dixon, Monica G. Turner. (2002). Consequences of Human – Altered Floods: Levees, Floods and Floodplain Forests along the Wisconsin River. Ecological Applications, 12 (6), 1755 – 1770.

[162] Schöchlin, A. (2002). Where's the Cat Going? Some Observations on Catastrophe Bonds. Journal of Applied Corporate Finance, 14 (4), 100 – 107.

[163] Schöchlin, A. (2002b). On The Market Price of Catastrophic Insurance Risk. Empirical Evidence from Catastrophe Bonds. Bamberg, Difo – Druck GmbH.

[164] Selamet Yazici. (2004). The Turkish Catastrophe Pool (TCIP) and the Compulsory Earthquake Insurance Scheme. World Bank.

[165] Shadreck Mapfumo. (2007). Weather Index Insurance The Case for South Africa. Micro Insurance Agency.

[166] Siems, T. F. (11 September 1997). 10 Myths about Financial Derivatives. Cato Policy Analysis No. 283: http://www.cato.org/pubs/pas/pa – 283.html.

[167] Skees, J. R. (2000). A Role for Capital Markets in Natural Disasters: A Piece of the Food Security Puzzle. Food Policy, 25, 365 – 378.

[168] Standard &poor's. (2011). Global Reinsurance Highlights.

[169] Stein, Jeremy C. (1998). An adverse selection model of bank asset and liability management with implications for the transmission of monetary policy. Rand Journal of Economics, 29 (3), 466 – 486.

[170] Stultz, R. M. (2004). Should we Fear Derivatives?. The Journal of Economic Perspectives, 18 (3), 173 – 192.

[171] Stulz, René. (1984). Optimal hedging policies. Journal of Financial and Quantitative Analysis, 19, 127 – 140.

[172] Swiss Re. (1995). Non-proportional Reinsurance of Losses Due to Natural Disasters in 1995: Princes down despite Insufficient Cover. Sigma, 6.

[173] Swiss Re. (2001a). Capital market innovation in the insurance industry. Sigma, 3.

［174］Swiss Re. (2010). World Insurance in 2009: Premiums Dipped, But Industry Capital Improved. Sigma, 2.

［175］Swiss Re. (2002). CATastrophe rate comparison. Working Review.

［176］Swiss Re. (1999). Alternative Risk Transfer (ART) for Corporations: a Passing Fashion or Risk Management for the 21st Century? . Sigma, 2.

［177］Swiss Re. (2003). The Picture of ART. Sigma, 1.

［178］The Emerging Asset Class: Insurance Risk. Guy Carpenter & Co., Special Report, July.

［179］The Marine & Fire Insurance Association of Japan, Inc. (1999). Aggregate Limit of the Indemnity Scheme for Earthquake Insurance on Dwelling Risks Raised.

［180］Tobin J. (1958). Liquidity Preference as Behavior Towards Risk. Review of Economic Studies, 65–86.

［181］Torre-Enciso, I. M. & J. E. Laye. (2001). Financing Catastrophe Risk in the Capital Markets. International Journal of Emergency Management, 1 (1), 61–69.

［182］Tower sperrin. (April 2004). Using Reinsurance To Drive Economic Value. Emphasis.

［183］Towers Watson. (April 2011). Insurance Industry Impact and Risk Management Lessons. Insights.

［184］Townsend, Robert M. (1979). Optimal contract and competitive markets and costly state verification. Journal of Economic Theory, 21, 265–293.

［185］Ulrich Hess, Joanna Syroka. (2005). Weather-based Insurance in Southern Africa: The Case of Malawi. Agriculture and Rural Development Discussion Paper 13.

［186］W. Dong, H. shah, E. wong. (1996). A Rational Approach to pricing of Catastrophe Insurance. Journal of Risk and Uncertainty, 12 (2–3), 201–218.

［187］Wagner, F. (October 1998). Risk Securitization-an Alternative of Risk Transfer of Insurance Companies. The Geneva Papers on Risk and Insurance, 23 (89), 540–607.

［188］Walter Kielholz, & Alex Durrer. (1997). Insurance derivatives and securitization new hedging perspectives for the US CATa insurance market. The Geneva Paper in Risk and Insurance, 22 (82), 3–16.

［189］Wang, S., Young, Y. R. & H. H. Panjer. (1997). Axiomatic Characterization of Insurance Prices. Insurance: Mathematics and Economics, 21 (2), 173 – 183.

［190］Winter, Ralph. (1994). The Dynamics of Competitive Insurance Markets. Journal of Financial Intermediation, 3 (4): 379 – 415.

［191］Woo, G. (2002). Quantitative Terrorism Risk Assessment. The Journal of Risk Finance, 4 (1), 15 – 24.

［192］Xuebin Zhang, Francis W. Zwiers, Gabriele C. Hegerl. (2007). Detection of human influence on twentieth-century precipitation trends. Natrue, 448 (26), 461 – 466.

［193］Yamori, N., T. Okada, & T. Kobayashi. (2009). Preparing for Large Natural Catastrophes: The current state and challenges of earthquake insurance in Japan. Working Paper.

［194］Zanjani, George. (2002). Pricing and Capital Allocation in Catastrophe Insurance. Journal of Financial Economics, 65 (2), 283 – 305.

［195］Zech, J. (October 1998). Will the International Financial Markets Replace Traditional Insurance Products? . The Geneva Papers on Risk and Insurance, 23 (89), 490 – 495.

［196］Zeng, L. (2000). Weather Derivatives and Weather Insurance: Concept, Application, and Analysis. Bulletin of the American Meteorological Society, 81 (9), 2075 – 2082.

［197］Zeng, L. (Spring 2000). Pricing Weather Derivatives. Journal of Risk Finance, 1 (3), 72 – 78.

［198］Zimbidis, Alexandros A., Frangos, Nickolaos E., Pantelous, Athanasios A. (2007). Modeling Earthquake Risk via Extreme Value Theory and Pricing the Respective Catastrophe Bonds. ASTIN Bulletin, 37 (1), 163 – 184.

后　记

　　有一种灾难，没有亲身经历，你就无法理解它的无情；有一种震撼，没有切身感受，你就无法想象那般恐惧；有一种眼神，没有相对而视，你就无法感知他的渴望，而这所有的一切都来自2008年5月12日。这一天，注定是让我一生无法忘怀的日子。原本安宁祥和的天府之国被地震之魔打破，曾经美丽而富饶的川西大地，顷刻之间变得满目疮痍。无数的生命转瞬而逝，无数的房屋顷刻变成瓦砾。汶川成为四川之伤，成为中国之殇！

　　从那天以后，我就常常从噩梦中惊醒，任何不明来源的摇晃、巨响、雷电，以及空中通勤，都让我陷入无助和恐慌中，似乎在预示着大地还在痉挛，灾难还在延续，每时每刻，都可能有同胞牺牲生命在危机中。

　　怀着对生命的敬畏，我展开对生命和死亡的思考，对自然界力量和气候变化的思考，对人类行为及自然关系的思考，以及对巨灾风险预防与管理的思考。恰时，教育部社会科学司提出了哲学社会科学重大攻关项目"巨灾风险管理制度创新研究"的招标项目，希望可以组建专业的研究团队，就我国巨灾风险管理中的各种理论与现实问题进行深入细致的探讨，进而为巨灾风险管理体系的改进与重构提供有力的决策支持。该项目与我时下的思考和关注以及前期风险管理研究积淀正好契合，于是，我发起并以西南财经大学研究团队为基础，集合国内的武汉大学、湖南大学、南开大学、中国保监会、中国人保财产保险公司、中国再保险公司等多方面的研究力量组建了课题组，历时3年时间，围绕巨灾风险管理以及制度创新这一核心命题进行了系统性的深入研究。面对全新而高难度的项目，课题组充分利用西南财经大学的理论研究优势和成都市的地理位置优势，坚持重协同、高标准、严要求、立足实际、探索创新等原则，遵循"请进来"和"走出去"方针，利用经济学与管理学等跨学科的理论与工具，立足全球背景下的国内实际，系统且创造性地开展研究，开国内该领域的先河，形成了较为丰硕的研究成果。项目研究期间，公开发表论文71篇（其中：外文1篇、中文核心期刊44篇）、收录论文集26篇、完成工作论文7篇（部分待出版）、出版学术著作多部、完成专题与成果要报等7份、指导完成巨灾风险管理和保险主题的硕士论文20篇、博士学位论文8篇、完成项目研究近48万字的学术报告，获得专家们的一致肯定与高度评价。

为启迪更多的专家学者关心和关注巨灾风险管理制度的建设，也为了缅怀和怀念在"5·12"以及其他巨灾风险事故中遇害的同胞，我们决定将这次的研究成果整理出版，以飨大家，共享学术研究成果，并以此希望大家继续关心和支持巨灾风险管理事业的发展，最终创建出具有中国特色的巨灾风险管理制度。

本书的编辑出版，我首先要感谢我们的研究团队，感谢你们在整个课题研究过程中所付出的辛勤和努力，没有你们的齐心协力，就不会有我们今天的研究成果；其次要感谢教育部哲学社会科学研究重大课题攻关项目《巨灾风险管理制度创新研究》（项目编号：09JZD0028）、国家社科基金重大招标项目《我国巨灾保险制度安排与实施路径研究》（项目编号：11&ZD053）对于本次课题研究以及发表出版给予的大力支持和赞助；再次，我要感谢中国保监会周延礼同志、周道许同志、江先学同志、李有祥同志、四川保监局的唐亚山同志、杨立旺同志、中国保险学会的姚庆海同志、中国再保险公司的方春银同志、四川地震局的朱建刚同志、中国人保财险公司总公司的王和同志、南开大学的朱铭来同志、李勇权同志、中南财经政法大学的刘冬姣同志、西南财经大学的潘席龙同志，以及其他相关机构和同志们在研究过程中给予我们的帮助；此外，我还要感谢经济科学出版社的编辑们对本书出版发行所付出的努力和辛勤的劳动。

最后，谨以此书献给探索与战斗在中国巨灾风险管理理论研究、实践探索第一线的广大研究者、决策者、参与者、关心者和支持者们，并以此缅怀在各类巨灾风险事故中的遇难同胞。

愿人类远离灾难，愿世界从此安宁！

卓　志

2014年3月于成都

教育部哲学社会科学研究重大课题攻关项目成果出版列表

书 名	首席专家
《马克思主义基础理论若干重大问题研究》	陈先达
《马克思主义理论学科体系建构与建设研究》	张雷声
《马克思主义整体性研究》	逄锦聚
《改革开放以来马克思主义在中国的发展》	顾钰民
《新时期 新探索 新征程——当代资本主义国家共产党的理论与实践研究》	聂运麟
《当代中国人精神生活研究》	童世骏
《弘扬与培育民族精神研究》	杨叔子
《当代科学哲学的发展趋势》	郭贵春
《服务型政府建设规律研究》	朱光磊
《地方政府改革与深化行政管理体制改革研究》	沈荣华
《面向知识表示与推理的自然语言逻辑》	鞠实儿
《当代宗教冲突与对话研究》	张志刚
《马克思主义文艺理论中国化研究》	朱立元
《历史题材文学创作重大问题研究》	童庆炳
《现代中西高校公共艺术教育比较研究》	曾繁仁
《西方文论中国化与中国文论建设》	王一川
《楚地出土戰國簡冊〔十四種〕》	陳 偉
《近代中国的知识与制度转型》	桑 兵
《中国抗战在世界反法西斯战争中的历史地位》	胡德坤
《京津冀都市圈的崛起与中国经济发展》	周立群
《金融市场全球化下的中国监管体系研究》	曹凤岐
《中国市场经济发展研究》	刘 伟
《全球经济调整中的中国经济增长与宏观调控体系研究》	黄 达
《中国特大都市圈与世界制造业中心研究》	李廉水
《中国产业竞争力研究》	赵彦云
《东北老工业基地资源型城市发展可持续产业问题研究》	宋冬林
《转型时期消费需求升级与产业发展研究》	臧旭恒
《中国金融国际化中的风险防范与金融安全研究》	刘锡良
《中国民营经济制度创新与发展》	李维安
《中国现代服务经济理论与发展战略研究》	陈 宪

书　名	首席专家
《中国转型期的社会风险及公共危机管理研究》	丁烈云
《人文社会科学研究成果评价体系研究》	刘大椿
《中国工业化、城镇化进程中的农村土地问题研究》	曲福田
《东北老工业基地改造与振兴研究》	程　伟
《全面建设小康社会进程中的我国就业发展战略研究》	曾湘泉
《自主创新战略与国际竞争力研究》	吴贵生
《转轨经济中的反行政性垄断与促进竞争政策研究》	于良春
《面向公共服务的电子政务管理体系研究》	孙宝文
《产权理论比较与中国产权制度变革》	黄少安
《中国企业集团成长与重组研究》	蓝海林
《我国资源、环境、人口与经济承载能力研究》	邱　东
《"病有所医"——目标、路径与战略选择》	高建民
《税收对国民收入分配调控作用研究》	郭庆旺
《多党合作与中国共产党执政能力建设研究》	周淑真
《规范收入分配秩序研究》	杨灿明
《中国加入区域经济一体化研究》	黄卫平
《金融体制改革和货币问题研究》	王广谦
《人民币均衡汇率问题研究》	姜波克
《我国土地制度与社会经济协调发展研究》	黄祖辉
《南水北调工程与中部地区经济社会可持续发展研究》	杨云彦
《产业集聚与区域经济协调发展研究》	王　珺
《我国民法典体系问题研究》	王利明
《中国司法制度的基础理论问题研究》	陈光中
《多元化纠纷解决机制与和谐社会的构建》	范　愉
《中国和平发展的重大前沿国际法律问题研究》	曾令良
《中国法制现代化的理论与实践》	徐显明
《农村土地问题立法研究》	陈小君
《知识产权制度变革与发展研究》	吴汉东
《中国能源安全若干法律与政策问题研究》	黄　进
《城乡统筹视角下我国城乡双向商贸流通体系研究》	任保平
《产权强度、土地流转与农民权益保护》	罗必良
《矿产资源有偿使用制度与生态补偿机制》	李国平
《巨灾风险管理制度创新研究》	卓　志
《生活质量的指标构建与现状评价》	周长城
《中国公民人文素质研究》	石亚军
《城市化进程中的重大社会问题及其对策研究》	李　强
《中国农村与农民问题前沿研究》	徐　勇

书　名	首席专家
《西部开发中的人口流动与族际交往研究》	马　戎
《现代农业发展战略研究》	周应恒
《综合交通运输体系研究——认知与建构》	荣朝和
《中国独生子女问题研究》	风笑天
《我国粮食安全保障体系研究》	胡小平
《城市新移民问题及其对策研究》	周大鸣
《新农村建设与城镇化推进中农村教育布局调整研究》	史宁中
《中国边疆治理研究》	周　平
《边疆多民族地区构建社会主义和谐社会研究》	张先亮
《中国大众媒介的传播效果与公信力研究》	喻国明
《媒介素养：理念、认知、参与》	陆　晔
《创新型国家的知识信息服务体系研究》	胡昌平
《数字信息资源规划、管理与利用研究》	马费成
《新闻传媒发展与建构和谐社会关系研究》	罗以澄
《数字传播技术与媒体产业发展研究》	黄升民
《互联网等新媒体对社会舆论影响与利用研究》	谢新洲
《网络舆论监测与安全研究》	黄永林
《教育投入、资源配置与人力资本收益》	闵维方
《创新人才与教育创新研究》	林崇德
《中国农村教育发展指标体系研究》	袁桂林
《高校思想政治理论课程建设研究》	顾海良
《网络思想政治教育研究》	张再兴
《高校招生考试制度改革研究》	刘海峰
《基础教育改革与中国教育学理论重建研究》	叶　澜
《公共财政框架下公共教育财政制度研究》	王善迈
《农民工子女问题研究》	袁振国
《当代大学生诚信制度建设及加强大学生思想政治工作研究》	黄蓉生
《从失衡走向平衡：素质教育课程评价体系研究》	钟启泉　崔允漷
《处境不利儿童的心理发展现状与教育对策研究》	申继亮
《学习过程与机制研究》	莫　雷
《青少年心理健康素质调查研究》	沈德立
《WTO主要成员贸易政策体系与对策研究》	张汉林
《中国和平发展的国际环境分析》	叶自成
《冷战时期美国重大外交政策案例研究》	沈志华
＊《中国政治文明与宪法建设》	谢庆奎
＊《非传统安全合作与中俄关系》	冯绍雷
＊《中国的中亚区域经济与能源合作战略研究》	安尼瓦尔·阿木提
……	

　　＊为即将出版图书